中 国 国 家 标 准 汇 编

2012 年修订-3

中国标准出版社　编

中国标准出版社
北　京

图书在版编目(CIP)数据

中国国家标准汇编:2012年修订.3/中国标准出版社编.—北京:中国标准出版社,2013.9
ISBN 978-7-5066-7235-1

Ⅰ.①中… Ⅱ.①中… Ⅲ.①国家标准-汇编-中国-2012 Ⅳ.①T-652.1

中国版本图书馆CIP数据核字(2013)第186474号

中国标准出版社出版发行
北京市朝阳区和平里西街甲2号(100013)
北京市西城区三里河北街16号(100045)

网址 www.spc.net.cn
总编室:(010)64275323 发行中心:(010)51780235
读者服务部:(010)68523946
中国标准出版社秦皇岛印刷厂印刷
各地新华书店经销

*

开本 880×1230 1/16 印张 39.5 字数 1 219 千字
2013年9月第一版 2013年9月第一次印刷

*

定价 220.00 元

出 版 说 明

1.《中国国家标准汇编》是一部大型综合性国家标准全集。自1983年起，按国家标准顺序号以精装本、平装本两种装帧形式陆续分册汇编出版。它在一定程度上反映了我国建国以来标准化事业发展的基本情况和主要成就，是各级标准化管理机构，工矿企事业单位，农林牧副渔系统，科研、设计、教学等部门必不可少的工具书。

2.《中国国家标准汇编》收入我国每年正式发布的全部国家标准，分为“制定”卷和“修订”卷两种编辑版本。

“制定”卷收入上一年度我国发布的、新制定的国家标准，顺延前年度标准编号分成若干分册，封面和书脊上注明“20××年制定”字样及分册号，分册号一直连续。各分册中的标准是按照标准编号顺序连续排列的，如有标准顺序号缺号的，除特殊情况注明外，暂为空号。

“修订”卷收入上一年度我国发布的、被修订的国家标准，视篇幅分设若干分册，但与“制定”卷分册号无关联，仅在封面和书脊上注明“20××年修订-1,-2,-3,……”字样。“修订”卷各分册中的标准，仍按标准编号顺序排列(但不连续)；如有遗漏的，均在当年最后一分册中补齐。需提请读者注意的是，个别非顺延前年度标准编号的新制定的国家标准没有收入在“制定”卷中，而是收入在“修订”卷中。

读者配套购买《中国国家标准汇编》“制定”卷和“修订”卷则可收齐由我社出版的上一年度我国制定和修订的全部国家标准。

3. 由于读者需求的变化，自1996年起，《中国国家标准汇编》仅出版精装本。

4. 2012年我国制修订国家标准共2 101项。本分册为“2012年修订-3”，收入新制修订的国家标准41项。

中国标准出版社

2013年7月

目　　录

ICS 47.020.60
U 63

中华人民共和国国家标准

GB/T 3027—2012
代替 GB/T 3027—1995

船用白炽照明灯具

Marine incandescent illumination lights

2012-06-29 发布 2012-11-01 实施

中华人民共和国国家质量监督检验检疫总局
中国国家标准化管理委员会 发布

前言

本标准按照 GB/T 1.1—2009 给出的规则起草。

本标准代替 GB/T 3027—1995《船用白炽照明灯通用技术条件》，与 GB/T 3027—1995 相比主要技术变化如下：

——名称由“船用白炽照明灯通用技术条件”改为“船用白炽照明灯具”；

——将 GB 4124 系列改为 CB/T 3852(所有部分)(见第 2 章，1995 版的第 2 章)；

——将环境适应性试验参照的标准 CB 1146 系列改为 GB/T 2423 系列(见第 2 章，1995 版的第 2 章)；

——增加了“类型、参数和主要尺寸”(见 3.1)；

——“结构”的主要技术内容变化如下：

- 增加了“光源”要求(见 3.2.3)；
- 增加了“灯座”要求(见 3.2.4)；
- 增加了“接线端子”要求(见 3.2.5)；
- 增加了“内部接线”要求(见 3.2.6)；
- 修改了外部接线要求(见 3.2.6，1995 版的 3.5.8)。

——修改了“材料”要求(见 3.2.7，1995 版的 3.4)；

——修改了“湿热”要求和试验(见 3.7，4.5，1995 版的 3.6.5)；

——增加了“耐久性和热试验”要求和试验(见 3.8，4.6)；

——增加了绝缘材料的“耐热、耐火和耐起痕”要求和试验(见 3.9，4.7)；

——增加了“接地”要求和试验(见 3.14，4.12)；

——将“绝缘电阻”、“电气强度”中灯具额定工作电压由 60 V 调整为 65 V(见 3.16，3.17，4.14，4.15，1995 版的 3.6.2，3.6.3)；

——增加了“防触电保护”要求和检验(见 3.19，4.17)；

——将“盐雾试验”由试验 Ka 改为试验 Kb(见 4.8，1995 版的 4.8)；

——将“振动试验”的振动频率由 13.2 Hz～80 Hz 调整为 13.2 Hz～100 Hz(见 4.10，1995 版的 4.12)。

请注意本文件的某些内容可能涉及专利，本文件的发布机构不承担识别这些专利的责任。

本标准由中国船舶工业集团公司提出。

本标准由全国海洋船标准化技术委员会(SAC/TC 12)归口。

本标准起草单位：中国船舶工业综合技术经济研究院、海洋王照明科技股份有限公司。

本标准的主要起草人：康元、张成军、杜孟涛、张丽萍。

本标准所代替标准的历次版本发布情况为：

——GB/T 3027—1982、GB/T 3027—1995。

船用白炽照明灯具

1 范围

本标准规定了船用白炽照明灯具(以下简称灯具)的要求、试验方法、检验规则、标识、包装和储存等。

本标准适用于电源电压在250 V以下的交流(额定频率50 Hz或60 Hz)或直流、以白炽灯为光源的船用照明灯具。

2 规范性引用文件

下列文件对于本文件的应用是必不可少的。凡是注日期的引用文件,仅注日期的版本适用于本文件。凡是不注日期的引用文件,其最新版本(包括所有的修改单)适用于本文件。

GB/T 2423.1—2008 电工电子产品环境试验 第2部分:试验方法 试验A:低温

GB/T 2423.2—2008 电工电子产品环境试验 第2部分:试验方法 试验B:高温

GB/T 2423.4—2008 电工电子产品环境试验 第2部分:试验方法 试验Db:交变湿热(12 h+12 h循环)

GB/T 2423.10—2008 电工电子产品环境试验 第2部分:试验方法 试验Fc:振动(正弦)

GB/T 2423.16—2008 电工电子产品环境试验 第2部分:试验方法 试验J和导则:长霉

GB/T 2423.18—2000 电工电子产品环境试验 第2部分:试验方法 试验Kb:盐雾,交变(氯化钠溶液)

GB 4208—2008 外壳防护等级(IP代码)

GB 7000.1—2007 灯具 第1部分:一般要求与试验

GB/T 17935 螺口灯座

GB/T 17936 卡口灯座

CB/T 3852(所有部分) 船用照明灯具类型、参数和主要尺寸

3 要求

3.1 类型、参数和主要尺寸

灯具的类型、参数和主要尺寸应符合CB/T 3852(所有部分)的要求。

3.2 结构

3.2.1 一般要求

灯具结构的一般要求应符合GB 7000.1—2007第4章的规定。

3.2.2 船用要求

3.2.2.1 灯具应能承受船舶正常营运时产生的振动和冲击。

3.2.2.2 可俯仰和水平转动的灯具,旋转操作时应灵活、舒适,固定后应牢固可靠。

3.2.2.3 灯具的结构应足以散逸光源等产生的热量。可设置通风孔、散热槽。通风孔的最大孔径应不超过 12 mm,并设有防虫网;散热槽的最大宽度应不超过 9.5 mm。

3.2.2.4 灯具光源与玻璃罩的距离应不小于表 1 的规定值。

表 1 光源与玻璃罩的距离

光源功率 C/W	光源与玻璃罩的距离/mm
$C \leqslant 10$	5
$10 < C \leqslant 100$	7
$100 < C \leqslant 200$	10
$C > 200$	20

3.2.2.5 设有减振装置或装有减振器的灯具应避免产生共振而发生故障。

3.2.2.6 在可能受到机械损伤的环境使用的灯具,应设有保护装置。

3.2.3 光源

3.2.3.1 灯具应选用适合船舶使用环境、符合相应标准的白炽灯光源。CB/T 3852 规定类型的灯具,应选用相应灯头型式的白炽灯光源。

3.2.3.2 白炽灯宜选用寿命不低于 1 000 h 的光源。

3.2.4 灯座

3.2.4.1 灯具的灯座结构应符合 GB 7000.1—2007 中 4.4 的要求。

3.2.4.2 CB/T 3852 规定类型的灯具,应选用相应灯头型式的白炽灯灯座。

3.2.4.3 其他类型灯具的灯座应符合下列要求:

a) 螺口式灯座符合 GB 17935 的规定;

b) 卡口式灯座符合 GB 17936 的规定。

3.2.5 接线端子

3.2.5.1 灯具螺纹式接线端子应符合 GB 7000.1—2007 第 14 章的要求。

3.2.5.2 灯具无螺纹接线端子应符合 GB 7000.1—2007 第 15 章的要求。

3.2.6 内部和外部接线

3.2.6.1 灯具内部接线应符合 GB 7000.1—2007 中 5.3 的要求。

3.2.6.2 灯具外部接线应符合 GB 7000.1—2007 中 5.2 的要求。

3.2.6.3 手提式灯具应设外部电线(电缆)制动装置,以确保外力不能直接施加到接线端子上。

3.2.7 材料

3.2.7.1 灯具使用的材料应符合相应标准的规定。

3.2.7.2 灯具使用的金属材料原则上应选用耐腐蚀材料;若选用非耐腐蚀金属材料,应进行电镀或喷涂等防腐蚀措施处理。

3.2.7.3 灯具上使用的非金属材料应具有足够的机械强度;长期使用变化微小;且应具有耐油、耐热、耐酸碱的性能;不应使用有毒性或能产生有毒性气体的材料。

3.2.7.4 灯具的透光外罩应使用坚固、不受腐蚀的材料制造,应确保光学质量的耐久性。

3.2.7.5 灯具上使用的绝缘材料应选用耐久、滞燃、耐霉菌和耐潮性能的材料。

3.2.7.6 灯具上用作载流部件的导电材料应使用铜或含铜至少50%的合金或具有相同性能的材料制成。

3.2.7.7 灯具上的弹性密封用材料应使用氯丁橡胶或硅橡胶。

3.3 安装

3.3.1 灯具应便于安装、维护。

3.3.2 灯具至少应设二个安装孔,安装孔尺寸应符合表2的规定。

表2 灯具安装孔径

单位为毫米

螺栓的螺纹公称值	安装孔径
M6	7
M8	10
M10	12
M12	15

3.3.3 陶瓷灯座至少应设有二个安装孔,不应用紧固件直接安装。

3.3.4 灯具保护装置应具有足够的机械强度,拆装方便,安装牢固可靠。

3.4 外观

3.4.1 灯具外观不应有锈蚀、划伤、压痕、涂层脱落和裂纹等缺陷,涂层颜色应均匀一致,透明件表面应无污迹、划伤,外壳应无尖角和锐边。

3.4.2 灯具铭牌、标识应坚固、清晰。

3.4.3 灯具整体及各部分结构应无变形,紧固件和连接件应牢固、可靠、无松动。

3.5 环境温度

根据在船上的安装处所,在表3规定的环境试验温度范围内灯具应能正常工作,无影响安全和性能的故障、永久性形变产生。

表3 环境条件分类

类型	描述	试验温度范围
A	受控环境[a]	按制造厂的规定
B	有一般温度、高湿和振动的围蔽处所	+5 ℃～+55 ℃
C	有高湿、振动和来自其他设备产生的热量的围蔽处所	+5 ℃～+70 ℃
D	剧烈振动环境(例如安装在往复式机械上)	+5 ℃～+55 ℃
E	开敞甲板上	−30 ℃～+50 ℃
[a] 使用空调设备。		

3.6 温度和温升

3.6.1 灯具运行时有可能被触及部分的表面温度不应超过60 ℃。

3.6.2 连接馈电电缆用的接线端子的温升不应超过40 K。

3.7 湿热

灯具在湿热环境下应能正常工作并应符合下列规定：

a) 绝缘电阻符合3.16的规定；

b) 电气强度符合3.17的规定；

c) 电镀件质量：镀层腐蚀区域面积之和占主要镀层面积5%～25%的零件个数，不应超过总零件个数的1/3，但允许个别零件镀层腐蚀区域面积大于25%、个别零件出现个别锈点；

d) 油漆层表面质量：允许有轻微失光、退色，有少量针孔等缺陷；在主要表面上不应有直径大于1.0 mm的气泡，且在任意10 000 mm^2 方格面积内，直径为0.5 mm～1.0 mm的气泡应不多于二个；油漆件的漆膜附着力要求在九个1 mm^2 方格中底漆不脱落，面漆脱落应不超过三个方格；

e) 粉末静电涂覆层允许有轻微的变色、轻微的失光，在10倍放大镜下才可见几条值得注意的开裂、几个可见的锈点、几个可见的起泡；

f) 热固性塑料件外表面允许有部分白色粉状析出物，轻微填料膨胀，直径为0.3 mm～0.5 mm的气泡，分布面积不大于5%。允许有个别直径为0.5 mm～1.0 mm的起泡；

g) 绝缘材料和橡胶材料不应有变形、发黏、开裂等缺陷；

h) 油漆层和喷塑层不应脱落，电镀层不应出现锈斑。

3.8 耐久性试验和热试验

3.8.1 灯具在工作中周期性发热和冷却条件下，不应变得不安全或过早的损坏。经耐久性试验后的灯具应符合GB 7000.1—2007中12.3.2的要求。

3.8.2 灯具在正常使用条件下，包括光源在内的任何部件、内部的电源接线或安装表面都不应超过60 ℃。灯具处于工作温度时，徒手可触及的、操作的、调节的或夹持的部件，均不应过热。经热试验后的灯具应符合GB 7000.1—2007中12.4.2的要求。

3.9 耐热、耐火和耐起痕

3.9.1 灯具中提供防触电保护的外部绝缘材料以及固定载流部件或安全特低电压部件的绝缘材料部件均应足够的耐热。

3.9.2 灯具中固定载流部件或安全特低电压部件在其位的绝缘材料部件以及提供防触电保护的绝缘材料制成的外部部件应耐燃烧、防引燃。

3.9.3 灯具中固定载流部件或安全特低电压部件就位或与这些部件接触的非普通灯具的绝缘部件应采用耐起痕材料。

3.10 盐雾

灯具应具有耐腐蚀性能，在盐雾环境下不应产生腐蚀损坏及影响正常工作。金属表面应无明显变质和腐蚀。

3.11 长霉

灯具涂覆、有机材料和绝缘零部件的防霉能力应不低于GB/T 2423.16—2008中12.3规定的2b级。

3.12 振动

固定安装的灯具在船舶一般振动条件下应能正常工作，各零部件不应松动、断裂和变形。

3.13 玻璃件耐温度骤变

灯具的玻璃制件，应具有耐温度骤变性能。在正常工作时，当低于环境温度10℃且不低于5℃的水直接泼至玻璃件表面时，应无破损。

3.14 接地

灯具的接地应符合GB 7000.1—2007中7.2.1和7.2.2的要求。

3.15 电源波动性

灯具在由额定工作电压(U_n)和频率(交流)的电源供电时，在下列电源波动情况下应能正常工作：

a) 由交流电源供电时，电压稳态波动－10%～＋6%、频率稳态波动－5%～＋5%，电压瞬态波动－20%～＋20%、频率瞬态波动－10%～＋10%；

b) 由直流电源供电时，电压稳态波动－10%～＋10%、电压周期波动5%、纹波电压10%；

c) 由蓄电池供电时，在充电期间接于蓄电池的灯具电压波动－25%～＋30%，在充电期间不接于蓄电池的灯具－25%～＋20%。

3.16 绝缘电阻

灯具在正常大气条件和湿热、低温、盐雾、电气强度试验后的绝缘电阻应不小于表4的规定值。

表4 绝缘电阻

灯具额定工作电压U_n/V	最低绝缘电阻/MΩ	
	正常大气条件	湿热、低温、盐雾、电气强度试验后
≤65	10	1
>65	100	10

3.17 电气强度

灯具各独立电路之间和所有电路相对于外壳之间应具有绝缘特性。应在交流50 Hz/60 Hz规定电压下，历时1 min无击穿或闪络。

3.18 爬电距离和电气间隙

灯具的爬电距离和电气间隙应符合GB 7000.1—2007中11.2的要求，并且应不小于表5规定的值。

表5 爬电距离和电气间隙

<table>
<tr><th rowspan="2">额定电压U_n/V</th><th colspan="2">电气间隙/mm</th><th colspan="2">爬电距离/mm</th></tr>
<tr><th>不同极性
带电部件之间</th><th>带电部件与
相邻金属部件之间</th><th>不同极性
带电部件之间</th><th>带电部件与
相邻金属部件之间</th></tr>
<tr><td>U_n≤25</td><td rowspan="2">3</td><td>4</td><td rowspan="2">4</td><td>4</td></tr>
<tr><td>25<U_n≤250</td><td>6</td><td>6</td></tr>
</table>

3.19 防触电保护

灯具的防触电保护应符合 GB 7000.1—2007 中第 8 章的要求。

3.20 外壳防护

安装在不同处所的灯具外壳防护等级最低要求应符合表 6 的规定。

表 6 外壳防护等级的最低要求

处所	环境条件	防护等级
干燥的居住处所	只有触及带电部分的危险	IP20
干燥的控制室		
控制室	滴水和(或)中等机械损伤危险	IP22
机炉舱(花钢板以上)		
舵机舱		
冷藏机室(氨装置室除外)		
应急机械室		
一般贮藏室		
配膳室		
粮食库		
浴室	较大的水和(或)机械损伤危险	IP34
机炉舱(花钢板以下)		
围蔽的燃油分离室		
围蔽的滑油分离室		
压载泵舱		
冷藏舱		
厨房和洗衣间		
双层底中的轴隧或管道	喷水危险、货物粉尘存在、严重机械损伤、腐蚀性气体	IP55
干货舱		
露天甲板	大量浸水的危险	

3.21 光学性能

灯具应根据使用方的要求提供配光曲线、平面等照度曲线、灯具概算图表。

4 试验方法

4.1 外观

目视检查灯具的外观质量。结果应符合 3.4 的规定。

4.2 低温

灯具根据安装处所的环境温度类型(见表 3),应按照 GB/T 2423.1—2008 试验 Ad 规定的方法进行低温试验,试验要求如下:

a) 试验温度按照表 7 的规定;

b) 持续时间 2 h;

c) 试验前按 4.14 规定测量的绝缘电阻应符合 3.16 的规定;

d) 将灯具放入温度为室温的试验箱的有效工作空间内,将箱温降至试验温度并保持 2 h;

e) 在试验的后 1 h 内,在试验温度下进行功能试验,灯具在试验期间除进行功能试验外,不通电工作;

f) 在恢复后进行性能试验。

结果应符合 3.5 的要求。

表 7 低温试验温度

类 型	试验温度
A、B、C、D	5 ℃±3 ℃
E	−30 ℃±3 ℃

4.3 高温

灯具根据安装处所的环境温度类型(见表 3),应按照 GB/T 2423.2—2008 试验 Bd 规定的方法进行高温试验,试验要求如下:

a) 对于安装在 A、B、D 类环境中的灯具:
- 试验温度为 55 ℃±2 ℃;
- 持续时间 16 h;
- 将灯具放入温度为室温的试验箱的有效工作空间内,通电工作,然后将箱温升高至 55 ℃±2 ℃下保持 16 h;
- 在试验温度下的最后 1 h 内进行功能试验;
- 在恢复后进行性能试验。

b) 对于安装在 C、E 类环境中的灯具:
- 试验温度为 50 ℃±2 ℃;
- 持续时间 2 h;
- 将灯具放入温度为室温的试验箱的有效工作空间内,通电工作,然后将箱温升高至 70 ℃±2 ℃下保持 2 h;
- 在试验温度下的最后 1 h 内进行功能试验;
- 在恢复后进行性能试验。

结果应符合 3.5 的要求。

4.4 温度和温升

将灯具处于额定工作电压(交流供电的灯具还需处于额定工作频率)工作状态下。灯具表面可触及部分和接线端子的温度变化稳定后(温度变化率不超过 1 ℃/min),用半导体点温计测量灯具表面可触及部分的温度和接线端子的温升(以接线端子的温度减去环境温度即是接线端子的温升)。结果应符合

3.6 的要求。

4.5 湿热

灯具应按照 GB/T 2423.4—2008 试验 Db 规定的方法进行湿热试验，试验要求如下：

a) 试验温度为 55 ℃±2 ℃。

b) 相对湿度为 90%～96%。

c) 试验前按照 4.14 的规定测量绝缘电阻。

d) 将灯具放入温度为室温的试验箱的有效工作空间内，先在温度为 25 ℃±3 ℃、相对湿度 45%～75%的条件下进行预处理，使灯具达到温度稳定。

e) 按照 GB/T 2423.4—2008 规定的试验 Db——试验循环——方法 2 所示的周期循环二次。

f) 第一周期中灯具应处于通电工作状态，在第二周期中除进行功能试验外应切断电源。在第一周期高温高湿阶段前 2 h 和第二周期高温高湿阶段的最后 2 h 应进行功能试验。

g) 试验周期结束后，从试验箱中取出灯具，在标准大气条件下进行恢复，允许将灯具上所有接触到的表面和部件上的水渍抹去。

h) 在恢复后按 4.14 规定测量的绝缘电阻应符合 3.16 的规定，并进行性能试验。

结果应符合 3.7 的要求。

4.6 耐久性试验和热试验

4.6.1 灯具按照 GB 7000.1—2007 中 12.3.1 规定的方法进行耐久性试验。结果应符合 3.8.1 的要求。

4.6.2 灯具按照 GB 7000.1—2007 中 12.4.1 规定的方法进行热试验。结果应符合 3.8.2 的要求。

4.7 耐热、耐火和耐起痕

4.7.1 灯具的绝缘材料按照 GB 7000.1—2007 中 13.2 规定的方法进行耐热试验。结果应符合 3.9.1 的要求。

4.7.2 灯具的绝缘材料按照 GB 7000.1—2007 中 13.3 规定的方法进行耐燃烧和防引燃试验。结果应符合 3.9.2 的要求。

4.7.3 灯具的绝缘材料按照 GB 7000.1—2007 中 13.4 规定的方法进行耐起痕试验。结果应符合 3.9.3的要求。

4.8 盐雾

灯具应按照 GB/T 2423.18—2000 试验 Kb 规定的方法进行交变盐雾试验，试验要求如下：

a) 试验溶液的质量分数为 5%±1%的氯化钠(化学纯以上)溶液，pH 在温度为 20 ℃±2 ℃时为 6.5～7.2；

b) 温度为 40 ℃±2 ℃；

c) 相对湿度为 90%～95%；

d) 试验前按 4.14 的规定测量绝缘电阻和进行功能试验；

e) 固定式灯具应按严酷等级 1 进行试验：四个喷雾周期、每个周期连续喷雾 2 h、7 天湿热贮存期；

f) 手提式灯具应按严酷等级 2 进行试验：三个喷雾周期、每个周期连续喷雾 2 h、每个喷雾周期后有一个为期 20 h～22 h 的湿热贮存期；

g) 试验期间灯具不运行；

h) 试验结束后，应将灯具置于正常大气条件下恢复 1 h～2 h，紧接着进行绝缘电阻测量和性能试验。

结果应符合 3.10 的要求。

4.9 长霉

灯具应按照 GB/T 2423.16—2008 规定的试验方法 1 进行长霉试验，试验要求如下：

a) 灯具不做预处理，按接收状态进行试验；

b) 采用喷洒接种的方法；

c) 培养周期为 28 d(严酷等级 1)；

d) 培养周期结束时，进行灯具长霉程度检查。

结果应符合 3.11 的要求。

4.10 振动

灯具应按照 GB/T 2423.10—2008 试验 Fc 规定的方法进行振动试验，试验要求如下：

a) 灯具按实际工作状态安装在振动试验台上通电工作；

b) 按表 8 规定的频率范围和振幅，以不超过 1 oct/min 的扫频速率扫描，检查有无共振现象；

c) 若无明显共振点，则应在 30 Hz 频率下作 90 min 耐振试验；

d) 在每一记录到的放大率 $Q \geqslant 2$ 的共振频率上作 90 min 的耐振试验，若测得的几个共振频率较为接近，则耐振试验可采用扫频试验，持续时间为 120 min；

e) 试验中，可允许采取避除危险频率或减小 Q 值的措施，但应重新进行共振检查和耐振试验；

f) 试验应在三个互相垂直的轴线上进行；

g) 其他应符合 GB/T 2423.10—2008 的规定。

结果应符合 3.12 的要求。

表 8 振动试验参数

频率变化范围/Hz	振幅	
	位移/mm	加速度/(m/s^2)
2～13.2	±1.0	—
13.2～100	—	±6.9

4.11 玻璃件耐温度骤变

灯具处于额定工作电压(交流供电的灯具还需处于额定工作频率)工作状态下。当玻璃件温度变化稳定后(温度变化率不超过 1 ℃/min)，用比环境温度低 10 ℃±1 ℃(最低水温不低于 5 ℃)的水直接泼到待测玻璃件上。结果应符合 3.13 的要求。

4.12 接地

应按照 GB 7000.1—2007 中 7.2.3～7.2.11 规定的方法对灯具进行接地试验。结果应符合 3.14 的要求。

4.13 电源波动

灯具在表 9 所列电源变化情况下各运行 15 min。结果应符合 3.15 的要求。

4.14 绝缘电阻

灯具应在湿热、低温、盐雾和电气强度试验前后分别进行绝缘电阻测量，测量要求如下：

a） 灯具绝缘电阻测试电压应符合表10的规定；

b） 测量灯具带电部件之间、带电部件与外壳之间的绝缘电阻。

结果应符合3.16的要求。

表9 电源波动范围

%

电源	电压和频率波动组合	电压稳态波动	频率稳态波动
交流	1	＋6	＋5
	2		－5
	3	－10	
	4		＋5
	—	电压瞬态波动恢复时间1.5 s	频率瞬态波动恢复时间5 s
	5	＋20	＋10
	6	－20	－10
直流	电压稳态波动	电压周期性波动	纹波电压
	±10	5	10
蓄电池	情况	电压波动	
	充电期间接于蓄电池	－25～＋30	
	充电期间不接于蓄电池	－25～＋20	
注：所列电源变化参数，是以额定工作电压(U_n)和频率为基准。			

表10 绝缘电阻测试电压

单位为伏

灯具额定工作电压U_n	直流测试电压
≤65	250
＞65	500

4.15 电气强度

灯具应在正常大气条件下进行电气强度试验，试验要求如下：

a） 试验前按4.14的规定测量灯具的绝缘电阻，结果应符合表4的规定；

b） 在灯具各独立电路之间和所有电路对地(外壳)之间施以表11规定的50 Hz/60 Hz交流电压，电压从小于0.5倍试验电压开始，在5 s内升至规定值，保持1 min，然后到0，并切断电源；

c） 试验中可能引起损坏的带有电子元件的印刷电路在试验前可以拆除；

d） 试验后应立即测量绝缘电阻，结果应符合表4的规定。

结果应符合3.17的要求。

表11 电气强度试验电压

单位为伏

灯具额定工作电压U_n	试 验 电 压
≤65	1 000
＞65	2 000

4.16 爬电距离和电气间隙

灯具按照 GB 7000.1—2007 中 11.2.1 规定的方法进行爬电距离和电气间隙检验，采用检定合格并在有效期内的计量器具测量灯具各带电部件之间、带电部件与金属外壳或相邻金属部件之间的电气间隙和爬电距离。结果应符合 3.18 的规定。

4.17 防触电保护

灯具按照 GB 7000.1—2007 第 8 章和附录 A 规定的方法进行目视和手工检验以及触电试验。结果应符合 3.19 的要求。

4.18 外壳防护

灯具应按照 GB 4208 规定的方法进行外壳防护试验。结果应符合 3.20 的要求。

4.19 光学性能

将灯具固定在测角仪上，使其处于额定工作电压(交流供电的灯具还需处于额定工作频率)的正常工作状态下。用水准仪调整光源中点，将灯具调至测角仪中心位置上，然后根据光源容量大小选择相应的试验距离，用照度计或其他接收仪分别找出水平和垂直轴上的最大光强，按照灯具的光束角度要求，逐点测得光强数值，然后进行计算，根据灯具使用场合，分别绘制配光曲线，平面等照度曲线和灯具概算图表。结果应符合 3.21 的要求。

5 检验规则

5.1 检验分类

灯具的检验分为型式检验和出厂检验。

表 12 型式检验和出厂检验项目和顺序

序号	检验项目	要求	试验方法	型式试验	出厂检验
1	外观检查	3.4	4.1	●	●
2	低温试验	3.5	4.2	●	—
3	高温试验	3.6	4.3	●	—
4	温度和温升试验	3.6	4.4	●	—
5	湿热试验	3.7	4.5	●	—
6	耐久性试验和热试验	3.8	4.6	●	—
7	耐热、耐火和耐起痕试验	3.9	4.7	●	—
8	盐雾试验	3.10	4.8	●	—
9	长霉试验	3.11	4.9	●	—
10	振动试验	3.12	4.10	●	—
11	玻璃制件耐温度骤变试验	3.13	4.11	●	—
12	接地试验	3.14	4.12	●	—
13	电源适应性试验	3.15	4.13	●	—

表 12（续）

序号	检验项目	要求	试验方法	型式试验	出厂检验
14	绝缘电阻测量	3.16	4.14	●	●
15	电气强度试验	3.17	4.15	●	●
16	爬电距离和电气间隙检验	3.18	4.16	●	—
17	防触电保护检验	3.19	4.17	●	—
18	外壳防护试验	3.20	4.18	●	—
19	光学性能试验	3.21	4.19	●	○
注：● 必检项目；○ 协商检验项目；—不检验项目。					

5.2 型式检验

5.2.1 灯具有下列情况之一时，应进行型式检验：

a) 新产品试制或定型；

b) 正式生产的灯具，如结构、材料、工艺有较大改变影响灯具性能；

c) 正常成批生产的灯具，每隔四年进行一次；

d) 停产两年后恢复生产时。

5.2.2 灯具型式检验按表 12 规定的项目和顺序进行。

5.2.3 样品数量为三台，随机抽取。

5.2.4 灯具所有样品全部项目检验符合要求时，判定灯具型式检验合格。若其中任意一项不符合要求时，应加倍取样进行检验，若复验符合要求，则判定灯具型式检验合格；若复验仍有不符合要求的项目，则判灯具型式检验不合格。

5.3 出厂检验

5.3.1 灯具出厂检验按表 12 规定的顺序和项目进行。为全数检验。

5.3.2 全部项目检验符合要求时，判定灯具出厂检验合格。若其中任意一项不符合要求时，允许采取纠正措施后进行复验，若复验符合要求，仍判灯具出厂检验合格；若复验仍不符合要求时，则判出厂检验不合格。

6 标识、包装和储存

6.1 标识

6.1.1 灯具应设有铭牌。铭牌应设置在容易见到的地方，铭牌内容一般包括：

a) 灯具名称；

b) 型号；

c) 额定工作电压；

d) 功率；

e) 出厂日期；

f) 产品编号；

g) 检验标识；

h) 制造商标识；

i) 其他标识。

6.1.2 铭牌应字体端正，字迹清晰、持久。

6.2 包装

灯具出厂应有可靠的包装，包装应能防止在运输中受到损坏。灯具包装中应有合格证及必要的使用说明书。包装箱上应注明“防潮、易碎、请勿倒置、小心轻放”字样和相应包装标识。

6.3 储存

灯具应存放在干燥、通风良好的库房内，定期（不超过六个月）检查保管情况。

参 考 文 献

[1] GB/T 10681—2009 家庭和类似场合普通照明用钨丝灯 性能要求
[2] GD 01—2006 电气电子产品型式认可试验指南
[3] 钢质海船入级规范(2009 年) 中国船级社

ICS 47.020.60
U 63

GB

中华人民共和国国家标准

GB/T 3028—2012
代替 GB/T 3028—1995

船用电气号灯

Marine electric signal lights

2012-06-29 发布 2012-11-01 实施

中华人民共和国国家质量监督检验检疫总局
中国国家标准化管理委员会 发布

前　言

本标准按照 GB/T 1.1—2009 给出的规则起草。

本标准代替 GB/T 3028—1995《船用电气号灯技术条件》，与 GB/T 3028—1995 相比主要技术内容变化如下：

——将名称“船用电气号灯技术条件”改为“船用电气号灯”；

——修改了所引用的标准；

——增加了“类型、参数和主要尺寸”要求（见 3.1）；

——修改了“结构”要求（见 3.2，1995 版的 3.4）；

——修改了“光源”要求，增加了 LED 光源要求（见 3.2.3，1995 版的 3.5）；

——修改了“灯座”要求，增加了 LED 光源灯座要求（见 3.2.4，1995 版的 3.5）；

——增加了“接线端子”要求（见 3.2.5）；

——修改了“接线”要求（见 3.2.6，1995 版的 3.6）；

——增加了“耐久性试验和热试验”要求和试验方法（见 3.7）；

——增加了“耐热、耐火和耐起痕试验”要求和试验方法（见 3.8）；

——修改了“电源波动”要求和试验方法（见 3.14，1995 版的 3.7.1）；

——增加了使用 LED 光源号灯的电磁兼容性要求和试验方法（见 3.18）；

——将外壳防护等级由 IP55 修改为 IP56（见 3.19，1995 版的 3.4.6）；

——增加了号灯在规定的发光角度内，为达到所要求的能见距离而使用的最低发光强度的光弧角度内的发光均匀度要求，同时规定了号灯在发光角度边界处的断光数值的要求（见 3.20）。

请注意本文件的某些内容可能涉及专利，本文件的发布机构不承担识别这些专利的责任。

本标准由中国船舶工业集团公司提出。

本标准由全国海洋船标准化技术委员会（SAC/TC 12）归口。

本标准起草单位：中国船舶工业综合技术经济研究院、大连市船用电器有限公司。

本标准主要起草人：康元、纪殿秀、王泽忠、马廷福。

本标准所代替标准的历次版本发布情况为：

——GB/T 3028—1982、GB/T 3028—1995。

船用电气号灯

1 范围

本标准规定了船用电气号灯(以下简称号灯)的要求、试验方法、检验规则、标识、包装和储存等。

本标准适用于电源电压在250 V以下的交流(50 Hz或60 Hz)和直流的各类船舶航行用号灯(包括舷灯、桅灯、艉灯、拖带灯、环照灯)的设计、生产和验收。

2 规范性引用文件

下列文件对于本文件的应用是必不可少的。凡是注日期的引用文件,仅注日期的版本适用于本文件。凡是不注日期的引用文件,其最新版本(包括所有的修改单)适用于本文件。

GB/T 2423.1—2008 电工电子产品环境试验 第2部分:试验方法 试验A:低温

GB/T 2423.2—2008 电工电子产品环境试验 第2部分:试验方法 试验B:高温

GB/T 2423.4—2008 电工电子产品环境试验 第2部分:试验方法 试验Db:交变湿热(12 h+12 h循环)

GB/T 2423.10—2008 电工电子产品环境试验 第2部分:试验方法 试验Fc:振动(正弦)

GB/T 2423.16—2008 电工电子产品环境试验 第2部分:试验方法 试验J及导则:长霉

GB/T 2423.18—2008 电工电子产品环境试验 第2部分:试验方法 试验Kb:盐雾,交变(氯化钠溶液)

GB 4208—2008 外壳防护等级(IP代码)

GB 7000.1—2007 灯具 第1部分:一般要求与试验

GB/T 7922—2008 照明光源颜色的测量方法

GB 17743—2007 电气照明和类似设备的无线电骚扰特性的限值和测试方法

GB 17935 螺口灯座

GB 17936 卡口灯座

GB 19651.3 杂类灯座 第2-2部分:LED模块用连接器的特殊要求

GB/T 24823 普通照明用LED模块 性能要求

CB/T 338—2008 船用电气号灯类型、参数和主要尺寸

QB/T 2056 船用钨丝灯

《1972年国际海上避碰规则》及其修正案 国际海事组织

3 要求

3.1 类型、参数和主要尺寸

号灯的类型、参数和主要尺寸应符合CB/T 338—2008的要求。

3.2 结构

3.2.1 一般要求

号灯结构的一般要求应符合GB 7000.1—2007第4章的规定。

3.2.2 船用要求

3.2.2.1 号灯壳体上应设自动漏水装置。

3.2.2.2 号灯灯壳内部应涂成无光黑色。

3.2.2.3 号灯结构应能承受船舶正常营运时产生的振动和冲击。号灯构架和外壳应具有足够的强度和刚度，以承受在预定的安装和使用中所可能遭到的非正常使用。

3.2.2.4 号灯结构应便于拆装、更换光源，并能防止光源松动和脱出。

3.2.2.5 为保证采用LED光源的号灯在工作时保持规定的发光强度及符合规定的电磁兼容性要求，可采取如下措施：

a) 号灯结构应充分考虑散热措施，以保证在规定的环境温度条件下的发光强度；

b) 设置报警功能，在号灯发光强度低于规定时报警；

c) 采用直流供电或正弦波交流供电，避免其高次谐波干扰周围的天线和设备。

3.2.2.6 应为在海上维护或更换光源提供措施，该措施的操作应尽量简单并能保持号灯的防水性能，尤其不应影响号灯的光学性能。

3.2.3 光源

3.2.3.1 白炽灯

号灯应使用符合QB/T 2056规定的白炽灯光源。

3.2.3.2 LED光源

3.2.3.2.1 组成号灯光源的LED模块的性能应符合GB/T 24823的要求。

3.2.3.2.2 LED光源在制造厂规定的使用寿命(实际有效期)内使用，发光强度应符合3.20.4的要求。

3.2.4 灯座

3.2.4.1 白炽灯光源的灯座应根据CB/T 338—2008第3章规定的灯头型式，选用符合GB 17935和GB 17936规定的灯座。

3.2.4.2 LED光源的灯座应符合GB 19651.3的规定。

3.2.4.3 灯座应保证在更换光源时，能保持光源处于号灯设计所规定的位置。

3.2.5 接线端子

3.2.5.1 号灯螺纹式接线端子应符合GB 7000.1—2007第14章的要求。号灯接线端子螺钉的公称直径应不小于M3。为导线连接螺钉而攻螺纹的接线端子板应由厚度不小于1.3 mm的金属板制成，且与螺钉的啮合不应少于两整圈螺纹。

3.2.5.2 号灯无螺纹接线端子应符合GB 7000.1—2007第15章的要求。

3.2.6 接线

3.2.6.1 内部接线

号灯内部接线除应符合GB 7000.1—2007的5.1要求外，还应符合下列要求：

a) 采用多股绞合铜导线，导线外皮不应有损伤；

b) 走线路径和紧固不应影响号灯的光学性能；

c) 通过接线端子连接；

d) 接线端子紧固可靠。

3.2.6.2 外部接线

3.2.6.2.1 号灯与电源连接和其他外部接线应符合 GB 7000.1—2007 的 5.2 要求。

3.2.6.2.2 号灯与外部电源和控制线的电气连接应采用在号灯外部的接线方式。

3.2.7 材料

3.2.7.1 号灯所用金属材料一般选用耐腐蚀性材料,若选用非耐腐蚀性材料,应进行电镀处理或粉末静电涂装处理或喷漆处理。

3.2.7.2 号灯所用非金属材料应具有满足使用要求的机械强度,经长期使用应变形微小,且应具有耐油、耐热和耐久性能。不应采用有毒性或能释放出有毒性气体的材料。采用塑料制造的号灯外壳,其材料应是滞燃的。

3.2.7.3 号灯的透镜、滤光器应使用坚固、不受腐蚀的材料制造,并应确保光学性能长期的稳定性。

3.2.7.4 号灯所用的绝缘材料应具有滞燃、耐潮、耐油及耐热性能,且应具有满足使用要求的机械强度。

3.2.7.5 号灯所用的导电材料应选用铜或铜合金。

3.2.7.6 号灯所用的密封材料应选用氯丁橡胶或硅橡胶。

3.3 外观

3.3.1 号灯外观不应有锈蚀、划伤、压痕、涂层脱落和裂纹等缺陷。

3.3.2 光学透镜应明亮,不应有影响光学性能的波纹和气泡,外表面不应有油漆、污物。

3.3.3 铭牌、标识应坚固、清晰。

3.3.4 号灯整体及各部分结构应无永久变形,紧固件应牢固、可靠、无松动。

3.4 环境温度

号灯在环境温度为−30 ℃～+50 ℃的范围内,应能正常工作。

3.5 接线端子温升

号灯接线端子温升不应高于 40 K。

3.6 湿热

号灯在湿热环境下应能正常工作并应符合下列规定:

a) 绝缘电阻符合 3.15 的规定;

b) 电气强度符合 3.16 的规定;

c) 电镀件质量:镀层腐蚀区域面积之和占主要镀层面积 5%～25%的零件个数,不应超过总零件个数的 1/3。但允许个别零件镀层腐蚀区域面积大于 25%、个别零件出现个别锈点;

d) 油漆层表面质量:允许有轻微失光、退色,有少量针孔等缺陷;在主要表面上不应有直径大于 1.0 mm 的气泡,且在任意 10 000 mm^2 方格面积内,直径为 0.5 mm～1.0 mm 的气泡应不多于两个;油漆件的漆膜附着力要求在九个 1 mm^2 方格中底漆不脱落,面漆脱落应不超过三个方格;

e) 粉末静电涂覆层允许有轻微的变色、轻微的失光,在 10 倍放大镜下才可见几条值得注意的开裂、几个可见的锈点、几个可见的起泡;

f) 热固性塑料件外表面允许有部分白色粉状析出物，轻微填料膨胀，直径为 0.3 mm～0.5 mm 的气泡，分布面积不大于5%，允许有个别直径为 0.5 mm～1.0 mm 的起泡；
g) 绝缘材料和橡胶材料不应有变形、发黏、开裂等缺陷；
h) 油漆层和喷塑层不应脱落，电镀层不应出现锈斑。

3.7 耐久性试验和热试验

3.7.1 号灯在工作中周期性发热和冷却条件下，不应变得不安全或过早的损坏。经耐久性试验后的号灯应符合 GB 7000.1—2007 中 12.3.2 的要求。

3.7.2 号灯在正常使用条件下，包括光源在内的任何部件、内部的电源接线或安装表面都不应达到有损安全的温度。经热试验后的号灯应符合 GB 7000.1—2007 中 12.4.2 的要求。

3.8 耐热、耐火和耐起痕

3.8.1 号灯中提供防触电保护的外部绝缘材料以及固定载流部件或安全特低电压部件的绝缘材料部件均应足够的耐热。

3.8.2 号灯中固定载流部件或安全特低电压部件在其位的绝缘材料部件以及提供防触电保护的绝缘材料制成的外部部件应耐燃烧、防引燃。

3.8.3 号灯中固定载流部件或安全特低电压部件就位或与这些部件接触的绝缘部件应采用耐起痕材料。

3.9 盐雾

号灯应具有耐腐蚀性能，在 GB/T 2423.18—2008 试验 Kb 规定的严酷等级 1 条件下，经四个周期不应产生腐蚀损坏及影响正常工作。目视检查金属表面应无明显变质和腐蚀。

3.10 长霉

号灯的涂覆、有机材料和绝缘零部件的防霉能力应不低于 GB/T 2423.16—2008 中 12.3 规定的 2b 级，并且不应影响号灯的光学性能。

3.11 振动

号灯应具有耐振动性能。按 GB/T 2423.10—2008 的规定振动试验后，各零部件不应松动、断裂和变形，号灯应能正常工作。

3.12 玻璃制件耐温度骤变性能

号灯的玻璃制件，应具有耐温度骤变性能。在正常工作时，当低于环境温度 10 ℃且不低于 5 ℃的水直接泼至玻璃件表面时，应无破损。

3.13 接地

号灯的接地应符合 GB 7000.1—2007 中 7.2.1 和 7.2.2 的要求。

3.14 电源波动

号灯在由额定工作电压(U_n)和频率(交流)的电源供电时，在下列电源波动情况下应能正常工作：

a) 由交流电源供电时，电压稳态波动－10%～＋6%、频率稳态波动－5%～＋5%，电压瞬态波动－20%～＋20%、频率瞬态波动－10%～＋10%；

b) 由直流电源供电时,电压稳态波动－10%～＋10%、电压周期波动5%、纹波电压10%;

c) 由蓄电池供电时,在充电期间接于蓄电池的号灯电压波动－25%～＋30%,在充电期间不接于蓄电池的号灯－25%～＋20%。

3.15 绝缘电阻

号灯在正常大气条件和湿热、低温、盐雾、电气强度试验后的绝缘电阻应不小于表1的规定值。

表1 绝缘电阻

号灯额定工作电压 U_n/V	最低绝缘电阻/MΩ	
	正常大气条件	湿热、低温、盐雾、电气强度试验后
≤65	10	1
＞65	100	10

3.16 电气强度

号灯各独立电路之间和所有电路相对于外壳之间应具有绝缘特性。应在交流50 Hz/60 Hz规定电压下,历时1 min无击穿或闪络。

3.17 爬电距离和电气间隙

号灯的爬电距离和电气间隙应不小于表2规定的值。

表2 爬电距离和电气间隙

额定电压 U_n/V	电气间隙/mm		爬电距离/mm	
	不同极性带电部件之间	带电部件与相邻金属部件之间	不同极性带电部件之间	带电部件与相邻金属部件之间
$U_n \leq 25$	3	4	4	4
$25 < U_n \leq 250$		6		6

3.18 电磁兼容性

3.18.1 号灯的电磁兼容性应满足不同船舶的使用要求,其无线电骚扰特性限值应符合GB 17743—2007第4章、第5章的相关规定。

3.18.2 号灯不应被周围的电子、电气设备(无线电天线)所产生的电磁骚扰所影响,而使发光中断或目视可见的亮度明显变化。

3.19 外壳防护

号灯外壳的防护等级应不低于GB 4208—2008的IP56。

3.20 光学性能

3.20.1 号灯主要光学技术参数见表3。

表 3 号灯主要光学技术参数

<table>
<tr><th rowspan="2">号灯种类</th><th rowspan="2">灯光颜色</th><th colspan="3">最小能见距离/(n mile)</th><th rowspan="2">水平光弧</th><th rowspan="2">垂向光弧</th><th rowspan="2">备注</th></tr>
<tr><th>船长≥50 m</th><th>50 m>船长≥12 m</th><th>船长<12 m</th></tr>
<tr><td>右舷灯</td><td>绿</td><td rowspan="2">3</td><td rowspan="2">2</td><td rowspan="2">1</td><td>从船的正前方到右舷正横后 22.5°共 112.5°内显示</td><td rowspan="9">自水平线上方 5°至水平线下方 5°</td><td>—</td></tr>
<tr><td>左舷灯</td><td>红</td><td>从船的正前方到左舷正横后 22.5°共 112.5°内显示</td><td>—</td></tr>
<tr><td>桅灯</td><td>白</td><td>6</td><td>5</td><td rowspan="7">2</td><td>从船的正前方到每一舷正横后 22.5°共 225°内显示</td><td>船长 20 m 以下的为 3 n mile</td></tr>
<tr><td>艉灯</td><td>白</td><td rowspan="6">3</td><td rowspan="6">2</td><td rowspan="2">从船的正后方到每一舷 67.5°共 135°内显示</td><td>—</td></tr>
<tr><td>拖带灯</td><td>黄</td><td>—</td></tr>
<tr><td>白色环照灯</td><td>白</td><td rowspan="4">360°</td><td>不易觉察的、部分淹没的被拖船舶或物体为 3 n mile</td></tr>
<tr><td>红色环照灯</td><td>红</td><td>—</td></tr>
<tr><td>绿色环照灯</td><td>绿</td><td>—</td></tr>
<tr><td>黄色环照灯</td><td>黄</td><td>—</td></tr>
</table>

3.20.2 号灯光线应为平行光，光线应稳定，不应出现抖动、闪烁等不稳定现象。

3.20.3 号灯按《1972 年国际海上避碰规则》及其修订案要求发出各自灯光颜色而设置的滤光器、透镜和光源应具有持久性色度特性，通过透镜后的灯光颜色，其色度坐标应在国际照明委员会(CIE)为每种颜色所规定的区域界限之内。各种颜色的区域界限坐标见表 4，色度坐标区域界限图解见图 1。

表 4 号灯色度坐标区域界限

颜色	坐标	坐标值					
白色	X	0.525	0.525	0.452	0.310	0.310	0.443
	Y	0.382	0.440	0.440	0.348	0.283	0.382
绿色	X	0.028	0.009	0.300	0.203	—	—
	Y	0.385	0.723	0.511	0.356	—	—
红色	X	0.680	0.660	0.735	0.721	—	—
	Y	0.320	0.320	0.265	0.259	—	—
黄色	X	0.612	0.618	0.575	0.575	—	—
	Y	0.382	0.382	0.425	0.406	—	—

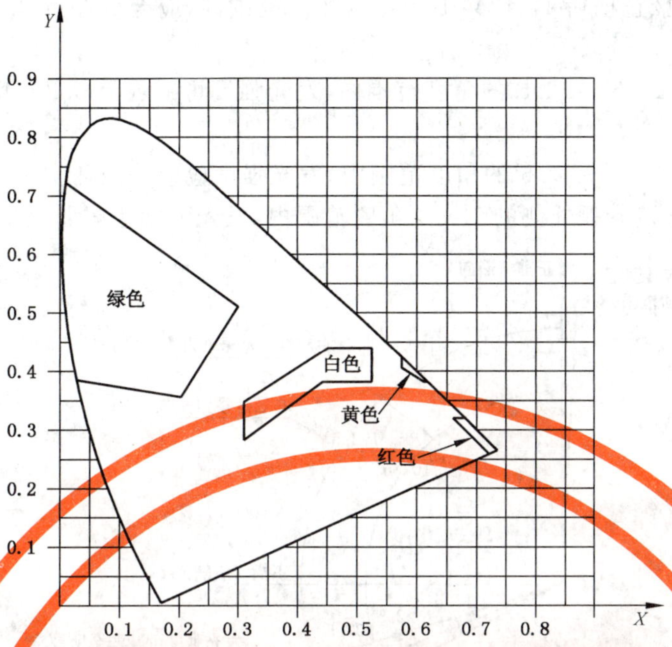

图 1　号灯色度坐标区域界限图解

3.20.4　号灯应在其规定光弧内具有足够的发光强度。表 5 规定了为达到所要求的能见距离所需的最低发光强度。

表 5　号灯能见距离与发光强度对照表

所要求的能见距离 D/(n mile)	最低发光强度 I/cd
1	0.9
2	4.3
3	12
4	27
5	52
6	94

最低发光强度按公式(1)计算。

$$I = 3.43 \times 10^6 \times T \times D^2 \times K^D \qquad \cdots\cdots (1)$$

式中：

I ——以新烛光单位计算的发光强度的数值，单位为坎(cd)；

T——临阈系数，2×10^{-7} lx；

D——能见距离的数值，单位为海里(n mile)；

K——大气透射率。规定的号灯，K 值应是 0.8，相当于 13 n mile 的大气能见度。

3.20.5　舷灯(红色和绿色)的水平向光弧应自船的正前方至一舷正横后 22.5°共 112.5°角度范围内显示，见图 2。发光强度要求如下：

a) 自正前方至一舷正横后17.5°共107.5°的角度范围内，应至少保持3.20.4所要求的最低发光强度；

b) 每一舷正横后17.5°～22.5°的角度范围内，发光强度可减弱至3.20.4所要求的最低发光强度的50%；

c) 每一舷正横后22.5°～27.5°的角度范围内，发光强度应减弱至切实断光；

d) 在正前方，在规定光弧外侧的1°～3°角度范围内，发光强度应减弱至切实断光。

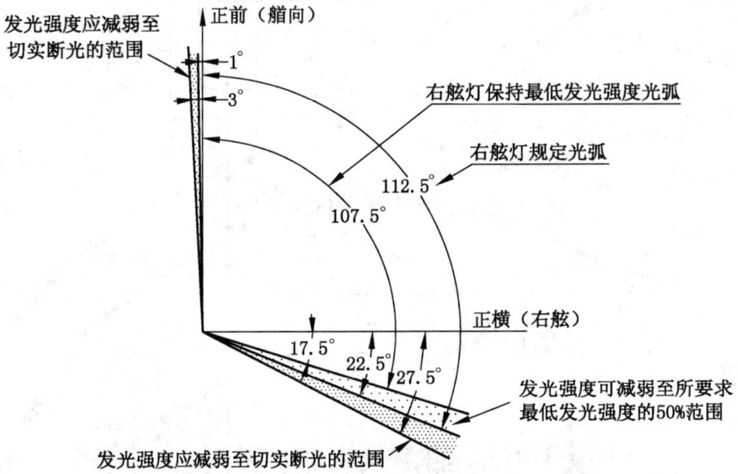

注1：左舷灯（红）的图与此图方向相反。

图2 右舷灯（绿）光束分布

3.20.6 桅灯的水平向光弧在船的正前方应自一舷正横后22.5°至另一舷正横后22.5°共225°的角度范围内显示，见图3。发光强度要求如下：

a) 在正前方，自一舷正横后17.5°至另一舷正横后17.5°共215°的角度范围内，至少应保持3.20.4所要求的最低发光强度；

b) 每一舷正横后17.5°～22.5°的角度范围内，发光强度可减弱至3.20.4所要求最低发光强度的50%；

c) 每一舷正横后22.5°～27.5°的角度范围内，发光强度应减弱至切实断光。

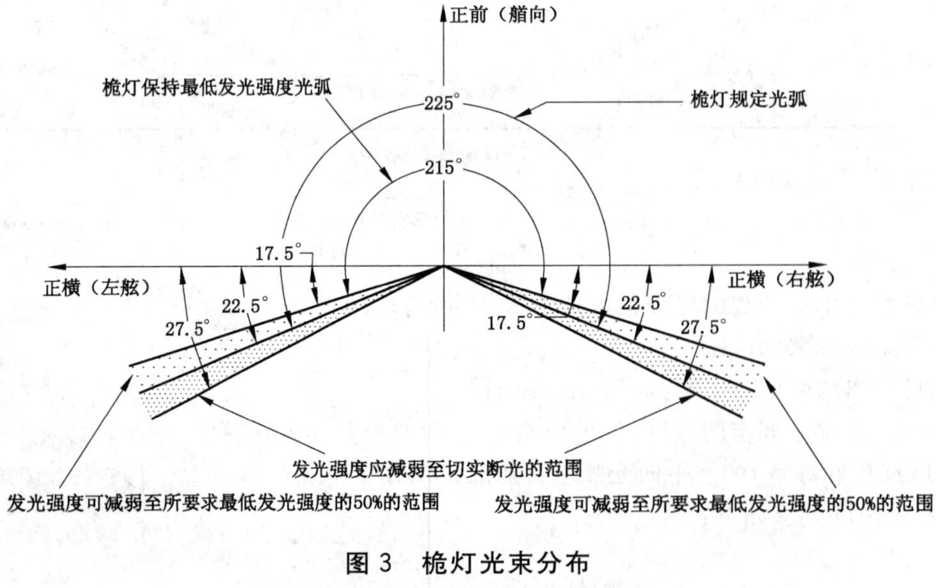

图3 桅灯光束分布

3.20.7 艉灯和拖带灯的水平光弧应在船的正后方自正后方至每一舷 67.5°共 135°的角度范围内显示，见图 4。发光强度要求如下：

a) 自正后方至每一舷 62.5°的角度范围内，至少应保持 3.20.4 所要求的最低发光强度；

b) 在正后方，每一舷 62.5°～67.5°的角度范围内，发光强度可减弱至 3.20.4 所要求的最低发光强度的 50%；

c) 在正后方，每一舷 67.5°～72.5°的角度范围内，发光强度应减弱至切实断光。

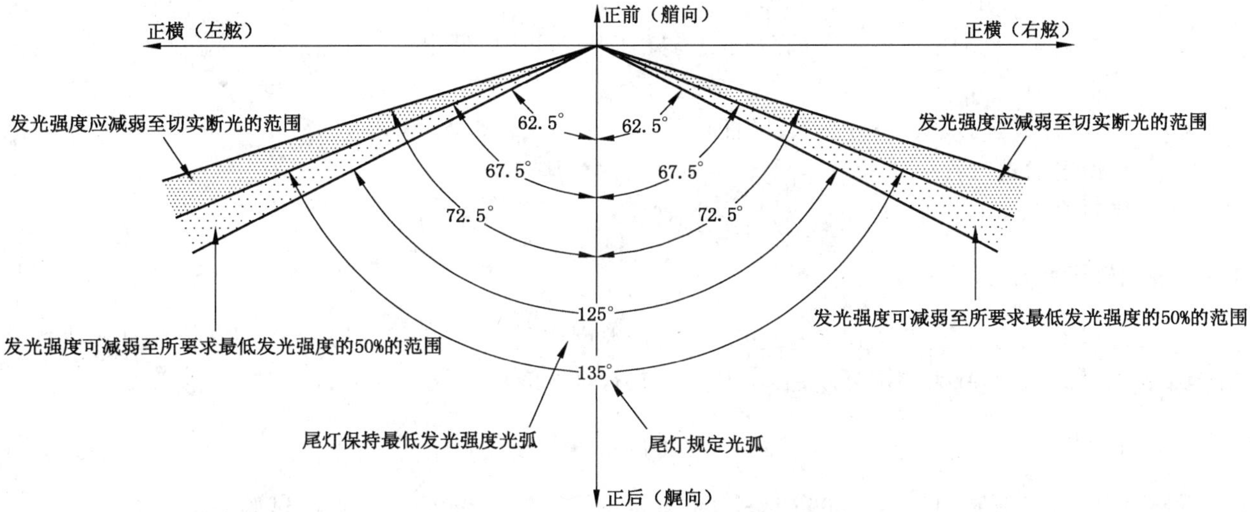

图 4 艉灯和拖带灯光束分布

3.20.8 号灯的垂向光弧自水平线上方 5°至水平线下方 5°的角度范围内，至少应保持 3.20.4 所要求的最低发光强度；在水平线上方 5°～7.5°和水平线下方 5°～7.5°的角度范围内，至少应保持 3.20.4 所要求的最低发光强度的 60%。

3.20.9 号灯在使用最低发光强度的规定光弧内，号灯的水平强度分布和垂向强度分布应统一为：测量的最低和最高发光强度值（以新的烛光单位计算）相差的系数不大于 1.5，以避免可能导致船长不小于 12 m 的船舶出现闪光灯的发光强度变化。

3.20.10 号灯在规定的水平发光角度边界处应减弱发光强度以达到切实断光，对于船长不小于 12 m 的船舶，发光强度应不大于规定光弧内平均发光强度的 10%。

4 试验方法

4.1 外观

目视检查号灯的外观质量。结果应符合 3.3 的要求。

4.2 低温

号灯应按照 GB/T 2423.1—2008 试验 Ad 规定的方法进行低温试验，试验要求如下：

a) 试验温度为－30 ℃；

b) 持续时间 2 h；

c) 试验前按 4.14 规定测量的绝缘电阻应符合 3.15 的规定；

d) 将号灯放入温度为室温的试验箱的有效工作空间内，将箱温降至试验温度保持 2 h；

e) 在试验的后 1 h 内，在试验温度下进行功能试验，号灯在试验期间除进行功能试验外，不通电工作；

f) 在恢复后进行性能试验。

结果应符合 3.4 的要求。

4.3 高温

号灯应按照 GB/T 2423.2—2008 试验 Bd 规定的方法进行高温试验，试验要求如下：

a) 试验温度为 50 ℃±2 ℃；

b) 持续时间 2 h；

c) 将号灯放入温度为室温的试验箱的有效工作空间内，通电工作，然后将箱温升高至 50 ℃±2 ℃ 下保持 2 h；

d) 在试验温度的最后 1 h 内进行功能试验；

e) 在恢复后进行性能试验。

结果应符合 3.4 的要求。

4.4 接线端子温升

将号灯以额定电压点亮，当温升稳定后（每分钟温度变化不超过 1 ℃时），用半导体点温计测出接线端子外表面最高温度，减去周围环境温度，其数值应符合 3.5 的要求。

4.5 湿热

号灯应按照 GB/T 2423.4—2008 试验 Db 规定的方法进行交变湿热试验，试验要求如下：

a) 试验温度为 55 ℃±2 ℃；

b) 相对湿度为 90%～96%；

c) 试验前按照 4.14 的规定测量绝缘电阻；

d) 将号灯放入温度为室温的试验箱的有效工作空间内，先在温度为 25 ℃±3 ℃、相对湿度 45%～75%的条件下进行预处理，使号灯达到温度稳定；

e) 按照 GB/T 2423.4 规定的试验 Db——试验循环——方法 2 所示的周期循环两次；

f) 第一周期中号灯应处于通电工作状态，在第二周期中除进行功能试验外应切断电源，在第一周期高温高湿阶段前 2 h 和第二周期高温高湿阶段的最后 2 h 应进行功能试验；

g) 试验周期结束后，从试验箱中取出号灯，在标准大气条件下进行恢复，允许将号灯上所有接触到的表面和部件上的水渍抹去；

h) 在恢复后按 4.14 规定测量的绝缘电阻应符合 3.5 的规定，并进行性能试验。

结果应符合 3.6 的要求。

4.6 耐久性试验和热试验

4.6.1 号灯应按照 GB 7000.1—2007 中 12.3.1 规定的方法进行耐久性试验。结果应符合 3.7.1 的要求。

4.6.2 号灯应按照 GB 7000.1—2007 中 12.4.1 规定的方法进行热试验。结果应符合 3.7.2 的要求。

4.7 耐热、耐火和耐起痕

4.7.1 号灯的绝缘材料应按照 GB 7000.1—2007 中 13.2 规定的方法进行耐热试验。结果应符合 3.8.1 的要求。

4.7.2 号灯的绝缘材料应按照 GB 7000.1—2007 中 13.3 规定的方法进行耐燃烧和防引燃试验。结果应符合 3.8.2 的要求。

4.7.3 号灯的绝缘材料应按照 GB 7000.1—2007 中 13.4 规定的方法进行耐起痕试验。结果应符合

3.8.3 的要求。

4.8 盐雾

号灯应按照 GB/T 2423.18—2000 试验 Kb 规定的方法进行交变盐雾试验，试验要求如下：

a) 试验溶液为质量百分比浓度为 5%±1%的氯化钠(化学纯以上)溶液，pH 值在温度为 20 ℃±2 ℃时为 6.5～7.2；

b) 温度为 40 ℃±2 ℃；

c) 相对湿度为 90%～95%；

d) 试验前按 4.14 的规定测量绝缘电阻和进行功能试验；

e) 号灯应按严酷等级 1 进行试验：四个喷雾周期、每个周期连续喷雾 2 h、7 天湿热贮存期；

f) 试验期间号灯不运行；

g) 试验结束后，应将号灯置于正常大气条件下恢复 1 h～2 h，紧接着进行绝缘电阻测量和性能试验。

结果应符合 3.9 的要求。

4.9 长霉

号灯应按照 GB/T 2423.16—2008 规定的试验方法 1 进行长霉试验，试验要求如下：

a) 号灯不做预处理，按接收状态进行试验；

b) 采用喷洒接种的方法；

c) 培养周期为 28 d(严酷等级 1)；

d) 培养周期结束时，进行号灯长霉程度检查。

结果应符合 3.10 的要求。

4.10 振动

号灯应按照 GB/T 2423.10—2008 试验 Fc 规定的方法进行振动试验，试验要求如下：

a) 号灯按实际工作状态安装在振动试验台上通电工作；

b) 按表 6 规定的频率范围和振幅，以不超过 1 oct/min 的扫频速率扫描，检查有无共振现象；

c) 若无明显共振点，则应在 30 Hz 频率下作 90 min 耐振试验；

d) 在每一记录到放大率 $Q \geqslant 2$ 的共振频率上作 90 min 的耐振试验，若测得的几个共振频率较为接近，则耐振试验可采用扫频试验，持续时间为 120 min；

e) 试验中，可采取避除危险频率或减小 Q 值的措施，但应重新进行共振检查和耐振试验；

f) 试验应在三个互相垂直的轴线上进行；

g) 其他应符合 GB/T 2423.10—2008 的规定。

结果应符合 3.11 的要求。

表 6 振动试验参数

频率变化范围/Hz	振幅	
	位移/mm	加速度/(m/s²)
2～13.2	±1	—
13.2～100	—	±6.9

4.11 玻璃制件耐温度骤变

号灯处于额定工作电压(交流供电的号灯还需处于额定工作频率)工作状态下。当玻璃件温度变化稳定后(温度变化率不超过 1 ℃/min),用比试验现场环境温度低 10 ℃±1 ℃(最低水温不低于 5 ℃)的水直接泼到待测玻璃件上。结果应符合 3.12 的要求。

4.12 接地

号灯应按照 GB 7000.1—2007 中 7.2.3～7.2.11 规定的方法,进行目视检查和进行接地试验。结果应符合 3.13 的要求。

4.13 电源波动

号灯在表 7 所列电源变化情况下各运行 15 min。结果应符合 3.14 的要求。

表 7 电源波动范围

%

<table>
<tr><th>电源</th><th>电压和频率波动组合</th><th>电压稳态波动</th><th>频率稳态波动</th></tr>
<tr><td rowspan="7">交流</td><td>1</td><td rowspan="2">+6</td><td>+5</td></tr>
<tr><td>2</td><td rowspan="2">−5</td></tr>
<tr><td>3</td><td rowspan="2">−10</td></tr>
<tr><td>4</td><td>+5</td></tr>
<tr><td></td><td>电压瞬态波动
恢复时间 1.5 s</td><td>频率瞬态波动
恢复时间 5 s</td></tr>
<tr><td>5</td><td>+20</td><td>+10</td></tr>
<tr><td>6</td><td>−20</td><td>−10</td></tr>
<tr><td rowspan="2">直流</td><td>电压稳态波动</td><td>电压周期性波动</td><td>纹波电压</td></tr>
<tr><td>±10</td><td>5</td><td>10</td></tr>
<tr><td rowspan="3">蓄电池</td><td>情况</td><td colspan="2">电压波动</td></tr>
<tr><td>充电期间接于蓄电池</td><td colspan="2">−25～+30</td></tr>
<tr><td>充电期间不接于蓄电池</td><td colspan="2">−25～+20</td></tr>
<tr><td colspan="4">注：所列电源变化参数,是以额定工作电压(U_n)和频率为基准。</td></tr>
</table>

4.14 绝缘电阻

号灯应在湿热、低温、盐雾和电气强度试验前后分别进行绝缘电阻测量,测量要求如下:

a) 号灯绝缘电阻测试电压应符合表 8 的规定;

表 8 绝缘电阻测试电压

单位为伏

号灯额定工作电压 U_n	直流测试电压
≤65	250
>65	500

b) 测量号灯带电部件之间、带电部件与外壳之间的绝缘电阻。

结果应符合 3.15 的要求。

4.15 电气强度

号灯应在正常大气条件下进行电气强度试验，试验要求如下：

a) 试验前按 4.14 的规定测量号灯的绝缘电阻，结果应符合表 1 的规定；

b) 在号灯各独立电路之间和所有电路对地(外壳)之间施以表 9 规定的 50 Hz/60 Hz 交流电压，电压从小于 0.5 倍试验电压开始，约在 5 s 内升至规定值，保持 1 min，然后到 0，并切断电源；

c) 试验中可能引起损坏的带有电子元件的印刷电路在试验前可以拆除；

d) 试验后应立即测量绝缘电阻，结果应符合表 1 的要求。

结果应符合 3.16 的要求。

表 9 电气强度试验电压

单位为伏

号灯额定工作电压 U_n	试验电压
≤65	1 000
>65	2 000

4.16 爬电距离和电气间隙

号灯按照 GB 7000.1—2007 中 11.2.1 规定的方法进行爬电距离和电气间隙检验，采用检定合格并在有效期内的计量器具测量号灯各带电部件之间、带电部件与金属外壳或相邻金属部件之间的电气间隙和爬电距离。结果应符合 3.17 的要求。

4.17 电磁兼容性

号灯应按照 GB 17743—2007 第 6 章～第 9 章规定的方法进行无线电骚扰特性试验。结果应符合 3.18 的要求。

4.18 外壳防护

号灯应按照 GB 4208 规定的方法进行外壳防护试验。结果应符合 3.19 的要求。

4.19 光学性能

4.19.1 试验场所和设备

光学性能测试场所和设备应符合下列要求：

a) 暗室：满足测量时照度计光度探头与受试号灯之间所需测试距离要求，四壁、天花板和地板应为黑色，不反光，背景照度应不大于 0.01 lx。

b) 号灯光学测试平台：能水平 360°、俯仰各 25°转动，并能垂直升降。

c) 测试距离(对基于光度距离法则的测量)：测试距离应尽量远。能见距离不小于 3 n mile 的号灯，测试距离不应小于 6 m。

d) 杂散光挡屏：应对杂散光进行适当的遮挡，以使杂散光保持在最低水平。光度探头应采取遮蔽措施，使其尽可能地只看见号灯；光度探头看到的所有挡屏表面应刷无光黑漆。布置挡屏时应使来自号灯杂散光需经两个至更多的发射面才能到达光度探头。

e) 照度计：用于测试号灯在规定距离处的照度值，换算导出发光强度。

f) 色度计：用于测试号灯灯光颜色。

g) 激光定位仪或水平仪：用于校准号灯光度中心、照度计光度探头中心、激光定位仪或水平仪中心在同一光轴上。

h) 数显角度器：用于测定号灯光学测试平台水平位置，误差在0.1°以内。

i) 数控稳压电源：电源电压控制应在设定值±0.2%以内。

j) 号灯光学测试夹具：与号灯光学测试平台配套使用，夹具上应提供各种号灯实际工作状态螺纹安装孔，标有正前、正后、正横指示刻度线，为号灯的安装及测试提供指示。各种号灯装在夹具上后，与号灯在船舶上实际安装状态完全相同，夹具回转中心应与号灯光学测试平台回转中心重合，以达到测试的准确性。

4.19.2 试验方法

将号灯光学测试夹具安装于号灯光学测试平台上，使夹具的正前方与号灯光学测试平台正前方对准，将受试号灯按工作安装状态装在夹具上，此时号灯的正前方与号灯光学测转平台正前方重合。用激光定位仪或水平仪校准光度探头有效旋转中心与号灯的光学中心重合，同时确定测试距离。然后将受试号灯以额定电压通电工作10 min后开始测试。

4.19.2.1 灯光颜色测试

按GB/T 7922的规定使用色度计测量号灯的灯光颜色。结果应符合3.20.3的要求。

4.19.2.2 水平光弧测试

根据号灯所要求的能见距离和水平光弧角度，连续从不同角度处测量水平方向的发光强度。在连续保持最低发光强度的角度内，每次测量角度间隔不大于5°，此外，还应在保持最低发光强度边界点处、规定光弧边界点处、断光边界点处进行测量。结果应分别符合3.20.4～3.20.7的要求。

4.19.2.3 垂直光弧测试

将号灯从水平位置分别向上和向下每次转动1°，边界点为7.5°，在每个相应位置上重复4.19.2.2的测试。结果应符合3.20.8的要求。

4.19.2.4 照度与发光强度

号灯光照度与发光强度按公式(2)进行换算。

$$I = E \times L^2 \tag{2}$$

式中：

I——发光强度的数值，单位为坎(cd)；

E——照度的数值，单位为勒(lx)；

L——距离的数值，单位为米(m)。

4.19.2.5 发光强度均匀性

计算号灯在使用最低发光强度的水平和垂直发光角度内所测得的发光强度的最大值与最小值之比。结果应符合3.20.9的要求。

5 检验规则

5.1 检验分类

号灯的检验分为型式检验和出厂检验。

5.2 型式检验

5.2.1 号灯有下列情况之一时，应进行型式检验：

a) 新产品试制或定型；

b) 正式生产的号灯，如结构、材料、工艺有较大改变影响号灯性能；

c) 正常成批生产的号灯，每隔四年进行一次；

d) 停产两年后恢复生产时。

5.2.2 号灯的型式检验的项目、顺序应按表10的规定。

5.2.3 号灯的型式检验样品数量为三台，随机抽取。

5.2.4 号灯所有样品全部检验项目符合要求时，判定号灯型式检验合格。若其中任意一项不符合要求时，应加倍取样进行检验，若复验符合要求，则判定号灯型式检验合格；若仍有不符合要求的项目，则判号灯型式检验不合格。

5.3 出厂检验

5.3.1 号灯出厂检验的项目、顺序和抽样数量应按表10的规定。除规定的检验项目外，可根据实际情况增加其他项目。

5.3.2 号灯出厂检验中，若所有检验项目合格，则判定号灯出厂检验合格。在出厂检验中若发现有不符合要求的项目，应加倍取样进行复验。若复验仍有不符合要求的项目，应停止检验，由制造厂消除缺陷后重新提交检验。

表10 号灯型式和出厂检验项目、顺序及抽样数量

序号	检验项目	技术要求	试验方法	型式检验项目	出厂检验	
					项目	抽样数量
1	外观检查	3.3	4.1	•	•	100%
2	低温试验	3.4	4.2	•	—	
3	高温试验	3.4	4.3	•	—	
4	接线端子温升试验	3.5	4.4	•	—	
5	湿热试验	3.6	4.5	•	—	
6	耐久性试验和热试验	3.7	4.6	•	—	
7	耐热、耐火和耐起痕试验	3.8	4.7	•	—	—
8	盐雾试验	3.9	4.8	•	—	
9	长霉试验	3.10	4.9	•	—	
10	振动试验	3.11	4.10	•	—	
11	玻璃制件耐温度骤变试验	3.12	4.11	•	—	
12	接地试验	3.13	4.12	•	—	
13	电源波动试验	3.14	4.13	•	—	

表 10(续)

<table>
<tr><th rowspan="2">序号</th><th rowspan="2">检 验 项 目</th><th rowspan="2">技术要求</th><th rowspan="2">试验方法</th><th rowspan="2">型式检验项目</th><th colspan="2">出厂检验</th></tr>
<tr><th>项目</th><th>抽样数量</th></tr>
<tr><td>14</td><td>绝缘电阻测量</td><td>3.15</td><td>4.14</td><td>•</td><td>•</td><td rowspan="2">100%</td></tr>
<tr><td>15</td><td>电气强度试验</td><td>3.16</td><td>4.15</td><td>•</td><td>•</td></tr>
<tr><td>16</td><td>爬电距离和电气间隙检测</td><td>3.17</td><td>4.16</td><td>•</td><td>—</td><td rowspan="3">—</td></tr>
<tr><td>17</td><td>电磁兼容试验</td><td>3.18</td><td>4.17</td><td>•</td><td>—</td></tr>
<tr><td>18</td><td>外壳防护试验</td><td>3.19</td><td>4.18</td><td>•</td><td>—</td></tr>
<tr><td>19</td><td>光学性能试验</td><td>3.20</td><td>4.19</td><td>•</td><td>•</td><td>1%,但不少于三只</td></tr>
<tr><td colspan="7">注:•表示检验项目;—表示不检验项目。</td></tr>
</table>

6 标识、包装和储存

6.1 标识

6.1.1 铭牌

号灯应设置坚固、耐久和清晰的铭牌,其位置应使在预定的安装之后铭牌是可见的。铭牌应包括下列内容:

a) 号灯名称;
b) 型号;
c) 额定电压(频率);
d) 功率;
e) 能见距离;
f) 生产日期;
g) 产品编号;
h) 检验标识;
i) 制造商标识;
j) 其他标识。

6.1.2 方向标识

除环照灯外,艏艉定向安装的号灯在灯壳顶部应设有指示艏、艉方向的箭头标识。

6.1.3 玻璃制件标识

透镜和滤光器的边缘应标有出厂标识。

6.2 包装

号灯出厂应有可靠的包装,并附有合格证和装箱单。包装箱不应超过 50 kg。箱上除注明一般运输事项外,还应标记“请勿倒置”、“小心轻放”、“防潮”字样。

6.3 储存

号灯应存放在干燥,通风良好的库房内,定期(不超过六个月)检查保管情况。

参 考 文 献

[1] GB/T 22191—2008 船舶电气设备 设备 灯具和附件

[2] GD 01—2006 电气电子产品型式认可试验指南

[3] 钢质海船入级规范(2009 年) 中国船级社

[4] 船舶与海上设施法定检验规则 国内航行海船法定检验技术规则(2004 年)及相关修正案 中华人民共和国海事局

[5] 《船舶与海上设施法定检验规则 国际航行海船法定检验技术规则(2008 年)及相关修正案 中华人民共和国海事局

[6] IMO MSC.253(83)决议 航行灯、航行灯控制器和相关设备的性能标准

ICS 77.140.75
H 48

中华人民共和国国家标准

GB/T 3094—2012
代替 GB/T 3094—2000

冷拔异型钢管

Cold drawn shaped steel tubes

2012-05-11 发布　　2013-02-01 实施

中华人民共和国国家质量监督检验检疫总局
中国国家标准化管理委员会　发布

前　言

本标准按照 GB/T 1.1—2009 给出的规则起草。

本标准参照 ASTM A 500-07《圆形与异型冷成形焊接与无缝碳素钢结构管》修订。

本标准代替 GB/T 3094—2000《冷拔无缝异型钢管》。本标准与 GB/T 3094—2000 相比，主要变化如下：

——增加了 Q215、Q235、Q345、Q390 钢牌号的质量等级，删除了 Q295 牌号；

——增加了订货内容；

——修改了弯曲度和扭转值要求；

——删除了标记示例；

——修改了通常长度；

——修改了钢管的力学性能；

——增加了钢管冲击试验要求；

——修改了附录 A 中钢管的规格尺寸。

本标准由中国钢铁工业协会提出。

本标准由全国钢标准化技术委员会(SAC/TC 183)归口。

本标准起草单位：上海异型钢管有限公司、江苏界达特异新材料股份有限公司。

本标准主要起草人：高志建、陈红旗、朱速建、薛建良、王炜、胡宏伟、杨雯懿、雷亮亮。

本标准所代替标准的历次版本发布情况为：

——GB 3094—1982；

——GB/T 3094—2000。

冷拔异型钢管

1 范围

本标准规定了冷拔异型钢管的分类、代号、订货内容、外形、尺寸、技术要求、试验方法、检验规则、包装、标志和质量证明书。

本标准适用于冷拔成形的简单断面异型钢管(简称钢管)。

2 规范性引用文件

下列文件对于本文件的应用是必不可少的。凡是注日期的引用文件,仅注日期的版本适用于本文件。凡是不注日期的引用文件,其最新版本(包括所有的修改单)适用于本文件。

GB/T 222 钢的成品化学成分允许偏差

GB/T 223.5 钢铁 酸溶硅和全硅含量的测定 还原型硅钼酸盐分光光度法

GB/T 223.9 钢铁及合金 铝含量的测定 铬天青S分光光度法

GB/T 223.12 钢铁及合金化学分析方法 碳酸钠分离-二苯碳酰二肼光度法测定铬量

GB/T 223.14 钢铁及合金化学分析方法 钽试剂萃取光度法测定钒含量

GB/T 223.17 钢铁及合金化学分析方法 二安替比林甲烷光度法测定钛量

GB/T 223.19 钢铁及合金化学分析方法 新亚铜灵-三氯甲烷萃取光度法测定铜量

GB/T 223.23 钢铁及合金 镍含量的测定 丁二酮肟分光光度法

GB/T 223.40 钢铁及合金 铌含量的测定 氯磺酚S分光光度法

GB/T 223.59 钢铁及合金 磷含量的测定 铋磷钼蓝分光光度法和锑磷钼蓝分光光度法

GB/T 223.60 钢铁及合金化学分析方法 高氯酸脱水重量法测定硅含量

GB/T 223.62 钢铁及合金化学分析方法 乙酸丁酯萃取光度法测定磷量

GB/T 223.63 钢铁及合金化学分析方法 高碘酸钠(钾)光度法测定锰量

GB/T 223.64 钢铁及合金 锰含量的测定 火焰原子吸收光谱法

GB/T 223.68 钢铁及合金化学分析方法 管式炉内燃烧后碘酸钾滴定法测定硫含量

GB/T 223.69 钢铁及合金 碳含量的测定 管式炉内燃烧后气体容量法

GB/T 223.71 钢铁及合金化学分析方法 管式炉内燃烧后重量法测定碳含量

GB/T 223.72 钢铁及合金 硫含量的测定 重量法

GB/T 228.1 金属材料 拉伸试验 第1部分:室温试验方法

GB/T 229 金属材料 夏比摆锤冲击试验方法

GB/T 699 优质碳素结构钢

GB/T 700 碳素结构钢

GB/T 1591 低合金高强度结构钢

GB/T 2102 钢管的验收、包装、标志和质量证明书

GB/T 2975 钢及钢产品 力学性能试验取样位置及试样制备

GB/T 3077 合金结构钢

GB/T 4336 碳素钢和中低合金钢 火花源原子发射光谱分析方法(常规法)

GB/T 20066 钢和铁 化学成分测定用试样的取样和制样方法

GB/T 20123 钢铁 总碳硫含量的测定 高频感应炉燃烧后红外吸收法(常规方法)

GB/T 20125　低合金钢　多元素的测定　电感耦合等离子体发射光谱法

3　分类和代号

钢管按截面形状分类和代号如下：

a）方形钢管　　D-1；
b）矩形钢管　　D-2；
c）椭圆形钢管　　D-3；
d）平椭圆形钢管　　D-4；
e）内外六角形钢管　　D-5；
f）直角梯形钢管　　D-6。

4　订货内容

按本标准订购钢管的合同或订单应包括但不限于下列内容：

a）标准编号；
b）产品名称：
c）钢的牌号及质量等级(若适用)；
d）尺寸规格；
e）订购数量(总重量或总长度)；
f）交货状态；
g）特殊要求。

5　外形、尺寸及重量

5.1　外形和尺寸

钢管的外形和尺寸应分别符合附录A中图A.1～图A.6和表A.1～表A.6的规定。经供需双方协商，可供应图A.1～图A.6和/或表A.1～表A.6以外形状和/或规格的钢管。

5.2　钢管的尺寸允许偏差

钢管的尺寸允许偏差应符合表1的规定。

当需方未在合同中注明钢管尺寸允许偏差级别时，钢管的尺寸允许偏差应符合普通级尺寸精度的规定。当需方要求高级尺寸精度时，应在合同中注明。

根据需方要求，经供需双方协商，可供应表1规定以外尺寸允许偏差的钢管。

表1　钢管的尺寸允许偏差　　单位为毫米

尺寸		允许偏差	
		普通级	高级
边长 A、B	≤30	±0.30	±0.20
	>30～50	±0.40	±0.30
	>50～75	±0.80%A、±0.80%B	±0.7%A、±0.7%B
	>75	±1%A、±1%B	±0.8%A、±0.8%B

表 1（续） 单位为毫米

尺寸		允许偏差	
		普通级	高级
壁厚 S	≤1.0	±0.18	±0.12
	>1.0～3.0	$^{+15\%S}_{-10\%S}$	$^{+12.5\%S}_{-10\%S}$
	>3.0	$^{+12.5\%S}_{-10\%S}$	±10%S

5.3 边凹凸度

钢管的边凹凸度应符合表 2 的规定。

当需方未在合同中注明钢管边凹凸度级别时，钢管的边凹凸度应符合普通级精度的规定。当需方要求边凹凸度高级精度时，应在合同中注明。

表 2 钢管的边凹凸度 单位为毫米

边长尺寸	边凹凸度(不大于)	
	普通级	高级
≤30	0.20	0.10
>30～50	0.30	0.15
>50～75	0.8%A、0.8%B	0.5%A、0.5%B
>75	0.9%A、0.9%B	0.6%A、0.6%B

5.4 外圆角半径

钢管端面的外圆角半径(R)应符合表 3 的规定。

表 3 钢管的外圆角半径 单位为毫米

壁厚(S)	S≤6	6<S≤10	S>10
外圆角半径(R)	≤2.0S	≤2.5S	≤3.0S

5.5 弯曲度

钢管的弯曲度应符合表 4 的规定。

当需方未在合同中注明钢管弯曲度等级时，钢管的弯曲度应符合普通级精度的规定。当需方要求高级精度时，应在合同中注明。

表 4 钢管的弯曲度

精度等级	弯曲度/(mm/m)	全长(L)弯曲度
普通级	≤3.0	≤0.3%L
高级	≤2.0	≤0.2%L

5.6 扭转值

钢管不允许有明显扭转。方形钢管、矩形钢管和直角梯形钢管的扭转值应符合表5的规定。

根据需方要求，经供需双方协商，并在合同中注明，可供应表5规定以外扭转值的钢管。

表5 钢管的扭转值

钢管边长/mm	允许扭转值/(mm/m)
≤30	≤1.5
>30～75	≤2.0
>75	≤2.5

5.7 长度

5.7.1 通常长度

钢管的通常长度为2 000 mm～9 000 mm。

根据需方要求，经供需双方协商，并在合同中注明，可供应规定以外长度的钢管。

5.7.2 定尺长度和倍尺长度

5.7.2.1 根据需方要求，经供需双方协商，并在合同中注明，钢管可按定尺长度或倍尺长度交货。

5.7.2.2 定尺长度和倍尺长度应在通常长度范围内。定尺长度允许偏差为$^{+15}_{0}$ mm；倍尺总长度允许偏差为$^{+10}_{0}$ mm，每个倍尺长度应留5 mm～10 mm的切口余量。

5.8 端头外形

钢管的两端端面应与钢管轴线垂直，切口毛刺应予清除。

5.9 重量

钢管按实际重量交货。合同中注明，亦可按理论重量交货，理论重量的计算公式参照附录A(钢的密度取7.85 kg/dm^3)。

6 技术要求

6.1 钢的牌号和化学成分

6.1.1 优质碳素结构钢的牌号为10、20、35和45，其化学成分(熔炼分析)应符合GB/T 699的规定。

碳素结构钢的牌号为Q195、Q215和Q235，其化学成分(熔炼分析)应符合GB/T 700的规定。

低合金高强度结构钢的牌号为Q345和Q390，其化学成分(熔炼分析)应符合GB/T 1591的规定。

根据需方要求，经供需双方协商，可供应合金结构钢钢管，其牌号和化学成分(熔炼分析)应符合GB/T 3077的规定。

6.1.2 当需方要求进行成品化学分析时，应在合同中注明。成品钢管的化学成分允许偏差应符合GB/T 222的规定。

6.1.3 根据需方要求，经供需双方协商，可供应其他牌号的钢管。

6.2 制造方法

6.2.1 钢管应采用无缝钢管经冷拔成形方法制造。

6.2.2 根据需方要求，经供需双方协商，并在合同中注明，钢管可采用焊接钢管经冷拔成形方法制造。冷拔焊接钢管的焊缝应避开圆角处。

6.3 交货状态

钢管应以冷拔状态交货。根据需方要求，经供需双方协商，并在合同中注明，钢管可以热处理状态交货。

6.4 力学性能

6.4.1 冷拔状态交货的钢管，不作力学性能试验。当钢管以热处理状态交货时，钢管的纵向力学性能应符合表6的规定；合金结构钢钢管的纵向力学性能应符合GB/T 3077的规定。

6.4.2 以热处理状态交货的Q195、Q215、Q235、Q345和Q390钢管，当周长不小于240 mm且壁厚不小于10 mm时，应进行冲击试验，其夏比V型缺口冲击吸收能量(KV_2)应符合表6的规定。冲击试样宽度应为10 mm、7.5 mm或5 mm中尽可能的较大尺寸；如无法截取宽度为5 mm的试样时，可不进行冲击试验。

表6中的冲击吸收能量为标准尺寸试样夏比V型缺口冲击吸收能量要求值，当采用小尺寸冲击试样时，小尺寸试样的夏比V型缺口冲击吸收能量要求值应为标准尺寸试样冲击吸收能量要求值乘以表7中的递减系数。

6.4.3 周长不小于240 mm且壁厚不小于10 mm的合金结构钢钢管，其标准试样冲击吸收能量应符合GB/T 3077的规定。

6.4.4 冷拔焊接钢管的力学性能试验取样位置应位于母材区域。

表6 钢管的力学性能

序号	牌号	质量等级	抗拉强度 R_m /MPa	下屈服强度 R_{eL} /MPa	断后伸长率 A /%	冲击试验	
						温度 /℃	吸收能量(KV_2) /J
			不小于				不小于
1	10	—	335	205	24	—	—
2	20	—	410	245	20	—	—
3	35	—	510	305	17	—	—
4	45	—	590	335	14	—	—
5	Q195	—	315～430	195	33	—	—
6	Q215	A	335～450	215	30	—	—
		B				+20	27
7	Q235	A	370～500	235	25	—	—
		B				+20	27
		C				0	
		D				−20	

表 6（续）

<table>
<tr><th rowspan="3">序号</th><th rowspan="3">牌号</th><th rowspan="3">质量等级</th><th>抗拉强度
R_m
/MPa</th><th>下屈服强度
R_{eL}
/MPa</th><th>断后伸长率
A
/%</th><th colspan="2">冲击试验</th></tr>
<tr><th colspan="3" rowspan="2">不小于</th><th rowspan="2">温度
/℃</th><th>吸收能量(KV_2)
/J</th></tr>
<tr><th>不小于</th></tr>
<tr><td rowspan="5">8</td><td rowspan="5">Q345</td><td>A</td><td rowspan="5">470～630</td><td rowspan="5">345</td><td rowspan="2">20</td><td>—</td><td>—</td></tr>
<tr><td>B</td><td>+20</td><td rowspan="3">34</td></tr>
<tr><td>C</td><td rowspan="3">21</td><td>0</td></tr>
<tr><td>D</td><td>−20</td></tr>
<tr><td>E</td><td>−40</td><td>27</td></tr>
<tr><td rowspan="5">9</td><td rowspan="5">Q390</td><td>A</td><td rowspan="5">490～650</td><td rowspan="5">390</td><td rowspan="2">18</td><td>—</td><td>—</td></tr>
<tr><td>B</td><td>+20</td><td rowspan="3">34</td></tr>
<tr><td>C</td><td rowspan="3">19</td><td>0</td></tr>
<tr><td>D</td><td>−20</td></tr>
<tr><td>E</td><td>−40</td><td>27</td></tr>
</table>

表 7　小尺寸试样冲击吸收能量递减系数

试样规格	试样尺寸(高度×宽度)/(mm×mm)	递减系数
标准试样	10×10	1.00
小试样	10×7.5	0.75
小试样	10×5	0.50

6.5　表面质量

6.5.1　钢管的内外表面不允许有裂纹、折叠、结疤、轧折和离层。这些缺陷应完全清除，清除深度应不超过公称壁厚的负偏差，清除处的实际壁厚应不小于壁厚偏差所允许的最小值。

6.5.2　不超过壁厚负偏差的其他局部缺陷允许存在。

6.5.3　冷加工状态交货钢管的内外表面，允许存在制造过程中的磷酸盐和润滑剂附着层。根据需方要求，经供需双方协商，并在合同中注明，供方可对磷酸盐和润滑剂附着层予以去除。

6.5.4　冷拔焊接钢管不允许有搭焊、过烧存在。钢管焊缝的外毛刺应清除，剩余高度应不大于0.5 mm；钢管焊缝的内毛刺允许存在。根据需方要求，经供需双方协商，并在合同中注明，可对内毛刺做特殊规定。

7　试验方法

7.1　钢管的尺寸和外形应采用符合精度要求的量具逐根测量。扭转值的测量方法应符合附录 B 的规定。

边长、边凹凸度和扭转值的测量位置应在距钢管两端至少为最大边长(且不小于 50 mm)的位置；壁厚应在钢管角部圆弧外的平面位置测量。

7.2　钢管的内外表面应在充分照明条件下逐根目视检查。

7.3　钢管其他检验项目的取样方法和试验方法应符合表8的规定。

表8　钢管的检验项目、取样数量、取样方法、试验方法

序号	检验项目	取样数量	取样方法	试验方法
1	化学成分	每炉取1个试样	GB/T 20066	GB/T 223、GB/T 4336 GB/T 20123、GB/T 20125
2	拉伸试验	每批在两根钢管上各取1个试样	GB/T 2975	GB/T 228.1
3	冲击试验	每批在两根钢管上各取1组3个试样	GB/T 2975	GB/T 229

8　检验规则

8.1　检查和验收

钢管的检查和验收由供方质量技术监督部门进行。

8.2　组批规则

8.2.1　钢管按批进行检查和验收。

8.2.2　每批应由同一牌号、同一炉号、同一规格和同一热处理制度或炉次(若适用)的钢管组成。每批钢管的数量应不超过如下规定:

a)　周长≤240 mm:400根;

b)　周长>240 mm:200根。

8.3　取样数量

每批钢管各项检验的取样数量应符合表8的规定。

8.4　复验与判定规则

钢管的复验与判定规则应符合GB/T 2102的规定。

9　包装、标志和质量证明书

钢管的包装和质量证明书应符合GB/T 2102的规定。冷拔焊接钢管的标志内容应包括焊接标识,钢管标志的其他要求应符合GB/T 2102的规定。

附　录　A
（规范性附录）
钢管的外形和尺寸

A.1　图 A.1～图 A.6 和表 A.1～表 A.6 为钢管的外形和尺寸。表 A.1～表 A.6 中所列钢管的理论重量和物理参数供参考。

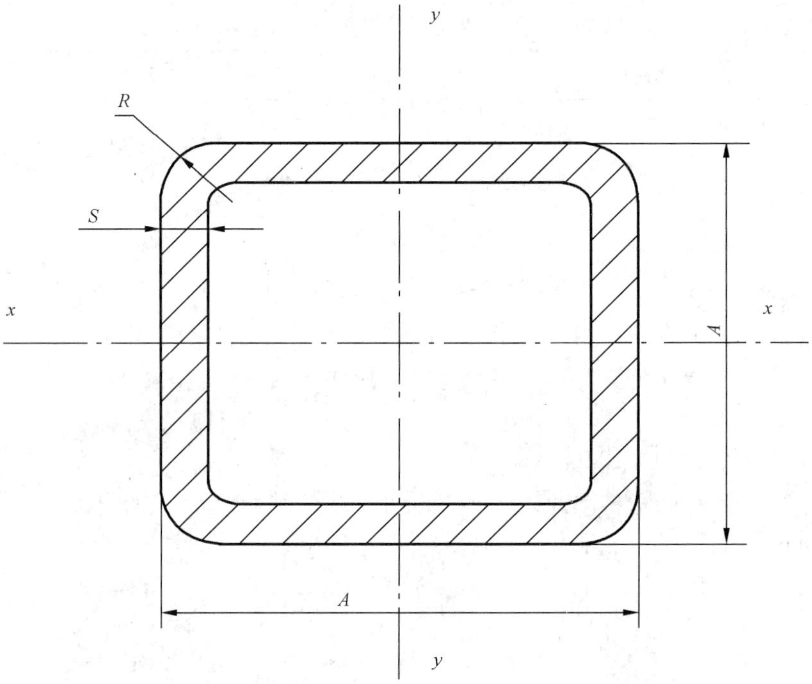

图 A.1　方形钢管(D-1)

表 A.1　方形钢管的尺寸、理论重量和物理参数

基本尺寸		截面面积	理论重量[a]	惯性矩	截面模数
A	S	F	G	$J_x=J_y$	$W_x=W_y$
mm		cm^2	kg/m	cm^4	cm^3
12	0.8	0.347	0.273	0.072	0.119
	1	0.423	0.332	0.084	0.140
14	1	0.503	0.395	0.139	0.199
	1.5	0.711	0.558	0.181	0.259
16	1	0.583	0.458	0.216	0.270
	1.5	0.831	0.653	0.286	0.357
18	1	0.663	0.520	0.315	0.351
	1.5	0.951	0.747	0.424	0.471
	2	1.211	0.951	0.505	0.561

表 A.1（续）

基本尺寸		截面面积	理论重量[a]	惯性矩	截面模数
A	S	F	G	$J_x=J_y$	$W_x=W_y$
mm		cm^2	kg/m	cm^4	cm^3
20	1	0.743	0.583	0.442	0.442
	1.5	1.071	0.841	0.601	0.601
	2	1.371	1.076	0.725	0.725
	2.5	1.643	1.290	0.817	0.817
22	1	0.823	0.646	0.599	0.544
	1.5	1.191	0.935	0.822	0.748
	2	1.531	1.202	1.001	0.910
	2.5	1.843	1.447	1.140	1.036
25	1.5	1.371	1.077	1.246	0.997
	2	1.771	1.390	1.535	1.228
	2.5	2.143	1.682	1.770	1.416
	3	2.485	1.951	1.955	1.564
30	2	2.171	1.704	2.797	1.865
	3	3.085	2.422	3.670	2.447
	3.5	3.500	2.747	3.996	2.664
	4	3.885	3.050	4.256	2.837
32	2	2.331	1.830	3.450	2.157
	3	3.325	2.611	4.569	2.856
	3.5	3.780	2.967	4.999	3.124
	4	4.205	3.301	5.351	3.344
35	2	2.571	2.018	4.610	2.634
	3	3.685	2.893	6.176	3.529
	3.5	4.200	3.297	6.799	3.885
	4	4.685	3.678	7.324	4.185
36	2	2.651	2.081	5.048	2.804
	3	3.805	2.987	6.785	3.769
	4	4.845	3.804	8.076	4.487
	5	5.771	4.530	8.975	4.986
40	2	2.971	2.332	7.075	3.537
	3	4.285	3.364	9.622	4.811
	4	5.485	4.306	11.60	5.799
	5	6.571	5.158	13.06	6.532

表 A.1（续）

基本尺寸		截面面积	理论重量[a]	惯性矩	截面模数
A	S	F	G	$J_x=J_y$	$W_x=W_y$
mm		cm^2	kg/m	cm^4	cm^3
42	2	3.131	2.458	8.265	3.936
	3	4.525	3.553	11.30	5.380
	4	5.805	4.557	13.69	6.519
	5	6.971	5.472	15.51	7.385
45	2	3.371	2.646	10.29	4.574
	3	4.885	3.835	14.16	6.293
	4	6.285	4.934	17.28	7.679
	5	7.571	5.943	19.72	8.763
50	2	3.771	2.960	14.36	5.743
	3	5.485	4.306	19.94	7.975
	4	7.085	5.562	24.56	9.826
	5	8.571	6.728	28.32	11.33
55	2	4.171	3.274	19.38	7.046
	3	6.085	4.777	27.11	9.857
	4	7.885	6.190	33.66	12.24
	5	9.571	7.513	39.11	14.22
60	3	6.685	5.248	35.82	11.94
	4	8.685	6.818	44.75	14.92
	5	10.57	8.298	52.35	17.45
	6	12.34	9.688	58.72	19.57
65	3	7.285	5.719	46.22	14.22
	4	9.485	7.446	58.05	17.86
	5	11.57	9.083	68.29	21.01
	6	13.54	10.63	77.03	23.70
70	3	7.885	6.190	58.46	16.70
	4	10.29	8.074	73.76	21.08
	5	12.57	9.868	87.18	24.91
	6	14.74	11.57	98.81	28.23
75	4	11.09	8.702	92.08	24.55
	5	13.57	10.65	109.3	29.14
	6	15.94	12.51	124.4	33.16
	8	19.79	15.54	141.4	37.72

表 A.1（续）

基本尺寸		截面面积	理论重量[a]	惯性矩	截面模数
A	S	F	G	$J_x = J_y$	$W_x = W_y$
mm		cm^2	kg/m	cm^4	cm^3
80	4	11.89	9.330	113.2	28.30
	5	14.57	11.44	134.8	33.70
	6	17.14	13.46	154.0	38.49
	8	21.39	16.79	177.2	44.30
90	4	13.49	10.59	164.7	36.59
	5	16.57	13.01	197.2	43.82
	6	19.54	15.34	226.6	50.35
	8	24.59	19.30	265.8	59.06
100	5	18.57	14.58	276.4	55.27
	6	21.94	17.22	319.0	63.80
	8	27.79	21.82	379.8	75.95
	10	33.42	26.24	432.6	86.52
108	5	20.17	15.83	353.1	65.39
	6	23.86	18.73	408.9	75.72
	8	30.35	23.83	491.4	91.00
	10	36.62	28.75	564.3	104.5
120	6	26.74	20.99	573.1	95.51
	8	34.19	26.84	696.8	116.1
	10	41.42	32.52	807.9	134.7
	12	48.13	37.78	897.0	149.5
125	6	27.94	21.93	652.7	104.4
	8	35.79	28.10	797.0	127.5
	10	43.42	34.09	927.2	148.3
	12	50.53	39.67	1 033.2	165.3
130	6	29.14	22.88	739.5	113.8
	8	37.39	29.35	906.3	139.4
	10	45.42	35.66	1 057.6	162.7
	12	52.93	41.55	1 182.5	181.9
140	6	31.54	24.76	935.3	133.6
	8	40.59	31.86	1 153.9	164.8
	10	49.42	38.80	1 354.1	193.4
	12	57.73	45.32	1 522.8	217.5

表 A.1（续）

基本尺寸		截面面积	理论重量[a]	惯性矩	截面模数
A	S	F	G	$J_x=J_y$	$W_x=W_y$
mm		cm^2	kg/m	cm^4	cm^3
150	8	43.79	34.38	1 443.0	192.4
	10	53.42	41.94	1 701.2	226.8
	12	62.53	49.09	1 922.6	256.3
	14	71.11	55.82	2 109.2	281.2
160	8	46.99	36.89	1 776.7	222.1
	10	57.42	45.08	2 103.1	262.9
	12	67.33	52.86	2 386.8	298.4
	14	76.71	60.22	2 630.1	328.8
180	8	53.39	41.91	2 590.7	287.9
	10	65.42	51.36	3 086.9	343.0
	12	76.93	60.39	3 527.6	392.0
	14	87.91	69.01	3 915.3	435.0
200	10	73.42	57.64	4 337.6	433.8
	12	86.53	67.93	4 983.6	498.4
	14	99.11	77.80	5 562.3	556.2
	16	111.2	87.27	6 076.4	607.6
250	10	93.42	73.34	8 841.9	707.3
	12	110.5	86.77	10 254.2	820.3
	14	127.1	99.78	11 556.2	924.5
	16	143.2	112.4	12 751.4	1 020.1
280	10	105.4	82.76	12 648.9	903.5
	12	124.9	98.07	14 726.8	1 051.9
	14	143.9	113.0	16 663.5	1 190.2
	16	162.4	127.5	18 462.8	1 318.8

[a] 当 $S\leqslant 6$ mm 时，$R=1.5S$，方形钢管理论重量推荐计算公式见式(A.1)；当 $S>6$ mm 时，$R=2S$，方形钢管理论重量推荐计算公式见式(A.2)。

$$G=0.015\,7S(2A-2.858\,4S) \quad\text{(A.1)}$$

$$G=0.015\,7S(2A-3.287\,6S) \quad\text{(A.2)}$$

式中：

G——方形钢管的理论重量(钢的密度按 7.85 kg/dm^3)，单位为公斤每米(kg/m)；

A——方形钢管的边长，单位为毫米(mm)；

S——方形钢管的公称壁厚，单位为毫米(mm)。

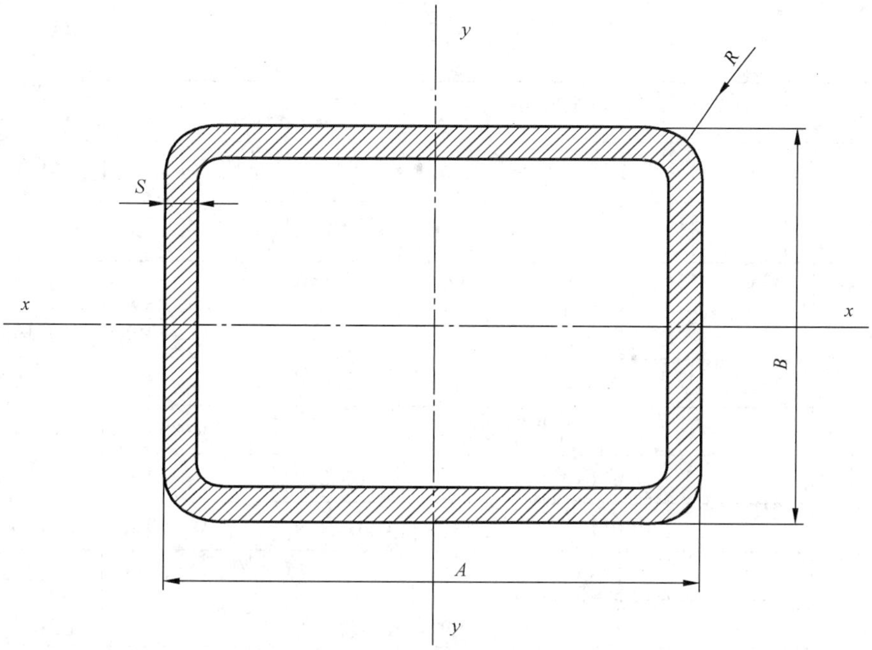

图 A.2　矩形钢管(D-2)

表 A.2　矩形钢管的尺寸、理论重量和物理参数

基本尺寸			截面面积	理论重量[a]	惯性矩		截面模数	
A	B	S	F	G	J_x	J_y	W_x	W_y
mm			cm²	kg/m	cm⁴		cm³	
10	5	0.8	0.203	0.160	0.007	0.022	0.028	0.045
		1	0.243	0.191	0.008	0.025	0.031	0.050
12	6	0.8	0.251	0.197	0.013	0.041	0.044	0.069
		1	0.303	0.238	0.015	0.047	0.050	0.079
14	7	1	0.362	0.285	0.026	0.080	0.073	0.115
		1.5	0.501	0.394	0.080	0.099	0.229	0.141
		2	0.611	0.480	0.031	0.106	0.090	0.151
	10	1	0.423	0.332	0.062	0.106	0.123	0.151
		1.5	0.591	0.464	0.077	0.134	0.154	0.191
		2	0.731	0.574	0.085	0.149	0.169	0.213
16	8	1	0.423	0.332	0.041	0.126	0.102	0.157
		1.5	0.591	0.464	0.050	0.159	0.124	0.199
		2	0.731	0.574	0.053	0.177	0.133	0.221
	12	1	0.502	0.395	0.108	0.171	0.180	0.213
		1.5	0.711	0.558	0.139	0.222	0.232	0.278
		2	0.891	0.700	0.158	0.256	0.264	0.319

表 A.2（续）

基本尺寸			截面面积	理论重量[a]	惯性矩		截面模数	
A	B	S	F	G	J_x	J_y	W_x	W_y
mm			cm^2	kg/m	cm^4		cm^3	
18	9	1	0.483	0.379	0.060	0.185	0.134	0.206
		1.5	0.681	0.535	0.076	0.240	0.168	0.266
		2	0.851	0.668	0.084	0.273	0.186	0.304
	14	1	0.583	0.458	0.173	0.258	0.248	0.286
		1.5	0.831	0.653	0.228	0.342	0.326	0.380
		2	1.051	0.825	0.266	0.402	0.380	0.446
20	10	1	0.543	0.426	0.086	0.262	0.172	0.262
		1.5	0.771	0.606	0.110	0.110	0.219	0.110
		2	0.971	0.762	0.124	0.400	0.248	0.400
	12	1	0.583	0.458	0.132	0.298	0.220	0.298
		1.5	0.831	0.653	0.172	0.396	0.287	0.396
		2	1.051	0.825	0.199	0.465	0.331	0.465
25	10	1	0.643	0.505	0.106	0.465	0.213	0.372
		1.5	0.921	0.723	0.137	0.624	0.274	0.499
		2	1.171	0.919	0.156	0.740	0.313	0.592
	18	1	0.803	0.630	0.417	0.696	0.463	0.557
		1.5	1.161	0.912	0.567	0.956	0.630	0.765
		2	1.491	1.171	0.685	1.164	0.761	0.931
30	15	1.5	1.221	0.959	0.435	1.324	0.580	0.883
		2	1.571	1.233	0.521	1.619	0.695	1.079
		2.5	1.893	1.486	0.584	1.850	0.779	1.233
	20	1.5	1.371	1.007	0.859	1.629	0.859	1.086
		2	1.771	1.390	1.050	2.012	1.050	1.341
		2.5	2.143	1.682	1.202	2.324	1.202	1.549
35	15	1.5	1.371	1.077	0.504	1.969	0.672	1.125
		2	1.771	1.390	0.607	2.429	0.809	1.388
		2.5	2.143	1.682	0.683	2.803	0.911	1.602
	25	1.5	1.671	1.312	1.661	2.811	1.329	1.606
		2	2.171	1.704	2.066	3.520	1.652	2.011
		2.5	2.642	2.075	2.405	4.126	1.924	2.358
40	11	1.5	1.401	1.100	0.276	2.341	0.501	1.170

表 A.2（续）

基本尺寸			截面面积	理论重量[a]	惯性矩		截面模数	
A	B	S	F	G	J_x	J_y	W_x	W_y
mm			cm^2	kg/m	cm^4		cm^3	
40	20	2	2.171	1.704	1.376	4.184	1.376	2.092
		2.5	2.642	2.075	1.587	4.903	1.587	2.452
		3	3.085	2.422	1.756	5.506	1.756	2.753
	30	2	2.571	2.018	3.582	5.629	2.388	2.815
		2.5	3.143	2.467	4.220	6.664	2.813	3.332
		3	3.685	2.893	4.768	7.564	3.179	3.782
50	25	2	2.771	2.175	2.861	8.595	2.289	3.438
		3	3.985	3.129	3.781	11.64	3.025	4.657
		4	5.085	3.992	4.424	13.96	3.540	5.583
	40	2	3.371	2.646	8.520	12.05	4.260	4.821
		3	4.885	3.835	11.68	16.62	5.840	6.648
		4	6.285	4.934	14.20	20.32	7.101	8.128
60	30	2	3.371	2.646	5.153	15.35	3.435	5.117
		3	4.885	3.835	6.964	21.18	4.643	7.061
		4	6.285	4.934	8.344	25.90	5.562	8.635
	40	2	3.771	2.960	9.965	18.72	4.983	6.239
		3	5.485	4.306	13.74	26.06	6.869	8.687
		4	7.085	5.562	16.80	32.19	8.402	10.729
70	35	2	3.971	3.117	8.426	24.95	4.815	7.130
		3	5.785	4.542	11.57	34.87	6.610	9.964
		4	7.485	5.876	14.09	43.23	8.051	12.35
	50	3	6.685	5.248	26.57	44.98	10.63	12.85
		4	8.685	6.818	33.05	56.32	13.22	16.09
		5	10.57	8.298	38.48	66.01	15.39	18.86
80	40	3	6.685	5.248	17.85	53.47	8.927	13.37
		4	8.685	6.818	22.01	66.95	11.00	16.74
		5	10.57	8.298	25.40	78.45	12.70	19.61
	60	4	10.29	8.074	57.32	90.07	19.11	22.52
		5	12.57	9.868	67.52	106.6	22.51	26.65
		6	14.74	11.57	76.28	121.0	25.43	30.26
90	50	3	7.885	6.190	33.21	83.39	13.28	18.53

表 A.2（续）

基本尺寸			截面面积	理论重量[a]	惯性矩		截面模数	
A	*B*	*S*	*F*	*G*	J_x	J_y	W_x	W_y
mm			cm^2	kg/m	cm^4		cm^3	
90	50	4	10.29	8.074	41.53	105.4	16.61	23.43
		5	12.57	9.868	48.65	124.8	19.46	27.74
	70	4	11.89	9.330	91.21	135.0	26.06	30.01
		5	14.57	11.44	108.3	161.0	30.96	35.78
		6	15.94	12.51	123.5	184.1	35.27	40.92
100	50	3	8.485	6.661	36.53	108.4	14.61	21.67
		4	11.09	8.702	45.78	137.5	18.31	27.50
		5	13.57	10.65	53.73	163.4	21.49	32.69
	80	4	13.49	10.59	136.3	192.8	34.08	38.57
		5	16.57	13.01	163.0	231.2	40.74	46.24
		6	19.54	15.34	186.9	265.9	46.72	53.18
120	60	4	13.49	10.59	82.45	245.6	27.48	40.94
		5	16.57	13.01	97.85	294.6	32.62	49.10
		6	19.54	15.34	111.4	338.9	37.14	56.49
	80	4	15.09	11.84	159.4	299.5	39.86	49.91
		6	21.94	17.22	219.8	417.0	54.95	69.49
		8	27.79	21.82	260.5	495.8	65.12	82.63
140	70	6	23.14	18.17	185.1	558.0	52.88	79.71
		8	29.39	23.07	219.1	665.5	62.59	95.06
		10	35.43	27.81	247.2	761.4	70.62	108.8
	120	6	29.14	22.88	651.1	827.5	108.5	118.2
		8	37.39	29.35	797.3	1014.4	132.9	144.9
		10	45.43	35.66	929.2	1184.7	154.9	169.2
150	75	6	24.94	19.58	231.7	696.2	61.80	92.82
		8	31.79	24.96	276.7	837.4	73.80	111.7
		10	38.43	30.16	314.7	965.0	83.91	128.7
	100	6	27.94	21.93	451.7	851.8	90.35	113.6
		8	35.79	28.10	549.5	1039.3	109.9	138.6
		10	43.43	34.09	635.9	1210.4	127.2	161.4
160	60	6	24.34	19.11	146.6	713.1	48.85	89.14
		8	30.99	24.33	172.5	851.7	57.50	106.5

表 A.2（续）

基本尺寸			截面面积	理论重量[a]	惯性矩		截面模数	
A	*B*	*S*	*F*	*G*	J_x	J_y	W_x	W_y
mm			cm^2	kg/m	cm^4		cm^3	
160	60	10	37.43	29.38	193.2	976.4	64.40	122.1
	80	6	26.74	20.99	285.7	855.5	71.42	106.9
		8	34.19	26.84	343.8	1 036.7	85.94	129.6
		10	41.43	32.52	393.5	1 201.7	98.37	150.2
180	80	6	29.14	22.88	318.6	1 152.6	79.65	128.1
		8	37.39	29.35	385.4	1 406.5	96.35	156.3
		10	45.43	35.66	442.8	1 640.3	110.7	182.3
	100	8	40.59	31.87	651.3	1 643.4	130.3	182.6
		10	49.43	38.80	757.9	1 929.6	151.6	214.4
		12	57.73	45.32	845.3	2 170.6	169.1	241.2
200	80	8	40.59	31.87	427.1	1 851.1	106.8	185.1
		12	57.73	45.32	543.4	2 435.4	135.9	243.5
		14	65.51	51.43	582.2	2 650.7	145.6	265.1
	120	8	46.99	36.89	1 098.9	2 441.3	183.2	244.1
		12	67.33	52.86	1 459.2	3 284.8	243.2	328.5
		14	76.71	60.22	1 598.7	3 621.2	266.4	362.1
220	110	8	48.59	38.15	981.1	2 916.5	178.4	265.1
		12	69.73	54.74	1 298.6	3 934.5	236.1	357.7
		14	79.51	62.42	1 420.5	4 343.1	258.3	394.8
	200	10	77.43	60.78	4 699.0	5 445.9	469.9	495.1
		12	91.33	71.70	5 408.3	6 273.3	540.8	570.3
		14	104.7	82.20	6 047.5	7 020.7	604.8	638.2
240	180	12	91.33	71.70	4 545.4	7 121.4	505.0	593.4
250	150	10	73.43	57.64	2 682.9	5 960.2	357.7	476.8
		12	86.53	67.93	3 068.1	6 852.7	409.1	548.2
		14	99.11	77.80	3 408.5	7 652.9	454.5	612.2
	200	10	83.43	65.49	5 241.0	7 401.0	524.1	592.1
		12	98.53	77.35	6 045.3	8 553.5	604.5	684.3
		14	113.1	88.79	6 775.4	9 604.6	677.5	768.4
300	150	10	83.43	65.49	3 173.7	9 403.9	423.2	626.9
		14	113.1	88.79	4 058.1	12 195.7	541.1	813.0

表 A.2（续）

基本尺寸			截面面积	理论重量[a]	惯性矩		截面模数	
A	B	S	F	G	J_x	J_y	W_x	W_y
mm			cm²	kg/m	cm⁴		cm³	
300	150	16	127.2	99.83	4 427.9	13 399.1	590.4	893.3
	200	10	93.43	73.34	6 144.3	11 507.2	614.4	767.1
		14	127.1	99.78	7 988.6	15 060.8	798.9	1 004.1
		16	143.2	112.39	8 791.7	16 628.7	879.2	1 108.6
400	200	10	113.4	89.04	7 951.0	23 348.1	795.1	1 167.4
		14	155.1	121.76	10 414.8	30 915.0	1 041.5	1 545.8
		16	175.2	137.51	11 507.0	34 339.4	1 150.7	1 717.0

[a] 当 $S\leqslant 6$ mm 时，$R=1.5S$，矩型钢管理论重量推荐计算公式见式(A.3)；当 $S>6$ mm 时，$R=2S$，矩型钢管理论重量推荐计算公式见式(A.4)。

$$G = 0.015\,7S(A+B-2.858\,4S) \qquad \text{(A.3)}$$

$$G = 0.015\,7S(A+B-3.287\,6S) \qquad \text{(A.4)}$$

式中：

G ——矩型钢管的理论重量（钢的密度按 7.85 kg/dm³），单位为公斤每米(kg/m)；

A、B ——矩形钢管的长、宽，单位为毫米(mm)；

S ——矩形钢管的公称壁厚，单位为毫米(mm)。

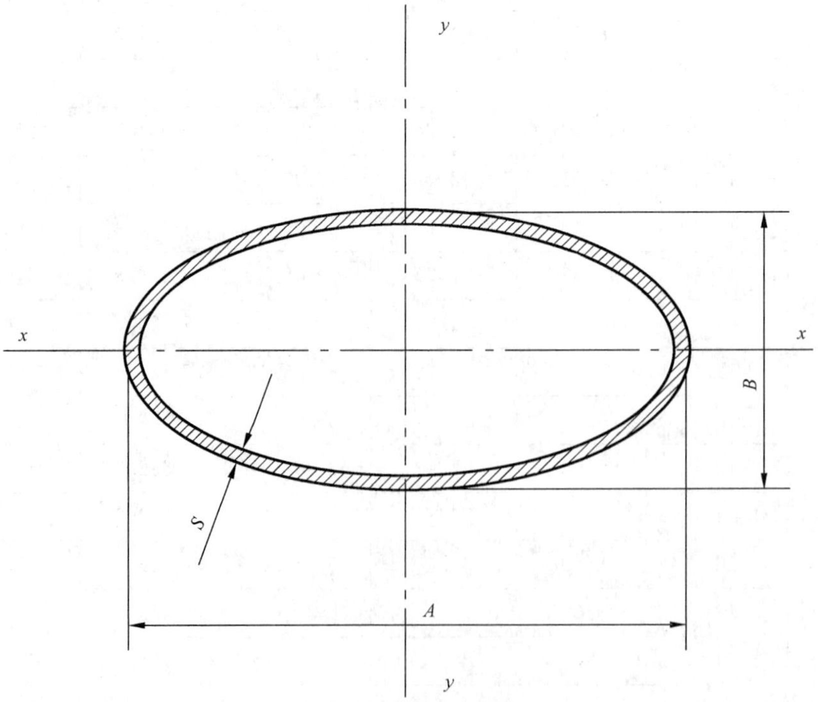

图 A.3 椭圆形钢管(D-3)

表 A.3 椭圆形钢管的尺寸、理论重量和物理参数

基本尺寸			截面面积	理论重量[a]	惯性矩		截面模数	
A	B	S	F	G	J_x	J_y	W_x	W_y
mm			cm^2	kg/m	cm^4		cm^3	
10	5	0.5	0.110	0.086	0.003	0.011	0.013	0.021
		0.8	0.168	0.132	0.005	0.015	0.018	0.030
		1	0.204	0.160	0.005	0.018	0.021	0.035
	7	0.5	0.126	0.099	0.007	0.013	0.021	0.026
		0.8	0.195	0.152	0.010	0.019	0.030	0.038
		1	0.236	0.185	0.012	0.022	0.034	0.044
12	6	0.5	0.134	0.105	0.006	0.019	0.020	0.031
		0.8	0.206	0.162	0.009	0.028	0.028	0.046
		1.2	0.294	0.231	0.011	0.036	0.036	0.061
	8	0.5	0.149	0.117	0.012	0.022	0.029	0.037
		0.8	0.231	0.182	0.017	0.033	0.042	0.055
		1.2	0.332	0.260	0.022	0.044	0.055	0.073
18	9	0.8	0.319	0.251	0.032	0.101	0.072	0.112
		1.2	0.464	0.364	0.043	0.139	0.096	0.155
		1.5	0.565	0.444	0.049	0.164	0.109	0.182
	12	0.8	0.357	0.280	0.063	0.120	0.104	0.133
		1.2	0.520	0.408	0.086	0.166	0.143	0.185
		1.5	0.636	0.499	0.100	0.197	0.166	0.218
24	8	0.8	0.382	0.300	0.033	0.208	0.081	0.174
		1.2	0.558	0.438	0.043	0.292	0.107	0.243
		1.5	0.683	0.536	0.049	0.346	0.121	0.289
	12	0.8	0.432	0.339	0.081	0.249	0.136	0.208
		1.2	0.633	0.497	0.112	0.352	0.186	0.293
		1.5	0.778	0.610	0.131	0.420	0.218	0.350
30	18	1	0.723	0.567	0.299	0.674	0.333	0.449
		1.5	1.060	0.832	0.416	0.954	0.462	0.636
		2	1.382	1.085	0.514	1.199	0.571	0.800
34	17	1.5	1.131	0.888	0.410	1.277	0.482	0.751
		2	1.477	1.159	0.505	1.613	0.594	0.949
		2.5	1.806	1.418	0.583	1.909	0.685	1.123
43	32	1.5	1.696	1.332	2.138	3.398	1.336	1.581
		2	2.231	1.751	2.726	4.361	1.704	2.028

表 A.3（续）

基本尺寸			截面面积	理论重量[a]	惯性矩		截面模数	
A	B	S	F	G	J_x	J_y	W_x	W_y
mm			cm^2	kg/m	cm^4		cm^3	
43	32	2.5	2.749	2.158	3.259	5.247	2.037	2.440
50	25	1.5	1.696	1.332	1.405	4.278	1.124	1.711
		2	2.231	1.751	1.776	5.498	1.421	2.199
		2.5	2.749	2.158	2.104	6.624	1.683	2.650
55	35	1.5	2.050	1.609	3.243	6.592	1.853	2.397
		2	2.702	2.121	4.157	8.520	2.375	3.098
		2.5	3.338	2.620	4.995	10.32	2.854	3.754
60	30	1.5	2.050	1.609	2.494	7.528	1.663	2.509
		2	2.702	2.121	3.181	9.736	2.120	3.245
		2.5	3.338	2.620	3.802	11.80	2.535	3.934
65	35	1.5	2.286	1.794	3.770	10.02	2.154	3.084
		2	3.016	2.368	4.838	13.00	2.764	4.001
		2.5	3.731	2.929	5.818	15.81	3.325	4.865
70	35	1.5	2.403	1.887	4.036	12.11	2.306	3.460
		2	3.173	2.491	5.181	15.73	2.960	4.495
		2.5	3.927	3.083	6.234	19.16	3.562	5.474
76	38	1.5	2.615	2.053	5.212	15.60	2.743	4.104
		2	3.456	2.713	6.710	20.30	3.532	5.342
		2.5	4.280	3.360	8.099	24.77	4.263	6.519
80	40	1.5	2.757	2.164	6.110	18.25	3.055	4.564
		2	3.644	2.861	7.881	23.79	3.941	5.948
		2.5	4.516	3.545	9.529	29.07	4.765	7.267
84	56	1.5	3.228	2.534	13.33	24.95	4.760	5.942
		2	4.273	3.354	17.34	32.61	6.192	7.765
		2.5	5.301	4.162	21.14	39.95	7.550	9.513
90	40	1.5	2.992	2.349	6.817	24.74	3.409	5.497
		2	3.958	3.107	8.797	32.30	4.399	7.178
		2.5	4.909	3.853	10.64	39.54	5.321	8.787

[a] 椭圆形钢管理论重量推荐计算公式见式(A.5)：

$$G = 0.0123S(A + B - 2S) \quad \cdots\cdots (A.5)$$

式中：

G ——椭圆形钢管的理论重量(钢的密度按 7.85 kg/dm^3)，单位为公斤每米(kg/m)；

A、B——椭圆形钢管的长轴、短轴，单位为毫米(mm)；

S ——椭圆形钢管的公称壁厚，单位为毫米(mm)。

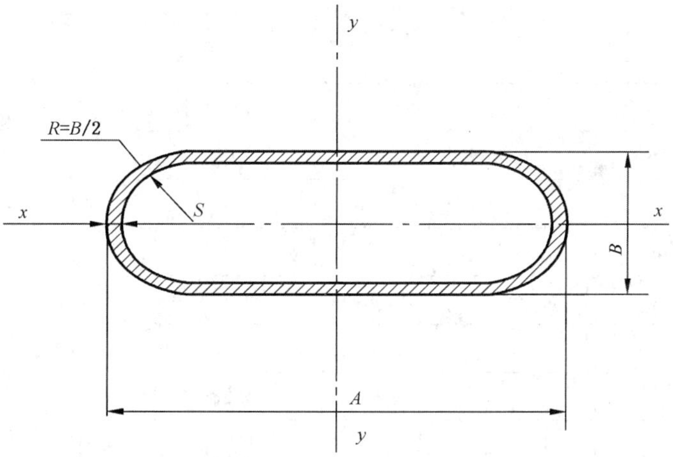

图 A.4 平椭圆形钢管(D-4)

表 A.4 平椭圆形钢管的尺寸、理论重量和物理参数

基本尺寸			截面面积	理论重量[a]	惯性矩		截面模数	
A	B	S	F	G	J_x	J_y	W_x	W_y
mm			cm^2	kg/m	cm^4		cm^3	
10	5	0.8	0.186	0.146	0.006	0.007	0.024	0.014
		1	0.226	0.177	0.018	0.021	0.071	0.042
14	7	0.8	0.268	0.210	0.018	0.053	0.053	0.076
		1	0.328	0.258	0.021	0.063	0.061	0.090
18	12	1	0.466	0.365	0.089	0.160	0.149	0.178
		1.5	0.675	0.530	0.120	0.219	0.199	0.244
		2	0.868	0.682	0.142	0.267	0.237	0.297
24	12	1	0.586	0.460	0.126	0.352	0.209	0.293
		1.5	0.855	0.671	0.169	0.491	0.282	0.409
		2	1.108	0.870	0.203	0.609	0.339	0.507
30	15	1	0.740	0.581	0.256	0.706	0.341	0.471
		1.5	1.086	0.853	0.353	1.001	0.470	0.667
		2	1.417	1.112	0.432	1.260	0.576	0.840
35	25	1	0.954	0.749	0.832	1.325	0.666	0.757
		1.5	1.407	1.105	1.182	1.899	0.946	1.085
		2	1.845	1.448	1.493	2.418	1.195	1.382
40	25	1	1.054	0.827	0.976	1.889	0.781	0.944
		1.5	1.557	1.223	1.390	2.719	1.112	1.360
		2	2.045	1.605	1.758	3.479	1.407	1.740
45	15	1	1.040	0.816	0.403	2.137	0.537	0.950
		1.5	1.536	1.206	0.558	3.077	0.745	1.367

表 A.4（续）

基本尺寸			截面面积	理论重量[a]	惯性矩		截面模数	
A	B	S	F	G	J_x	J_y	W_x	W_y
mm			cm^2	kg/m	cm^4		cm^3	
45	15	2	2.017	1.583	0.688	3.936	0.917	1.750
50	25	1	1.254	0.984	1.264	3.423	1.011	1.369
		1.5	1.857	1.458	1.804	4.962	1.444	1.985
		2	2.445	1.919	2.289	6.393	1.831	2.557
55	25	1	1.354	1.063	1.408	4.419	1.127	1.607
		1.5	2.007	1.576	2.012	6.423	1.609	2.336
		2	2.645	2.076	2.554	8.296	2.043	3.017
60	30	1	1.511	1.186	2.221	5.983	1.481	1.994
		1.5	2.243	1.761	3.197	8.723	2.131	2.908
		2	2.959	2.323	4.089	11.30	2.726	3.768
63	10	1	1.343	1.054	0.245	4.927	0.489	1.564
		1.5	1.991	1.563	0.327	7.152	0.655	2.271
		2	2.623	2.059	0.389	9.228	0.778	2.929
70	35	1.5	2.629	2.063	5.167	14.02	2.952	4.006
		2	3.473	2.727	6.649	18.24	3.799	5.213
		2.5	4.303	3.378	8.020	22.25	4.583	6.358
75	35	1.5	2.779	2.181	5.588	16.87	3.193	4.499
		2	3.673	2.884	7.194	21.98	4.111	5.862
		2.5	4.553	3.574	8.682	26.85	4.961	7.160
80	30	1.5	2.843	2.232	4.416	18.98	2.944	4.746
		2	3.759	2.951	5.660	24.75	3.773	6.187
		2.5	4.660	3.658	6.798	30.25	4.532	7.561
85	25	1.5	2.907	2.282	3.256	21.11	2.605	4.967
		2	3.845	3.018	4.145	27.53	3.316	6.478
		2.5	4.767	3.742	4.945	33.66	3.956	7.920
90	30	1.5	3.143	2.467	5.026	26.17	3.351	5.816
		2	4.159	3.265	6.445	34.19	4.297	7.598
		2.5	5.160	4.050	7.746	41.87	5.164	9.305

[a] 平椭圆形钢管理论重量推荐计算公式见式(A.6)：

$$G = 0.0157S(A + 0.5708B - 1.5708S) \quad \cdots\cdots (A.6)$$

式中：

G ——椭圆形钢管的理论重量(钢的密度按 7.85 kg/dm^3)，单位为公斤每米(kg/m)；

A、B——平椭圆形钢管的长、宽，单位为毫米(mm)；

S ——平椭圆形钢管的公称壁厚，单位为毫米(mm)。

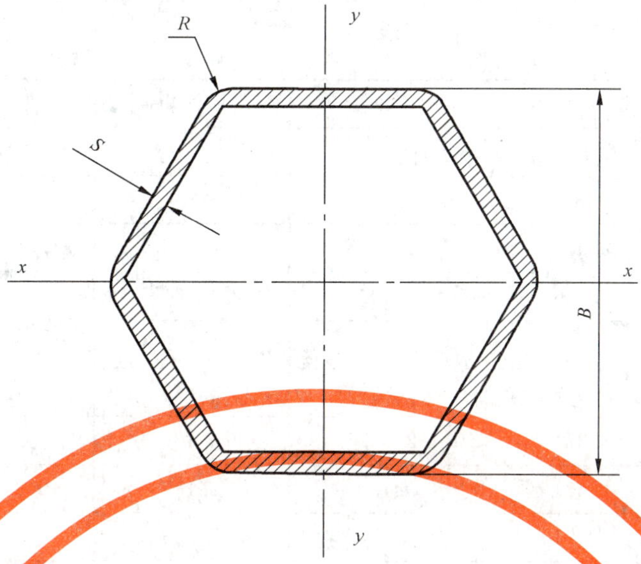

图 A.5　内外六角形钢管(D-5)

表 A.5　内外六角形钢管的尺寸、理论重量和物理参数

基本尺寸		截面面积	理论重量[a]	惯性矩	截面模数	
B	S	F	G	$J_x=J_y$	W_x	W_y
mm		cm^2	kg/m	cm^4	cm^3	
10	1	0.305	0.240	0.034	0.069	0.060
	1.5	0.427	0.335	0.043	0.087	0.075
	2	0.528	0.415	0.048	0.096	0.084
12	1	0.375	0.294	0.063	0.105	0.091
	1.5	0.531	0.417	0.082	0.136	0.118
	2	0.667	0.524	0.094	0.157	0.136
14	1	0.444	0.348	0.104	0.149	0.129
	1.5	0.635	0.498	0.138	0.198	0.171
	2	0.806	0.632	0.163	0.232	0.201
19	1	0.617	0.484	0.278	0.292	0.253
	1.5	0.895	0.702	0.381	0.401	0.347
	2	1.152	0.904	0.464	0.489	0.423
21	1	0.686	0.539	0.381	0.363	0.314
	2	1.291	1.013	0.649	0.618	0.535
	3	1.813	1.423	0.824	0.785	0.679
27	1	0.894	0.702	0.839	0.622	0.538
	2	1.706	1.339	1.482	1.098	0.951
	3	2.436	1.912	1.958	1.450	1.256

表 A.5（续）

基本尺寸		截面面积	理论重量[a]	惯性矩	截面模数	
B	S	F	G	$J_x=J_y$	W_x	W_y
mm		cm^2	kg/m	cm^4	cm^3	
32	2	2.053	1.611	2.566	1.604	1.389
	3	2.956	2.320	3.461	2.163	1.873
	4	3.777	2.965	4.139	2.587	2.240
36	2	2.330	1.829	3.740	2.078	1.799
	3	3.371	2.647	5.107	2.837	2.457
	4	4.331	3.400	6.187	3.437	2.977
41	3	3.891	3.054	7.809	3.809	3.299
	4	5.024	3.944	9.579	4.673	4.046
	5	6.074	4.768	11.00	5.366	4.647
46	3	4.411	3.462	11.33	4.926	4.266
	4	5.716	4.487	14.03	6.100	5.283
	5	6.940	5.448	16.27	7.074	6.126
57	3	5.554	4.360	22.49	7.890	6.833
	4	7.241	5.684	28.26	9.917	8.588
	5	8.845	6.944	33.28	11.68	10.11
65	3	6.385	5.012	34.08	10.48	9.080
	4	8.349	6.554	43.15	13.28	11.50
	5	10.23	8.031	51.20	15.76	13.64
70	3	6.904	5.420	43.03	12.29	10.65
	4	9.042	7.098	54.70	15.63	13.53
	5	11.10	8.711	65.16	18.62	16.12
85	4	11.12	8.730	101.3	23.83	20.64
	5	13.70	10.75	121.7	28.64	24.80
	6	16.19	12.71	140.4	33.03	28.61
95	4	12.51	9.817	143.8	30.27	26.21
	5	15.43	12.11	173.5	36.53	31.63
	6	18.27	14.34	201.0	42.31	36.64
105	4	13.89	10.91	196.7	37.47	32.45
	5	17.16	13.47	238.2	45.38	39.30
	6	20.35	15.97	276.9	52.74	45.68

表 A.5（续）

基本尺寸		截面面积	理论重量[a]	惯性矩	截面模数	
B	S	F	G	$J_x=J_y$	W_x	W_y
mm		cm^2	kg/m	cm^4	cm^3	

[a] 内外六角形钢管理论重量推荐计算公式见式(A.7)：

$$G=0.027\,19S(B-1.186\,2S) \quad\cdots\cdots(A.7)$$

式中：

G——内外六角形钢管的理论重量(按 $R=1.5S$,钢的密度按 7.85 kg/dm^3),单位为公斤每米(kg/m)；

B——内外六角形钢管的对边距离,单位为毫米(mm)；

S——内外六角形钢管的公称壁厚,单位为毫米(mm)。

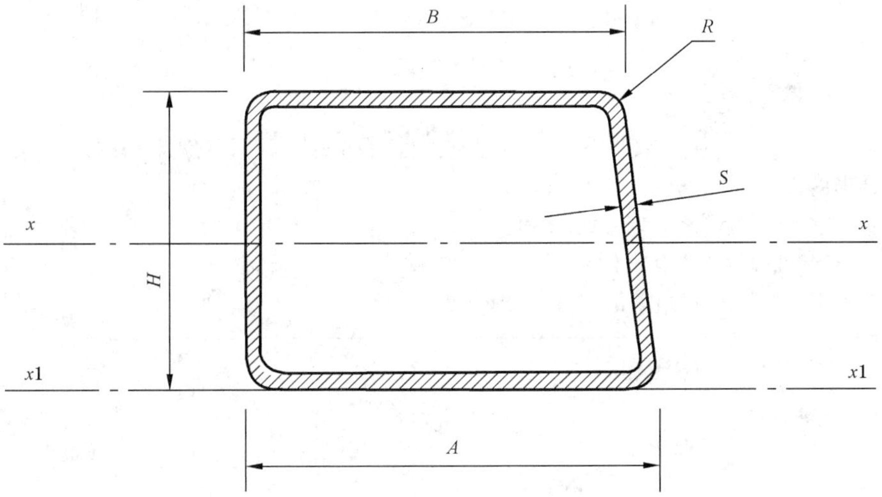

图 A.6 直角梯形钢管(D-6)

表 A.6 直角梯形钢管的尺寸、理论重量和物理参数

基本尺寸				截面面积	理论重量[a]	惯性矩	截面模数	
A	B	H	S	F	G	J_x	W_{xa}	W_{xb}
mm				cm^2	kg/m	cm^4	cm^3	
35	20	35	2	2.312	1.815	3.728	2.344	1.953
	25	30	2	2.191	1.720	2.775	1.959	1.753
	30	25	2	2.076	1.630	1.929	1.584	1.504
45	32	50	2	3.337	2.619	11.64	4.935	4.409
	40	30	1.5	2.051	1.610	2.998	2.039	1.960
50	35	60	2.2	4.265	3.348	21.09	7.469	6.639
	40	30	1.5	2.138	1.679	3.143	2.176	2.021
		35	1.5	2.287	1.795	4.484	2.661	2.471

表 A.6（续）

基本尺寸				截面面积	理论重量[a]	惯性矩	截面模数	
A	B	H	S	F	G	J_x	W_{xa}	W_{xb}
mm				cm^2	kg/m	cm^4	cm^3	
50	45	30	1.5	2.201	1.728	3.303	2.242	2.164
			2	2.876	2.258	4.167	2.828	2.730
		40	2	3.276	2.572	8.153	4.149	4.006
55	50	40	2	3.476	2.729	8.876	4.510	4.369
60	55	50	1.5	3.099	2.433	12.50	5.075	4.930

[a] 直角梯形钢管理论重量推荐计算公式见式(A.8)：

$$G=\left\{S\left[A+B+H+0.283\,185S+\frac{H}{\sin\alpha}-\frac{2S}{\sin\alpha}-2S\left(\mathrm{tg}\,\frac{180^\circ-\alpha}{2}+\mathrm{tg}\,\frac{\alpha}{2}\right)\right]\right\}0.007\,85 \qquad \cdots(A.8)$$

$$\alpha=\mathrm{arctg}\,\frac{H}{A-B}$$

式中：

G——直角梯形钢管的理论重量(按 $R=1.5S$，钢的密度按 7.85 kg/dm^3)，单位为公斤每米(kg/m)；

A——直角梯形钢管的下底，单位为毫米(mm)；

B——直角梯形钢管的上底，单位为毫米(mm)；

H——直角梯形钢管的高，单位为毫米(mm)；

S——直角梯形钢管的公称壁厚，单位为毫米(mm)。

附　录　B
（规范性附录）
异型钢管扭转值测定方法

B.1　扭转值

由于制造原因钢管绕其纵轴旋转成螺旋状时产生的扭转角，其每单位长度所相对应的最大值称为扭转值，单位为毫米每米（mm/m）。

B.2　测量原理

如果该钢管出现扭转，在单位长度内，其侧面必产生一端点偏离其另三端点所构成的平面，此偏离距离为扭转值。

B.3　测定方法

取两块边长大于被测钢管边长的钢板，在标准平板上，使其平行间距为 1 m 并固定，作为测量钢管扭转值的简单量具。测量时，将量具覆于被测钢管表面（量具方向与钢管方向一致），使量具一端紧贴钢管平面，若有扭转，量具另一端必与钢管平面构成一夹角，用塞尺测量此夹角的最大距离 H（计算公式见式（B.1）），此值即为该钢管的扭转值（测定示意图见图 B.1）。

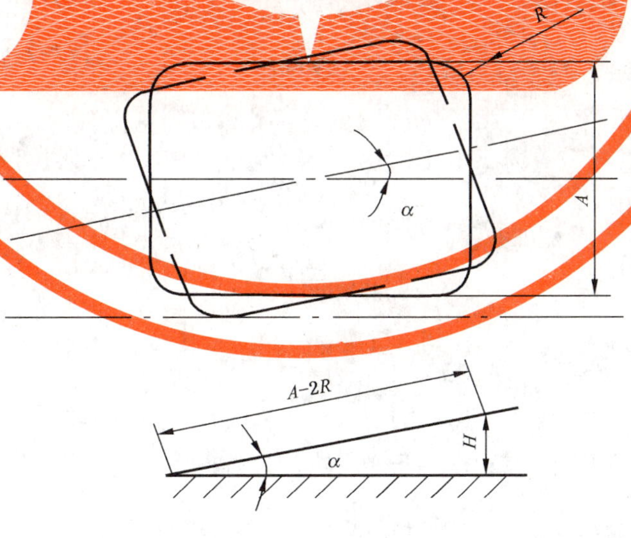

图 B.1　钢管扭转值测定示意图

$$H = \sin\alpha(A - 2R) \qquad \text{（B.1）}$$

式中：

H ——扭转值，单位为毫米每米(mm/m)；

α ——每米扭转角，单位为度(°)；

A ——钢管边长，单位为毫米(mm)；

R ——钢管角部半径，单位为毫米(mm)。

ICS 65.020.20
B 05

中华人民共和国国家标准

GB/T 3242—2012
代替 GB/T 3242—1982

棉花原种生产技术操作规程

Rules of operation for the production technology of cotton stock seed

2012-12-31 发布　　2013-07-01 实施

中华人民共和国国家质量监督检验检疫总局
中国国家标准化管理委员会　发布

前　言

本标准按照GB/T 1.1—2009给出的规则起草。

本标准代替GB/T 3242—1982《棉花原种生产技术操作规程》，与GB/T 3242—1982相比，主要变化如下：

——进一步完善了三圃法；

——增加了自交混繁法的原种生产方法。

本标准由中华人民共和国农业部提出并归口。

本标准起草单位：全国农业技术推广服务中心、中国农科院棉花研究所、山东省种子管理总站、江苏省中江种业股份有限公司、新疆维吾尔自治区种子管理站、江苏省种子站、安徽省种子管理总站。

本标准主要起草人：廖琴、邹奎、项时康、曲辉英、何金龙、承泓良、金昌林、赵淑琴、耿军义、华金平、蒋小平、夏静、俞琦英、姚宏亮。

本标准委托农业部全国农业技术推广服务中心负责解释。

本标准所代替标准的历次版本发布情况为：

——GB/T 3242—1982。

棉花原种生产技术操作规程

1 范围

本标准规定了棉花原种(包括杂交棉亲本种子,下同)的生产技术要求。

本标准适用于棉花原种生产。

2 规范性引用文件

下列文件对于本文件的应用是必不可少的。凡是注日期的引用文件,仅注日期的版本适用于本文件。凡是不注日期的引用文件,其最新版本(包括所有的修改单)适用于本文件。

GB/T 3543.1～3543.7 农作物种子检验规程

GB 4407.1 经济作物种子 第1部分:纤维类

3 术语和定义

下列术语和定义适用于本文件。

3.1

育种家种子 breeder seed

育种家育成的、遗传性状稳定、纯度达100%的最初一批种子。

3.2

原种 stock seed

用育种家种子直接繁殖的或按原种生产技术操作规程生产的达到原种质量标准的种子。

4 原种生产

4.1 原种生产基地的选择

选择地势平坦、土地肥沃、排灌方便的地块,隔离距离300 m以上。

4.2 原种生产方法

原种生产采取三圃法或自交混繁法。

4.3 三圃法

采取单株选择、株行鉴定、株系比较、混系繁殖的方法,即株行圃、株系圃、原种圃的三圃制。田间记载项目和室内考种标准见附录A。

4.3.1 单株选择

4.3.1.1 单株选择的材料

单株选择在原种圃、决选的株系圃中进行,也可专门设置选择圃。

4.3.1.2 单株选择的重点

株型、叶型、铃型、生育期、抗逆性等主要特征、特性，以及丰产性、抗病性、抗虫性、纤维感官品质等。

4.3.1.3 单株选择的时间

第一次在结铃盛期，着重观察叶型、株型、铃型等形态特征，做好标记；第二次在吐絮后、收花前，着重观察结铃和吐絮情况。

4.3.1.4 单株选择的数量

单株选择的数量应根据下一年株行圃计划面积确定。一般每 666.7 m^2 株行圃约需 80 个～100 个单株；田间选择时，每 666.7 m^2 株行一般要选 200 个以上单株，以备考种淘汰。

4.3.1.5 收花

单株收花，每株一袋，霜后花不作种用。当选单株，每株统一收中部正常吐絮铃 5 个（海岛棉 8 个）以上，一株一袋，晒干贮存供室内考种。

4.3.1.6 单株室内考种决选

单株材料的考种包括六个项目：单铃籽棉重、纤维分梳长度及其异籽差（异籽差单面不应超过 4 mm）、衣分、籽指、异型异色籽。考察纤维分梳长度，每单株随机取 5 瓣籽棉，每瓣各取中部籽棉 1 粒，用分梳法测定；单株所收籽棉轧花后，计算衣分率；在轧出的棉籽中任意取 100 粒（除去虫籽和破籽）测定籽指、异型异色籽，异型异色籽率要求不超过 2%。单株最后决选率一般为 50%。

4.3.2 株行圃

4.3.2.1 田间设计

将上一年当选的单株种子，分行种于株行圃，根据种子量多少，行长一般 5 m～10 m，顺序排列，留苗密度比大田稍稀，每隔 9 个株行设一对照行（本品种的原种）。每区段的行长、行数要一致，区段间要留出观察道 1.0 m～1.2 m，四周种本品种的原种 4 行～6 行作保护行。播种前绘好田间种植图，按图播种，避免差错。

4.3.2.2 田间观察鉴定

4.3.2.2.1 记载本

应置备田间观察记载本，分成正本、副本，副本带往田间，正本留存室内，每次观察记载后及时抄入正本。历年记载本要妥善保存，建立系统档案，以便查考。有条件的单位可录入计算机，建立相应的数据库。

4.3.2.2.2 观察记载的时间和内容

目测记载出苗、开花、吐絮的日期。

4.3.2.2.2.1 苗蕾期

观察整齐度、生长势、抗病性、抗虫性等。经移苗补苗后，缺苗 20%以上者初步淘汰。

4.3.2.2.2.2 花铃期

着重观察各株行的典型性、一致性和抗病性、抗虫性。

4.3.2.2.2.3 吐絮期

根据生长势、结铃性、吐絮的集中程度，着重鉴定其丰产性、早熟性等。

4.3.2.2.3 田间纯度

田间纯度的鉴定分两次进行。第一次在盛蕾初花期，着重考察株型和叶型；第二次在花铃期，着重考察株型、铃型、叶型、茎色、茸毛、腺体、花药颜色等，特别是铃型。为使品种典型性得以充分表达，株行圃化调以轻控为宜。

4.3.2.2.4 田间选择

根据田间观察和纯度鉴定，进行选择淘汰。当一个株行内有一棵杂株时即全行淘汰，形态符合原品种典型性，但出苗、结铃性、早熟性、抗逆性等方面显著不同于邻近对照的株行也应淘汰。田间当选的株行分行收花计产，进行室内考种后决选。

4.3.2.3 株行圃室内考种决选

田间当选株行及对照行，收花前，每株行采摘中部果枝第1～2节位吐絮完好的内围铃20个作为考察样品。考种项目：单铃籽棉重、纤维分梳长度(20粒)、纤维整齐度、衣分、籽指、异型异色籽率。株行考种决选标准应达到下列要求：单铃籽棉重、纤维分梳长度、衣分和籽指与原品种标准相同，纤维整齐度90%以上，异型异色籽不超过3%，株行圃最后决选，当选率一般为60%。

4.3.2.4 株行圃收花加工

先收淘汰行，后收当选行；霜后花不作种用，但需先分收计产；落地籽棉作杂花处理，不计产量。一般先轧留种花，后轧淘汰花和霜后花。

4.3.3 株系圃

4.3.3.1 播种

将上一年当选的株行种子，分别种植成株系圃和株系鉴定圃。株系圃每株系播种的面积根据种子量而定，密度稍低于大田；株系鉴定圃，2行区至4行区，行长10 m，间比法排列(每隔4株系设一对照区)，以本品种原种为对照。田间观察、取样、测产及考种均在株系鉴定圃内进行，并结合观察株系圃。

4.3.3.2 田间观察鉴定

同4.3.2.2。

4.3.3.3 田间选择

决选时要根据记载、测产和考种资料进行综合评定，一系中当杂株率达0.5%，则全系淘汰；如杂株率在0.5%以内，其他性状符合要求，拔除杂株后可以入选。

4.3.3.4 株系圃室内考种和决选

每个株系和对照各采收中部果枝上第1～2节位吐絮完好的内围铃50个作为考种样品。考种项目：单铃籽棉重、纤维分梳长度(50粒)、纤维整齐度、衣分、籽指、异型异色籽率。株系圃考种决选标准应达到下列要求：单铃籽棉重、纤维分梳长度、衣分和籽指与原品种标准相同，纤维整齐度90%以上，异型异色籽不超过3%，株系圃最后决选率一般为80%。

4.3.3.5 株系圃收花加工

先收淘汰系，后收当选系；霜后花不作种用，但需先分收计产；落地籽棉作杂花处理，不计产量。一般先轧当选系留种花，后轧淘汰花和霜后花。

4.3.4 原种圃

4.3.4.1 播种、观察和去杂

当选株系的种子，混系种植成原种圃。种植密度可比一般大田略稀，可采取育苗移栽或定穴点播，以扩大繁殖系数，在盛蕾初花期、花铃期和吐絮期进行三次观察鉴定。要调查田间纯度，严格拔除杂株，以霜前籽棉留种，此即为原种。

4.3.4.2 原种圃室内考种

根据植株生长情况，划片随机取样，每一样品采收中部100个正常吐絮铃，共取4个～5个样品，逐样进行考察，逐项考察单铃籽棉重、纤维分梳长度(50粒)、纤维整齐度、衣分、籽指、异型异色籽率。每一考察项目求平均值。

4.3.4.3 原种圃收花加工

霜前花作种用。霜后花、落地籽棉作杂花处理，不计产量。

4.4 自交混繁法

自交混繁法是通过建立自交系保持品种纯度、混系繁殖扩大种子量的原种生产方法。该方法设置保种圃、基础种子田、原种生产田，在营养钵育苗移栽的条件下，三者比例为1∶20∶500。保种圃为自交系种植圃，基础种子田即混系繁殖田。

4.4.1 保种圃

4.4.1.1 自交系的建立

4.4.1.1.1 材料来源

从育种家种子田中选择单株自交。选择株型、铃型、叶型等主要性状符合原品种特征特性的单株，并综合考察丰产性、纤维品质和抗病性、抗虫性等。

选择单株时间第一次在盛蕾初花期，着重观察形态特征，中选株做好标记；第二次在结铃期，着重观察结铃情况，决选单株挂牌编号。

4.4.1.1.2 自交时间与数量

田间选择400个单株，于第五果枝开花时进行自交，一般选第一至第三果节花自交，全株自交15朵～20朵，并做好标记。按编号分株采收自交铃，每株收5个以上正常吐絮的自交铃，随袋记录株号及铃数，经室内考种，决选200个单株备用。

4.4.1.2 自交系鉴定

4.4.1.2.1 田间设计

将上年决选的单株自交种子按编号顺序分行种植成自交系，每系不少于25株，周围种植同品种原种作保护区。

4.4.1.2.2 田间观察鉴定

同4.3.2.2.1、4.3.2.2.2、4.3.2.2.3。

4.4.1.2.3 选择与自交

在初花期选择符合品种特征特性、形态整齐、生长正常的自交系做好标记，于第5果枝开花时自交，每系的自交花量不低于300朵，分布于全系三分之二左右的植株。

4.4.1.2.4 收花与室内考种

田间决选的自交系按系采收吐絮正常的自交铃，经室内考种后，决选自交系不少于100个(另选5个～8个作预备系)。室内考种项目同4.3.2.3。

4.4.1.3 保种圃的建立

4.4.1.3.1 田间设计

将上年中选的自交系按编号分别种植，每系株数根据原种生产计划面积按比例安排。行距安排便于田间操作，区段前面设观察道，四周用本品种原种作保护区。

4.4.1.3.2 保种圃的保持与更新

保种圃各系通过自交独立繁衍，每系自交花数要保证下年种植株数，自交以中部内围花为主，如发现某系与原品种特征特性不符则淘汰或用预备系更换。

4.4.1.3.3 收花与提供核心种

按系收摘正常吐絮自交铃，并随袋标明系号，作为下一年保种圃用种。各系自然授粉的正常吐絮铃分别收摘，经考种后混合留种，此种称核心种，供下年基础种子田用种。

4.4.2 基础种子田

4.4.2.1 种植

基础种子田要集中种植、隔离繁殖，四周为原种生产田，由此产生的种子称作基础种子。

4.4.2.2 去杂去劣

在蕾期、花期要进行普查，并观察其生长状况，如发现杂株、劣株，要及时拔除。

4.4.2.3 收获与加工

基础种子田单收、单轧，下年作原种生产田用种。

4.4.3 原种生产田

4.4.3.1 种植

原种生产田要集中种植，注意去杂去劣。

4.4.3.2 收获与加工

收获霜前花留种即为原种。加工与储存过程中注意防止机械和人为混杂。

4.4.4 考种项目

同4.3.2.3。

5 种子贮藏

入库种子水分应在12%以下。种子仓库应具备隔热、防潮、防鼠条件。

6 种子质量检验

生产单位应做好种子质量自检，必要时委托种子检验部门根据GB/T 3543.1～3543.7进行复检，对符合GB 4407.1规定的种子妥善保管；对不合格的种子，提出处理意见。

附 录 A
（规范性附录）
田间记载项目和室内考种标准

A.1 田间记载项目

A.1.1 出苗期

50%的棉株达到出苗的日期。

A.1.2 开花期

50%的棉株开始开花的日期。

A.1.3 吐絮期

50%棉株开始吐絮的日期。

A.1.4 整齐度

棉株整齐程度分优（＋＋）、一般（＋）、差（－）三级记载。

A.1.5 典型性

根据株型、叶型、茎色、茸毛、铃型等性状进行观察，并以文字记述。

A.1.6 生长势

苗期观察健壮程度，铃期观察生长是否正常，有无徒长和早衰现象，分优（＋＋），一般（＋），差（徒长、早衰）（－）三级记载。

A.1.7 丰产性

分优（＋＋）、一般（＋）、差（－）三级记载。

A.1.8 早熟性

观察结铃部位，吐絮早迟，集中程度等，分早熟（＋＋）、中熟（＋）、晚熟（－）三级记载。

A.1.9 病害

重点观察枯萎病、黄萎病，并记载发病株数和病级，其他严重病害也应记载。

A.1.10 虫害

重点观察棉铃虫、棉红铃虫，并记载为害程度，还应记载其他重要虫害。

A.2 田间管理

田间规划方法、土质、播种期、主要田间管理的日期、内容和方法、灾害情况、收花日期等，在记载本上专页扼要记明。

A.3 室内考种

A.3.1 绒长

每个棉瓣中取中部1粒籽棉，用分梳法测量长度，求平均绒长，再除以2，以毫米(mm)表示。

A.3.2 纤维整齐度

纤维整齐度按式(A.1)计算：

$$\text{整齐度}=\frac{\text{平均纤维长度}\pm 2\ \text{mm 范围内的籽棉粒数}}{\text{考察籽棉总粒数}}\times 100\% \quad \cdots\cdots\cdots\cdots\cdots(\text{A.1})$$

A.3.3 异籽差

同一单株各粒籽棉绒长间的最大差距。

A.3.4 单铃籽棉重

取样棉铃的平均籽棉重，以克(g)表示。

A.3.5 衣分

籽棉中皮棉重量占籽棉重量的百分率。

A.3.6 籽指

100粒毛籽重量，以克(g)表示。

A.3.7 异型异色籽率

明显不同于本品种的异型和异色的种子占考察种子总数的百分率(%)。

A.3.8 籽棉总产量

棉花一个生长周期内所收籽棉的总重量。

A.3.9 皮棉总产量

籽棉总产量与衣分的乘积。

A.3.10 霜前花率

以霜前各次实收花总产量，作为霜前花产量。霜前花产量与收花总量之比，以%表示。

ICS 77.040.99
H 24

中华人民共和国国家标准

GB/T 3246.1—2012
代替 GB/T 3246.1—2000

变形铝及铝合金制品组织检验方法 第1部分：显微组织检验方法

Inspection method for structure of wrought aluminum and aluminum alloy products—Part 1: Inspection method for microstructure

2012-12-31 发布 2013-10-01 实施

中华人民共和国国家质量监督检验检疫总局
中国国家标准化管理委员会 发布

前　言

GB/T 3246《变形铝及铝合金制品组织检验方法》分为二个部分：

——第1部分：显微组织检验方法；

——第2部分：低倍组织检验方法。

本部分为GB/T 3246的第1部分。

本部分按照GB/T 1.1—2009给出的规则起草。

本部分代替GB/T 3246.1—2000《变形铝及铝合金制品显微组织检验方法》。

本部分与GB/T 3246.1—2000相比，主要技术变化如下：

——增加了8号浸蚀剂；

——增加了对试样检验面的规定；

——对“试样粗加工”、“机械抛光”和“电解抛光”部分内容进行了修改；

——在浸蚀剂用途中增加了8×××系合金；

——对铝合金过烧组织的判别进行了说明；

——增加了试验报告部分；

——补充了6063合金铸锭组织、1235合金铸轧带正常组织与过烧组织的图片。

本部分使用重新起草法参考ASTM E112—1996(2010)《测定平均粒径的试验方法》、ASTM E3—2011《金相试样制备规程》、ASTM E1558—1999(2004)《金相试样电解抛光指南》和ASTM E407—2007《微观浸蚀金属和合金的试验方法》编制，与ASTM E112—1996(2010)、ASTM E3—2011、ASTM E1558—1999(2004)和ASTM E407—2007的一致性程度为非等效。

本部分由全国有色金属标准化技术委员会(SAC/TC 243)归口。

本部分负责起草单位：东北轻合金有限责任公司。

本部分参加起草单位：西南铝业(集团)有限责任公司、北京有色金属研究总院、山东兖矿轻合金有限公司、辽宁忠旺集团有限公司、中国铝业西北铝加工分公司、中铝瑞闽铝板带有限公司、南山铝业股份有限公司、龙口市丛林铝材有限公司、广州有色金属研究院。

本部分主要起草人：王美琪、侯绎、王国军、温庆红、王涛、刘淑凤、李鹏伟、周霞、廖明顺、王明坤、王琦、刘英坤。

本部分所代替标准的历次版本发布情况为：

——GB/T 3246.1—2000；

——GB/T 3246—1982。

变形铝及铝合金制品组织检验方法 第1部分:显微组织检验方法

1 范围

GB/T 3246的本部分规定了铝及铝合金铸锭(或锭坯)、变形铝及铝合金板、带、箔、管、棒、型、线、锻件(以下简称加工制品)显微组织检验用的试验溶液及试样制备、浸蚀、阳极化制膜、组织检验、晶粒尺寸的测定和试验报告等。

本部分适用于铝及铝合金铸锭(或锭坯)及加工制品的显微组织检验。

2 试验溶液

2.1 硝酸溶液(1+4)。

2.2 高氯酸乙醇溶液(1+9)。

2.3 硝酸溶液(1+2.5)～硝酸溶液(1+1)。

2.4 浸蚀剂1号:氢氟酸溶液(1+200)。

2.5 浸蚀剂2号:氢氟酸溶液(1+1)。

2.6 浸蚀剂3号:磷酸溶液(1+9)。

2.7 浸蚀剂4号:硫酸溶液(1+9)～硫酸溶液(2+8)。

2.8 浸蚀剂5号:硝酸溶液(1+3)。

2.9 浸蚀剂6号:将氢氟酸(ρ 1.15 g/mL)、盐酸(ρ 1.19 g/mL)、硝酸(ρ 1.40 g/mL)和水以(2+3+5+190)的体积相混合,混匀。

2.10 浸蚀剂7号:将氢氟酸(ρ 1.15 g/mL)、盐酸(ρ 1.19 g/mL)、硝酸(ρ 1.40 g/mL)和水以(2+1+1+76)的体积相混合,混匀。

2.11 浸蚀剂8号:将氢氟酸(ρ 1.15 g/mL)、盐酸(ρ 1.19 g/mL)、硝酸(ρ 1.40 g/mL)和水以(2+3+5+250)的体积相混合,混匀。

2.12 硝酸溶液(1+19)～硝酸溶液(1+3)。

2.13 硫酸磷酸溶液:将硫酸(ρ 1.84 g/mL)、磷酸(ρ 1.70 g/mL)和水以(38+43+19)的体积相混合,混匀。

2.14 氟硼酸溶液(25 g /L)。

2.15 氟硼酸溶液(16.8 g/L):称取117 g硼酸于塑料容器内,加入500 mL水和333 mL氢氟酸(ρ 1.15 g/mL),待硼酸溶解完全后冷却,用水稀释至1 L,即配成所需氟硼酸溶液。

3 试样制备

3.1 试样切取

3.1.1 铸锭(或锭坯)试样

应根据种类、规格和试验目的要求,从有代表性的部位切取试样。例如,检验过烧试样应在加热炉的高温区部位截取。

3.1.2 加工制品试样

应根据有关标准或技术协议的规定及制品的种类、热处理方法、使用要求，从有代表性的部位切取试样。例如，检验过烧试样应在加热炉的高温区、制品变形量较小的部位截取。

3.2 试样数量及尺寸

取样数量应根据标准或技术协议的规定及试验的要求确定。试样尺寸参照表1确定。

表 1

类　型	长	宽	高
	mm		
块试样	25	15	15
板试样	30	30	—

3.3 试样检验面

切取好的试样，应根据具体的试验目的和要求来选取检验面。在通常情况下，除板材包覆层和铜扩散的检验面为垂直于主变形方向的横向截面外，板材其他的组织检验面为平行于主变形方向的纵向截面，其他加工制品的组织检验面为垂直于主变形方向的横向截面。

3.4 夹样和镶样

测量包覆层厚度和铜扩散深度等检查制品表面层组织的试样应采用夹样法或镶样法，小试样可进行镶样。夹样法试样间及样夹外层试样的外侧必须垫上退火状态的纯铝板片，保证夹紧试样后使试样间无缝隙，样夹外层试样磨面平整。

3.5 试样粗加工

试样的被检查面用铣刀(或锉刀)去掉 1 mm～3 mm，铣或锉成平面。然后在研磨机上用砂纸(磨料粒度宜为 68 μm～100 μm)沿垂直刀痕方向进行粗磨，宜采用煤油或水等进行冷却和润滑。磨掉全部刀痕，将试样转 90°，再用砂纸(磨料粒度宜为 18 μm～35 μm)进行细磨，磨去所有粗磨痕为止。

3.6 机械抛光

3.6.1 将磨好的试样用水冲洗干净，在抛光机上进行抛光。通常抛光机的转数在 300 r/min～600 r/min。精抛光时，转数宜为 150 r/min～200 r/min。

3.6.2 粗抛

在装有粗呢子的抛光盘上进行粗抛。用浓度大、颗粒较粗的三氧化二铬粉与水混合的悬浮液或其他抛光材料做粗抛光剂。垂直于磨痕抛光到磨痕全部消失，磨面平整光亮无脏物为止。

3.6.3 细抛

将粗抛好的试样用水冲洗干净后，在装有细呢子(或其他纤维细软的丝织品)的抛光盘上细抛。用浓度较稀、颗粒较细的三氧化二铬粉与水混合的悬浮液或其他抛光材料做细抛光剂。垂直于粗抛光痕迹抛到表面无任何痕迹和脏物，在显微镜上可观察到清晰的组织为止。

3.6.4 精抛

对特殊需要高质量显微图片的试样，细抛后可在装有鹿皮的慢抛光机上进行精细抛光。用氧化镁或极细的三氧化二铝粉与水的悬浮液或其他抛光材料做精抛光剂。

3.7 电解抛光

3.7.1 1×××系列的试样难以完全去掉机械抛光痕迹时，可采用电解抛光。

3.7.2 经细砂纸打磨和(或)机械抛光后的试样，用硝酸溶液(2.1)洗去表面油污，随后用水冲洗。再用无水乙醇擦干表面后，方可进行电解抛光。

3.7.3 电解抛光装置示意图见图1。

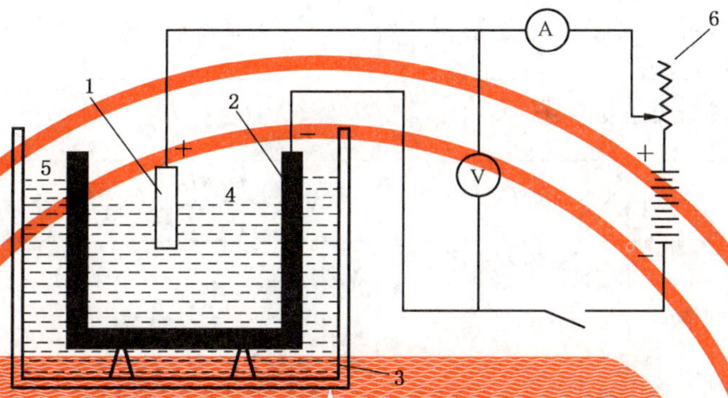

说明：

1——试样；

2——不锈钢电解槽；

3——冷却槽；

4——电解液；

5——水；

6——变阻器。

图1 电解抛光装置示意图

3.7.4 电解液采用高氯酸乙醇溶液(2.2)。

3.7.5 电解抛光工艺参数：

a) 起始电压：25 V～60 V；

b) 电解时间：6 s～35 s；

c) 电解液温度：10 ℃～40 ℃。

3.7.6 电解过程中试样为阳极，可摆动试样，抛光面不得脱离电解液。所用阴极为铅板或不锈钢板。电解后试样用水冲洗，然后在硝酸溶液(2.3)中清洗表面上的电解产物，最后用水冲洗，酒精棉擦干。

4 试样浸蚀

4.1 浸蚀剂的选择

应参照表2选择适宜的试样浸蚀剂。

表 2

浸蚀剂编号	适用试验
1号(2.4)	显示1×××、2×××、3×××、4×××、5××× 、6×××、7×××及8×××合金的一般组织
2号(2.5)	显示1×××及3×××合金的晶粒组织
3号(2.6)	a)识别2×××、3×××及5×××合金中的相； b)显示3×××、5×××和2×××合金中的一般组织
4号(2.7)	识别1×××、2×××、3××× 5×××、6×××及8×××合金中的相
5号(2.8)	辨别1×××、2×××、3×××、5×××、6×××、7×××及8×××合金中的相
6号(2.9)	a)显示1×××、2×××、3×××、4×××、5××× 、6××× 、7×××及8×××合金的一般组织； b)显示2×××、4×××、6×××及7×××的晶粒组织
7号(2.10)	a)显示2×××及7×××的包铝及铜扩散组织； b)显示2×××、4×××、6×××及7×××的晶粒组织
8号(2.11)	a)显示1×××、2×××、3×××、4×××、5××× 、6×××、7×××及8×××合金的一般组织； b)显示2×××、4×××、6×××及7×××的晶粒组织

4.2 浸蚀

4.2.1 浸蚀方式及时间应根据浸蚀剂的特点、用途及合金性质与状态而定。通常铸态试样的浸蚀时间小于加工制品试样的浸蚀时间，2×××、4×××及7×××系列的试样浸蚀时间短于1×××、3×××、5×××、6×××及8×××系列的试样浸蚀时间。

4.2.2 浸蚀后的试样在水中冲洗后，除了需要鉴别合金中的相以外，均应用硝酸溶液(2.12)洗去表面的浸蚀产物，再用水冲洗干净，最后用酒精棉轻轻擦净吹干，即可进行观察。

5 阳极化制膜

5.1 在偏振光下观察铸锭(或锭坯)晶粒组织、退火状态的加工制品晶粒组织及加工变形材料的显微组织特征，抛光后的试样应进行阳极化制膜处理(参见图2、图3、图4、图5)。1×××、3×××、5××× 、6×××及8×××系列的试样阳极化制膜前可进行电解抛光以提高制膜质量。

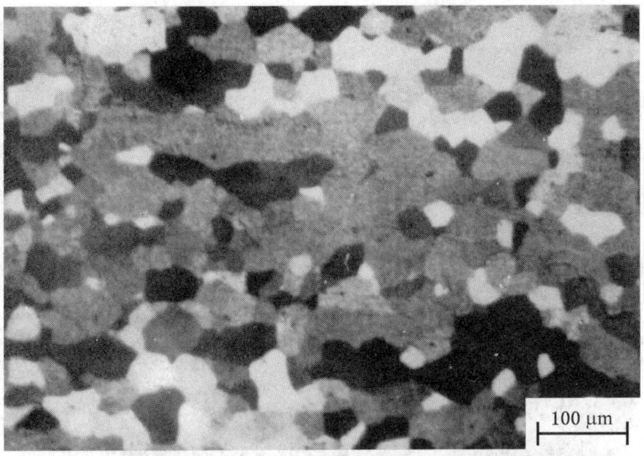

图 2　纯铝退火板材显微晶粒组织(阳极制膜偏光)

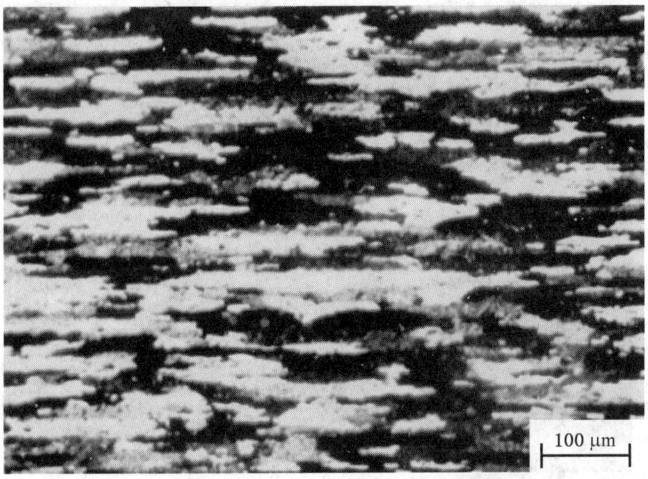

图 3　2A12 合金退火板材纵向显微晶粒组织(阳极制膜偏光)

图 4　2A12 合金铸锭显微晶粒组织(阳极制膜偏光)

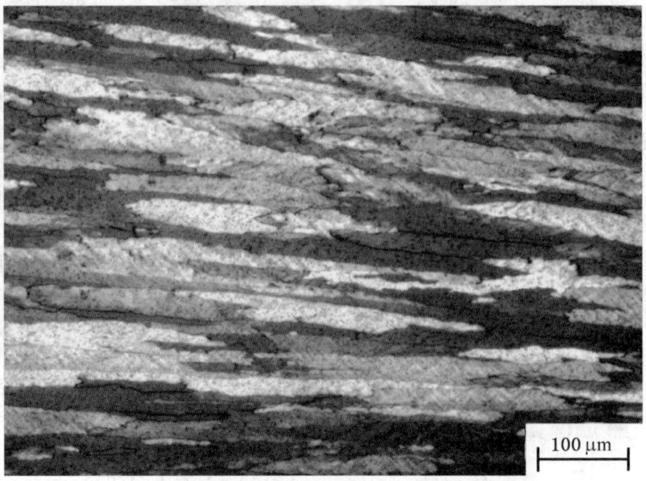

a） 纵向

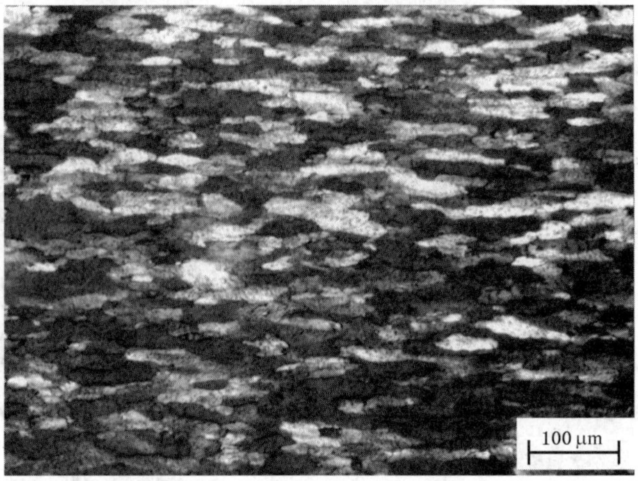

b） 横向

图 5　1060 铸轧带显微组织(阳极制膜偏光)

5.2　阳极化装置同图 1。在制膜过程中试样表面(阳极)与阴极板表面保持适当距离。

5.3　1×××、3×××、5××× 及 6×××系列的试样阳极化制膜液宜选择硫酸磷酸溶液(2.13)，制膜工艺参数：

a)　电压　20 V～30V；

b)　电流密度　0.1 A/cm^2～0.5 A/cm^2；

c)　时间　1 min～3 min；

d)　温度　10 ℃～40 ℃。

5.4　其他铝及铝合金阳极化制膜液宜选择氟硼酸溶液(2.14 或 2.15)，制膜工艺参数：

a)　电压　20 V～30 V；

b)　电流密度　0.1 A/cm^2～0.5 A/cm^2；

c)　时间　1 min～3 min；

d)　温度　10 ℃～40 ℃。

6 组织检验

6.1 显微试样的要求

在显微镜下观察试样，试样表面应洁净、干燥、无水痕，组织清晰、真实，无过蚀孔洞。

6.2 铸锭(锭坯)的显微组织检查

通常在未浸蚀试样上观察合金中相的形态和疏松、夹杂物等缺陷，在浸蚀试样上观察枝晶结构、鉴别相的组分以及观察均匀化处理状态的过烧组织。

6.3 加工制品淬火及退火试样检查

在制备好的试样上检查晶粒状态和过烧组织，通常放大200倍～500倍进行观察与照相。

6.4 铝合金过烧组织的判别

金属温度达到或高于合金中低熔点共晶的熔点或固相线，使共晶或固溶体晶界产生复熔的现象叫过烧。在显微组织检验中，出现复熔共晶球、晶界局部复熔加宽和在三个晶粒交界处形成复熔三角形三种特征中的任何一种特征，判显微组织为过烧。

铸锭(或锭坯)、铸轧带正常组织与过烧组织参见图6～图9，加工制品淬火正常组织与过烧组织参见10～图14。

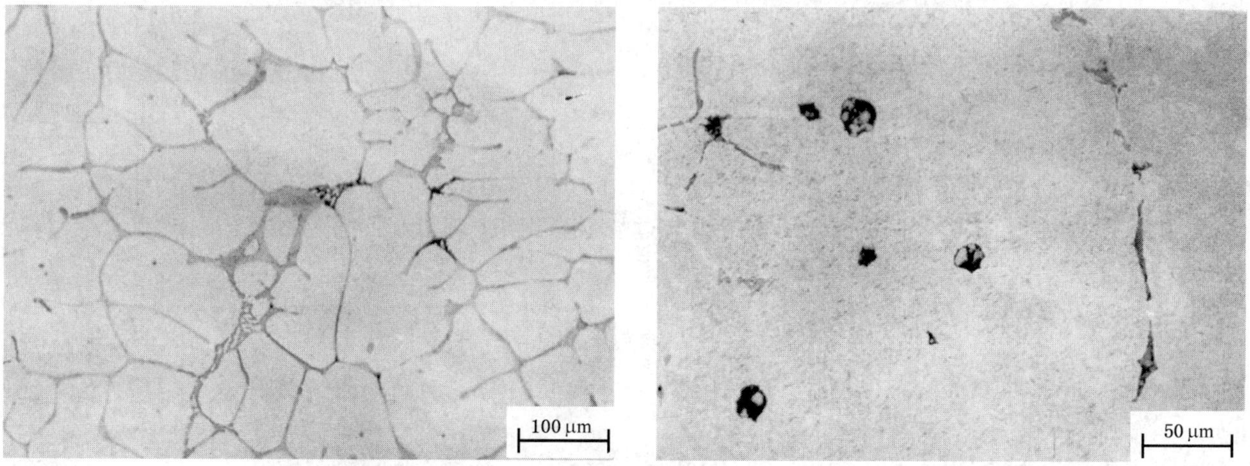

a) 正常组织　　b) 均匀化处理过烧

图6 2A12合金铸锭显微组织与过烧显微组织(6号浸蚀剂浸蚀)

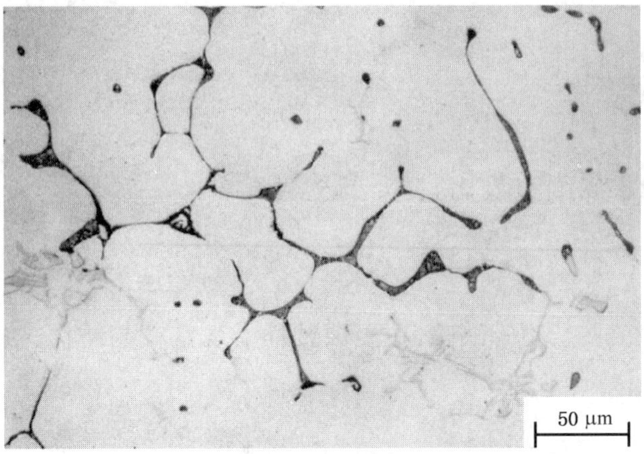

a） 正常组织

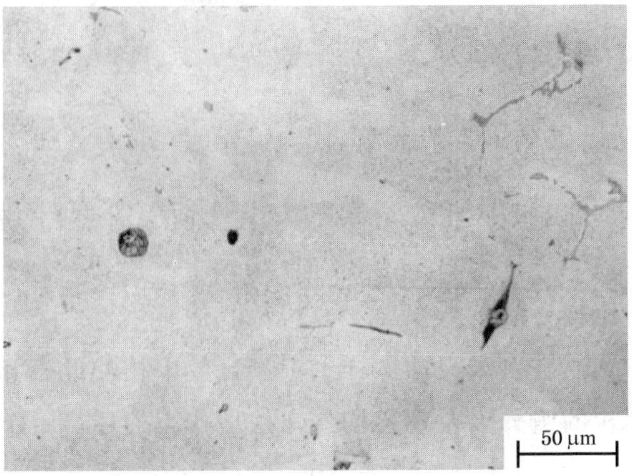

b） 均匀化处理过烧

图 7　7A04 合金正常组织与过烧显微组织(6 号浸蚀剂浸蚀)

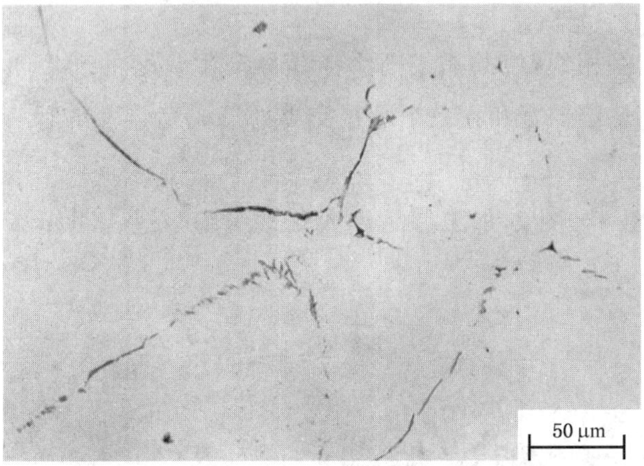

a） 正常组织

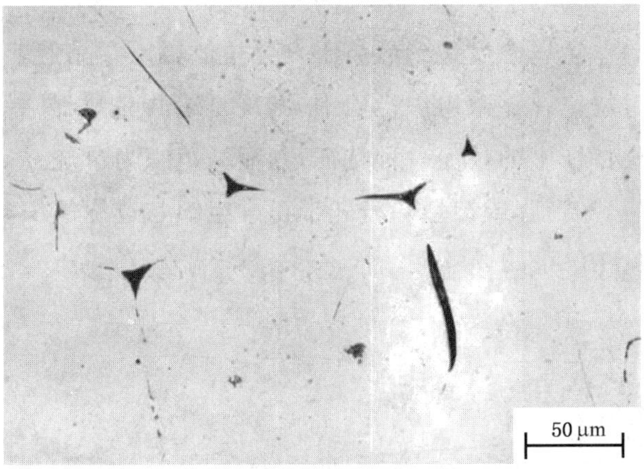

b） 均匀化处理过烧

图 8　6063 合金正常组织与过烧显微组织(6 号浸蚀剂浸蚀)

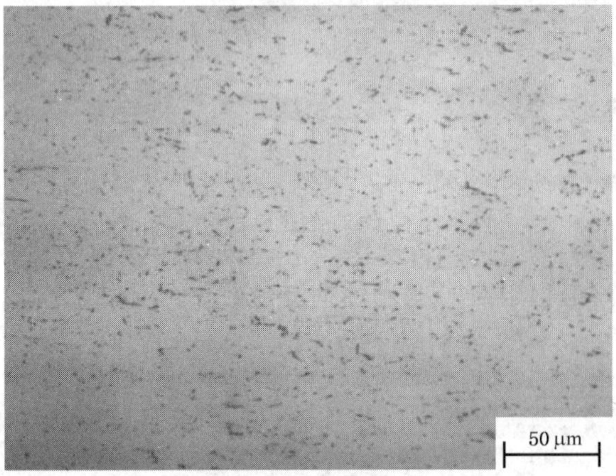

a） 正常组织

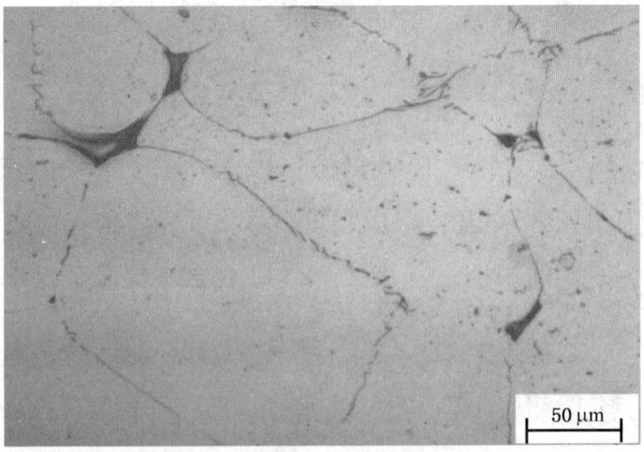

b） 均匀化处理过烧

图 9　1235 合金铸轧带正常组织与过烧显微组织(6 号浸蚀剂浸蚀)

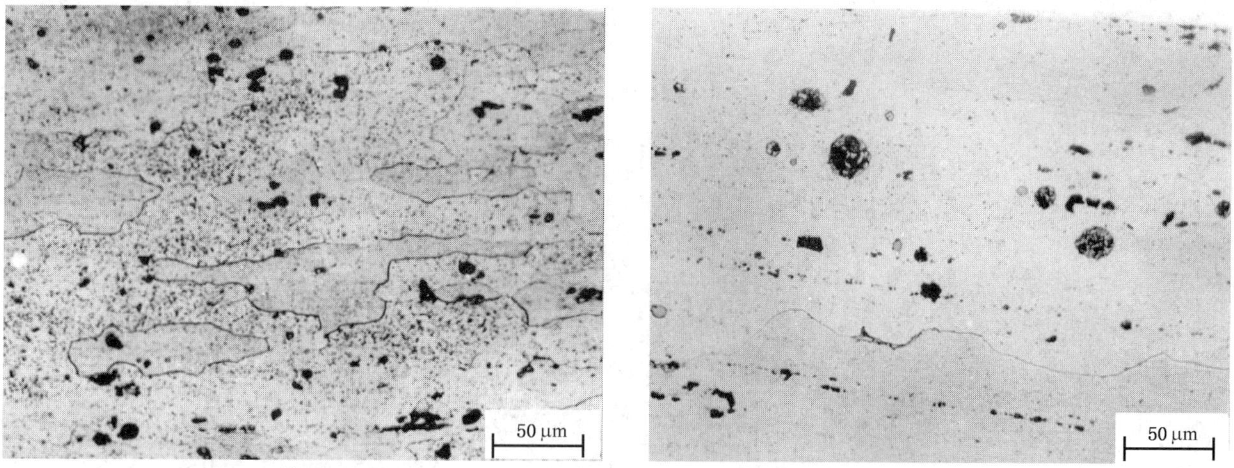

a) 正常组织　　b) 过烧组织

图 10　2A12 合金板材淬火正常组织与过烧显微组织(6 号浸蚀剂浸蚀)

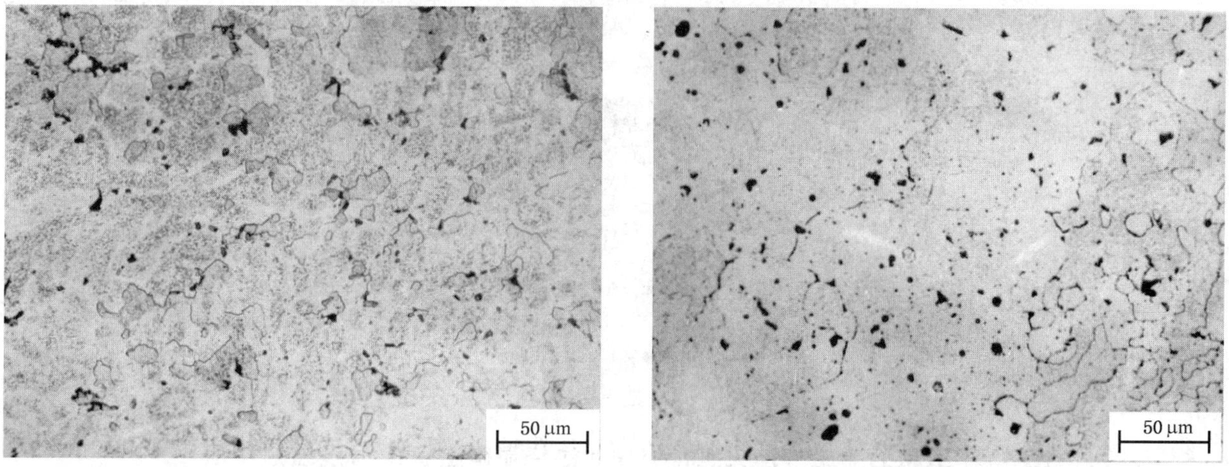

a) 正常组织　　b) 过烧组织

图 11　2A12 合金棒材淬火正常组织和过烧显微组织(6 号浸蚀剂浸蚀)

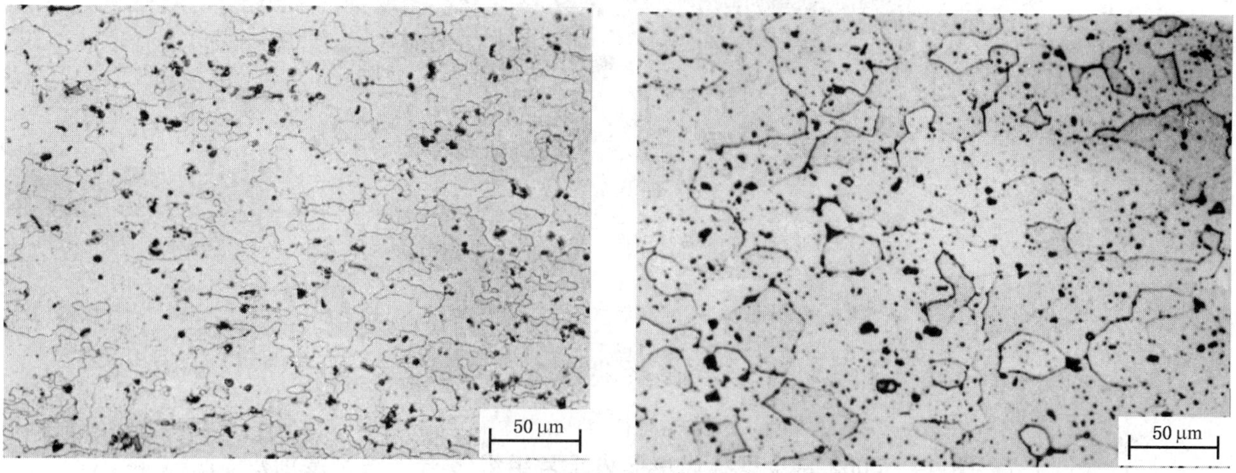

a) 正常组织　　b) 过烧组织

图 12　7A04 合金型材淬火正常组织和过烧显微组织(6 号浸蚀剂浸蚀)

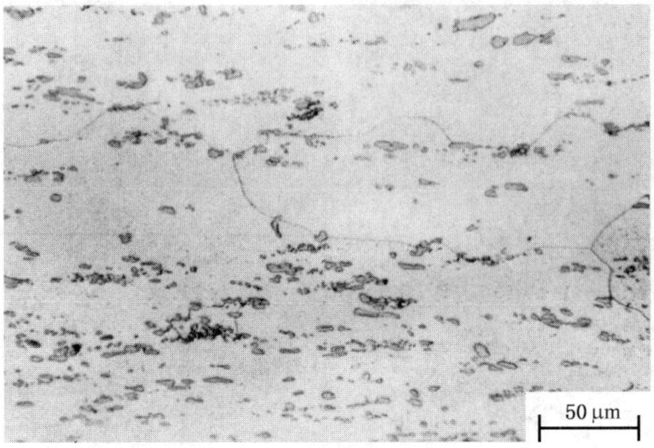

a） 正常组织

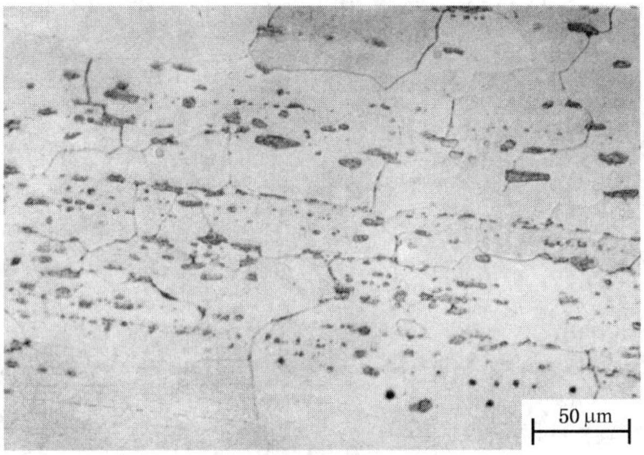

b） 过烧组织

图 13　2A70 合金锻件淬火正常组织和过烧显微组织(6 号浸蚀剂浸蚀)

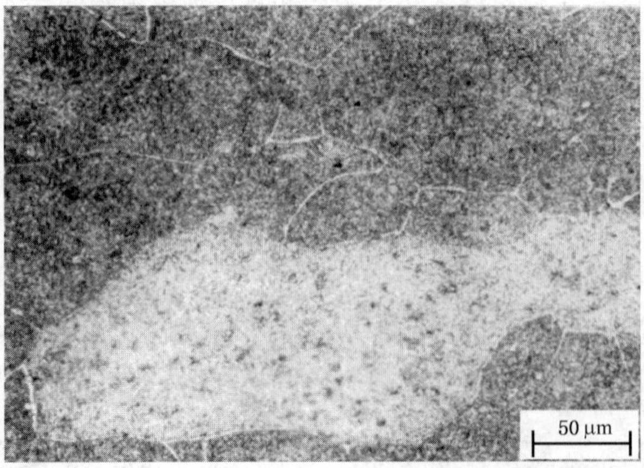

图 14　6063 合金型材风冷淬火正常组织(6 号浸蚀剂浸蚀)

6.5 高温氧化

在较高温度处理铝合金材料时，由于炉内空气湿度大，热处理后材料表面起泡或靠近内层沿晶界出现气孔，此现象称为高温氧化(HTO)，高温氧化的组织特征见图 15。

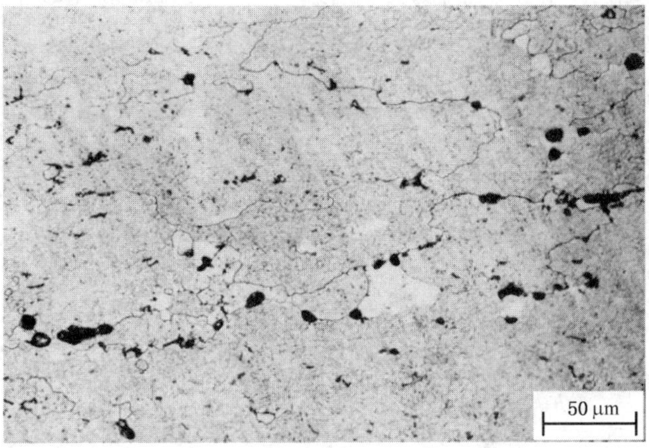

图 15　2A12 合金棒材热处理所产生的高温氧化(6 号浸蚀剂浸蚀)
(沿晶界分布的气孔)

6.6 包覆层

6.6.1　在合金板材的表面，为提高抗腐蚀性能或某种工艺性能的需要，而包覆的一层铝或铝合金，称为包覆层，见图 16、图 17。

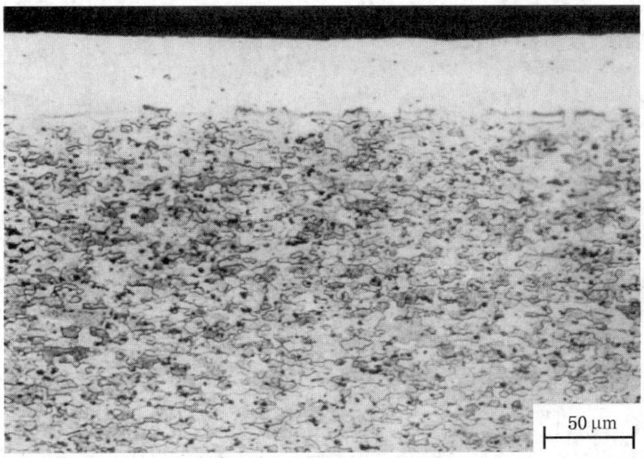

图 16　2A12 合金板材包铝层组织(6 号浸蚀剂浸蚀)

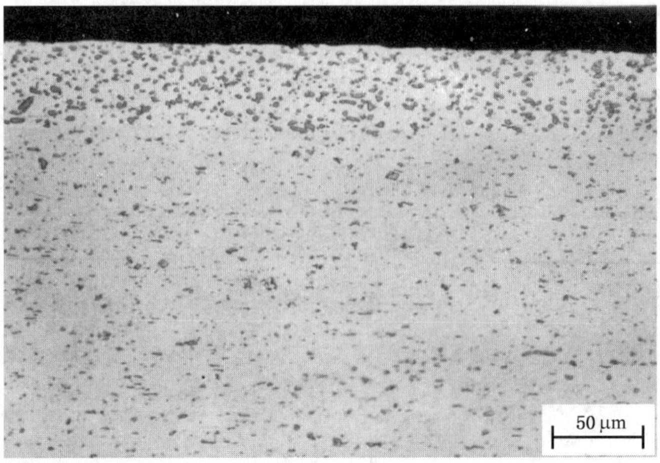

图 17 2Q515 合金包覆层组织(6 号浸蚀剂浸蚀)

6.6.2 应在试样的包覆面取 5 点～10 点,测量包覆层厚度,计算其平均值,按式(1)计算包覆率。

$$V = t/h \times 100\% \quad \cdots\cdots (1)$$

式中:

V ——包覆率,%;

t ——包覆层平均厚度,单位为毫米(mm);

h ——板材总厚度,单位为毫米(mm)。

6.7 铜扩散

6.7.1 铜扩散是指铝-铜-镁系合金包铝板材,经高温长时间加热处理,使合金中的铜原子沿晶界扩散到包铝层,见图 18。

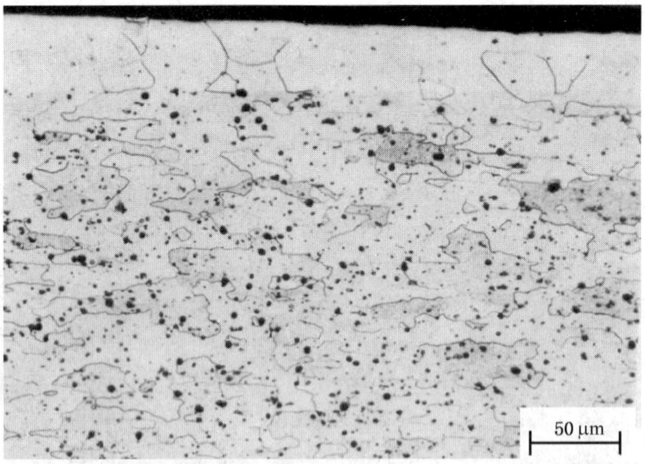

图 18 2A12 合金板材包铝层中铜扩散组织(7 号浸蚀剂浸蚀)
(已穿透)

6.7.2 铜扩散深度检查试样采用电解抛光,观察两面包铝层中铜扩散的最大深度。

7 晶粒尺寸的测定

7.1 试样的选择、制备及测量的一般原则

7.1.1 根据试验研究的目的选取试样。

7.1.2 应按照第3章和第4章制备和浸蚀试样。抛光过程中应保证试样无发热或明显的冷作硬化。

7.1.3 采用比较法(7.2)或平面晶粒计算法(7.3)或截距法(7.4)测定晶粒尺寸。在每个截面上应测定三个或更多个有代表性面积内的晶粒数。代表性是指试样上所有部位都对测定结果作出贡献，而不是主观有意选定。

7.2 比较法

7.2.1 比较法适用于等轴晶(或近似等轴晶)的完全再结晶晶粒和铸造材料晶粒。

7.2.2 比较法是将在被检查试样上所观察到的晶粒图像与已知晶粒大小的标准图像比较，得到被检查试样的晶粒尺寸(或通过简单计算)。

7.2.3 图19～图26是铝合金晶粒尺寸标准评级图，放大100倍，每个图下的表内给出了放大倍数及相应的晶粒级别指数 G。当已知检测面积 A 上的晶粒数 N、放大倍数为100时，可根据式(2)计算晶粒级别指数 G。

$$G=1.0000+\log_2(N/A)=1.0000+3.3219\lg(N/A) \quad \cdots\cdots(2)$$

式中：

G——晶粒级别指数；

A——检测面积，单位为平方毫米(mm^2)；

N——晶粒数，单位为个。

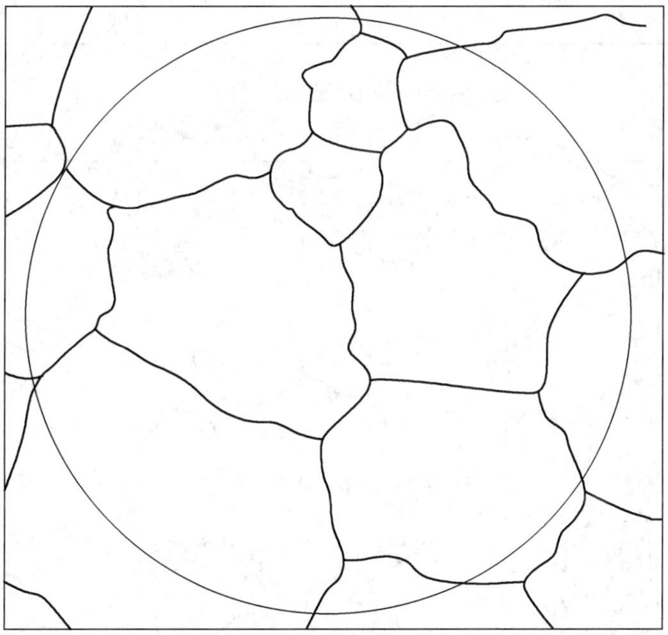

晶粒级别指数 G	−3	−1	1	3	5	7
放大倍数 g	25	50	100	200	400	800

图 19

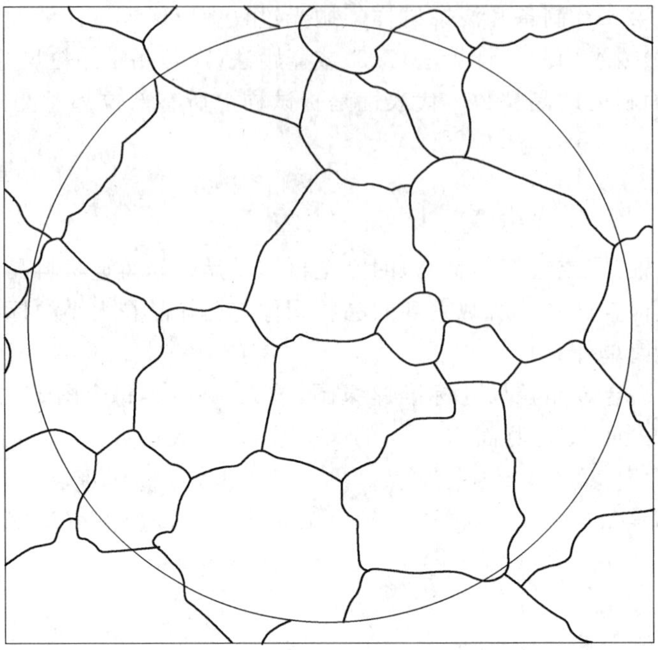

晶粒级别指数 G	−2	0	2	4	6	8
放大倍数 g	25	50	100	200	400	800

图 20

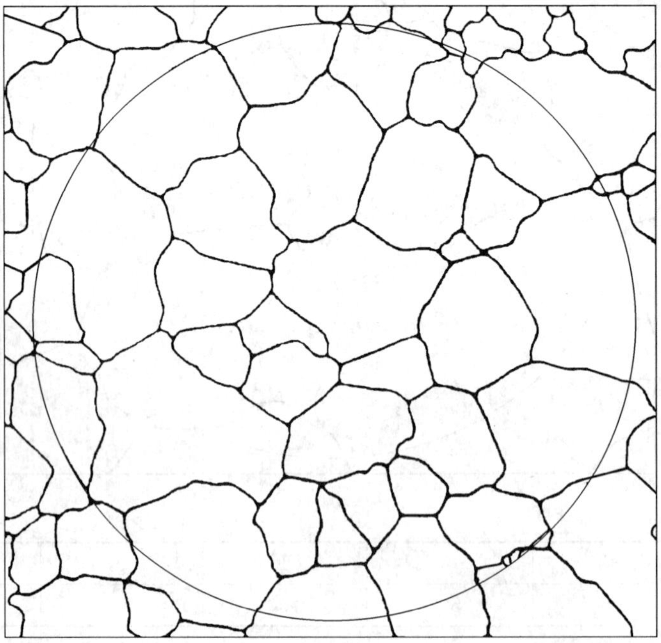

晶粒级别指数 G	−1	1	3	5	7	9
放大倍数 g	25	50	100	200	400	800

图 21

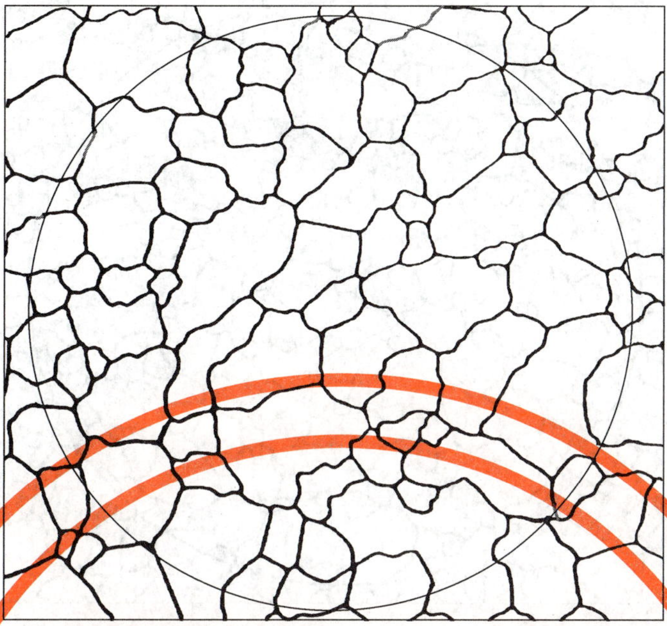

晶粒级别指数 G	0	2	4	6	8	10
放大倍数 g	25	50	100	200	400	800

图 22

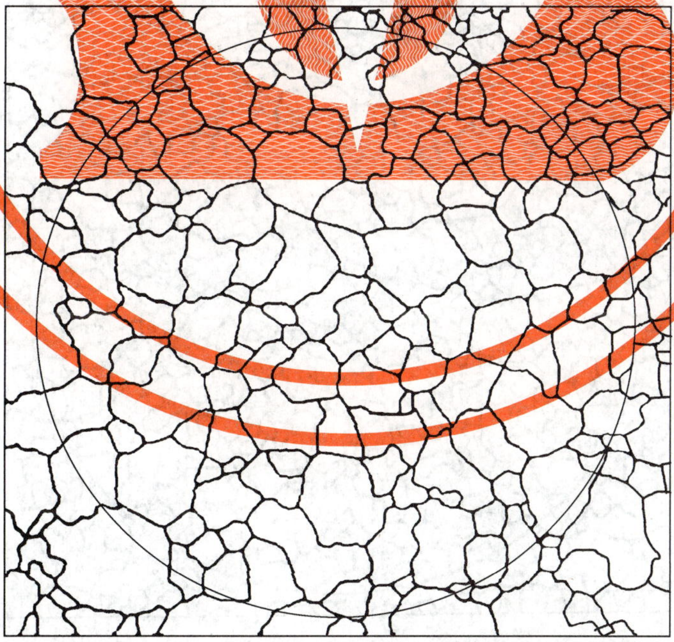

晶粒级别指数 G	1	3	5	7	9	11
放大倍数 g	25	50	100	200	400	800

图 23

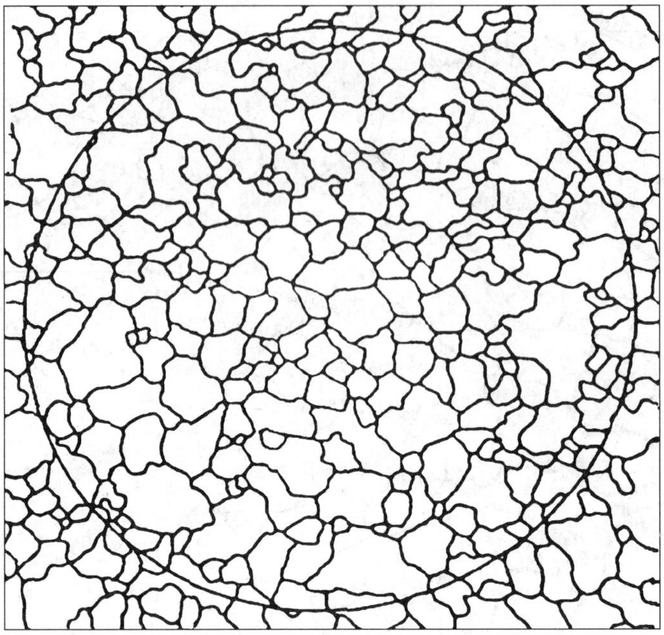

晶粒级别指数 G	2	4	6	8	10	12
放大倍数 g	25	50	100	200	400	800

图 24

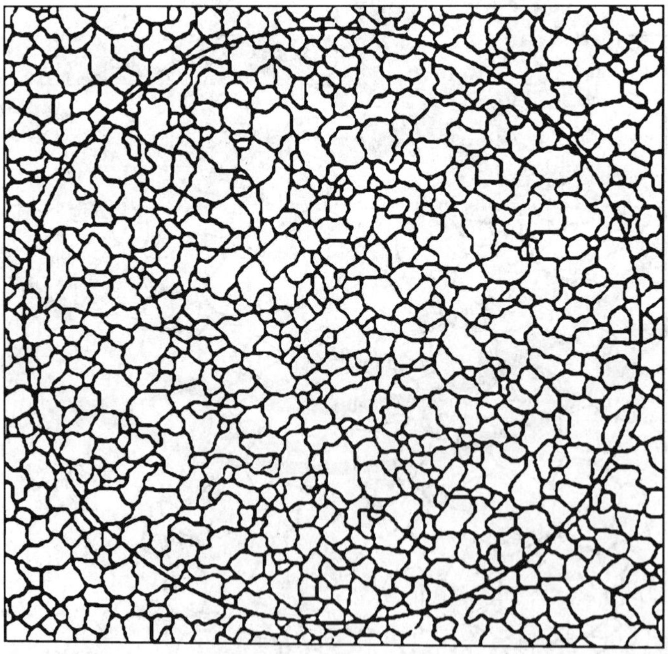

晶粒级别指数 G	3	5	7	9	11	13
放大倍数 g	25	50	100	200	400	800

图 25

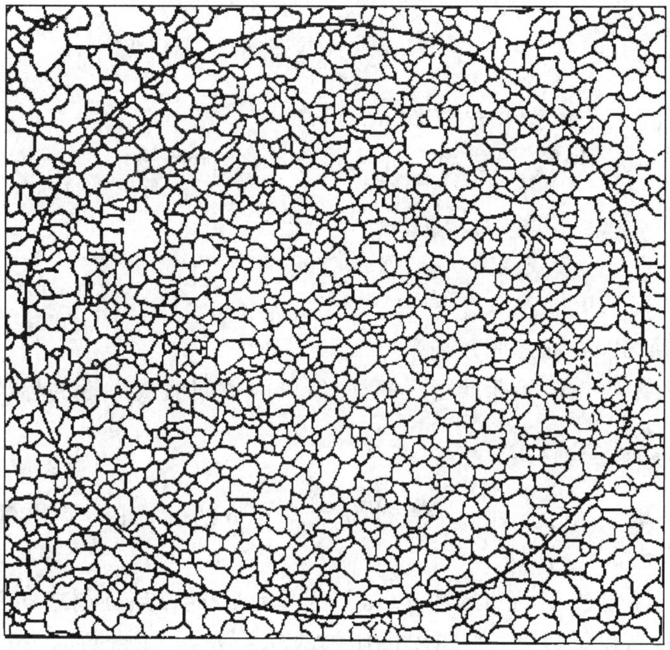

晶粒级别指数 G	4	6	8	10	12	14
放大倍数 g	25	50	100	200	400	800

图 26

7.2.4 在标准图所给出的放大倍数中选择适当的倍数，观察被检试样的晶粒图像，与标准图相比，由等同晶粒标准图下的表内查出 G 值。在表 3 上查出与 G 值对应的单位面积平均晶粒数 n_A，即是测定结果。由此可根据式 3 计算出晶粒的平均面积 $\overline{a}$，根据式(4)计算出晶粒的平均直径 d_n。

表 3

晶粒级别指数 G	单位面积的平均晶粒数 n_A 个/mm²	晶粒级别指数 G	单位面积的平均晶粒数 n_A 个/mm²	晶粒级别指数 G	单位面积的平均晶粒数 n_A 个/mm²
−3	1	3	64	9	4 096
−2.5	1.41	3.5	90.5	9.5	5 793
−2	2	4	128	10	8 192
−1.5	2.83	4.5	181	10.5	11 583
−1	4	5	256	11	16 384
−0.5	5.66	5.5	362	11.5	23 170
0	8	6	512	12	32 768
0.5	11.31	6.5	724	12.5	46 341
1	16	7	1 024	13	65 536
1.5	22.63	7.5	1 448	13.5	92 682
2	32	8	2 048	14	131 072
2.5	45.25	8.5	2 896		

$$\bar{a}=\frac{1}{n_A} \qquad \cdots\cdots(3)$$

式中：

$\bar{a}$ ——晶粒的平均面积，单位为平方毫米（mm^2）；

n_A——单位面积的平均晶粒数，单位为个每平方毫米（个/mm^2）。

$$d_n=\sqrt{\bar{a}} \qquad \cdots\cdots(4)$$

式中：

d_n——晶粒的平均直径，单位为毫米（mm）；

$\bar{a}$ ——晶粒的平均面积，单位为平方毫米（mm^2）。

7.2.5 如果被观察图像在两个相邻标准图之间，G 值可取中间值或靠近的标准图的 G 值。

7.3 平面晶粒计算法

7.3.1 在显微镜的毛玻璃或照片上划一个直径为 79.8 mm 的圆，面积为 5 000 mm^2，选定放大倍数 g，使该圆内至少有 50 个晶粒。

7.3.2 查出圆内完整的晶粒数 n_1 及被圆周边切割的晶粒数 n_2。当圆周边切割的晶粒数 n_2 为偶数时，按照式(5)计算出圆内的晶粒总数 n_g；当圆周边切割的晶粒数 n_2 为奇数时，按照式(6)计算出圆内的晶粒总数 n_g，依据式(7)计算单位面积的平均晶粒数（n_A）。

$$n_g=n_1+\frac{n_2}{2} \qquad \cdots\cdots(5)$$

式中：

n_g ——圆内的晶粒总数，单位为个；

n_1 ——圆内完整的晶粒数，单位为个；

n_2 ——圆周边切割的晶粒数，单位为个。

$$n_g=n_1+\frac{n_2+1}{2} \qquad \cdots\cdots(6)$$

$$n_A=\frac{n_g}{5\ 000/g^2} \qquad \cdots\cdots(7)$$

式中：

n_g ——圆内的晶粒总数，单位为个；

n_A ——单位面积的平均晶粒数，单位为个每平方毫米（个/mm^2）；

g ——放大倍数。

7.3.3 非等轴晶，应在纵向、横向和高向三个互相垂直的平面内进行晶粒计算，这三个平面内的晶粒数分别为 n_x、n_y 和 n_z，可根据式(8)计算出每立方毫米内的晶粒数（n_v）。

$$n_v=\sqrt{0.8n_x\cdot n_y\cdot n_z} \qquad \cdots\cdots(8)$$

式中：

n_v ——每立方毫米内的晶粒数，单位为个每立方毫米（个/mm^3）；

n_x ——每平方毫米内（纵向）的平均晶粒数，单位为个每平方毫米（个/mm^2）；

n_y ——每平方毫米内（横向）的平均晶粒数，单位为个每平方毫米（个/mm^2）；

n_z ——每平方毫米内（高向）的平均晶粒数，单位为个每平方毫米（个/mm^2）。

7.3.4 参考表 4 给出测量结果对应的晶粒级别指数 G 和相关数据。

表 4

晶粒级别指数 G	平均晶粒截面的"直径"		平均截距 l/μm	每毫米检测线上的截点数 个/mm	晶粒的平均面积 $\bar{a}$ $\times 10^{-3}$ mm²	每立方毫米内的晶粒数 n_v [a] 个/mm³	单位面积的平均晶粒数 n_A	
	名义直径 d_n/μm	Feret 直径 d_f/μm					1 倍下每平方毫米晶粒数 个/mm²	100 倍下每平方英寸晶粒数 个/in²
00A	510	570	453	2.210	258	6.11	3.88	0.250
0	360	403	320	3.125	129	17.3	7.75	0.500
0.5	300	339	269	3.716	91.2	29.0	11.0	0.707
1.0	250	285	226	4.42	64.5	48.8	15.50	1.000
1.5	210	240	190	5.26	45.6	82	21.9	1.414
…	200	226	177	5.64	40.0	100	25.0	1.613
2.0	180	202	160	6.25	32.3	138	31.0	2.000
2.5	150	170	135	7.43	22.8	232	43.8	2.828
3.0	125	143	113	8.34	16.1	391	62.0	4.000
…	120	135	106	9.41	14.4	463	69.4	4.480
3.5	105	120	95.0	10.51	11.4	657	87.7	5.657
…	100	113	89.0	11.29	10.0	800	100	6.452
4.0	90	101	80.0	12.5	8.07	1 105	124	8.000
4.5	75	85	67.3	14.9	5.70	1 859	175	11.31
…	70	79	62.0	16.1	4.90	2 331	204	13.17
5.0	65	71	56.6	17.7	4.03	3 126	248	16.00
…	60	68	53.2	18.8	3.60	3 708	278	17.92
5.5	55	60	47.6	21.0	2.85	5 258	351	22.63
…	50	56	44.3	22.6	2.50	6 400	400	25.81
6.0	45	50	40.0	25.0	2.02	8 842	496	32.00
…	40	45	35.4	28.2	1.60	12 500	625	40.32
6.5	38	42	33.6	29.7	1.43	14 871	701	45.25
…	35	39	31.0	32.2	1.23	18 659	816	52.67
7.0	32	36	28.3	35.4	1.008	25 010	992	64.00
…	30	34	26.6	37.6	0.900	29 630	1 111	71.68
7.5	27	30	23.8	42.0	0.713	42 061	1 403	90.51
…	25	28	22.2	45.1	0.625	51 200	1 600	100.23
8.0	22	25	20.0	50.0	0.504	70 700	1 980	128.0
…	20	23	17.7	56.4	0.400	100 000	2 500	161.3
8.5	19	21	16.8	59.5	0.356	119 000	2 810	181.0
9.0	16	18	14.1	70.7	0.252	200 000	3 970	256.0
…	15	17	13.3	75.2	0.225	237 000	4 440	286.8
9.5	13	15	11.9	84.1	0.178	336 000	5 610	362.0
10.0	11	13	10.0	100	0.126	566 000	7 940	512.0
…	10	11.3	8.86	113	0.100	800 000	10 000	645.2
10.5	9.4	10.6	8.41	119	0.089 1	952 000	11 220	724.1
…	9.0	10.2	7.98	125	0.081 0	1 097 000	12 350	796.5
11.0	8	8.9	7.07	141	0.063 0	1 600 000	15 870	1 024
…	7.0	7.9	6.20	161	0.049 0	2 332 000	20 410	1 317
11.5	6.7	7.5	5.95	168	0.044 6	2 692 000	22 450	1 448
…	6.0	6.8	5.32	188	0.036 0	3 704 000	27 780	1 792
12.0	5.6	6.3	5.00	200	0.031 5	4 527 000	31 710	2 048
…	5.0	5.6	4.43	226	0.025 0	6 400 000	40 000	2 581
12.5	4.7	5.3	4.20	238	0.022 3	7 610 000	44 900	2 896
13.0	4.0	4.2	3.54	283	0.015 8	12 800 000	63 500	4 096
13.5	3.3	3.7	2.97	336	0.011 1	21 540 000	89 800	5 793
…	3.0	3.4	2.66	376	0.009 0	29 600 000	111 100	7 168
14.0	2.8	3.2	2.50	400	0.007 88	36 200 000	127 000	8 192
…	2.5	2.8	2.22	451	0.006 25	51 200 000	160 000	10 323

[a] n_v 是根据球形的平均晶粒计算，$n_v = 0.566/l^3$。

7.4 截距法

7.4.1 截距法推荐用于不均匀的等轴晶粒组织，对于各向异性组织，可分别测定三个主要方向上的晶粒尺寸，在适当的情况下可较合理地测定平均晶粒尺寸。本方法可借助各种类型的试验仪器来完成测量与计算。例如，定量显微镜和图像分析仪等。

7.4.2 用截距法测量晶粒度，是在毛玻璃上或在试样的代表性视场内，通过计算被一根或数根直线（通常称为检测线）相截的晶粒数（在直线的总长度上不应少于50个相截晶粒），用计算平均截距的方法测定晶粒度。

7.4.3 应对随机选定的、分离较远的3个～5个视场进行晶粒测量，以得出该试样合理的晶粒度平均值。

7.4.4 平均截距 l 按式(9)计算。

$$l=\frac{L}{N\times g} \qquad \cdots\cdots(9)$$

式中：

l ——平均截距，单位为微米(μm)；

L ——检测线的总长度，单位为微米(μm)；

N ——检测线与晶界的交点总数，单位为个。

g ——放大倍数。

7.4.5 平均截距 l 的长度，略低于晶粒的平均直径尺寸，在通常测量时，可以认为是晶粒的平均直径。可参考表4给出的相关晶粒尺寸数据。

7.4.6 对于非等轴晶，每立方毫米内的晶粒数按式(10)计算。

$$n_v=0.566\times n_e\cdot n_c\cdot n_n \qquad \cdots\cdots(10)$$

式中：

n_v ——每立方毫米内的晶粒数，单位为个每立方毫米(个/mm^3)；

n_e ——在纵向上被直线交截的每一毫米上的平均晶粒数，单位为个每毫米(个/mm)；

n_c ——在横向上被直线交截的每一毫米上的平均晶粒数，单位为个每毫米(个/mm)；

n_n ——在高向上被直线交截的每一毫米上的平均晶粒数，单位为个每毫米(个/mm)。

7.4.7 可参考表4评定计算结果对应的晶粒级别指数 G 和相关数据。

8 试验报告

试验报告应包括下列内容：

a) 试验日期；
b) 牌号或化学成分；
c) 状态代号；
d) 试样号；
e) 组织说明；
f) 浸蚀条件。

ICS 77.040.99
H 24

中华人民共和国国家标准

GB/T 3246.2—2012
代替 GB/T 3246.2—2000

变形铝及铝合金制品组织检验方法 第2部分:低倍组织检验方法

Inspection method for structure of wrought aluminum and aluminum alloy products—Part 2: Inspection method for macrostructure

2012-12-31 发布　　2013-10-01 实施

中华人民共和国国家质量监督检验检疫总局
中国国家标准化管理委员会　发布

前　言

GB/T 3246《变形铝及铝合金制品组织检验方法》分为二个部分：

——第1部分：显微组织检验方法；

——第2部分：低倍组织检验方法。

本部分为GB/T 3246的第2部分。

本部分按照GB/T 1.1—2009给出的规则起草。

本部分代替GB/T 3246.2—2000《变形铝及铝合金制品低倍组织检验方法》。

本部分与GB/T 3246.2—2000相比，主要变化如下：

——增加了铸锭氧化膜试样截面示意图；

——对板、带材低倍试样取、制样方法进行了修改；

——增加了8×××合金的碱蚀要求；

——增加了碱蚀程度的要求；

——补充了板材氧化膜断口组织、疏松和非金属夹杂的显微组织及羽毛状晶断口组织的典型照片。

本部分使用重新起草法参考ASTM E3—2011《金相试样制备规程》和ASTM E340—2010(2006)《金属和合金宏观浸蚀的试验方法》编制，与ASTM E3—2011和ASTM E340—2010(2006)的一致性程度为非等效。

本部分由全国有色金属标准化技术委员会(SAC/TC 243)归口。

本部分负责起草单位：东北轻合金有限责任公司。

本部分参加起草单位：西南铝业(集团)有限责任公司、北京有色金属研究总院、山东兖矿轻合金有限公司、辽宁忠旺集团有限公司、中国铝业西北铝加工分公司、中铝瑞闽铝板带有限公司、南山铝业股份有限公司、广州兴发铝业有限公司、镇江鼎胜铝业股份有限公司。

本部分主要起草人：王美琪、侯绎、谢延翠、温庆红、韦艳琴、刘淑凤、陈立超、郭红、周霞、兰政、夏秀群、董则防、王琦。

本部分所代替标准的历次版本发布情况为：

——GB/T 3246.2—2000；

——GB/T 3246—1982。

变形铝及铝合金制品组织检验方法 第2部分:低倍组织检验方法

1 范围

GB/T 3246的本部分规定了铝及铝合金铸锭(或锭坯)、变形铝及铝合金板、带、箔、管、棒、型、线、锻件(以下简称加工制品)低倍组织检验用的试验溶液及试样制备、组织检验、缺陷分类和试验报告等。

本部分适用于铝及铝合金铸锭(或锭坯)及加工制品的低倍组织检验。

2 试验溶液

2.1 特强混合酸溶液:将氢氟酸(ρ 1.15 g/mL)、硝酸(ρ 1.40 g/mL)和盐酸(ρ 1.19 g/mL)以(1+5+15)的体积相混合,混匀。

2.2 强混合酸溶液:将氢氟酸(ρ 1.15 g/mL)、硝酸(ρ 1.40 g/mL)和盐酸(ρ 1.19 g/mL)和水以(1+5+15+42)的体积相混合,混匀。

2.3 氢氧化钠溶液(150 g/L~250 g/L)。

2.4 高浓度混合酸溶液:将氢氟酸(ρ 1.15 g/mL)、硝酸(ρ 1.40 g/mL)和盐酸(ρ 1.19 g/mL)和水以(2+1+1+76)的体积相混合,混匀。

2.5 硝酸溶液(1+4)~硝酸溶液(1+3)。

2.6 氢氧化钠溶液(80 g/L~120 g/L)。

3 试样制备

3.1 应根据有关标准或技术协议及表1的规定切取试样坯料。

表 1

产品分类	取样要求
铸锭(或锭坯)	应在铸锭尾部切取尺寸(长×宽×高)为50 mm×50 mm×150 mm或尺寸(直径×高)为φ50 mm×150 mm的氧化膜试样坯料,并将其由150 mm高墩成厚度30 mm的样饼。 其他低倍试样坯料分别在铸锭的头部和尾部横向切取,厚度宜为25 mm±5 mm
板、带材	应沿着垂直于产品轧制方向切取横向试样坯料,试样坯料宽度宜为30 mm,然后将其沿纵向切成若干段。 需要进行断口组织检查的产品厚度应不小于25 mm
挤压产品	应在挤压产品尾部沿横向切取低倍试样坯料,其中导流模挤压的产品检查焊缝质量时还需要在挤压产品的头部切取试样坯料。试样坯料厚度宜为30 mm±5 mm。 粗晶环应在淬火产品切取的试样坯料(或淬火后的试样坯料)上检查。 特殊制品按图纸规定切取试样坯料
锻件	按技术图纸规定的部位切取试样坯料

3.2 应按表2的规定从试样坯料中制取试样。

表 2

试样分类	试样制取要求			
	铸锭(或锭坯)	板、带材	挤压产品	锻件
检查断口组织用试样[a]	氧化膜试样: 将样饼沿直径锯开成两块,以样饼锯开面为侧面截取 30 mm宽的长条样坯,将样坯的直径锯开面刨成楔形槽,槽深为样坯宽度的 1/3,并保证被检面积不小于 2 000 mm^2,如图 1 所示。在压力机上(或采用其他方法)将样坯一次折断或劈开[b,d],如图 2所示。 检查其他断口组织用试样: 在受检部位开槽,如果试样坯料较大,也可以不开槽。在压力机上(或采用其他方法)将试样坯料一次折断或劈开[b,d],如图 2 所示	在试样坯料的侧面刨口,槽深不大于宽度的 1/3,在压力机上(或采用其他方法)将试样坯料一次折断或劈开[b,d],如图 2 所示	在受检部位开槽,尺寸过小和外形奇特的试样坯料应加工成楔形槽,但槽深不大于厚度的 1/3。如果试样坯料较大,也可以不开槽。在压力机上(或采用其他方法)将试样坯料一次折断或劈开[b,d],如图 2 所示	
其他低倍试样	被检查面需要进行铣削加工[c,d],其粗糙度(Ra)应不大于3.2 μm	检查表面晶粒度用试样应保留产品的自然表面作为被检查面,其他被检查面需要进行铣削加工[c,d],其粗糙度(Ra)应不大于 3.2 μm	检查表面晶粒度用试样应保留产品的自然表面作为被检查面,其他被检查面需要进行铣削加工[c,d],其粗糙度(Ra)应不大于 3.2 μm。其中挤压状态切取的检查低倍粗晶环的试样坯料,淬火后铣削加工[d]时,其铣削量应大于 5 mm	被检查面需要进行铣削加工[c,d],其粗糙度(Ra)应不大于 3.2 μm

[a] 除检查铸锭氧化膜试样外,可采用其他低倍试样作为检查断口组织用试样坯料。

[b] 折断、劈开后的断口表面为被检查面。

[c] 在保证不降低检查质量的前提下,也可以采用其他的加工方法。

[d] 铣削加工后的表面和折断、劈开后的断口表面,应保持洁净,无污染或损伤。

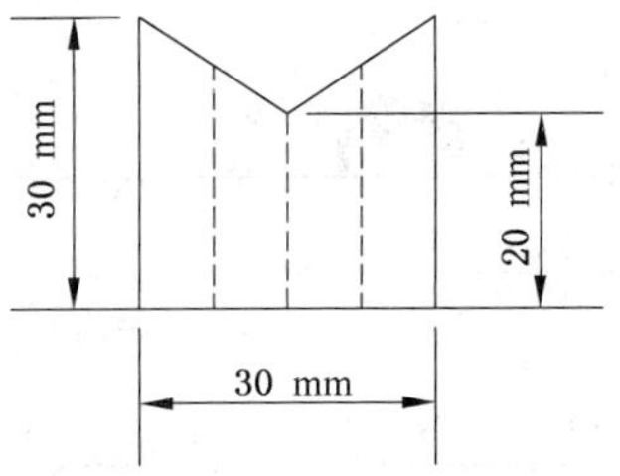

图 1　开槽后的铸锭氧化膜试样截面示意图

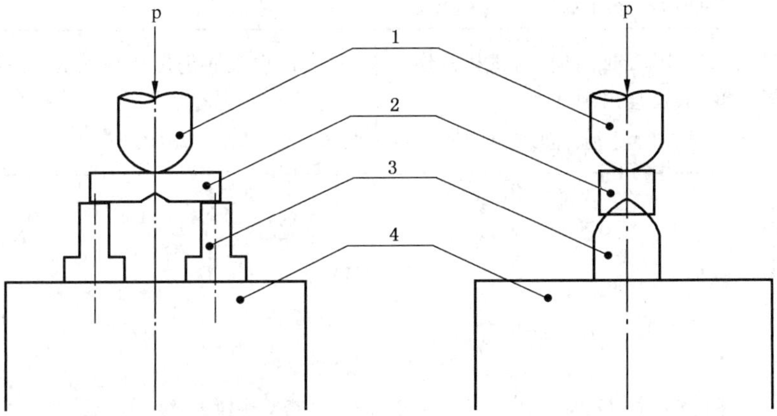

a）折断　　　　b）劈开

说明：

1——压头；

2——试样；

3——支承座；

4——工作台。

图 2　折、劈断口试验示意图

3.3　1×××、3×××、5×××及 8×××系列的检查晶粒度用试样，被检查面应浸入特强混合酸溶液(2.1)或强混合酸(2.2)中，在室温下浸蚀适当时间，或用浸蚀剂反复擦拭试样检查面，然后立即用水冲洗，可反复进行多次，直至晶粒显现清楚为止。

3.4　2×××、4×××、6×××和 7×××系列的检查晶粒度用试样，被检查面应浸入氢氧化钠溶液(2.3)或高浓度混合酸(2.4)或强混合酸(2.2)中，在室温下浸蚀适当时间，或用浸蚀剂反复擦拭试样检查面，然后立即用水和硝酸溶液(2.5)清洗，直至晶粒显示清晰为止。

3.5　其他试样(检查断口组织用试样除外)被检查面，应浸入表 3 规定的试验溶液中进行碱蚀，碱蚀时间(室温)宜参照表 3 的规定。试样碱蚀后，应迅速将试样转入流动的清水(自来水)中，对检查面进行认真冲洗后，再转入硝酸溶液(2.5)中继续清洗，除去检查面的黑色碱蚀产物，之后再用流动的清水将检查面冲洗干净。

表 3

产品分类	牌号系列	试验溶液	浸蚀时间[a,b] min
铸锭(或锭坯)	1×××	氢氧化钠溶液(2.6)	20～30
	3×××、5×××、6×××、8×××		8～15
	2×××、4×××、7×××		3～8
加工制品	1×××、3×××	氢氧化钠溶液(2.3)	25～30
	5×××、6×××、2A02、8×××		15～25
	2×××(除 2A02 外)、4×××、7×××		10～20

[a] 试样的浸蚀时间要求适中,浸蚀时间短,试样浸蚀程度过轻,试样表面仍保持较强的金属光泽;浸蚀时间长,试样浸蚀程度过重,试样表面会出现腐蚀麻坑。

[b] 检查焊缝及氧化膜用试样的浸蚀时间应相应地增加 1 倍至 2 倍。

4 组织检验

4.1 一般原则

根据有关技术标准和技术协议规定的质量要求进行检查,并随时变换光线照射方向,详细观察各个部位。必要时,可用 10 倍以下放大镜检查,或酌情进行显微组织或其他手段分析。

4.2 粗晶环的测量

形状简单的粗晶环,应取粗晶环最大深度作为测量结果;形状复杂的粗晶环,环区内可画取的最大正方形的边长为粗晶环深度,如图 3 所示。

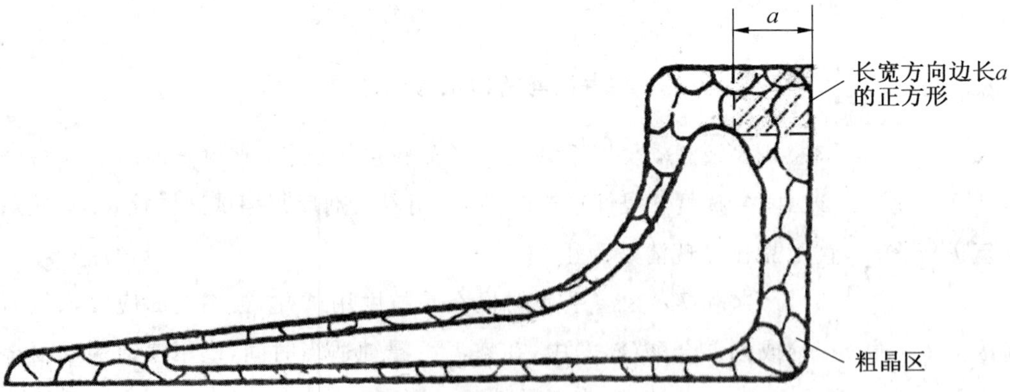

图 3 形状复杂粗晶环测量方法示意图

4.3 晶粒度检查

4.3.1 应按照规定的晶粒度照片或实物对比评定,具有等轴晶粒的试样,应按照图 4～图 11 晶粒度分级标准进行评定。

图 4　一级晶粒度

（晶粒平均面积 0.026 mm^2）

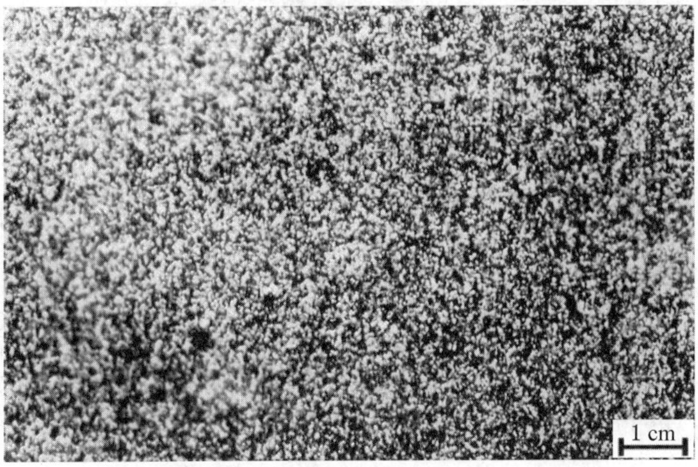

图 5　二级晶粒度

（晶粒平均面积 0.40 mm^2）

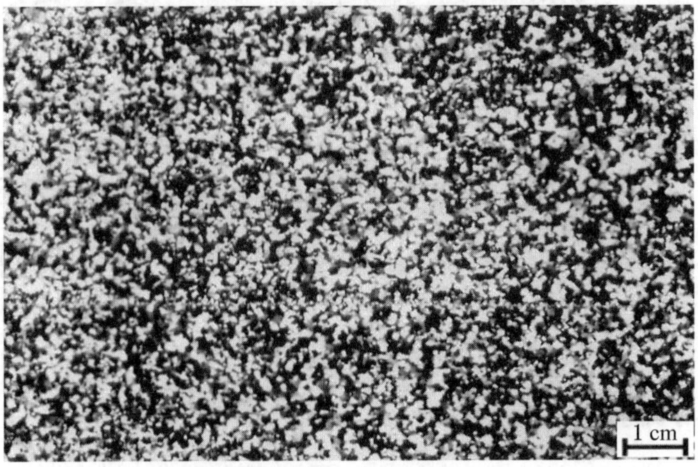

图 6　三级晶粒度

（晶粒平均面积 1.2 mm^2）

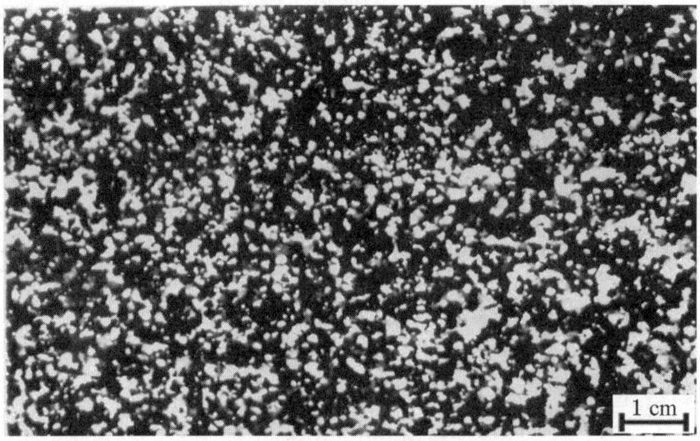

图 7　四级晶粒度
（晶粒平均面积 2.6 mm^2）

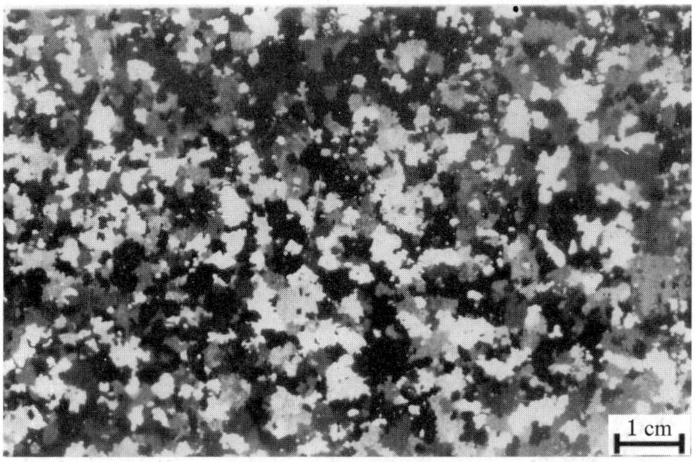

图 8　五级晶粒度
（晶粒平均面积 8.0 mm^2）

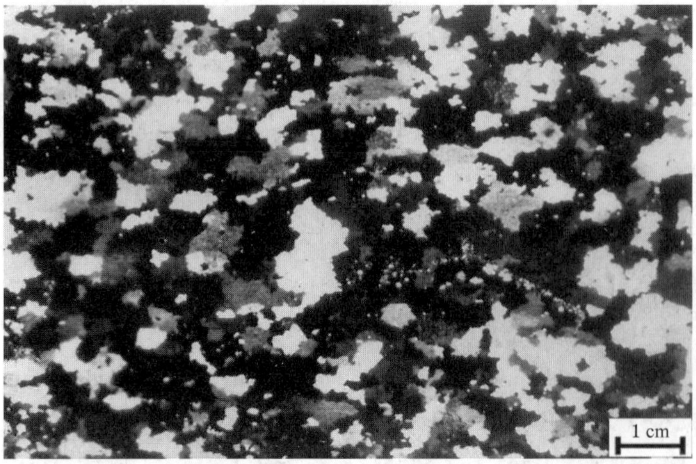

图 9　六级晶粒度
（晶粒平均面积 16 mm^2）

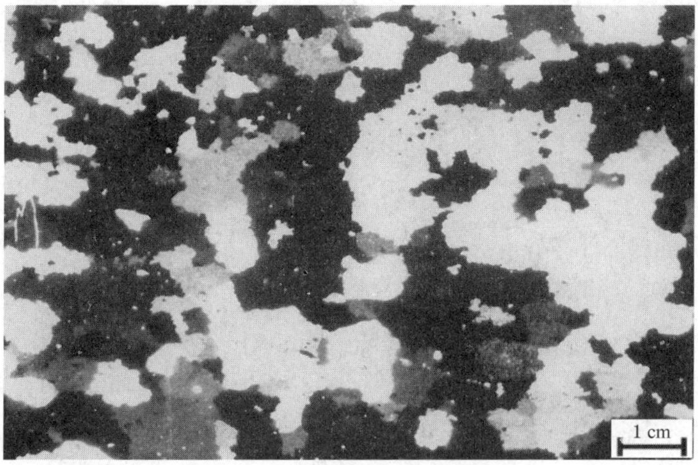

图 10　七级晶粒度

（晶粒平均面积 36 mm^2）

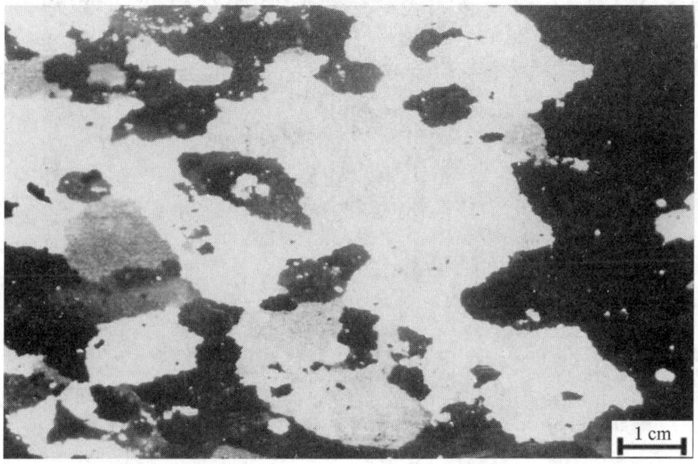

图 11　八级晶粒度

（晶粒平均面积 80 mm^2）

4.3.2　铸轧板(带)的晶粒度应按照图 12～图 16 进行评定。

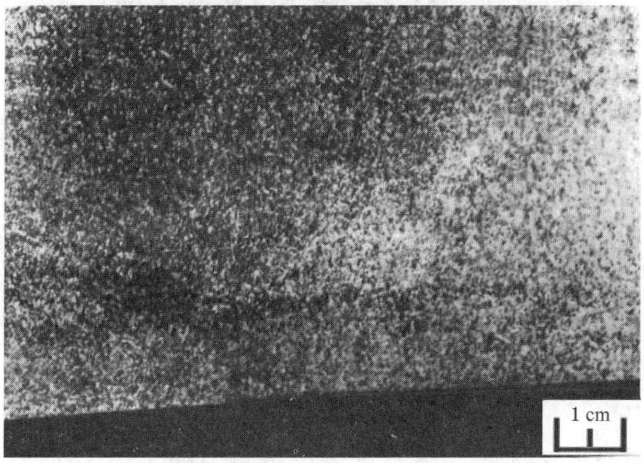

图 12　铸轧板一级晶粒度

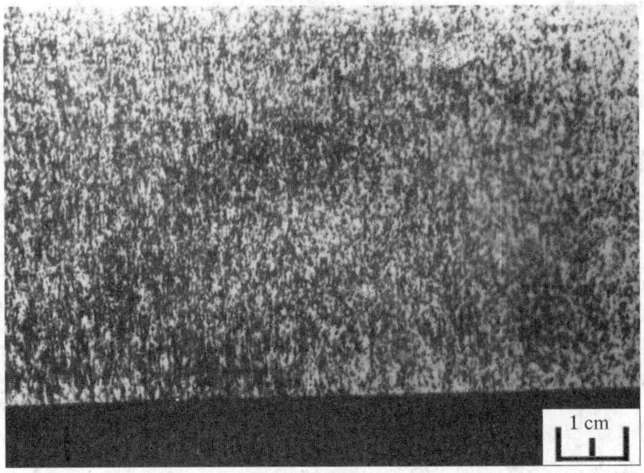

图 13　铸轧板二级晶粒度

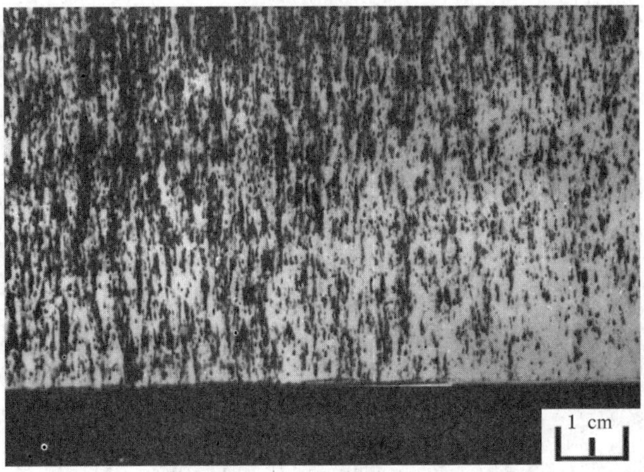

图 14　铸轧板三级晶粒度

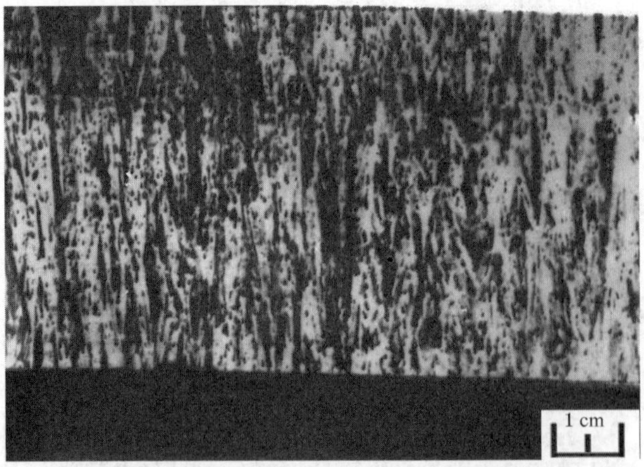

图 15　铸轧板四级晶粒度

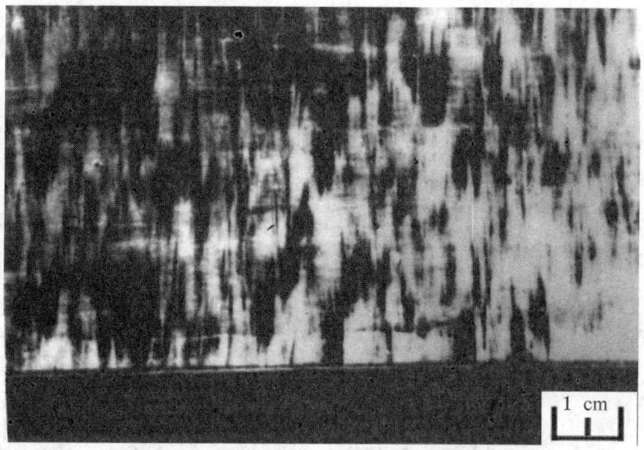

图 16 铸轧板五级晶粒度

4.3.3 晶粒实测尺寸采用晶粒平均面积(或直径)或单位面积晶粒数表示,测量步骤如下所述。

4.3.3.1 根据晶粒的大小,在试样上画出 10 mm×10 mm 或 50 mm×50 mm 的方格,也可画出直径为 10 mm 或 50 mm 的圆。

4.3.3.2 查出方格或圆内完整的晶粒数(p)及被方格边或圆周边所切割晶粒数(g)。当方格边或圆周边所切割晶粒数(g)为偶数时,按照式(1) 计算出方格或圆内的晶粒总数(n);当方格边或圆周边所切割晶粒数(g)为奇数时,按照式(2)计算出方格或圆内的晶粒总数(n),依据式(3)计算出晶粒的平均面积。

$$n = p + 0.5g \quad \cdots\cdots (1)$$

式中:

n ——方格或圆内的晶粒总数,单位为个;

p ——方格或圆内完整的晶粒数,单位为个;

g ——方格线或圆周边切割的晶粒数,单位为个。

$$n = p + 0.5(g + 1) \quad \cdots\cdots (2)$$

$$F = S/n \quad \cdots\cdots (3)$$

式中:

F ——晶粒平均面积,单位为平方毫米(mm^2);

S ——方格或圆的面积,单位为平方毫米(mm^2)。

4.3.3.3 每个试样至少选择三处进行测量,然后取平均值。

4.3.3.4 当晶粒大小相差特别悬殊,分布极不均匀时,应选择最大晶粒区域。

5 缺陷分类

5.1 疏松

疏松是在晶界及枝晶网络等地方产生的宏观或微观的分散性微孔,如图 17 所示。该缺陷经浸蚀后,在横向低倍试样上呈分散性的密集小针孔,边界参差不齐,多带棱角,近似锯齿状,颜色发暗,底部为尖狭的凹坑。疏松的显微组织特征如图 18 所示。

a） 一级疏松

b） 二级疏松

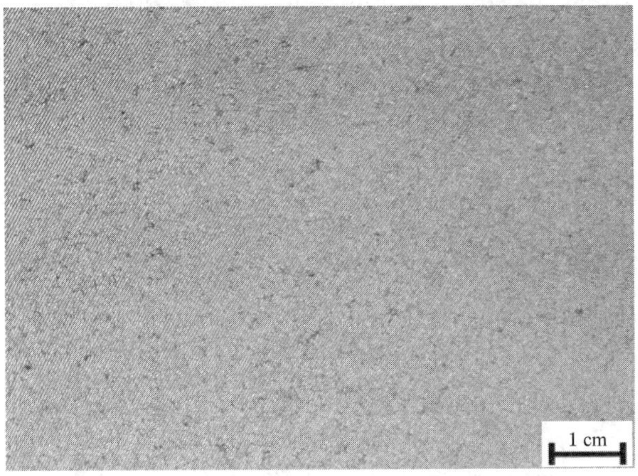

c） 三级疏松

d） 四级疏松

图 17 疏松低倍组织（NaOH 溶液浸蚀）

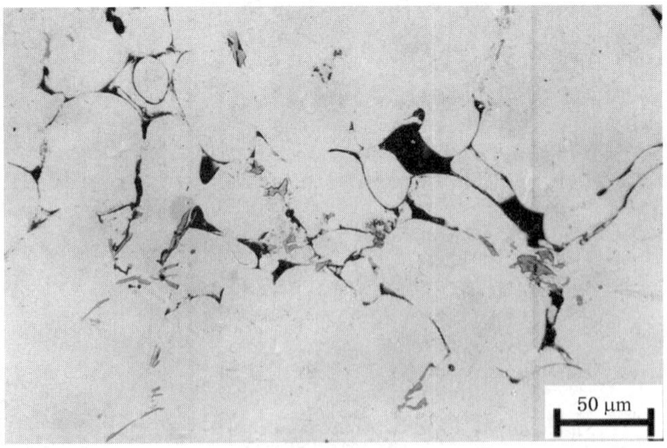

图 18 疏松显微组织（未浸蚀）

5.2 非金属夹杂

非金属夹杂是混入铸锭中的熔渣或落入铸锭内的其他非金属杂质，如图 19 所示。该缺陷经浸蚀后，在低倍横向试片上呈褐色或暗黑色凹下的点状或非定形特征，其分布没有规律。断口上呈不定形松软组织。非金属夹杂的显微组织特征如图 20 所示。

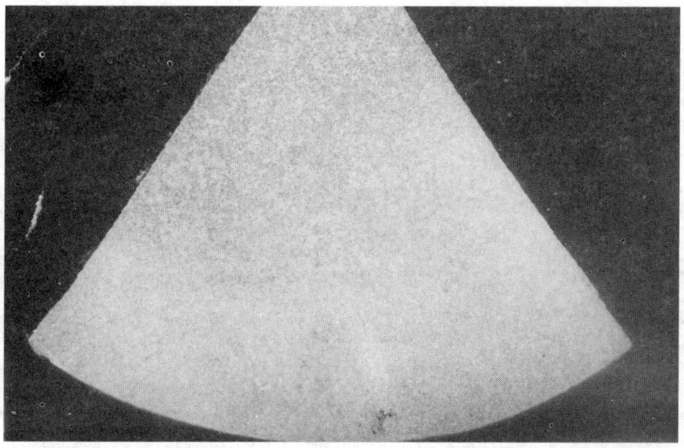

图 19 非金属夹杂低倍组织(NaOH 溶液浸蚀)

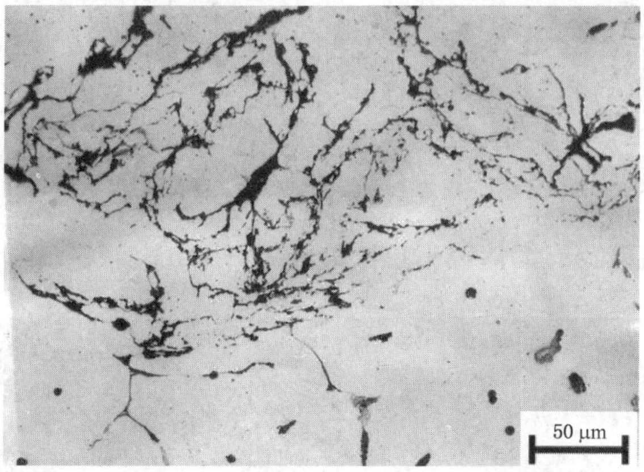

图 20 非金属夹杂显微组织(未浸蚀)

5.3 外来金属夹杂及白斑

外来金属夹杂是在铸造过程中,由于操作不慎,掉入铸锭内的其他金属(条、块或片),或者是由于合金熔体的液流冲击,使铺底铝卷入铸锭内形成白斑。白斑实质上是纯铝夹杂,一般出现在铸锭底部。前者经浸蚀多呈边缘清晰的几何形状,其颜色与周围基体金属显著不同,或略有凸起特征;后者经浸蚀后其形状不定,但轮廓清晰,颜色发白,如图 21 所示。

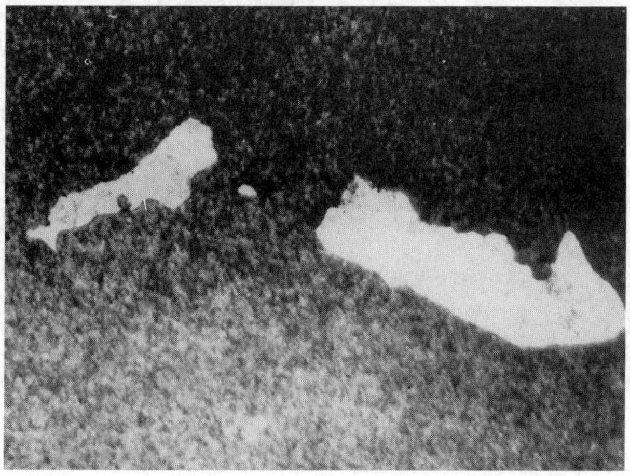

图 21 白斑低倍组织(NaOH 溶液浸蚀)

5.4 氧化膜

氧化膜在低倍试样上呈短线状裂缝，多集中于最大变形部位，并沿金属流线方向分布，如图22所示。其断口呈白色、灰色或金黄、黄褐色的小平台，对称或对偶地分布在断裂面上，如图23所示。

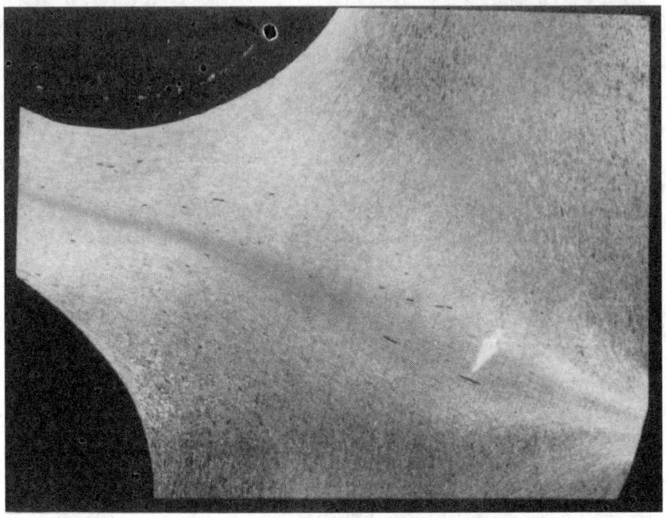

图22 锻件氧化膜低倍组织（NaOH溶液浸蚀）

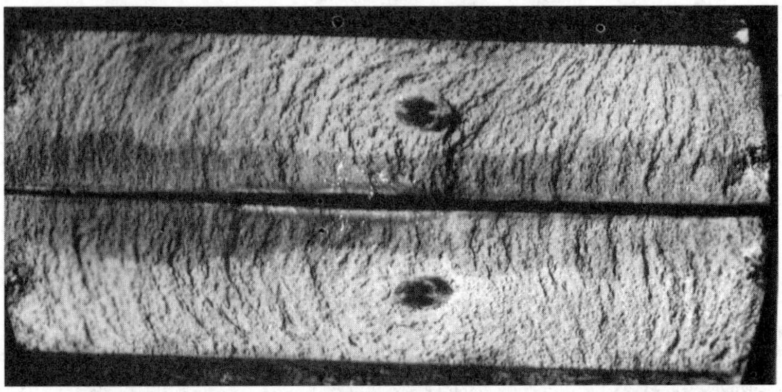

a） 锻件

b） 板材

图23 氧化膜断口组织

5.5 初晶(一次晶、粗大金属化合物、化合物偏析)

该缺陷在浸蚀后的低倍试样上,多呈凸起(有时由于化合物受浸蚀脱落而下凹)的边界轮廓清晰的暗褐色块状、针状聚集物,如图 24 所示。其显微组织为形状规则的粗大化合物,如图 25 所示。断口上呈闪耀反光的小晶体群,如图 26 所示。

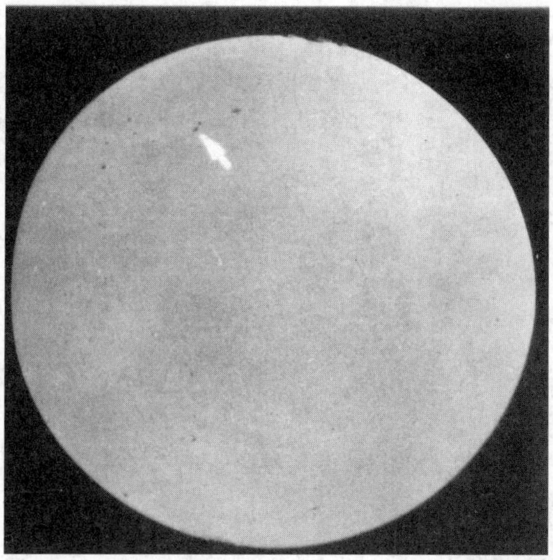

图 24　初晶低倍组织(NaOH 溶液浸蚀)

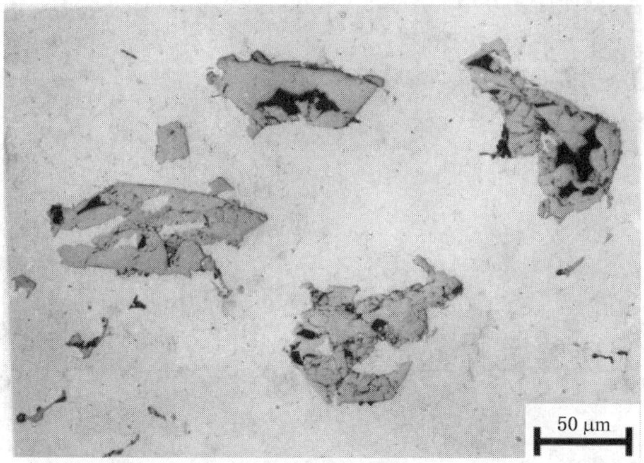

图 25　初晶显微组织(未浸蚀)

图 26　初晶的断口组织

5.6 羽毛状晶

羽毛状晶又称花边状组织，是择优取向的孪晶。其低倍组织为许多平行的细条组成，类似羽毛，断口组织呈片状，如图 27、图 28 所示。显微观察时，羽毛状晶的枝晶网络比柱状晶和等轴晶都细，而且化合物的分布比较连续。偏振光下观察时，可看到由许多平行的薄片组成，每个薄片由一共同孪晶面分成明暗两部分，如图 29 所示。

a） 横向试样

b） 纵向试样

图 27 羽毛状晶低倍组织（NaOH 溶液浸蚀）

图 28 羽毛状晶断口组织

图 29　羽毛状晶偏光组织(阳极制膜偏光)

5.7　光亮晶粒

光亮晶粒在横向低倍试片上为色泽光亮,对光线无选择性,并有树枝状结晶特征的组织,如图 30 所示。其显微组织特征是枝晶粗大、网络稀薄。光亮晶粒的硬度低于正常组织,如图 31 所示。

图 30　光亮晶粒低倍组织(NaOH 溶液浸蚀)

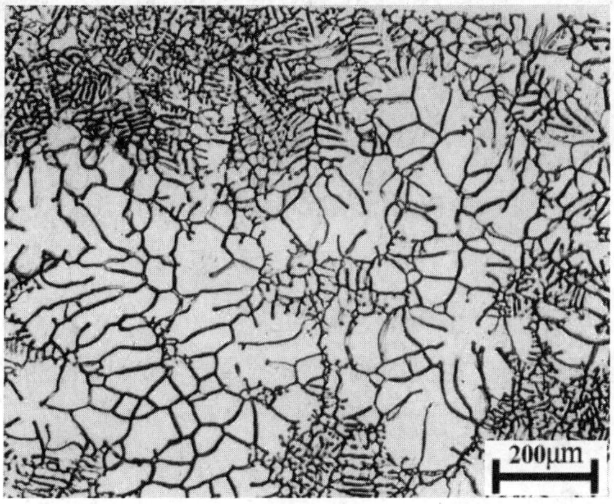

图 31　光亮晶粒显微组织(3 号浸蚀剂浸蚀)

5.8 气孔

在横向低倍试样上，气孔是指未经浸蚀即可显现的内壁光滑的圆形或椭圆形的孔洞。气孔在铸锭中的分布没有规律，常与疏松伴生。压力加工后，气孔可被变形，但不能压合，如图 32 所示。

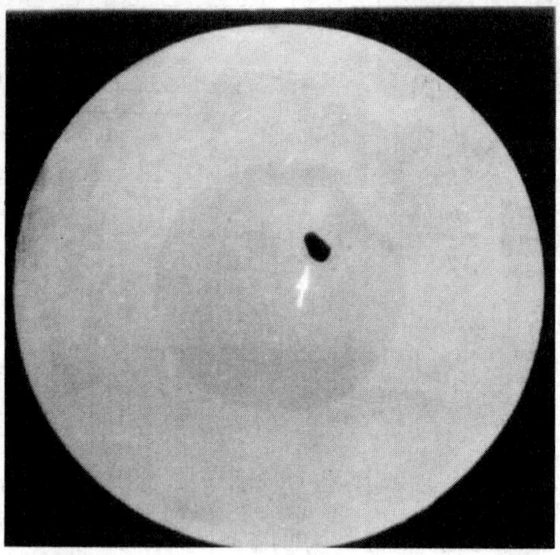

a） 横向试样

b） 纵向试样

图 32 气孔低倍组织（NaOH 溶液浸蚀）

5.9 冷隔

冷隔是铸造时由于液流中断或供给不足，靠近槽壁的熔体金属不能形成一个结晶整体，分成内外两层。试样不经浸蚀即可发现此缺陷，如图 33 所示。

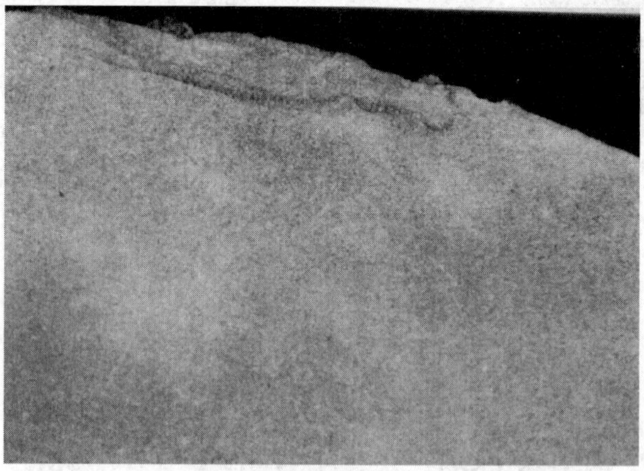

图 33 冷隔低倍组织（NaOH 溶液浸蚀）

5.10 铸造裂纹

铸造裂纹是合金在结晶过程中或者在完全凝固后发生开裂。前者为热裂，后者为冷裂，多数不经浸蚀即可发现，如图 34 所示。

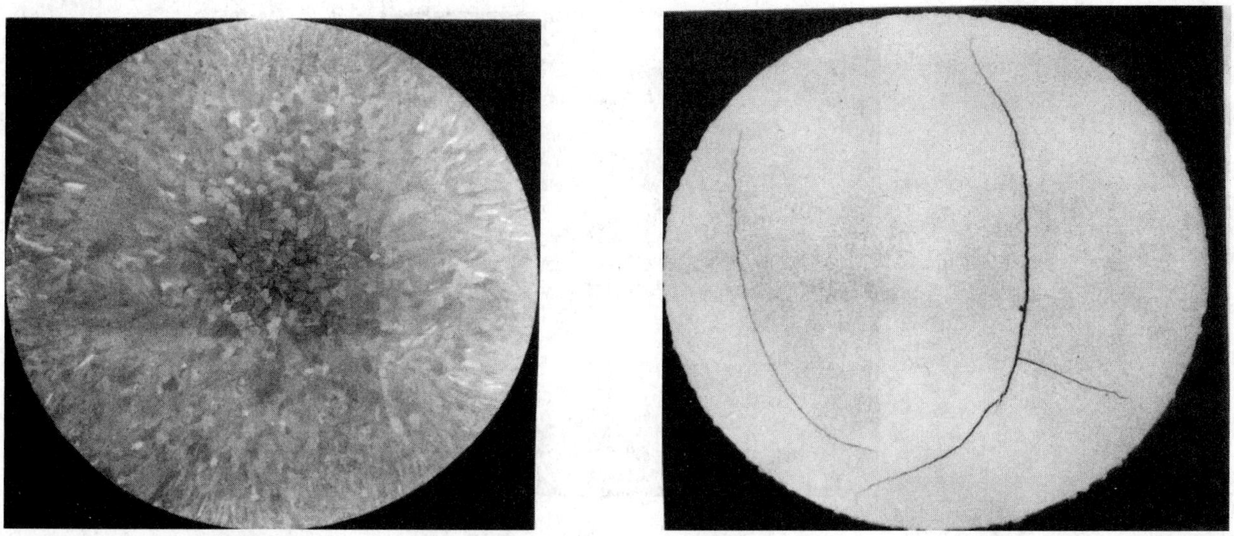

a） 铸锭热裂纹　　　　b） 铸锭冷裂纹

图 34　铸造裂纹低倍组织（NaOH 溶液浸蚀）

5.11　板材分层

板材分层包括张开型和夹杂型两种，如图 35 所示。在横向低倍试样的中心线上，呈直线或线段状的开裂称为张开型分层；在横向低倍试样上，呈分布部位不定的暗黑色点状或短条状开裂称为夹杂分层。

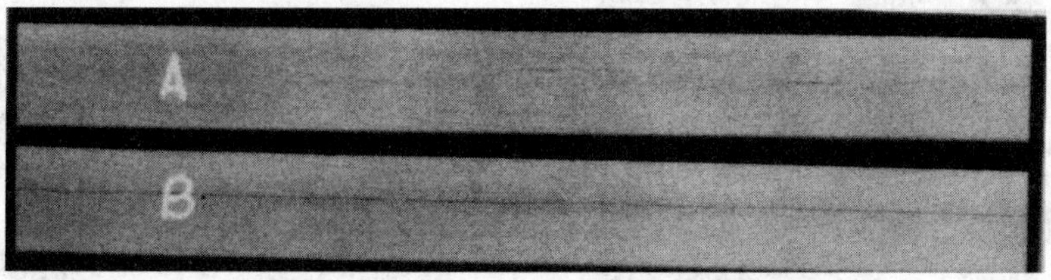

图 35　板材分层低倍组织（NaOH 溶液浸蚀）
（A 为夹杂型；B 为张开型）

5.12　缩尾

缩尾是由于坯锭表面层及附着于挤压筒内的污物或润滑剂等，因金属的不均匀流动，在挤压后期挤压制品内部形成的缺陷。按其形状和分布位置通常分为两类。在尾端横向低倍试样中心呈漏斗状或褶皱状的裂缝称为一次缩尾，如图 36 所示，多出现在反挤压制品或残料留的过短的正挤压制品中。在挤压制品尾端横向低倍试样的外层强烈变形区内，出现同心圆状或月牙状裂缝称为二次缩尾，如图 37 所示，主要出现在正挤压制品的尾端。

在挤压制品尾端横向低倍试样上，常出现与二次缩尾相似的一种环状条纹，如图 38 所示。显微组织观察，其金属组织连续性未受破坏，不是二次缩尾。

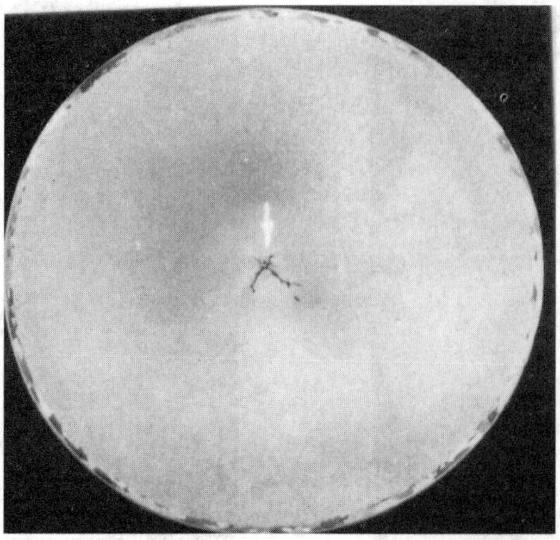

图 36　皱折状一次缩尾低倍组织(NaOH 溶液浸蚀)
(单孔模反向挤压棒材)

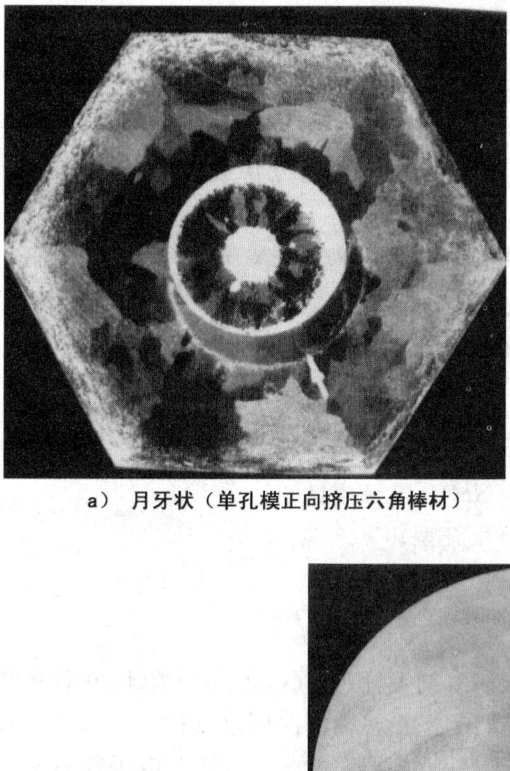

a)　月牙状(单孔模正向挤压六角棒材)

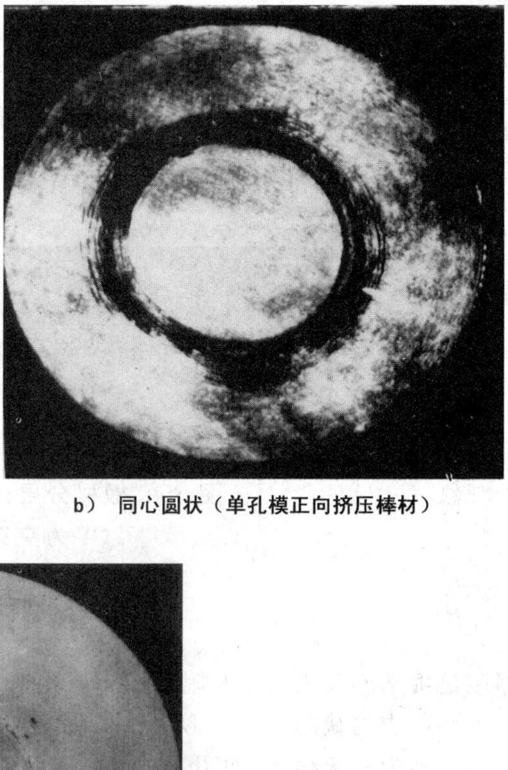

b)　同心圆状(单孔模正向挤压棒材)

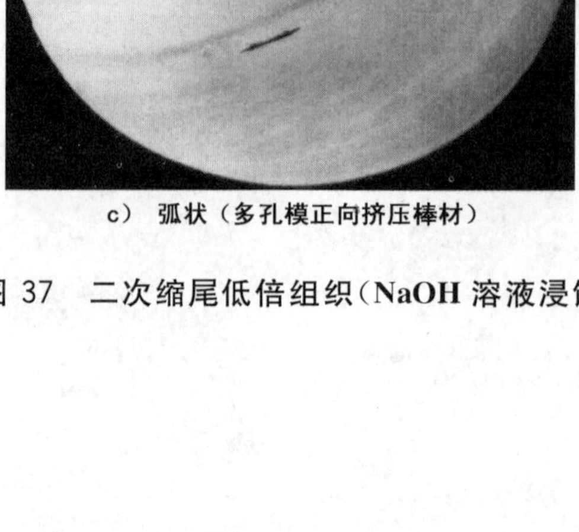

c)　弧状(多孔模正向挤压棒材)

图 37　二次缩尾低倍组织(NaOH 溶液浸蚀)

a） 弧状（多孔模挤压棒材）

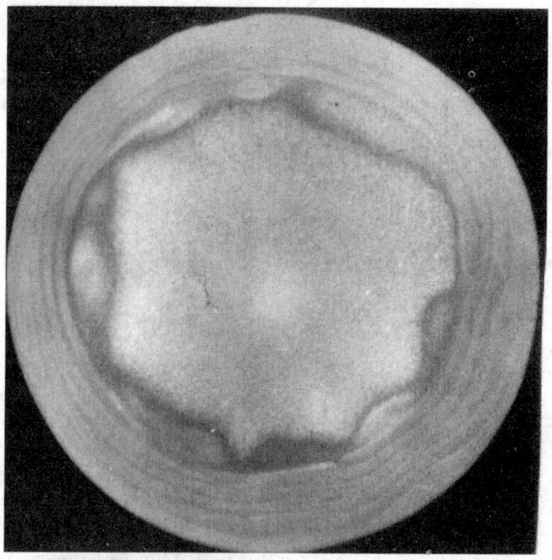

b） 同心圆状（单孔模挤压棒材）

图 38 环状条纹低倍组织（NaOH 溶液浸蚀）

5.13 成层

成层出现在挤压制品横向试样上的边缘，常有明显的壳状分层或圆弧状裂缝，它最易产生在制品边缘或尖角处，如图 39 所示。

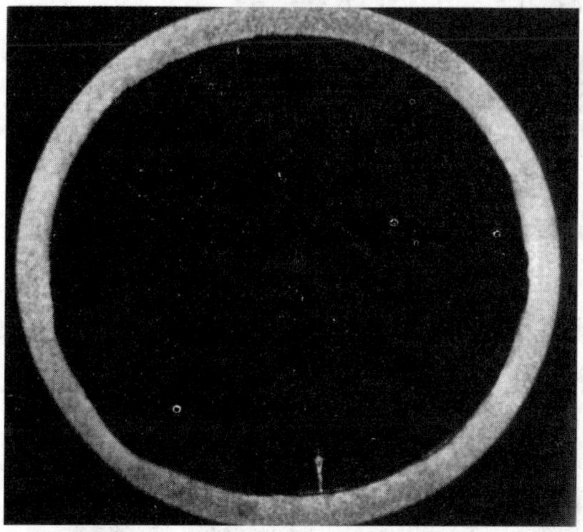

a） 管材内壁成层

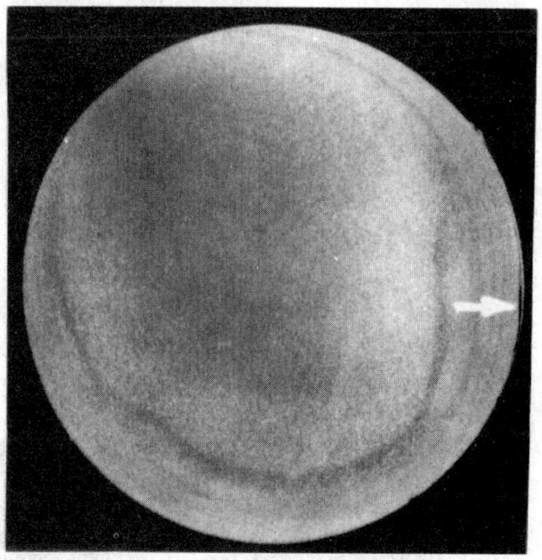

b） 棒材边缘成层

图 39 成层低倍组织（NaOH 溶液浸蚀）

5.14 挤压裂纹

挤压裂纹是在挤压制品表面层产生的锯齿状开裂，一般出现在横向低倍试样的边缘，呈现小弧状裂口，在纵向则呈周期性的开裂，特别严重的成锯齿状，从制品表面容易发现。轻者往往隐于皮下，通过低倍检查才能发现，如图 40、图 41 所示。

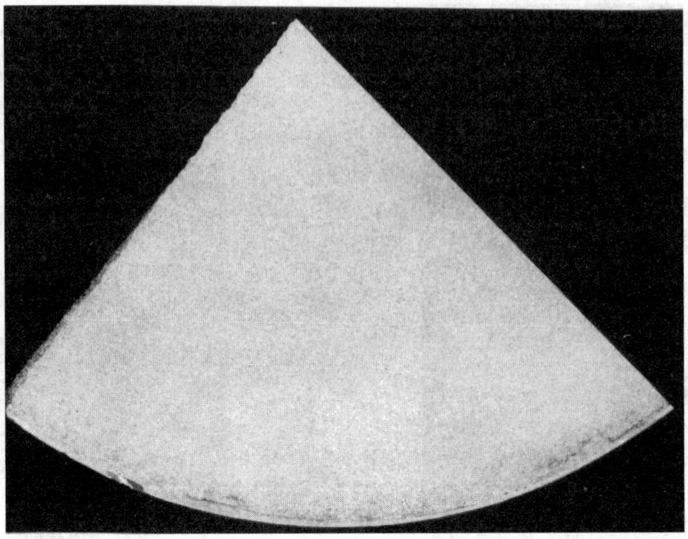

图 40　皮下挤压裂纹低倍组织(横向)
(NaOH 溶液浸蚀)

图 41　皮下挤压裂纹断口组织(纵向)

5.15　淬火裂纹

淬火裂纹是经淬火处理的加工制品低倍试样上沿晶界开裂的网状裂纹,如图 42 所示。轻者分布于边部的粗晶区,重者则能扩展到中心细晶区。

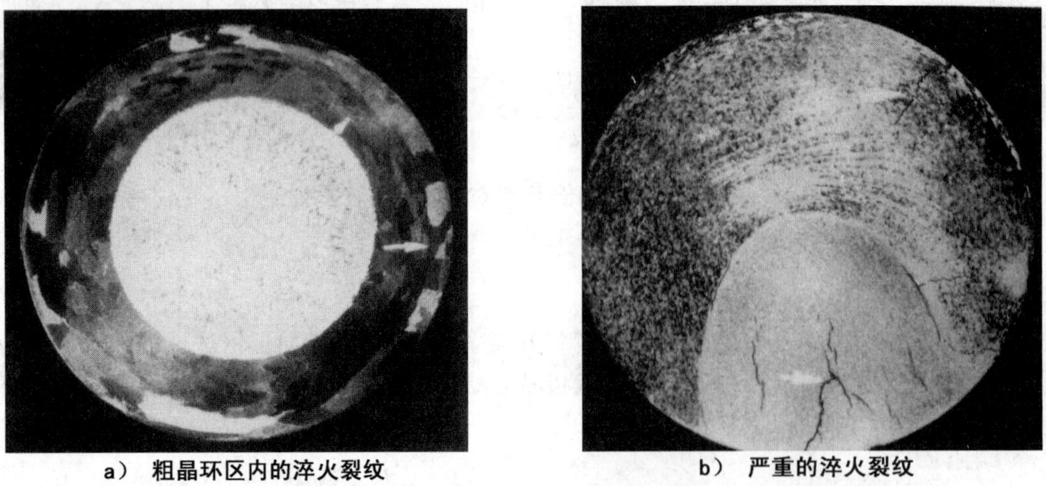

a)　粗晶环区内的淬火裂纹　　b)　严重的淬火裂纹

图 42　淬火裂纹低倍组织(NaOH 溶液浸蚀)

5.16 粗晶环

粗晶环是在淬火处理后的挤压制品横向低倍试样上，沿周边出现粗大再结晶晶粒组织区。单孔挤压呈环形，多孔挤压呈月牙形，如图43所示。粗晶环在纵向的分布规律：从尾端向头端逐渐减少。

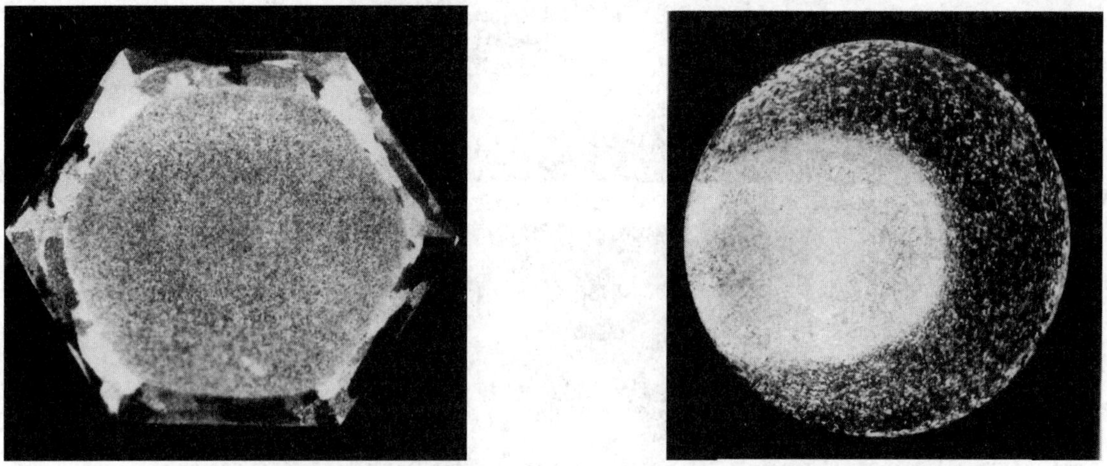

a） 六角棒材的环状粗晶环

b） 棒材的月牙状粗晶环

图43 粗晶环低倍组织特征（NaOH溶液浸蚀）

5.17 焊合不良

焊合不良是采用舌形模或分流组合模挤压的制品，在低倍试片的焊合区出现连续或断续的黑色缝隙，如图44所示。如出现白色或暗色的细道，未破坏内部组织的连续性，则属正常组织。

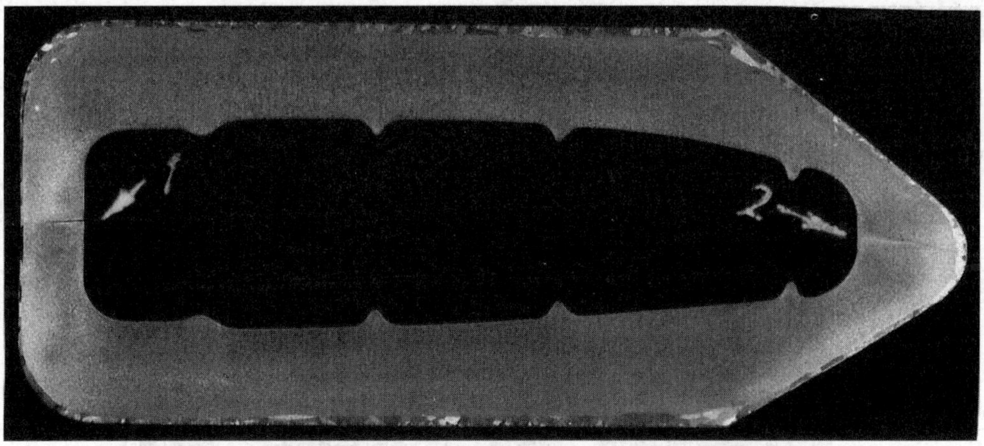

图44 焊合不良低倍组织（NaOH溶液浸蚀）

（箭头1指示焊合不良；箭头2指示白色或暗色细道）

5.18 锻造裂纹

在锻造过程中，由于张力作用所引起的开裂现象称为锻造裂纹。出现在试样边部的分散发状裂纹区称为边部裂纹，如图45a）所示。出现在试样中心部位的不规则孔洞称为中心裂纹，如图45b）所示。

a） 锻件边部裂纹

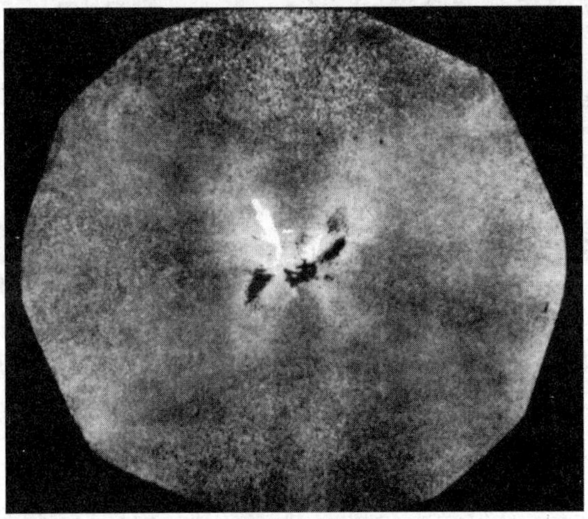

b） 锻件中心裂纹

图 45　锻造裂纹低倍组织(NaOH 溶液浸蚀)

5.19　压折

在模压锻件低倍试样的边缘，出现由外向里斜向延伸的，终端常呈须状分叉的光滑折缝线称为压折，如图 46 所示。压折通常出现在模锻件的肋条与腹板之间的过渡圆弧位置，压折处一般伴随有局部流纹不顺。

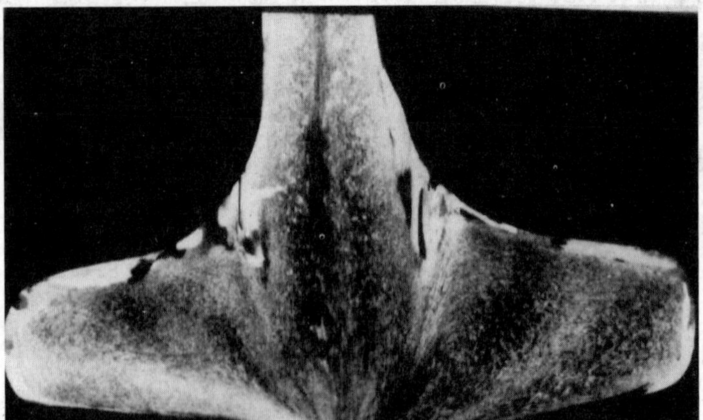

图 46　压折低倍组织(NaOH 溶液浸蚀)

(箭头指示黑线条)

5.20 流纹不顺

金属模压变形时，反映金属流动景象的流线未能按制品外形轮廓分布称为流纹不顺。其中，流线呈树木年轮状或水流漩涡状时称为涡流，流线贯穿制品截面时称为穿流，如图 47、图 48 所示。

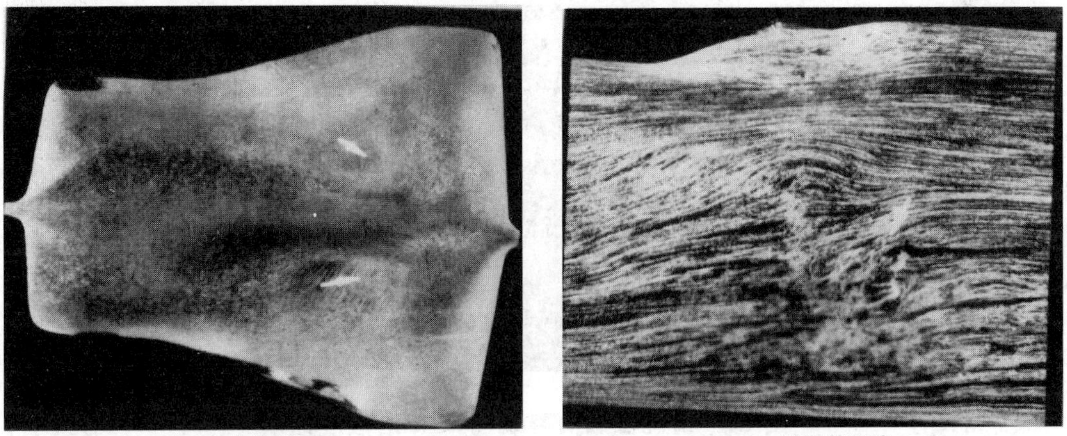

a） 年轮状涡流　　　　b） 漩涡状涡流

图 47　涡流低倍组织（NaOH 溶液浸蚀）

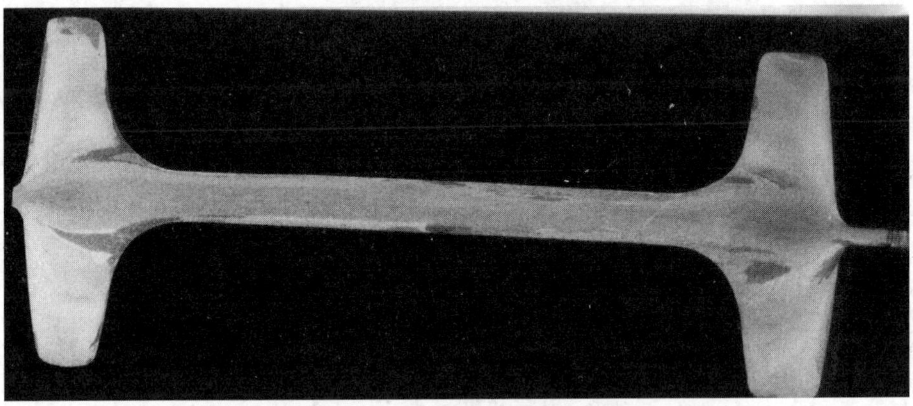

图 48　穿流低倍组织（NaOH 溶液浸蚀）

5.21 裂口

铸轧板的表面局部出现抛物线状并深入断面一定深度的裂缝称为裂口，如图 49 所示。

图 49　铸轧板裂口（NaOH 溶液浸蚀）

5.22 纵向裂纹(纵向开裂)

在铸轧板表面沿纵向出现一条或几条笔直的裂缝,其断面可看到存在一定的开裂深度称为纵向裂纹,如图 50 所示。

图 50 铸轧板纵向裂纹(NaOH 溶液浸蚀)

6 试验报告

试验报告应包括下列内容:

a) 报告日期;
b) 牌号或化学成分;
c) 状态代号;
d) 试样号;
e) 缺陷类型;
f) 组织说明;
g) 浸蚀条件。

ICS 77.100
H 42

中华人民共和国国家标准

GB/T 3282—2012
代替 GB/T 3282—2006

钛铁

Ferrotitanium

(ISO 5454:1980,Ferrotitanium—Specification and conditions of delivery,MOD)

2012-12-31 发布　　2013-10-01 实施

中华人民共和国国家质量监督检验检疫总局
中国国家标准化管理委员会　发布

前　言

本标准按照 GB/T 1.1—2009 给出的规则起草。

本标准代替 GB/T 3282—2006《钛铁》。

本标准与 GB/T 3282—2006 相比的主要变化如下：

——将 FeTi50-A、FeTi50-B、FeTi60-A、FeTi60-B、FeTi70-C、FeTi80-A、FeTi80-B 和 FeTi80-C 八个牌号纳入标准；

——修改了 FeTi30-B、FeTi40-B 和 FeTi70-C 牌号产品的碳含量要求；

——修改了 FeTi70-B 和 FeTi70-C 牌号产品的硅、铝含量要求；

——修改了 FeTi30-B、FeTi40-B 牌号产品的磷含量要求；

——修改了 FeTi70-B 牌号产品的硫含量要求；

——修改了 FeTi30-A、FeTi40-B 和 FeTi50-B 牌号产品的锰、铜含量要求；

——修改了产品粒度要求。

本标准修改采用国际标准 ISO 5454:1980《钛铁　规格和交货条件》(英文版)。

本标准根据 ISO 5454:1980 重新起草。在附录 A 中列出了本标准章条编号与 ISO 5454:1980 章条编号的对照一览表。

在采用 ISO 5454:1980 时，本标准做了一些修改。有关技术性差异已编入正文并在它们所涉及的条款的页边空白处用垂直单线标识。在附录 B 中给出了这些技术性差异及其原因的一览表以供参考。

为便于使用，对 ISO 5454:1980，本标准还做了下列编辑性修改：

——将“本国际标准”一词改为“本标准”；

——用小数点“.”代替 ISO 5454:1980 中作为小数点使用的“,”；

——删除 ISO 5454:1980 的前言。

本标准由中国钢铁工业协会提出。

本标准由全国生铁及铁合金标准化技术委员会(SAC/TC 318)归口。

本标准起草单位：攀钢集团钢铁钒钛股份有限公司、攀枝花市银江金勇工贸有限责任公司、国家钒钛制品质量监督检验中心(筹)、冶金工业信息标准研究院。

本标准主要起草人：颜启光、林刚、何金勇、何清志、叶云良、蒲芝明、李南、张洪、罗云川、陈自斌、李叙生、周开著。

本标准所代替标准的历次版本发布情况为：

——GB/T 3282—1982、GB/T 3282—1987、GB/T 3282—2006。

钛　　铁

1　范围

本标准规定了钛铁的要求、试验方法、检验规则以及包装、储运、标志和质量证明书。

本标准适用于钢铁或合金材料中作为钛元素添加剂和电焊条涂料用的钛铁。

2　规范性引用文件

下列文件对于本文件的应用是必不可少的。凡是注日期的引用文件，仅注日期的版本适用于本文件。凡是不注日期的引用文件，其最新版本(包括所有的修改单)适用于本文件。

GB/T 3650　铁合金验收、包装、储运、标志和质量证明书的一般规定

GB/T 4010　铁合金化学分析用试样的采取和制备(GB/T 4010—1994，neq ISO 4552.1:1987，ISO 4552.2:1987)

GB/T 4701.1　钛铁　钛含量的测定　硫酸铁铵滴定法

GB/T 4701.2　钛铁　硅含量的测定　硫酸脱水重量法

GB/T 4701.3　钛铁　铜含量的测定　铜试剂光度法和火焰原子吸收光谱法

GB/T 4701.4　钛铁　锰含量的测定　亚砷酸盐 亚硝酸盐滴定法和高碘酸盐光度法

GB/T 4701.6　钛铁　铝含量的测定　EDTA 滴定法

GB/T 4701.7　钛铁　磷含量的测定　铋磷钼蓝分光光度法和钼蓝分光光度法

GB/T 4701.8　钛铁　碳含量的测定　红外线吸收法

GB/T 4701.10　钛铁　硫含量的测定　红外线吸收法和燃烧中和滴定法

GB/T 13247　铁合金产品粒度的取样和检测方法(GB/T 13247—1991，neq ISO 4551:1987)

3　要求

3.1　牌号和化学成分

3.1.1　钛铁按钛和杂质含量不同分为 15 个牌号，其化学成分应符合表 1 的规定。

表 1　牌号和化学成分

牌　号	化学成分(质量分数)/%							
	Ti	C	Si	P	S	Al	Mn	Cu
		不大于						
FeTi30-A	25.0～35.0	0.10	4.5	0.05	0.03	8.0	2.5	0.10
FeTi30-B	25.0～35.0	0.20	5.0	0.07	0.04	8.5	2.5	0.20
FeTi40-A	>35.0～45.0	0.10	3.5	0.05	0.03	9.0	2.5	0.20
FeTi40-B	>35.0～45.0	0.20	4.0	0.08	0.04	9.5	3.0	0.40
FeTi50-A	>45.0～55.0	0.10	3.5	0.05	0.03	8.0	2.5	0.20

表 1（续）

牌　号	化学成分（质量分数）/%							
	Ti	C	Si	P	S	Al	Mn	Cu
		不大于						
FeTi50-B	>45.0～55.0	0.20	4.0	0.08	0.04	9.5	3.0	0.40
FeTi60-A	>55.0～65.0	0.10	3.0	0.04	0.03	7.0	1.0	0.20
FeTi60-B	>55.0～65.0	0.20	4.0	0.06	0.04	8.0	1.5	0.20
FeTi60-C	>55.0～65.0	0.30	5.0	0.08	0.04	8.5	2.0	0.20
FeTi70-A	>65.0～75.0	0.10	0.50	0.04	0.03	3.0	1.0	0.20
FeTi70-B	>65.0～75.0	0.20	3.5	0.06	0.04	6.0	1.0	0.20
FeTi70-C	>65.0～75.0	0.40	4.0	0.08	0.04	8.0	1.0	0.20
FeTi80-A	>75.0	0.10	0.50	0.04	0.03	3.0	1.0	0.20
FeTi80-B	>75.0	0.20	3.5	0.06	0.04	6.0	1.0	0.20
FeTi80-C	>75.0	0.40	4.0	0.08	0.04	7.0	1.0	0.20

3.1.2　经供需双方协商并在合同中注明，可供应其他化学成分要求的钛铁。

3.2　粒度

3.2.1　钛铁分块状、粒状或粉状等 5 个粒度组别交货，其粒度要求应符合表 2 的规定。

表 2　粒度要求

粒度组别	粒度 mm	小于下限粒度/%	大于上限粒度/%
		不大于	
1	5～100	5	5
2	5～70	5	5
3	5～40	5	5
4	<20	—	3
5	<2	—	5

3.2.2　经供需双方协商并在合同中注明，可供应其他粒度要求的钛铁。

4　试验方法

4.1　取样和制样

钛铁化学分析用试样的采取和制备按 GB/T 4010 的规定进行。

4.2　化学分析方法

钛铁的化学分析方法应符合表 3 的规定。

表 3 钛铁的化学分析方法

序号	元素	分析方法
1	Ti	GB/T 4701.1
2	C	GB/T 4701.8
3	Si	GB/T 4701.2
4	P	GB/T 4701.7
5	S	GB/T 4701.10
6	Al	GB/T 4701.6
7	Mn	GB/T 4701.4
8	Cu	GB/T 4701.3

4.3 粒度检验

钛铁粒度的检验按 GB/T 13247 的规定进行。

5 检验规则

5.1 钛铁的质量检查和验收应符合 GB/T 3650 的规定。

5.2 钛铁应按炉组批或按牌号组批交货，每批批量应不大于 60 t。按牌号组批时，构成一批交货产品的各炉号之间的平均含钛量之差应不大于 3%。

产品的组批方式应在合同中注明。

6 包装、储运、标志和质量证明书

6.1 对表 2 中粒度组别为“1”、“2”和“3”的钛铁应采用铁桶包装，每桶净重分为 50 kg 和 100 kg 两种，产品的包装规格应在合同中注明。对表 2 中粒度组别为“4”和“5”的钛铁，其包装方式由供需双方商定并在合同中注明。

6.2 产品的储运、标志和质量证明书应符合 GB/T 3650 的规定。

6.3 需方对产品的包装、储运、标志等如有特殊要求，按合同规定进行。

附　录　A
（资料性附录）
本标准章条编号与 ISO 5454:1980 章条编号对照

表 A.1 给出了本标准章条编号与 ISO 5454:1980 章条编号对照一览表。

表 A.1　本标准章条编号与 ISO 5454:1980 章条编号对照

本标准章条编号	对应的国际标准章条编号
1	1
2	2
—	3
—	4
3	5
3.1	5.2
3.1.1	5.2.1
3.1.2	5.2.2
—	5.2.3
3.2	5.3
3.2.1	5.3.1
3.2.2	5.3.2
—	5.4
4	6
—	6.1
4.1、4.3	6.1.1
—	6.2
4.2	6.2.1
5	—
5.1	6.1.2、6.1.3、6.2.3 的对应内容
5.2	5.1
—	5.1.1
—	5.1.2
—	5.1.3
6	7
6.1	—
6.2	6.2.2 的部分内容
6.3	—
附录 A	—
附录 B	—

附 录 B
（资料性附录）
本标准与 ISO 5454:1980 技术性差异及其原因

表 B.1 给出了本标准与 ISO 5454:1980 技术性差异及其原因一览表。

表 B.1 本标准与 ISO 5454:1980 技术性差异及其原因

本标准的章条编号	技术性差异	原因
1	用“钢铁或合金材料中作为钛元素添加剂和电焊条涂料的钛铁”代替“用于炼钢和铸造的钛铁”	国际标准规定的适用领域仅是“通常”的而不是全部的
2	引用了我国标准而非国际标准。其中 GB/T 4010 和 GB/T 13247 为与国际、国外标准一致性程度为“非等效”的国家标准。 删除 ISO 5454:1980 中引用的 ISO 565	以适合我国国情； ISO 5454:1980 中没有具体给出钛铁化学成分和粒度的测定方法标准，不能满足使用。 本标准引用的 GB/T 13247 中已包含对试验用筛的要求
	删除 ISO 5454:1980 中的第 3 章“定义”	“钛铁”的定义在 GB/T 14984 已定义，无需进行重新定义
	删除 ISO 5454:1980 中的第 4 章“订货内容”	目前我国铁合金国家标准均将此项内容纳入到 GB/T 3650 的质量证明书中，每个标准没有必要再单列
3.1.1	以本标准的 15 个牌号代替 ISO 5454:1980 中的八个牌号。 缩小了部分牌号钛铁主元素(Ti)的允许含量范围。 删除 ISO 5454:1980 中对 70 钛铁的含钒量要求；增加各牌号钛铁的含铜量要求；对碳、硅、磷、硫、铝、锰等杂质元素的允许含量进行了修改。 删除 ISO 5454:1980 中 5.2.1 中“其粒度应符合表 2 中 1～4 级的粒度范围”	以适合我国国情并体现钛铁生产技术创新研究的最新成果。 作为钛铁的主元素，其钛含量波动范围大必然影响使用，例如炼钢时。目前的钛铁生产技术水平亦可以把产品的含钛量控制在较小的范围。 以适合我国国情并保持与原国家标准的连续性。 粒度要求在本标准 3.2.1(ISO 5454:1980 中 5.3)中规定
3.2.1	删除 ISO 5454:1980 中 5.2.3“表 1 所列化学成分受钛铁取样和分析方法精确度的影响(见‘6’条)”。 以本标准的 5 个粒度组别代替 ISO 5454:1980 的七个粒度级别。 删去 ISO 5454:1980 中 5.3.1 中的“过细粒度以给需方的交货点为准”和“规定的粒度系用方孔钢筛筛分，见 ISO 565”	钛铁取样和分析方法对化学成分的影响是显而易见的。 以适合我国国情并保持与原国家标准的连续性。 此两项内容在本标准引用的 GB/T 13247 中已有相应规定

表 B.1（续）

本标准的章条编号	技术性差异	原因
4	删去 ISO 5454:1980 中 5.4“外来沾污 钛铁应尽可能避免外来沾污”。 以本标准的 4.1 和 4.3 代替 ISO 5454:1980 的 6.1.1“化学分析和筛分分析的取样最好按 ISO 3713 中规定的方法进行，但是也可以采用具有类似准确度的其他取样方法”。 删除 ISO 5454:1980 的 6.1.2 和 6.1.3。 以本标准的 4.2 代替 ISO 5454:1980 的 6.2.1“钛铁的化学成分分析将制定国际标准，最好用标准方法分析钛铁的成分，但是也可以采用具有类似精确度的其他化学分析方法”。 将 ISO 5454:1980 的 6.2.2“钛铁交货产品应附有供方提供的分析合格证，……如果需方要求，应交付产品的代表性样品”和 6.2.3“发生争议时，可采用下列两种方法中的一种方法解决”及 6.2.3 项下的 6.2.3.1 和 6.2.3.2 的相应内容分别安排在本标准的 5.1 和 6.2 中规定，其具体内容按本标准的引用标准 GB/T 3650	在本标准引用的 GB/T 3650 中对钛铁的外观质量已有相应规定。 与规范性引用文件一致。 相关内容在本标准引用的 GB/T 3650 中已有规定。 ISO 5454:1980 没有具体给出钛铁化学成分测定方法，本标准则引用了测定钛铁化学成分的国家标准。 ISO 5454:1980 的 6.2.2 和 6.2.3 的规定不属于试验方法的范畴
5	增加第 5 章“检验规则”（国际标准中没有对应章节）。 将 ISO 5454:1980 中 5.1“组批”的内容安排在本标准的 5.2。并且仅选择了其中规定的组批方法中的“按炉组批法”和“按级组批”。 以本标准的“按牌号组批”代替 ISO 5454:1980 的“按级组批”，并规定了按牌号组批的批量要求	适应我国标准版式。 此内容属检验规则而非对产品的要求； 以适合我国国情并保持和原国家标准的连续性。 使定义更加准确并增加可操作性
6	以本章代替 ISO 5454:1980 的第 7 章“交货和储存”。并增加对产品标志的要求和修改对质量证明书（合格证）的要求，同时明确了常用的几种包装规格	以适合我国国情； 本标准关于产品的包装、储运的要求引用了国家标准而非国际规章

ICS 73.080
D 52

中华人民共和国国家标准

GB/T 3286.1—2012
代替 GB/T 3286.1—1998

石灰石及白云石化学分析方法 第1部分：氧化钙和氧化镁含量的测定 络合滴定法和火焰原子吸收光谱法

Methods for chemical analysis of limestone and dolomite—Part 1: The determination of calcium oxide and magnesium oxide content—The complexometric titration method and the flame atomic absorption spectrometric method

2012-11-05 发布　　2013-05-01 实施

中华人民共和国国家质量监督检验检疫总局
中国国家标准化管理委员会　发布

前　言

GB/T 3286《石灰石及白云石化学分析方法》分为九个部分：

——第1部分：氧化钙和氧化镁含量的测定　络合滴定法和火焰原子吸收光谱法；

——第2部分：二氧化硅含量的测定　硅钼蓝分光光度法和高氯酸脱水重量法；

——第3部分：氧化铝含量的测定　铬天青S分光光度法和络合滴定法；

——第4部分：氧化铁含量的测定　邻二氮杂菲分光光度法和火焰原子吸收光谱法；

——第5部分：氧化锰量的测定；

——第6部分：磷量的测定；

——第7部分：硫量的测定；

——第8部分：灼烧减量的测定；

——第9部分：二氧化碳量的测定。

本部分为GB/T 3286的第1部分。

本部分按照GB/T 1.1—2009给出的规则起草。

本部分代替GB/T 3286.1—1998《石灰石、白云石化学分析方法　氧化钙量和氧化镁量的测定》。

本部分与GB/T 3286.1—1998相比较，主要进行了如下修改：

——将标准名称改为《石灰石及白云石化学分析方法　第1部分：氧化钙和氧化镁含量的测定　络合滴定法和火焰原子吸收光谱法》；

——规范性引用文件取消了引用标准年号，并增加了部分引用标准；

——进行了实验室间精密度共同试验，用统计得到的重复性限r和再现性限R代替了“允许差”；

——更改了部分文字表达方式；

——对样品稀释倍数、氯化锶用量等技术条件进行了修改。

本部分由中国钢铁工业协会提出。

本部分由全国钢标准化技术委员会(SAC/TC 183)归口。

本部分起草单位：武汉钢铁(集团)公司、冶金工业信息标准研究院。

本部分主要起草人：闻向东、陈士华、张穗忠、邵梅、曹宏燕、文斌、赵希文、仇金辉、高建平。

本部分所代替标准的历次版本发布情况为：

——GB/T 3286.1—1982、GB/T 3286.1—1998；

——GB/T 3286.11—1993。

石灰石及白云石化学分析方法 第1部分：氧化钙和氧化镁含量的测定 络合滴定法和火焰原子吸收光谱法

警告：使用本部分的人员应有正规实验室工作实践经验。本部分未指出所有可能的安全问题，使用者有责任采取适当的安全和健康措施，并保证符合国家有关法规规定的条件。

1 范围

GB/T 3286 的本部分规定了用络合滴定法测定氧化钙、氧化镁含量和用原子吸收光谱法测定氧化镁含量。

本部分适用于石灰石、白云石中氧化钙含量和氧化镁含量的测定，也适用于冶金石灰中氧化钙含量和氧化镁含量的测定。络合滴定法，测定范围（质量分数）：氧化钙含量大于 20%，氧化镁含量大于 2.5%；原子吸收光谱法，测定范围（质量分数）：氧化镁含量 0.1%～2.5%。

2 规范性引用文件

下列文件对于本文件的应用是必不可少的。凡是注日期的引用文件，仅注日期的版本适用于本文件。凡是不注日期的引用文件，其最新版本（包括所有的修改单）适用于本文件。

GB/T 2007.2 散装矿产品取样、制样通则 手工制样方法

GB/T 3286.2 石灰石及白云石化学分析方法 第2部分：二氧化硅含量的测定 硅钼蓝分光光度法和高氯酸脱水重量法

GB/T 3286.3 石灰石及白云石化学分析方法 第3部分：氧化铝含量的测定 铬天青S分光光度法和络合滴定法

GB/T 3286.4 石灰石及白云石化学分析方法 第4部分：氧化铁含量的测定 邻二氮杂菲分光光度法和火焰原子吸收光谱法

GB/T 6379.2 测量方法与结果的准确度（正确度与精密度） 第2部分：确定标准测量方法重复性与再现性的基本方法

GB/T 6682 分析实验室用水规格和试验方法

GB/T 7728 冶金产品化学分析 火焰原子吸收光谱法通则

GB/T 8170 数值修约规则与极限数值的表示和判定

3 络合滴定法

3.1 原理

试料用碳酸钠-硼酸混合熔剂熔融，稀盐酸浸取。分取部分试液，以三乙醇胺掩蔽铁、铝、锰等离子，在强碱介质中，以钙羧酸（钙指示剂）作指示剂，用乙二胺四乙酸（EDTA）或乙二醇二乙醚二胺四乙酸（EGTA）标准滴定溶液滴定氧化钙量。对高镁试样，在试液调节至碱性前预置 90%～95%的 EDTA 或 EGTA 标准滴定溶液，以消除大量镁的影响。另取部分试液，以三乙醇胺掩蔽铁、铝、锰等离子，在 pH

值为10的氨性缓冲溶液中，以酸性铬蓝K和萘酚绿B作混合指示剂，用EDTA标准滴定溶液滴定氧化钙、氧化镁合量，或以稍过量的EGTA标准滴定溶液掩蔽钙，用环己烷二胺四乙酸(CyDTA)标准滴定溶液滴定氧化镁量。

试样中含氧化铁、氧化铝量大于2.0%或含氧化锰量大于0.10%，用二乙胺二硫代甲酸钠(铜试剂)沉淀分离铁、铝、锰等离子，分取滤液用EDTA或EGTA和CyDTA标准滴定溶液滴定氧化钙量和氧化镁量。

3.2 试剂

分析中除另有说明外，仅使用认可的分析纯试剂和符合GB/T 6682规定的三级以上蒸馏水或纯度相当的水。

3.2.1 混合熔剂：取两份无水碳酸钠与一份硼酸研磨，混匀。

3.2.2 盐酸(1+5)。

3.2.3 三乙醇胺(1+4)。

3.2.4 氨水(1+1)。

3.2.5 氢氧化钾溶液(200 g/L)，贮于塑料瓶中，配制后需放置12 h以上使用。

3.2.6 二乙胺二硫代甲酸钠(铜试剂)溶液(50 g/L)，用时配制。

3.2.7 氨性缓冲溶液(pH10)：称取67.5 g氯化铵溶于水中，加570 mL氨水(ρ=0.90 g/mL)，用水稀释至1 L，混匀。

3.2.8 钙指示剂(钙羧酸)：取1 g钙指示剂与100 g氯化钠研磨，混匀。

3.2.9 酸性铬蓝K-萘酚绿B混合指示剂溶液：取0.5 g酸性铬蓝K和0.2 g萘酚绿B溶于水中，用水稀释至70 mL。

注：酸性铬蓝K与萘酚绿B的配比可根据指示剂显色灵敏度和操作人员的辨色能力自己适当调整。

3.2.10 氧化钙标准溶液：称取0.892 4 g高纯碳酸钙(含量不低于99.99%，称量前预先于105 ℃～110 ℃干燥1 h并于干燥器中冷却至室温)，置于250 mL的烧杯中，加约100 mL的水，盖上表面皿。缓慢加入10 mL盐酸(1+1)至试剂溶解，加热煮沸驱尽二氧化碳，取下，冷却至室温。移入1 000 mL容量瓶中，用水稀释至刻度，混匀。此溶液1.00 mL含0.50 mg氧化钙。

3.2.11 氧化镁标准溶液：称取0.500 0 g高纯氧化镁(含量不低于99.99%，称量前预先于950 ℃～1 000 ℃灼烧1 h并于干燥器中冷却至室温)，置于250 mL烧杯中，加约100 mL水，盖上表面皿。缓慢加入15 mL盐酸(1+1)至试剂溶解，加热煮沸，取下，冷却至室温。移入1 000 mL的容量瓶中，用水稀释至刻度，混匀。此溶液1.00 mL含0.50 mg氧化镁。

3.2.12 EDTA(乙二胺四乙酸)标准滴定溶液[c(EDTA)=0.01 mol/L]

3.2.12.1 配制

称取3.72 g乙二胺四乙酸二钠于500 mL的烧杯中，加约300 mL水，低温加热，不断搅拌，待试剂全部溶解后，冷却至室温，移入1 000 mL容量瓶中，用水稀释至刻度，混匀。

3.2.12.2 EDTA标准滴定溶液对氧化钙滴定度的标定

移取50.00 mL氧化钙标准溶液(3.2.10)3份，分别置于250 mL或500 mL锥形瓶中，加入2 mL氧化镁标准溶液(3.2.11)，加5 mL三乙醇胺(3.2.3)，加20 mL氢氧化钾溶液(3.2.5)及约0.1 g钙指示剂(3.2.8)，在不断摇动下用EDTA标准滴定溶液(3.2.12.1)滴定至溶液由红色变为亮蓝色为终点。3份氧化钙标准溶液所消耗EDTA标准滴定溶液体积的极差不超过0.05 mL，取其平均值。

按式(1)计算EDTA标准滴定溶液对氧化钙的滴定度：

$$T_1=\frac{c\times V}{V_1-V_{01}} \qquad \cdots\cdots(1)$$

式中：

T_1——EDTA标准滴定溶液对氧化钙的滴定度，单位为克每毫升(g/mL)；

c ——氧化钙标准溶液的浓度，单位为克每毫升(g/mL)；

V ——所取氧化钙标准溶液的体积，单位为毫升(mL)；

V_1 ——滴定所消耗 EDTA 标准滴定溶液体积的平均值，单位为毫升(mL)；

V_{01}——滴定试剂空白所消耗 EDTA 标准滴定溶液体积的平均值，单位为毫升(mL)。

3.2.12.3 EDTA 标准滴定溶液对氧化镁滴定度的标定

移取 20.00 mL 氧化镁标准溶液(3.2.11)3 份，分别置于 250 mL 或 500 mL 锥形瓶中，加 25 mL～50 mL 水，加 5 mL 三乙醇胺(3.2.3)，加 10 mL 的氨性缓冲溶液(3.2.7)，滴加 4～5 滴酸性铬蓝 K-萘酚绿 B 混合指示剂溶液(3.2.9)，用 EDTA 标准滴定溶液滴定至溶液由暗红变为蓝绿色为终点。3 份氧化镁标准溶液所消耗 EDTA 标准滴定溶液毫升数的极差不超过 0.05 mL，取其平均值。

按式(2)计算 EDTA 标准滴定溶液对氧化镁的滴定度：

$$T_2=\frac{c\times V}{V_2-V_{02}} \qquad \cdots\cdots(2)$$

式中：

T_2 ——EDTA 标准滴定溶液对氧化镁的滴定度，单位为克每毫升(g/mL)；

c ——氧化镁标准溶液的浓度，单位为克每毫升(g/mL)；

V ——所取氧化镁标准溶液的体积，单位为毫升(mL)；

V_2 ——滴定所消耗 EDTA 标准滴定溶液体积的平均值，单位为毫升(mL)；

V_{02}——滴定试剂空白所消耗 EDTA 标准滴定溶液体积的平均值，单位为毫升(mL)。

3.2.13 EGTA(乙二醇二乙醚二胺四乙酸)标准滴定溶液[c(EGTA)=0.01 mol/L]

3.2.13.1 配制

称取 3.90 g EGTA，置于 500 mL 的烧杯中，加约 250 mL 水，低温加热，在不断搅拌下滴加氢氧化钾溶液(3.2.5)至试剂溶解，冷却至室温。移入 1 000 mL 容量瓶中，用水稀释至刻度，混匀。

3.2.13.2 EGTA 标准滴定溶液对氧化钙滴定度的标定

同 EDTA 标准滴定溶液对氧化钙滴定度的标定，按 3.2.12.2 操作并计算滴定度 T_3，仅用 EGTA 标准滴定溶液(3.2.13.1)代替 EDTA 标准滴定溶液(3.2.12.1)。

3.2.14 CyDTA(环己烷二胺四乙酸)标准滴定溶液[c(CyDTA)=0.01 mol/L]

3.2.14.1 配制

称取 3.70 g CyDTA，置于 500 mL 的烧杯中，加入约 250 mL 水，低温加热，在不断搅拌下，滴加氢氧化钾溶液(3.2.5)至试剂溶解，冷却至室温。移入 1 000 mL 容量瓶中，用水稀释至刻度，混匀。

3.2.14.2 CyDTA 标准滴定溶液对氧化镁滴定度的标定

同 EDTA 标准滴定溶液对氧化镁滴定度的标定，按 3.2.12.3 操作并计算滴定度 T_4，仅用 CyDTA 标准滴定溶液(3.2.14.1)代替 EDTA 标准滴定溶液(3.2.12.1)。

3.3 仪器

使用通常的实验室仪器、设备。

3.4 制样

3.4.1 按 GB/T 2007.2 制备试样。

3.4.2 试样应加工至粒度小于 0.125 mm。

3.4.3 石灰石、白云石试样分析前在 105 ℃～110 ℃干燥 2 h，置于干燥器中冷却至室温。

3.4.4 冶金石灰试样的制备应迅速进行，制成后试样立即置于磨口瓶或塑料袋中密封，于干燥器中保存，分析前试样不进行干燥。

3.5 分析步骤

3.5.1 测定次数

对同一试样(3.4.3或3.4.4),至少独立测定2次。

3.5.2 试料量

称取0.50 g试样,精确至0.000 1 g。对冶金石灰试样,应快速称取试样。

3.5.3 空白试验

随同试料做空白试验。

3.5.4 试料分解和储备液制备

3.5.4.1 将试料(3.5.2)置于预先盛有3.0 g混合熔剂(3.2.1)的铂坩埚中,混匀,再覆盖1.0 g混合熔剂(3.2.1)。将铂坩埚置于炉温低于300 ℃的高温炉中,盖上铂盖(留一缝隙)。将炉温逐渐升至950 ℃~1 000 ℃,熔融10 min,取出,转动铂坩埚,冷却。

3.5.4.2 用水冲洗铂坩埚外壁,将铂坩埚及铂盖置于300 mL烧杯中,加75 mL盐酸(3.2.2),低温加热浸出熔块,用水洗出铂坩埚及铂盖。低温加热至试液清亮,冷却至室温。将试液移入250 mL容量瓶中,用水稀释至刻度,混匀。

注:此试液可作为测定氧化钙、氧化镁、二氧化硅、氧化铝和氧化铁量的储备液,可分别用于GB/T 3286.1络合滴定法测定氧化钙量和氧化镁量,GB/T 3286.2硅钼蓝分光光度法测定二氧化硅量,GB/T 3286.3铬天青S分光光度法测定氧化铝量,GB/T 3286.4邻二氮杂菲分光光度法测定氧化铁量。如同时测定试样中这些化学成分的含量,可只制备一份该试样的储备液,分取后按各分析方法测定。

3.5.4.3 分取25.00 mL储备液(3.5.4.2)两份(冶金石灰试样可分取15.00 mL两份),分别置于250 mL或500 mL锥形瓶中,加25 mL水,以下按3.5.5或3.5.6规定的方法测定氧化钙量和氧化镁量。

3.5.4.4 当试样中氧化铝、氧化铁含量大于2.0%或氧化锰含量大于0.10%时,采用铜试剂将其分离:分取100.00 mL储备液(3.5.4.2)于250 mL容量瓶中,加50 mL水,于溶液中投入一小片刚果红试纸,用氢氧化钾溶液(3.2.5)将大部分酸中和后,以水冲洗瓶颈,滴加氨水(3.2.4)中和至试纸刚呈红色,加10 mL铜试剂溶液(3.2.6),剧烈摇动1 min,冷却至室温,以水稀释至刻度,混匀,放置30 min。用中速定量滤纸干过滤,弃去最初的20 mL滤液。移取50.00 mL滤液两份,分别置于250 mL锥形瓶中,以下按3.5.5或3.5.6规定的方法测定氧化钙量和氧化镁量。

3.5.5 EDTA滴定氧化钙量和氧化镁量

3.5.5.1 氧化钙量的滴定

3.5.5.1.1 石灰石、冶金石灰试样

于一份试液(3.5.4.3或3.5.4.4)中,加入5 mL三乙醇胺(3.2.3),混匀,加20 mL氢氧化钾溶液(3.2.5)及约0.1 g钙指示剂(3.2.8),混匀。用EDTA标准滴定溶液(3.2.12)滴定至试液由红色变为亮蓝色为终点。空白试验和氧化镁量小于1.0%的试样,在用EDTA标准滴定溶液滴定前加1.0 mL氧化镁标准溶液(3.2.11)。

当试样中氧化镁量大于2.5%时,按3.5.5.1.2中预置滴定剂方法滴定。

3.5.5.1.2 白云石试样

于一份试液(3.5.4.3或3.5.4.4)中,加入5 mL三乙醇胺(3.2.3),混匀,加入相当于滴定溶液中

90%～95%氧化钙量的EDTA标准滴定溶液(3.2.12),加20 mL氢氧化钾溶液(3.2.5)及约0.1 g钙指示剂(3.2.8),混匀。继续用EDTA标准滴定溶液(3.2.12)滴定至试液由红色变为亮蓝色为终点。空白试验滴定前加1.0mL氧化镁标准溶液(3.2.11),不预置滴定剂。

注:为确定预置滴定剂的量,可先进行一次预滴定。分取一份试液(3.5.4.3或3.5.4.4)按3.5.5.1.1的滴定方法滴定,确定预滴定体积。滴定时预加比预滴定体积少1 mL～2 mL的滴定剂。

3.5.5.2 氧化钙、氧化镁合量的滴定

于另一份试液(3.5.4.3或3.5.4.4)中,加5 mL三乙醇胺(3.2.3),混匀,加20 mL氨性缓冲溶液(3.2.7),加4滴～5滴酸性铬蓝K-萘酚绿B混合指示剂溶液(3.2.9),用EDTA标准滴定溶液(3.2.12)滴定至试液由暗红色变为蓝绿色为终点。

3.5.6 EGTA、CyDTA滴定氧化钙量和氧化镁量

3.5.6.1 氧化钙量的滴定

3.5.6.1.1 石灰石、冶金石灰试样

于一份试液(3.5.4.3或3.5.4.4)中,加5 mL三乙醇胺(3.2.3),混匀,加20 mL氢氧化钾溶液(3.2.5)及约0.1 g钙指示剂(3.2.8),混匀。用EGTA标准滴定溶液(3.2.13)滴定至试液由红色变为亮蓝色为终点。空白试验和氧化镁量小于1.0%的试样,在用EGTA标准滴定溶液滴定前加1.0 mL氧化镁标准溶液(3.2.11)。

当试样中氧化镁量大于2.5%时,按3.5.6.1.2中预置滴定剂方法,用EGTA标准滴定溶液滴定。

3.5.6.1.2 白云石试样

于一份试液(3.5.4.3或3.5.4.4)中,加入5 mL三乙醇胺(3.2.3),混匀。加入相当于滴定溶液中90%～95%氧化钙量的EGTA标准滴定溶液(3.2.13),加20 mL氢氧化钾溶液(3.2.5)及约0.1 g钙指示剂(3.2.8),混匀。继续用EGTA标准滴定溶液(3.2.13)滴定至试液由红色变为亮蓝色为终点。空白试验滴定前加1.0 mL氧化镁标准溶液(3.2.11),不预置滴定剂。

注:同3.5.5.1.2注。

3.5.6.2 氧化镁的滴定

于另一份试液(3.5.4.3或3.5.4.4)中,加5 mL三乙醇胺(3.2.3),混匀,加入EGTA标准滴定溶液(3.2.13),其加入量比滴定氧化钙时所消耗EGTA标准滴定溶液的体积多0.4 mL。加20 mL氨性缓冲溶液(3.2.7),加4滴～5滴酸性铬蓝K-萘酚绿B混合指示剂溶液(3.2.9),用CyDTA标准滴定溶液(3.2.14)滴定至试液由暗红色变为蓝绿色为终点。

3.6 分析结果计算及其表示

3.6.1 分析结果的计算

3.6.1.1 EDTA滴定氧化钙量和氧化镁量

3.6.1.1.1 按式(3)计算氧化钙的质量分数:

$$w(\mathrm{CaO})=\frac{(V_3-V_{03})\times T_1}{m}\times 100\% \qquad \cdots\cdots (3)$$

式中:

$w(\mathrm{CaO})$——氧化钙的质量分数;

V_3 ——滴定氧化钙消耗 EDTA 标准滴定溶液的体积,单位为毫升(mL);
V_{03} ——滴定空白试验溶液消耗 EDTA 标准滴定溶液的体积,单位为毫升(mL);
T_1 ——EDTA 标准滴定溶液对氧化钙的滴定度,单位为克每毫升(g/mL);
m ——分取试液相当的试料量,单位为克(g)。

3.6.1.1.2 按式(4)计算氧化镁的质量分数:

$$w(\mathrm{MgO})=\frac{[(V_4-V_{04})-(V_3-V_{03})]\times T_2}{m}\times 100\% \qquad (4)$$

式中:
$w(\mathrm{MgO})$——氧化镁的质量分数;
V_4 ——滴定氧化钙、氧化镁合量消耗 EDTA 标准滴定溶液的体积,单位为毫升(mL);
V_{04} ——滴定氧化钙、氧化镁合量的空白试验消耗 EDTA 标准滴定溶液的体积,单位为毫升(mL);
V_3 ——滴定氧化钙消耗 EDTA 标准滴定溶液的体积,单位为毫升(mL);
V_{03} ——滴定空白试验溶液消耗 EDTA 标准滴定溶液的体积,单位为毫升(mL);
T_2 ——EDTA 标准滴定溶液对氧化镁的滴定度,单位为克每毫升(g/mL);
m ——分取试液相当的试料量,单位为克(g)。

3.6.1.2 EGTA、CyDTA 滴定氧化钙量和氧化镁量

3.6.1.2.1 按式(5)计算氧化钙的质量分数:

$$w(\mathrm{CaO})=\frac{(V_5-V_{05})\times T_3}{m}\times 100\% \qquad (5)$$

式中:
$w(\mathrm{CaO})$——氧化钙的质量分数;
V_5 ——滴定氧化钙消耗 EGTA 标准滴定溶液的体积,单位为毫升(mL);
V_{05} ——滴定空白试验溶液消耗 EGTA 标准滴定溶液体积,单位为毫升(mL);
T_3 ——EGTA 标准滴定溶液对氧化钙的滴定度,单位为克每毫升(g/mL);
m ——分取试液相当的试料量,单位为克(g)。

3.6.1.2.2 按式(6)计算氧化镁的质量分数:

$$w(\mathrm{MgO})=\frac{(V_6-V_{06})\times T_4}{m}\times 100\% \qquad (6)$$

式中:
$w(\mathrm{MgO})$——氧化镁的质量分数;
V_6 ——滴定氧化镁消耗 CyDTA 标准滴定溶液的体积,单位为毫升(mL);
V_{06} ——滴定空白试验溶液消耗 CyDTA 标准滴定溶液体积,单位为毫升(mL);
T_4 ——CyDTA 标准滴定溶液对氧化镁的滴定度,单位为克每毫升(g/mL);
m ——分取试液相当的试料量,单位为克(g)。

3.6.2 分析结果的确定和表示

同一试样两次独立分析结果差值的绝对值如不大于重复性限 r 值,则取其算术平均值作为分析结果。如果两次独立分析结果差值的绝对值大于 r 值,则按附录 A 的规定追加测量次数并确定分析结果。

分析结果按 GB/T 8170 修约,将数值修约到两位小数。

3.7 精密度

精密度数据是在 2011 年由 8 个实验室对氧化钙、氧化镁含量的 5 个不同水平试样进行共同试验确

定的。每个实验室对每个水平的氧化钙、氧化镁含量在重复性条件下独立测定 3 次。共同试验数据按 GB/T 6379.2 进行统计分析，统计结果表明氧化钙质量分数与其重复性限 r 和再现性限 R 间存在线性函数关系。氧化镁质量分数与其重复性限 r 间存在对数函数关系，与其再现性限 R 间存在线性函数关系。函数关系式计算结果见表 1 和表 2。精密度函数关系式见表 B.1 和表 B.3。

表 1　氧化钙的精密度

氧化钙的质量分数/%	重复性限 r	再现性限 R
20.00	0.34	0.66
25.00	0.34	0.65
35.00	0.33	0.63
40.00	0.33	0.62
45.00	0.32	0.61
50.00	0.32	0.60
55.00	0.32	0.59

氧化钙质量分数在表 1 给出的数值之间，重复性限 r、再现性限 R 可采用线性内插法求得。

表 2　氧化镁的精密度

氧化钙的质量分数/%	重复性限 r	再现性限 R
2.50	0.13	0.15
5.00	0.17	0.29
10.00	0.23	0.43
15.00	0.27	0.58
20.00	0.30	0.72
22.00	0.31	0.78
25.00	0.33	0.86

氧化镁的质量分数在表 2 给出的数值之间，重复性限 r、再现性限 R 可采用线性内插法求得。

在重复性条件下，获得的两次独立分析结果差值的绝对值不大于重复性限 r，出现大于重复性限 r 的概率不大于 5%；

在再现性条件下，获得的两次独立分析结果差值的绝对值不大于再现性限 R，出现大于再现性限 R 的概率不大于 5%。对冶金石灰试样，不作实验室间再现性限的要求。

精密度共同试验的原始数据见表 B.2 和表 B.4。

4　火焰原子吸收光谱法

4.1　原理

试料以盐酸、氢氟酸分解，高氯酸冒烟驱尽氢氟酸。在氯化锶存在下，试液喷入空气-乙炔火焰中，用镁空心阴极灯做光源，于原子吸收光谱仪波长 285.2 nm 处测量吸光度。

4.2 试剂

4.2.1 盐酸(1+1)。

4.2.2 氢氟酸(ρ=1.13 g/mL)。

4.2.3 高氯酸(ρ=1.67g/mL)。

4.2.4 氯化锶溶液(60 g/L):取 100 g 氯化锶($SrCl_2 \cdot 6H_2O$)于 600 mL 烧杯中,用水溶解后移入 1 000 mL容量瓶中,以水稀释至刻度,混匀。

4.2.5 氧化镁标准溶液

4.2.5.1 称取 0.100 0 g 高纯氧化镁(含量不低于 99.99%,预先于 950 ℃~1 000 ℃灼烧 1 h 并冷却至室温),置于 250 mL 烧杯中,加 10 mL 盐酸(4.2.1)溶解,移入 1 000 mL 容量瓶中,用水稀释至刻度,混匀。此溶液 1.00 mL 含 100.0 μg 氧化镁。

4.2.5.2 移取 50.00 mL 氧化镁标准溶液(4.2.5.1)置于 500 mL 容量瓶中,加 10 mL 盐酸(4.2.1),用水稀释至刻度,混匀。此溶液 1.00 mL 含 10.0 μg 氧化镁。

4.3 仪器

原子吸收光谱仪,备有空气-乙炔燃烧器,镁空心阴极灯。空气和乙炔气体要足够纯净(不含水、油及镁),以提供稳定清澈的火焰。

按 GB/T 7728 的要求检查原子吸收光谱仪的性能,所用仪器应达到以下指标。

4.3.1 精密度最低要求

用最高浓度的标准溶液,测量 10 次吸光度,计算其吸光度的平均值和标准偏差。该标准偏差不应超过该吸光度平均值的 1.0%。

用最低浓度的标准溶液(不是零浓度标准溶液),测量 10 次吸光度,计算其标准偏差。该标准偏差不应超过最高浓度标准溶液平均吸光度的 0.5%。

4.3.2 特征浓度

氧化镁的特征浓度应优于 0.007 μg/mL。

4.3.3 检出限

氧化镁的检出限应优于 0.004 μg/mL。

4.3.4 校准曲线的线性

将校准曲线按浓度等分成 5 段,最高段的吸光度差值与最低段的吸光度差值之比,应不小于 0.7。

4.4 制样

4.4.1 按 GB/T 2007.2 制备试样。

4.4.2 试样应加工至粒度小于 0.125 mm。

4.4.3 石灰石试样分析前在 105 ℃~110 ℃干燥 2 h,置于干燥器中冷却至室温。

4.4.4 冶金石灰试样的制备应迅速进行,制成后试样立即置于磨口瓶或塑料袋中密封,于干燥器中保存,分析前试样不进行干燥。

4.5 分析步骤

4.5.1 测定次数

对同一试样(4.4.3 或 4.4.4),至少独立测定 2 次。

4.5.2 试料量

称取 0.20 g 试样,精确至 0.000 1 g。对冶金石灰试样,应快速称取试样。

4.5.3 空白试验

随同试料做空白试验。

4.5.4 试料分解与试液制备

4.5.4.1 将试料(4.5.2)置于铂皿或 250 mL 聚四氟乙烯烧杯中,以少量水湿润,小心滴加盐酸(4.2.1)至激烈反应停止,再滴加盐酸(4.2.1)至总量为 10 mL。加 5 mL 氢氟酸(4.2.2),5 mL 高氯酸(4.2.3),低温加热,蒸发冒高氯酸白烟至近干,冷却。

4.5.4.2 加 10 mL 盐酸(4.2.1),低温加热溶解盐类,冷却。将试液移入 100 mL 容量瓶中,用水稀释至刻度,混匀。

注:该试液与 GB/T 3286.4 按 4.5.4.2 制备的试液相同,可同时用于氧化铁量的测定。

4.5.4.3 测量试液

4.5.4.3.1 移取 10.00 mL 试液(4.5.4.2)于 100 mL 容量瓶中,加 5 mL 盐酸(4.2.1),5.0 mL 氯化锶溶液(4.2.4),用水稀释至刻度,混匀。此试液用于 0.1%~0.50%氧化镁量的测定。

4.5.4.3.2 移取 20.00 mL 试液(4.5.4.3.1)于 100 mL 容量瓶中,加 5 mL 盐酸(4.2.1),5.0 mL 氯化锶溶液(4.2.4),用水稀释至刻度,混匀。此试液用于 0.50%以上氧化镁量的测定。

4.5.5 测定

按 GB/T 7728 的要求和操作将原子吸收光谱仪调节至最佳工作条件,在波长 285.2 nm 处以空气-乙炔火焰,用水调节零点,测量试液中镁的吸光度,在校准曲线上查出相应氧化镁的浓度。

注:对稳定性较好的原子吸收光谱仪,可采用适当偏转燃烧器的方法降低测量的吸光度,用于氧化镁含量较高的试料溶液的测量,并在同样的条件下绘制校准曲线。

4.5.6 校准曲线绘制

移取 0 mL,1.00 mL,2.00 mL,4.00 mL,6.00 mL,8.00 mL,10.00 mL 氧化镁标准溶液(4.2.5.2)于一组 100 mL 容量瓶中,分别加 5 mL 盐酸(4.2.1),5.0 mL 氯化锶溶液(4.2.4),用水稀释至刻度,混匀。在原子吸收光谱仪波长 285.2 nm 处,以水调节零点,测量吸光度。以氧化镁浓度为横坐标,以减去零浓度溶液的吸光度为纵坐标,绘制校准曲线。

4.6 分析结果计算及其表示

4.6.1 分析结果的计算

按式(7)计算氧化镁的质量分数:

$$w(\mathrm{MgO})=\frac{(c_1-c_2)\times f\times V}{m\times 10^6}\times 100\% \qquad\cdots\cdots(7)$$

式中:

$w(\mathrm{MgO})$——氧化镁的质量分数;

c_1 ——自校准曲线上查得最终测量试液中氧化镁的浓度,单位为微克每毫升(μg/mL);

c_2 ——自校准曲线上查得空白试验溶液中氧化镁的浓度，单位为微克每毫升(μg/mL)；

f ——稀释倍数；

V ——最终测量试料溶液的体积，单位为毫升(mL)；

m ——试料量，单位为克(g)。

4.6.2 分析结果的确定和表示

同一试样两次独立分析结果差值的绝对值如不大于重复性限 r 值，则取其算术平均值作为分析结果。如果两次独立分析结果差值的绝对值大于 r 值，则按附录 A 的规定追加测量次数并确定分析结果。

分析结果按 GB/T 8170 修约，将数值修约到两位小数。

4.7 精密度

精密度数据是在 2011 年由 8 个实验室对氧化镁含量的 5 个不同水平试样进行共同试验确定的。每个实验室对每个水平的氧化镁含量在重复性条件下独立测定 3 次。共同试验数据按 GB/T 6379.2 进行统计分析，统计结果表明氧化镁质量分数与其重复性限 r 和再现性限 R 间存在线性函数关系。函数关系式计算结果见表 3。精密度函数关系式见表 B.5。

表 3 氧化镁的精密度

氧化镁的质量分数/%	重复性限 r	再现性限 R
0.10	0.02	0.02
0.30	0.02	0.03
0.50	0.02	0.04
1.00	0.03	0.08
1.50	0.04	0.12
2.00	0.05	0.16
2.50	0.06	0.20

氧化镁质量分数在表 3 给出的数值之间，重复性限 r、再现性限 R 可采用线性内插法求得。

在重复性条件下，获得的两次独立分析结果差值的绝对值不大于重复性限 r，出现大于重复性限 r 的概率不大于 5%。

在再现性条件下，获得的两次独立分析结果差值的绝对值不大于再现性限 R，出现大于再现性限 R 的概率不大于 5%。对冶金石灰试样，不作实验室间再现性限的要求。

精密度共同试验的原始数据见表 B.6。

5 试验报告

试验报告应包括下列内容：

a) 识别样品、实验室和分析日期等资料；

b) 引用标准；

c) 遵守本标准规定的程度；

d) 分析结果及其表示；

e) 测定中观察到的异常现象；

f) 本标准未规定的操作或任何可能影响结果的操作。

附 录 A
（规范性附录）
试样分析结果接受程序流程图

试样分析结果接受程序流程图如图 A.1 所示。

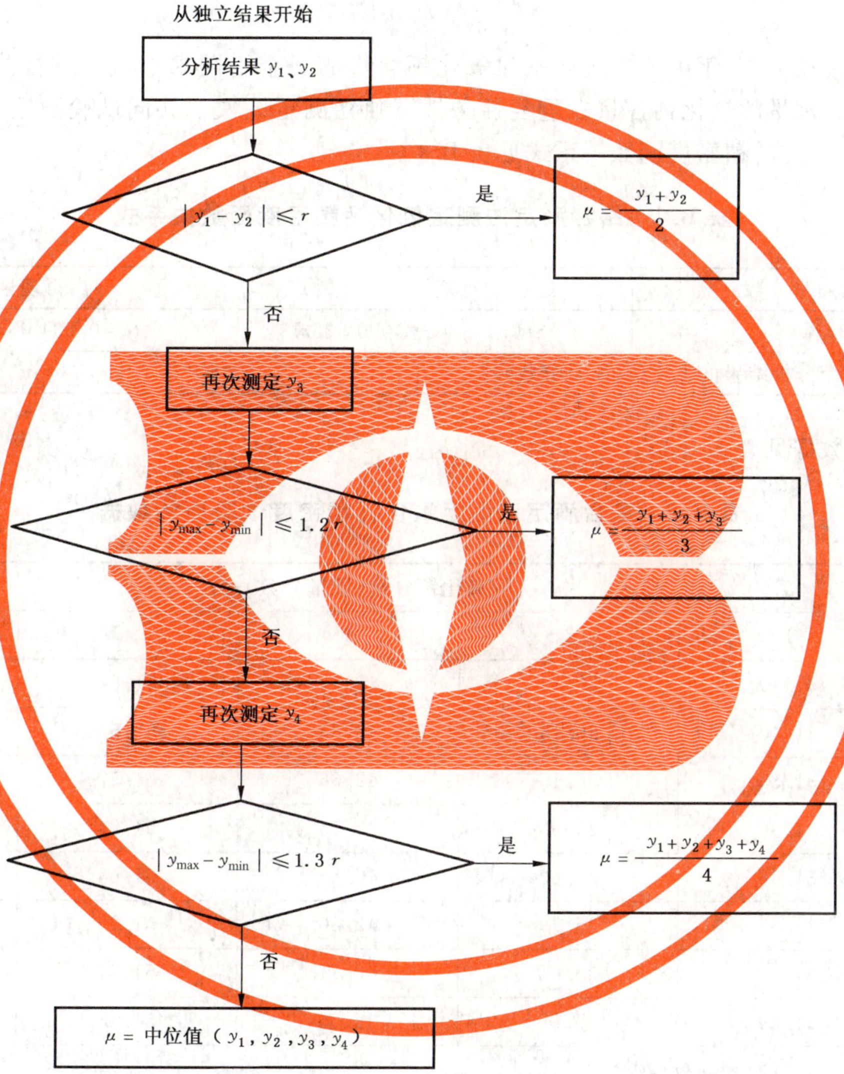

图 A.1 试样分析结果接受程序流程图

附 录 B
（资料性附录）
精密度试验函数关系式及原始数据

B.1 络合滴定法测定氧化钙精密度试验函数关系式及原始数据

精密度数据是在2011年由8个实验室对氧化钙含量的5个不同水平试样进行共同试验确定的。每个实验室对每个水平的氧化钙含量在重复性条件下独立测定3次。共同试验数据按GB/T 6379.2进行统计分析，所确定的精密度函数关系式见表B.1。

表B.1 络合滴定法测定氧化钙精密度函数关系式

氧化钙的质量分数	重复性限 r	再现性限 R
>20%	$r=0.3635-0.000935m$	$R=0.6940-0.001949m$
式中：m 是两个分析结果的平均值(质量分数)。		

测量的原始数据见表B.2。

表B.2 络合滴定法测定氧化钙精密度试验原始数据

实验室	氧化钙含量(质量分数)/%				
	1	2	3	4	5
1	31.40	36.19	42.73	51.62	55.23
	31.40	36.15	42.66	51.55	55.20
	31.35	36.15	42.66	51.57	55.17
2	31.30	35.93	42.55	51.84	55.02
	31.66	35.62	42.89	51.64	54.84
	31.53	35.79	42.80	51.72	54.96
3	31.40	36.08	42.71	51.37	55.29
	31.59	35.89	42.55	51.18	55.42
	31.22	36.26	42.40	51.22	55.14
4	31.81	35.79	42.65	51.38	55.02
	31.88	35.87	42.58	51.51	55.20
	31.81	35.87	42.58	51.24	55.09
5	31.20	35.71	42.47	51.41	55.04
	31.52	35.87	42.61	51.52	55.37
	31.45	35.78	42.31	51.36	55.46
6	31.51	35.63	42.86	51.35	55.40
	31.57	35.67	42.86	51.49	55.40
	31.60	35.72	42.93	51.40	55.37

表 B.2（续）

实验室	氧化钙含量(质量分数)/%				
	1	2	3	4	5
7	31.45	36.04	42.68	51.44	55.28
	31.45	36.04	42.57	51.24	55.10
	31.46	36.28	42.51	51.47	55.05
8	31.78	35.71	42.87	51.86	54.76
	32.09	35.87	43.17	51.93	55.03
	31.98	35.78	42.94	51.99	54.97

B.2 络合滴定法测定氧化镁精密度试验函数关系式及原始数据

精密度数据是在 2011 年由 8 个实验室对氧化镁含量的 5 个不同水平试样进行共同试验确定的。每个实验室对每个水平的氧化镁含量在重复性条件下独立测定 3 次。共同试验数据按 GB/T 6379.2 进行统计分析，所确定的精密度函数关系式见表 B.3。

表 B.3 络合滴定法测定氧化镁精密度函数关系式

氧化镁的质量分数	重复性限 r	再现性限 R
>2.5%	$\lg r = -1.0569 + 0.4081 \lg m$	$R = 0.1431 + 0.02862m$
式中：m 是两个分析结果的平均值(质量分数)。		

测量的原始数据见表 B.4。

表 B.4 络合滴定法测定氧化镁精密度试验原始数据

实验室	氧化镁含量(质量分数)/%				
	1	2	3	4	5
1	2.222	9.743	14.97	17.70	21.26
	2.202	9.762	14.95	17.65	21.20
	2.222	9.743	14.90	17.67	21.28
2	2.215	9.533	15.15	17.24	20.95
	2.344	9.364	15.25	17.09	21.00
	2.279	9.383	15.21	17.14	20.91
3	2.311	9.473	15.18	17.20	21.23
	2.419	9.554	15.25	17.33	21.10
	2.392	9.608	14.92	17.07	21.30
4	2.292	9.792	15.57	17.71	21.25
	2.240	9.740	15.63	17.81	21.25
	2.292	9.688	15.68	17.87	21.20

表 B.4（续）

实验室	氧化镁含量(质量分数)/%				
	1	2	3	4	5
5	2.306	9.561	15.63	17.41	21.13
	2.310	9.623	15.58	17.71	20.98
	2.344	9.837	15.34	17.63	21.25
6	2.301	9.395	15.52	17.35	21.11
	2.321	9.414	15.47	17.29	21.05
	2.313	9.459	15.50	17.42	21.11
7	2.291	9.441	15.51	17.65	21.03
	2.272	9.553	15.35	17.50	21.01
	2.179	9.327	15.25	17.45	21.05
8	2.165	9.345	15.09	17.01	21.01
	2.218	9.524	14.86	17.31	21.30
	2.213	9.411	14.90	17.15	21.22

B.3　火焰原子吸收光谱法测定氧化镁精密度试验函数关系式及原始数据

精密度数据是在2011年由8个实验室对氧化镁含量的5个不同水平试样进行共同试验确定的。每个实验室对每个水平的氧化镁含量在重复性条件下独立测定3次。共同试验数据按GB/T 6379.2进行统计分析，所确定精密度函数关系式见表B.5。

表 B.5　火焰原子吸收光谱法测定氧化镁精密度函数关系式

氧化镁的质量分数	重复性限 r	再现性限 R
0.1%～2.5%	$r=0.007\ 282+0.020\ 04m$	$R=-0.000\ 95+0.077\ 64m$
式中：m 是两个分析结果的平均值(质量分数)。		

测量的原始数据见表B.6。

表 B.6　火焰原子吸收光谱法测定氧化镁精密度试验原始数据

实验室	氧化镁含量(质量分数)/%				
	1	2	3	4	5
1	0.358	0.717	0.822	1.096	2.299
	0.358	0.717	0.820	1.094	2.302
	0.362	0.728	0.819	1.100	2.328
2	0.367	0.735	0.788	1.200	2.372
	0.362	0.730	0.779	1.208	2.370
	0.360	0.733	0.784	1.202	2.363

表 B.6（续）

实验室	氧化镁含量(质量分数)/%				
	1	2	3	4	5
3	0.382	0.738	0.783	1.182	2.360
	0.359	0.735	0.770	1.185	2.355
	0.366	0.741	0.762	1.201	2.322
4	0.368	0.739	0.780	1.200	2.403
	0.372	0.732	0.771	1.196	2.394
	0.368	0.744	0.772	1.194	2.350
5	0.344	0.724	0.775	1.201	2.393
	0.364	0.734	0.769	1.180	2.360
	0.370	0.735	0.781	1.223	2.348
6	0.371	0.751	0.789	1.147	2.288
	0.369	0.755	0.782	1.152	2.293
	0.378	0.749	0.793	1.155	2.286
7	0.380	0.744	0.760	1.208	2.293
	0.380	0.740	0.768	1.196	2.339
	0.380	0.742	0.761	1.204	2.333
8	0.349	0.716	0.792	1.109	2.186
	0.350	0.711	0.806	1.162	2.224
	0.352	0.709	0.801	1.113	2.169

ICS 73.080
D 52

中华人民共和国国家标准

GB/T 3286.2—2012
代替 GB/T 3286.2—1998

石灰石及白云石化学分析方法 第2部分：二氧化硅含量的测定 硅钼蓝分光光度法和高氯酸脱水重量法

Methods for chemical analysis of limestone and dolomite—Part 2: The determination of silicon dioxide content—The silicomolybdic blue spectrophotometric method and the perchloric acid dehydration gravimetric method

2012-11-05 发布　　　　2013-05-01 实施

中华人民共和国国家质量监督检验检疫总局
中国国家标准化管理委员会　发布

前　言

GB/T 3286《石灰石及白云石化学分析方法》分为九个部分：

——第1部分：氧化钙和氧化镁含量的测定　络合滴定法和火焰原子吸收光谱法；

——第2部分：二氧化硅含量的测定　硅钼蓝分光光度法和高氯酸脱水重量法；

——第3部分：氧化铝含量的测定　铬天青S分光光度法和络合滴定法；

——第4部分：氧化铁含量的测定　邻二氮杂菲分光光度法和火焰原子吸收光谱法；

——第5部分：氧化锰量的测定；

——第6部分：磷量的测定；

——第7部分：硫量的测定；

——第8部分：灼烧减量的测定；

——第9部分：二氧化碳量的测定。

本部分为GB/T 3286的第2部分。

本部分按照GB/T 1.1—2009给出的规则起草。

本部分代替GB/T 3286.2—1998《石灰石、白云石化学分析方法　二氧化硅量的测定》。

本部分与GB/T 3286.2—1998相比较，主要进行了如下修改：

——将标准名称改为《石灰石及白云石化学分析方法　第2部分：二氧化硅含量的测定 硅钼蓝分光光度法和高氯酸脱水重量法》；

——规范性引用文件取消了引用标准年号，并增加了部分引用标准；

——进行了实验室间精密度共同试验，用统计得到的重复性限r和再现性限R代替了“允许差”；

——更改了部分文字表达方式；

——增加了试料酸溶不完全、残渣回收的备注说明；

——对高氯酸试剂用量及冒烟、沉淀干燥、灰化等技术条件进行了修改。

本部分由中国钢铁工业协会提出。

本部分由全国钢标准化技术委员会(SAC/TC 183)归口。

本部分起草单位：武汉钢铁(集团)公司、武汉科技大学、冶金工业信息标准研究院。

本部分主要起草人：闻向东、徐建平、周郑、张穗忠、邵梅、陈士华、曹宏燕、余卫华、仇金辉、高建平。

本部分所代替标准的历次版本发布情况为：

——GB/T 3286.2—1998；

——GB/T 3286.3—1982；

——GB/T 3286.4—1988。

石灰石及白云石化学分析方法 第2部分:二氧化硅含量的测定 硅钼蓝分光光度法和高氯酸脱水重量法

警告:使用本部分的人员应有正规实验室工作实践经验。本部分未指出所有可能的安全问题。使用者有责任采取适当的安全和健康措施,并保证符合国家有关法规规定的条件。

1 范围

GB/T 3286的本部分规定了用硅钼蓝分光光度法和高氯酸脱水重量法测定二氧化硅含量。

本部分适用于石灰石、白云石中二氧化硅含量的测定,也适用于冶金石灰中二氧化硅含量的测定。硅钼蓝分光光度法,测定范围(质量分数):二氧化硅含量0.05%~4.0%;高氯酸脱水重量法,测定范围(质量分数):二氧化硅含量大于2.0%。

2 规范性引用文件

下列文件对于本文件的应用是必不可少的。凡是注日期的引用文件,仅注日期的版本适用于本文件。凡是不注日期的引用文件,其最新版本(包括所有的修改单)适用于本文件。

GB/T 2007.2 散装矿产品取样、制样通则 手工制样方法

GB/T 3286.1 石灰石及白云石化学分析方法 第1部分:氧化钙和氧化镁含量的测定 络合滴定法和火焰原子吸收光谱法

GB/T 3286.3 石灰石及白云石化学分析方法 第3部分:氧化铝含量的测定 铬天青S分光光度法和络合滴定法

GB/T 3286.4 石灰石及白云石化学分析方法 第4部分:氧化铁含量的测定 邻二氮杂菲分光光度法和火焰原子吸收光谱法

GB/T 6379.2 测量方法与结果的准确度(正确度与精密度) 第2部分:确定标准测量方法重复性与再现性的基本方法

GB/T 6682 分析实验室用水规格和试验方法

GB/T 8170 数值修约规则与极限数值的表示和判定

3 硅钼蓝分光光度法

3.1 原理

试料用碳酸钠-硼酸混合熔剂熔融,稀盐酸浸取。分取部分试液,在约0.15 mol/L的盐酸介质中,钼酸铵与硅酸形成硅钼杂多酸,加入草酸-硫酸混合酸,消除磷、砷干扰,用硫酸亚铁铵将其还原为硅钼蓝,于分光光度计波长680 nm(或810 nm)处测量吸光度。

3.2 试剂

分析中除另有说明外,仅使用认可的分析纯试剂和符合GB/T 6682规定的三级以上蒸馏水或纯度

相当的水。

3.2.1 混合熔剂:取两份无水碳酸钠与一份硼酸研磨,混匀。

3.2.2 盐酸(1+5)。

3.2.3 盐酸(1+14)。

3.2.4 钼酸铵溶液(60 g/L),储于塑料瓶中,必要时过滤后使用。

3.2.5 草酸-硫酸混合酸:称取 35 g 草酸($H_2C_2O_4 \cdot 2H_2O$),溶于 1 000 mL 硫酸(1+8)中。

3.2.6 硫酸亚铁铵溶液(60 g/L):称取 6 g 硫酸亚铁铵[$Fe(NH_4)_2(SO_4)_2 \cdot 6H_2O$]溶于加有 3 滴~5 滴硫酸($\rho$=1.84 g/mL)的水中,用水稀释至 100 mL。用时配制。

3.2.7 无水乙醇。

3.2.8 二氧化硅标准溶液

3.2.8.1 称取 0.250 0 g 高纯二氧化硅(不低于 99.99%,称量前预先于 950 ℃~1 000 ℃灼烧 30 min 并冷却至室温)于铂坩埚中,加 3 g 混合熔剂(3.2.1),混匀,再覆盖 1 g 混合熔剂(3.2.1)。盖上铂盖(留一缝隙),将铂坩埚置于 950 ℃高温炉中熔融 10 min,取出,冷却至室温。将铂坩埚和铂盖置于盛有 100 mL热水的聚四氟乙烯烧杯中,低温加热浸取熔块至溶液清亮。用热水洗出铂坩埚及铂盖,冷却至室温。将溶液移入 500 mL 容量瓶中,用水稀释至刻度,混匀,立即转移至塑料瓶中贮存。此溶液 1.00 mL含 500.0 μg 二氧化硅。

3.2.8.2 移取 50.00 mL 二氧化硅标准溶液(3.2.8.1)于 500 mL 容量瓶中,用水稀释至刻度,混匀,立即转移至塑料瓶中,此溶液 1.00 mL 含 50.0 μg 二氧化硅。

3.2.8.3 移取 20.00 mL 二氧化硅标准溶液(3.2.8.1)于 500 mL 容量瓶中,用水稀释至刻度,混匀,立即转移至塑料瓶中。此溶液 1.00 mL 含 20.0 μg 二氧化硅。

3.3 仪器

使用通常的实验室仪器、设备。

3.4 制样

3.4.1 按 GB/T 2007.2 制备试样。

3.4.2 试样应加工至粒度小于 0.125 mm。

3.4.3 石灰石、白云石试样分析前在 105 ℃~110 ℃干燥 2 h,置于干燥器中冷却至室温。

3.4.4 冶金石灰试样的制备应迅速进行,制成后试样立即置于磨口瓶或塑料袋中密封,于干燥器中保存,分析前试样不进行干燥。

3.5 分析步骤

3.5.1 测定次数

对同一试样(3.4.3 或 3.4.4),至少独立测定 2 次。

3.5.2 试料量

称取 0.50 g 试样,精确至 0.000 1 g。对冶金石灰试样,应快速称取试样。

3.5.3 空白试验

随同试料做空白试验。

3.5.4 试料分解和储备液制备

3.5.4.1 将试料(3.5.2)置于预先盛有 3.0 g 混合熔剂(3.2.1)的铂坩埚中,混匀,再覆盖 1.0g 混合熔剂(3.2.1)。将铂坩埚置于炉温低于 300 ℃的高温炉中，盖上铂盖(留一缝隙)。将炉温逐渐升至 950 ℃～1 000 ℃熔融 10 min，取出，转动铂坩埚，冷却。

3.5.4.2 用水冲洗铂坩埚外壁，将铂坩埚及铂盖置于 300 mL 烧杯中，加 75 mL 盐酸(3.2.2)，低温加热浸出熔块，用水洗出铂坩埚及铂盖。低温加热至试液清亮，冷却至室温。将溶液移入 250 mL 容量瓶中，用水稀释至刻度，混匀。

注：此溶液可作为测定二氧化硅、氧化钙、氧化镁、氧化铝和氧化铁量的储备液，可分别用于 GB/T 3286.1 络合滴定法测定氧化钙量和氧化镁量、GB/T 3286.2 钼蓝分光光度法测定二氧化硅量、GB/T 3286.3 铬天青 S 分光光度法测定氧化铝量、GB/T 3286.4 邻二氮杂菲分光光度法测定氧化铁量。如同时测定试样中这些化学成分的含量，可只制备一份该试样的储备液，分取后按各分析方法测定。

3.5.5 测定

3.5.5.1 根据试样二氧化硅含量，按表 1 分取储备液(3.5.4.2)于 100 mL 容量瓶中，加 8 mL 无水乙醇(3.2.7)，按表 1 加相应量盐酸(3.2.3)，立即用水稀释至 50 mL，混匀。

表 1 试液分取量和盐酸加入量

二氧化硅含量 %	分取体积 mL	加盐酸(3.2.3)体积 mL
0.05～0.25	20.00	0
>0.25～1.00	10.00	5.0
>1.00～4.0	5.00	8.0

3.5.5.2 加 5 mL 钼酸铵溶液(3.2.4)，混匀，于室温放置 20 min，室温低于 15 ℃时，于约 30 ℃的温水浴中放置 15 min～20 min。

3.5.5.3 加 20 mL 草酸-硫酸混合酸(3.2.5)，混匀，放置 1 min～2 min，立即加入 5mL 硫酸亚铁铵溶液(3.2.6)，用水稀释至刻度，混匀。

3.5.5.4 将部分显色液移入适当的吸收皿中，以相应的空白试验溶液为参比，于分光光度计波长 680 nm处测量吸光度，从标准曲线上查得相应的二氧化硅量。

注：对低含量二氧化硅的显色溶液，可在波长 810 nm 处测量吸光度。

3.5.6 标准曲线的绘制

移取 0 mL、1.00 mL、2.00 mL、4.00 mL、6.00 mL、8.00 mL、10.00 mL 二氧化硅标准溶液(3.2.8.3)或移取 0 mL、1.00 mL、2.00 mL、4.00 mL、6.00 mL、8.00 mL 二氧化硅标准溶液(3.2.8.2)置于一组预先盛有 10 mL 盐酸(3.2.3)的 100 mL 容量瓶中，加 8 mL 无水乙醇(3.2.7)，用水稀释至 50 mL，混匀。以下按 3.5.5.2～3.5.5.4 操作，以试剂空白为参比，测量吸光度。以二氧化硅量为横坐标，吸光度为纵坐标，绘制标准曲线。

3.6 分析结果计算及其表示

3.6.1 分析结果的计算

按式(1)计算二氧化硅的质量分数：

$$w(SiO_2)=\frac{m_1\times 10^{-6}}{m\times\frac{V_1}{V}}\times 100\% \qquad (1)$$

式中：

$w(SiO_2)$——二氧化硅的质量分数；

V ——储备液体积，单位为毫升(mL)；

V_1 ——分取储备液体积，单位为毫升(mL)；

m_1 ——从标准曲线上查得的二氧化硅量，单位为微克(μg)；

m ——试料量，单位为克(g)。

3.6.2 分析结果的确定和表示

同一试样两次独立分析结果差值的绝对值如不大于重复性限 r 值，则取其算术平均值作为分析结果。如果两次独立分析结果差值的绝对值大于 r 值，则按附录 A 的规定追加测量次数并确定分析结果。

分析结果按 GB/T 8170 修约，当分析结果大于或等于 0.10%时，将数值修约到 2 位小数，当分析结果小于 0.10%时，将数值修约到 3 位小数。

3.7 精密度

精密度数据是在 2011 年由 8 个实验室对二氧化硅含量的 5 个不同水平试样进行共同试验确定的。每个实验室对每个水平的二氧化硅含量在重复性条件下独立测定 3 次。共同试验数据按 GB/T 6379.2 进行统计分析，统计结果表明二氧化硅质量分数与其重复性限 r 和再现性限 R 间存在线性函数关系，函数关系式计算结果见表 2。精密度函数关系式见表 B.1。

表 2 二氧化硅的精密度

二氧化硅的质量分数 %	重复性限 r	再现性限 R
0.050	0.014	0.014
0.10	0.02	0.02
0.20	0.02	0.02
0.50	0.03	0.04
1.00	0.05	0.06
2.00	0.08	0.10
3.00	0.12	0.14
4.00	0.15	0.18

二氧化硅质量分数在表 2 给出的数值之间，重复性限 r、再现性限 R 可采用线性内插法求得。

在重复性条件下，获得的两次独立分析结果差值的绝对值不大于重复性限 r，出现大于重复性限 r 的概率不大于 5%。

在再现性条件下，获得的两次独立分析结果差值的绝对值不大于再现性限 R，出现大于再现性限 R 的概率不大于 5%。对冶金石灰试样，不作实验室间再现性限的要求。

精密度共同试验的原始数据见表 B.2。

4 高氯酸脱水重量法

4.1 原理

试料经高温灼烧，盐酸分解，加高氯酸蒸发冒烟使硅酸脱水，过滤，灼烧称量。不纯二氧化硅加氢氟酸、硫酸处理，使硅以四氟化硅形式挥发除去，再次灼烧。由氢氟酸处理前后质量差计算二氧化硅含量。

4.2 试剂

4.2.1 盐酸(1+1)。

4.2.2 盐酸(5+95)。

4.2.3 高氯酸(ρ=1.67 g/mL)。

4.2.4 硫酸(ρ=1.84 g/mL)。

4.2.5 氢氟酸(ρ=1.13 g/mL)。

4.2.6 混合熔剂：取两份无水碳酸钠与一份硼酸研磨，混匀。

4.2.7 乙醇(ρ=0.80 g/mL)。

4.3 仪器

分析中，仅用通常的实验室仪器、设备。

4.4 制样

4.4.1 按 GB/T 2007.2 制备试样。

4.4.2 试样应加工至粒度小于 0.125 mm。

4.4.3 石灰石、白云石试样分析前在 105 ℃～110 ℃干燥 2 h，置于干燥器中冷却至室温。

4.4.4 冶金石灰试样的制备应迅速进行，制成后试样立即置于磨口瓶或塑料袋中密封，于干燥器中保存，分析前试样不进行干燥。

4.5 分析步骤

4.5.1 测定次数

对同一试样(4.4.3 或 4.4.4)，至少独立测定 2 次。

4.5.2 试料量

称取 1.00 g 试样，精确至 0.000 1 g。对冶金石灰试样，应快速称取试样。

4.5.3 空白试验

随同试料做空白试验。

4.5.4 测定

4.5.4.1 将试料(4.5.2)均匀置于铂坩埚中。将铂坩埚置于炉温低于 300 ℃的高温炉中，盖上铂盖，使铂坩埚与铂盖间留一间隙。将炉温逐渐升温至 1 000 ℃，并在此温度下保持 30 min。取出铂坩埚和铂盖，冷却。

注：也可将测定灼烧减量后的灼烧残留物作为本方法测定的试料，以下按 4.5.4.2～4.5.4.7 操作。

4.5.4.2 用少量水和盐酸(4.2.1)将铂坩埚内灼烧残留物转移至 300 mL 烧杯中，洗净铂坩埚和铂盖。

盖上表面皿，缓缓加入 60 mL 盐酸(4.2.1)，将试液加热至沸。稍冷，用水冲洗表面皿和杯壁，低温蒸发试液至约 20 mL，加入 15 mL 高氯酸(4.2.3)。

注：如果用盐酸溶解后的试液中观察到未分解完全的试料时，需将残渣回收。将试液趁热过滤，用水洗净滤纸，保留滤液和洗液。将滤纸和残渣于铂坩埚中，炭化、灰化，于 900 ℃灼烧 30 min，冷却。加 1 g 混合熔剂(4.2.6)于铂坩埚中，混合均匀，将铂坩埚置于 950 ℃～1 000 ℃的高温炉中，盖上铂盖(留一缝隙)。熔融 10 min，取出，转动铂坩埚，冷却。在盛有滤液和洗液的烧杯中用少量盐酸(4.2.1)浸出熔块。继续加热至体积约 20 mL，加入 15 mL 乙醇(4.2.7)(也可用甲醇代替乙醇)，低温蒸发至干，加入 20 mL 盐酸(1+1)，加热溶解盐类，加入 20 mL高氯酸(4.2.3)，以下按 4.5.4.3 步骤操作。

4.5.4.3 盖上表面皿(留一间隙)，加热至冒高氯酸白烟，并保持冒烟回流 10 min～15 min，冷却。

4.5.4.4 加 5 mL 盐酸(4.2.1)，100 mL 热水，用少量热水冲洗表面皿和杯壁，搅拌使盐类溶解。用中速定量滤纸加适量纸浆过滤，用带橡皮头的玻璃棒和小片滤纸擦净杯壁上的沉淀，合并到滤纸上。用热盐酸(4.2.2)洗涤烧杯和沉淀 6 次，再用热水洗涤沉淀 10 次以上，至不再呈酸性。

4.5.4.5 将滤液及洗液低温蒸发至约 20 mL，加 5 mL 高氯酸(4.2.3)，以下按 4.5.4.3～4.5.4.4 重复操作。

注：如果是经过碱熔残渣回收过程后的滤液及洗液，需加入 10 mL 高氯酸(4.2.3)。

4.5.4.6 将两次所得沉淀及滤纸置于铂坩埚中，在低温电热板上加热干燥、炭化，置于高温炉中从低温逐渐升温过程中慢慢灰化后，将铂坩埚置于 1 000 ℃高温炉中灼烧 30min。取出，稍冷，将铂坩埚置于干燥器中冷却至室温，称量，并重复灼烧至恒量。

4.5.4.7 沿铂坩埚内壁用少量水湿润不纯的二氧化硅，加三滴硫酸(4.2.4)，5 mL 氢氟酸(4.2.5)，加热蒸发至冒尽白烟。将铂坩埚置于 1 000 ℃高温炉中灼烧 20 min。取出，稍冷，将铂坩埚置于干燥器中冷却至室温，称量，并重复灼烧至恒量。

4.6 分析结果计算及其表示

4.6.1 分析结果的计算

按式(2)计算二氧化硅的质量分数：

$$w(SiO_2)=\frac{(m_1-m_2)-(m_3-m_4)}{m}\times 100\% \quad \cdots\cdots(2)$$

式中：

$w(SiO_2)$——二氧化硅的质量分数；

m_1 ——氢氟酸处理前沉淀与铂坩埚的质量，单位为克(g)；

m_2 ——氢氟酸处理后沉淀与铂坩埚的质量，单位为克(g)；

m_3 ——氢氟酸处理前空白试验与铂坩埚的质量，单位为克(g)；

m_4 ——氢氟酸处理后空白试验与铂坩埚的质量，单位为克(g)；

m ——试料量，单位为克(g)。

4.6.2 分析结果的确定和表示

同一试样两次独立分析结果差值的绝对值如不大于重复性限 r 值，则取其算术平均值作为分析结果。如果两次独立分析结果差值的绝对值大于 r 值，则按附录 A 的规定追加测量次数并确定分析结果。

分析结果按 GB/T 8170 修约，将数值修约到两位小数。

4.7 精密度

精密度数据是在 2011 年由 8 个实验室对二氧化硅含量的 5 个不同水平试样进行共同试验确定的。

每个实验室对每个水平的二氧化硅含量在重复性条件下独立测定3次。共同试验数据按GB/T 6379.2进行统计分析，统计结果表明二氧化硅质量分数与重复性限 r 存在对数函数关系，与再现性限 R 间存在线性函数关系，函数关系式计算结果见表3。精密度函数关系式见表B.3。

表3 二氧化硅的精密度

二氧化硅的质量分数 %	重复性限 r	再现性限 R
2.00	0.10	0.11
3.00	0.11	0.13
4.00	0.11	0.16
5.00	0.12	0.18
6.00	0.12	0.21
7.00	0.12	0.23
8.00	0.13	0.26

二氧化硅质量分数在表3给出的数值之间，重复性限 r、再现性限 R 可采用线性内插法求得。

在重复性条件下，获得的两次独立测试结果差值的绝对值不大于重复性限 r，大于重复性限 r 的情况以不超过5%为前提。

在再现性条件下，获得的两次独立测试结果差值的绝对值不大于再现性限 R，大于再现性限 R 的情况以不超过5%为前提。对冶金石灰试样，不作实验室间再现性限的要求。

精密度共同试验的原始数据见表B.4。

5 试验报告

试验报告应包括下列内容：

a) 识别样品、实验室和分析日期等资料；

b) 引用标准；

c) 遵守本标准规定的程度；

d) 分析结果及其表示；

e) 测定中观察到的异常现象；

f) 本标准未规定的操作，或任何可能影响结果的操作。

附 录 A
（规范性附录）
试样分析结果接受程序流程图

试样分析结果接受程序流程图如图 A.1 所示。

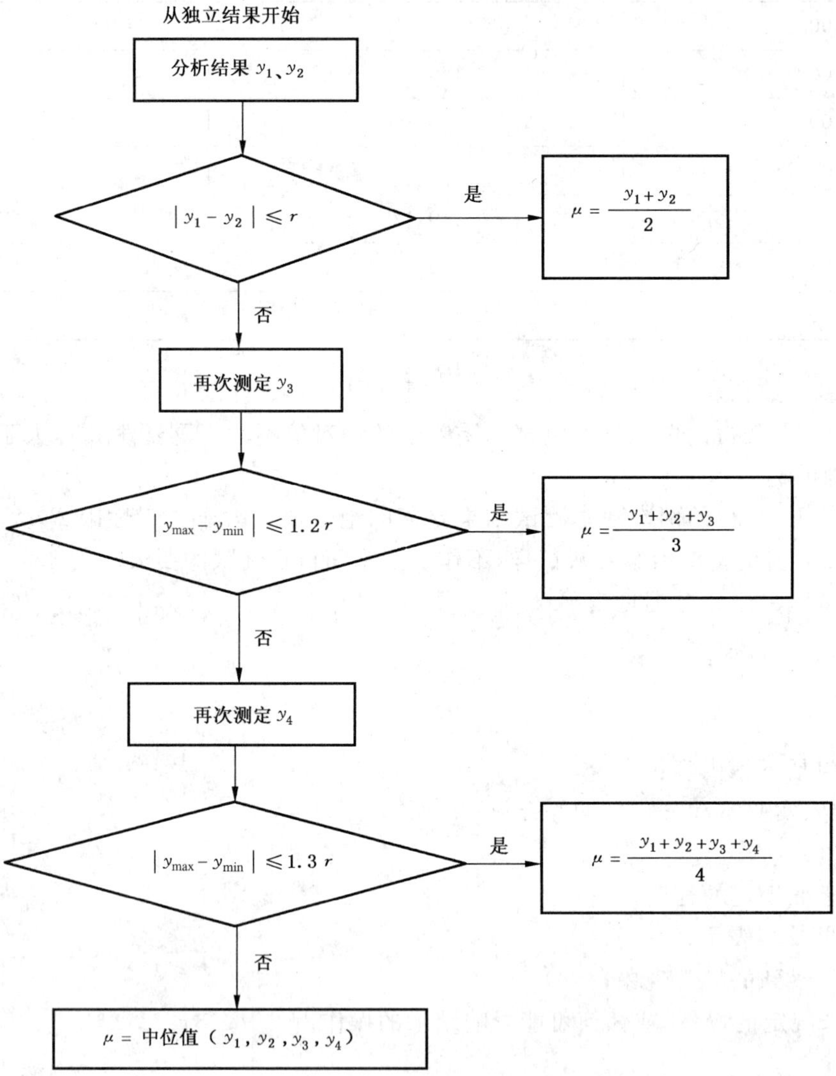

图 A.1 试样分析结果接受程序流程图

附　录　B
（资料性附录）
精密度试验函数关系式及原始数据

B.1　分光光度法测定二氧化硅精密度试验函数关系式及原始数据

精密度数据是在2011年由8个实验室对二氧化硅含量的5个不同水平试样进行共同试验确定的。每个实验室对每个水平的二氧化硅含量在重复性条件下独立测定3次。共同试验数据按GB/T 6379.2进行统计分析，所确定的精密度函数关系式见表B.1。

表 B.1　分光光度法测定二氧化硅精密度函数关系式

二氧化硅的质量分数	重复性限 r	再现性限 R
0.05%～4.0%	$r=0.01238+0.03400m$	$R=0.01172+0.04135m$
式中：m 是两个分析结果的平均值(质量分数)。		

测量的原始数据见表B.2。

表 B.2　分光光度法测定二氧化硅精密度试验原始数据

实验室	二氧化硅含量(质量分数)/%				
	1	2	3	4	5
1	0.073 8	0.381	0.775	2.020	4.122
	0.073 6	0.376	0.764	2.036	4.118
	0.074 0	0.388	0.780	2.034	4.112
2	0.084 6	0.395	0.790	2.097	4.262
	0.074 1	0.414	0.796	1.990	4.147
	0.068 0	0.390	0.804	2.014	4.299
3	0.074 9	0.380	0.775	2.082	4.173
	0.072 7	0.364	0.764	2.037	4.224
	0.085 2	0.396	0.780	1.985	4.095
4	0.074 3	0.388	0.770	2.000	4.225
	0.072 3	0.393	0.785	2.080	4.359
	0.073 5	0.389	0.774	2.020	4.280
5	0.064 9	0.395	0.806	2.084	4.157
	0.083 4	0.421	0.771	2.040	4.223
	0.076 7	0.383	0.794	2.057	4.250

表 B.2（续）

实验室	二氧化硅含量(质量分数)/%				
	1	2	3	4	5
6	0.071 7	0.392	0.780	2.034	4.275
	0.070 1	0.391	0.782	2.039	4.234
	0.069 7	0.389	0.784	2.027	4.240
7	0.080 0	0.398	0.796	2.051	4.237
	0.077 0	0.395	0.794	2.063	4.243
	0.076 0	0.390	0.786	2.050	4.202
8	0.070 3	0.381	0.783	2.101	4.234
	0.071 5	0.392	0.781	2.042	4.212
	0.070 9	0.403	0.789	1.985	4.255

B.2 高氯酸脱水重量法测定二氧化硅精密度试验函数关系式及原始数据

精密度数据是在2011年由8个实验室对二氧化硅含量的5个不同水平试样进行共同试验确定的。每个实验室对每个水平的二氧化硅含量在重复性条件下独立测定3次。共同试验数据按GB/T 6379.2进行统计分析，所确定的精密度函数关系式见表B.3。

表 B.3 高氯酸脱水重量法测定二氧化硅精密度函数关系式

二氧化硅的质量分数	重复性限 r	再现性限 R
>2.0%	$\lg r=-1.0441+0.1385\lg m$	$R=0.05617+0.02434m$
式中：m 是两个分析结果的平均值(质量分数)。		

测量的原始数据见表B.4。

表 B.4 高氯酸脱水重量法测定二氧化硅精密度试验原始数据

实验室	二氧化硅含量(质量分数)/%				
	1	2	3	4	5
1	2.020	3.160	4.080	6.120	8.100
	2.040	3.180	4.100	6.100	8.120
	2.060	3.140	4.120	6.120	8.100
2	2.000	3.180	4.290	6.100	7.900
	1.990	3.080	4.280	5.970	7.830
	2.080	3.150	4.170	6.050	7.840

表 B.4（续）

实验室	二氧化硅含量(质量分数)/%				
	1	2	3	4	5
3	2.090	3.150	4.280	6.130	7.892
	1.990	3.190	4.190	6.240	8.025
	2.030	3.100	4.170	6.110	7.971
4	2.040	3.150	4.380	6.130	8.080
	2.080	3.100	4.220	6.090	8.040
	2.120	3.200	4.359	6.160	8.011
5	2.108	3.200	4.275	6.206	8.113
	2.044	3.164	4.286	6.122	8.032
	2.087	3.115	4.335	6.189	8.091
6	2.111	3.167	4.282	6.198	8.071
	2.090	3.158	4.262	6.191	8.101
	2.106	3.148	4.275	6.188	8.121
7	2.050	3.129	4.240	6.140	8.117
	2.050	3.151	4.220	6.150	8.077
	2.029	3.140	4.299	6.120	8.068
8	2.080	3.151	4.236	6.096	7.970
	2.070	3.173	4.280	6.151	8.010
	2.080	3.204	4.301	6.171	8.020

ICS 73.080
D 52

中华人民共和国国家标准

GB/T 3286.3—2012
代替 GB/T 3286.3—1998

石灰石及白云石化学分析方法 第3部分：氧化铝含量的测定 铬天青S分光光度法和络合滴定法

Methods for chemical analysis of limestone and dolomite—
Part 3: The determination of aluminium oxide content—The chrome azurol S spectrophotometric method and the complexometric titration method

2012-11-05 发布　　2013-05-01 实施

中华人民共和国国家质量监督检验检疫总局
中国国家标准化管理委员会　发布

前　言

GB/T 3286《石灰石及白云石化学分析方法》分为九个部分：

——第1部分：氧化钙和氧化镁含量的测定　络合滴定法和火焰原子吸收光谱法；

——第2部分：二氧化硅含量的测定　硅钼蓝分光光度法和高氯酸脱水重量法；

——第3部分：氧化铝含量的测定　铬天青S分光光度法和络合滴定法；

——第4部分：氧化铁含量的测定　邻二氮杂菲分光光度法和火焰原子吸收光谱法；

——第5部分：氧化锰量的测定；

——第6部分：磷量的测定；

——第7部分：硫量的测定；

——第8部分：灼烧减量的测定；

——第9部分：二氧化碳量的测定。

本部分为GB/T 3286的第3部分。

本部分按照GB/T 1.1—2009给出的规则起草。

本部分代替GB/T 3286.3—1998《石灰石、白云石化学分析方法　氧化铝量的测定》。

本部分与GB/T 3286.3—1998相比较，主要进行了如下修改：

——本部分标准名称改为《石灰石及白云石化学分析方法　第3部分：氧化铝含量的测定　铬天青S分光光度法和络合滴定法》；

——规范性引用文件取消了引用标准年号，并增加了部分引用标准；

——进行了实验室间精密度共同试验，用统计得到的重复性限 r 和再现性限 R 代替了“允许差”；

——更改了部分文字表达方式。

本部分由中国钢铁工业协会提出。

本部分由全国钢标准化技术委员会(SAC/TC 183)归口。

本部分起草单位：武汉钢铁(集团)公司、武汉科技大学、冶金工业信息标准研究院。

本部分主要起草人：闻向东、陈士华、邵梅、张穗忠、周郑、曹宏燕、余卫华、徐建平、仇金辉、高建平。

本部分所代替标准的历次版本发布情况为：

——GB/T 3286.3—1988；

——GB/T 3286.5—1982；

——GB/T 3286.6—1992。

石灰石及白云石化学分析方法 第3部分：氧化铝含量的测定 铬天青S分光光度法和络合滴定法

1 范围

GB/T 3286 的本部分规定了用铬天青 S 分光光度法和络合滴定法测定氧化铝含量。

本部分适用于石灰石、白云石中氧化铝含量的测定，也适用于冶金石灰中氧化铝含量的测定。铬天青 S 分光光度法，测定范围：氧化铝含量(质量分数)0.01% ～ 0.75%；络合滴定法，测定范围：氧化铝含量(质量分数)大于 0.5%。

2 规范性引用文件

下列文件对于本文件的应用是必不可少的。凡是注日期的引用文件，仅注日期的版本适用于本文件。凡是不注日期的引用文件，其最新版本(包括所有的修改单)适用于本文件。

GB/T 2007.2 散装矿产品取样、制样通则 手工制样方法

GB/T 3286.1 石灰石及白云石化学分析方法 第1部分：氧化钙和氧化镁含量的测定 络合滴定法和火焰原子吸收光谱法

GB/T 3286.2 石灰石及白云石化学分析方法 第2部分：二氧化硅含量的测定 硅钼蓝分光光度法和高氯酸脱水重量法

GB/T 3286.4 石灰石及白云石化学分析方法 第4部分：氧化铁含量的测定 邻二氮杂菲分光光度法和火焰原子吸收光谱法

GB/T 6379.2 测量方法与结果的准确度(正确度与精密度) 第2部分：确定标准测量方法重复性与再现性的基本方法

GB/T 6682 分析实验室用水规格和试验方法

GB/T 8170 数值修约规则与极限数值的表示和判定

3 铬天青 S 分光光度法

3.1 原理

试料用碳酸钠-硼酸混合熔剂熔融，稀盐酸浸取。分取部分试液，以锌-EDTA 掩蔽铁、锰等离子，以六次甲基四胺为缓冲溶液，在 pH 值为 5.7 时，铝与铬天青 S 生成紫红色络合物，于分光光度计波长 545 nm处测量吸光度。钛的干扰可加过氧化氢溶液消除。

3.2 试剂

分析中除另有说明外，仅使用认可的分析纯试剂和符合 GB/T 6682 规定的三级以上蒸馏水或其纯度相当的水。

3.2.1 混合熔剂：取两份无水碳酸钠与一份硼酸研磨，混匀。

3.2.2 盐酸(1+5)。

3.2.3 盐酸(1+14)。

3.2.4 锌-EDTA溶液:称取1.276 g氧化锌(含量不低于99.9%,称量前于800 ℃灼烧20 min并于干燥器中冷却至室温)于250 mL烧杯中,加100 mL水,6 mL盐酸(1+1),加热溶解,冷却至室温;另取5.58 g乙二胺四乙酸二钠于500 mL烧杯中,加200 mL水,加5 mL氨水(1+1),加热溶解,冷却至室温。将两溶液均匀混合,用盐酸(1+1)和氨水(1+1)调节溶液pH值为5~6,移入1 000 mL容量瓶中,以水稀释至刻度,混匀。

3.2.5 六次甲基四胺溶液(250 g/L),贮于塑料瓶中。

3.2.6 氟化铵溶液(5 g/L),贮于塑料瓶中。

3.2.7 过氧化氢溶液(3%)。

3.2.8 铬天青S溶液(1 g/L),用乙醇(1+9)配制,溶液配制后使用时间不超过一周。

3.2.9 氧化铝标准溶液

3.2.9.1 称取0.105 8 g金属铝(含量不低于99.9%)于聚四氟乙烯烧杯中,加50 mL氢氧化钠溶液(200 g/L),低温加热溶解,冷却。加盐酸(1+1)中和至呈酸性后再过量20 mL,加热至溶液清亮,冷却。将溶液移入1 000 mL容量瓶中,以水稀释至刻度,混匀。此溶液1.00 mL含200.0 μg氧化铝。

3.2.9.2 移取20.00 mL氧化铝标准溶液(3.2.9.1)于1 000 mL容量瓶中,加10 mL盐酸(1+1),以水稀释至刻度,混匀。此溶液1.00 mL含4.0 μg氧化铝。

3.2.9.3 移取10.00 mL氧化铝标准溶液(3.2.9.1)于1 000 mL容量瓶中,加10 mL盐酸(1+1),以水稀释至刻度,混匀。此溶液1.00 mL含2.0 μg氧化铝。

3.3 仪器

使用通常的实验室仪器、设备。

3.4 制样

3.4.1 按GB/T 2007.2制备试样。

3.4.2 试样应加工至粒度小于0.125 mm。

3.4.3 石灰石、白云石试样分析前在105 ℃ ~ 110 ℃干燥2 h,置于干燥器中冷却至室温。

3.4.4 冶金石灰试样的制备应迅速进行,制成后试样立即置于磨口瓶或塑料袋中密封,于干燥器中保存,分析前试样不进行干燥。

3.5 分析步骤

3.5.1 测定次数

对同一预干燥试样(3.4.3或3.4.4),至少独立测定2次。

3.5.2 试料量

称取0.50 g试样,精确至0.000 1 g。对冶金石灰试样,应快速称取试样。

3.5.3 空白试验

随同试料做空白试验。

3.5.4 试料分解和储备液制备

3.5.4.1 将试料(3.5.2)置于预先盛有3.0 g混合熔剂(3.2.1)的铂坩埚中,混匀,再覆盖1.0 g混合熔剂(3.2.1)。将铂坩埚置于炉温低于300 ℃的高温炉中,盖上铂盖(留一缝隙)。将炉温逐渐升至

950 ℃～1 000 ℃，熔融 10 min，取出，转动铂坩埚，冷却。

3.5.4.2 用水冲洗铂坩埚外壁，将铂坩埚及铂盖置于 300 mL 烧杯中，加 75 mL 盐酸(3.2.2)，低温加热浸出熔块，用水洗出铂坩埚及铂盖。低温加热至试液清亮，冷却至室温。将溶液移入 250 mL 容量瓶中，用水稀释至刻度，混匀。

注：此溶液可作为测定二氧化硅、氧化钙、氧化镁、氧化铝和氧化铁量的储备液，可分别用于 GB/T 3286.1 络合滴定法测定氧化钙量和氧化镁量，GB/T 3286.2 硅钼蓝分光光度法测定二氧化硅量，GB/T 3286.3 铬天青 S 分光光度法测定氧化铝量，GB/T 3286.4 邻二氮杂菲分光光度法测定氧化铁量。如同时测定试样中这些化学成分的含量，可只制备一份该试样的储备液，分取后按各分析方法测定。

3.5.5 测定

3.5.5.1 根据试样含氧化铝量，按表 1 分取两份储备液(3.5.4.2)于两个 50 mL 容量瓶中，一份作显色液，一份作参比液。

含 0.25% ～ 0.75%氧化铝试样，分取 20.00 mL 储备液(3.5.4.2)于 100 mL 容量瓶中，加 10 mL 盐酸(3.2.3)，用水稀释至刻度，混匀。然后再分取两份 10.00 mL 试液于两个 50 mL 容量瓶中。

表 1 试液分取量和试剂用量

氧化铝含量 %	分取储备液量 mL	六次甲基四胺溶液量 mL	氧化铝标准溶液
0.01 ～ 0.050	10.00	10	3.2.9.3
>0.050 ～ 0.25	5.00	5	3.2.9.2
>0.25 ～ 0.75	20.00×(10/100)	5	3.2.9.2

3.5.5.2 显色液：加 5 mL 锌-EDTA 溶液(3.2.4)，混匀，放置 3 min，加 2.0 mL 铬天青 S 溶液(3.2.8)，按表 1 加入六次甲基四胺溶液(3.2.5)，以水稀释至刻度，轻轻混匀。放置 20 min。试样中有钛存在时，在加锌-EDTA 溶液(3.2.4)前加 6 滴过氧化氢溶液(3.2.7)。

3.5.5.3 参比液：操作同 3.5.5.2，在加铬天青 S 溶液(3.2.8)之前加 5 滴氟化铵溶液(3.2.6)。

3.5.5.4 选择适当的吸收皿，于分光光度计波长 545 nm 处测量显色液的吸光度，在标准曲线上查得相应的氧化铝量。

3.5.6 标准曲线的绘制

根据试样含氧化铝量，按表 1 分取空白试验溶液数份于一组 50 mL 容量瓶中作底液，分别加入 1.00 mL、2.00 mL、3.00 mL、4.00 mL、5.00 mL 氧化铝标准溶液(3.2.9.3)或 1.00 mL、2.00 mL、4.00 mL、6.00 mL、8.00 mL 氧化铝标准溶液(3.2.9.2)，以下按 3.5.5.2 操作；另取一份空白试验溶液按 3.5.5.3 操作制备参比液。选择适当吸收皿，于分光光度计波长 545 nm 处测量吸光度。以氧化铝量为横坐标，吸光度为纵坐标，绘制标准曲线。

3.6 分析结果计算及其表示

3.6.1 分析结果的计算

按式(1)计算氧化铝的质量分数：

$$w(Al_2O_3)=\frac{m_1\times10^{-6}}{m\times\frac{V_1}{V}}\times100\% \quad\cdots\cdots(1)$$

式中：

$w(Al_2O_3)$——氧化铝的质量分数；

V ——储备液体积，单位为毫升(mL)；

V_1 ——分取试液相当于储备液的体积，单位为毫升(mL)；

m_1 ——从标准曲线上查得的氧化铝量，单位为微克(μg)；

m ——试料量，单位为克(g)。

3.6.2 分析结果的确定和表示

同一试样两次独立分析结果差值的绝对值如不大于重复性限 r 值，则取其算术平均值作为分析结果。如果两次独立分析结果差值的绝对值大于 r 值，则按附录 A 的规定追加测量次数并确定分析结果。

分析结果按 GB/T 8170 修约，当分析结果大于或等于 0.10%时，将数值修约到两位小数，当分析结果小于 0.10%时，将数值修约到三位小数。

3.7 精密度

精密度数据是在 2011 年由 8 个实验室对氧化铝含量的 5 个不同水平试样进行共同试验确定的。每个实验室对每个水平的氧化铝含量在重复性条件下独立测定 3 次。共同试验数据按 GB/T 6379.2 进行统计分析，统计结果表明氧化铝质量分数与其重复性限 r 和再现性限 R 间存在线性函数关系，函数关系式计算结果见表 2。精密度函数关系式见表 B.1。

表 2 氧化铝的精密度

氧化铝的质量分数 %	重复性限 r	再现性限 R
0.010	0.002	0.004
0.050	0.005	0.008
0.10	0.01	0.02
0.25	0.02	0.04
0.50	0.04	0.06
0.75	0.05	0.09

氧化铝质量分数在表 2 给出的数值之间，重复性限 r、再现性限 R 可采用线性内插法求得。

在重复性条件下，获得的两次独立分析结果差值的绝对值不大于重复性限 r，出现大于重复性限 r 的概率不大于 5%。

在再现性条件下，获得的两次独立分析结果差值的绝对值不大于再现性限 R，出现大于再现性限 R 的概率不大于 5%。对冶金石灰试样，不作实验室间再现性限的要求。

精密度共同试验的原始数据见表 B.2。

4 络合滴定法

4.1 原理

试料用碳酸钠-硼酸混合熔剂熔融，盐酸浸取。用六次甲基四胺分离，使铝、铁成氢氧化物沉淀析出与钙、镁等分离。沉淀用盐酸溶解，加入过量的乙二胺四乙酸(EDTA)络合铝和其他元素离子，以二甲酚橙为指示剂，用锌标准滴定溶液滴定过量的 EDTA，再用氟化钠置换出与铝络合的 EDTA，以锌标准滴定溶液滴定。钛干扰铝的滴定，加入苯羟乙酸消除其影响。

4.2 试剂

4.2.1 混合熔剂:取两份无水碳酸钠与一份硼酸研磨,混匀。
4.2.2 氟化钠。
4.2.3 苯羟乙酸。
4.2.4 盐酸(1+1)。
4.2.5 盐酸(1+2)。
4.2.6 盐酸(2+98)。
4.2.7 氨水(ρ=0.90 g/mL)。
4.2.8 氨水(1+3)。
4.2.9 六次甲基四胺溶液(250 g/L),贮于塑料瓶中。
4.2.10 铁溶液:称取 0.35 g 纯铁粉于 250 mL 烧杯中,加 20 mL 盐酸(4.2.4),加热溶解,加数滴硝酸(ρ=1.42 g/mL)氧化,煮沸至溶液清亮,冷却。将溶液移入 500 mL 容量瓶中,以水稀释至刻度,混匀。此溶液 1.00 mL 含 1.0 mg 三氧化二铁。
4.2.11 氯化铵洗液(20 g/L)。
4.2.12 乙酸-乙酸铵缓冲溶液:取 300 g 乙酸铵溶于 500 mL 水中,加入 15 mL 冰乙酸(ρ=1.05 g/mL),以水稀释至 1 L。用盐酸(4.2.4)和氨水(4.2.8)调节溶液 pH 值为 5.8 ~ 6.0。
4.2.13 EDTA 溶液[c(EDTA)=0.020 mol/L]。
4.2.14 甲基橙溶液(1 g/L)。
4.2.15 二甲酚橙溶液(2 g/L),贮于棕色瓶中。溶液配制后,使用时间不超过一周。
4.2.16 锌标准滴定溶液[c(Zn)=0.010 00 mol/L]:称取 0.813 9 g 高纯氧化锌(含量不低于99.99%,称量前于 800 ℃灼烧 20 min 并于干燥器中冷却至室温)置于 300 mL 烧杯中,加少量水湿润,加 15 mL 盐酸(4.2.4),加热至溶解,加 100 mL 水。加两滴 2,4-二硝基酚溶液[2 g/L,用乙醇(1+1)配制],用氨水(4.2.7)缓缓中和至溶液呈微黄色,再用盐酸(4.2.5)中和至呈无色,并过量 5 滴~6 滴。将溶液移入 1 000 mL 容量瓶中,用水稀释至刻度,混匀。

4.3 仪器

分析中,使用通常的实验室仪器、设备。

4.4 制样

4.4.1 按 GB/T 2007.2 制备试样。
4.4.2 试样应加工至粒度小于 0.125 mm。
4.4.3 石灰石、白云石试样分析前在 105 ℃~110 ℃干燥 2 h,置于干燥器中冷却至室温。
4.4.4 冶金石灰试样的制备应迅速进行,制成后试样立即置于磨口瓶或塑料袋中密封,于干燥器中保存,分析前试样不进行干燥。

4.5 分析步骤

4.5.1 测定次数

对同一试样(4.4.3 或 4.4.4),至少独立测定 2 次。

4.5.2 试料量

根据试样中氧化铝含量按表 3 称取试样,精确至 0.000 1 g。对冶金石灰试样,应快速称取试样。

表 3 称样量及试剂用量

氧化铝含量 %	试料量 g	混合熔剂量 g
0.5 ～ 1.00	1.00	6
>1.00～2.00	0.50	6
>2.0	0.25	3

4.5.3 空白试验

随同试料做空白试验。

4.5.4 测定

4.5.4.1 将试料(4.5.2)置于铂坩埚中，按表 3 加入混合熔剂(4.2.1)，混匀，再覆盖 1 g 混合熔剂(4.2.1)。将铂坩埚置于炉温低于 300 ℃的高温炉内，盖上铂盖(留一间隙)，将温度逐渐升至 950 ℃～1 000 ℃，在此温度熔融 10 min，取出，转动铂坩埚，冷却。

4.5.4.2 将铂坩埚及铂盖置于 300 mL 烧杯中，加 40 mL 盐酸(4.2.4)，微热浸出熔块，取出铂坩埚及铂盖，用热水冲洗干净。加热溶解熔块，煮沸至试液清亮，冷却。

如试料中所含三氧化二铁量不足 3 mg 时，试液中加 3 mL 铁溶液(4.2.10)。

4.5.4.3 加水稀释试液至约 150 mL，加 1 滴～2 滴甲基橙溶液(4.2.14)，加 5 mL 六次甲基四胺溶液(4.2.9)，用氨水(4.2.7)中和至溶液呈黄色，滴加盐酸(4.2.4)至溶液呈红色并过量 3 滴～4 滴。在不断搅拌下加入 20mL 六次甲基四胺溶液(4.2.9)，加热煮沸 1 min～2min，取下，冷却。待沉淀下沉后趁热用快速定量滤纸过滤，用热氯化铵洗液(4.2.11)洗涤烧杯和沉淀各 2 次～3 次。

4.5.4.4 将滤纸展开贴于原烧杯壁上，用热水将沉淀洗入烧杯，用 30 mL 热盐酸(4.2.5)分次溶解滤纸上残留的沉淀，以热盐酸(4.2.6)洗净滤纸。加热将沉淀溶解完全，将试液移入 500 mL 锥形瓶中，此时试液的体积控制在 120 mL 左右。

4.5.4.5 加入 EDTA 溶液(4.2.13)，其量应足以使溶液中铁、铝等离子完全络合并过量 3 mL～5 mL，混匀。如试液中含 0.1 mg～5 mg 二氧化钛时，在加 EDTA 溶液后，加 0.6 g 苯羟乙酸(4.2.3)，温热溶解。

4.5.4.6 加 1 滴甲基橙溶液(4.2.14)，加氨水(4.2.7)中和大部分酸后滴加氨水(4.2.8)至溶液刚呈黄色，加 10 mL 乙酸-乙酸铵缓冲溶液(4.2.12)，加热煮沸 2 min～3min，取下，流水冷却至室温。加 4 滴～5 滴二甲酚橙溶液(4.2.15)，用锌标准滴定溶液(4.2.16)滴定至试液由黄色变为微红色为第一终点。如试液中加有苯羟乙酸时需滴定至稳定的微红色。

4.5.4.7 加入约 0.8 g 氟化钠(4.2.2)，补加 5 mL 乙酸-乙酸铵缓冲溶液(4.2.12)，混匀，煮沸 2 min～3 min，取下，流水冷却至室温。补加 2 滴～3 滴二甲酚橙溶液(4.2.15)，用锌标准滴定溶液(4.2.16)滴定至与第一终点颜色一致的微红色。记录第二次滴定所消耗锌标准滴定溶液(4.2.16)的体积。

4.6 分析结果计算及其表示

4.6.1 分析结果的计算

按式(2)计算氧化铝的质量分数：

$$w(Al_2O_3)=\frac{c\times(V_1-V_0)\times 50.98}{m\times 1\ 000}\times 100\% \qquad (2)$$

式中：

$w(Al_2O_3)$——氧化铝的质量分数；

V_1 ——滴定试料溶液消耗锌标准滴定溶液的体积，单位为毫升(mL)；

V_0 ——滴定空白试验溶液消耗锌标准滴定溶液的体积，单位为毫升(mL)；

c ——锌标准溶液的浓度，单位为摩尔每升(mol/L)；

m ——试料量，单位为克(g)；

50.98 ——$\frac{1}{2}Al_2O_3$ 的摩尔质量，单位为克每摩尔(g/ mol)。

4.6.2 分析结果的确定和表示

同一试样两次独立分析结果差值的绝对值如不大于重复性限 r 值，则取其算术平均值作为分析结果。如果两次独立分析结果差值的绝对值大于 r 值，则按附录 A 的规定追加测量次数并确定分析结果。

分析结果按 GB/T 8170 修约，将数值修约到两位小数。

4.7 精密度

精密度数据是在 2011 年由 8 个实验室对氧化铝含量的 5 个不同水平试样进行共同试验确定的。每个实验室对每个水平的氧化铝含量在重复性条件下独立测定 3 次。共同试验数据按 GB/T 6379.2 进行统计分析，统计结果表明氧化铝质量分数与重复性限 r 存在对数函数关系，与再现性限 R 间存在线性函数关系，函数关系式计算结果见表 4。精密度函数关系式见表 B.3。

表 4 氧化铝的精密度

氧化铝的质量分数 %	重复性限 r	再现性限 R
0.50	0.02	0.03
1.00	0.03	0.05
2.00	0.04	0.09
3.00	0.07	0.13
4.00	0.08	0.18

氧化铝质量分数在表 4 给出的数值之间，重复性限 r、再现性限 R 可采用线性内插法求得。

在重复性条件下，获得的两次独立分析结果差值的绝对值不大于重复性限 r，出现大于重复性限 r 的概率不大于 5%。

在再现性条件下，获得的两次独立分析结果差值的绝对值不大于再现性限 R，出现大于再现性限 R 的概率不大于 5%。对冶金石灰试样，不作实验室间再现性限的要求。

精密度共同试验的原始数据见表 B.4。

5 试验报告

试验报告应包括下列内容：

a) 识别样品、实验室和分析日期等资料；

b) 引用标准；

c) 遵守本标准规定的程度；

d) 分析结果及其表示；

e) 测定中观察到的异常现象；

f) 本标准未规定的操作或任何可能影响结果的操作。

附 录 A
（规范性附录）
试样分析结果接受程序流程图

试样分析结果接受程序流程图如图 A.1 所示。

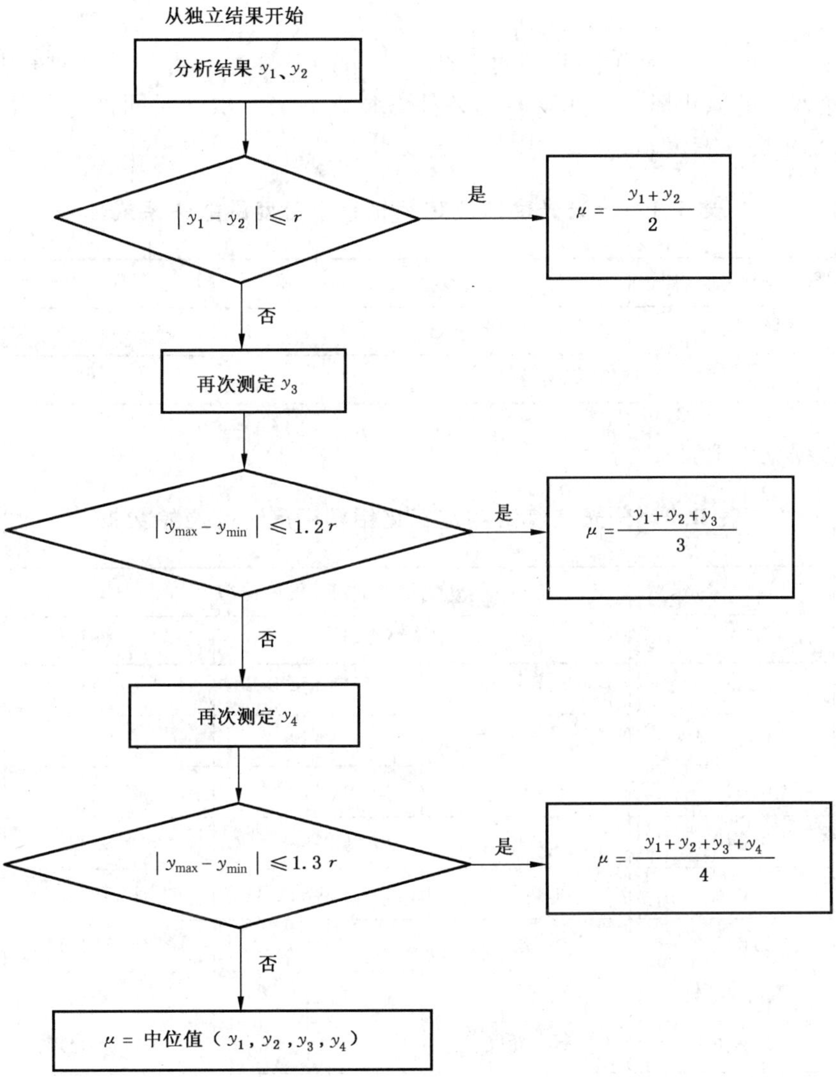

图 A.1 试样分析结果接受程序流程图

附 录 B
（资料性附录）
精密度试验函数关系式及原始数据

B.1 分光光度法测定氧化铝精密度试验函数关系式及原始数据

精密度数据是在2011年由8个实验室对氧化铝含量的5个不同水平试样进行共同试验确定的。每个实验室对每个水平的氧化铝含量在重复性条件下独立测定3次。共同试验数据按GB/T 6379.2进行统计分析，所确定的精密度函数关系式见表B.1。

表B.1 分光光度法测定氧化铝精密度函数关系式

氧化铝的质量分数	重复性限 r	再现性限 R
0.01%～0.75%	$r=0.000\,968\,9+0.065\,42m$	$R=0.002\,221+0.112\,9m$
式中：m 是两个分析结果的平均值(质量分数)。		

测量的原始数据见表B.2。

表B.2 分光光度法测定氧化铝精密度试验原始数据

实验室	氧化铝的含量(质量分数)/%				
	1	2	3	4	5
1	0.043 2	0.084 2	0.179	0.334	0.642
	0.043 6	0.084 6	0.184	0.346	0.638
	0.044 0	0.085 0	0.170	0.352	0.648
2	0.040 0	0.084 7	0.192	0.357	0.608
	0.040 0	0.086 8	0.186	0.352	0.607
	0.041 0	0.082 7	0.183	0.354	0.603
3	0.040 4	0.087 1	0.181	0.383	0.640
	0.039 8	0.086 1	0.202	0.376	0.637
	0.038 8	0.080 9	0.174	0.354	0.610
4	0.044 0	0.084 0	0.203	0.348	0.616
	0.042 1	0.082 5	0.188	0.348	0.621
	0.043 9	0.081 6	0.195	0.356	0.610
5	0.038 0	0.083 1	0.155	0.320	0.617
	0.036 0	0.082 4	0.169	0.349	0.631
	0.041 0	0.084 5	0.164	0.345	0.625

表 B.2（续）

实验室	氧化铝的含量(质量分数)/%				
	1	2	3	4	5
6	0.038 1	0.084 1	0.177	0.348	0.629
	0.037 8	0.085 0	0.180	0.353	0.630
	0.039 0	0.086 6	0.184	0.358	0.623
7	0.044 4	0.079 7	0.184	0.381	0.605
	0.043 9	0.084 2	0.181	0.369	0.606
	0.044 7	0.086 2	0.190	0.382	0.604
8	0.045 1	0.082 5	0.198	0.357	0.586
	0.044 6	0.085 3	0.201	0.366	0.591
	0.042 6	0.086 2	0.203	0.371	0.580

B.2 络合滴定法测定氧化铝精密度试验函数关系式及原始数据

精密度数据是在2011年由8个实验室对氧化铝含量的5个不同水平试样进行共同试验确定的。每个实验室对每个水平的氧化铝含量在重复性条件下独立测定3次。共同试验数据按GB/T 6379.2进行统计分析，所确定的精密度函数关系式见表B.3。

表 B.3 络合滴定法测定氧化铝精密度函数关系式

氧化铝的质量分数	重复性限 r	再现性限 R
>0.5%	$\lg r=-1.583\,4+0.803\,6\lg m$	$R=0.007\,098+0.041\,20m$
式中：m 是两个分析结果的平均值(质量分数)。		

测量的原始数据见表B.4。

表 B.4 络合滴定法测定氧化铝精密度试验原始数据

实验室	氧化铝含量(质量分数)/%				
	1	2	3	4	5
1	0.482	0.722	0.942	1.942	3.942
	0.485	0.738	0.968	1.942	3.942
	0.482	0.740	0.942	1.952	3.958
2	0.461	0.724	0.934	1.881	3.873
	0.459	0.739	0.927	1.926	3.870
	0.466	0.726	0.938	1.931	3.912

表 B.4（续）

实验室	氧化铝含量(质量分数)/%				
	1	2	3	4	5
3	0.459	0.747	0.925	1.907	3.976
	0.446	0.754	0.912	1.871	3.874
	0.464	0.734	0.943	1.947	3.946
4	0.464	0.737	0.915	1.912	3.899
	0.469	0.736	0.915	1.922	3.909
	0.471	0.739	0.918	1.922	3.909
5	0.479	0.744	0.918	1.927	3.793
	0.510	0.760	0.938	1.907	3.824
	0.469	0.739	0.930	1.927	3.854
6	0.462	0.706	0.930	1.944	3.935
	0.469	0.709	0.927	1.936	3.942
	0.459	0.711	0.931	1.941	3.938
7	0.462	0.729	0.927	1.843	3.857
	0.459	0.735	0.930	1.849	3.889
	0.457	0.735	0.924	1.838	3.857
8	0.462	0.729	0.927	1.843	3.857
	0.459	0.735	0.930	1.849	3.889
	0.457	0.735	0.924	1.838	3.857

ICS 73.080
D 52

中华人民共和国国家标准

GB/T 3286.4—2012
代替 GB/T 3286.4—1998

石灰石及白云石化学分析方法 第4部分:氧化铁含量的测定 邻二氮杂菲分光光度法和火焰原子吸收光谱法

Methods for chemical analysis of limestone and dolomite—Part 4: The determination of iron oxide content—The *o*-phenanthroline spectrophotometric method and the flame atomic absorption spectrometric method

2012-11-05 发布 2013-05-01 实施

中华人民共和国国家质量监督检验检疫总局
中国国家标准化管理委员会 发布

前　言

GB/T 3286《石灰石及白云石化学分析方法》分为九个部分：

——第1部分：氧化钙和氧化镁含量的测定　络合滴定法和火焰原子吸收光谱法；

——第2部分：二氧化硅含量的测定　硅钼蓝分光光度法和高氯酸脱水重量法；

——第3部分：氧化铝含量的测定　铬天青S分光光度法和络合滴定法；

——第4部分：氧化铁含量的测定　邻二氮杂菲分光光度法和火焰原子吸收光谱法；

——第5部分：氧化锰量的测定；

——第6部分：磷量的测定；

——第7部分：硫量的测定；

——第8部分：灼烧减量的测定；

——第9部分：二氧化碳量的测定。

本部分为GB/T 3286的第4部分。

本部分按照GB/T 1.1—2009给出的规则起草。

本部分代替GB/T 3286.4—1998《石灰石、白云石化学分析方法　氧化铁量的测定》。

本部分与GB/T 3286.4—1998相比较，主要进行了如下修改：

——将标准名称改为《石灰石及白云石化学分析方法　第4部分：氧化铁含量的测定　邻二氮杂菲分光光度法和火焰原子吸收光谱法》；

——规范性引用文件取消了年号，并增加了部分引用标准；

——进行了实验室间精密度共同试验，用统计得到的重复性限 r 和再现性限 R 代替了“允许差”；

——更改了部分文字表达方式；

——对样品稀释倍数、氢氟酸和高氯酸的用量等技术条件进行了修改；

——对邻二氮杂菲光度法两个含量段的试液及校准曲线溶液的移取量进行了部分修改。

本部分由中国钢铁工业协会提出。

本部分由全国钢标准化技术委员会（SAC/TC 183）归口。

本部分起草单位：由武汉钢铁（集团）公司、冶金工业信息标准研究院。

本部分主要起草人：闻向东、陈士华、张穗忠、邵梅、赵希文、周郑、余卫华、曹宏燕、仇金辉、高建平。

本部分所代替标准的历次版本发布情况为：

——GB/T 3286.4—1998；

——GB/T 3286.11—1993；

——GB/T 3286.13—1984。

石灰石及白云石化学分析方法 第4部分:氧化铁含量的测定 邻二氮杂菲分光光度法和火焰原子吸收光谱法

1 范围

GB/T 3286的本部分规定了用邻二氮杂菲分光光度法和火焰原子吸收光谱法测定氧化铁含量。

本部分适用于石灰石、白云石中氧化铁含量(以三氧化二铁量计)的测定,也适用于冶金石灰中氧化铁含量的测定。邻二氮杂菲分光光度法,测定范围(质量分数):氧化铁含量0.02%~4.0%;火焰原子吸收光谱法,测定范围(质量分数):氧化铁含量0.02%~4.0%。

2 规范性引用文件

下列文件对于本文件的应用是必不可少的。凡是注日期的引用文件,仅注日期的版本适用于本文件。凡是不注日期的引用文件,其最新版本(包括所有的修改单)适用于本文件。

GB/T 2007.2 散装矿产品取样、制样通则 手工制样方法

GB/T 3286.1 石灰石及白云石化学分析方法 第1部分:氧化钙和氧化镁含量的测定 络合滴定法和火焰原子吸收光谱法

GB/T 3286.2 石灰石及白云石化学分析方法 第2部分:二氧化硅含量的测定 硅钼蓝分光光度法和高氯酸脱水重量法

GB/T 3286.3 石灰石及白云石化学分析方法 第3部分:氧化铝含量的测定 铬天青S分光光度法和络合滴定法

GB/T 6379.2 测量方法与结果的准确度(正确度与精密度) 第2部分:确定标准测量方法重复性与再现性的基本方法

GB/T 6682 分析实验室用水规格和试验方法

GB/T 7728 冶金产品化学分析 火焰原子吸收光谱法通则

GB/T 8170 数值修约规则与极限数值的表示和判定

3 邻二氮杂菲分光光度法

3.1 原理

试样用碳酸钠-硼酸混合熔剂熔融,稀盐酸浸取。分取部分试液,以抗坏血酸将三价铁还原成亚铁,在乙酸-乙酸钠介质中,亚铁与邻二氮杂菲生成橙红色络合物,于分光光度计波长510 nm处测量吸光度。

3.2 试剂

除另有说明外,仅使用认可的分析纯试剂和符合GB/T 6682规定的三级以上蒸馏水或其纯度相当的水。

3.2.1 混合熔剂:取两份无水碳酸钠与一份硼酸研磨,混匀。

3.2.2 盐酸(1+5)。

3.2.3 抗坏血酸(10 g/L),用时配制。

3.2.4 乙酸-乙酸钠缓冲溶液,pH 值 4.7:取 136 g 乙酸钠($CH_3COONa \cdot 3H_2O$)溶于 300 mL 水中,加 57.0 mL 冰乙酸(ρ=1.05 g/mL),以水稀释至 1 L,混匀。

3.2.5 邻二氮杂菲溶液(4 g/L):称取 2 g 邻二氮杂菲溶于 100 mL 无水乙醇中,加水稀释至 500 mL,混匀,贮于棕色瓶中。

3.2.6 三氧化二铁标准溶液。

3.2.6.1 称取 0.500 0 g 高纯三氧化二铁(含量不低于 99.99%,称量前预先在 105 ℃~110 ℃干燥 2 h 并在干燥器中冷却至室温),置于 300 mL 烧杯中,加 20 mL 盐酸(1+1),盖上表面皿,低温加热溶解,冷却至室温。将溶液移入 500 mL 容量瓶中,用水稀释至刻度,混匀。此溶液 1.00 mL 含 1.00 mg 三氧化二铁。

3.2.6.2 移取 50.00 mL 三氧化二铁标准溶液(3.2.6.1)于 1 000 mL 容量瓶中,加 10 mL 盐酸(1+1),用水稀释至刻度,混匀。此溶液 1.00 mL 含 50.0 μg 三氧化二铁。

3.2.6.3 移取 20.00 mL 三氧化二铁标准溶液(3.2.6.1)于 1 000 mL 容量瓶中,加 10 mL 盐酸(1+1),用水稀释至刻度,混匀。此溶液 1.00 mL 含 20.0 μg 三氧化二铁。

3.3 仪器

使用通常的实验室仪器、设备。

3.4 制样

3.4.1 按 GB/T 2007.2 制备试样。

3.4.2 试样应加工至粒度小于 0.125 mm。

3.4.3 石灰石、白云石试样分析前在 105 ℃~110 ℃干燥 2 h,置于干燥器中冷却至室温。

3.4.4 冶金石灰试样的制备应迅速进行,制成后试样立即置于磨口瓶或塑料袋中密封,于干燥器中保存,分析前试样不进行干燥。

3.5 分析步骤

3.5.1 测定次数

对同一试样(3.4.3 或 3.4.4),至少独立测定 2 次。

3.5.2 试料量

称取 0.50 g 试样,精确至 0.000 1 g。对冶金石灰试样,应快速称取试样。

3.5.3 空白试验

随同试料做空白试验。

3.5.4 试料分解和储备液制备

3.5.4.1 将试料(3.5.2)置于预先盛有 3.0 g 混合熔剂(3.2.1)的铂坩埚中,混匀,再覆盖 1.0 g 混合熔剂(3.2.1)。将铂坩埚置于炉温低于 300 ℃的高温炉中,盖上铂盖(留一缝隙)。将炉温逐渐升至 950 ℃~1 000 ℃熔融 10 min,取出,转动铂坩埚,冷却。

3.5.4.2 用水冲洗铂坩埚外壁,将铂坩埚及铂盖置于 300 mL 烧杯中,加 75 mL 盐酸(3.2.2),低温加热浸出熔块,用水洗出铂坩埚及铂盖。低温加热至试液清亮,冷却至室温。将溶液移入 250 mL 容量瓶中，用水稀释至刻度，混匀。

注：此溶液可作为测定氧化铁、氧化钙、氧化镁、二氧化硅和氧化铝的储备液，可分别用于GB/T 3286.1络合滴定法测定氧化钙量和氧化镁量，GB/T 3286.2硅钼蓝分光光度法测定二氧化硅量，GB/T 3286.3铬天青S分光光度法测定氧化铝量，GB/T 3286.4邻二氮杂菲分光光度法测定氧化铁量。如同时测定试样中这些化学成分的含量，可只制备一份该试样的储备液，分取后按各分析方法测定。

3.5.5 测定

3.5.5.1 根据试样含三氧化二铁量，按表1分取储备液(3.5.4.2)于相应容量瓶中。

表1 试液分取量及标准溶液移取量

三氧化二铁含量(质量分数) %	分取储备液体积 mL	显色容量瓶 mL	标准溶液	移取标准溶液体积 mL
0.02～0.20	25.00	50	3.2.6.3	0,0.50～5.00
>0.20～1.00	15.00	50	3.2.6.2	0,1.00～6.00
>1.00～4.0	5.0	100	3.2.6.2	0,2.00～10.00

3.5.5.2 加5 mL抗坏血酸溶液(3.2.3)，混匀。加10 mL乙酸-乙酸钠缓冲溶液(3.2.4)和5 mL邻二氮杂菲溶液(3.2.5)，用水稀释至刻度，混匀。

3.5.5.3 将部分显色液(3.5.5.2)移入适当吸收皿中，以空白试验溶液为参比，于分光光度计波长510 nm处测量吸光度。从标准曲线上查出相应的三氧化二铁量。

3.5.6 标准曲线的绘制

根据试样含三氧化二铁量，按表1移取三氧化二铁标准溶液(3.2.6.2或3.2.6.3)数份(不少于5份)于一组容量瓶(50 mL或100 mL)中，加20 mL水。以下按3.5.5.2操作。将部分显色液移入相应吸收皿中.以试剂空白为参比，于分光光度计波长510 nm处测量吸光度。以三氧化二铁量为横坐标，吸光度为纵坐标，绘制标准曲线。

3.6 分析结果计算及其表示

3.6.1 分析结果的计算

按式(1)计算三氧化二铁的质量分数：

$$w(Fe_2O_3)=\frac{m_1\times10^{-6}}{m\times\frac{V_1}{V}}\times100\% \qquad \cdots\cdots(1)$$

式中：

$w(Fe_2O_3)$——三氧化二铁的质量分数；

V ——储备液体积，单位为毫升(mL)；

V_1 ——分取储备液体积，单位为毫升(mL)；

m_1 ——从标准曲线上查得的三氧化二铁量，单位为微克(μg)；

m ——试料量，单位为克(g)。

3.6.2 分析结果的确定和表示

同一试样两次独立分析结果差值的绝对值如不大于重复性限r值，则取其算术平均值作为分析结果。如果两次独立分析结果差值的绝对值大于 r 值，则按附录 A 的规定追加测量次数并确定分析结果。

分析结果按 GB/T 8170 修约，当分析结果大于或等于 0.10%时，将数值修约到两位小数，当分析结果小于 0.10%时，将数值修约到三位小数。

3.7 精密度

精密度数据是在 2011 年由 8 个实验室对三氧化二铁含量的 5 个不同水平试样进行共同试验确定的。每个实验室对每个水平的三氧化二铁含量在重复性条件下独立测定 3 次。共同试验数据按 GB/T 6379.2进行统计分析，统计结果表明三氧化二铁质量分数与其重复性限 r 和再现性限 R 间存在对数函数关系，函数关系式计算结果见表 2。精密度函数关系式见表 B.1。

表 2 三氧化二铁的精密度

三氧化二铁的质量分数 %	重复性限 r	再现性限 R
0.020	0.005	0.011
0.050	0.008	0.017
0.10	0.02	0.03
0.25	0.02	0.04
0.50	0.03	0.05
1.00	0.04	0.07
1.50	0.05	0.08
2.00	0.06	0.09
3.00	0.07	0.11
4.00	0.09	0.12

三氧化二铁的质量分数在表 2 给出的数值之间，重复性限 r、再现性限 R 可采用线性内插法求得。

在重复性条件下，获得的两次独立分析结果差值的绝对值不大于重复性限 r，出现大于重复性限 r 的概率不大于 5%。

在再现性条件下，获得的两次独立分析结果差值的绝对值不大于再现性限 R，出现大于再现性限 R 的概率不大于 5%。对冶金石灰试样，不作实验室间再现性限的要求。

精密度共同试验的原始数据见表 B.2。

4 火焰原子吸收光谱法

4.1 原理

试样以盐酸、氢氟酸分解，高氯酸冒烟驱尽氢氟酸。试样溶液喷入空气-乙炔火焰中，用铁空心阴极灯做光源，于原子吸收光谱仪波长 248.3 nm 处测量吸光度。

4.2 试剂

4.2.1 盐酸(1+1)。

4.2.2 氢氟酸(ρ=1.13 g/mL)。

4.2.3 高氯酸(ρ=1.67 g/mL)。

4.2.4 三氧化二铁标准溶液。

4.2.4.1 称取0.500 0 g高纯三氧化二铁(含量不低于99.99%,称量前预先在105 ℃~110 ℃干燥2 h并在干燥器中冷却至室温)于250 mL烧杯中,加20 mL盐酸(4.2.1),盖上表面皿,低温加热溶解,冷却至室温,移入500 mL容量瓶中,用水稀释至刻度,混匀。此溶液1.00 mL含1.00 mg三氧化二铁。

4.2.4.2 移取50.00 mL三氧化二铁标准溶液(4.2.4.1)于500 mL容量瓶中,加10 mL盐酸(4.2.1),用水稀释至刻度,混匀。此溶液1.00 mL含100.0 μg三氧化二铁。

4.2.4.3 移取50.00 mL三氧化二铁标准溶液(4.2.4.2)于500 mL容量瓶中,加10 mL盐酸(4.2.1),用水稀释至刻度,混匀。此溶液1.00 mL含10.0 μg三氧化二铁。

4.3 仪器

原子吸收光谱仪,备有空气-乙炔燃烧器,铁空心阴极灯。空气和乙炔气体应足够纯净(不含水、油及铁),以提供稳定清澈的火焰。

按GB/T 7728的要求检查原子吸收光谱仪的性能,所用仪器应达到以下指标。

4.3.1 精密度最低要求

用最高浓度的标准溶液,测量10次吸光度,计算其吸光度的平均值和标准偏差。该标准偏差不应超过该吸光度平均值的1.0%。

用最低浓度的标准溶液(不是零浓度标准溶液),测量10次吸光度,计算其标准偏差。该标准偏差不应超过最高浓度标准溶液平均吸光度的0.5%。

4.3.2 特征浓度

三氧化二铁的特征浓度应优于0.12 μg/mL。

4.3.3 检出限

三氧化二铁的检出限应优于0.06 μg/mL。

4.3.4 校准曲线的线性

将校准曲线按浓度等分成5段,最高段的吸光度差值与最低段的吸光度差值之比不应小于0.7。

4.4 制样

4.4.1 按GB/T 2007.2制备试样。

4.4.2 试样应加工至粒度小于0.125 mm。

4.4.3 石灰石、白云石试样分析前在105 ℃~110 ℃干燥2 h,置于干燥器中冷却至室温。

4.4.4 冶金石灰试样的制备应迅速进行,制成后试样立即置于磨口瓶或塑料袋中密封,于干燥器中保存,分析前试样不进行干燥。

4.5 分析步骤

4.5.1 测定次数

对同一试样(4.4.3或4.4.4),至少独立测定2次。

4.5.2 试料量

称取0.20 g试样,精确至0.000 1 g。对冶金石灰试样,应快速称取试样。

4.5.3 空白试验

随同试料做空白试验。

4.5.4 试料分解与试液制备

4.5.4.1 将试料(4.5.2)置于铂皿或250 mL聚四氟乙烯烧杯中,以少量水湿润,小心滴加盐酸(4.2.1)至激烈反应停止,再滴加盐酸(4.2.1)至总量为10 mL。加5 mL氢氟酸(4.2.2),5 mL高氯酸(4.2.3),低温加热,蒸发冒高氯酸白烟至近干,冷却。

4.5.4.2 加10 mL盐酸(4.2.1),低温加热溶解盐类,冷却。将试液移入100 mL容量瓶中,用水稀释至刻度,混匀。

注:该试液与GB/T 3286.1按4.5.4.2制备的试液相同,可同时用于氧化镁量的测定。

4.5.4.3 测量试液

4.5.4.3.1 试液(4.5.4.2)直接用于0.02%~0.50%三氧化二铁量的测定。

4.5.4.3.2 移取10.00 mL试液(4.5.4.2)于100 mL容量瓶中,加10 mL盐酸(4.2.1),用水稀释至刻度,混匀。此试液用于0.2%~4.0%三氧化二铁量的测定。

4.5.5 测定

按GB/T 7728的要求和操作在空气-乙炔富燃火焰状态下,将原子吸收光谱仪调节至最佳工作条件,在波长248.3 nm处用水调节零点,测量试液中铁的吸光度,从校准曲线上查出相应三氧化二铁的浓度。

注:对稳定性较好的原子吸收光谱仪,可采用适当偏转燃烧器的方法降低测量的吸光度,用于氧化铁含量较高的试料溶液的测量,并在同样的条件下绘制校准曲线。

4.5.6 校准曲线的绘制

分别移取0 mL、4.00 mL三氧化二铁标准溶液(4.2.4.3)于两个100 mL容量瓶中,再分别移取1.00 mL、3.00 mL、6.00 mL、9.00 mL、12.00 mL三氧化二铁标准溶液(4.2.4.2)于一组100 mL容量瓶中,并分别加10 mL盐酸(4.2.1),用水稀释至刻度,混匀。在原子吸收光谱仪波长248.3 nm处,以水调节零点,测量吸光度。以三氧化二铁浓度为横坐标,以减去零浓度溶液的吸光度为纵坐标,绘制校准曲线。

4.6 分析结果计算及其表示

4.6.1 分析结果的计算

按式(2)计算三氧化二铁的质量分数:

$$w(\mathrm{Fe_2O_3})=\frac{(c_1-c_2)\times f\times V}{m\times 10^6}\times 100\% \qquad \cdots\cdots(2)$$

式中:

$w(\mathrm{Fe_2O_3})$——三氧化二铁的质量分数;

c_1 ——自校准曲线上查得最终测量试液中三氧化二铁的浓度,单位为微克每毫升(μg/mL);

c_2 ——自校准曲线上查得空白试验溶液中三氧化二铁的浓度,单位为微克每毫升(μg/mL);

f ——稀释倍数;

V ——最终测量试料溶液的体积,单位为毫升(mL);

m ——试料量,单位为克(g)。

4.6.2 分析结果的确定和表示

同一试样两次独立分析结果差值的绝对值如不大于重复性限r值,则取其算术平均值作为分析结果。如果两次独立分析结果差值的绝对值大于 r 值，则按附录 A 的规定追加测量次数并确定分析结果。

分析结果按 GB/T 8170 修约，当分析结果大于或等于 0.10%时，将数值修约到两位小数，当分析结果小于 0.10%时，将数值修约到三位小数。

4.7 精密度

精密度数据是在 2011 年由 8 个实验室对三氧化二铁含量的 5 个不同水平试样进行共同试验确定的。每个实验室对每个水平的三氧化二铁含量在重复性条件下独立测定 3 次。共同试验数据按 GB/T 6379.2进行统计分析，统计结果表明三氧化二铁质量分数与其重复性限 r 间存在对数函数关系，与其再现性限 R 间存在线性函数关系，函数关系式计算结果见表 3。精密度函数关系式见表 B.3。

表 3　三氧化二铁的精密度

三氧化二铁的质量分数 %	重复性限 r	再现性限 R
0.020	0.004	0.013
0.050	0.006	0.015
0.10	0.01	0.02
0.25	0.02	0.03
0.50	0.03	0.03
1.00	0.04	0.05
2.00	0.06	0.08
3.00	0.07	0.11
4.00	0.09	0.14

三氧化二铁的质量分数在表 3 给出的数值之间，重复性限 r、再现性限 R 可采用线性内插法求得。

在重复性条件下，获得的两次独立分析结果差值的绝对值不大于重复性限 r，出现大于重复性限 r 的概率不大于 5%。

在再现性条件下，获得的两次独立分析结果差值的绝对值不大于再现性限 R，出现大于再现性限 R 的概率不大于 5%。对冶金石灰试样，不作实验室间再现性限的要求。

精密度共同试验的原始数据见表 B.4。

5　试验报告

试验报告应包括下列内容：

a)　识别样品、实验室和分析日期等资料；

b)　引用标准；

c)　遵守本标准规定的程度；

d)　分析结果及其表示；

e)　测定中观察到的异常现象；

f)　本标准未规定的操作，或任何可能影响结果的操作。

附 录 A
（规范性附录）
试样分析结果接受程序流程图

试样分析结果接受程序流程图如图 A.1 所示。

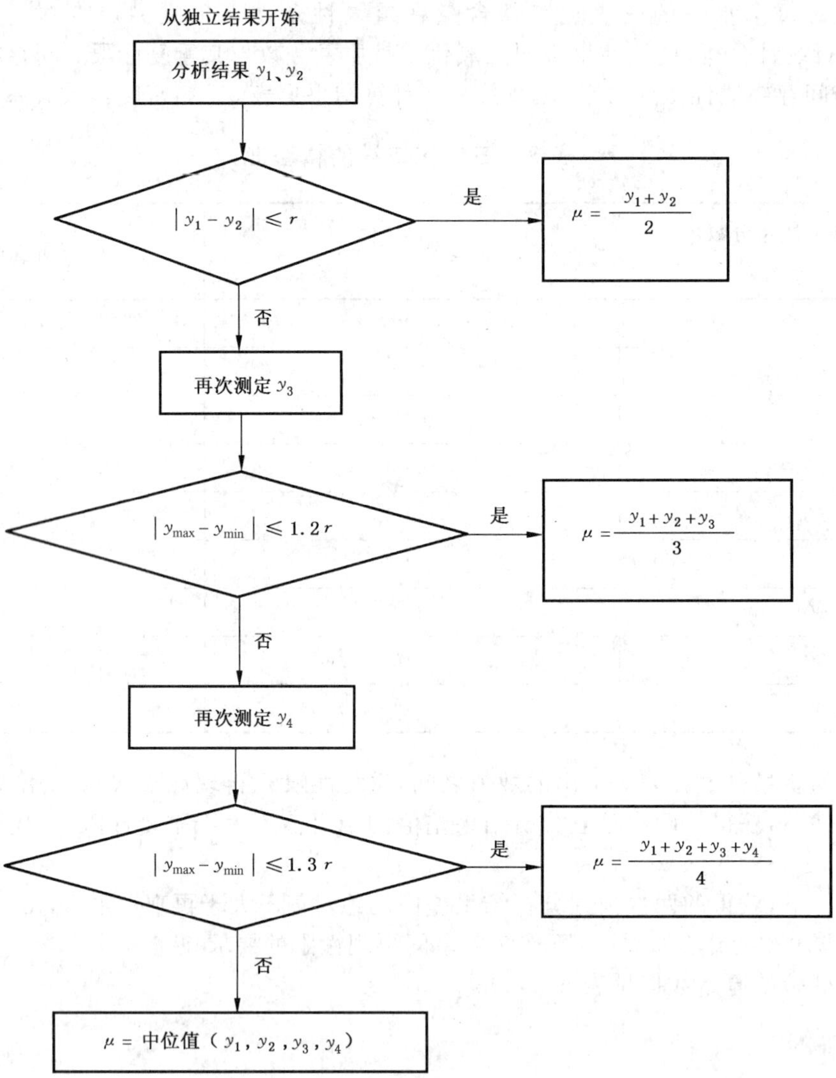

图 A.1 试样分析结果接受程序流程图

附 录 B
（资料性附录）
精密度试验函数关系式及原始数据

B.1 分光光度法测定三氧化二铁精密度试验函数关系式及原始数据

精密度数据是在2011年由8个实验室对三氧化二铁含量的5个不同水平试样进行共同试验确定的。每个实验室对每个水平的三氧化二铁含量在重复性条件下独立测定3次。共同试验数据按GB/T 6379.2进行统计分析，所确定的精密度函数关系式见表B.1。

表B.1 分光光度法测定三氧化二铁精密度函数关系式

三氧化二铁的质量分数	重复性限 r	再现性限 R
0.02%～4.0%	$\lg r = -1.421\ 1 + 0.543\ 4\ \lg m$	$\lg R = -1.200\ 0 + 0.452\ 5\ \lg m$
式中：m 是两个分析结果的平均值（质量分数）。		

测量的原始数据见表B.2。

表B.2 分光光度法测定三氧化二铁精密度试验原始数据

实验室	三氧化二铁含量（质量分数）/%				
	1	2	3	4	5
1	0.023 8	0.362	0.830	1.837	3.337
	0.023 2	0.356	0.835	1.845	3.340
	0.024 0	0.350	0.840	1.850	3.345
2	0.028 0	0.369	0.829	1.838	3.366
	0.031 0	0.347	0.833	1.833	3.346
	0.026 0	0.342	0.842	1.830	3.329
3	0.021 8	0.309	0.808	1.898	3.441
	0.027 4	0.328	0.820	1.848	3.340
	0.020 8	0.314	0.813	1.837	3.350
4	0.023 0	0.314	0.843	1.846	3.324
	0.023 3	0.333	0.825	1.843	3.311
	0.023 4	0.333	0.838	1.821	3.307
5	0.033 0	0.337	0.833	1.779	3.304
	0.035 6	0.346	0.857	1.791	3.272
	0.038 8	0.351	0.862	1.784	3.198
6	0.025 8	0.341	0.837	1.852	3.337
	0.026 1	0.344	0.839	1.848	3.341
	0.026 5	0.344	0.843	1.839	3.340

表 B.2(续)

实验室	三氧化二铁含量(质量分数)/%				
	1	2	3	4	5
7	0.025 6	0.357	0.868	1.884	3.308
	0.026 9	0.351	0.859	1.857	3.366
	0.027 7	0.351	0.847	1.853	3.347
8	0.026 6	0.322	0.815	1.809	3.345
	0.027 8	0.331	0.823	1.833	3.323
	0.027 1	0.345	0.833	1.842	3.406

B.2 火焰原子吸收光谱法测定三氧化二铁精密度试验函数关系及原始数据

精密度数据是在2011年由8个实验室对三氧化二铁含量的5个不同水平试样进行共同试验确定的。每个实验室对每个水平的三氧化二铁含量在重复性条件下独立测定3次。共同试验数据按GB/T 6379.2进行统计分析,所确定的精密度函数关系式见表B.3。

表 B.3 火焰原子吸收光谱法测定三氧化二铁精密度函数关系式

三氧化二铁的质量分数	重复性限 r	再现性限 R
0.02%~4.0%	$\lg r = -1.467\,2 + 0.616\,4 \lg m$	$R = 0.012\,72 + 0.031\,32m$
式中:m 是两个分析结果的平均值(质量分数)。		

测量的原始数据见表B.4。

表 B.4 火焰原子吸收光谱法测定三氧化二铁精密度试验原始数据

实验室	三氧化二铁含量(质量分数)/%				
	1	2	3	4	5
1	0.022 2	0.352	0.828	1.833	3.338
	0.023 2	0.358	0.838	1.830	3.332
	0.022 8	0.360	0.830	1.832	3.340
2	0.020 8	0.347	0.833	1.805	3.310
	0.020 9	0.345	0.824	1.818	3.355
	0.021 4	0.350	0.836	1.825	3.321
3	0.022 0	0.345	0.816	1.837	3.340
	0.020 3	0.337	0.826	1.847	3.469
	0.025 0	0.329	0.832	1.849	3.372

表 B.4（续）

实验室	三氧化二铁含量(质量分数)/%				
	1	2	3	4	5
4	0.029 2	0.362	0.805	1.829	3.396
	0.033 5	0.349	0.790	1.872	3.310
	0.030 2	0.354	0.837	1.835	3.372
5	0.030 2	0.337	0.844	1.844	3.269
	0.031 0	0.344	0.856	1.837	3.296
	0.030 5	0.350	0.860	1.828	3.273
6	0.027 2	0.333	0.844	1.848	3.336
	0.027 5	0.341	0.836	1.843	3.342
	0.026 8	0.338	0.841	1.852	3.338
7	0.020 5	0.336	0.814	1.869	3.323
	0.023 0	0.334	0.836	1.898	3.336
	0.023 0	0.339	0.846	1.844	3.383
8	0.026 0	0.331	0.833	1.832	3.331
	0.028 0	0.337	0.836	1.839	3.328
	0.028 0	0.325	0.839	1.836	3.342

ICS 31.140
L 21

中华人民共和国国家标准

GB/T 3352—2012
代替 GB/T 3352—1994,GB/T 3353—1995,GB/T 6628—1996

人造石英晶体
规范与使用指南

Synthetic quartz crystal—
Specifications and guide to the use

(IEC 60758:2008,MOD)

2012-11-05 发布 2013-02-15 实施

中华人民共和国国家质量监督检验检疫总局
中国国家标准化管理委员会 发布

前　言

本标准按照GB/T 1.1—2009给出的规则起草。

本标准代替GB/T 3352—1994《人造石英晶体》、GB/T 3353—1995《人造石英晶体使用指南》和GB/T 6628—1996《人造石英晶体制材》，与GB/T 3352—1994，GB/T 3353—1995和GB/T 6628—1996相比，主要变化如下：

——增加了17条术语和定义；

——原包裹体密度等级Ⅰa级改为Ⅰb级，重新规定Ⅰa级；

——红外质量级别Aa级三个波数的极限值均有微调；

——腐蚀隧道密度级别中删除5级，增加了1a级和1aa级；

——α值的测量方法由只规定一种方法改为二种方法，可任选一种；

——增加了用标准样品数据补偿α值测量值的方法；

——修改了GB/T 3352—1994和GB/T 6628—1996的抽样方案；

——GB/T 3352—1994附录A的内容写入标准正文，附录A改为《常用的包裹体抽样程序》；

——增加了附录B、附录C、附录D、附录E和附录F。

本标准使用重新起草法修改采用IEC 60758:2008《人造石英晶体　规范与使用指南》（英文版）。

本标准与IEC 60758:2008相比存在技术性差异，这些差异涉及的条款已通过在其外侧页边空白位置的垂直单线（|）进行了标示。附录F中给出了相应技术性差异及其原因的一览表。

本标准还作了下列编辑性修改：

——压力的值和单位“Atm”换算为国际单位制的值和单位“MPa”；

——角度“35.25°”改为“35°15′”；

——附录E中表E.3第五行左侧的“0.214 8”改为“0.219 4”。

本标准由中华人民共和国工业和信息化部提出。

本标准由全国频率控制与选择用压电器件标准化技术委员会（SAC/TC 182）归口。

本标准起草单位：北京石晶光电科技股份有限公司、中国电子材料行业协会压电晶体材料分会、中国电子技术标准化研究所、烁光特晶科技有限公司。

本标准主要起草人：赵雄章、章怡、李晓英、王晓刚、经和贞。

本标准代替了GB/T 3352—1994，GB/T 3353—1995和GB/T 6628—1996。

GB/T 3352—1994的历次版本发布情况为：

GB 3352—1982、GB/T 3352—1994；

GB/T 3353—1995的历次版本发布情况为：

GB 3353—1983、GB/T 3353—1995；

GB/T 6628—1996的历次版本发布情况为：

GB 6628—1986、GB/T 6628—1996。

人造石英晶体
规范与使用指南

1 范围

本标准规定了频率控制和选择压电元件用人造石英晶体原晶和制材的术语和定义、技术要求、测量方法、检验规则及使用指南。

本标准适用于制造频率控制和选择压电元件用人造石英晶体。

2 规范性引用文件

下列文件对于本文件的应用是必不可少的。凡是注日期的引用文件,仅注日期的版本适用于本文件。凡是不注日期的引用文件,其最新版本(包括所有的修改单)适用于本文件。

GB/T 2421.1—2008 电工电子产品环境试验 概述和指南(IEC 60068-1:1988,IDT)

GB/T 2828.1 计数抽样检验程序 第1部分:按接收质量限(AQL)检索的逐批检验抽样计划(GB/T 2828.1—2003,ISO 2859-1:1999,IDT)

GB/T 12273—1996 石英晶体元件 电子元器件质量评定体系规范 第1部分:总规范(IEC 1178-1:1993,IDT)

IEC 61994(所有部分) 频率控制和选择用压电与介电器件 术语(Piezoelectric and dielectric devices for frequency control and selection-Glossary)

3 术语和定义

IEC 61994 界定的以及下列术语和定义适用于本文件。

3.1

水热晶体生长法 hydrothermal crystal growth

在高温高压下,在水中的晶体生长。晶体生长过程被认为是在地壳内的地质变化过程。工业上的人造石英生长是在装有碱性溶液的高压釜中在超临界温度(330 ℃~400 ℃)和压力下(70 MPa~200 MPa)进行的。高压釜分为两个区域,在较高温区装有溶解用原料石英碎块,较低温区装有生长用的籽晶(见7.1.2)。

3.2

人造石英晶体 synthetic quartz crystal

用水热法生长的 α 石英单晶。它是原生长条件下的左旋或右旋晶体。

3.2 1

原生长人造石英晶体 as-grown synthetic quartz crystal

用水热法生长的 α 石英单晶。原生长是生长后未经任何加工(但用于质量控制的工序除外)的晶体状态,简称原晶。

3.2.2

原生长 *Y* 棒 as-grown *Y*-bar

用 *Y* 方向为最大尺寸的籽晶生长的晶体。

3.2.3

原生长 *Z* 棒　as-grown *Z*-bar

Z 生长区远大于 *X* 生长区的晶体，相应生长区的尺寸由籽晶的 *X* 向尺寸控制。

3.3

人造石英晶体的批　synthetic quartz crystal batch

同一时期按同一工艺、同一原料生长的，按同一技术条件提交的人造石英晶体。

3.4

籽晶　seed

用于晶体生长的晶核，其截面为矩形的晶片或晶棒。

3.5

生长区　growth zones

沿不同结晶方向生长的人造石英晶体的区域(见图 1)。

3.6

人造石英晶体的取向　orientation of a synthetic quartz crystal

籽晶取向符合 3.7 规定的直角坐标系。

3.7

石英晶体直角坐标系　orthogonal axial system of a quartz crystal

由三个互相垂直的 *X* 轴、*Y* 轴、*Z* 轴组成的直角标系。

3.7.1

石英晶体的坐标系　axial system of a quartz crystal

石英晶体的坐标系见图 2。

注：*Z* 切籽晶可以取向在与 *Y* 轴的夹角小于 20°。此时，坐标体系为 *X*、*Y*′、*Z*′。

3.7.2

***AT* 切片　*AT*-cut plate**

旋转 *Y* 切晶体片，取向的角度大约绕 *X* 轴旋转＋35°或者偏离 *r* 面(小菱面)－3°，见图 3。

3.7.3

***r*(小菱面)切片　*r*(minor rhombohedral)-cut plate**

切割面与 *r* 面(小菱面)平行的晶片，见图 3a)。

3.7.4

***X* 切片　*X*-cut plate**

切割面与 *X* 轴垂直的晶片，见图 3b)。

3.7.5

***Y* 切片　*Y*-cut plate**

切割面与 *Y* 轴垂直的晶片，见图 3b)。

3.7.6

***Z* 切片　*Z*-cut plate**

切割面与 *Z* 轴垂直的晶片，见图 3b)。

3.8

尺寸　dimensions

生长在与 *Y* 轴夹角小于 20°的 Z 切籽晶上的晶体尺寸。

3.8 1

总尺寸　gross dimensions

沿 *X*、*Y*′和 *Z*′轴测量的 *X*、*Y* 或 *Y*′及 *Z* 或 *Z*′轴的最大尺寸。

3.8.1.1

Z 向有效尺寸　effective Z-dimension

在原晶的 Y 或 Y' 可用区域内沿 $Z(\theta=0°)$ 或 Z' 向测量的最小的尺寸，用 Z_{eff} 表示，见图 1。

3.8.1.2

Z 向最小尺寸　minimum Z-dimension

籽晶表面至 Z 向表面的最短距离，用 Z_{min} 表示，见图 1d)。

3.8.2

在绕 X 轴旋转大于 20°的 Z 切籽晶上生长的晶体尺寸　dimensions pertaining to growth on a Z-cut seed rotated more than 20°from the X-axis

在考虑中。

3.9

包裹体　inclusions

晶体浸在折射率匹配的液体中，由光源的散射光来观测人造石英晶体中可见的外来物质。最普遍的包裹体为锥辉石(硅酸铁钠)。

3.10

籽晶罩　seed veil

在已生长晶体的籽晶表面上覆盖的一层包裹体或空穴。

3.11

掺杂剂　dopant

在生长过程中可以改变该生长容器内人造石英晶体习性、化学组成、物理性能或电性能所用的任何添加剂。

3.12

预定尺寸的棒材　pre-dimensioned bar

任何“原生长”尺寸的晶体经过切割、研磨、抛光等，以达到特定尺寸要求的棒材。

3.13

杂质浓度　impurity concentration

单位硅原子含有的杂质含量。

3.14

位错　dislocations

由于原子面位移而造成的晶体的线性缺陷。

3.15

腐蚀遂道　etch channel

从石英晶体切下的晶片经腐蚀后沿位错线性排列的、粗糙的圆柱形空穴。

3.16

高压釜　autoclave

人造石英晶体生长用的高温高压容器。

3.17

左旋石英和右旋石英　right-handed quartz or left-handed quartz

晶体的旋光性通过在偏光下观测到的光旋转方向而确定。顺时针旋转的晶体是右旋晶体，逆时针旋转的晶体是左旋晶体。

3.18

双晶　twins

双晶服从结晶学的规律，它与特定的面和轴的对称性有关。

人造石英晶体中有以下两类双晶：

a) **电双晶 electrical twins**

在此区域内，沿共同的 Z 轴存在另一个极性相反的 X 轴(电轴)的晶体。

b) **光双晶 optical twins**

在此区域内，沿共同的 Z 轴存在另一个相反旋光性的 Z 轴(光轴)晶体。

3.19

红外吸收系数 α 值 infrared absorption coefficient α value

该系数值通过确定两个波长的吸收率的关系得到：一个是晶格内存在的 OH 杂质的最低吸收值，另一个是 OH 杂质的最高吸收值。OH 杂质造成谐振器的机械损耗，其存在与引起损耗的其他杂质是相关的。α 值是 OH 杂质浓度的量度，与材料中杂质导致的已知机械损耗有关系。红外吸收系数 α 值由式(1)确定：

$$\alpha=\frac{1}{t}\lg\frac{T_1}{T_2} \qquad \cdots\cdots(1)$$

式中：

α ——红外吸收系数；

t ——Y 切样品的厚度，单位为厘米(cm)；

T_1 ——波数为 3 800 cm^{-1} 或者 3 979 cm^{-1} 时的透射率(%)；

T_2 ——波数为 3 410 cm^{-1}、3 500 cm^{-1} 或 3 585 cm^{-1} 时的透射率(%)。

3.20

人造石英晶体制材 lumbered synthetic quartz crystal

原晶的 X 面和 Z 面或 Z' 面经切割、粗研磨、细研磨等工序，加工成平整和平行的，并符合规定的尺寸及取向的人造石英晶体。

3.20.1

Y 棒 lumbered Y-bar

由原生长 Y 棒加工成的石英棒。

3.20.2

Z 棒 lumbered Z-bar

由原生长 Z 棒加工成的石英棒。

3.21

基准面 reference surface

经加工后，具有规定的平面度和相对于结晶方向有规定方位(典型为 X 向)的制材表面。

4 原生长人造石英晶体技术要求

4.1 标准值

4.1.1 籽晶的取向

籽晶取向的标准值是 Z 切、旋转 X 切、小菱面切(r-minor)、$Z+1°30'$ 切、$Z+2°$ 切、$Z+5°$ 切、$Z+8°30'$ 切。后三种籽晶的 Z' 轴旋转如图 2 所示。

4.1.2 包裹体密度

各级包裹体密度(按 4.2.5.3 测量)不应大于表 1 给出的该级中所有尺寸范围的极限值。

表 1 包裹体密度级别

级别/尺寸范围 μm	包裹体密度/cm^3			
	10～30	＞30～70	＞70～100	＞100
Ⅰa	2	1	0	0
Ⅰb	3	2	1	1
Ⅰ	6	4	2	2
Ⅱ	9	5	4	3
Ⅲ	12	8	6	4

只需一种或多种尺寸范围的用户可根据适用的尺寸范围，选定所需的级别。

4.1.3 红外吸收系数 $\boldsymbol{\alpha}_{3\,500}$、$\boldsymbol{\alpha}_{3\,585}$、$\boldsymbol{\alpha}_{3\,410}$

不同级别人造石英的红外吸收系数 α 值(按 4.2.6 测量)列出在表 2 的 $\alpha_{3\,500}$、$\alpha_{3\,585}$ 及 $\alpha_{3\,410}$ 相应栏目中。

表 2 红外质量级别

级 别	最大值			Q 值[a] $\times10^6$
	$\alpha_{3\,500}$	$\alpha_{3\,585}$	$\alpha_{3\,410}$	
Aa	0.026	0.015	0.075	3.8
A	0.033	0.024	0.082	3.0
B	0.045	0.050	0.100	2.4
C	0.060	0.069	0.114	1.8
D	0.080	0.100	0.145	1.4
E	0.120	0.160	0.190	1.0

[a] 这些 Q 值是 1987 年前曾普遍使用的由 α 测量和经验关系而得出。这里列出以前的分级方法，主要是为了使其在过渡到用 α 值分级时保持其连续性，α 值是目前用于控制及规定人造石英质量的物理量度。

4.1.4 频率-温度特性

人造石英晶体频率-温度特性(见图 4 和 4.2.7)是由 15 ℃及 35 ℃时所测得的串联谐振频率相对于 25 ℃时的串联谐振频率的相对频差而确定。相对频差应符合下列要求：

15 ℃时，相对频差为 $+(0.5\sim1.5)\times10^{-6}$；

35 ℃时，相对频差为 $-(0.5\sim1.5)\times10^{-6}$。

测量应按照 GB/T 12273—1996 中 4.7.3 的规定进行。

4.1.5 腐蚀隧道密度 $\boldsymbol{\rho}$

有要求时，各个级别的腐蚀隧道密度(ρ/cm^2)应符合表 3 规定。

表 3 腐蚀隧道密度级别

级　　别	最大条数 ρ/cm²
1aa	2
1a	5
1	10
2	30
3	100
4	300

4.2 要求和测量方法

4.2.1 取向

籽晶的取向应按规定方向，偏差应小于 30′。

4.2.2 旋光性

应规定籽晶的旋向，左旋或右旋(见图 2)。

4.2.3 人造石英晶体的尺寸

应使用卡尺或者是点卡尺测量尺寸，以保证能测量到人造石英晶体的凹点(见附录 D)。

4.2.3.1 Y 或 Y' 轴尺寸

尺寸应符合规定[见图 1d)]。

4.2.3.2 Z 或 Z' 轴尺寸

$Z(Z')$轴尺寸应该用点测量，该尺寸被规定为在大 X 区沿 $Z(Z')$轴方向的最大尺寸[见图 1c)]。

4.2.3.3 Z_{eff} 或 Z'_{eff} 尺寸

Z_{eff} 或 Z'_{eff} 尺寸被规定为沿 $Z(Z')$轴方向的最小尺寸[见图 1c)]。

4.2.3.4 Z_{min} 或 Z'_{min} 尺寸

Z_{min} 或 Z'_{min} 尺寸应符合规定[见图 1d)]。

4.2.3.5 沿 X 轴的尺寸

沿 X 轴的总尺寸应符合规定[见图 1c)]。

4.2.4 籽晶尺寸

4.2.4.1 Z 或 Z' 向尺寸

除非另有规定，Z 切或旋转 Z 切籽晶的 $Z(Z')$向尺寸(即厚度)应小于 3 mm。

4.2.4.2 **X向尺寸**

籽晶的X向尺寸应符合规定。

4.2.5 **缺陷**

4.2.5.1 **双晶**

可用区域内应无电双晶或光双晶。目检双晶是否存在。

4.2.5.2 **裂纹和破裂**

可用区域内应无裂纹和破裂。目检裂纹和破裂是否存在。

4.2.5.3 **包裹体密度**

可任选下列的一种测量方法。

方法1

使用放大倍数30倍～40倍的、配有能确定包裹体尺寸的方格刻度尺的立体双筒显微镜，在其圆形或方形的视场内计数。晶体放在黑色背景上，有强侧光照明(例如卤灯)。为增加透明度，可使用折射率匹配的溶液(n大约是1.55)。按规定的每立方厘米包裹体的尺寸范围进行目检，分别计数。测量并计算样本体积。

方法2

如果采用方法1有困难，可采用与相应级别范围对应的参考样本进行对比的方法。为增加透明度可将样品浸在折射率匹配溶液(n大约是1.55)中，或将溶液涂在晶体表面。参考样本应是用户与供应商协商认定的。参考样本选择程序的实例见附录C。

4.2.5.3.1 **抽样**

考虑到包裹体密度或腐蚀隧道密度项目进行质量控制时需要时间、人力和费用，制材或制材检查区域的抽样方案通常由供应商与用户协商确定。

很明显，更可取的低成本检验是，包裹体密度或腐蚀隧道密度充分低于试验极限值，则少数样本即可判定，但这种情况不常见。有时适当的密度控制要求更严格的检验方案，该方案由供应商与用户之间协商一致制定并执行。

为满足适用的协商一致的质量保证水平，保证所选晶体及计数体积具有足够的代表性，要求使用可靠的统计方法。由于参考文献中已论述了抽样程序和统计置信度试验，本规范不再重复其原理。

4.2.5.3.2 **批的抽样**

在大多数批的抽样中，选择一个或一组适当的样品棒以代表母体。样品棒的数量取决于批的大小、晶体的类型、预定的用途、包裹体密度均值与目标值间的差值，以及足以保证该批中每种尺寸范围的包裹体密度在可用级别限值以内的AQL置信度水平。样品组应正确代表该批的包裹体密度。为可靠起见，若存在偏差，包裹体密度的确定应靠向严格的等级而不能相反。

4.2.5.3.3 **棒内的体积**

在每个棒内选取一组体积对包裹体计数。体积的大小根据显微镜焦场的面积(或者是方格的外框)或棒的高度或显微镜可调深度的长度来确定。必须确定并汇总全部计数用的体积。选择计数用的体积应包括棒的主要区域(通常为图3所示的Z生长区)，该区域的材料用于器件的工作区，并且不应避开含有密集包裹体的区域。对于合理的统计置信度，每个棒的计数体积至少应为六个或更多。

棒内的样本体积位置应适当分布在 X、Y、Z 空间，包裹体密度分布的变化在以上各区域不同，样本体积的位置分布也不同。典型的人造石英晶体棒[图 3a)]Y 轴尺寸长，X 轴和 Z 轴尺寸短。通常包裹体密度的最大变化的区域出现在生长方向上，例如 Z 区的 Z 向尺寸[图 1a)和图 3b)]。因此，大的 Z 块晶体取样区域应位于离籽晶不同的 Z 向距离，以保证棒的 Z 向区域在样品体积组中具有代表性。同样这种变化出现在 Y 或 X 方向时也应按变化方向抽样。

为有助于典型棒中样本体积合理分布，可在样品表面的 Y 长度上以 10 mm 的间隔垂直于籽晶，在 $-X$ 面(小 X 面)标出横向的 Z'线。根据需要，在标出的每个矩形区或晶体表面选择包裹体计数用的样本体积。为了确定距籽晶不同距离处的抽样体积，在小晶体中(它的 Z 区的范围小于显微镜视场直径的两倍)它们应交替位于离籽晶的近处和远处。对较大的晶体，它们应排列在整个 Z 区范围内，以保证样品体积能代表每一包裹体带。

几种常用的抽样方案见附录 A。

4.2.5.3.4 包裹体计数

在标记好的矩形内，在显微镜可调深度范围内，垂直地在选择的 X 向高度内扫描，并选择计数用圆形或方形视场。

若样品是 X 高度相当小的 Y 棒，则可沿长度[在侧射光照明下，$-X$ 面(小 X 面)朝上]方向在 Z 变化的一系列位置上扫描。从可用区域一端的矩形开始，在 X 方向的圆柱形(或平行六面体)体积内进行包裹体计数。从 $-X$ 面(小 X 面)稍低处开始(表面材料不计数)，对视野中所有可见包裹体分类，并根据用户订单要求按类分别计数：10 μm～30 μm、30 μm～70 μm、70 μm～100 μm 及 100 μm 以上。然后降低显微镜，重新聚焦，包裹体计数并分别加入各类别。在选择的 X 高度一直继续此步骤。对下一个取样位置重复上述步骤，反复进行。

将样本区域中得出的四类包裹体数按类分别相加，并除以计算出的样品体积总数，即得到一个棒材各类包裹体每立方厘米的平均数。将一批产品中的所有样本棒的四类平均数进行平均并记录，以代表该批产品中包裹体的分布。若希望或有要求，可记录最大平均值和最小平均值的棒材。附录 B 给出了数字计算举例。

4.2.6 红外测量 α 值

4.2.6.1 概述

用 Y 切晶片扫描，在 3 410、3 500 或 3 585 的某一个波数或一个以上波数测量每厘米的红外吸收，计算所选择的波数与本底波数的吸收差。当使用单光束仪器时，本底使用 3 800 cm^{-1} 或 3 979 cm^{-1}。因为同一批晶体中，α 值随整个晶体 Z 向位置的不同而变化。所以用户可以指明要求测量 α 值在样品 Z 生长区的分布。通常可以选择 α 值在 Z 生长区的平均值，也可选择其在 Z 生长区的最大值(α 最大值是最坏情况的值)。

应在以下两种测量方法中任选一种。

方法 1：固定波数，扫描样品，测量不同位置的透射率。

方法 2：固定样品，在样品的不同位置，用所选波数测量透射率。

4.2.6.2 Y 切片的制备

将用作样品的人造石英晶体固定在基板上，然后使用石英切割装置切割至少一片 Y 切片，其厚度经研磨和抛光后应在(5～10)mm 范围内。高 α 值材料的切片适宜厚度为 5 mm，它可以分辨 α 的变化；中等 α 值的材料切片选用中等厚度；α 值极低的材料切片适宜厚度为 10 mm，以便测量其小的吸收。

切割后研磨两个主面：首先用均匀混合的 25 μm 磨料，再用均匀混合的 3 μm 磨料。进一步的抛光可任选，低 α 值的石英最好抛光。

4.2.6.3 用红外分光光度计校准标准 *Y* 切片

红外分光光度计应充分预热稳定并校准后测量。日常校准包括透射率(0%～100%)或吸收(lgT＝1.0～0)限值的设定，打印机走纸速度设置应与样品扫描装置同步。评定及一般测量时，样品的光路通过一个 1.5 mm 宽的光阑。极低 α 值测量时，可使用 5 mm 宽度的光阑。光阑高度不应超过籽晶的 *X* 尺寸或 5.0 mm，将一抛光的标准 *Y* 切基准片放入样品架，然后将样品架放入扫描装置。

将波数设定在本底波数上(在 OH 吸收带外但靠近)，通常是(3 800±3)cm^{-1}，然后在此固定波数下移动标准样品，以与打印纸走纸同步的速度通过光束。该扫描仅在 *Y* 切片的 Z 生长区进行(如图 1 和图 3 所示)。某些情况下，若本底噪声有问题(如使用单光束仪器)，为降低本底噪声可使用较高的本底波数(3 979±3)cm^{-1}。若本底扫描线不能较平直地通过原籽晶以外的区域时，应在半抛光 *Y* 切片的两主面涂一薄层氟碳润滑油。本底扫描时，基准线的变化不应超过 0.02 吸收单位。当样品完全通过本底扫描后，将波数调整到所选择的(3 410±3)cm^{-1}、(3 500±3)cm^{-1}或(3 585±3)cm^{-1}。该样品回复至扫描起始位置，打印纸退回至本底波数开始扫描的位置。然后对样品扫描，绘出吸收带中该波数的红外吸收曲线。

α 值(最大值和最小值)的校正值用公式(2)通过基准扫描而计算：

$$\alpha=\frac{A^{**}-A^{*}}{Y\text{ 切片的厚度(cm)}} \qquad \cdots\cdots(2)$$

式中：

A^{**}——所选择的波数 3 410、3 500 或 3 585；

A^{*} ——所选择的波数 3 800 或 3 979。

注：*A* 是星号所注波数下样品被吸收的入射光束的以 10 为底的对数值。

若红外分光光度计的 α_{max} 和 α_{min} 读数的可重复性在标准值的±0.004 单位内，则认为该仪器的校准合适。必要时，可将标准样品的仪器读数调整到认可的值，进行标准修正计算，然后作通常使用。

4.2.6.4 *Y* 切片的测试

校准后，在本底波数和所选择的 OH 吸收带波数对每一片准备好的(最好抛光)待测 *Y* 切片进行扫描。若需要，半抛光的切片涂折射率液。用公式(2)计算其 α 值。离籽晶中心±2.0 mm 的区域和超出预定尺寸的生长区域，不在测量范围内。

4.2.6.5 标准样品的 α 值补偿

由于无法保证每个制造商的试验设备都严格遵循统一的测量条件和程序，因此有必要确立 α 值的补偿，建议补偿值由各制造商参照附录 E 的程序而确定。

4.2.7 频率-温度特性

用于评价频率-温度特性的石英晶体元件的技术要求如下，并应按 GB/T 12273—1996 的规定测量。

频率	10 MHz±10 kHz(基频)。
样品位置	*Z* 区。
切型	*AT* 切，35°13′±30″。
晶片形状	其一边为 *X* 轴的正方形。
晶片尺寸	8 mm×8 mm。

电极直径	(4±0.1)mm。
返回频率	70^{+20}_{-0} kHz。
电极材料	银或金。
支撑点	在对角的两点上。
最后表面加工	研磨(磨料平均颗粒度小于 3 μm)然后腐蚀 200 kHz。
表面平整度	通过光学平板玻璃的单色光照射,在直径 6 mm 的圆形区域内检测。如用黄色光测量,干涉条纹的曲率与频率(单位为 MHz)的乘积不应超过 5,如用绿色光测量则不应超 6。
平行度	晶片两面的平行度应在 10″以内。
密封	在干燥氮气气氛中及标准大气条件的温度和压力下气密封(见 GB/T 2421.1—2008 的 5.1 条)。

技术条件应指明频率温度特性曲线的最小和最大斜率(见图 4)。

4.2.8 腐蚀隧道密度

4.2.8.1 概述

腐蚀隧道密度是在双筒 35 倍显微镜下,对石英晶体样品上切下的 *AT* 切片腐蚀后的隧道进行观测计数而得。

4.2.8.2 从批中抽取晶体样品

为使批的抽样达到规定的统计置信度水平,对于腐蚀隧道密度项目要求使用适宜的 AQL 置信度,因为腐蚀隧道密度的分布取决于籽晶的隧道和晶体生长工艺条件。最好对籽晶进行腐蚀隧道密度预选分组,并记录各组在高压釜中的位置,或确保有足够的籽晶样品能在生长后用于抽样。这是由于有些籽晶可能与其他的差别很大,除非在生产时,有意加以控制。

4.2.8.3 腐蚀用 *AT* 切晶片的制备

从抽样出的人造石英晶体切下 *AT* 切片(与 *Y* 平面为 35°15′±3°),研磨后的厚度为 10 mm。若每次研磨时要磨去规定的量,最好晶片保留籽晶的全部高度。尽管在特殊情况下,要用较薄的晶片和较小的籽晶高度。用钻石划针在晶片上刻标记,最好刻在 −*X* 面(小 *X* 面)上,应刻至适当的深度,以保证研磨和腐蚀时,标记不会失去。

切割并标记后,研磨晶片的两个主面。首先用混合均匀的 25 μm 的磨料研磨,然后在清洗干净的研磨机上,用混合均匀的 11.5 μm 的磨料研磨。第一次研磨时磨掉的总厚度至少为 0.25 mm,第二次研磨磨掉的总厚度至少为 0.10 mm。然后清洗晶片,以确保其表面的腐蚀率一致,这可由晶片腐蚀后均匀无光泽的外观来证明。

4.2.8.4 研磨后 *AT* 切片的腐蚀

在通风橱内,使用适宜的安全设备(包括围裙、手套、眼镜和防溅罩),将过量的氟化氢铵加入适当容器内的去离子水中,使溶液在 75 ℃±2 ℃时达到饱和。使用恒温水浴槽,使氟化氢铵溶液保持在 75 ℃±2 ℃温度。插入套有聚四氟乙烯(PTFE)膜的温度计以监测温度。如采用另外不同的腐蚀温度,则必需调整腐蚀时间,以便能与下述腐蚀掉的量相符。

用套有聚四氟乙烯膜的钳子或耐腐蚀的样品架将研磨并清洗后的 *AT* 片浸入饱和的氟化氢铵溶液中。在腐蚀过程中,搅动溶液或慢慢移动样品(约 25 mm/s)。腐蚀时间约 4 h,它取决于溶液搅拌和晶片的数量,腐蚀掉的总厚度不小于 0.10 mm(最小),且不大于 0.12 mm(最大)。要求均匀的腐蚀速率,应定时检查石英片的腐蚀均匀性，并及时在整个晶片面积上检查。腐蚀完成后，用套有聚四氟乙烯的钳子将晶片从腐蚀液中取出，用 85 ℃热水冲洗，若需要再用丙酮和其他清洗剂清洗，使制得的样品不影响目检。

4.2.8.5 腐蚀隧道的计数

在 *AT* 切晶片的 Z 生长区（见图 3a））画出 $(0.25\times0.25)cm^2$ ～ $(0.5\times0.5)cm^2$ 的网格。网格最好只画在和籽晶高度一致的 Z 区矩形部位，距离籽晶中心线±2 mm 以内的网格不应计数。

强光源从 $-X$（小 X）方向照射，用放大 30 倍至 40 倍的双目显微镜观察每个晶片。应当注意，应将显微镜聚焦在样品的最表面，这样可以避免把样品较低表面的腐蚀隧道算进去，将显微镜放大装置调至适宜观察的放大倍数上，数出并记录每个网格中的腐蚀隧道。综合所有网格中的数量，计算其平均数，再乘以每平方厘米中的网格数[$(0.25\times0.25)cm^2$ 的网格数为 16，$(0.5\times0.5)cm^2$ 的网格数为 4，以此类推]，将其转换为每平方厘米的平均数 ρ。

4.3 标志

每块人造石英晶体的 $+X$（大 X）面或 $-X$（小 X）面上应清楚地标明：

a) 制造商名称或商标；

b) 材料的取向；

c) 材料的旋光性：

   R.H 代表右旋石英，

   L.H 代表左旋石英。

d) 如有规定，还应标明其他信息，如：

   1) 批号；

   2) α 级别：Aa、A、B、C、D 或 E；

   3) 包裹体密度：Ⅰa、Ⅰb、Ⅰ、Ⅱ或Ⅲ；

   4) 腐蚀隧道密度：1aa、1a、1、2、3 或 4。

5 人造石英晶体制材技术要求

5.1 标准值

5.1.1 尺寸偏差

X 向、$Z(Z')$ 轴向尺寸偏差应小于 0.2 mm（见图 8）。

5.1.2 基准面平面度

基准面平面度应不大于 0.1 mm 或按规定。应注意测量方法的选择，基准面偏差与平行度是不同的测量。

5.1.3 基准面角度偏差

基准面与规定的结晶方向的角度偏差应小于 15′（见图 9）。

5.1.4 籽晶中心位置

人造石英晶体制材的籽晶位置如图 10 所示。

5.2 要求和测量方法

5.2.1 人造石英晶体制材用原晶

人造石英晶体制材用的材料应符合本标准第4章的标准值、相关要求及测量方法。

5.2.2 制材尺寸

制材的尺寸及其偏差应用卡尺和千分尺测量，至少要测量3个点，一个点约在Y轴的中点，另两个点为沿Y轴的对称点。

5.2.3 基准面标识

基准面应有识别标记，并能目检确定其存在。识别标记的内容及标识方法由供应商和用户协商确定。

5.2.4 基准面平面度的测量

基准面平面度需使用供应商和用户均认可的设备测量。

5.2.5 基准面角度偏差的测量

基准面角度偏差应使用X光定向仪测量。

5.2.6 籽晶中心位置

籽晶中心位置由测量制材表面与最近的籽晶边缘距离而确定。在X面涂抹折射率匹配的溶液有助于测量。

5.3 交货条件

按照制造商和用户达成的协议执行。

5.3.1 标志

人造石英晶体制材的标记代码中应包括其生产批号。

5.3.2 包装

同一单元包装中的制材应为X、Z或Z'轴尺寸相同，并为同一批次。

5.3.3 制造批

如果对同一用户的一个交货批量不大时，建议使用同一批次的原生长人造石英晶体加工。

6 人造石英晶体及其制材的检验规则

6.1 原生长人造石英晶体的检验规则

6.1.1 检验

人造石英晶体的检验由逐批检验构成。

6.1.2 逐批检验

6.1.2.1 概述

逐批检验由A组和B组检验构成。

6.1.2.2 A组检验

A组检验的试验程序在表4给出。

统计抽样检查应按GB/T 2828.1的规定,或由交货双方协商确定。

A组检验的样品可用于B组检验。

表4 A组(逐批检验)的试验条件及要求

检验项目	D或ND	试验条件 (本规范章条号)	IL	AQL	要求 (本规范章条号)
人造石英晶体的尺寸 双晶 裂纹和破裂	ND	4.2.3 4.2.5.1 4.2.5.2	Ⅱ	0.1	4.2.3 4.2.5.1 4.2.5.2
包裹体	ND	4.2.5.3	Ⅱ	0.4	4.1.2

注:试验及要求章条号见本规范第4章。
D ——破坏性;
ND ——非破坏性;
IL —— 检验水平;
AQL——接收质量限。

6.1.2.3 B组检验

B组检验的试验程序在表5给出,或由交货双方协商确定。

B组检验用样品可从经A组检验合格的样品中抽取。

表5 B组(逐批检验)的试验条件及要求

检验项目	D或ND	试验条件 本标准章条号	样本大小及接收判据		要求 本标准章条号
			N	*C*	
红外测量α值	D	4.2.6	由供需双方协商确定一个或多个样品,样品应在预定应用的大样本组中有代表性	0	4.1.3
腐蚀遂道密度	D	4.2.8	由供需双方协商确定一个或多个样品	0	4.1.5

注:试验条件和要求章条号见本标准第4章。
N ——样本大小(Z棒或Y棒);
C ——接收判据(允许缺陷数);
D ——破坏性的;
ND ——非破坏性的。

可用同一个样品做 α 值及腐蚀遂道密度检验。

6.2 人造石英晶体制材的检验规则

人造石英晶体制材的检验由逐批检验构成。

6.2.1 检验批

一个检验批应为同一时间按同一技术条件提交检验的人造石英晶体制材构成。

制材的原料应符合本标准的标准值、相关要求及测量方法。

6.2.2 检验要求

逐批检验程序在表 6 给出。

统计抽样方案应符合 GB/T 2828.1，或由供需双方协商确定。

表 6 逐批检验的试验条件及要求

试验项目	D 或 ND	试验条件 本标准章条号	IL	AQL	要求 本标准章条号
尺寸及偏差 基准面平面度 基准面角度偏差 籽晶中心位置	ND	5.2.2 5.2.4 5.2.5 5.2.6	Ⅱ	0.4	5.1.1 5.1.2 5.1.3 5.1.4
基准面标识	ND	5.2.3	Ⅱ	0.1	5.2.3
试验条件及要求章条号见本规范第 5 章。 D ——破坏性的； ND ——非破坏性的； IL ——检验水平； AQL——接收质量限。					

7 人造石英晶体使用指南

7.1 综述

7.1.1 概述

本指南针对部分用户和制造商的通用要求而制定，目的是指导对人造石英晶体进行最有效的利用。其作用不是阐述用石英晶体制造晶体元件的实际技术，也不涉及人造石英晶体的所有性质。

7.1.2 人造石英晶体

人造石英晶体用水热温差法生长。

在室温下，高压容器(高压釜)中填充部分碱性生长溶液(如 Na_2CO_3 或 NaOH)。籽晶放置于高压釜上部空间，原料石英碎块放在高压釜底部，然后密封加热。保持高压釜上部的温度低于底部的温度。因此，原料石英的溶质由对流传递到籽晶上沉积下来。

晶体生长的形状、大小及物理性能与籽晶取向、籽晶大小、籽晶品质及生长条件有关。一个控制得很好的生长过程可以保证石英晶体形状及大小的一致性和质量的均匀性。

7.2 人造石英晶体的形状和尺寸

7.2.1 晶轴和晶面的命名

在教科书和国家标准中，描述石英晶体所选择的晶轴，旋光性及轴系统有所不同。图 5a)表示的是具有全部天然晶面的石英晶体，在人造石英晶体中并不经常出现。图 5b)是人造石英晶体的相应晶面，但由于这些晶体是在特定取向的籽晶上生长的，因此图 5a)和 5b)显示的晶体外形实质上是不同的。

7.2.2 籽晶

选择某些标准取向的籽晶，以便经济地生长制造石英晶体元件常用的人造石英晶体。用 Z 切及小菱面切的籽晶生长的人造石英晶体，主要用来加工厚度切变振动模的高频晶体片和面切变振动模的中频晶体片。用 Z' 切籽晶生长的人造石英晶体，主要用来加工伸缩和弯曲振动模的低频晶体片。

在长成晶体的籽晶表面上，往往覆盖一层很薄的由气泡和包裹体组成的薄罩。

7.2.3 晶体形状和尺寸

原生长的人造石英晶体具有特定的生长面。图 6 示出在 X 轴向尺寸小的 Z 切籽晶上生长的晶体的典型形状。如使用其他取向的 Z 切籽晶或另外切型的籽晶，将生长另外形状的石英晶体。

人造石英晶体的尺寸由三个标称尺寸规定：X、Y 或(Y')、Z 或(Z')向尺寸。它们是沿 X 轴、Y(或 Y')轴、Z(或 Z')轴的尺寸。如图 6 所示，尺寸的选择要考虑到，一方面使生长过程经济；另一方面使生产的晶体片有很高的利用率。同时要注意，晶体尺寸是制造商和用户之间协商确定的。

由于原生长的石英晶体具有特定的生长面，如在 Y 轴或 Y' 轴的两端的 m 面或 r 面，因而用来加工晶体片的有效尺寸比标称尺寸小些。

由于 Z 面的表面不平整及可能不平行，准确测量最小的 Z' 尺寸实际上是很困难的，要达到精密的尺寸公差也是很困难的。因此当用户提出的尺寸公差比制造商更严格时，应当考虑采用经部分加工的石英原料(有时称为预制尺寸石英或称为石英制材)。

7.2.4 生长区域

每一生长表面上溶质的沉积是连续的，因此晶体质量基本是均匀的，然而各个不同的区域沉积的方式是不同的，因而沿不同方向的生长有不同的区域，而这些区域有不同的性质，本标准中所提到的最通常的生长区，Z 区域晶体质量最好，其次是 $+X$(大 X)区域，再其次是 S 区域。所以建议厚度切变及面切变振动模的晶体片，应该完全或大部分从 Z 区域截取，并建议最后加工好晶体片的电极区只包含 Z 区的晶体材料。$-X$(小 X)区域的质量最差，因此一般不能用来加工高频晶体片。

图 3a)及 3b)是从适当的生长区切取下来的 AT 片和 X 切型的典型例子。

7.3 鉴定人造石英晶体质量的标准方法

人造石英晶体的结构和化学缺陷的程度与生长条件和所用的掺杂剂有关，尤其与会引起两个重要的后果的生长速率有关，首先是晶体的 α 值下降(对于较大的 α 值)，其次是获得特定频率温度特性的切角不一致。

原来使用石英晶体元件的 Q 值来说明晶体材料的质量，制造一个 5 MHz 五次泛音标准晶体谐振器可保证使 Q 值反映内部损耗，但不反映装配损耗及不同制造商的加工工艺的微小差别，这种晶体元件用晶片的尺寸较大，有时不能从 Z 区切取。

当红外吸收系数 α 被用来表明晶体的 Q 值时，α 值就完全代替直接的 Q 值测量，作为表明特性的工具，α 值法具有它的能力及优点。它可以测量小生长区，可以分辨生长带结构的细节。这些试验是非破坏性的，花费不大，并且很快。

当 $\alpha_{3\,500}$ 小于 0.06/cm(C 级)时，最佳切角的分散性很小，并可与天然石英晶体的分散性相比，因此，建议用这种晶体制造具有良好温度特性的高频晶体元件。

很好地控制生长过程就能保证一批产品的 α 值的一致性。一个生产批中的样品应包括一个沿 Z 或 Z' 轴厚度最大的人造石英晶体，该样的选择是因为 α 值与生长速率成正比。厚度最大的晶体的 α 值最大。因此用这种抽样方法能满足大部分应用。

在标准中规定的作为评价人造石英的另一种测量，是晶体元件的频率温度特性试验。对切角的规定是选择具有频率温度特性为线性斜率并灵敏地随切角而变化的角度。对被测元件形状、大小的规定要适合于测定准确的切角。但这种晶体元件的 Q 值受加工和装配的影响大，所以不能用它来评定石英晶体的 Q 值。

7.4 检验人造石英晶体质量的其他方法

7.4.1 概述

人造石英晶体结构完整性的检验有许多方法，但其与晶体元件电性能之间的定量关系在目前尚未完全建立。上面介绍的红外吸收系数法是一个例外，它可以用来评价晶体的 Q 值。

7.4.2 目检

目视，石英晶体无超过相应级别的包裹体个数。

7.4.3 红外辐射吸收法

晶体晶格中含有某些基团，在特定波数下能吸收红外辐射。人造石英晶体中最常见的杂质基团是带氢键的 OH，它的数量可以用(3 400～3 600)$\mathrm{cm^{-1}}$之间某个波数的红外吸收系统来评定。

OH 的浓度与石英晶体中机械能的损耗有关，因此，红外吸收与 Q 值之间有一定的关系，图 7 是从各个测量点获得的典型校正曲线。最近的再次校正报告[1)]说，将 α 值坐标加 0.01 的修正值，使该曲线能真实地反映 5 MHz 谐振器的 Q 值。

红外吸收测量通常在晶体结构的 Z 区。在 $-X$(小 X)区的吸收与 Z 区的吸收是不同的。

还应当注意，由于所选择的条件不同，所得的红外吸收系数也不同，这些条件是：

——红外波束前放置窗口的尺寸；

——测量点与籽晶的相对位置；

——偏振面；

——测量环境的湿度和温度；

——红外分光光度计偏置的不同。

人造石英红外吸收系数 α 的国际循环试验[2)]清楚地表明，每个红外分光光度计的偏置不同，它可使用标准的 α 石英片校准[3)]。建议，供应商与用户均使用国际循环测试为基准的标准片做共同的校准测量。

7.4.4 其他的检验方法

化学腐蚀法广泛地用于检验天然石英的双晶，而这种方法对于人造石英是不需要的。因为人造石英的双晶极少。这个方法可以用来揭示腐蚀坑及腐蚀隧道，作为位错数量的量度。

1) 两个图形之间的数据见参考文献。

2) 1990—1992 年的国际循环测试由 IEC/TC 49/WG 5 组织。

3) 要得到测试和使用标准 α 晶片的更多信息，与 IEC/TC 49/WG 5 或国际循环测试参加国的有关组织联系。

X射线衍射图给出了晶体完整性的有用信息。使用发散X射线束在低α值晶体上产生清晰的劳埃图。Lang的X射线形貌法对于检定晶体结构缺陷的分布是有用的。

然而，应当注意，所有这些方法与石英晶体元件的全部电性能之间还缺乏定量的关系。

7.5 α级别

晶体的α值分为6个级别。Aa、A和B级可以用于最高质量的石英晶体元件。C级主要适用于不但具有良好的温度特性而且具有低α值(高Q值)的高频石英晶体元件。D级和E级主要用于低频石英晶体元件。对于低频元件来说，首先要考虑使用廉价的大尺寸晶体。

7.6 仅定货时用的可选级别：包裹体、腐蚀隧道、Al含量

7.6.1 包裹体

规定了5个级别，Ⅰa、Ⅰb及Ⅰ级用于特殊的高质量光学用途，如录像机、照像机，或用于光刻工艺。Ⅱ级一般用于高频高质量体波谐振器或SAW谐振器，Ⅲ级用于大部分专业和工业用石英谐振器。

7.6.2 腐蚀隧道

规定了6个级别。1aa级或1a级适用于需要长时间化学腐蚀工艺的厚度石英传感器。1级和2级用于特殊的高质量晶体元件，如高基频或高频SAW器件，或用于特殊工艺如化学腐蚀。3级适用于制造石英谐振器的大部分技术。4级适用于大部分通用石英谐振器。

7.6.3 铝含量

低Al^{3+}(在Si^{4+}位置上的取代性)含量可减少伴随铝的电荷补偿单价离子(主要为Na^{+}和Li^{+})。因此，当需要抗辐射并防止频率变化时，必须控制铝含量。

铝在石英晶体材料中的浓度，是以每百万个硅原子中有多少个铝原子为单位的。样品清洗程序不使用石英腐蚀剂，以保证杂质不会因腐蚀而消失。

石英中铝的含量可以用光谱化学法和物理法测定。前者按照方法发展的次序包括原子吸收法(AA)、感应耦合等离子法(ICP)、直流等离子法(DCP)。上述方法能分析多种金属，也包括铝。这些方法要求使用严谨的实验技术才能确保结果的准确性，尤其是铝的含量比较低的时侯。它可以将SiO_2样品溶解在HF溶液中，通过释放SiF气体除去Si原子，来提高以上实验的灵敏度。使用空白溶剂以防止HF溶液中杂质的进入。

物理方法包括电子自旋共振(ESR)(也称为电子顺磁共振(EPR))和在液氮温度下对样品扫描的红外吸收。此外，通过辐射比较X生长区的的发黑程度至少可获得定性的信息。

光谱化学法及物理法都涉及使用专门的设备，其成本与通常安装在实验室预计大量使用的设备相当。如果检测石英中Al的含量，用户应先调查光谱化学实验室里是否配备有合格的技术人员及必需的设备，物理实验室里是否配备有合格的技术人员及EPR仪器，这样才可能获得有效的结果。

制备铝含量分析用的样品时要注意，应保证样品不包含不需要的材料。例如，通常仅用一个指定生长区的无籽晶材料，一般指定为Z区的材料。

7.6.4 电清洗石英

在辐射下，石英中的缺陷Al^{3+}—M^{+}(电荷补偿单价离子)中的碱离子被分解，转换成Al^{3+}—OH。这种转化，使Al^{3+}—M^{+}中心的弹性松弛减少，弹性常数增加。石英因辐射会产生频率偏移。但如果事先用电清洗的方法(电场扩散工艺)除去石英中的碱离子，频率偏移就会减小。电清洗过程就是把Al^{3+}—M^{+}转换成Al^{3+}—OH或者是Al^{3+}—e^{-}。经过如此处理的石英称为电清洗石英。电清洗石英

制造的元器件用于卫星系统，以改善因为空间辐射环境下工作而造成的频率老化偏移。电清洗工艺过程是在高温下沿 Z 轴方向施加高直流电压以除去碱离子。

7.7 订货

定货时应规定下列项目，应尽可能采用标准等级和标准值。

a） 原晶或是制材；

b） 旋光性（右旋或左旋）；

c） 籽晶的取向；

d） 尺寸；

e） α 级别；

f） 有要求时的其他技术条件及其等级。

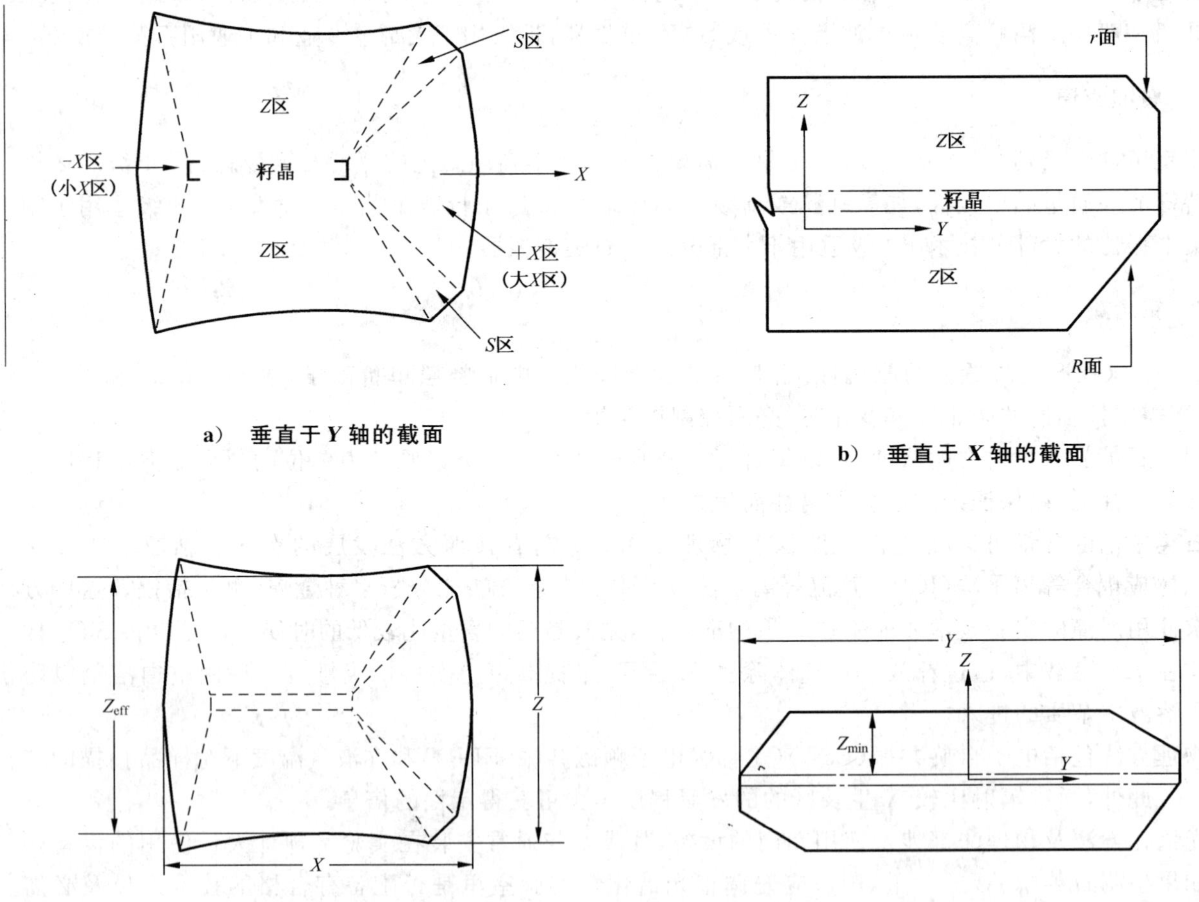

a） 垂直于 Y 轴的截面

b） 垂直于 X 轴的截面

c） Z 和 Z_{eff} 尺寸的图示说明

d） Z_{min} 尺寸的图示说明

图 1 用 Z 切籽晶生长的人造石英晶体理想截面

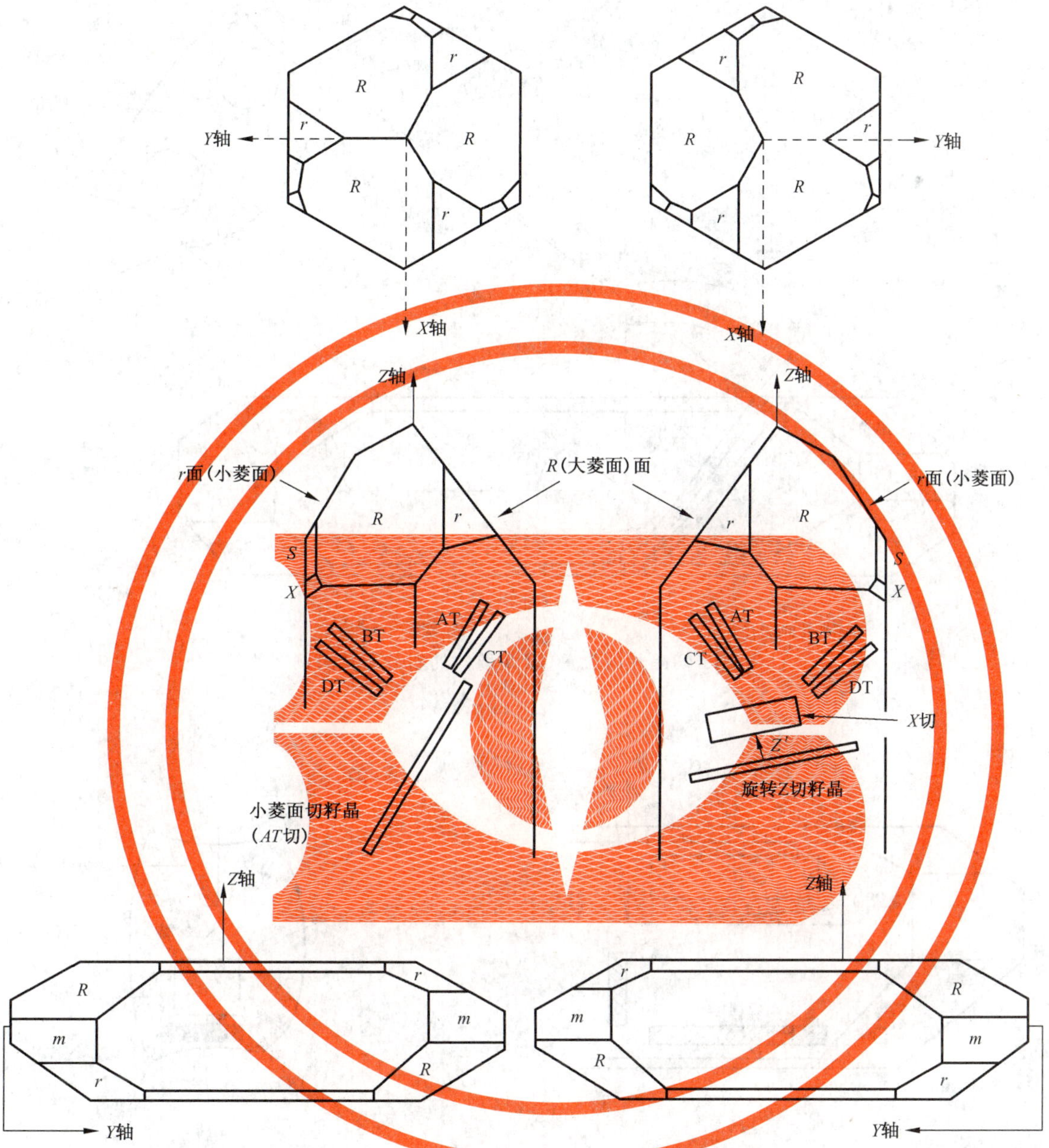

左旋石英
在锥光偏振仪下：呈收缩环（目镜顺时针旋转）
在偏光仪下：检偏镜逆时针旋转

右旋石英
呈发散环（目镜顺时针旋转）
检偏镜顺时针旋转

图 2　石英晶体的轴和面的名称

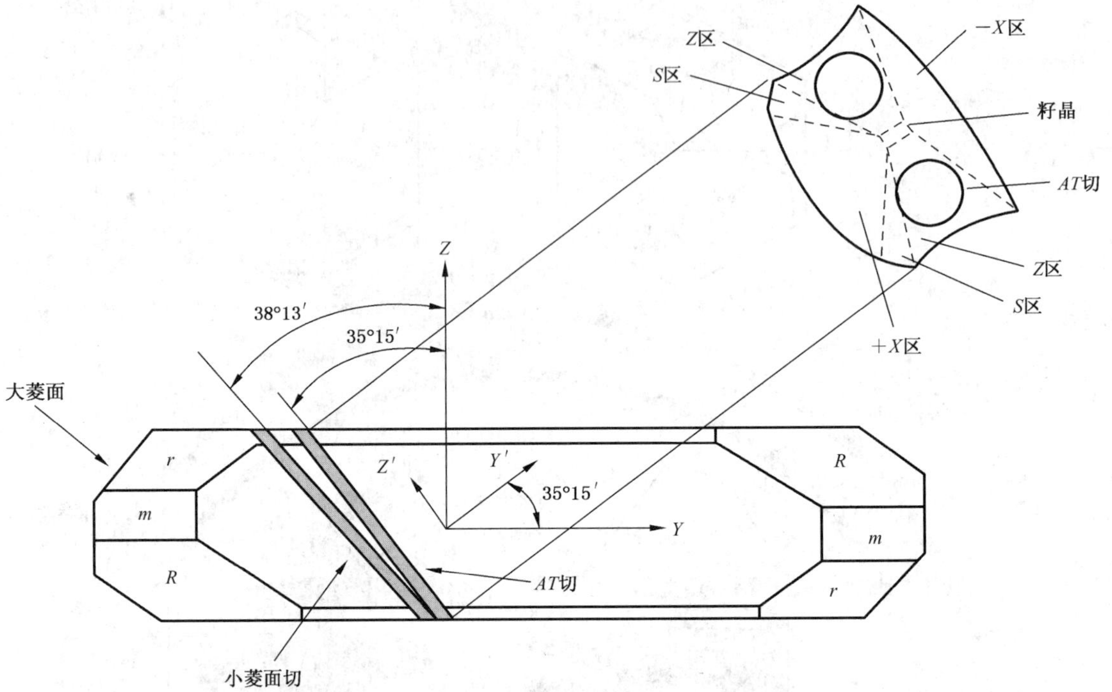

a) **AT** 切晶片的位置(以 0°取向的右旋石英为例)

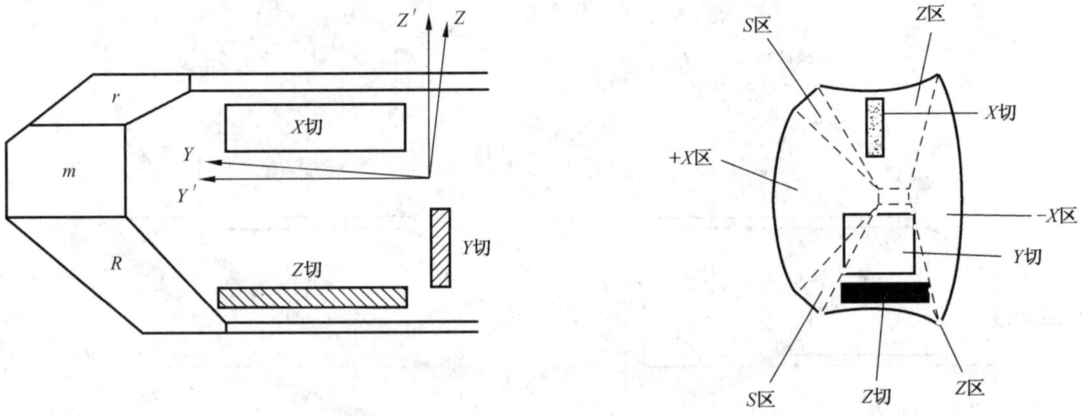

b) **X** 切、**Y** 切及 **Z** 切晶片的位置

图 3 **AT** 切、小菱面切、**X** 切、**Y** 切和 **Z** 切的晶片切割的典型示例

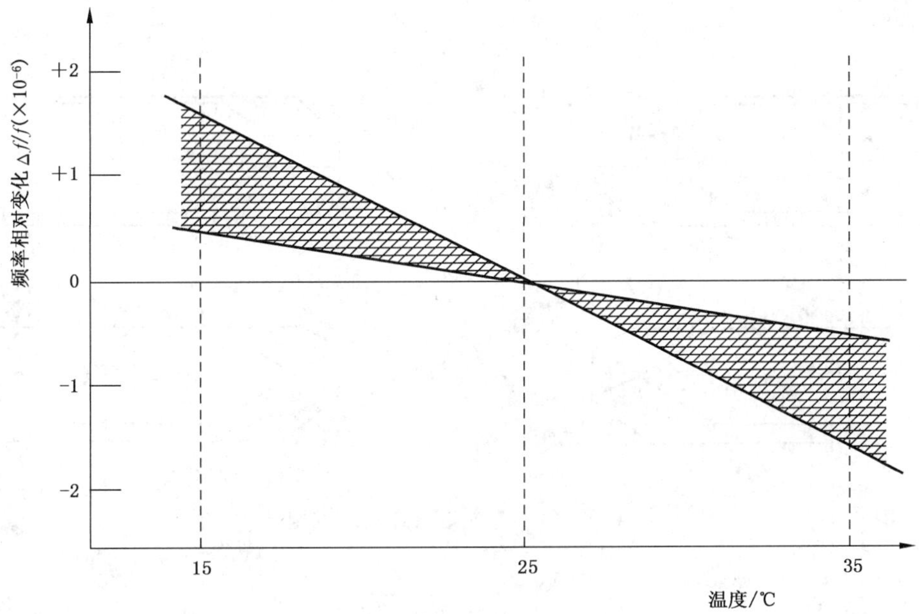

图 4 试验样品频率-温度特性

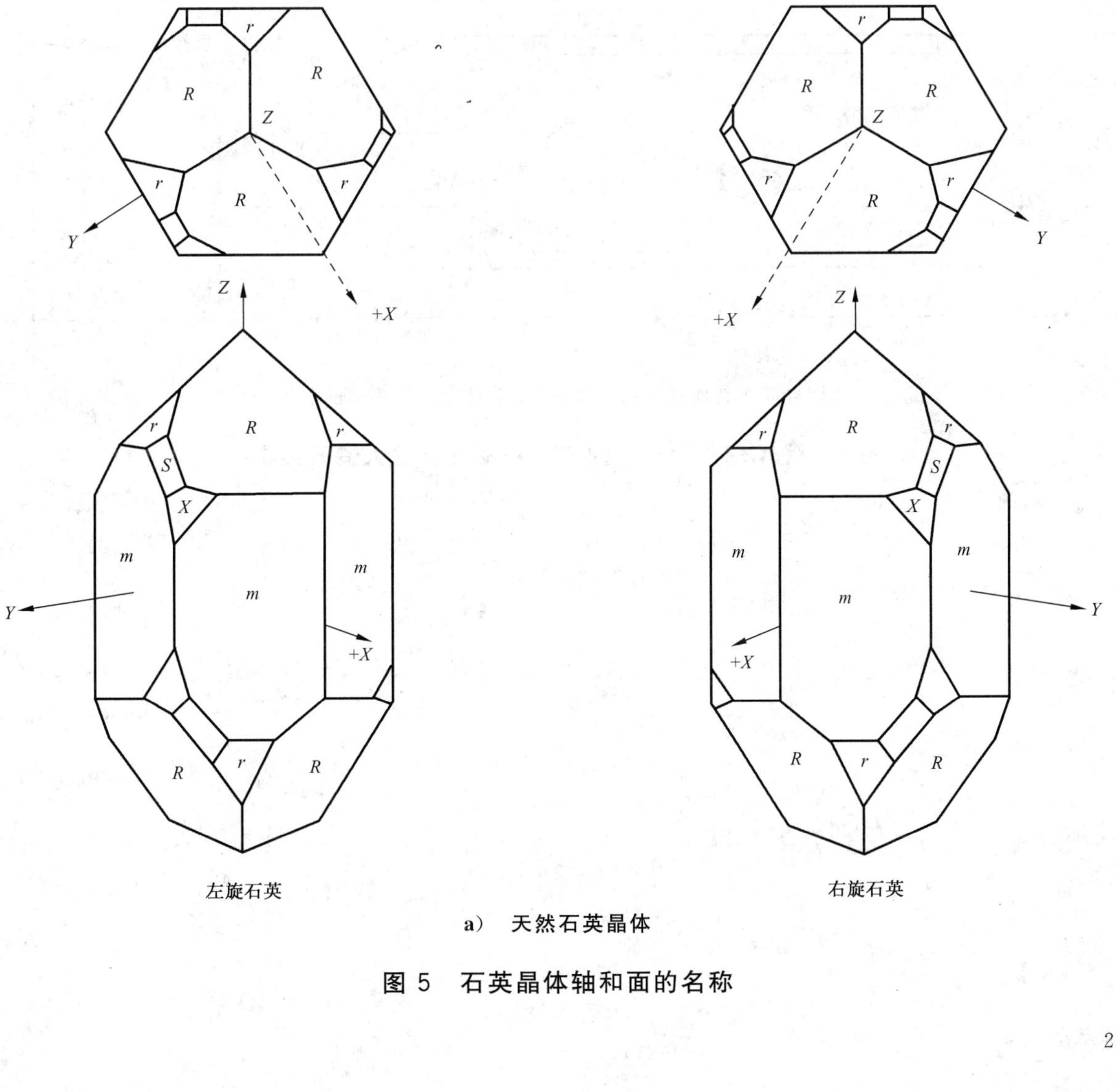

a) 天然石英晶体

图 5 石英晶体轴和面的名称

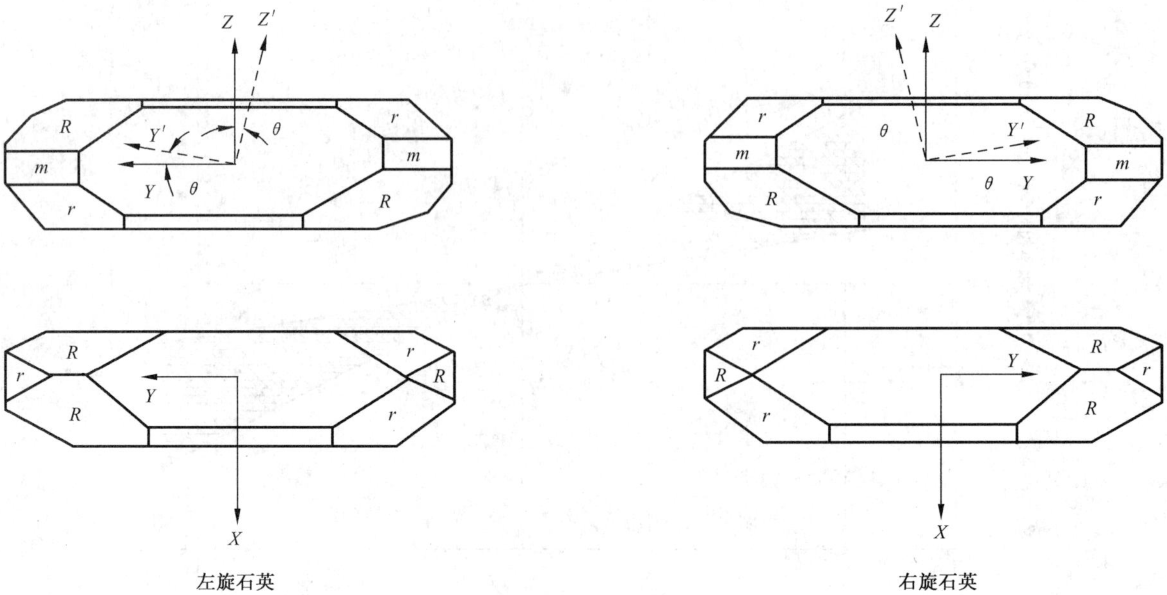

b) 人造石英晶体

图 5（续）

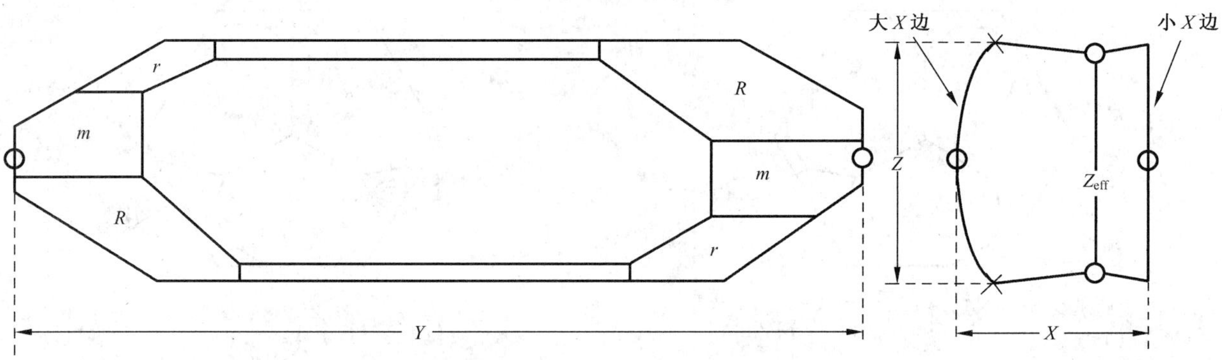

说明：当使用其他部位的 Z 切籽晶或其他切型的籽晶时，即生长出其他形状的晶体。

图 6 用 X 轴向尺寸小的 Z 切籽晶生长的人造石英晶体

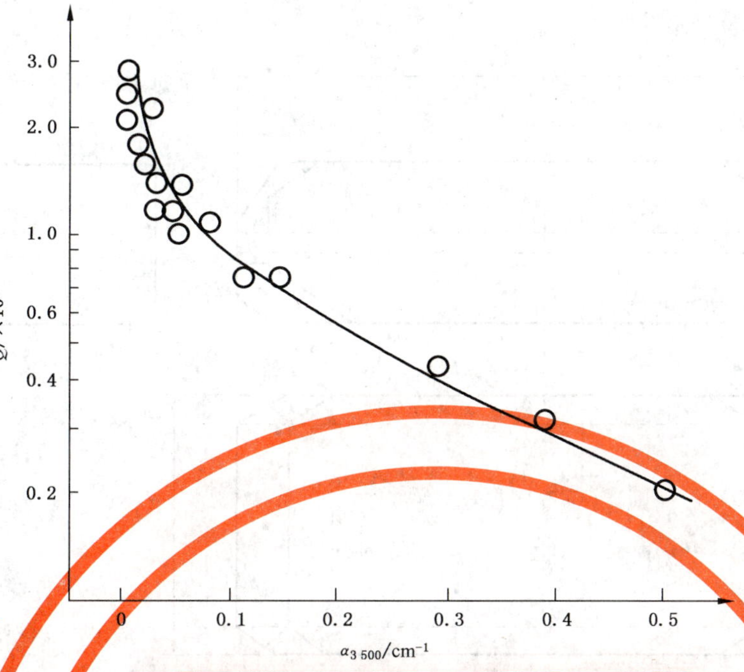

说明：最近重新校正的 $Q/\alpha_{3\,500}$ 关系曲线，包括用无聚光器的现代分光光度计测量的 $\alpha_{3\,500}$，与旧曲线上的实际 Q 值很接近，如图所示，在 $\alpha_{3\,500}$ 的测量值上加 0.01 修正值，即对应到相应的 Q 值。尽管此修正值很小，但它在低 α 值、高 Q 值的级别范围内对 Q 的影响是明显的。

图 7　20 世纪 70 年代初人造石英晶体的红外吸收系数与 Q 值之间的关系示例

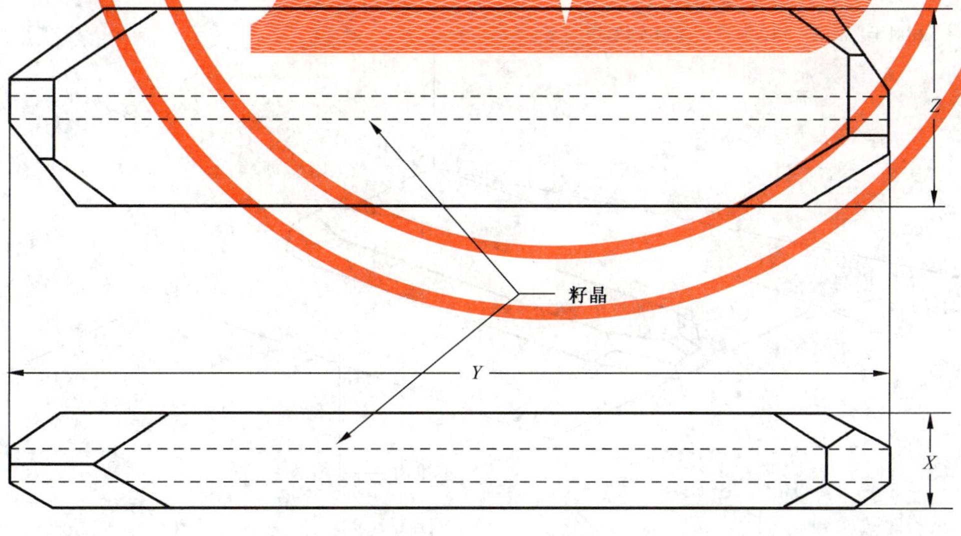

a)　小 X 尺寸籽晶的制材

图 8　人造石英晶体制材的外形和尺寸（X 轴、Y 轴和 Z 轴方向）

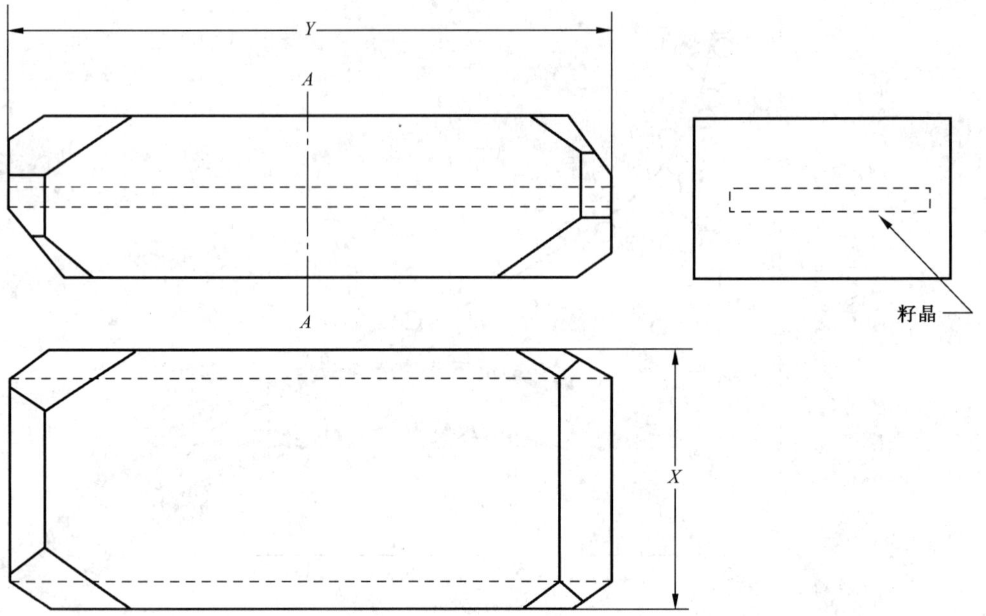

b)　大 X 尺寸籽晶的制材

图 8　（续）

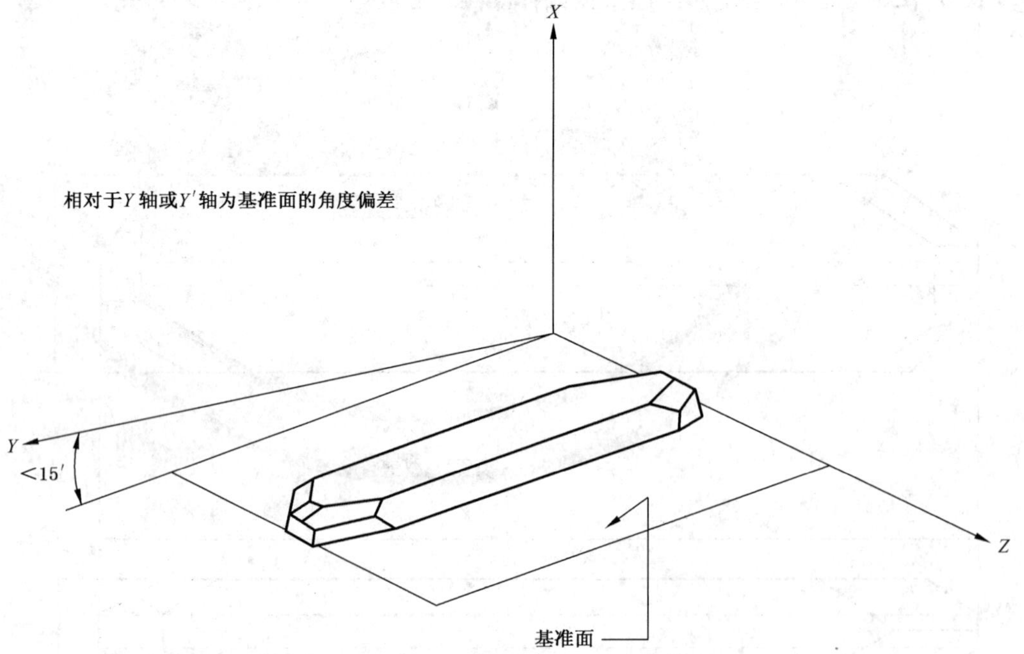

a)

图 9　基准面角度偏差

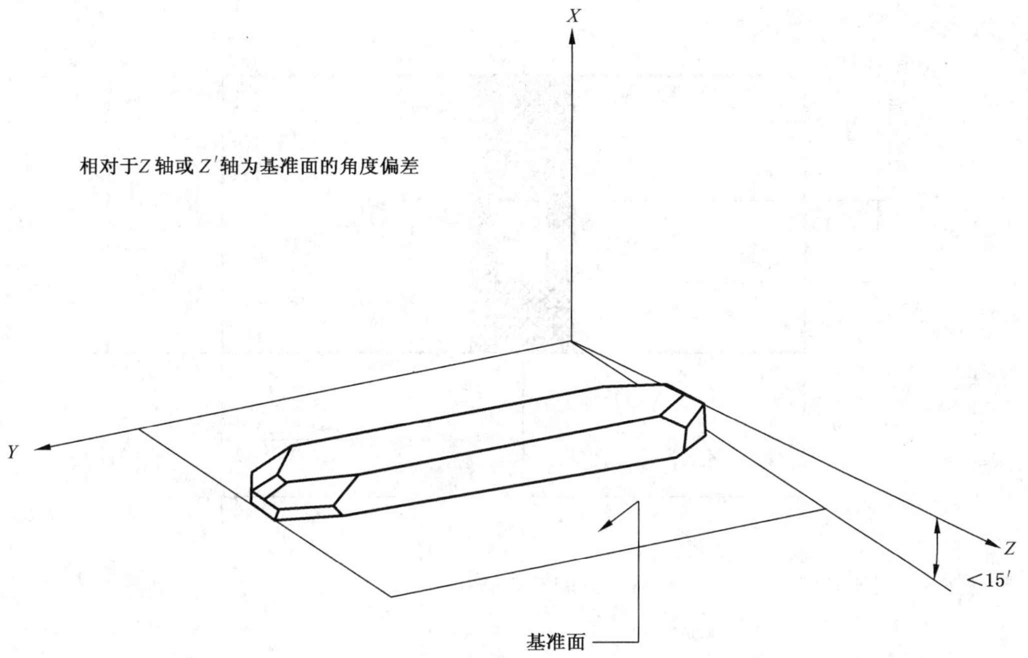

b)

图 9（续）

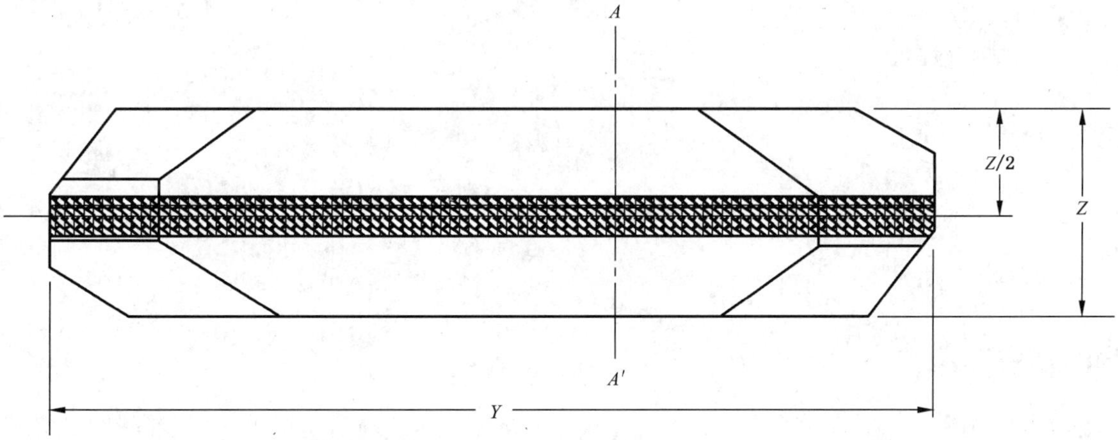

图 10　相对于 Z 轴或 Z′轴尺寸的籽晶中心位置

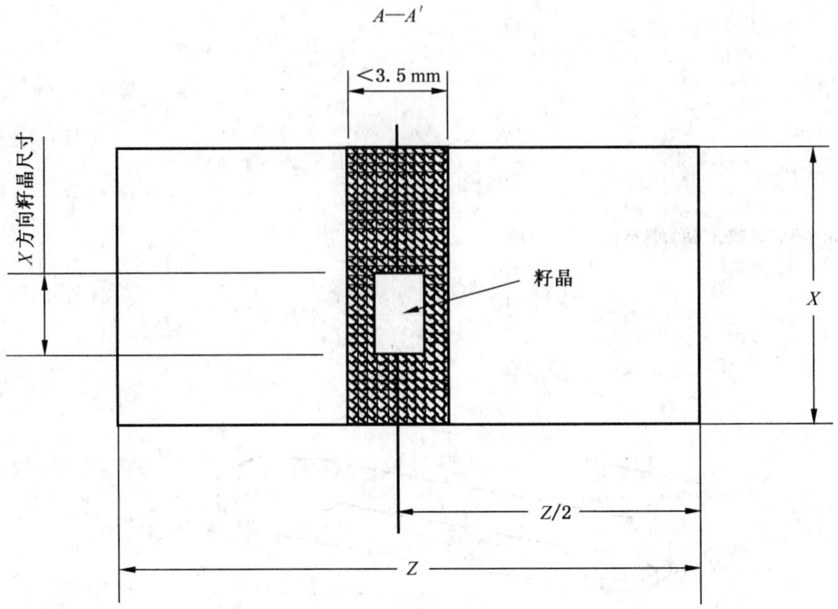

图 10（续）

附 录 A
（资料性附录）
常用的包裹体抽样程序

A.1 全体积计数检验法

当应用中包裹体密度的控制最为重要时，制造商和用户均使用此方法。

每块晶体应按照4.2.5.3.3包裹体计数的方法进行检查，但要对所有可用部位进行检查。应当注意，晶体的 X 轴高度大于显微镜的焦距时，应在需要的高度范围内移动聚焦，对晶体扫描观察，以确保计数时不漏掉包裹体。记录晶体可用体积中各类尺寸范围的包裹体数量，然后计算。

包裹体密度的计算方法是，将包裹按尺寸大小分类，分别计数，然后除以可用体积。

利用计算出的每块包裹体密度数据组，按照用户的要求对每块晶体进行分级。

A.2 商品 Y 棒的抽样——方法 1

制造商和用户均使用本方法对成批 Y 棒进行分级。

每50公斤石英抽取1个或多个 Y 棒样本。如果要求更高或更低的置信度水平时，可以抽取更多或更少的样本。但推荐每批最少抽取3个样本。如果是制造商进行检验，样品应该分别从高压釜的上、中、下三个部位并距高压釜壁的不同距离处抽取。如果是用户进行检验，且不是同一批次，样本应当随机抽取。

样本应按照4.2.5.3.4包裹体计数检验法进行检验。在每个样本上选取6个小区，对各小区分类记录包裹体的数量和尺寸等级，并计算这6个小区的总体积。

包裹体密度的计算方法是：6个小区的包裹体按各尺寸等级分别统计总数，再分别除以6个小区的总体积。

棒材批的接收/拒收判据应与使用的抽样水平相适合。

A.3 商品 Y 棒的抽样——方法 2

此方法适用于用户对大批量 Y 棒进行进货检验。

从一批 Y 棒中随机抽取20支，按4.2.5.3.4包裹体计数法进行检验。只是要在棒材的全部可用长度检查，并仅对显微镜焦距深度内的部分进行检验。用户应对元器件关键区域（例如：电极面积）的 X 向高度与显微镜的焦距深度进行比较，以判断此方法的适用性。若检验不到的 X 高度不太大，则用显微镜聚焦检验的样本有充分的代表性，可认为是合理的样本。

记录各类尺寸等级内的包裹体总数 R。

用式(A.1)计算每支棒的平均体积 $\bar{V}$：

$$\bar{V}=\frac{[\bar{Z}-(2+S)]YD}{1\,000}(\mathrm{cm}^3) \quad \cdots\cdots\cdots\cdots(\mathrm{A.1})$$

式中：

$\bar{Z}$ ——棒材沿 Z 轴的平均尺寸，单位为毫米(mm)；

S ——籽晶的宽度，单位为毫米(mm)；

Y ——棒材沿 Y 轴的可用长度，单位为毫米(mm)；

D——显微镜的焦距深度，单位为毫米(mm)。

$\overline{Z}$是通过测量每支棒材沿Z轴的最小和最大尺寸，并对全部40个测量值求算术平均值而确定的。

每立方厘米的包裹体数量ρ由式(A.2)计算：

$$\rho=\frac{R}{V} \qquad \cdots\cdots(A.2)$$

棒材批的接收/拒收判据由检查水平S3，AQL 1.0(见GB/T 2828.1)来确定。

A.4 100%晶体检验的标准样品比较法

此方法被制造商广泛应用于：一个生产批内棒材的包裹体密度不同，有合格范围内也有合格范围外的；或要求对棒材挑选分级。

依次目检每块晶体，并在包裹体密度最大的一个区域打标记。然后将其与一套已知包裹体密度的标准样品作比较。这套标准样品可以通过实际测量得到，包裹体密度采用4.2.5.3的包裹体计数法确定；也可以用晶体照片作为比照样品。

当晶体明显地处于某一级别的范围内时，判定晶体属于该级别。当包裹体密度在某一极限值附近，不能明确判定时，可以将晶体分级在较高包裹体密度的级别上，也可以采用前述的包裹体计数法更精确地确定包裹体密度级别。

本方法的一个不同之处是：可以通过调整显微镜螺旋装置上下移动镜头，以便能快速在二个或三个焦深范围内调节。使用这种方法检验可以更快速地取样。

附　录　B
（资料性附录）
包裹体密度计算举例

使用放大 30 倍，视场聚焦为直径 0.6 cm、高度 0.1 cm 的体视显微镜，计算 X 轴向长 2.0 cm 的晶棒，在其整个高度的六个区域上对包裹体计数，见表 B.1。

表 B.1　商品棒材的抽样—方法 1

包裹体尺寸/μm	包裹体数
10～30	18
30～70	5
70～100	4
>100	10

总体积的计算公式 $V=NH\pi(D/2)^2$，得总体积 $V=3.39\ \text{cm}^3$。

式中：

N ——计数区域的数目；

H ——显微镜降低时扫描过的晶棒高度（本例中即为晶棒的高度），单位为厘米（cm）；

D ——显微镜的视场直径，单位为厘米（cm）（当视场直径小于样品的总高度时，准确地说应为 $H=R+h$，R 为显微镜扫描过的高度范围；h 为显微镜的视场聚焦高度）。

将各类尺寸的包裹体总数除以总体积 3.39 cm^3，得到该晶棒的四个平均值，如表 B.2 所示。

表 B.2　商品棒材的抽样

包裹体尺寸/μm	包裹体数
10～30	5.3
30～70	1.5
70～100	1.2
>100	2.9

附 录 C
（资料性附录）
包裹体密度标准样品选取示例

认真选出准备用作标准样品的原生长晶棒，每个等级的都应选到。当被选晶棒的籽晶 X 轴尺寸很大时，可从晶棒上切取 Y 切晶片，研磨到 10 mm 厚度并抛光表面。在 Z 生长区（籽晶除外）的 Y 面上画出边长 10 mm 的正方形，形成 1 cm^3 的体积。方格距籽晶表面的最短距离为 0.5 mm，以避免将籽晶罩算进去。当被试晶棒上不同位置的包裹体密度不同时，应该切割几个晶片，以便计数更接近该晶棒的平均值。在 40 倍立体双筒显微镜下，在每个选择的样本体积内对各类规定尺寸范围的包裹体分别观测计数。将各样品体积中四类尺寸范围的包裹体数分别累加，并除以该晶片的样本总体积得到平均值。如果几个晶片从同一晶棒上切下，应按所有晶片计算平均值。上述方法得到的各个尺寸范围的平均值可认为是被选棒的评定数值。应选取其评定数值最接近每一级别极限值的样品作为标准样品。

附　录　D
（资料性附录）
点式卡尺的说明

如图 D.1 和图 D.2 所示，点式卡尺有两个延长的测量点，适合测量表面不规则的样品，如原生长人造石英晶体的 Z 面。

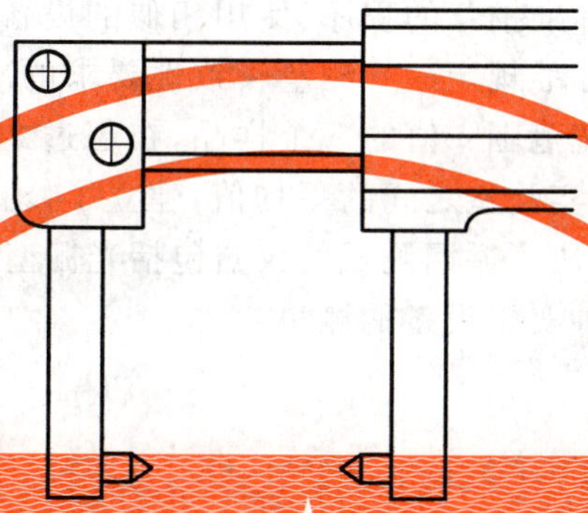

图 D.1　点式卡尺

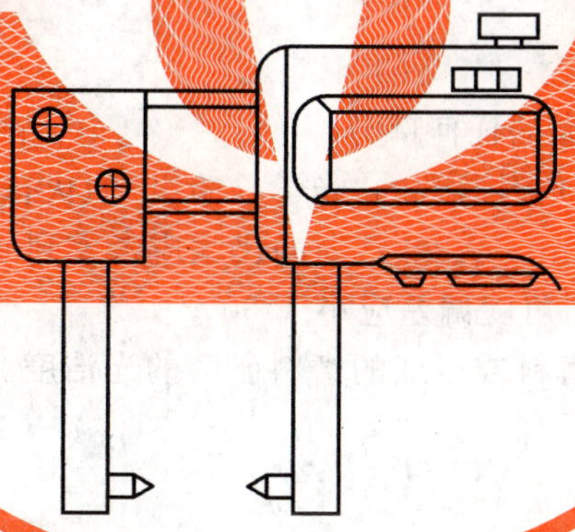

图 D.2　数字式点式卡尺

附　录　E
（资料性附录）
红外吸收系数 α 值补偿

E.1　引言

已知，在不同的实验室采用本标准推荐的程序、使用相似的设备得到的 α 测量值，各个实验室测量的结果存在偏差，其偏差超过了本标准规定的 α 测量一致性要求的准确度的极限值。为了获得并建立各实验室之间的修正关系，用包含宽范围 α 值的 5 个样品，在超过 20 个实验室进行了循回测试。根据测量结果的差异及在固定波数下各实验室之间的平均值，建立了修正关系的确定程序。未来建立修正关系时可使用本附录叙述的这种方法。循回测试的仪器包括光栅型双光束红外分光光度计和傅立叶红外设备，因此本方法适用于用这二种实验设备的测量。

E.2　样品制备、仪器设定和测量

E.2.1　概述

为了减小不同实验室之间的偏差，推荐了一系列样品制备、设备装置和测量程序的方法。

E.2.2　样品制备

推荐的样品制备程序如下：

——样品切自 Z 区，不包含籽晶的任何部分；

——光沿 Y 轴传播，将 Y 面抛光到通常的“光学检验级”的状态；

——Y 厚度应为 10 mm±0.2 mm，X 和 Z 向的尺寸应考虑到通过光阑的光穿过样品时便于测量；

——X 面和 Y 面与相应晶轴的角度偏差应小于 30′；

——X 面和 Z 面应达到 80＃磨料或更细的磨料研磨的光洁度。

E.2.3　仪器设定

一般仪器的装置示意图见图 E.1。

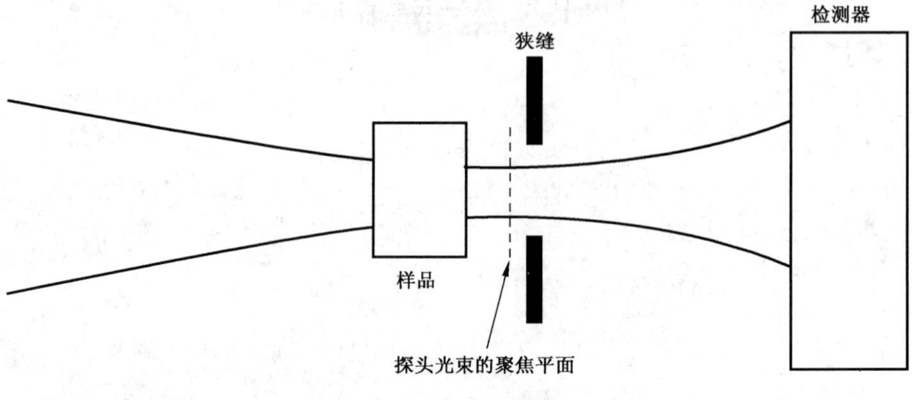

图 E.1　测量示意图

样品的位置应符合下述条件：光束透过样品表面在 5 mm 以内形成聚焦平面，且聚焦平面位于样品和光阑之间。

仪器的设定（傅立叶红外设备的扫描速度，光栅分光计的狭缝宽度）应保证波数分辨率约为 6.0 cm^{-1}±0.5 cm^{-1}。

光阑孔径的尺寸为 12 mm×2 mm，12 mm 长度方向是晶体的 X 轴方向。

光阑孔位于样品和聚焦平面之间，此时参考波数的透过达到最大。

移去样品，在设定的所有参考波数和吸收波数下校准仪器，使透过率达到 100%。

参考波数是 3 800 cm^{-1}±3 cm^{-1}和 3 979 cm^{-1}±3 cm^{-1}。

吸收波数是 3 500 cm^{-1}±3 cm^{-1}、3 585 cm^{-1}±3 cm^{-1}和 3 410 cm^{-1}±3 cm^{-1}。测量的吸收波数设置为 3 585 cm^{-1}时应调整仪器，使其达到最小的透射率。

测量温度为 15 ℃～25 ℃。

测量的相对湿度为 70%或更小。

E.2.4 测量方法

用 3.19 的公式计算三个吸收系数中任何一个未加修正的吸收值。在同一参考波数下评估 T_1，它用于建立 E.3 中的修正关系。在光栅分光计中，测量应在固定波数的条件下进行。样品应处于光阑孔光束的中心，使用专用样品架以保证每个样品的位置一致。

E.3 建立修正关系的程序

修正关系的建立是在三个吸收波数下分别进行，此处仅举例讨论 3 500 cm^{-1}的情况。使用循回测试用样品或等效样品，按 E.2.2 和 E.2.3 测量。

修正方法举例如下。由多个实验室测量了一套 5 个标准样品，得到三个波数下的未修正的数据的平均值(包括所有仪器测量的)，在表 E.1～表 E.3 中标为“平均值”。某一个实验室的测量数据在表中标为“测量值”。

表 E.1 $\alpha_{3\,585}$修正数据举例

平均值	测量值
0.015 7	0.015 5
0.038 2	0.037 3
0.062 4	0.059 1
0.155 5	0.153 8
0.136 2	0.137 8

表 E.2 $\alpha_{3\,500}$修正数据举例

平均值	测量值
0.026 1	0.025 1
0.038 3	0.036 1
0.051 4	0.047 5
0.130 6	0.123 2
0.107 7	0.107 2

表 E.3　$\boldsymbol{\alpha}_{3\,410}$ 修正数据举例

平均值	测量值
0.077 0	0.075 6
0.094 2	0.092 1
0.113 9	0.110 5
0.219 4	0.214 8
0.188 8	0.188 8

图 E.2 示出了数据对应的曲线，它是线性逼近的最小二乘拟合曲线。

从这三个示例中计算的修正项是：$\alpha_{3\,500}$ 时，系数 $a=1.029\,9$，偏移量 $b=0.001\,0$；$\alpha_{3\,585}$ 时，$a=0.994\,1$，$b=0.001\,4$；$\alpha_{3\,410}$ 时，$a=1.005\,9$，$b=0.001\,5$。

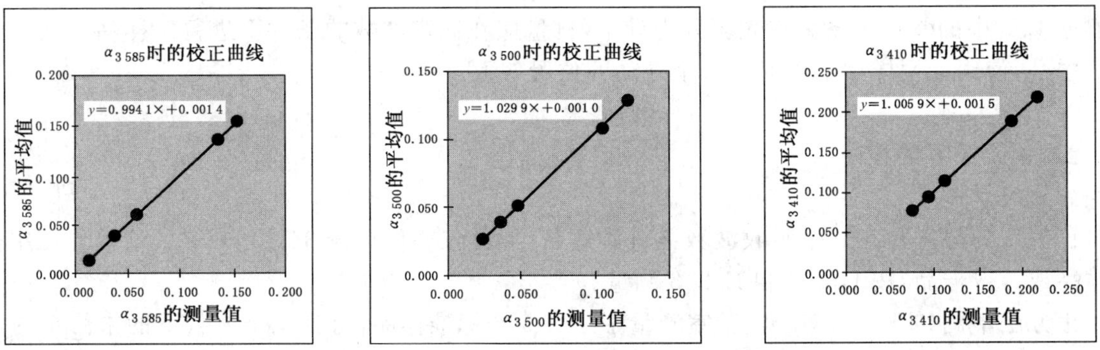

图 E.2　在 $\boldsymbol{\alpha}_{3\,500}$、$\boldsymbol{\alpha}_{3\,585}$ 和 $\boldsymbol{\alpha}_{3\,410}$ 三个波数下，$\boldsymbol{\alpha}$ 测量与平均值的关系曲线

E.4　吸收修正值的计算

已知由测量建立的相关波数的修正关系式后，按 E.2.3 的方法测量待验样品。修正的吸收值 α 是由未修正的吸收值 α 使用式(E.1)并采用 E.3 定义的修正系数 a、b 进行计算而得。

$$\alpha_{修正值}=a\alpha+b \qquad \text{(E.1)}$$

附 录 F
（资料性附录）
本标准与 IEC 60758:2008 技术性差异及其原因

表 F.1 给出了本标准与 IEC 60758:2008 的技术性差异及其原因的一览表。

表 F.1 本标准与 IEC 60758:2008 的技术性差异及其原因

本标准的章条号	技术性差异	原 因
3.3	删除“同一时期提交的同一个高压釜内生长的人造石英晶体”，改为“同一时期按同一工艺、同一原料生长的，按同一技术条件提交的人造石英晶体”	国外的高压釜多为大容积，我国高压釜多数是中小容积，在大批量向同一用户供货时需多台釜的产品才能满足一个合同，完成交货
3.7.1	将与本条相应的图 2 中晶面符号“z”改为“r”，“r”改为“R”	我国的教材、文献等所用的晶面符号与 IEC 60758 不是同一体系，GB/T 3352—1994，GB/T 3353—1995 都未采用 IEC 的体系，本标准仍使用国内通用的表示符号
3.9	删除“3.9.2 腐蚀遂道”	此条与 3.14 都是“腐蚀遂道”的定义，删除此重复章条，后续章条序号顺延
4.1.3	删除“以上的试验极限值（除 B 级和 D 级外）或者与 $\alpha_{3\ 500}$ 的限值相对应，或者不随 $\alpha_{3\ 500}$ 而变化。$\alpha_{3\ 500}$ 是与 IEC 60758 第一版中的 Q 值相对应的。早期版本中规定了下列相应级别的最小 Q 值（10^6）： A=3.0； B=2.2（这里使用的），与早期版本的 2.4 有变化； C=1.8； D=1.4（修改过的）； E=1.0（与早期版本的 D 级相同）。”	本段是说明性文字，不影响标准的使用，且 B 级的文字说明有错误，容易引起误解
4.3	将“大 X 面 ”改为“$+X$ 面”，“小 X 面 ”改为“$-X$ 面”，并增加“（大 X）”和“（小 X）”	国内标注时的习惯称谓
4.3	删除 4.3.1	此条是运输，但内容未作具体规定，仅有“按供应商和用户之间的协议规定”。制造商对普通运输都有适当的包装规定，是企业的内部文件。在这里不作统一规定
5.1.2	将基准面平面度应不大于“0.2 mm”改为“0.1 mm”	GB/T 6628—1996 中的规定是 0.1 mm，多年来一直使用，本次修订不作改变
5.3.3	如果对同一用户的一个交货批量“较大”，改为“不大”	由于 3.3 原晶批的定义改变，即国内的原晶批数量比国外的小，因此本处对棒材的制造批作相应改变

表 F.1(续)

本标准的章条号	技术性差异	原　因
6.2.1	将“一个检验批应为同一时间提交检验的人造石英晶体制材构成。”改为“一个检验批应为同一时间按同一技术条件提交检验的人造石英晶体制材构成。”	由于 3.3 对 IEC 标准的修改原因，考虑我国国情，仍采用 GB/T 6628—1996 的相应条款
7.1.2	将“晶体生长的形状、大小及物理性能与籽晶取向、籽晶大小及生长条件有关。”改为“晶体生长的形状、大小及物理性能与籽晶取向、籽晶大小、籽晶品质及生长条件有关。”	晶体的质量与籽晶的许多特性有关，增加的描述更加全面
图 1b)、图 2、图 3、图 5、图 6	将晶面符号“z”改为“r”，“r”改为“R”	我国的教材、文献等所用的晶面符号与 IEC 60758 不是同一体系，GB/T 3352—1994，GB/T 3353—1995 都未采用 IEC 的体系，本标准仍使用国内通用的表示符号

参 考 文 献

Bibliography General

[1] R. A. Laudise and J. W. Nielsen: Hydrothermal Crystal Growth (Academic Press Inc. : Solid State Physics, v. 12, p. 149).

[2] W. J. Spencer: Observation of Resonant Vibrations and Defect Structure in Single Crystals by X-ray Diffraction Topography (Academic Press: Physical Acoustics, v. 5, p. 111).

[3] D. B. Fraser: Impurities and Anelasticity in Crystalline Quartz (Academic Press: Physical Acoustics, v. 5, p. 59).

Specialized

[4] IEC Publication 122-2: Quartz Crystal Units for Frequency Control and Selection, Part 2: Guide to the Use of Quartz Crystal Units for Frequency Control and Selection, 1983.

[5] A. C. Walker: Hydrothermal Growth of Quartz Crystals (Ind. Eng. Chem. , v. 46, p. 1670, 1954).

[6] D. L. Wood: Infrared Absorption of Defects in Quartz (J. Phys. Chem. Solids, v. 13, p. 326, 1960).

[7] C. S. Brown: Internal Friction in Synthetic Quartz (Proc. Phys. Soc. , v. 75, p. 459, 1960).

[8] F. Augustine and D. R. Hale: Topography and Etch Patterns of Synthetic Quartz (J. Phys. Chem. Solids, v. 13, p. 334, 1960).

[9] J. W. Nielsen and F. G. Foster: Unusual Etch Pits in Quartz (Amer. Mineral, v. 45, p. 299, 1960).

[10] S. V. Starodubtsev, Sh. Vakhidov and L. I. Tsinober: Sector Distribution of Luminescence Centres in Synthetic Quartz (Kristallografia, v. 8, p. 770, 1964. En russe—In Russian).

[11] L. I. Tsinober and I. E. Kamentsev: Effect of Growth Rate on the Concentration of Centres of Smoky Colour and on the Unit Cell Parameters of Synthetic Quartz Crystals (Kristallografia, v. 9, p. 448, 1964. En russe—In Russian).

[12] A. A. Ballman and D. W. Rudd: The Growth of Cultured Quartz (Western Electric Engineer, v. 9, p. 3, 1965).

[13] D. M. Dodd and D. B. Fraser: The 3 000-3 900 cm-1 Absorption Bands and Anelasticity in Crystalline m-Quartz (J. Phys. Chem. Solids. v. 26, p. 673, 1965).

[14] D. W. Rudd, E. E. Houghton and W. J. Carrol: Mechanical Q of Alpha-Quartz Rapidly Evaluated (Western Electric Engineer, v. 10, p. 22, 1966).

[15] W. J. Spencer and K. Haruta: Defects in Synthetic Quartz (J. Appl. Physics, v. 37, p. 549, 1966).

[16] A. R. Lang and V. F. Miuskov: Dislocation and Fault Surface in Synthetic Quartz (J. Appl. Phys. , v. 38, p. 2477, 1967).

[17] G. Matsuki and F. Iwasaki: Hydrogen Bonded OH in Synthetic Quartz (Japan, J. Appl. Phys. , v. 7, p. 1136, 1968).

[18] I. Koga: Specifying Quartz Crystal Cuts without Regard to Handedness (Proc. IEEE, v. 57, No. 12, 1969, p. 2171).

[19] B. Sawyer: Q Capability Indication from Infrared Absorption Measurements for Na_2CO_3 Processed Cultured Quartz (IEEE Trans. Sonics and Ultrasonics, v. SU-19, p. 41, 1972).

[20] N. C. Lias, E. E. Grudenski, E. D. Kalb and R. A. Laudise: The Growth of High Acoustic Q Quartz at High Growth Rates (J. Crys. Growth, v. 18, p. 1, 1973).

[21] J. Asahara, E. Yazaki, K. Takazawa and K. Kita: Influences of the Inclusions in Synthetic Quartz (Proc. 29th Ann. Freq. Control Symp., p. 211, 1975).

[22] J. C. Brice and A. M. Cole: The Characterization of Synthetic Quartz by Using Infrared Absorption (Proc. 32nd Ann. Freq. Control Symp., p. 1, 1978).

[23] J. F. Balascio and N. C. Lias: Standard Characterization Methods for the Determination of the Quality of Hydrothermally Grown Quartz (Proc. 37th Ann. Freq. Control Symp., p. 157, 1983).

[24] M. Ikeda, M. Kurashige, S. Maeda, Y. Mikawa, K. Nagai, J. Takahashi, H. Takashima, M. Kyono, N. Yamamoto: Study and Proposal of Alpha-Grade Evaluation Procedure for Synthetic Quartz Crystal (Proc. 54th Ann. Freq. Control Symp., p. 206, 2000).

[25] J. C. Brice: Crystals for Quartz Resonators (Reviews of Modern Physics, v. 57, No. 1, p. 105, 1985).

[26] B. Sawyer: Quality Indications from Infrared Absorption Measurements on Cultured Quartz (IEEE Trans. on Ultrasonics, Ferroelectrics and Frequency Control, p. 558, 1987).

[27] J. J. Martin: Electrodiffusion (Sweeping) of Ions in Quartz-a Review (IEEE Trans. On Ultrasonics, Ferroelectrics and Frequency Control, p. 228, 1988).

[28] J. G. Gualtieri and K. L. Blisnuk: Spurious Surface Finish Improvement of the Infrared Extinction Coefficient of Alpha Quartz. (IEEE Trans. on Ultrasonics, Ferroelectrics and Frequency Control, p. 494, 1991).

[29] B. Sawyer: International Round Robin in Infrared Alpha Measurements on Slices of Synthetic Quartz (IEEE Trans. on Ultrasonics, Ferroelectrics and Frequency Control, p. 467, 1994).

ICS 29.060.10
K 11

中华人民共和国国家标准

GB/T 3428—2012
代替 GB/T 3428—2002

架空绞线用镀锌钢线

Zinc-coated steel wires for stranded conductors

(IEC 60888:1987,MOD)

2012-12-31 发布　　2013-06-01 实施

中华人民共和国国家质量监督检验检疫总局
中国国家标准化管理委员会　发布

前　言

本标准按照 GB/T 1.1—2009 给出的规则起草。

本标准代替 GB/T 3428—2002《架空绞线用镀锌钢线》，与 GB/T 3428—2002 相比，除编辑性修改外主要技术变化如下：

——修改了本标准规定的内容和适用范围；修改了镀锌钢线强度等级的描述；删除了对附录 C 的描述（见第 1 章，2002 年版的第 1 章）；

——修改了标称直径在 2.75 mm～5.50 mm 范围内的 3 级强度镀锌钢线的卷绕试验芯轴直径，由 5 D 改为 4 D（见表 3，2002 年版的表 5）；

——增加了 4 级和 5 级强度镀锌钢线，并详细规定了其性能参数（见表 4 和表 5）；

——删除了对韧性试验中伸长率试验和扭转试验选择的描述，要求同时考核伸长率和扭转（见 2002年版的 10.3）；

——修改了扭转试验方法，将原标准中“长度为镀锌钢线直径的 100 倍”修改为“长度为镀锌钢线标称直径的 100 倍”（见 10.4.2，2002 年版的 10.3）；

——增加了镀锌层质量的定义（见 11.1）；

——修改了镀锌层附着性试验，芯轴直径为“镀锌钢线直径”的倍数改为“镀锌钢线标称直径”的倍数（见 11.4，2002 年版的 11.4）；

——修改了合格证的要求（见第 12 章，2002 年版的第 12 章）；

——修改了“用于测定镀锌层质量的气体容积法”中的替代试剂，对替代试剂进行了详细的描述（见 A.2.2，2002 年版的 A.2.1）；

——修改了“架空绞线用镀锌钢线产品型号表示方法”中的强度代号，用“1 级、2 级、3 级、4 级和 5 级”来表示（见 C.1.2，2002 年版的 C.1.2）；

——修改了产品表示示例（见 C.3.2，2002 年版的 C.3.2）；

——删除了“产品型号与 IEC 代号对照表”（见 2002 年版的 C.4）。

本标准使用重新起草法修改采用 IEC 60888:1987《架空绞线用镀锌钢线》。

本标准与 IEC 60888:1987 相比，对附录 A 中提及的替代试剂进行了详细的描述；对附录 A 和附录 B 中的公式进行了编辑性修改；补充了“附录 C 架空绞线用镀锌钢线产品型号表示方法”作为规范性附录。本标准对应于 IEC 60888:1987 关于绞线用镀锌钢线强度和镀锌层厚度的规定，采用汉语拼音代号表示产品型号。IEC 60888:1987 中镀锌层厚度分为 Class 1 和 Class 2，本标准与其对应将镀锌层厚度分为 A 级和 B 级。

本标准与 IEC 60888:1987 相比在结构上有个别调整，增加了资料性附录 D，在其中列出了本标准与 IEC 60888:1987 的章条编号对照一览表。

本标准与 IEC 60888:1987 相比存在技术性差异，这些差异涉及的条款已通过在其外侧页边空白位置的垂直单线（|）进行了标示。

本标准由中国电器工业协会提出。

本标准由全国裸电线标准化技术委员会（SAC/TC 422）归口。

本标准负责起草单位：上海电缆研究所、广东电网公司东莞供电局。

本标准参加起草单位：巩义市恒星金属制品有限公司、黄山市诚意金属有限公司、天津华源时代金属制品有限公司、江苏中天科技股份有限公司、江苏长峰电缆有限公司、河北省产品质量监督检验院。

本标准主要起草人:蔡西川、郑秋、高明振、林建华、焦宗保、徐磊岗、严磊、缪小林、张伟民、徐学奎。

本标准所代替标准的历次版本发布情况为:

——GB/T 3428—1997;

——GB/T 3428—2002。

架空绞线用镀锌钢线

1 范围

本标准规定了单线标称直径(包括镀层)范围 1.25 mm～5.50 mm 的镀锌钢线的材料、表面质量、直径和直径偏差、长度和长度偏差、接头、取样、试验地点、机械性能试验、镀锌层试验、合格证等。镀锌钢线分为 5 个强度等级，分别用 1 级、2 级、3 级、4 级和 5 级表示。镀锌层分为 2 个级别，分别为 A 级和 B 级。

本标准适用于架空绞线结构用和(或)加强用镀锌钢线。

2 镀锌钢线的标准值

计算时，镀锌钢线应使用下列数值：

——A 级和 B 级镀锌钢线 20 ℃时的密度：7.78 kg/dm^3；

——线膨胀系数：11.5×10^{-6} $℃^{-1}$。

3 材料

钢线应具有下面规定的性能。镀锌用锌锭的最小含锌量为 99.85%。可采用热镀法或电镀法对钢线进行镀锌。

4 表面质量

镀锌前的钢线应光洁，并不应有与良好的商品不相称的所有缺陷。镀锌钢线应较光洁，并不应有与良好的商品不相称的所有缺陷。

5 直径和直径偏差

应在同一截面且互成 90°的方向上测量两次，取两次测量值的平均值作为镀锌钢线的直径。

在镀锌层上测量时，镀锌钢线直径偏离标称直径应不超出表 1、表 2、表 3、表 4 或表 5 规定的数值范围。

考虑到镀锌层表面，尤其是用热镀法生产的锌层表面不是很光洁、平整，因此这些直径偏差适用于测量镀锌钢线均匀区内的直径。

6 长度和长度偏差

镀锌钢线应按购买方要求的最短长度交货，其允许偏差为 $^{+4}_{0}$%。除非购买方与制造方预先订有协议，才允许以短于或长于这一要求的任意长度交货。

表 1　1 级强度镀锌钢线的机械性能、扭转要求和卷绕试验芯轴直径

标称直径 D mm		直径偏差 mm	1%伸长时的应力最小值 MPa	抗拉强度最小值 MPa	伸长率最小值[a] %	卷绕试验芯轴直径 mm	扭转试验扭转次数[b]最小值
大于	小于及等于						
			A 级镀锌层				
1.24	2.25	±0.03	1 170	1 340	3.0	1D	18
2.25	2.75	±0.04	1 140	1 310	3.0	1D	16
2.75	3.00	±0.05	1 140	1 310	3.5	1D	16
3.00	3.50	±0.05	1 100	1 290	3.5	1D	14
3.50	4.25	±0.06	1 100	1 290	4.0	1D	12
4.25	4.75	±0.06	1 100	1 290	4.0	1D	12
4.75	5.50	±0.07	1 100	1 290	4.0	1D	12
			B 级镀锌层				
1.24	2.25	±0.05	1 100	1 240	4.0	1D	
2.25	2.75	±0.06	1 070	1 210	4.0	1D	
2.75	3.00	±0.06	1 070	1 210	4.0	1D	
3.00	3.50	±0.07	1 000	1 190	4.0	1D	
3.50	4.25	±0.09	1 000	1 190	4.0	1D	
4.25	4.75	±0.10	1 000	1 190	4.0	1D	
4.75	5.50	±0.11	1 000	1 190	4.0	1D	

[a] 伸长率的最小值是对 250 mm 标距而言。如采用其他标距，则这些数值应使用 650/(标距+400)这个系数进行校正。

[b] 扭转试验试样长度：钢线标称直径的 100 倍。

表 2　2 级强度镀锌钢线的机械性能、扭转要求和卷绕试验芯轴直径

标称直径 D mm		直径偏差 mm	1%伸长时的应力最小值 MPa	抗拉强度最小值 MPa	伸长率最小值[a] %	卷绕试验芯轴直径 mm	扭转试验扭转次数[b]最小值
大于	小于及等于						
			A 级镀锌层				
1.24	2.25	±0.03	1 310	1 450	2.5	3D	16
2.25	2.75	±0.04	1 280	1 410	2.5	3D	16
2.75	3.00	±0.05	1 280	1 410	3.0	4D	16
3.00	3.50	±0.05	1 240	1 410	3.0	4D	14
3.50	4.25	±0.06	1 170	1 380	3.0	4D	12
4.25	4.75	±0.06	1 170	1 380	3.0	4D	12
4.75	5.50	±0.07	1 170	1 380	3.0	4D	12

表 2（续）

标称直径 D mm		直径偏差 mm	1%伸长时的应力最小值 MPa	抗拉强度最小值 MPa	伸长率最小值[a] %	卷绕试验芯轴直径 mm	扭转试验扭转次数[b]最小值
大于	小于及等于						
			B 级镀锌层				
1.24	2.25	±0.05	1 240	1 380	2.5	3*D*	
2.25	2.75	±0.06	1 210	1 340	2.5	3*D*	
2.75	3.00	±0.06	1 210	1 340	3.0	4*D*	
3.00	3.50	±0.07	1 170	1 340	3.0	4*D*	
3.50	4.25	±0.09	1 100	1 280	3.0	4*D*	
4.25	4.75	±0.10	1 100	1 280	3.0	4*D*	
4.75	5.50	±0.11	1 100	1 280	3.0	4*D*	

[a] 伸长率的最小值是对 250 mm 标距而言。如采用其他标距，则这些数值应使用 650/(标距+400)这个系数进行校正。

[b] 扭转试验试样长度：钢线标称直径的 100 倍。

表 3　3 级强度镀锌钢线的机械性能、扭转要求和卷绕试验芯轴直径

标称直径 D mm		直径偏差 mm	1%伸长时的应力最小值 MPa	抗拉强度最小值 MPa	伸长率最小值[a] %	卷绕试验芯轴直径 mm	扭转试验扭转次数[b]最小值
大于	小于及等于						
			A 级镀锌层				
1.24	2.25	±0.03	1 450	1 620	2.0	4*D*	14
2.25	2.75	±0.04	1 410	1 590	2.0	4*D*	14
2.75	3.00	±0.05	1 410	1 590	2.5	4*D*	12
3.00	3.50	±0.05	1 380	1 550	2.5	4*D*	12
3.50	4.25	±0.06	1 340	1 520	2.5	4*D*	10
4.25	4.75	±0.06	1 340	1 520	2.5	4*D*	10
4.75	5.50	±0.07	1 270	1 500	2.5	4*D*	10

[a] 伸长率的最小值是对 250 mm 标距而言。如采用其他标距，则这些数值应使用 650/(标距+400)这个系数进行校正。

[b] 扭转试验试样长度：钢线标称直径的 100 倍。

表 4　4 级强度镀锌钢线的机械性能、扭转要求和卷绕试验芯轴直径

标称直径 D mm		直径偏差 mm	1%伸长时的应力最小值 MPa	抗拉强度最小值 MPa	伸长率最小值[a] %	卷绕试验芯轴直径 mm	扭转试验扭转次数[b]最小值
大于	小于及等于						
			A 级镀锌层				
1.24	2.25	±0.03	1 580	1 870	3.0	4*D*	12
2.25	2.75	±0.05	1 580	1 820	3.0	4*D*	12
2.75	3.00	±0.05	1 550	1 820	3.5	4*D*	12
3.00	3.50	±0.05	1 550	1 770	3.5	4*D*	12
3.50	4.25	±0.06	1 500	1 720	3.5	4*D*	10
4.25	4.75	±0.06	1 480	1 720	3.5	4*D*	8

[a] 伸长率的最小值是对 250 mm 标距而言。如采用其他标距，则这些数值应使用 650/(标距+400)这个系数进行校正。

[b] 扭转试验试样长度：钢线标称直径的 100 倍。

表5 5级强度镀锌钢线的机械性能、扭转要求和卷绕试验芯轴直径

标称直径 D mm 大于	标称直径 D mm 小于及等于	直径偏差 mm	1%伸长时的应力最小值 MPa	抗拉强度最小值 MPa	伸长率最小值[a] %	卷绕试验芯轴直径 mm	扭转试验扭转次数[b]最小值
			A级镀锌层				
1.24	2.25	±0.03	1 600	1 960	3.0	4D	12
2.25	2.75	±0.05	1 600	1 910	3.0	4D	12
2.75	3.00	±0.05	1 580	1 910	3.5	4D	12
3.00	3.50	±0.05	1 580	1 870	3.5	4D	12
3.50	4.25	±0.06	1 550	1 820	3.5	4D	10
4.25	4.75	±0.06	1 500	1 820	3.5	4D	8

[a] 伸长率的最小值是对 250 mm 标距而言。如采用其他标距，则这些数值应使用 650/(标距+400)这个系数进行校正。

[b] 扭转试验试样长度：钢线标称直径的 100 倍。

7 接头

热轧盘条或半成品钢线，在热处理前后及冷拉前，允许用电阻对焊或闪光焊进行接头。由焊接过的盘条拉制成的镀锌前的钢线，其最小抗拉强度应不小于相邻未焊接过的钢线最小抗拉强度的 80%，并且在任何情况下都要求焊接过的钢线的抗拉强度应大于表 1、表 2、表 3、表 4 或表 5 中规定的抗拉强度的 90%。除焊接过的那段盘条拉制的成品钢线不要求通过韧性卷绕和(或)扭转试验之外，这种钢线的其他要求值不变。含有接头的成品钢线应有清楚的标记。

成品镀锌钢线不应有任何类型的接头。

8 取样

试验用样品应由制造方从以单根长度为单位的镀锌钢线中抽取 10%。批量较大时，并且制造方已证明该批钢线达到或超过规定性能指标，则在购买方与制造方达成协议的情况下，样品数目可以减少至保证对每批钢线达到足够的监控水平。

9 试验地点

除非购买方与制造方在订货时另有协议，所有试验均应在制造厂内进行。

10 机械性能试验

10.1 总则

所有试验均应在成品镀锌钢线上进行。

10.2 1%伸长时的应力

应将从每个试样上截取的一个试件在拉力试验机的夹头内夹紧。按表 6 第 2 栏规定的相应的初应

力施加负荷，并按 250 mm 标距安装引伸仪，然后调节到表 6 第 3 栏规定的起始值。(如果购买方与制造方达成协议，可以使用 100 mm 或 200 mm 标距。此时，引伸仪的起始值应按表 1 规定的起始值乘以实际试验标距与 250 mm 标距之比来校正。)如果试验后接着要求进行其他试验，则在施加负荷前应在钢线上标出标距。

然后应均匀地增加负荷，直到引伸仪指示出伸长了原始标距的 1%为止。在该点记下负荷读数，并应将该负荷除以镀锌钢线截面积(由实测直径计算)计算得出了 1%伸长时的应力值。该数值应不小于表 1、表 2、表 3、表 4 或表 5 相应栏的数值。

试验后此试件可用于拉力试验和伸长率试验。

表 6　测定 1%伸长时的应力的初应力和引伸仪起始值

实测直径 mm		初应力 MPa	引伸仪起始值 (250 mm 标距)[a]
大于	小于及等于		
1.24	2.25	100	0.125
2.25	3.00	200	0.250
3.00	4.75	300	0.375
4.75	5.50	400	0.500

[a] 采用其他标距时，引伸仪起始值可采用标距/250 mm 这一系数来校正。

10.3　拉力试验

从每个试样上截取一个试件，在合适的拉力试验机上进行拉断力试验。

在 1%伸长前期和 1%伸长后期，应均匀地增加负荷。拉力试验机夹头的移动速度应不小于标距的 0.1 倍(单位为 mm/min)，也不大于标距的 0.4 倍(单位为 mm/min)。

拉断力除以镀锌钢线截面积(由实测直径计算)计算得到的抗拉强度应不小于表 1、表 2、表 3、表 4 或表 5 相应栏的规定值。

如果试验标距长度已按 1%伸长时的应力试验的规定标在钢线上，那么该试件可接着用于伸长率试验。

10.4　韧性试验

10.4.1　伸长率试验

从每个试样上截取一个试件，测量其无负荷条件下的伸长率。试件应按 1%伸长时的应力试验的规定标出标距，并按拉力试验的规定施加负荷。钢线拉断后，应将试件的断口小心对齐，测量最终的标距。伸长率以标距的增量与原始标距之比的百分数表示。

试件的断口应在标距之内，试验才有效。

伸长率应不小于表 1、表 2、表 3、表 4 或表 5 相应栏的规定值。

对于控制质量的例行试验，可以采用按系数校正的标距(见表 1、表 2、表 3、表 4 或表 5 的脚注)。但如果有异议，则应强制采用 250 mm 标距。

10.4.2　扭转试验(不适用于 B 级镀锌钢线)

从每个试样上截取一个试件进行扭转试验。试件应夹在两个钳口中，其中一个在试验时应能纵向自由移动。试验时应在试件上施加一个很低的张力，其数值不超过钢线拉断力的 2%，然后使其中一个钳口旋转,直至试件轴向扭断为止。同时用计数器或其他合适的装置指示扭转次数。扭转速度应不超过 60 r/min,长度为镀锌钢线标称直径 100 倍的试件,其扭转次数应不小于表 1、表 2、表 3、表 4 或表 5 相应栏的规定值。

10.4.3 卷绕试验

从每个镀锌钢线试样上截取一个试件,以不超过 15 r/min 的速度在芯轴上紧密卷绕 8 圈(芯轴直径规定在表 1、表 2、表 3、表 4 或表 5 的相应栏中),镀锌钢线应不断裂。

11 镀锌层试验

11.1 镀锌层质量的测定

镀锌层质量用每单位面积锌层的重量来表示。

镀锌层的质量可用气体容积法或重量法测定。前者具有精度高,速度快的优点。因此对能方便地放在测量设备中进行试验的所有规格的镀锌钢线来说,可优先采用气体容积法作为例行试验方法。如果有异议,应采用重量法作为仲裁试验方法。

镀锌层质量应不小于表 7 规定的相应数值。

表 7 镀锌层质量要求

标称直径 D mm		镀锌层单位面积质量最小值 g/m^2	
大于	小于及等于	A 级	B 级
1.24	1.50	185	370
1.50	1.75	200	400
1.75	2.25	215	430
2.25	3.00	230	460
3.00	3.50	245	490
3.50	4.25	260	520
4.25	4.75	275	550
4.75	5.50	290	580

11.2 气体容积法

附录 A 中规定了用于测定镀锌层质量的气体容积法。

11.3 重量法

附录 B 中规定了用于测定镀锌层质量的重量法。

11.4 镀锌层附着性试验

从每个镀锌钢线试样上截取一个试件,以不超过 15 r/min 的速度在圆形芯轴上紧密卷绕 8 圈,镀锌钢线标称直径为 3.50 mm 及以下时,芯轴直径为镀锌钢线标称直径的 4 倍;镀锌钢线标称直径为 3.50 mm以上时,芯轴直径为镀锌钢线标称直径的 5 倍。

镀锌层应牢固地附着在钢线上而不开裂,或用手指摩擦锌层不会产生脱落的起皮。

11.5 镀锌层连续性试验

从每个镀锌钢线试样上截取一个试件,用肉眼观察镀锌层应没有孔隙。镀锌层应较光洁、厚度均匀,并与良好的商品实践相一致。

12 合格证

制造方应提供产品合格证书,上面列出对所有试样进行的所有试验的结果。

附 录 A
（规范性附录）
用于测定镀锌层质量的气体容积法

A.1 原理

测定镀锌层质量的气体容积法，其依据的原理是溶解在酸中的金属总会释放出一定量的氢气，氢气数量与溶解的金属量成正比，也就是上述金属的化学当量。

在温度为 0 ℃、压力为 101.3 kPa 时，1 g 锌释放出 0.343 L 氢气。

如果是非常粗的镀锌钢线，可能会有试样制备和玻璃量管损坏的问题。因此这一测量方法通常只适用于最大直径为 5 mm 的镀锌钢线。

A.2 试剂

A.2.1 应使用下列试剂：

a) 氯化锑溶液：将 20 g 二氧化锑或 32 g 三氯化锑溶解在 1 000 mL 盐酸中（密度在 1.16 g/mL 和 1.18 g/mL 之间）。

b) 盐酸（密度在 1.16 g/mL 和 1.18 g/mL 之间）。

把 5 mL 溶液 a）加入 100 mL 溶液 b）中配制成锌层溶解液。

A.2.2 也可使用下列替代试剂：用 3.5 g 环六亚甲基四胺[$(CH_2)_6N_4$]溶于 500 mL 的浓盐酸（ρ=1.19 g/mL），用蒸馏水稀释至 1 000 mL。

A.3 试验装置

试验装置包括一根 100 mL 玻璃量管。玻璃量管的顶端和底端各有一个管塞，在底端有一根橡皮管与一容器连接。

100 mL 量管应刻有至少 0.5 mL 的细分度。如果是小尺寸的钢线，例如直径小于 1.5 mm，则在正常试验时使用长度基本相同的 50 mL 量管更方便。该量管刻有至少 0.2 mL 的细分度。

A.4 试件

从校直的未损伤的钢线上准确地截取一段规定长度的试件（误差不大于 1%）。最合适的试件长度取决于量管的尺寸，钢线的直径和预计的镀层质量。表 A.1 规定的长度通常能方便试验。

表 A.1 试件长度

镀锌钢线直径 mm		试样长度 mm	
大于	小于及等于	100 mL 量管	50 mL 量管
1.24	1.80	100	75
1.80	3.60	75	—
3.60	5.50	50	—

A.5 试验步骤

将锌层溶解液注入容器中。当容器在抬高位置时，锌层溶解液完全充满量管，并留一小部分在容器中。

试验过程中，调节容器的高度位置，使锌层溶解液正好充满量管至上管塞，此时下管塞关闭。将截成规定长度的试件放入量管中，立刻关闭上管塞。

镀锌层迅速溶解，并释放出氢气，继续试验直至氢气释放完毕(几个小气泡除外)。然后将支架上的容器抬高放在量管的旁边，使量管和容器中锌层溶解液处在同一水平面上，从量管的刻度上读出氢气的体积。

试验结束时，打开上管塞，将容器降到下管塞以下的位置排出量管中的全部锌层溶解液。再次按上述步骤重复进行试验之后打开下管塞取出试件，再关闭。

如果有必要使用较长的试件，将试件迅速放入量管中可能有困难，这时可将试件分成两段从上管塞同时投入。

清洗除去镀锌层的钢线，擦干后测量直径，精确到 0.01 mm。

A.6 计算

镀锌层单位面积质量按式(A.1)计算：

$$m=\frac{V}{dl}\times f \qquad \text{(A.1)}$$

式中：

m ——单位面积镀锌层质量，单位为克每平方米(g/m^2)；

V ——释放的氢气体积，单位为毫升(mL)；

d ——除去镀锌层后的钢线直径，单位为毫米(mm)；

l ——试件长度，单位为毫米(mm)；

f ——系数，温度为 20 ℃、气压为 101.3 kPa 时，$f=866$。

A.7 温度和气压的校正

系数(f)是在温度为 20 ℃、气压为 101.3 kPa 的条件下计算出来的。如果大气压在 98.7 kPa～104.0 kPa 的范围之外，或者如果温度在 18 ℃～22 ℃的范围之外，应使用表 A.2 规定的修正值。如果根据气压和温度查得的修正值在 0.98～1.02 之间(见表 A.2 的划线区)，则不必使用修正值。

当试验结果与规定的最小值之差在 5 g/m^2 范围之内，假如必须作负修正，则应检查此时的大气压和温度。

当气候或海拔影响试验条件，则应对系数(f)进行修正。在高海拔下，使用容积大于 50 mL 或 100 mL 的量管会更方便。

表 A.2 给出了温度和气压的修正值。

表 A.2　温度和压力的修正值

温度℃	大气压力/kPa														
	69.3	72.0	74.7	77.3	80.0	82.7	85.3	88.0	90.7	93.3	96.0	98.7	101.3	104.0	106.7
	或气压表高度/mmHg														
	520	540	560	580	600	620	640	660	680	700	720	740	760	780	800
12	0.703	0.730	0.758	0.784	0.811	0.839	0.866	0.892	0.920	0.947	0.974	1.001	1.028	1.005	1.082
14	0.698	0.725	0.752	0.779	0.806	0.833	0.860	0.886	0.914	0.940	0.967	0.994	1.021	1.048	1.075
16	0.694	0.720	0.747	0.774	0.800	0.827	0.854	0.880	0.908	0.934	0.960	0.988	1.014	1.040	1.068
18	0.689	0.715	0.742	0.768	0.795	0.822	0.848	0.874	0.901	0.927	0.954	0.981	1.007	1.033	1.060
20	0.684	0.710	0.737	0.763	0.789	0.816	0.842	0.868	0.895	0.921	0.947	0.974	1.000	1.026	1.053
22	0.679	0.705	0.732	0.758	0.783	0.810	0.836	0.862	0.889	0.915	0.940	0.967	0.993	1.019	1.046
24	0.674	0.700	0.727	0.752	0.778	0.805	0.830	0.856	0.882	0.908	0.934	0.960	0.986	1.012	1.038
26	0.670	0.696	0.722	0.748	0.773	0.800	0.825	0.851	0.877	0.903	0.928	0.955	0.980	1.005	1.032
28	0.666	0.691	0.717	0.742	0.769	0.794	0.819	0.845	0.871	0.896	0.921	0.947	0.973	0.998	1.025
30	0.661	0.687	0.713	0.738	0.763	0.789	0.814	0.839	0.865	0.891	0.916	0.942	0.967	0.992	1.018

附　录　B
（规范性附录）
用于测定镀锌层质量的重量法

B.1　原理

从每个镀锌钢线上截取一个试件，用手校直，浸入合适的除油溶剂中清洗，然后用一干净的软布擦干。称重试件，精确到0.01 g。试件质量（单位为g）应不小于其直径（单位为mm）的4倍。为方便除去镀锌层，可弯曲试件。所使用的试剂在A.2中规定。

B.2　除去镀锌层

将试件完全浸入适量的锌层溶解液中除去镀锌层，锌层溶解液应符合A.2.1[试剂a）和b）]或A.2.2的规定。锌层溶解液可重复使用，直到用来除去锌的时间相当长以至给试验带来不便时，才需添加氯化锑溶液。锌层溶解液的温度应始终不超过40 ℃。

一次测定需要100 mL锌层溶解液，注入直径50 mm、深150 mm的玻璃容器中。在每100 mL锌层溶解液中任何情况下浸入的试件数目不应超过3个。

镀锌钢线试件上激烈的化学反应一停止，试件应立即从酸中取出。用流动水彻底清洗并擦干。然后在互相垂直的方向上测量两次，取其平均值作为钢线的直径，修约至0.01 mm。最后称量除去镀锌层试件质量，精确到0.01 g。

B.3　计算

除去镀锌层的钢线，单位表面积的镀锌层质量应按式（B.1）计算：

$$m = 1\ 950 \times d \cdot r \qquad \cdots\cdots\cdots\cdots(\text{B.1})$$

式中：

m ——除去镀锌层的钢线单位表面积的镀锌层质量，单位为克每平方米（g/m^2）；

d ——除去镀锌层后的钢线直径，单位为毫米（mm）；

r ——$\dfrac{\text{原始质量}-\text{除去锌层后的质量}}{\text{除去锌层后的质量}}$。

附　录　C
（规范性附录）
架空绞线用镀锌钢线产品型号表示方法

C.1　代号

C.1.1　类别代号

架空绞线用镀锌钢线 …………………………………………………………………………… G

C.1.2　强度代号

1 级 …………………………………………………………………………………………… 1
2 级 …………………………………………………………………………………………… 2
3 级 …………………………………………………………………………………………… 3
4 级 …………………………………………………………………………………………… 4
5 级 …………………………………………………………………………………………… 5

C.1.3　镀锌层级别代号

普通镀锌层 ………………………………………………………………………………… A
加厚镀锌层 ………………………………………………………………………………… B

C.2　产品型号

产品型号用镀锌钢线的类别代号、强度代号和镀锌层等级代号顺序排列组成。

C.3　产品表示方法

C.3.1　产品表示方法

产品用型号、钢线标称直径和本标准编号表示。

C.3.2　产品表示示例

示例 1：3.07 mm 直径的 1 级强度 A 级镀层镀锌钢线表示为：
G1A—3.07 GB/T 3428—2012；
示例 2：3.76 mm 直径的 2 级强度 B 级镀层镀锌钢线表示为：
G2B—3.76 GB/T 3428—2012；
示例 3：3.50 mm 直径的 5 级强度 A 级镀层镀锌钢线表示为：
G5A—3.50 GB/T 3428—2012。

附　录　D
（资料性附录）
本标准与 IEC 60888:1987 相比的结构变化情况

本标准与 IEC 60888:1987 相比在结构上有个别调整，具体章条编号对照情况见表 D.1。

表 D.1　本标准与 IEC 60888:1987 的章条编号对照情况

本标准章条编号	对应的 IEC 60888:1987 章条编号
10.1	第 10 章的第一段
10.2	10.1
10.3	10.2
10.4	10.3
10.4.1	10.3 列项 a)的内容
10.4.2	10.3 列项 b)的内容
10.4.3	10.3 列项 c)的内容
附录 C	—
附录 D	—

ICS 77.150.60
H 60

中华人民共和国国家标准

GB/T 3494—2012
代替 GB/T 3494—1996

直接法氧化锌

Zinc oxide produced by direct method

2012-12-31 发布　　2013-10-01 实施

中华人民共和国国家质量监督检验检疫总局
中国国家标准化管理委员会　发布

前　言

本标准按照 GB/T 1.1—2009 给出的规则起草。

本标准代替 GB/T 3494—1996《直接法氧化锌》。与 GB/T 3494—1996 相比，本标准主要变化如下：

——产品分类由原来的两个增加为三个，增加陶瓷用氧化锌 ZnO-C1、ZnO-C2 两个牌号。

本标准由全国有色金属标准化技术委员会(SAC/TC 243)归口。

本标准起草单位：湖南水口山有色金属集团有限公司。

本标准主要起草人：王平、曾大明、李宇峰、杨辉、蒋冬生。

本标准所代替标准的历次版本发布情况为：

——GB 3494—83；GB/T 3494—1996。

直接法氧化锌

1 范围

本标准规定了直接法氧化锌的技术要求、试验方法、检验规则、标志、包装、运输、贮存、质量证明书及合同(或订货单)内容。

本标准适用于以锌精矿为原料经火法处理而得到的氧化锌。直接法氧化锌主要用于橡胶、涂料、陶瓷、电缆、玻璃、搪瓷、石油、化工等行业。

2 规范性引用文件

下列文件对于本文件的应用是必不可少的。凡是注日期的引用文件,仅注日期的版本适用于本文件。凡是不注日期的引用文件,其最新版本(包括所有的修改单)适用于本文件。

GB/T 1709 颜料遮盖力测定法

GB/T 3185 氧化锌(间接法)

GB/T 4104 直接法氧化锌白度(颜色)检验方法

GB/T 4372(所有部分) 直接法氧化锌化学分析方法

GB/T 5211.2 颜料水溶物的测定 热萃取法

GB/T 5211.3 颜料在 105 ℃挥发物的测定

GB/T 5211.15 颜料吸油量的测定

GB/T 5211.16 白色颜料消色力的比较

GB/T 5211.18 颜色筛选物的测定 水法 手工操作

GB/T 6678 化工产品采样总则

GB/T 8170 数值修约规则与极限数值的表示和判定

3 要求

3.1 产品分类

氧化锌的分类、级别和牌号的规定见表 1。

表 1 氧化锌的分类、级别和牌号

类别	级别	牌号	主要用途
X	一级	ZnO-X1	主要用于橡胶等工业部门
	二级	ZnO-X2	
T	一级	ZnO-T1	主要用于涂料等工业部门
	二级	ZnO-T2	
	三级	ZnO-T3	
C	一级	ZnO-C1	主要用于陶瓷等工业部门
	二级	ZnO-C2	

3.2 化学成分

各种牌号氧化锌的化学成分和物理性能应符合表2的规定。

3.3 氧化锌不应带有外来夹杂物。

3.4 氧化锌应呈白色粉末状。

表2 氧化锌化学成分和物理性能

指标项目	ZnO-X1	ZnO-X2	ZnO-T1	ZnO-T2	ZnO-T3	ZnO-C1	ZnO-C2
氧化锌(以干品计)/%,不少于	99.5	99.0	99.5	99.0	98.0	99.3	99.0
氧化铅(PbO)/%,不大于	0.12	0.20	—	—	—	—	—
三氧化二铁(Fe_2O_3)/%,不大于	—	—	—	—	—	0.05	0.08
氧化镉(CdO)/%,不大于	0.02	0.05	—	—	—	—	—
氧化铜(CuO)/%,不大于	0.006	—	—	—	—	—	—
锰(Mn)/%,不大于	0.000 2	—	—	—	—	—	—
金属锌	无	无	无	—	—	—	—
盐酸不溶物/%,不大于	0.03	0.04	—	—	—	0.08	0.08
灼烧减量/%,不大于	0.4	0.6	0.4	0.6	—	0.4	0.6
水溶物/%,不大于	0.4	0.6	0.4	0.6	0.8	0.4	0.6
筛余物(45 μm 湿筛)/%,不大于	0.28	0.32	0.28	0.32	0.35	0.28	0.32
105 ℃挥发物/%,不大于	0.4	0.4	0.4	0.4	0.4	0.4	0.4
遮盖力,不大于/(g/m^2)	—	—	150	150	150	—	—
吸油量,不大于/(g/100 g)	—	—	18	20	20	—	—
消色力,不大于/%	—	—	100	95	95	—	—
颜色(与标准样品比)	—		符合标准				
注:如有特殊要求,由供需双方协商。							

4 试验方法

4.1 化学成分的测定按 GB/T 4372 的规定进行。

4.2 盐酸不溶物的测定按 GB/T 3185 的规定进行。

4.3 灼烧减量的测定按 GB/T 3185 的规定进行。

4.4 水溶物的测定按 GB/T 5211.2 的规定进行。

4.5 筛余物的测定按 GB/T 5211.18 的规定进行。

4.6 105 ℃挥发物的测定按 GB/T 5211.3 的规定进行。

4.7 遮盖力的测定按 GB/T 1709 的规定进行。

4.8 吸油量的测定按 GB/T 5211.15 的规定进行。

4.9 消色力的测定按 GB/T 5211.16 的规定进行。

4.10　颜色的测定按 GB/T 4104 的规定进行。

5　检验规则

5.1　检查和验收

5.1.1　产品应由供方技术监督部门进行检验，保证产品质量符合本标准或合同（或订货单）的规定，并填写质量证明书。

5.1.2　需方应对收到的产品按本标准的规定进行检验，如检验结果与本标准或合同（或订货单）的规定不符时，应在收到产品之日起 2 个月内向供方提出，由供需双方协商解决。如需仲裁，仲裁取样在需方由供需双方共同进行。

5.2　组批

每批产品应由同一牌号产品组成，批量不限。

5.3　取样方法

5.3.1　复验和仲裁按批取样，取样数按 GB/T 6678 的规定见表 3。

表 3　复验、仲裁采样的规定

总体（批）产品的袋数	最少采样袋数
1～10	全数
11～49	11
50～64	12
65～81	13
82～101	14
102～125	15
126～151	16
152～181	17
182～216	18
217～254	19
255～296	20
297～343	21
344～394	22
395～450	23
451～512	24
＞512	$3\times\sqrt[3]{N}$（N 为该批的总袋数）

5.3.2 取样时，将取样扦插入包装完整洁净的袋的四分之三深处，每袋的采样量不得少于 50 g。样品取出后，立即装入干净的气密性好的容器中，再充分混匀，以四分法缩分至重量不少于 1 500 g。将样品分成三份，分别装入磨口瓶中，用白蜡封口，贴上标签，注明供方名称、产品名称、牌号、批号和采样日期，其中供需双方各存一份，另一份作仲裁用。

5.4 检验结果判定

5.4.1 分析数据的处理按 GB/T 8170 的规定进行。

5.4.2 直接法氧化锌化学成分、物理性能检测结果以及外观质量与本标准或合同(或订货单)的规定不符时，按批判为不合格。

6 标志、包装、运输、贮存和质量证明书

6.1 标志、包装

6.1.1 氧化锌采用内衬塑料薄膜袋、外套塑料编织袋包装，必须保证密封严实、防潮。根据用户需要，每袋净重 25 kg 或 50 kg。

6.1.2 包装袋外表应印有不褪色的标志，标明产品名称、供方名称和地址、商标、牌号、净重以及"严防潮湿、小心轻放"等明显字样，并附有产品合格证，注明批号、生产日期。

6.2 运输、贮存

6.2.1 产品搬运时应小心轻放，切勿碰撞跌落，严防破损。运输过程中不得与酸、碱等污染物品接触，且必须有严密的防雨措施。

6.2.2 产品必须放置于干燥清洁处贮存，严防潮湿，必须与酸碱等污染物品隔离。氧化锌有效贮存期为半年。

6.3 质量证明书

每批产品应附有质量证明书，注明：

a) 供方名称；

b) 产品名称；

c) 牌号；

d) 批号、批重、袋数；

e) 各项分析结果及检验部门印记；

f) 本标准编号；

g) 出厂日期。

7 合同(或订货单)内容

订购本标准所列产品的订货单(或合同)内应包括下列内容：

a) 产品名称；

b) 产品牌号；

c) 化学成分、物理性能、包装质量等特殊要求；

d）产品数量；

e）本标准编号；

f）其他。

ICS 77.150
H 63

中华人民共和国国家标准

GB/T 3622—2012
代替 GB/T 3622—1999

钛及钛合金带、箔材

Titanium and titanium alloy strip and foil

2012-12-31 发布　　2013-10-01 实施

中华人民共和国国家质量监督检验检疫总局
中国国家标准化管理委员会 发布

前　言

本标准按照GB/T 1.1—2009给出的规则起草。

本标准代替GB/T 3622—1999《钛及钛合金带、箔材》。

本标准与GB/T 3622—1999相比，主要有以下变动：

——依据GB/T 3620.1—2007的变化情况，将原牌号TA0、TA1、TA2分别变更为TA1、TA2、TA3；

——新增了TA4、TA8、TA8-1和TA9-1等4个牌号及其要求；

——调整了TA1、TA2、TA3牌号的力学性能指标；

——细化了产品的尺寸要求，增加了带卷的形状要求；

——细化了表面质量的相关规定；

——细化了产品的标志、包装、运输和贮存要求；

——增加了资料性附录A，给出了卷式供货时产品的包装方法。

本标准由全国有色金属标准化技术委员会(SAC/TC 243)归口。

本标准起草单位：宝钛集团有限公司、宝鸡钛业股份有限公司。

本标准主要起草人：王勤波、冯军宁、杨娟丽、王新、马忠贤、王俭、王红武、李献军。

本标准所代替标准的历次版本发布情况为：

——GB/T 3622—1983、GB/T 3622—1999。

钛及钛合金带、箔材

1 范围

本标准规定了热轧和冷轧工艺生产的钛及钛合金带材及冷轧工艺生产的箔材的要求、试验方法、检验规则、标志、包装、运输、贮存、质量证明书和合同(或订货单)内容。

本标准适用于各种用途的钛及钛合金带材和箔材。

2 规范性引用文件

下列文件对于本文件的应用是必不可少的。凡是注日期的引用文件,仅注日期的版本适用于本文件。凡是不注日期的引用文件,其最新版本(包括所有的修改单)适用于本文件。

GB/T 228.1—2010 金属材料 拉伸试验 第1部分:室温试验方法

GB/T 232 金属材料 弯曲试验方法

GB/T 3620.1 钛及钛合金牌号和化学成分

GB/T 3620.2 钛及钛合金加工产品化学成分允许偏差

GB/T 4698(所有部分) 海绵钛、钛及钛合金化学分析方法

GB/T 8180 钛及钛合金加工产品的包装、标志、运输和贮存

3 要求

3.1 产品分类

3.1.1 产品的牌号、品种、加工方式、供货状态、规格和供货方式应符合表1的规定。

表 1

牌号	品种	加工方式	供货状态	规格(厚度×宽度×长度)/mm	供货方式
TA1、TA2 TA3、TA4 TA8、TA8-1 TA9、TA9-1 TA10	箔材	冷轧	冷加工态(Y)	(0.01~<0.03)×(30~100)×(≥500)	产品可以片式或卷式供货。 卷式供货可分为切边和不切边两种
			退火态(M)	(0.03~<0.10)×(50~300)×(≥500)	
	带材	冷轧	冷加工态(Y)	(0.10~<0.30)×(50~300)×(≥500)	
			退火态(M)	(0.30<3.00)×(<500)×C	
		热轧	热加工态(R)	(3.00~4.75)×(<600)×C	
			退火态(M)		
注:TA4 仅供带材,其最小厚度为 0.30 mm。					

3.1.2 标记示例

产品标记按产品名称、标准编号、牌号、状态、厚度、宽度、长度顺序表示。

示例 1:

TA1、冷加工态、厚度为 0.03 mm、宽度为 80 mm、长度为 *C* 的箔材标记为:

箔 GB/T 3622 TA1 Y-0.03×80×*C*

示例 2：

TA2、退火态、厚度为 0.40 mm、宽度为 150 mm、长度为 C 的带材标记为：

带 GB/T 3622 TA2 M-0.40×150×C

示例 3：

TA9、热加工态、厚度为 3.0 mm、宽度为 400 mm、长度为 C 的带材标记为：

带 GB/T 3622 TA9 R-3.0×400×C

3.2 化学成分

产品的化学成分应符合 GB/T 3620.1 中相应牌号的规定。需方复验时，化学成分允许偏差应符合 GB/T 3620.2 的规定。

3.3 力学性能

3.3.1 厚度不小于 0.10 mm 的退火态带材的室温力学性能应符合表 2 的规定。伸长率在未特殊说明时按Ⅰ级验收，需方要求并在合同(或订货单)中注明时，可按Ⅱ级验收。

表 2

牌号	状态	产品厚度 mm	室温力学性能				弯曲性能	
			抗拉强度 R_m/MPa	规定非比例延伸 $R_{P0.2}$/MPa	伸长率 $A_{50\ mm}$/%		弯曲角度	弯芯直径
					Ⅰ级	Ⅱ级		
TA1 TA8-1 TA9-1	M	0.10～<0.50	≥240	140～310	≥24	≥40	105°	3T
		0.50～<2.00				≥35		
		2.00～4.75				—		4T
TA2 TA8 TA9		0.10～<0.50	≥345	275～450	≥20	≥30		4T
		0.50～<2.00				≥25		
		2.00～4.75				—		5T
TA3		0.10～<2.00	≥450	380～550	≥18	—		4T
		2.00～4.75						5T
TA4		0.30～<2.00	≥550	485～655	≥15	—		5T
		2.00～4.75						6T
TA10[a] A类		0.10～<2.00	≥485	≥345	≥18	—		4T
		2.00～4.75						5T
TA10[a] B类		0.10～<2.00	≥345	≥275	≥25	—		4T
		2.00～4.75						5T

注：T 为板材名义厚度。

[a] 合同(或订货单)中未注明时按 A 类供货。B 类适用于复合板复材，仅当需方要求并在合同(或订货单)中注明时，按 B 类供货。

3.3.2 热加工态、冷加工态和厚度小于 0.10 mm 的产品，需方要求并在合同(或订货单)中注明时，其室温力学性能报实测值。

3.4 弯曲性能

厚度不小于 0.10 mm 的退火态带材应进行正反两面弯曲性能检验，弯曲角度和弯芯直径按表 2 的规定执行。弯曲后试样的弯曲部位应无目视可见的裂纹。

3.5 尺寸及允许偏差

3.5.1 产品的厚度允许偏差应符合表 3 的规定。产品厚度允许偏差的级别应在合同(或订货单)中注明，未注明时以普通精度供货。

3.5.2 产品的宽度允许偏差应符合表 4 的规定，合同(或订货单)中未注明时，按不切边供货。

3.5.3 片式供货产品的长度、不平度和侧边弯曲度应符合下列要求：

——产品的定尺长度的允许偏差应符合表 5 的规定；

——产品的不平度应符合表 6 的规定；

——产品的侧边弯曲度应不大于 3 mm/m。退火态供货的箔材，允许有轻微的波浪。

表 3　　单位为毫米

厚度	厚度允许偏差		厚度	厚度允许偏差	
	普通精度	高精度		普通精度	高精度
0.01～0.02	±0.003	±0.002	>0.30～0.50	±0.05	±0.04
>0.02～0.05	±0.005	±0.003	>0.50～1.00	±0.07	±0.05
>0.05～0.07	±0.007	±0.005	>1.00～1.50	±0.11	±0.06
>0.07～0.09	±0.010	±0.007	>1.50～2.00	±0.15	±0.07
>0.09～0.15	±0.015	±0.010	>2.00～3.00	±0.18	±0.09
>0.15～0.20	±0.02	±0.015	>3.00～4.75	±0.22	±0.11
>0.20～0.30	±0.03	±0.02	—	—	—

表 4　　单位为毫米

厚度	宽度允许偏差	
	切边供货	不切边供货
0.01～0.30	±0.5	—
>0.30～1.00	$^{+1.6}_{0}$	±5
>1.00～1.50		±7
>1.50～3.00		±9
>3.00～4.75		±12

表 5

单位为毫米

长度	规定厚度范围的长度允许偏差	
	0.01～0.30	>0.30～4.75
500～1 000	+3.2 0	+1.6 0
>1 000～3 000	+5.0 0	
>3 000～6 000	—	+3.2 0
>6 000	—	+4.7 0

表 6

单位为毫米

厚度	规定长度范围的不平度	
	≤2 438	>2 438
0.01～0.30	≤15	—
>0.30～4.75	≤3.2	≤6.35

3.5.4 卷式供货的带材应符合下列要求：

——以卷式切边供货时，带卷头尾两端应去除所有非正常区。以卷式不切边供货时，允许带卷头尾两端各带有长度不大于 10 m 的非正常区；

——以卷式切边供货时，产品的边缘应平齐，边缘允许有不超过宽度允许偏差之半的切割不齐，但任意 2 m 长度范围内应保证同一宽度部位的最小尺寸(*W*)，如图 1 所示；

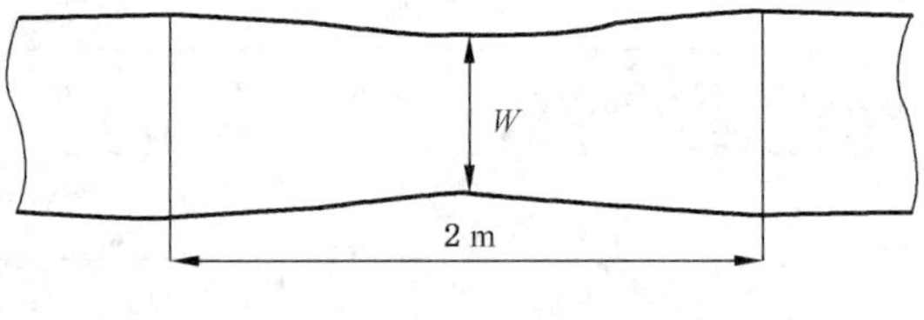

图 1

——以卷式不切边供货时，产品的边缘允许存在任意 2 m 长度上不大于 5 mm 的镰刀弯(*H*)。且任意 2 m 长度范围内应保证同一宽度部位的最小尺寸(*W*)，如图 2 所示。

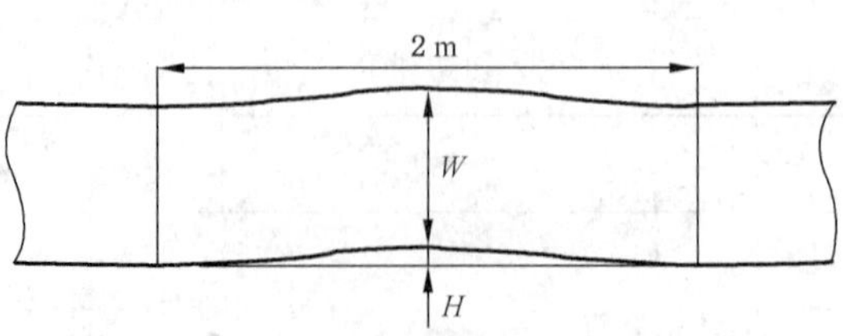

图 2

——卷式供货时，卷的形状应符合图 3 和表 7 中的规定。

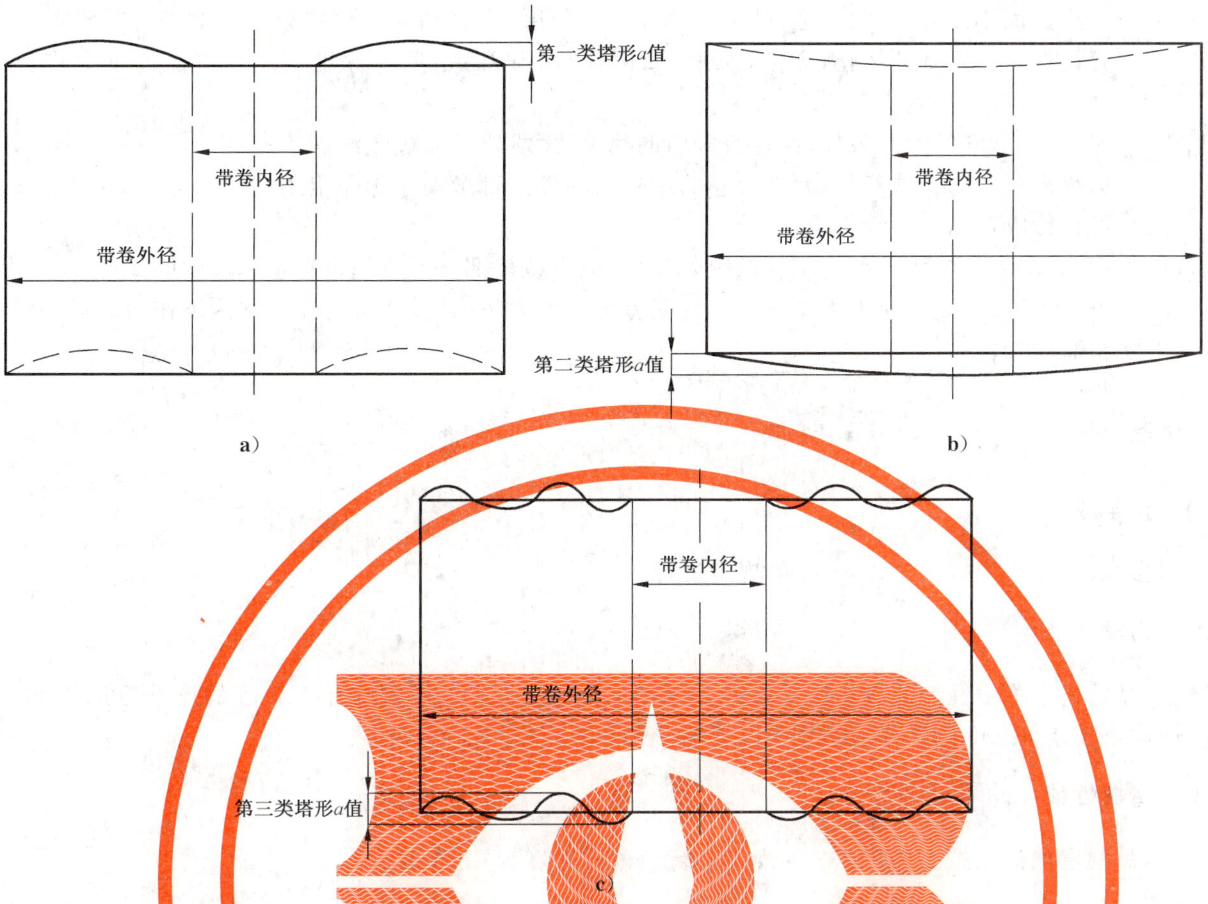

图 3

表 7

单位为毫米

边部情况	宽　　度	塔形，a
切边	30～200	≤8
	＞200～600	≤10
不切边	50～200	≤20
	＞200～600	≤30

3.6 外观质量

3.6.1 冷轧产品的外观质量应满足下列要求：

——产品表面应光洁；

——产品表面允许轻微发暗、局部水迹和不影响后续使用的缺陷存在。允许有局部不超过厚度允许偏差之半的划伤、压痕、凹坑、斑点和打磨痕迹等缺陷存在，但应保证产品的最小厚度；退火态的产品，允许有因除油造成局部轻微的擦伤和皱褶；

——产品表面不允许有裂纹、起皮、氧化皮、压折、金属和非金属夹杂等宏观缺陷以及酸、碱洗的痕迹存在；

——带材允许沿轧制方式清除局部缺陷，但清除后应保证产品的最小厚度。

3.6.2 热轧产品的外观质量应满足下列要求：

——产品应除鳞处理；

——产品表面不允许有裂纹、起皮、氧化皮、压折、分层、金属和非金属夹杂等宏观缺陷。产品表面允许有个别轻微的擦伤、划痕、压痕、凹面、辊印和麻点，但其深度不超过产品厚度允许偏差之半；
——经喷砂、酸洗的产品表面，允许有轻微的色差，无氧化层或过酸洗痕迹；
——退火态供货的卷式产品，允许带卷的最外层和外露部分有轻微氧化存在。宽度方向上的氧化不得影响产品的后续使用；
——产品以卷式供货时，允许带轻微缺陷交货，但带缺陷部分不应超过每卷总长度的5%；
——不切边产品，允许有不大于宽度允许偏差之半的裂边，且其带有的非正常区不作为质量一致性检验区域。

4 试验方法

4.1 化学成分

化学成分分析应按 GB/T 4698 的规定进行。

4.2 力学性能

产品的室温力学性能应按 GB/T 228.1—2010 的规定进行。厚度小于 3 mm 的产品应选用 P5 试样，厚度不小于 3 mm 的产品应选用 P12 试样。

4.3 弯曲性能

产品的弯曲试验按 GB/T 232 的规定进行。试样宽度为 15 mm。

4.4 尺寸及允许偏差

产品的尺寸及允许偏差用相应精度的量具进行。

4.5 外观质量

产品的外观质量用目视检验，必要时应用相应精度的量具进行。

5 检验规则

5.1 检查和验收

5.1.1 产品应由供方进行检验，保证产品质量符合本标准及合同（或订货单）的规定，并填写质量证明书。

5.1.2 需方应对收到的产品按本标准及合同（或订货单）的规定进行复验，如复验结果与本标准及合同（或订货单）的规定不符时，应在收到产品之日起三个月内向供方提出，由供需双方协商解决。如需仲裁，仲裁取样应由供需双方共同进行。

5.2 组批

产品应成批提交检验，每批应由同一牌号、熔炼炉号、规格、状态、制造方法和同一热处理炉批的产品组成。

5.3 检验项目及取样

产品的检验项目及取样应符合表 8 的规定。

表 8

检验项目		取　　样	要求的章节号	检验或试验方法的章条号
化学成分		氢含量在成品上取样一个试样,其他成分供方可以原铸锭分析结果报出。需方在成品上取样	3.2	4.1
力学性能	宽度≤120 mm	每批任选 2 件,每件各取 1 个纵向试样	3.3	4.2
	宽度>120 mm	每批任选 2 件,每件各取 1 个横向试样		
弯曲性能	宽度≤200 mm	每批任选 2 件,每件各取 1 个纵向试样	3.4	4.3
	宽度>200 mm	每批任选 2 件,每件各取 1 个横向试样		
尺寸及允许偏差		片式供货时应逐张进行检验。 卷式供货时,供方应逐卷进行检验。需方验收时,对于切边供货的产品,应在距卷端部不小于 100 mm 和距边部不小于 25 mm 处进行检验;对于不切边供货的产品,应在距卷端部不小于 10 m 和距边部不小于 40 mm 处进行检验	3.5	4.4
外观质量		逐张(卷)	3.6	4.5

5.4 检验结果的判定

5.4.1 化学成分检验结果不合格,允许对不合格项取双倍试样进行重复试验,若仍有试样重复试验结果不合格,判该批产品不合格。

5.4.2 力学性能和弯曲性能试验中,如有试样的检验结果不合格时,则从该批产品上(包括原受检产品)取双倍试样对该不合格项目进行重复检验,若仍有试样的重复检验结果不合格,判该批产品不合格。

5.4.3 尺寸及允许偏差、表面质量检验不合格,判单张(卷)不合格。

6 标志、包装、运输、贮存及质量证明书

6.1 标志

6.1.1 产品的标志应醒目、牢固,字迹应清晰、规范、不褪色。

6.1.2 产品的标志可以采用喷印、贴标签或挂吊牌的方法进行,供方根据实际情况可选择一种或一种以上方法。

6.1.3 产品的标志应至少包括下列内容:

a) 供方名称;

b) 产品牌号、状态、批号;

c) 产品规格、重量和件数;

d) 本标准编号;

e) 包装日期。

6.2 包装

6.2.1 片式供货的产品和卷式供货的箔材的包装应符合 GB/T 8180 的规定。

6.2.2 卷式供货带材的包装应符合附录 A 的规定。

6.3 运输

6.3.1 产品在运输过程中应避免碰撞。

6.3.2 产品在运输过程中应注意防水、防潮。

6.3.3 产品在车站、码头中转时,宜堆放在库房或有防雨措施的大棚内。如露天堆放,应用防雨布等覆盖,同时下边要用垫块垫好。

6.3.4 产品应采用适当的方法装卸。

6.4 贮存

6.4.1 产品应存贮在清洁、干燥、通风、防雨雪的地方。

6.4.2 产品不得存贮于有腐蚀性化学物品的场所。

6.5 质量证明书

每批产品应附有质量证明书,其上注明:

a) 供方名称;

b) 牌号、状态、规格;

c) 批号、批重(净重)、件数;

d) 各项分析检验结果及质量检验部门印记;

e) 本标准编号。

7 合同(或订货单)内容

订购本标准所列产品的合同(或订货单)至少应包括下列内容:

a) 产品名称;

b) 牌号、状态、规格;

c) 重量或件数;

d) 本标准编号;

e) 增加本标准以外内容时的协商结果。

附 录 A
（资料性附录）
卷式供货产品的包装

A.1 热轧带卷的包装

热轧带卷的包装应符合表 A.1 的规定。

表 A.1

序号	要 求	图例	备 注
1	每小卷周向不少于 1 根捆带； 整卷径向不少于 3 根捆带	图 A.1	适用于合包窄带和纵切带
2	每小卷周向不少于 1 根捆带； 整卷径向紧固器一副	图 A.2	适用于合包窄带和纵切带
3	捆带：周向不少于 3 根； 拐角可加护角	图 A.3	适用于热轧钛带卷（卧式放置）
4	捆带：周向不少于 3 根，径向不少于 2 根； 拐角加护角	图 A.4	适用于热轧钛带卷（立式放置）
5	紧固器：至少 1 副	图 A.5	适用于热轧高强度厚带

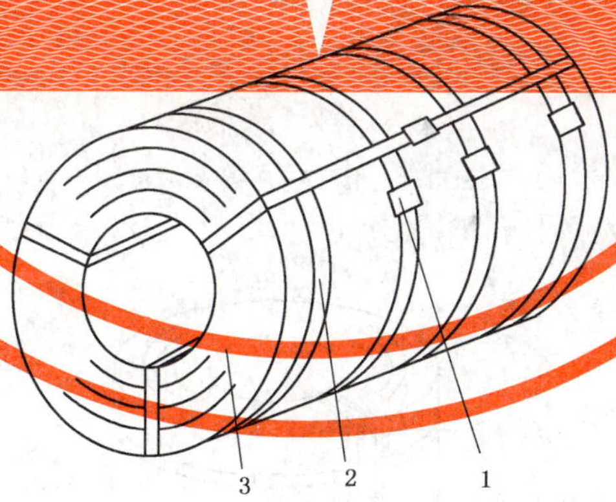

1——锁扣；
2——捆带；
3——钛带卷。

图 A.1

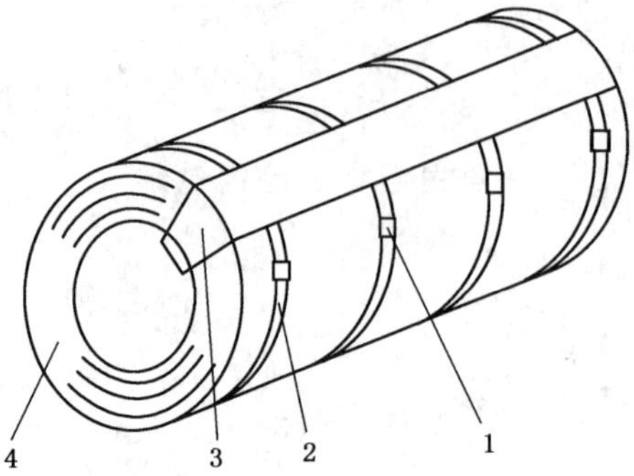

1——锁扣；
2——捆带；
3——紧固器；
4——钛带卷。

图 A.2

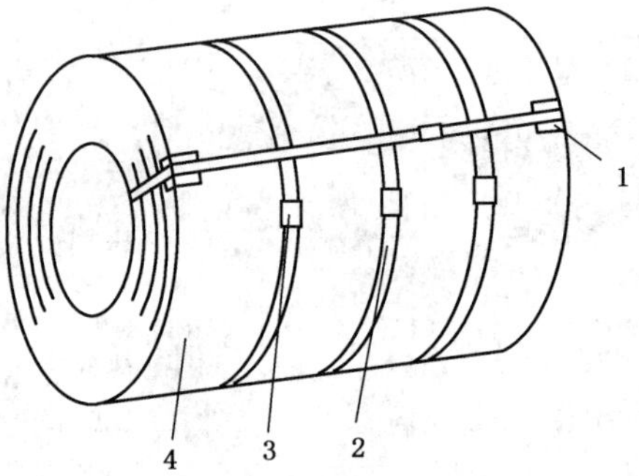

1——护角；
2——捆带；
3——锁扣；
4——钛带卷。

图 A.3

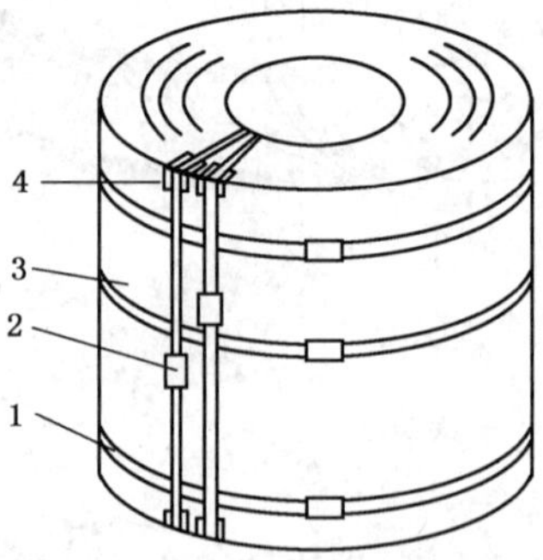

1——捆带；
2——锁扣；
3——钛带卷；
4——护角。

图 A.4

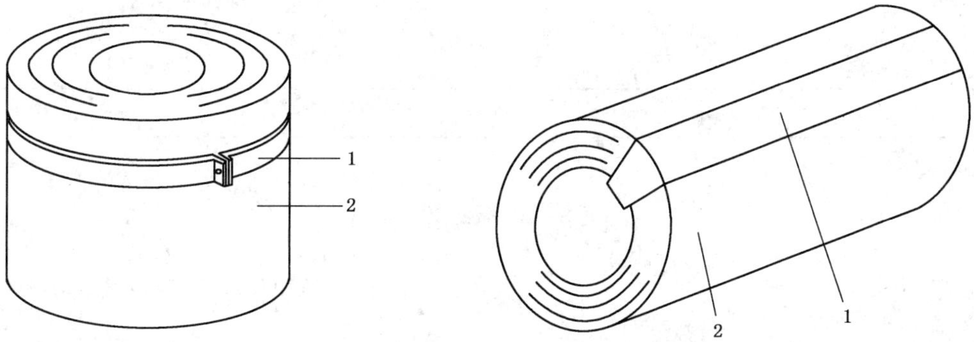

1——紧固器；

2——钛带卷。

图 A.5

A.2 冷轧带卷的包装

冷轧带卷的包装应符合表 A.2 的规定。

表 A.2

<table>
<tr><th>序号</th><th>要　　求</th><th>图例</th><th>备　　注</th></tr>
<tr><td>1</td><td>防锈纸或塑料薄膜
内周金属护角
捆带:周向不少于 3 根,径向不少于 3 根</td><td>图 A.6</td><td>适用于筒包装冷轧钛带卷</td></tr>
<tr><td>2</td><td>内、外周缓冲护角圈
防锈纸或防锈膜
内、外周护板
端部圆护板
内、外周金属护角圈
捆带:周向不少于 3 根,径向不少于 3 根</td><td>图 A.7</td><td>适用于运输距离较短和运输环节少的冷轧钛带卷等</td></tr>
<tr><td>3</td><td>防锈纸
塑料薄膜
内、外周缓冲护角圈
外周缓冲材料
内、外周护板
端部圆护板
内、外周金属护角圈
捆带:周向不少于 3 根,径向不少于 3 根</td><td>图 A.8</td><td rowspan="2">适用于运输距离长和运输环节多的冷轧钛带卷</td></tr>
<tr><td>4</td><td>内、外周缓冲护角圈
防锈膜
外周缓冲材料
内、外周护板
端部圆护板
内、外周金属护角圈
捆带:周向不少于 3 根,径向不少于 3 根</td><td>图 A.9</td></tr>
</table>

表 A.2（续）

序号	要　　求	图例	备　　注
5	防锈纸 塑料薄膜 外周护板 顶部圆盖 顶部外周金属护角圈 底部外周缓冲护角圈 托架 捆带：外周不少于3根，径向不少于2根	图 A.10	适用于运输距离长和运输环节多的冷轧立式放置钛带卷
6	钛带之间增加缓冲材料 防锈纸 塑料薄膜 外周护板 顶部圆盖 顶部外周金属护角圈 顶部外周缓冲护角圈 托架 捆带：外周不少于3根，径向不少于2根	图 A.11	适用于运输距离长和运输环节多的冷轧立式放置分条钛带卷

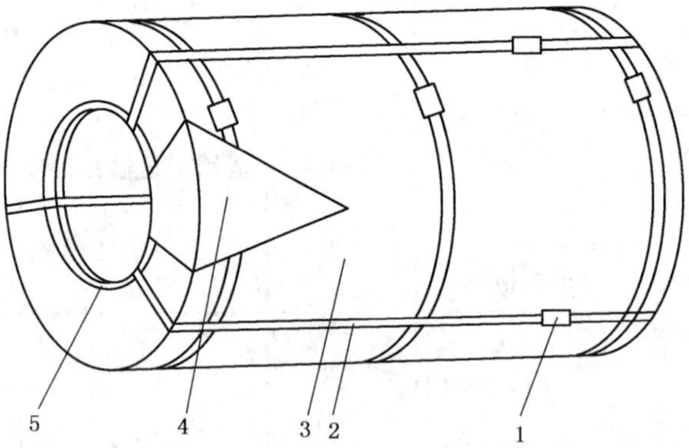

1——锁扣；
2——捆带；
3——防锈纸或防锈薄膜；
4——钛带卷；
5——内周金属护角圈。

图 A.6

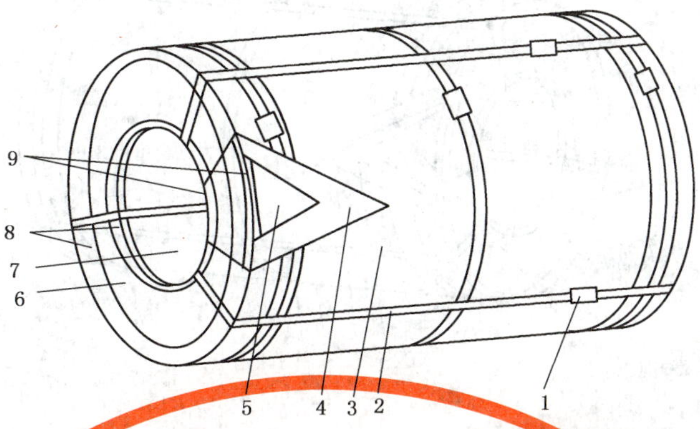

1——锁扣；
2——捆带；
3——外周护板；
4——防锈纸或防锈薄膜；
5——钛带卷；
6——端部圆护板；
7——内周护板；
8——内、外护角圈；
9——内、外缓冲护角圈。

图 A.7

1——锁扣；
2——捆带；
3——外周护板；
4——外周缓冲材料；
5——塑料薄膜；
6——防锈纸；
7——钛带卷；
8——端部圆护板；
9——内周护板；
10——内、外护角圈；
11——内、外缓冲护角圈。

图 A.8

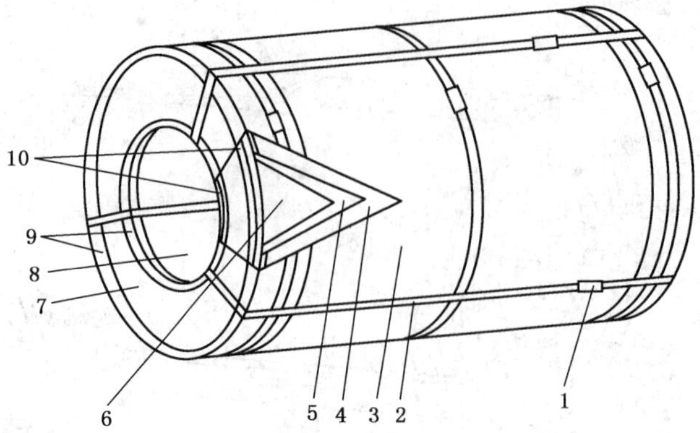

1——锁扣；

2——捆带；

3——外周护板；

4——外周缓冲材料；

5——塑料防锈膜；

6——钛带卷；

7——端部圆护板；

8——内周护板；

9——内、外护角圈；

10——内、外缓冲护角圈。

图 A.9

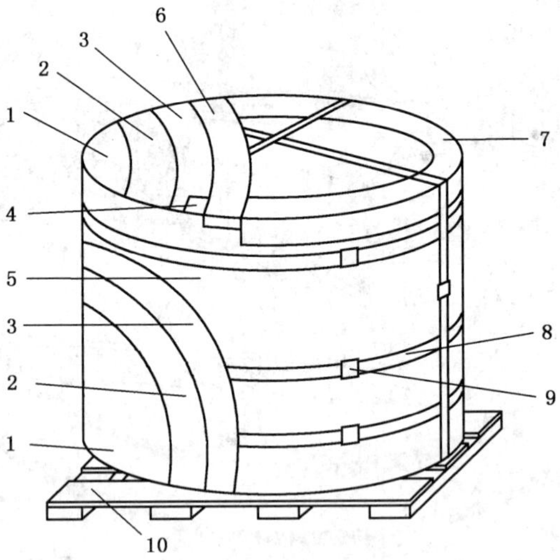

1——钛带卷；

2——防锈纸；

3——塑料薄膜；

4——顶部缓冲护角；

5——外周护板；

6——顶部圆盖；

7——顶部外护角圈；

8——捆带；

9——锁扣；

10——托架。

图 A.10

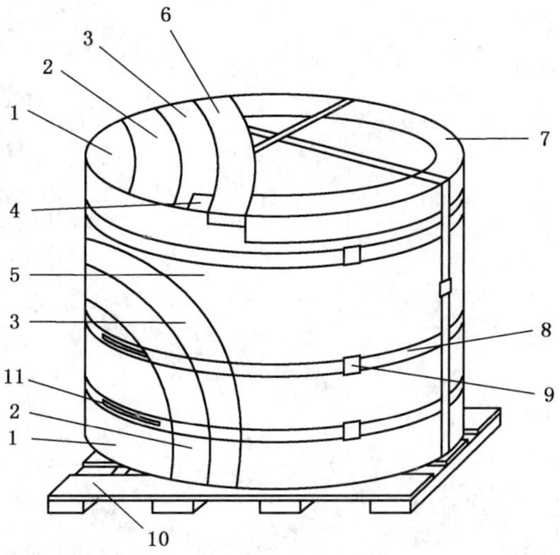

1——钛带卷；

2——防锈纸；

3——塑料薄膜；

4——顶部缓冲护角；

5——外周护板；

6——顶部圆盖；

7——顶部外护角圈；

8——捆带；

9——锁扣；

10——托架；

11——缓冲材料。

图 A.11

ICS 77.150.10
H 61

中华人民共和国国家标准

GB/T 3880.1—2012
代替 GB/T 3880.1—2006

一般工业用铝及铝合金板、带材 第1部分：一般要求

Wrought aluminium and aluminium alloy plates, sheets and strips for general engineering—Part 1: Technical conditions of delivery

2012-12-31 发布

2013-10-01 实施

中华人民共和国国家质量监督检验检疫总局
中国国家标准化管理委员会 发布

前　言

GB/T 3880《一般工业用铝及铝合金板、带材》分为三个部分：

——第1部分：一般要求；

——第2部分：力学性能；

——第3部分：尺寸偏差。

本部分为GB/T 3880的第1部分。

本部分按照GB/T 1.1—2009给出的规则起草。

本部分代替GB/T 3880.1—2006《一般工业用铝及铝合金板、带材　第1部分：一般要求》。

本部分与GB/T 3880.1—2006相比，主要技术变化如下：

——增加了1070A、1080A、2017A、2A12、2A14、2014A、2E12(原2524)、2219、3103、3A21、4006、4007、4015、5A02、5005A、5040、5049、5449、5050、5251、5154A、5754、5454、5383、6016、7A04、7A09、7020、7021、7022、7475、8011、8079共31个合金牌号。

——最大厚度由原来的150 mm扩大至250 mm；

——最大宽度由原来的2 500 mm扩大至3 500 mm；

——将冷轧板、带材的最大厚度修改为6 mm；

——增加了电导率要求；

——增加了抗应力腐蚀性能要求；

——增加了抗剥落腐蚀性能要求；

——增加了断裂韧性要求；

——增加了抗疲劳腐蚀性能要求；

——增加了低倍组织要求。

本部分使用重新起草法参考EN 485-1:2008《铝及铝合金 薄板、带材和厚板　第1部分：检验和交货技术条件》编制，与EN 485-1:2008的一致性程度为非等效。

本部分由全国有色金属标准化技术委员会(SAC/TC 243)归口。

本部分主要起草单位：西南铝业(集团)有限责任公司、中国有色金属工业标准计量质量研究所、东北轻合金有限责任公司、中铝瑞闽铝板带有限公司、厦门厦顺铝箔有限公司、中铝西北铝加工分公司、镇江鼎胜铝业股份有限公司、福建省南铝板带加工有限公司。

本部分主要起草人：张钰、陈昌云、李瑞山、葛立新、张东、吕新宇、黄瑞银、唐登毅、王国军、张丽华、段瑞芬、李翔、董则防、张东贵、杜传慧、林善斌。

本部分所代替标准的历次版本发布情况为：

——GB/T 3880—1983、GB/T 3880—1997、GB/T 3880.1—2006；

——GB/T 8544—1987、GB/T 8544—1997；

——GB/T 3193—1982、GB/T 10568—1989、GB/T 10569—1989、GB/T 16501—1996。

一般工业用铝及铝合金板、带材 第1部分：一般要求

1 范围

GB/T 3880 的本部分规定了一般工业用铝及铝合金板、带材的要求、试验方法、检验规则和标志、包装、运输、贮存及质量证明书与订货单(或合同)内容。

本部分适用于一般工业用铝及铝合金板(以下简称板材)、铝及铝合金带材(以下简称带材)。

2 规范性引用文件

下列文件对于本文件的应用是必不可少的。凡是注日期的引用文件，仅注日期的版本适用于本文件。凡是不注日期的引用文件，其最新版本(包括所有的修改单)适用于本文件。

GB/T 232 金属材料 弯曲试验方法

GB/T 3190 变形铝及铝合金化学成分

GB/T 3199 铝及铝合金加工产品包装、标志、运输、贮存

GB/T 3246.1 变形铝及铝合金制品组织检验方法 第1部分：显微组织检验方法

GB/T 3246.2 变形铝及铝合金制品组织检验方法 第2部分：低倍组织检验方法

GB/T 3880.2 一般工业用铝及铝合金板、带材 第2部分：力学性能

GB/T 3880.3 一般工业用铝及铝合金板、带材 第3部分：尺寸偏差

GB/T 6398 金属材料疲劳裂纹扩展速率试验方法

GB/T 6519 变形铝合金产品超声波检验方法

GB/T 7999 铝及铝合金光电直读发射光谱分析方法

GB/T 8170 数值修约规则与极限数值的表示和判定

GB/T 12966 铝合金电导率涡流测试方法

GB/T 16865 变形铝、镁及其合金加工制品拉伸试验用试样及方法

GB/T 17432 变形铝及铝合金化学成分分析取样方法

GB/T 20975 (所有部分)铝及铝合金化学分析方法

GB/T 22639 铝合金加工产品的剥落腐蚀试验方法

GB/T 22640 铝合金加工产品的环形试样 应力腐蚀试验方法

HB 5261 金属板材 K_R 曲线试验方法

3 要求

3.1 产品分类

3.1.1 铝或铝合金类别

铝及铝合金分为A、B两类，如表1所示。

表 1 合金分类

牌号系列	铝或铝合金类别	
	A	B
1×××	所有	—
2×××	—	所有
3×××	Mn 的最大含量不大于 1.8%，Mg 的最大含量不大于 1.8%，Mn 的最大含量与 Mg 的最大含量之和不大于 2.3%。如：3003、3103、3005、3105、3102、3A21	A 类外的其他合金，如：3004、3104
4×××	Si 的最大含量不大于 2%。如：4006、4007	A 类外的其他合金，如：4015
5×××	Mg 的最大含量不大于 1.8%，Mn 的最大含量不大于 1.8%，Mg 的最大含量与 Mn 的最大含量之和不大于 2.3%。如：5005、5005A、5050	A 类外的其他合金。如：5A02、5A03、5A05、5A06、5040、5049、5449、5251、5052、5154A、5454、5754、5082、5182、5083、5383、5086
6×××	—	所有
7×××	—	所有
8×××	不可热处理强化的合金。如：8A06、8011、8011A、8079	可热处理强化的合金

3.1.2 尺寸偏差等级

板、带材的尺寸偏差等级如表 2 所示。

表 2 尺寸偏差等级

尺寸项目	尺寸偏差等级	
	板材	带材
厚度	冷轧板材：高精级、普通级 热轧板材：不分级	冷轧带材：高精级、普通级 热轧带材：不分级
宽度	冷轧板材：高精级、普通级 热轧板材：不分级	冷轧带材：高精级、普通级 热轧带材：不分级
长度	冷轧板材：高精级、普通级 热轧板材：不分级	—
不平度	高精级、普通级	—
侧边弯曲度	冷轧板材：高精级、普通级 热轧板材：高精级、普通级	冷轧带材：高精级、普通级 热轧带材：不分级
对角线	高精级、普通级	—

3.1.3 牌号、状态、尺寸

板、带材的牌号、相应的铝或铝合金类别、状态及厚度应符合表 3 的规定。与厚度对应的宽度和长度应符合表 4 规定。需要其他牌号、状态、尺寸的板、带材时，应供需双方商定后，在订货单(或合同)中注明。

表 3　牌号、铝或铝合金类别、状态及厚度

牌号	铝或铝合金类别	状态	板材厚度 mm	带材厚度 mm
1A97、1A93、1A90、1A85	A	F	＞4.50～150.00	—
		H112	＞4.50～80.00	—
1080A	A	O、H111	＞0.20～12.50	—
		H12、H22、H14、H24	＞0.20～6.00	—
		H16、H26	＞0.20～4.00	＞0.20～4.00
		H18	＞0.20～3.00	＞0.20～3.00
		H112	＞6.00～25.00	—
		F	＞2.50～6.00	—
1070	A	O	＞0.20～50.00	＞0.20～6.00
		H12、H22、H14、H24	＞0.20～6.00	＞0.20～6.00
		H16、H26	＞0.20～4.00	＞0.20～4.00
		H18	＞0.20～3.00	＞0.20～3.00
		H112	＞4.50～75.00	—
		F	＞4.50～150.00	＞2.50～8.00
1070A	A	O、H111	＞0.20～25.00	—
		H12、H22、H14、H24	＞0.20～6.00	—
		H16、H26	＞0.20～4.00	—
		H18	＞0.20～3.00	—
		H112	＞6.00～25.00	—
		F	＞4.50～150.00	＞2.50～8.00
1060	A	O	＞0.20～80.00	＞0.20～6.00
		H12、H22	＞0.50～6.00	＞0.50～6.00
		H14、H24	＞0.20～6.00	＞0.20～6.00
		H16、H26	＞0.20～4.00	＞0.20～4.00
		H18	＞0.20～3.00	＞0.20～3.00
		H112	＞4.50～80.00	—
		F	＞4.50～150.00	＞2.50～8.00
1050	A	O	＞0.20～50.00	＞0.20～6.00
		H12、H22、H14、H24	＞0.20～6.00	＞0.20～6.00
		H16、H26	＞0.20～4.00	＞0.20～4.00
		H18	＞0.20～3.00	＞0.20～3.00
		H112	＞4.50～75.00	—
		F	＞4.50～150.00	＞2.50～8.00

表 3（续）

牌号	铝或铝合金类别	状态	板材厚度 mm	带材厚度 mm
1050A	A	O	>0.20～80.00	>0.20～6.00
		H111	>0.20～80.00	—
		H12、H22、H14、H24	>0.20～6.00	>0.20～6.00
		H16、H26	>0.20～4.00	>0.20～4.00
		H18、H28、H19	>0.20～3.00	>0.20～3.00
		H112	>6.00～80.00	—
		F	>4.50～150.00	>2.50～8.00
1145	A	O	>0.20～10.00	>0.20～6.00
		H12、H22、H14、H24、H16、H26、H18	>0.20～4.50	>0.20～4.50
		H112	>4.50～25.00	—
		F	>4.50～150.00	>2.50～8.00
1235	A	O	>0.20～1.00	>0.20～1.00
		H12、H22	>0.20～4.50	>0.20～4.50
		H14、H24	>0.20～3.00	>0.20～3.00
		H16、H26	>0.20～4.00	>0.20～4.00
		H18	>0.20～3.00	>0.20～3.00
1100	A	O	>0.20～80.00	>0.20～6.00
		H12、H22 、H14、H24	>0.20～6.00	>0.20～6.00
		H16、H26	>0.20～4.00	>0.20～4.00
		H18、H28	>0.20～3.20	>0.20～3.20
		H112	>6.00～80.00	—
		F	>4.50～150.00	>2.50～8.00
1200	A	O	>0.20～80.00	>0.20～6.00
		H111	>0.20～80.00	—
		H12、H22、H14、H24	>0.20～6.00	>0.20～6.00
		H16、H26	>0.20～4.00	>0.20～4.00
		H18、H19	>0.20～3.00	>0.20～3.00
		H112	>6.00～80.00	—
		F	>4.50～150.00	>2.50～8.00
2A11、包铝 2A11	B	O	>0.50～10.00	>0.50～6.00
		T1	>4.50～80.00	—
		T3、T4	>0.50～10.00	—
		F	>4.50～150.00	—

表 3（续）

牌号	铝或铝合金类别	状态	板材厚度 mm	带材厚度 mm
2A12、包铝 2A12	B	O	>0.50～10.00	—
		T1	>4.50～80.00	—
		T3、T4	>0.50～10.00	—
		F	>4.50～150.00	—
2A14	B	O	0.50～10.00	—
		T1	>4.50～40.00	—
		T6	0.50～10.00	—
		F	>4.50～150.00	—
2E12、包铝 2E12	B	T3	0.80～6.00	—
2014	B	O	>0.40～25.00	—
		T3	>0.40～6.00	—
		T4	>0.40～100.00	—
		T6	>0.40～160.00	—
		F	>4.50～150.00	—
包铝 2014	B	O	>0.50～25.00	—
		T3	>0.50～6.30	—
		T4	>0.50～6.30	—
		T6	>0.50～6.30	—
		F	>4.50～150.00	—
2014A、包铝 2014A	B	O	>0.20～6.00	—
		T4	>0.20～80.00	—
		T6	>0.20～140.00	—
2024	B	O	>0.40～25.00	>0.50～6.00
		T3	>0.40～150.00	—
		T4	>0.40～6.00	—
		T8	>0.40～40.00	—
		F	>4.50～80.00	—
包铝 2024	B	O	>0.20～45.50	—
		T3	>0.20～6.00	—
		T4	>0.20～3.20	—
		F	>4.50～80.00	—
2017、包铝 2017	B	O	>0.40～25.00	>0.50～6.00
		T3、T4	>0.40～6.00	—
		F	>4.50～150.00	—

表 3（续）

牌号	铝或铝合金类别	状态	板材厚度 mm	带材厚度 mm
2017A、包铝 2017A	B	O	0.40～25.00	—
		T4	0.40～200.00	—
2219、包铝 2219	B	O	＞0.50～50.00	—
		T81	＞0.50～6.30	—
		T87	＞1.00～12.50	—
3A21	A	O	＞0.20～10.00	—
		H14	＞0.80～4.50	—
		H24、H18	＞0.20～4.50	—
		H112	＞4.50～80.00	—
		F	＞4.50～150.00	—
3102	A	H18	＞0.20～3.00	＞0.20～3.00
3003	A	O	＞0.20～50.00	＞0.20～6.00
		H111	＞0.20～50.00	—
		H12、H22、H14、H24	＞0.20～6.00	＞0.20～6.00
		H16、H26	＞0.20～4.00	＞0.20～4.00
		H18、H28、H19	＞0.20～3.00	＞0.20～3.00
		H112	＞4.50～80.00	—
		F	＞4.50～150.00	＞2.50～8.00
3103	A	O、H111	＞0.20～50.00	—
		H12、H22、H14、H24、H16	＞0.20～6.00	—
		H26	＞0.20～4.00	—
		H18、H28、H19	＞0.20～3.00	—
		H112	＞4.50～80.00	—
		F	＞20.00～80.00	—
3004	B	O	＞0.20～50.00	＞0.20～6.00
		H111	＞0.20～50.00	—
		H12、H22、H32、H14	＞0.20～6.00	＞0.20～6.00
		H24、H34、H26、H36、H18	＞0.20～3.00	＞0.20～3.00
		H16	＞0.20～4.00	＞0.20～4.00
		H28、H38、H19	＞0.20～1.50	＞0.20～1.50
		H112	＞4.50～80.00	—
		F	＞6.00～80.00	＞2.50～8.00

表 3（续）

牌号	铝或铝合金类别	状态	板材厚度 mm	带材厚度 mm
3104	B	O	>0.20～3.00	>0.20～3.00
		H111	>0.20～3.00	—
		H12、H22、H32	>0.50～3.00	>0.50～3.00
		H14、H24、H34、H16、H26、H36	>0.20～3.00	>0.20～3.00
		H18、H28、H38、H19、H29、H39	>0.20～0.50	>0.20～0.50
		F	>6.00～80.00	>2.50～8.00
3005	A	O	>0.20～6.00	>0.20～6.00
		H111	>0.20～6.00	—
		H12、H22、H14	>0.20～6.00	>0.20～6.00
		H24	>0.20～3.00	>0.20～3.00
		H16	>0.20～4.00	>0.20～4.00
		H26、H18、H28	>0.20～3.00	>0.20～3.00
		H19	>0.20～1.50	>0.20～1.50
		F	>6.00～80.00	>2.50～8.00
3105	A	O、H12、H22、H14、H24、H16、H26、H18	>0.20～3.00	>0.20～3.00
		H111	>0.20～3.00	—
		H28、H19	>0.20～1.50	>0.20～1.50
		F	>6.00～80.00	>2.50～8.00
4006	A	O	>0.20～6.00	—
		H12、H14	>0.20～3.00	—
		F	2.50～6.00	—
4007	A	O、H111	>0.20～12.50	—
		H12	>0.20～3.00	—
		F	2.50～6.00	—
4015	B	O、H111	>0.20～3.00	—
		H12、H14、H16、H18	>0.20～3.00	—
5A02	B	O	>0.50～10.00	—
		H14、H24、H34、H18	>0.50～4.50	—
		H112	>4.50～80.00	—
		F	>4.50～150.00	—
5A03	B	O、H14、H24、H34	>0.50～4.50	>0.50～4.50
		H112	>4.50～50.00	—
		F	>4.50～150.00	—

表 3（续）

牌号	铝或铝合金类别	状态	板材厚度 mm	带材厚度 mm
5A05	B	O	>0.50～4.50	>0.50～4.50
		H112	>4.50～50.00	—
		F	>4.50～150.00	—
5A06	B	O	0.50～4.50	>0.50～4.50
		H112	>4.50～50.00	—
		F	>4.50～150.00	—
5005、5005A	A	O	>0.20～50.00	>0.20～6.00
		H111	>0.20～50.00	—
		H12、H22、H32、H14、H24、H34	>0.20～6.00	>0.20～6.00
		H16、H26、H36	>0.20～4.00	>0.20～4.00
		H18、H28、H38、H19	>0.20～3.00	>0.20～3.00
		H112	>6.00～80.00	—
		F	4.50～150.00	>2.50～8.00
5040	B	H24、H34	0.80～1.80	—
		H26、H36	1.00～2.00	—
5049	B	O、H111	>0.20～100.00	—
		H12、H22、H32、H14、H24、H34、H16、H26、H36	>0.20～6.00	—
		H18、H28、H38	>0.20～3.00	—
		H112	6.00～80.00	—
5449	B	O、H111、H22、H24、H26、H28	>0.50～3.00	—
5050	A	O、H111	>0.20～50.00	—
		H12	>0.20～3.00	—
		H22、H32、H14、H24、H34	>0.20～6.00	—
		H16、H26、H36	>0.20～4.00	—
		H18、H28、H38	>0.20～3.00	—
		H112	6.00～80.00	—
		F	2.50～80.00	—
5251	B	O、H111	>0.20～50.00	—
		H12、H22、H32、H14、H24、H34	>0.20～6.00	—
		H16、H26、H36	>0.20～4.00	—
		H18、H28、H38	>0.20～3.00	—
		F	2.50～80.00	—

表 3（续）

牌号	铝或铝合金类别	状态	板材厚度 mm	带材厚度 mm
5052	B	O	>0.20～80.00	>0.20～6.00
		H111	>0.20～80.00	—
		H12、H22、H32、H14、H24、H34、H16、H26、H36	>0.20～6.00	>0.20～6.00
		H18、H28、H38	>0.20～3.00	>0.20～3.00
		H112	>6.00～80.00	—
		F	>2.50～150.00	>2.50～8.00
5154A	B	O、H111	>0.20～50.00	—
		H12、H22、H32、H14、H24、H34、H26、H36	>0.20～6.00	>0.20～6.00
		H18、H28、H38	>0.20～3.00	>0.20～3.00
		H19	>0.20～1.50	>0.20～1.50
		H112	6.00～80.00	—
		F	>2.50～80.00	—
5454	B	O、H111	>0.20～80.00	—
		H12、H22、H32、H14、H24、H34、H26、H36	>0.20～6.00	—
		H28、H38	>0.20～3.00	—
		H112	6.00～120.00	—
		F	>4.50～150.00	—
5754	B	O、H111	>0.20～100.00	—
		H12、H22、H32、H14、H24、H34、H16、H26、H36	>0.20～6.00	—
		H18、H28、H38	>0.20～3.00	—
		H112	6.00～80.00	—
		F	>4.50～150.00	—
5082	B	H18、H38、H19、H39	>0.20～0.50	>0.20～0.50
		F	>4.50～150.00	—
5182	B	O	>0.20～3.00	>0.20～3.00
		H111	>0.20～3.00	—
		H19	>0.20～1.50	>0.20～1.50

表 3（续）

牌号	铝或铝合金类别	状态	板材厚度 mm	带材厚度 mm
5083	B	O	>0.20～200.00	>0.20～4.00
		H111	>0.20～200.00	—
		H12、H22、H32、H14、H24、H34	>0.20～6.00	>0.20～6.00
		H16、H26、H36	>0.20～4.00	—
		H116、H321	>1.50～80.00	—
		H112	>6.00～120.00	—
		F	>4.50～150.00	—
5383	B	O、H111	>0.20～150.00	—
		H22、H32、H24、H34	>0.20～6.00	—
		H116、H321	>1.50～80.00	—
		H112	>6.00～80.00	—
5086	B	O、H111	>0.20～150.00	—
		H12、H22、H32、H14、H24、H34	>0.20～6.00	—
		H16、H26、H36	>0.20～4.00	—
		H18	>0.20～3.00	—
		H116、H321	>1.50～50.00	—
		H112	>6.00～80.00	—
		F	>4.50～150.00	—
6A02	B	O、T4、T6	>0.50～10.00	—
		T1	>4.50～80.00	—
		F	>4.50～150.00	—
6061	B	O	0.40～25.00	0.40～6.00
		T4	0.40～80.00	—
		T6	0.40～100.00	—
		F	>4.50～150.00	>2.50～8.00
6016	B	T4、T6	0.40～3.00	—
6063	B	O	0.50～20.00	—
		T4、T6	0.50～10.00	—
6082	B	O	0.40～25.00	—
		T4	0.40～80.00	—
		T6	0.40～12.50	—
		F	>4.50～150.00	—

表 3（续）

牌号	铝或铝合金类别	状态	板材厚度 mm	带材厚度 mm
7A04、包铝 7A04 7A09、包铝 7A09	B	O、T6	>0.50～10.00	—
		T1	>4.50～40.00	—
		F	>4.50～150.00	—
7020	B	O、T4	0.40～12.50	—
		T6	0.40～200.00	—
7021	B	T6	1.50～6.00	—
7022	B	T6	3.00～200.00	—
7075	B	O	>0.40～75.00	—
		T6	>0.40～60.00	—
		T76	>1.50～12.50	—
		T73	>1.50～100.00	—
		F	>6.00～50.00	—
包铝 7075	B	O	>0.39～50.00	—
		T6	>0.39～6.30	—
		T76	>3.10～6.30	—
		F	>6.00～100.00	—
7475	B	T6	>0.35～6.00	—
		T76、T761	1.00～6.50	—
包铝 7475	B	O、T761	1.00～6.50	—
8A06	A	O	>0.20～10.00	—
		H14、H24、H18	>0.20～4.50	—
		H112	>4.50～80.00	—
		F	>4.50～150.00	>2.50～8.00
8011	—	H14、H24、H16、H26	>0.20～0.50	>0.20～0.50
		H18	0.20～0.50	0.20～0.50
8011A	A	O	>0.20～12.50	>0.20～6.00
		H111	>0.20～12.50	—
		H22	>0.20～3.00	>0.20～3.00
		H14、H24	>0.20～6.00	>0.20～6.00
		H16、H26	>0.20～4.00	>0.20～4.00
		H18	>0.20～3.00	>0.20～3.00
8079	A	H14	>0.20～0.50	>0.20～0.50

表 4 与厚度对应的宽度和长度

单位为毫米

板、带材厚度	板材的宽度和长度		带材的宽度和内径	
	板材的宽度	板材的长度	带材的宽度	带材的内径
＞0.20～0.50	500.0～1 660.0	500～4 000	≤1 800.0	75、150、200、300、405、505、605、650、750
＞0.50～0.80	500.0～2 000.0	500～10 000	≤2 400.0	
＞0.80～1.20	500.0～2 400.0[a]	1 000～10 000	≤2 400.0	
＞1.20～3.00	500.0～2 400.0	1 000～10 000	≤2 400.0	
＞3.00～8.00	500.0～2 400.0	1 000～15 000	≤2 400.0	
＞8.00～15.00	500.0～2 500.0	1 000～15 000	—	—
＞15.00～250.00	500.0～3 500.0	1 000～20 000	—	—

注：带材是否带套筒及套筒材质，由供需双方商定后在订货单（或合同）中注明。

[a] A 类合金最大宽度为 2 000.0 mm。

3.1.4 标记示例

产品标记按产品名称、标准编号、牌号、供应状态及尺寸的顺序表示。标记示例如下：

示例 1：

3003 牌号、H22 状态、厚度为 2.00 mm、宽度为 1 200.0 mm、长度为 2 000 mm 的板材，标记为：

板　GB/T 3880.1—3003H22-2.00×1 200×2 000

示例 2：

5052 牌号、O 状态、厚度为 1.00 mm，宽度为 1 050.0 mm 的带材，标记为：

带　GB/T 3880.1-50520-1.00×1 050

3.2 化学成分

4006、4007、4015、5040、5449 合金的化学成分应符合表 5 的规定，其他牌号的产品化学成分应符合 GB/T 3190 的规定。

表 5 化学成分

牌号	质量分数/%												
	Si	Fe	Cu	Mn	Mg	Cr	Ni	Zn	—	Ti	其他杂质[a] 单个	其他杂质[a] 合计	Al[b]
4006	0.80～1.20	0.50～0.80	≤0.10	≤0.05	≤0.01	≤0.20	—	≤0.05	—	—	≤0.05	≤0.15	余量
4007	1.00～1.70	0.40～1.00	≤0.20	0.80～1.50	≤0.20	0.05～0.25	0.15～0.70	≤0.10	0.05Co	≤0.10	≤0.05	≤0.15	余量
4015	1.40～2.20	≤0.70	≤0.20	0.60～1.20	0.10～0.50	—	—	≤0.20	—	—	≤0.05	≤0.15	余量

表 5（续）

牌号	质量分数/%											
	Si	Fe	Cu	Mn	Mg	Cr	Ni	Zn	—	Ti	其他杂质[a]		Al[b]
											单个	合计	
5040	≤0.30	≤0.70	≤0.25	0.90～1.40	1.00～1.50	0.10～0.30	—	≤0.25	—	—	≤0.05	≤0.15	余量
5449	≤0.40	≤0.70	≤0.30	0.60～1.10	1.60～2.60	≤0.30	—	≤0.30	—	≤0.10	≤0.05	≤0.15	余量

[a] 其他杂质指表中未列出或未规定数值的金属元素。

[b] 铝的质量分数为100%与等于或大于0.010%的所有元素含量总和的差值，求和前各元素含量要表示到0.0X%。

3.3 包覆层

正常包铝或工艺包铝的板材应进行双面包覆，并符合表6的规定。工艺包铝的板材允许供方不包铝供货。

表 6　包覆材料及包覆层厚度

牌号	包铝类别	包覆材料牌号	板材厚度/mm	每面包覆层厚度占板材厚度的百分比，不小于
2A11、2A12	工艺包铝	1230或1A50	所有	≤1.5%
包铝2A11、包铝2A12	正常包铝		0.50～1.60	4%
			其他	2%
2A14	工艺包铝		所有	≤1.5%
2E12	工艺包铝		所有	≤1.5%
包铝2E12	正常包铝		0.80～1.60	4%
	正常包铝		其他	2%
2014、2014A 2017、2017A	工艺包铝	6003或1230、1A50	所有	≤1.5%
包铝2014、包铝2014A 包铝2017、包铝2017A	正常包铝		≤0.63	8%
			>0.63～1.00	6%
			>1.00～2.50	4%
			>2.50	2%
2024	工艺包铝	1230或1A50	所有	≤1.5%
包铝2024	正常包铝		≤1.60	4%
			>1.60	2%

表 6（续）

牌号	包铝类别	包覆材料牌号	板材厚度/ mm	每面包覆层厚度占板材厚度的百分比，不小于
2219	工艺包铝	7072 或 1A50	所有	≤1.5%
包铝 2219	正常包铝		≤1.00	8%
			>1.00～2.50	4%
			>2.50	2%
5A06	工艺包铝	1230 或 1A50	所有	≤1.5%
7A04、7A09	工艺包铝	7072 或 7A01	所有	≤1.5%
包铝 7A04、包铝 7A09	正常包铝		0.50～1.60	4%
			>1.60	2%
7075	工艺包铝	7072 或 7A01	≤1.60	≤1.5%
		7008 或 7A01	>1.60	≤1.5%
包铝 7075	正常包铝	7072 或 7A01	0.50～1.60	4%
		7008 或 7A01	>1.60	2%
7475	工艺包铝	7072 或 7A01	所有	≤1.5%
包铝 7475	正常包铝		<1.60	4%
			≥1.60～4.80	2.5%
			≥4.80	1.5%

3.4 尺寸偏差

板、带材的尺寸偏差应符合 GB/T 3880.3 的规定。

3.5 力学性能

板、带材的室温拉伸力学性能应符合 GB/T 3880.2 的规定。厚度超出 GB/T 3880.2 规定的板材、带材，其室温拉伸力学性能附实测结果交货，或供需双方协商，并在订货单(或合同)中注明。

3.6 弯曲性能

弯曲性能一般不要求。当需方对板、带材有弯曲性能要求时，由供需双方协商并在订货单(或合同)中注明。要求弯曲性能的板、带材，按 GB/T 3880.2 规定的弯曲半径进行弯曲试验后，表面不应出现目视可见的裂纹。

3.7 电导率

7075 合金的 T73、T76 状态，7475 合金的 T76、T761 状态及 7010 合金的 T73、T74 和 T76 状态的板材，其电导率应符合表 7 规定。

表 7　电导率

合金牌号	供应状态	电导率指标[a] MS/m(%IACS)	力学性能	合格判定
7075	T73	<22.0(38.0)	任何值	不合格
7075	T73	22.0~23.0 (38.0~39.7)	符合标准规定，且 $R_{p0.2}$ 大于规定值 85 MPa以上	不合格[b]
7075	T73	22.0~23.0 (38.0~39.7)	符合标准规定，且 $R_{p0.2}$ 不大于规定值 85 MPa	合格
7075	T73	>23.0(39.7)	符合标准规定	合格
7075	T76	<21.0(36.3)	任何值	不合格
7075	T76	21.0~22.0 (36.3~38.0)	符合标准规定，且 $R_{p0.2}$ 大于规定值 85 MPa以上	不合格[c]
7075	T76	21.0~22.0 (36.3~38.0)	符合标准规定，且 $R_{p0.2}$ 不大于规定值 85 MPa	合格
7075	T76	≥22.0(38.0)	符合标准规定	合格
7475	T76、T761	<22.0(38.0)	任何值	不合格。应补充人工时效，然后重新检测电导率和规定非比例延伸强度
7475	T76、T761	22.0~22.6 (38.0~39.0)	符合标准规定	不合格。应补充人工时效，然后重新检测电导率和规定非比例延伸强度
7475	T76、T761	≥22.6(39.0)	符合标准规定。且 $R_{p0.2}$ 大于规定值 62 MPa 以上	不合格。应补充人工时效，然后重新检测电导率和规定非比例延伸强度
7475	T76、T761	≥22.6(39.0)	符合标准规定，且 $R_{p0.2}$ 不大于规定值 62 MPa	合格
7010	T73	<23.8(41.1)	任何值	不合格。厚板可重新热处理或人工时效，重新检验力学性能和电导率
7010	T73	≥23.8(41.1)	符合标准规定	合格
7010	T74	<23.2(40.0)	任何值	不合格。厚板可重新热处理或人工时效，重新检验力学性能和电导率
7010	T74	≥23.2(40.0)	符合标准规定	合格
7010	T76	<22.6(39.0)	任何值	不合格。厚板可重新热处理或人工时效，重新检验力学性能和电导率
7010	T76	≥22.6(39.0)	符合标准规定	合格

[a] 测量电导率用的试样应在拉伸试样的位置邻近处切取，并在去掉包铝层后的板材表面上采用涡流法进行测定

[b] 补充固溶热处理的淬火后 15 min 以内，测得的电导率与初始值之差不小于 3.5 MS/ms 时为合格。

[c] 剥落腐蚀试验合格则为合格。

3.8 抗应力腐蚀性能

对于厚度大于或等于 20 mm 的 7075、7010 合金的 T73、T76 状态板材，当订货单(或合同)中注明检验抗应力腐蚀性能时，其产品的抗应力腐蚀性能应符合表 8 的规定。

表 8 抗应力腐蚀性能

牌号	状态	试样受力方向	试验应力/MPa	试验时间/d	结果要求
7075、7010	T73	高向(短横向)	$R_{p0.2}$ 规定值的 75%	≥20	不出现裂纹
	T76、T761		170		

3.9 抗剥落腐蚀性能

3.9.1 5××× 系合金的抗剥落腐蚀性能

对于 5086、5083、5383 合金 H116 状态和 H321 状态的产品，当订货单(或合同)中注明快速金相法检测时，其显微组织中的铝镁相(Al_3Mg_2)组成的连续晶界网应不超过供需双方签订的标准显微照片；当订货单(或合同)中注明用 GB/T 22639 检测时，其产品的剥落腐蚀试验结果不应低于 PC 级。当订货单(或合同)中未注明方法时，由供方选择任一种方法检测。

3.9.2 7××× 系合金的抗剥落腐蚀性能

对于 7075、7475、7010 合金的 T76、T761 状态的产品，当订货单(或合同)中注明检验抗剥落腐蚀性能时，其产品的剥落腐蚀试验结果不应低于 EB 级。

3.10 断裂韧性

对于包铝 7475 和 7475 合金板材有断裂韧性要求时，应供需双方协商并在订货单(或合同)中注明，其平面应力断裂韧性值应符合表 9 的规定。

表 9 断裂韧性

牌号	供应状态	试样状态	厚度 mm	方向	平面应力断裂韧性 K_C (MPa)$\sqrt{m}$ 不小于
包铝 7475	O	T76	1.0～3.2	T-L(拉力方向与横向一致)	95.6
				L-T(拉力方向与纵向一致)	110.0
			≥3.2～6.5	T-L(拉力方向与横向一致)	87.9
	T761	T761	1.0～3.2	T-L(拉力方向与横向一致)	95.6
				L-T(拉力方向与纵向一致)	110.0
			≥3.2～6.5	T-L(拉力方向与横向一致)	87.9
7475	T761	T761	1.0～3.2	T-L(拉力方向与横向一致)	96
			≥3.2～6.5	T-L(拉力方向与横向一致)	88

3.11 超声波探伤性能

对板材有超声波探伤性能要求时，应供需双方协商，并在订货单(或合同)中注明超声波检验及检验级别。

3.12 抗疲劳腐蚀性能

对包铝 2E12 或 2E12 合金的 T3 状态的板材有抗疲劳腐蚀性能要求时，应供需双方协商，并在订货单(或合同)中注明。对于要求抗疲劳腐蚀性能的板材，将试验条件设定为：$\Delta K=33(\mathrm{MPa})\sqrt{m}$，$R=0.1$，$f=2$ Hz～10 Hz，按 GB/T 6398 进行 T-L 方向的疲劳裂纹扩展速率试验，应满足 $da/dN \leqslant 3.05\times 10^{-3}$ mm/cycle。

3.13 低倍组织

3.13.1 板材的低倍组织中不允许有裂纹、分层。

3.13.2 对包铝 2E12、2E12 合金板材低倍组织有特殊要求的，可供需双方协商，并在订货单(或合同)中注明“低倍特殊要求”，其板材的低倍组织要求如下：

a) 板材的低倍组织不允许有夹杂或目视可见的氧化膜缺陷。

b) 板材的晶粒度不允许超过 2 级，厚度为 0.8 mm～4.0 mm 的蒙皮板晶粒度不允许超过 1 级。

3.13.3 对包铝 7475、7475 合金板材低倍组织有特殊要求的，可供需双方协商，并在订货单(或合同)中注明“低倍特殊要求”，其板材的低倍组织要求如下：

a) 板材的低倍组织不允许有夹杂或目视可见的氧化膜缺陷。

b) 板材的晶粒度不允许超过 2 级。

3.14 显微组织

淬火板、带材的显微组织不允许有过烧。

3.15 外观质量

3.15.1 板、带材的表面缺陷深度不应超出板、带材厚度的允许负偏差值，并保证板、带材的最小厚度。

3.15.2 带材应卷紧，不允许有松卷、接头。

3.15.3 板、带材表面缺陷允许用砂纸进行检验性修磨，其修磨深度不应超过板、带材厚度允许的负偏差值，并保证板、带材的最小厚度。

3.15.4 切(剪切或锯切)边板、带材的外观质量应符合表 10 的规定，不切(剪切或锯切)边板、带材的外观质量，应在有效宽度范围内符合表 10 的规定。

表 10 切(锯)边板、带材的外观质量

缺陷名称	冷轧板材		冷轧带材[a]		热轧板、带材[a]
	厚度＜0.50 mm 的板材及厚度为 0.50 mm～1.00 mm、宽度≤1 660 mm 的 A 类板材	其他板材	厚度＜2.00 mm、宽度≤1 660 mm 的 A 类带材	其他带材	
硝盐痕	—	不允许	—	不允许	不允许
压折	不允许	允许轻微的	不允许	允许轻微的	允许轻微的

表 10（续）

缺陷名称	冷轧板材		冷轧带材[a]		热轧板、带材[a]
	厚度＜0.50 mm 的板材及厚度为 0.50 mm～1.00 mm、宽度≤1 660 mm 的 A 类板材	其他板材	厚度＜2.00 mm、宽度≤1 660 mm 的 A 类带材	其他带材	
氧化色	—	允许轻微的	—	允许轻微的	允许轻微的
油斑	退火状态板材：允许轻微的	退火状态板材：允许轻微的	退火状态带材：允许轻微的	退火状态带材：允许轻微的	—
错层	—	—	成品道次切边带材：错层不大于 3 mm； 非成品道次切边带材：供需双方协商； 不切边带材：错层不大于 10 mm（带材错层内 5 圈和外 2 圈除外）		切边带材： 错层不大于 5 mm（带材错层内 5 圈和外 2 圈除外）
塔形	—	—	成品道次切边带材：塔形不大于 5 mm； 非成品道次切边带材：供需双方协商； 不切边带材：塔形不大于 20 mm（带材塔形内 5 圈和外 2 圈除外）		切边带材： 塔形不大于 30 mm（带材塔形内 5 圈和外 2 圈除外）
裂纹、裂边、腐蚀、穿通气孔、起皮、毛刺	不允许				
压过划痕、擦伤、划伤、粘伤、印痕、松树枝状花纹、金属及非金属压入物、矫直辊印、油污、乳液痕、色差、平行于轧制方向的暗条	允许轻微的				
扩散斑点	厚度大于 0.60 mm 的板、带材表面：不允许				
气泡	不包铝的板、带材：不允许；工艺包铝板、带：允许； 正常包铝板、带材：每平方米表面上气泡总面积应不大于 80 mm²，每个气泡的面积应不大于 30 mm²				
包覆层脱落	正常包铝板、带材：不允许； 工艺包铝板、带：允许				
[a] 当带材缺陷不符合表中规定，但每卷缺陷的总长度不超过带材总长度的 1％时，允许交货。					

4 试验方法

4.1 化学成分

板、带材的化学成分分析方法可按 GB/T 20975 或 GB/T 7999 进行，仲裁分析应按 GB/T 20975 规定的方法进行。

4.2 包覆层

应按 GB/T 3246.1 的规定，采用金相测厚法测量包覆层的厚度。

4.3 尺寸偏差

板材的尺寸测量值不允许修约，其尺寸偏差的测量方法按 GB/T 3880.3 的规定进行。

4.4 力学性能

室温拉伸力学性能的试样及试验方法应符合 GB/T 16865 的规定。

4.5 弯曲性能

弯曲试验应按 GB/T 232 的规定进行。

4.6 电导率

应按 GB/T 12966 的规定测试电导率。

4.7 抗应力腐蚀性能

抗应力腐蚀试验方法应按 GB/T 22640 的规定进行。

4.8 抗剥落腐蚀性能

4.8.1 5××× 系合金的抗剥落腐蚀性能

4.8.1.1 剥落腐蚀试验可采用快速金相法或按 GB/T 22639 规定的方法进行，仲裁分析方法应按 GB/T 22639进行。

4.8.1.2 对 5086、5083、5383 合金的 H116 和 H321 状态产品，采用快速金相法检测抗剥落腐蚀性能时，应对垂直于轧制表面，且与轧制方向平行的一个试样截面进行抛光处理（宜电解抛光），然后用 35 ℃±5 ℃的磷酸溶液（即将 40 mL 浓度为 85%的磷酸溶入 60 mL 蒸馏水中）微蚀 3 min，检查其 500X 的金相显微组织，其显微组织中铝镁相（Al_3Mg_2）组成的连续晶界网应不超过供需双方签订的标准显微照片要求。当显微组织显示其铝镁相（Al_3Mg_2）超过了供需双方签订的标准显微照片的限定时，应按GB/T 22639的规定检测产品的抗剥落腐蚀性能。

4.8.1.3 对 5086、5083、5383 合金的 H116 和 H321 状态产品，采用 GB/T 22639 规定的方法检测抗剥落腐蚀性能时，对于厚度小于 2.5 mm 的板、带材，应在全截面试样上进行试验；对于厚度不小于 2.5 mm的板、带材，应在全截面试样上通过机加工从一个轧制表面上除去厚度的 10%后进行试验。其他应符合 GB/T 22639 的规定。

4.8.2 7××× 系合金的抗剥落腐蚀性能

7075、7475、7010 合金的 T76、T761 状态产品的剥落腐蚀试验方法应按 GB/T 22639 的规定进行。

4.9 断裂韧性

断裂韧性应按 HB 5261 的规定进行测试。

4.10 超声波探伤性能

超声波探伤应按 GB/T 6519 规定的方法进行。

4.11 抗疲劳腐蚀性能

抗疲劳腐蚀性能试验方法应按 GB/T 6398 的规定进行。

4.12 低倍组织

低倍组织应按 GB/T 3246.2 规定的方法进行检验。

4.13 显微组织

显微组织应按 GB/T 3246.1 规定的方法进行检验。

4.14 外观质量

4.14.1 板、带材的外观质量以目视检验。必要时，可借用尺寸测量工具界定缺陷大小，通过修磨测定缺陷深度。

4.14.2 硝盐痕检验方法如下：

a) 二苯胺硫酸溶液的配制：取 0.5 g 二苯胺，倒入用 10 mL 的蒸馏水和 25 mL 硫酸（ρ1.84 g/mL）配制的溶液中，待二苯胺溶解后，加入硫酸（ρ1.84 g/mL），使溶液达到 100 mL。

b) 用一滴体积浓度为 0.5%的二苯胺硫酸溶液滴在板面上，10 s～15 s 后若滴定处急剧变蓝，则表示该处有硝盐存在。试验后用滤纸吸干滴液，受检部分用水仔细冲洗擦干。

5 检验规则

5.1 检查和验收

5.1.1 产品应由供方进行检查，保证产品质量符合本部分及订货单（或合同）的规定，并填写质量证明书。

5.1.2 需方应对收到的产品按本部分的规定进行复验。检验结果与本部分及订货单（或合同）的规定不符时，应以书面形式向供方提出，由供需双方协商解决。属于表面质量及尺寸偏差的异议，应在收到产品之日起一个月内提出，属于其他性能的异议，应在收到产品之日起三个月内提出。如需仲裁，可委托供需双方认可的单位进行，并在需方共同取样。

5.2 组批

产品应成批提交验收，每批应由同一牌号、状态和规格的产品组成。每批（卷、盘、箱）重量不限，有要求时，可供需双方协商，并在订货单（或合同）中注明。

5.3 计重

产品应检斤计重。

5.4 检验项目

5.4.1 每批产品出厂前均应进行化学成分、室温拉伸力学性能、尺寸偏差和外观质量的检验。

5.4.2 包覆层厚度由供方工艺保证，不作出厂检验。若订货单(或合同)中注明“检验包覆层厚度”时，应检验包覆层厚度。

5.4.3 对订货单(或合同)中注明“检验弯曲性能”的产品，应检验弯曲性能。

5.4.4 7075 合金的 T73、T76 状态，7475 合金的 T76、T761 状态及 7010 合金的 T73、T74 和 T76 状态的板材应检验电导率。

5.4.5 对厚度大于或等于 20 mm 的 7075、7010 合金的 T73、T76 状态板材，当订货单(或合同)中注明“检验抗应力腐蚀性能”时，应检验抗应力腐蚀性能。

5.4.6 对 5086、5083、5383 合金 H116 状态和 H321 状态的产品，以及 7075、7475、7010 合金 T76 状态和 T761 状态的板材，当订货单(或合同)中注明“检验抗剥落腐蚀性能”时，应检验抗剥落腐蚀性能。

5.4.7 对于包铝 7475 或 7475 合金的板材，当订货单(或合同)中注明“检验断裂韧性”时，应检验断裂韧性。

5.4.8 对订货单(或合同)中注明“超声波检验及检验级别”的板材，应进行超声波检验。

5.4.9 对包铝 2E12 或 2E12 合金 T3 状态的板材，当订货单(或合同)中注明“检验抗疲劳腐蚀性能”的产品，应进行抗疲劳腐蚀性能的检验。

5.4.10 产品的低倍组织由供方工艺保证，不作出厂检验。当订货单(或合同)中注明“低倍特殊要求”的包铝 2E12、2E12、包铝 7475 和 7475 合金的板材，应进行低倍组织检验。

5.4.11 对淬火状态的产品应进行显微组织检验。

5.5 取样

产品取样应符合表 11、表 12 的规定。

表 11 产品取样要求

检验项目	产品取样要求	要求的章条号	试验方法的章条号
化学成分	按 GB/T 17432 的规定进行。带包覆层的合金应去掉包覆层	3.2	4.1
包覆层	每批取 3 张进行检验	3.3	4.2
尺寸偏差	板材每批取 3 张进行检验，带材逐卷进行检验	3.4	4.3
室温拉伸力学性能[a]	带材每批取卷数的 2%，但每批(炉)不少于 1 卷，每卷取 2 个试样；板材取样数量应符合表 12 的规定。其他要求应符合 GB/T 16865的规定	3.5	4.4
弯曲性能	带材每批取卷数的 2%，但每批(炉)不少于 1 个卷，每卷取 2 个横向试样。板材每批取 3 张板材，每张取 2 个横向试样	3.6	4.5
电导率	每热处理炉次张数的 10%，不少于 2 张	3.7	4.6
抗应力腐蚀性能	每批抽取 3 张板材，在每张板材上切取 3 个相邻的相同规格试样	3.8	4.7
抗剥落腐蚀性能	采用快速金相法时：每批中随机选取一块板材或一个卷材，从其一端的中间截面处取一个试样。采用 GB/T 22639 规定的试验方法时：每批切取 5 个试样	3.9	4.8

表 11（续）

检验项目	产品取样要求	要求的章条号	试验方法的章条号
断裂韧性	每个方向上切取 1 个试样，试样宽度应为 40.6 mm	3.10	4.9
超声波探伤性能	逐张(卷)检验	3.11	4.10
抗疲劳腐蚀性能	每热处理炉次切取 1 个试样	3.12	4.11
低倍组织	每批至少切取 3 个试样	3.13	4.12
显微组织[a]	每炉(批)取 2 张	3.14	4.13
外观质量	逐张(卷)检验	3.15	4.14
[a] 对于淬火产品，生产厂按热处理炉次取样，仲裁时按批取样。			

表 12 室温拉伸力学性能的取样数量

<table>
<tr><th colspan="2">牌号</th><th>状态</th><th>每批所取板材张数/%，不少于</th><th>试样数量/个，不少于</th></tr>
<tr><td colspan="2" rowspan="2">1×××、8×××</td><td>H112</td><td>2</td><td>2</td></tr>
<tr><td>除 H112 外的其他状态</td><td>厚度不大于 0.50 mm 的板材和 H1X 状态的板材，取样数量为 0.1%，其余为 1%</td><td>2</td></tr>
<tr><td rowspan="4">3×××、4×××、5×××</td><td rowspan="2">5A02、5A03、5A05、5A06、5083、5086、5082、5182、5754、5454</td><td>H112</td><td>5</td><td>2</td></tr>
<tr><td>除 H112 外的其他状态</td><td>10</td><td>2</td></tr>
<tr><td rowspan="2">其他合金</td><td>H112</td><td>2</td><td>2</td></tr>
<tr><td>除 H112 外的其他状态</td><td>5</td><td>2</td></tr>
<tr><td rowspan="5">2×××、6×××、7×××</td><td rowspan="2">7A04、7A09、7075</td><td>O、T6、T62</td><td>10</td><td>2</td></tr>
<tr><td>其他状态</td><td>5</td><td>2</td></tr>
<tr><td rowspan="2">6A02、2A11、2014、2014A</td><td>T4、T6</td><td>10</td><td>2</td></tr>
<tr><td>其他状态</td><td>5</td><td>2</td></tr>
<tr><td>其他合金</td><td>所有</td><td>5</td><td>2</td></tr>
</table>

5.6 检验结果的判定

5.6.1 有任一试样的化学成分不合格时，产品能区分熔次的判该试样代表的熔次不合格，其他熔次依次检验，合格者交货。不能区分熔次的判该批不合格。

5.6.2 有任一试样的包覆层厚度不合格时，判该批不合格。经供需双方商定允许逐张检验，合格者交货。

5.6.3 任一板材尺寸偏差不合格时，判该批产品不合格。经供需双方商定允许逐张检验，合格者交货；任一带材尺寸偏差不合格时，判该卷不合格。

5.6.4 有任一试样的室温拉伸力学性能不合格时，应从该批(炉)产品中另取双倍数量的试样进行重复试验，重复试验结果全部合格，则判该批(炉)产品合格。若重复试验结果中仍有试样性能不合格时，则判该批(炉)产品不合格。经供需双方商定允许供方逐张(卷或炉次)检验，合格者交货。也允许供方进行重复热处理，重新取样检验。

5.6.5 有任一试样的弯曲性能不合格时，应从该批（炉）产品中另取双倍数量的试样进行重复试验，重复试验结果全部合格，则判该批（炉）产品合格。若重复试验结果中仍有试样性能不合格时，则判该批（炉）产品不合格。经供需双方商定允许供方逐张（卷或炉次）检验，合格者交货。也允许供方进行重复热处理，重新取样检验。

5.6.6 有任一试样的电导率不合格时，应从该批（炉）产品中另取双倍数量的试样进行重复试验，重复试验结果全部合格，则判该批（炉）产品合格。若重复试验结果中仍有试样性能不合格时，则判该批（炉）产品不合格。经供需双方商定允许供方逐张（卷或炉次）检验，合格者交货。也允许供方进行重复热处理，重新取样检验。

5.6.7 有任一试样的抗应力腐蚀性能不合格时，判该批（或热处理炉）产品不合格。但允许供方重新热处理后重新检验力学性能和抗应力腐蚀性能。要求电导率的还应检验电导率。

5.6.8 有任一试样的抗剥落腐蚀性能不合格时，判该批（或热处理炉）产品不合格。但允许供方重新热处理后重新检验力学性能和抗剥落腐蚀性能，要求电导率和抗应力腐蚀性能的还应检验电导率和抗应力腐蚀性能。

5.6.9 有任一试样的断裂韧性不合格时，判该批不合格。

5.6.10 有任一板材的超声波检验不合格时，逐张检验的，判该张不合格。非逐张检验的，判该批不合格，但允许对其余板材逐张检验，合格者交货。

5.6.11 有任一板材试样的抗疲劳腐蚀性能不合格时，判该批不合格。

5.6.12 有任一板材试样的低倍组织性能不合格时，判该批不合格。经供需双方商定允许逐张检验，合格者交货。

5.6.13 有任一试样的显微组织不合格时，产品能区分热处理炉次的判该试样代表的炉次不合格，其他炉次依次检验，合格者交货。不能区分炉次的判该批产品不合格。

5.6.14 有任一产品的外观质量不合格时，判该张（卷）产品不合格。

6 标志、包装、运输、贮存及质量证明书

6.1 标志

6.1.1 产品标志

应在检验合格的板垛上、下三张板材上，或每卷带材上标记如下（或贴标签）：

a) 牌号；
b) 状态；
c) 规格；
d) 产品批号；
e) 供方技术监督部门的检印。

6.1.2 包装箱标志

产品的包装箱标志应符合 GB/T 3199 的规定。

6.2 包装、运输、贮存

板材不涂油，板间不垫纸包装。需方要求垫纸或垫油纸时，应在订货单（或合同）中注明。带材的包装方式在订货单（或合同）中注明。其他包装、运输、贮存的要求按 GB/T 3199 规定。

6.3 质量证明书

每批板、带材应附有产品质量证明书，其上注明：

a) 供方名称、地址、电话、传真；

b) 产品名称；

c) 牌号、状态及规格；

d) 批号；

e) 净重或箱(张)、卷数；

f) 本标准编号；

g) 分析项目的检验结果和技术监督部门的检印；

h) 包装日期(或出厂日期)。

7 订货单(或合同)内容

订购本部分所列产品的订货单(或合同)内应包括下列内容：

a) 产品名称；

b) 牌号；

c) 状态；

d) 规格；

e) 重量(或张数)；

f) 订购带材时，应注明是否带套筒及套筒材质；

g) 对正常包铝或工艺包铝的产品要求检验包覆层厚度的，应注明“检验包覆层厚度”；

h) 对尺寸偏差有高精级要求时，应具体注明执行高精级的尺寸项目；

i) 对厚度超出 GB/T 3880.2 规定的板材、带材有室温拉伸力学性能要求时，应供需双方协商，并注明具体指标值；

j) 有弯曲性能要求的产品，应供需双方协商并注明“检验弯曲性能”；对 GB/T 3880.2 的表 1 中既有 90°弯曲，也有 180°弯曲的产品，应注明“90°弯曲或 180°弯曲”，未注明时，由供方任选一种；

k) 对厚度大于或等于 20 mm 的 7075、7010 合金的 T73、T76 状态板材，需要检验抗应力腐蚀性能的，应注明“检验抗应力腐蚀性能”；

l) 对 5086、5083 和 5383 合金 H116 状态和 H321 状态的产品，有抗剥落腐蚀性能要求的，应注明“检验抗剥落腐蚀性能”；

m) 对 7075、7475 和 7010 合金的 T76、T761 状态的产品，有抗剥落腐蚀性能要求的，应注明“检验抗剥落腐蚀性能”；

n) 对包铝 7475 或 7475 合金的板材有断裂韧性要求的，应注明“检验断裂韧性”；

o) 有超声波检验要求的产品，应注明“超声波检验和检验级别”；

p) 对包铝 2E12 或 2E12 合金 T3 状态的板材有抗疲劳腐蚀性能要求的，应注明“检验抗疲劳腐蚀性能”；

q) 对包铝 2E12 或 2E12 合金板材低倍组织有特殊要求的，应注明“低倍组织有特殊要求”；

r) 对包铝 7475 或 7475 合金板材低倍组织有特殊要求的，应注明“低倍组织有特殊要求”；

s) 对 2A11、2A12、2017 合金 O 状态供货的产品，需要提供“T42”状态性能的，应注明“检验 T42 状态性能”，未注明时，不检验 T42 状态性能；

t) 对 6A02、6063、7A04、7A09、7075 合金 O 状态供货的产品，需要提供“T62”状态性能的，应注明“检验 T62 状态性能”，未注明时，不检验 T62 状态性能；

u) 对6A02合金T1状态供货的产品，需要提供“T42”或“T62”状态性能的，应注明“检验T42状态性能”或“检验T62状态性能”，未注明时由供方选择；

v) 包装时要求在板间垫纸或垫油纸时，应注明“垫纸”或“垫油纸”，未注明时不垫纸（或油纸）；

w) 带材应注明包装方式，未注明时由供方自定；

x) 其他特殊要求；

y) 本标准编号。

ICS 77.150.10
H 61

中华人民共和国国家标准

GB/T 3880.2—2012
代替 GB/T 3880.2—2006

一般工业用铝及铝合金板、带材 第2部分：力学性能

Wrought aluminium and aluminium alloy plates, sheets and strips for general engineering—Part 2: Mechanical properties

2012-12-31 发布　　2013-10-01 实施

中华人民共和国国家质量监督检验检疫总局
中国国家标准化管理委员会　发布

前　言

GB/T 3880《一般工业用铝及铝合金板、带材》分为三个部分：

——第1部分：一般要求；

——第2部分：力学性能；

——第3部分：尺寸偏差。

本部分为GB/T 3880的第2部分。

本部分按照GB/T 1.1—2009给出的规则起草。

本部分代替GB/T 3880.2—2006《一般工业用铝及铝合金板、带材　第2部分：力学性能》。

本部分与GB/T 3880.2—2006相比，主要技术变化如下：

——增加了1070A、1080A、2017A、2A12、2A14、2014A、2E12、2219、3103、3A21、4006、4007、4015、5A02、5005A、5040、5049、5449、5050、5251、5154A、5754、5454、5383、6016、7020、7021、7022、7A04、7A09、7475、8011、8079合金；

——对原1050A、1100、1200、3003(H14、H24状态除外)、3004、5005、5052、5083、5086、6061、6082、8011A、7075合金的性能作了部分修改。

本部分使用重新起草法参考EN 485-2:2008《铝及铝合金　薄板、带材和厚板　第2部分：力学性能》、ASTM B209M—07《铝及铝合金板、带》、JIS H4000:2006《铝及铝合金板、带》标准编制，与EN 485-2:2008、ASTM B209M—07、JIS H4000:2006的一致性程度为非等效。

本部分由全国有色金属标准化技术委员会(SAC/TC 243)归口。

本部分主要起草单位：西南铝业(集团)有限责任公司、中国有色金属工业标准计量质量研究所、东北轻合金有限责任公司、中铝瑞闽铝板带有限公司、厦门厦顺铝箔有限公司、中铝西北铝加工分公司、镇江鼎胜铝业股份有限公司、福建省南铝板带加工有限公司。

本部分主要起草人：林林、张钰、葛立新、李瑞山、张思平、唐登毅、王国军、邱龙涛、王喜光、黄嵘、谢延翠、董则防、彭文伟、赵永军、黄瑞银。

本部分所代替标准的历次版本发布情况为：

——GB/T 3880.2—2006。

一般工业用铝及铝合金板、带材 第2部分：力学性能

1 范围

GB/T 3880 的本部分规定了一般工业用铝及铝合金板、带材的力学性能。

本部分适用于一般工业用铝及铝合金轧制板、带材（以下简称板、带材）。

2 力学性能

板、带材的室温拉伸试验结果应符合表1的规定。弯曲性能试验执行的弯曲半径应符合表1的规定，经弯曲试验，板、带材表面不应出现裂纹。厚度超过表1规定的板、带材，其力学性能应附实测结果。

表1 力学性能

牌号	包铝分类	供应状态	试样状态	厚度/mm	室温拉伸试验结果				弯曲半径[b]	
					抗拉强度 R_m/MPa	规定非比例延伸强度 $R_{p0.2}$/MPa	断后伸长率[a]/%		90°	180°
							$A_{50\ mm}$	A		
					不小于					
1A97 1A93	—	H112	H112	>4.50～80.00	附实测值				—	—
		F	—	>4.50～150.00	—				—	—
1A90 1A85	—	H112	H112	>4.50～12.50	60	—	21	—	—	—
				>12.50～20.00			—	19	—	—
				>20.00～80.00	附实测值				—	—
		F	—	>4.50～150.00	—				—	—
1080A	—	O H111	O H111	>0.20～0.50	60～90	15	26	—	0t	0t
				>0.50～1.50			28	—	0t	0t
				>1.50～3.00			31	—	0t	0t
				>3.00～6.00			35	—	0.5t	0.5t
				>6.00～12.50			35	—	0.5t	0.5t
		H12	H12	>0.20～0.50	8～120	55	5	—	0t	0.5t
				>0.50～1.50			6	—	0t	0.5t
				>1.50～3.00			7	—	0.5t	0.5t
				>3.00～6.00			9	—	1.0t	—
		H22	H22	>0.20～0.50	80～120	50	8	—	0t	0.5t
				>0.50～1.50			9	—	0t	0.5t

表 1（续）

牌号	包铝分类	供应状态	试样状态	厚度/mm	室温拉伸试验结果				弯曲半径[b]	
					抗拉强度 R_m/MPa	规定非比例延伸强度 $R_{p0.2}$/MPa	断后伸长率[a]/%			
							$A_{50\ mm}$	A	90°	180°
					不小于					
1080A	—	H22	H22	>1.50～3.00	80～120	50	11	—	0.5t	0.5t
				>3.00～6.00			13	—	1.0t	—
		H14	H14	>0.20～0.50	100～140	70	4	—	0t	0.5t
				>0.50～1.50			4	—	0.5t	0.5t
				>1.50～3.00			5	—	1.0t	1.0t
				>3.00～6.00			6	—	1.5t	—
		H24	H24	>0.20～0.50	100～140	60	5	—	0t	0.5t
				>0.50～1.50			6	—	0.5t	0.5t
				>1.50～3.00			7	—	1.0t	1.0t
				>3.00～6.00			9	—	1.5t	—
		H16	H16	>0.20～0.50	110～150	90	2	—	0.5t	1.0t
				>0.50～1.50			2	—	1.0t	1.0t
				>1.50～4.00			3	—	1.0t	1.0t
		H26	H26	>0.20～0.50	110～150	80	3	—	0.5t	—
				>0.50～1.50			3	—	1.0t	—
				>1.50～4.00			4	—	1.0t	—
		H18	H18	>0.20～0.50	125	105	2	—	1.0t	—
				>0.50～1.50			2	—	2.0t	—
				>1.50～3.00			2	—	2.5t	—
		H112	H112	>6.00～12.50	70	—	20	—	—	—
				>12.50～25.00	70	—	—	20	—	—
		F	—	2.50～25.00	—	—	—	—	—	—
1070	—	O	O	>0.20～0.30	55～95	—	15	—	0t	—
				>0.30～0.50			20	—	0t	—
				>0.50～0.80			25	—	0t	—
				>0.80～1.50		15	30	—	0t	—
				>1.50～6.00			35	—	0t	—
				>6.00～12.50			35	—	—	—
				>12.50～50.00			—	30	—	—

表 1（续）

牌号	包铝分类	供应状态	试样状态	厚度/mm	室温拉伸试验结果				弯曲半径[b]	
					抗拉强度 R_m/MPa	规定非比例延伸强度 $R_{p0.2}$/MPa	断后伸长率[a]/%			
							$A_{50\ mm}$	A	90°	180°
					不小于					
1070	—	H12	H12	>0.20～0.30	70～100	—	2	—	0t	—
				>0.30～0.50			3	—	0t	—
				>0.50～0.80			4	—	0t	—
				>0.80～1.50		55	6	—	0t	—
				>1.50～3.00			8	—	0t	—
				>3.00～6.00			9	—	0t	—
		H22	H22	>0.20～0.30	70	—	2	—	0t	—
				>0.30～0.50			3	—	0t	—
				>0.50～0.80			4	—	0t	—
				>0.80～1.50		55	6	—	0t	—
				>1.50～3.00			8	—	0t	—
				>3.00～6.00			9	—	0t	—
		H14	H14	>0.20～0.30	85～120	—	1	—	0.5t	—
				>0.30～0.50			2	—	0.5t	—
				>0.50～0.80			3	—	0.5t	—
				>0.80～1.50		65	4	—	1.0t	—
				>1.50～3.00			5	—	1.0t	—
				>3.00～6.00			6	—	1.0t	—
		H24	H24	>0.20～0.30	85	—	1	—	0.5t	—
				>0.30～0.50			2	—	0.5t	—
				>0.50～0.80			3	—	0.5t	—
				>0.80～1.50		65	4	—	1.0t	—
				>1.50～3.00			5	—	1.0t	—
				>3.00～6.00			6	—	1.0t	—
		H16	H16	>0.20～0.50	100～135	—	1	—	1.0t	—
				>0.50～0.80			2	—	1.0t	—
				>0.80～1.50		75	3	—	1.5t	—
				>1.50～4.00			4	—	1.5t	—
		H26	H26	>0.20～0.50	100	—	1	—	1.0t	—
				>0.50～0.80			2	—	1.0t	—

表 1（续）

牌号	包铝分类	供应状态	试样状态	厚度/mm	室温拉伸试验结果 抗拉强度 R_m/MPa	规定非比例延伸强度 $R_{p0.2}$/MPa	断后伸长率[a]/% $A_{50\ mm}$	A	弯曲半径[b] 90°	180°
					不小于					
1070	—	H26	H26	>0.80～1.50	100	75	3	—	1.5t	—
				>1.50～4.00			4	—	1.5t	—
		H18	H18	>0.20～0.50	120	—	1	—	—	—
				>0.50～0.80			2	—	—	—
				>0.80～1.50			3	—	—	—
				>1.50～3.00			4	—	—	—
		H112	H112	>4.50～6.00	75	35	13	—	—	—
				>6.00～12.50	70	35	15	—	—	—
				>12.50～25.00	60	25	—	20	—	—
				>25.00～75.00	55	15	—	25	—	—
		F	—	>2.50～150.00	—				—	—
1070A	—	O H111	O H111	>0.20～0.50	60～90	15	23	—	0t	0t
				>0.50～1.50			25	—	0t	0t
				>1.50～3.00			29	—	0t	0t
				>3.00～6.00			32	—	0.5t	0.5t
				>6.00～12.50			35	—	0.5t	0.5t
				>12.50～25.00			—	32	—	—
		H12	H12	>0.20～0.50	80～120	55	5	—	0t	0.5t
				>0.50～1.50			6	—	0t	0.5t
				>1.50～3.00			7	—	0.5t	0.5t
				>3.00～6.00			9	—	1.0t	—
		H22	H22	>0.20～0.50	80～120	50	7	—	0t	0.5t
				>0.50～1.50			8	—	0t	0.5t
				>1.50～3.00			10	—	0.5t	0.5t
				>3.00～6.00			12	—	1.0t	—
		H14	H14	>0.20～0.50	100～140	70	4	—	0t	0.5t
				>0.50～1.50			4	—	0.5t	0.5t
				>1.50～3.00			5	—	1.0t	1.0t
				>3.00～6.00			6	—	1.5t	—
		H24	H24	>0.20～0.50	100～140	60	5	—	0t	0.5t

表 1（续）

牌号	包铝分类	供应状态	试样状态	厚度/mm	室温拉伸试验结果				弯曲半径[b]	
					抗拉强度 R_m/MPa	规定非比例延伸强度 $R_{p0.2}$/MPa	断后伸长率[a]/%			
							$A_{50\ mm}$	A	90°	180°
					不小于					
1070A	—	H24	H24	>0.50～1.50	100～140	60	6	—	0.5t	0.5t
				>1.50～3.00			7	—	1.0t	1.0t
				>3.00～6.00			9	—	1.5t	—
		H16	H16	>0.20～0.50	110～150	90	2	—	0.5t	1.0t
				>0.50～1.50			2	—	1.0t	1.0t
				>1.50～4.00			3	—	1.0t	1.0t
		H26	H26	>0.20～0.50	110～150	80	3	—	0.5t	—
				>0.50～1.50			3	—	1.0t	—
				>1.50～4.00			4	—	1.0t	—
		H18	H18	>0.20～0.50	125	105	2	—	1.0t	—
				>0.50～1.50			2	—	2.0t	—
				>1.50～3.00			2	—	2.5t	—
		H112	H112	>6.00～12.50	70	20	20	—	—	—
				>12.50～25.00		—	—	20	—	—
		F	—	2.50～150.00	—				—	—
1060	—	O	O	>0.20～0.30	60～100	15	15	—	—	—
				>0.30～0.50			18	—	—	—
				>0.50～1.50			23	—	—	—
				>1.50～6.00			25	—	—	—
				>6.00～80.00			25	22	—	—
		H12	H12	>0.50～1.50	80～120	60	6	—	—	—
				>1.50～6.00			12	—	—	—
		H22	H22	>0.50～1.50	80	60	6	—	—	—
				>1.50～6.00			12	—	—	—
		H14	H14	>0.20～0.30	95～135	70	1	—	—	—
				>0.30～0.50			2	—	—	—
				>0.50～0.80			2	—	—	—
				>0.80～1.50			4	—	—	—
				>1.50～3.00			6	—	—	—
				>3.00～6.00			10	—	—	—

表 1（续）

牌号	包铝分类	供应状态	试样状态	厚度/mm	室温拉伸试验结果				弯曲半径[b]	
					抗拉强度 R_m/MPa	规定非比例延伸强度 $R_{p0.2}$/MPa	断后伸长率[a]/%			
							$A_{50\ mm}$	A	90°	180°
					不小于					
1060	—	H24	H24	>0.20～0.30	95	70	1	—	—	—
				>0.30～0.50			2	—	—	—
				>0.50～0.80			2	—	—	—
				>0.80～1.50			4	—	—	—
				>1.50～3.00			6	—	—	—
				>3.00～6.00			10	—	—	—
		H16	H16	>0.20～0.30	110～155	75	1	—	—	—
				>0.30～0.50			2	—	—	—
				>0.50～0.80			2	—	—	—
				>0.80～1.50			3	—	—	—
				>1.50～4.00			5	—	—	—
		H26	H26	>0.20～0.30	110	75	1	—	—	—
				>0.30～0.50			2	—	—	—
				>0.50～0.80			2	—	—	—
				>0.80～1.50			3	—	—	—
				>1.50～4.00			5	—	—	—
		H18	H18	>0.20～0.30	125	85	1	—	—	—
				>0.30～0.50			2	—	—	—
				>0.50～1.50			3	—	—	—
				>1.50～3.00			4	—	—	—
		H112	H112	>4.50～6.00	75	—	10	—	—	—
				>6.00～12.50	75		10	—	—	—
				>12.50～40.00	70		—	18	—	—
				>40.00～80.00	60		—	22	—	—
		F	—	>2.50～150.00	—				—	—
1050	—	O	O	>0.20～0.50	60～100	—	15	—	0t	—
				>0.50～0.80			20	—	0t	—
				>0.80～1.50		20	25	—	0t	—
				>1.50～6.00			30	—	0t	—
				>6.00～50.00			28	28	—	—

表 1（续）

牌号	包铝分类	供应状态	试样状态	厚度/mm	室温拉伸试验结果				弯曲半径[b]	
					抗拉强度 R_m/MPa	规定非比例延伸强度 $R_{p0.2}$/MPa	断后伸长率[a]/%			
							$A_{50\ mm}$	A	90°	180°
					不小于					
1050	—	H12	H12	>0.20～0.30	80～120	—	2	—	0t	—
				>0.30～0.50			3	—	0t	—
				>0.50～0.80			4	—	0t	—
				>0.80～1.50		65	6	—	0.5t	—
				>1.50～3.00			8	—	0.5t	—
				>3.00～6.00			9	—	0.5t	—
		H22	H22	>0.20～0.30	80	—	2	—	0t	—
				>0.30～0.50			3	—	0t	—
				>0.50～0.80			4	—	0t	—
				>0.80～1.50		65	6	—	0.5t	—
				>1.50～3.00			8	—	0.5t	—
				>3.00～6.00			9	—	0.5t	—
		H14	H14	>0.20～0.30	95～130	—	1	—	0.5t	—
				>0.30～0.50			2	—	0.5t	—
				>0.50～0.80			3	—	0.5t	—
				>0.80～1.50		75	4	—	1.0t	—
				>1.50～3.00			5	—	1.0t	—
				>3.00～6.00			6	—	1.0t	—
		H24	H24	>0.20～0.30	95	—	1	—	0.5t	—
				>0.30～0.50			2	—	0.5t	—
				>0.50～0.80			3	—	0.5t	—
				>0.80～1.50		75	4	—	1.0t	—
				>1.50～3.00			5	—	1.0t	—
				>3.00～6.00			6	—	1.0t	—
		H16	H16	>0.20～0.50	120～150	—	1	—	2.0t	—
				>0.50～0.80		85	2	—	2.0t	—
				>0.80～1.50			3	—	2.0t	—
				>1.50～4.00			4	—	2.0t	—
		H26	H26	>0.20～0.50	120	—	1	—	2.0t	—
				>0.50～0.80		85	2	—	2.0t	—

表 1（续）

牌号	包铝分类	供应状态	试样状态	厚度/mm	室温拉伸试验结果 抗拉强度 R_m/MPa	规定非比例延伸强度 $R_{p0.2}$/MPa	断后伸长率[a]/% $A_{50\ mm}$	A	弯曲半径[b] 90°	180°
					不小于					
1050	—	H26	H26	>0.80～1.50	120	85	3	—	2.0t	—
				>1.50～4.00			4	—	2.0t	—
		H18	H18	>0.20～0.50	130	—	1	—	—	—
				>0.50～0.80			2	—	—	—
				>0.80～1.50			3	—	—	—
				>1.50～3.00			4	—	—	—
		H112	H112	>4.50～6.00	85	45	10	—	—	—
				>6.00～12.50	80	45	10	—	—	—
				>12.50～25.00	70	35	—	16	—	—
				>25.00～50.00	65	30	—	22	—	—
				>50.00～75.00	65	30	—	22	—	—
		F	—	>2.50～150.00	—				—	—
1050A	—	O H111	O H111	>0.20～0.50	>65～95	20	20	—	0t	0t
				>0.50～1.50			22	—	0t	0t
				>1.50～3.00			26	—	0t	0t
				>3.00～6.00			29	—	0.5t	0.5t
				>6.00～12.50			35	—	1.0t	1.0t
				>12.50～80.00			—	32	—	—
		H12	H12	>0.20～0.50	>85～125	65	2	—	0t	0.5t
				>0.50～1.50			4	—	0t	0.5t
				>1.50～3.00			5	—	0.5t	0.5t
				>3.00～6.00			7	—	1.0t	1.0t
		H22	H22	>0.20～0.50	>85～125	55	4	—	0t	0.5t
				>0.50～1.50			5	—	0t	0.5t
				>1.50～3.00			6	—	0.5t	0.5t
				>3.00～6.00			11	—	1.0t	1.0t
		H14	H14	>0.20～0.50	>105～145	85	2	—	0t	1.0t
				>0.50～1.50			2	—	0.5t	1.0t
				>1.50～3.00			4	—	1.0t	1.0t
				>3.00～6.00			5	—	1.5t	—

表 1（续）

牌号	包铝分类	供应状态	试样状态	厚度/mm	室温拉伸试验结果				弯曲半径[b]	
					抗拉强度 R_m/MPa	规定非比例延伸强度 $R_{p0.2}$/MPa	断后伸长率[a]/%			
							$A_{50\ mm}$	A	90°	180°
					不小于					
1050A	—	H24	H24	>0.20～0.50	>105～145	75	3	—	0*t*	1.0*t*
				>0.50～1.50			4	—	0.5*t*	1.0*t*
				>1.50～3.00			5	—	1.0*t*	1.0*t*
				>3.00～6.00			8	—	1.5*t*	1.5*t*
		H16	H16	>0.20～0.50	>120～160	100	1	—	0.5*t*	—
				>0.50～1.50			2	—	1.0*t*	—
				>1.50～4.00			3	—	1.5*t*	—
		H26	H26	>0.20～0.50	>120～160	90	2	—	0.5*t*	—
				>0.50～1.50			3	—	1.0*t*	—
				>1.50～4.00			4	—	1.5*t*	—
		H18	H18	>0.20～0.50	135	120	1	—	1.0*t*	—
				>0.50～1.50	140		2	—	2.0*t*	—
				>1.50～3.00			2	—	3.0*t*	—
		H28	H28	>0.20～0.50	140	110	2	—	1.0*t*	—
				>0.50～1.50			2	—	2.0*t*	—
				>1.50～3.00			3	—	3.0*t*	—
		H19	H19	>0.20～0.50	155	140	1	—	—	—
				>0.50～1.50	150	130		—	—	—
				>1.50～3.00				—	—	—
		H112	H112	>6.00～12.50	75	30	20	—	—	—
				>12.50～80.00	70	25	—	20	—	—
		F	—	2.50～150.00	—				—	—
1145	—	O	O	>0.20～0.50	60～100	—	15	—	—	—
				>0.50～0.80			20	—	—	—
				>0.80～1.50		20	25	—	—	—
				>1.50～6.00			30	—	—	—
				>6.00～10.00			28	—	—	—
		H12	H12	>0.20～0.30	80～120	—	2	—	—	—
				>0.30～0.50			3	—	—	—
				>0.50～0.80			4	—	—	—

表 1（续）

牌号	包铝分类	供应状态	试样状态	厚度/mm	室温拉伸试验结果				弯曲半径[b]	
					抗拉强度 R_m/MPa	规定非比例延伸强度 $R_{p0.2}$/MPa	断后伸长率[a]/%			
							$A_{50\ mm}$	A	90°	180°
					不小于					
1145	—	H12	H12	>0.80～1.50	80～120	65	6	—	—	—
				>1.50～3.00			8	—	—	—
				>3.00～4.50			9	—	—	—
		H22	H22	>0.20～0.30	80	—	2	—	—	—
				>0.30～0.50			3	—	—	—
				>0.50～0.80			4	—	—	—
				>0.80～1.50			6	—	—	—
				>1.50～3.00			8	—	—	—
				>3.00～4.50			9	—	—	—
		H14	H14	>0.20～0.30	95～125	—	1	—	—	—
				>0.30～0.50			2	—	—	—
				>0.50～0.80			3	—	—	—
				>0.80～1.50		75	4	—	—	—
				>1.50～3.00			5	—	—	—
				>3.00～4.50			6	—	—	—
		H24	H24	>0.20～0.30	95	—	1	—	—	—
				>0.30～0.50			2	—	—	—
				>0.50～0.80			3	—	—	—
				>0.80～1.50			4	—	—	—
				>1.50～3.00			5	—	—	—
				>3.00～4.50			6	—	—	—
		H16	H16	>0.20～0.50	120～145	—	1	—	—	—
				>0.50～0.80			2	—	—	—
				>0.80～1.50		85	3	—	—	—
				>1.50～4.50			4	—	—	—
		H26	H26	>0.20～0.50	120	—	1	—	—	—
				>0.50～0.80			2	—	—	—
				>0.80～1.50			3	—	—	—
				>1.50～4.50			4	—	—	—
		H18	H18	>0.20～0.50	125	—	1	—	—	—

表 1（续）

牌号	包铝分类	供应状态	试样状态	厚度/mm	室温拉伸试验结果				弯曲半径[b]	
					抗拉强度 R_m/MPa	规定非比例延伸强度 $R_{p0.2}$/MPa	断后伸长率[a]/%			
							$A_{50\ mm}$	A	90°	180°
					不小于					
1145	—	H18	H18	＞0.50～0.80	125	—	2	—	—	—
				＞0.80～1.50			3	—	—	—
				＞1.50～4.50			4	—	—	—
		H112	H112	＞4.50～6.50	85	45	10	—	—	—
				＞6.50～12.50	80	45	10	—	—	—
				＞12.50～25.00	70	35	—	16	—	—
		F	—	＞2.50～150.00	—				—	—
1235	—	O	O	＞0.20～1.00	65～105	—	15	—	—	—
		H12	H12	＞0.20～0.30	95～130	—	2	—	—	—
				＞0.30～0.50			3	—	—	—
				＞0.50～1.50			6	—	—	—
				＞1.50～3.00			8	—	—	—
				＞3.00～4.50			9	—	—	—
		H22	H22	＞0.20～0.30	95	—	2	—	—	—
				＞0.30～0.50			3	—	—	—
				＞0.50～1.50			6	—	—	—
				＞1.50～3.00			8	—	—	—
				＞3.00～4.50			9	—	—	—
		H14	H14	＞0.20～0.30	115～150	—	1	—	—	—
				＞0.30～0.50			2	—	—	—
				＞0.50～1.50			3	—	—	—
				＞1.50～3.00			4	—	—	—
		H24	H24	＞0.20～0.30	115	—	1	—	—	—
				＞0.30～0.50			2	—	—	—
				＞0.50～1.50			3	—	—	—
				＞1.50～3.00			4	—	—	—
		H16	H16	＞0.20～0.50	130～165	—	1	—	—	—
				＞0.50～1.50			2	—	—	—
				＞1.50～4.00			3	—	—	—
		H26	H26	＞0.20～0.50	130	—	1	—	—	—

表 1（续）

牌号	包铝分类	供应状态	试样状态	厚度/mm	室温拉伸试验结果 抗拉强度 R_m/MPa	规定非比例延伸强度 $R_{p0.2}$/MPa	断后伸长率[a]/% $A_{50\ mm}$	A	弯曲半径[b] 90°	180°
					不小于					
1235	—	H26	H26	>0.50～1.50	130	—	2	—	—	—
				>1.50～4.00			3	—	—	—
		H18	H18	>0.20～0.50	145	—	1	—	—	—
				>0.50～1.50			2	—	—	—
				>1.50～3.00			3	—	—	—
1200	—	O H111	O H111	>0.20～0.50	75～105	25	19	—	0*t*	0*t*
				>0.50～1.50			21	—	0*t*	0*t*
				>1.50～3.00			24	—	0*t*	0*t*
				>3.00～6.00			28	—	0.5*t*	0.5*t*
				>6.00～12.50			33	—	1.0*t*	1.0*t*
				>12.50～80.00			—	30	—	—
		H12	H12	>0.20～0.50	95～135	75	2	—	0*t*	0.5*t*
				>0.50～1.50			4	—	0*t*	0.5*t*
				>1.50～3.00			5	—	0.5*t*	0.5*t*
				>3.00～6.00			6	—	1.0*t*	1.0*t*
		H22	H22	>0.20～0.50	95～135	65	4	—	0*t*	0.5*t*
				>0.50～1.50			5	—	0*t*	0.5*t*
				>1.50～3.00			6	—	0.5*t*	0.5*t*
				>3.00～6.00			10	—	1.0*t*	1.0*t*
		H14	H14	>0.20～0.50	105～155	95	1	—	0*t*	1.0*t*
				>0.50～1.50	115～155		3	—	0.5*t*	1.0*t*
				>1.50～3.00			4	—	1.0*t*	1.0*t*
				>3.00～6.00			5	—	1.5*t*	1.5*t*
		H24	H24	>0.20～0.50	115～155	90	3	—	0*t*	1.0*t*
				>0.50～1.50			4	—	0.5*t*	1.0*t*
				>1.50～3.00			5	—	1.0*t*	1.0*t*
				>3.00～6.00			7	—	1.5*t*	—
		H16	H16	>0.20～0.50	120～170	110	1	—	0.5*t*	—
				>0.50～1.50	130～170	115	2	—	1.0*t*	—
				>1.50～4.00			3	—	1.5*t*	—

表 1（续）

牌号	包铝分类	供应状态	试样状态	厚度/mm	室温拉伸试验结果 抗拉强度 R_m/MPa	规定非比例延伸强度 $R_{p0.2}$/MPa	断后伸长率[a]/% $A_{50\ mm}$	A	弯曲半径[b] 90°	180°
					不小于					
1200	—	H26	H26	>0.20～0.50	130～170	105	2	—	0.5t	—
				>0.50～1.50			3	—	1.0t	—
				>1.50～4.00			4	—	1.5t	—
		H18	H18	>0.20～0.50	150	130	1	—	1.0t	—
				>0.50～1.50			2	—	2.0t	—
				>1.50～3.00			2	—	3.0t	—
		H19	H19	>0.20～0.50	160	140	1	—	—	—
				>0.50～1.50			1	—	—	—
				>1.50～3.00			1	—	—	—
		H112	H112	>6.00～12.50	85	35	16	—	—	—
				>12.50～80.00	80	30	—	16	—	—
		F	—	>2.50～150.00	—				—	—
包铝2A11 2A11	正常包铝或工艺包铝	O	O	>0.50～3.00	≤225	—	12	—	—	—
				>3.00～10.00	≤235	—	12	—	—	—
			T42[c]	>0.50～3.00	350	185	15	—	—	—
				>3.00～10.00	355	195	15	—	—	—
		T1	T42	>4.50～10.00	355	195	15	—	—	—
				>10.00～12.50	370	215	11	—	—	—
				>12.50～25.00	370	215	—	11	—	—
				>25.00～40.00	330	195	—	8	—	—
				>40.00～70.00	310	195	—	6	—	—
				>70.00～80.00	285	195	—	4	—	—
		T3	T3	>0.50～1.50	375	215	15	—	—	—
				>1.50～3.00			17	—	—	—
				>3.00～10.00			15	—	—	—
		T4	T4	>0.50～3.00	360	185	15	—	—	—
				>3.00～10.00	370	195	15	—	—	—
		F	—	>4.50～150.00	—				—	—

表 1（续）

牌号	包铝分类	供应状态	试样状态	厚度/mm	室温拉伸试验结果				弯曲半径[b]	
					抗拉强度 R_m/MPa	规定非比例延伸强度 $R_{p0.2}$/MPa	断后伸长率[a]/%			
							$A_{50\ mm}$	A	90°	180°
					不小于					
包铝2A12 2A12	正常包铝或工艺包铝	O	O	>0.50～4.50	≤215	—	14	—	—	—
				>4.50～10.00	≤235	—	12	—	—	—
			T42[c]	>0.50～3.00	390	245	15	—	—	—
				>3.00～10.00	410	265	12	—	—	—
		T1	T42	>4.50～10.00	410	265	12	—	—	—
				>10.00～12.50	420	275	7	—	—	—
				>12.50～25.00	420	275	—	7	—	—
				>25.00～40.00	390	255	—	5	—	—
				>40.00～70.00	370	245	—	4	—	—
				>70.00～80.00	345	245	—	3	—	—
		T3	T3	>0.50～1.60	405	270	15	—	—	—
				>1.60～10.00	420	275	15	—	—	—
		T4	T4	>0.50～3.00	405	270	13	—	—	—
				>3.00～4.50	425	275	12			
				>4.50～10.00	425	275	12	—	—	—
		F	—	>4.50～150.00	—				—	—
2A14	工艺包铝	O	O	0.50～10.00	≤245	—	10	—	—	—
		T6	T6	0.50～10.00	430	340	5	—	—	—
		T1	T62	>4.50～12.50	430	340	5	—	—	—
				>12.50～40.00	430	340	—	5	—	—
		F	—	>4.50～150.00	—				—	—
包铝2E12 2E12	正常包铝或工艺包铝	T3	T3	0.80～1.50	405	270	—	15	—	5.0t
				>1.50～3.00	≥420	275	—	15	—	5.0t
				>3.00～6.00	425	275	—	15	—	8.0t
2014	工艺包铝或不包铝	O	O	>0.40～1.50	≤220	≤140	12	—	0t	0.5t
				>1.50～3.00			13	—	1.0t	1.0t
				>3.00～6.00			16	—	1.5t	—
				>6.00～9.00			16	—	2.5t	—
				>9.00～12.50			16	—	4.0t	—
				>12.50～25.00			—	10	—	—

表 1（续）

牌号	包铝分类	供应状态	试样状态	厚度/mm	室温拉伸试验结果				弯曲半径[b]	
					抗拉强度 R_m/MPa	规定非比例延伸强度 $R_{p0.2}$/MPa	断后伸长率[a]/%			
							$A_{50\ mm}$	A	90°	180°
					不小于					
2014	工艺包铝或不包铝	T3	T3	>0.40～1.50	395	245	14	—	—	—
				>1.50～6.00	400	245	14	—	—	—
		T4	T4	>0.40～1.50	395	240	14	—	3.0*t*	3.0*t*
				>1.50～6.00	395	240	14	—	5.0*t*	5.0*t*
				>6.00～12.50	400	250	14	—	8.0*t*	—
				>12.50～40.00	400	250		10	—	—
				>40.00～100.00	395	250		7	—	—
		T6	T6	>0.40～1.50	440	390	6	—	—	—
				>1.50～6.00	440	390	7	—	—	—
				>6.00～12.50	450	395	7	—	—	—
				>12.50～40.00	460	400		6	5.0*t*	
				>40.00～60.00	450	390		5	7.0*t*	
				>60.00～80.00	435	380		4	10.0*t*	
				>80.00～100.00	420	360		4		
				>100.00～125.00	410	350		4		
				>125.00～160.00	390	340		2		
		F	—	>4.50～150.00	—			—	—	—
包铝 2014	正常包铝	O	O	>0.50～0.63	≤205	≤95	16	—	—	—
				>0.63～1.00	≤220			—	—	—
				>1.00～2.50	≤205			—	—	—
				>2.50～12.50	≤205			9	—	—
				>12.50～25.00	≤220[d]	—	—	5	—	—
		T3	T3	>0.50～0.63	370	230	14	—	—	—
				>0.63～1.00	380	235	14	—	—	—
				>1.00～2.50	395	240	15	—	—	—
				>2.50～6.30	395	240	15	—	—	—
		T4	T4	>0.50～0.63	370	215	14	—	—	—
				>0.63～1.00	380	220	14	—	—	—
				>1.00～2.50	395	235	15	—	—	—
				>2.50～6.30	395	235	15	—	—	—

表 1（续）

牌号	包铝分类	供应状态	试样状态	厚度/mm	室温拉伸试验结果 抗拉强度 R_m/MPa	规定非比例延伸强度 $R_{p0.2}$/MPa	断后伸长率[a]/% $A_{50\ mm}$	A	弯曲半径[b] 90°	180°
					不小于					
包铝 2014	正常包铝	T6	T6	>0.50～0.63	425	370	7	—	—	—
				>0.63～1.00	435	380	7	—	—	—
				>1.00～2.50	440	395	8	—	—	—
				>2.50～6.30	440	395	8	—	—	—
		F	—	>4.50～150.00	—				—	—
包铝 2014A 2014A	正常包铝、工艺包铝或不包铝	O	O	>0.20～0.50	≤235	≤110		—	1.0t	—
				>0.50～1.50			14	—	2.0t	—
				>1.50～3.00			16	—	2.0t	—
				>3.00～6.00			16	—	2.0t	—
		T4	T4	>0.20～0.50	400	225	—	—	3.0t	—
				>0.50～1.50			13	—	3.0t	—
				>1.50～6.00			14	—	5.0t	—
				>6.00～12.50		250	14	—		—
				>12.50～25.00			—	12		—
				>25.00～40.00			—	10		—
				>40.00～80.00	395		—	7		—
		T6	T6	>0.20～0.50	440	380	—	—	5.0t	—
				>0.50～1.50			6	—	5.0t	—
				>1.50～3.00			7	—	6.0t	—
				>3.00～6.00			8	—	5.0t	—
				>6.00～12.50	460	410	8	—	—	—
				>12.50～25.00	460	410	—	6	—	—
				>25.00～40.00	450	400	—	5	—	—
				>40.00～60.00	430	390	—	5	—	—
				>60.00～90.00	430	390	—	4	—	—
				>90.00～115.00	420	370	—	4	—	—
				>115.00～140.00	410	350	—	4	—	—

表 1（续）

牌号	包铝分类	供应状态	试样状态	厚度/mm	室温拉伸试验结果				弯曲半径[b]	
					抗拉强度 R_m/MPa	规定非比例延伸强度 $R_{p0.2}$/MPa	断后伸长率[a]/%			
							$A_{50\ mm}$	A	90°	180°
					不小于					
2024	工艺包铝或不包铝	O	O	>0.40～1.50	≤220	≤140	12	—	0t	0.5t
				>1.50～3.00			13		1.0t	2.0t
				>3.00～6.00					1.5t	3.0t
				>6.00～9.00					2.5t	—
				>9.00～12.50					4.0t	—
				>12.50～25.00		—	—	11	—	—
		T3	T3	>0.40～1.50	435	290	12	11	4.0t	4.0t
				>1.50～3.00	435	290	14	—	4.0t	4.0t
				>3.00～6.00	440	290	14		5.0t	5.0t
				>6.00～12.50	440	290	13		8.0t	—
				>12.50～40.00	430	290		11	—	—
				>40.00～80.00	420	290		8	—	—
				>80.00～100.00	400	285		7	—	—
				>100.00～120.00	380	270		5	—	—
				>120.00～150.00	360	250		5	—	—
		T4	T4	>0.40～1.50	425	275	12	—	—	4.0t
				>1.50～6.00	425	275	14	—	—	5.0t
		T8	T8	>0.40～1.50	460	400	5	—	—	—
				>1.50～6.00	460	400	6	—	—	—
				>6.00～12.50	460	400	5	—	—	—
				>12.50～25.00	455	400	—	4	—	—
				>25.00～40.00	455	395	—	4	—	—
		F	—	>4.50～80.00	—				—	—
包铝2024	正常包铝	O	O	>0.20～0.25	≤205	≤95	10	—	—	—
				>0.25～1.60	≤205	≤95	12	—	—	—
				>1.60～12.50	≤220	≤95	12	—	—	—
				>12.50～45.50	≤220[d]	—	—	10	—	—
		T3	T3	>0.20～0.25	400	270	10	—	—	—
				>0.25～0.50	405	270	12	—	—	—
				>0.50～1.60	405	270	15	—	—	—

表 1（续）

牌号	包铝分类	供应状态	试样状态	厚度/mm	室温拉伸试验结果				弯曲半径[b]	
					抗拉强度 R_m/MPa	规定非比例延伸强度 $R_{p0.2}$/MPa	断后伸长率[a]/%			
							$A_{50\ mm}$	A	90°	180°
					不小于					
包铝 2024	正常包铝	T3	T3	＞1.60～3.20	420	275	15	—	—	—
				＞3.20～6.00	420	275	15	—	—	—
		T4	T4	＞0.20～0.50	400	245	12	—	—	—
				＞0.50～1.60	400	245	15	—	—	—
				＞1.60～3.20	420	260	15			
		F	—	＞4.50～80.00	—				—	—
包铝 2017 2017	正常包铝、工艺包铝或不包铝	O	O	＞0.40～1.60	≤215	—	12	—	0.5t	—
				＞1.60～2.90		≤110			1.0t	—
				＞2.90～6.00					1.5t	—
				＞6.00～25.00					—	—
			T42[c]	＞0.40～0.50	355	—	12	—	—	—
				＞0.50～1.60		195	15	—	—	—
				＞1.60～2.90			17	—	—	—
				＞2.90～6.50			15	—	—	—
				＞6.50～25.00		185	12	—	—	—
		T3	T3	＞0.40～0.50	375	—	12	—	1.5t	—
				＞0.50～1.60		215	15	—	2.5t	—
				＞1.60～2.90			17	—	3t	—
				＞2.90～6.00			15	—	3.5t	—
		T4	T4	＞0.40～0.50	355	—	12	—	1.5t	—
				＞0.50～1.60		195	15	—	2.5t	—
				＞1.60～2.90			17	—	3t	—
				＞2.90～6.00			15	—	3.5t	—
		F	—	＞4.50～150.00	—				—	—
包铝 2017A 2017A	正常包铝、工艺包铝或不包铝	O	O	0.40～1.50	≤225	≤145	12	—	5t	0.5t
				＞1.50～3.00			14		1.0t	1.0t
				＞3.00～6.00			13		1.5t	—
				＞6.00～9.00					2.5t	—
				＞9.00～12.50					4.0t	—
				＞12.50～25.00			—	12	—	—

表 1（续）

牌号	包铝分类	供应状态	试样状态	厚度/mm	室温拉伸试验结果 抗拉强度 R_m/MPa	规定非比例延伸强度 $R_{p0.2}$/MPa	断后伸长率[a]/% $A_{50\ mm}$	A	弯曲半径[b] 90°	180°
					不小于					
包铝2017A 2017A	正常包铝、工艺包铝或不包铝	T4	T4	0.40～1.50		245	14	—	3.0t	3.0t
				>1.50～6.00	390	245	15	—	5.0t	5.0t
				>6.00～12.50		260	13	—	8.0t	—
				>12.50～40.00		250	—	12	—	—
				>40.00～60.00	385	245	—	12	—	—
				>60.00～80.00	370		—	7	—	—
				>80.00～120.00	360	240	—	6	—	—
				>120.00～150.00	350		—	4	—	—
				>150.00～180.00	330	220	—	2	—	—
				>180.00～200.00	300	200	—	2	—	—
包铝2219 2219	正常包铝、工艺包铝或不包铝	O	O	>0.50～12.50	≤220	≤110	12	—	—	—
				>12.50～50.00	≤220[d]	≤110[d]	—	10	—	—
		T81	T81	>0.50～1.00	340	255	6	—	—	—
				>1.00～2.50	380	285	7	—	—	—
				>2.50～6.30	400	295	7	—	—	—
		T87	T87	>1.00～2.50	395	315	6	—	—	—
				>2.50～6.30	415	330	6	—	—	—
				>6.30～12.50	415	330	7	—	—	—
3A21	—	O	O	>0.20～0.80			19	—	—	—
				>0.80～4.50	100～150	—	23	—	—	—
				>4.50～10.00			21	—	—	—
		H14	H14	>0.80～1.30	145～215	—	6	—	—	—
				>1.30～4.50			6	—	—	—
		H24	H24	>0.20～1.30	145	—	6	—	—	—
				>1.30～4.50			6	—	—	—
		H18	H18	>0.20～0.50			1	—	—	—
				>0.50～0.80	185	—	2	—	—	—
				>0.80～1.30			3	—	—	—
				>1.30～4.50			4	—	—	—
		H112	H112	>4.50～10.00	110	—	16	—	—	—

表 1（续）

牌号	包铝分类	供应状态	试样状态	厚度/mm	室温拉伸试验结果 抗拉强度 R_m/MPa	规定非比例延伸强度 $R_{p0.2}$/MPa	断后伸长率[a]/% $A_{50\ mm}$	A	弯曲半径[b] 90°	180°
					不小于					
3A21	—	H112	H112	>10.00～12.50	120	—	16	—	—	—
				>12.50～25.00	120		—	16	—	—
				>25.00～80.00	110		—	16	—	—
		F	—	>4.50～150.00	—				—	—
3102	—	H18	H18	>0.20～0.50	160	—	3	—	—	—
				>0.50～3.00			2	—	—	—
3003	—	O H111	O H111	>0.20～0.50	95～135	35	15	—	0*t*	0*t*
				>0.50～1.50			17	—	0*t*	0*t*
				>1.50～3.00			20	—	0*t*	0*t*
				>3.00～6.00			23	—	1.0*t*	1.0*t*
				>6.00～12.50			24	—	1.5*t*	—
				>12.50～50.00			—	23	—	—
		H12	H12	>0.20～0.50	120～160	90	3	—	0*t*	1.5*t*
				>0.50～1.50			4	—	0.5*t*	1.5*t*
				>1.50～3.00			5	—	1.0*t*	1.5*t*
				>3.00～6.00			6	—	1.0*t*	—
		H22	H22	>0.20～0.50	120～160	80	6	—	0*t*	1.0*t*
				>0.50～1.50			7	—	0.5*t*	1.0*t*
				>1.50～3.00			8	—	1.0*t*	1.0*t*
				>3.00～6.00			9	—	1.0*t*	—
		H14	H14	>0.20～0.50	145～195	125	2	—	0.5*t*	2.0*t*
				>0.50～1.50			2	—	1.0*t*	2.0*t*
				>1.50～3.00			3	—	1.0*t*	2.0*t*
				>3.00～6.00			4	—	2.0*t*	—
		H24	H24	>0.20～0.50	145～195	115	4	—	0.5*t*	1.5*t*
				>0.50～1.50			4	—	1.0*t*	1.5*t*
				>1.50～3.00			5	—	1.0*t*	1.5*t*
				>3.00～6.00			6	—	2.0*t*	—
		H16	H16	>0.20～0.50	170～210	150	1	—	1.0*t*	2.5*t*
				>0.50～1.50			2	—	1.5*t*	2.5*t*
				>1.50～4.00			2	—	2.0*t*	2.5*t*

表 1（续）

牌号	包铝分类	供应状态	试样状态	厚度/mm	室温拉伸试验结果 抗拉强度 R_m/MPa	规定非比例延伸强度 $R_{p0.2}$/MPa	断后伸长率[a]/% $A_{50\ mm}$	A	弯曲半径[b] 90°	180°
					不小于					
3003	—	H26	H26	>0.20～0.50	170～210	140	2	—	1.0t	2.0t
				>0.50～1.50			3	—	1.5t	2.0t
				>1.50～4.00			3	—	2.0t	2.0t
		H18	H18	>0.20～0.50	190	170	1	—	1.5t	—
				>0.50～1.50			2	—	2.5t	—
				>1.50～3.00			2	—	3.0t	—
		H28	H28	>0.20～0.50	190	160	2	—	1.5t	—
				>0.50～1.50			2	—	2.5t	—
				>1.50～3.00			3	—	3.0t	—
		H19	H19	>0.20～0.50	210	180	1	—	—	—
				>0.50～1.50			2	—	—	—
				>1.50～3.00			2	—	—	—
		H112	H112	>4.50～12.50	115	70	10	—	—	—
				>12.50～80.00	100	40	—	18	—	—
		F	—	>2.50～150.00	—				—	—
3103	—	O H111	O H111	>0.20～0.50	90～130	35	17	—	0t	0t
				>0.50～1.50			19	—	0t	0t
				>1.50～3.00			21	—	0t	0t
				>3.00～6.00			24	—	1.0t	1.0t
				>6.00～12.50			28	—	1.5t	—
				>12.50～50.00			—	25	—	—
		H12	H12	>0.20～0.50	115～155	85	3	—	0t	1.5t
				>0.50～1.50			4	—	0.5t	1.5t
				>1.50～3.00			5	—	1.0t	1.5t
				>3.00～6.00			6	—	1.0t	—
		H22	H22	>0.20～0.50	115～155	75	6	—	0t	1.0t
				>0.50～1.50			7	—	0.5t	1.0t
				>1.50～3.00			8	—	1.0t	1.0t
				>3.00～6.00			9	—	1.0t	—

表 1（续）

牌号	包铝分类	供应状态	试样状态	厚度/mm	室温拉伸试验结果 抗拉强度 R_m/MPa	规定非比例延伸强度 $R_{p0.2}$/MPa	断后伸长率[a]/% $A_{50\ mm}$	A	弯曲半径[b] 90°	180°
					不小于					
3103	—	H14	H14	>0.20～0.50	140～180	120	2	—	0.5t	2.0t
				>0.50～1.50			2	—	1.0t	2.0t
				>1.50～3.00			3	—	1.0t	2.0t
				>3.00～6.00			4	—	2.0t	—
		H24	H24	>0.20～0.50	140～180	110	4	—	0.5t	1.5t
				>0.50～1.50			4	—	1.0t	1.5t
				>1.50～3.00			5	—	1.0t	1.5t
				>3.00～6.00			6	—	2.0t	—
		H16	H16	>0.20～0.50	160～200	145	1	—	1.0t	2.5t
				>0.50～1.50			2	—	1.5t	2.5t
				>1.50～4.00			2	—	2.0t	2.5t
				>4.00～6.00			2	—	1.5t	2.0t
		H26	H26	>0.20～0.50	160～200	135	2	—	1.0t	2.0t
				>0.50～1.50			3	—	1.5t	2.0t
				>1.50～4.00			3	—	2.0t	2.0t
		H18	H18	>0.20～0.50	185	165	1	—	1.5t	—
				>0.50～1.50			2	—	2.5t	—
				>1.50～3.00			2	—	3.0t	—
		H28	H28	>0.20～0.50	185	155	2	—	1.5t	—
				>0.50～1.50			2	—	2.5t	—
				>1.50～3.00			3	—	3.0t	—
		H19	H19	>0.20～0.50	200	175	1	—	—	—
				>0.50～1.50			2	—	—	—
				>1.50～3.00			2	—	—	—
		H112	H112	>4.50～12.50	110	70	10	—	—	—
				>12.50～80.00	95	40	—	18	—	—
		F	—	>20.00～80.00	—				—	—

表 1（续）

牌号	包铝分类	供应状态	试样状态	厚度/mm	室温拉伸试验结果				弯曲半径[b]	
					抗拉强度 R_m/MPa	规定非比例延伸强度 $R_{p0.2}$/MPa	断后伸长率[a]/%			
							$A_{50\ mm}$	A	90°	180°
					不小于					
3004	—	O H111	O H111	>0.20～0.50	155～200	60	13	—	0*t*	0*t*
				>0.50～1.50			14	—	0*t*	0*t*
				>1.50～3.00			15	—	0*t*	0.5*t*
				>3.00～6.00			16	—	1.0*t*	1.0*t*
				>6.00～12.50			16	—	2.0*t*	—
				>12.50～50.00			—	14	—	—
		H12	H12	>0.20～0.50	190～240	155	2	—	0*t*	1.5*t*
				>0.50～1.50			3	—	0.5*t*	1.5*t*
				>1.50～3.00			4	—	1.0*t*	2.0*t*
				>3.00～6.00			5	—	1.5*t*	—
		H22 H32	H22 H32	>0.20～0.50	190～240	145	4	—	0*t*	1.0*t*
				>0.50～1.50			5	—	0.5*t*	1.0*t*
				>1.50～3.00			6	—	1.0*t*	1.5*t*
				>3.00～6.00			7	—	1.5*t*	—
		H14	H14	>0.20～0.50	220～265	180	1	—	0.5*t*	2.5*t*
				>0.50～1.50			2	—	1.0*t*	2.5*t*
				>1.50～3.00			2	—	1.5*t*	2.5*t*
				>3.00～6.00			3	—	2.0*t*	—
		H24 H34	H24 H34	>0.20～0.50	220～265	170	3	—	0.5*t*	2.0*t*
				>0.50～1.50			4	—	1.0*t*	2.0*t*
				>1.50～3.00			4	—	1.5*t*	2.0*t*
		H16	H16	>0.20～0.50	240～285	200	1	—	1.0*t*	3.5*t*
				>0.50～1.50			1	—	1.5*t*	3.5*t*
				>1.50～4.00			2	—	2.5*t*	—
		H26 H36	H26 H36	>0.20～0.50	240～285	190	3	—	1.0*t*	3.0*t*
				>0.50～1.50			3	—	1.5*t*	3.0*t*
				>1.50～3.00			3	—	2.5*t*	—
		H18	H18	>0.20～0.50	260	230	1	—	1.5*t*	—
				>0.50～1.50			1	—	2.5*t*	—
				>1.50～3.00			2	—	—	—

表 1（续）

牌号	包铝分类	供应状态	试样状态	厚度/mm	室温拉伸试验结果				弯曲半径[b]	
					抗拉强度 R_m/MPa	规定非比例延伸强度 $R_{p0.2}$/MPa	断后伸长率[a]/%			
							$A_{50\ mm}$	A	90°	180°
					不小于					
3004	—	H28 H38	H28 H38	>0.20～0.50	260	220	2	—	1.5t	—
				>0.50～1.50			3	—	2.5t	—
		H19	H19	>0.20～0.50	270	240	1	—	—	—
				>0.50～1.50			1	—	—	—
		H112	H112	>4.50～12.50	160	60	7	—	—	—
				>12.50～40.00			—	6	—	—
				>40.00～80.00			—	6	—	—
		F	—	>2.50～80.00	—				—	—
3104	—	O H111	O H111	>0.20～0.50	155～195	—	10	—	0t	0t
				>0.50～0.80			14	—	0t	0t
				>0.80～1.30		60	16	—	0.5t	0.5t
				>1.30～3.00			18	—	0.5t	0.5t
		H12 H32	H12 H32	>0.50～0.80	195～245	—	3	—	0.5t	0.5t
				>0.80～1.30		145	4	—	1.0t	1.0t
				>1.30～3.00			5	—	1.0t	1.0t
		H22	H22	>0.50～0.80	195	—	3	—	0.5t	0.5t
				>0.80～1.30			4	—	1.0t	1.0t
				>1.30～3.00			5	—	1.0t	1.0t
		H14 H34	H14 H34	>0.20～0.50	225～265	—	1	—	1.0t	1.0t
				>0.50～0.80			3	—	1.5t	1.5t
				>0.80～1.30		175	3	—	1.5t	1.5t
				>1.30～3.00			4	—	1.5t	1.5t
		H24	H24	>0.20～0.50	225	—	1	—	1.0t	1.0t
				>0.50～0.80			3	—	1.5t	1.5t
				>0.80～1.30			3	—	1.5t	1.5t
				>1.30～3.00			4	—	1.5t	1.5t
		H16 H36	H16 H36	>0.20～0.50	245～285	—	1	—	2.0t	2.0t
				>0.50～0.80			2	—	2.0t	2.0t
				>0.80～1.30		195	3	—	2.5t	2.5t
				>1.30～3.00			4	—	2.5t	2.5t

表 1（续）

牌号	包铝分类	供应状态	试样状态	厚度/mm	室温拉伸试验结果 抗拉强度 R_m/MPa	规定非比例延伸强度 $R_{p0.2}$/MPa	断后伸长率[a]/% $A_{50\ mm}$	A	弯曲半径[b] 90°	180°
					不小于					
3104	—	H26	H26	>0.20～0.50	245	—	1	—	2.0t	2.0t
				>0.50～0.80			2	—	2.0t	2.0t
				>0.80～1.30			3	—	2.5t	2.5t
				>1.30～3.00			4	—	2.5t	2.5t
		H18 H38	H18 H38	>0.20～0.50	265	215	1	—	—	—
		H28	H28	>0.20～0.50	265	—	1	—	—	—
		H19 H29 H39	H19 H29 H39	>0.20～0.50	275	—	1	—	—	—
		F	—	>2.50～80.00	—				—	—
3005	—	O H111	O H111	>0.20～0.50	115～165	45	12	—	0t	0t
				>0.50～1.50			14	—	0t	0t
				>1.50～3.00			16	—	0.5t	1.0t
				>3.00～6.00			19	—	1.0t	—
		H12	H12	>0.20～0.50	145～195	125	3	—	0t	1.5t
				>0.50～1.50			4	—	0.5t	1.5t
				>1.50～3.00			4	—	1.0t	2.0t
				>3.00～6.00			5	—	1.5t	—
		H22	H22	>0.20～0.50	145～195	110	5	—	0t	1.0t
				>0.50～1.50			5	—	0.5t	1.0t
				>1.50～3.00			6	—	1.0t	1.5t
				>3.00～6.00			7	—	1.5t	—
		H14	H14	>0.20～0.50	170～215	150	1	—	0.5t	2.5t
				>0.50～1.50			2	—	1.0t	2.5t
				>1.50～3.00			2	—	1.5t	—
				>3.00～6.00			3	—	2.0t	—
		H24	H24	>0.20～0.50	170～215	130	4	—	0.5t	1.5t
				>0.50～1.50			4	—	1.0t	1.5t
				>1.50～3.00			4	—	1.5t	—

表 1（续）

牌号	包铝分类	供应状态	试样状态	厚度/mm	室温拉伸试验结果				弯曲半径[b]	
					抗拉强度 R_m/MPa	规定非比例延伸强度 $R_{p0.2}$/MPa	断后伸长率[a]/%			
							$A_{50\ mm}$	A	90°	180°
					不小于					
3005	—	H16	H16	＞0.20～0.50	195～240	175	1	—	1.0t	—
				＞0.50～1.50			2	—	1.5t	—
				＞1.50～4.00			2	—	2.5t	—
		H26	H26	＞0.20～0.50	195～240	160	3	—	1.0t	—
				＞0.50～1.50			3	—	1.5t	—
				＞1.50～3.00			3	—	2.5t	—
		H18	H18	＞0.20～0.50	220	200	1	—	1.5t	—
				＞0.50～1.50			2	—	2.5t	—
				＞1.50～3.00			2	—	—	—
		H28	H28	＞0.20～0.50	220	190	2	—	1.5t	—
				＞0.50～1.50			2	—	2.5t	—
				＞1.50～3.00			3	—	—	—
		H19	H19	＞0.20～0.50	235	210	1	—	—	—
				＞0.50～1.50	235	210	1	—	—	—
		F	—	＞2.50～80.00	—				—	—
4007	—	H12	H12	＞0.20～0.50	140～180	110	4	—	—	—
				＞0.50～1.50			4	—	—	—
				＞1.50～3.00			5	—	—	—
		F	—	2.50～6.00	110	—	—	—	—	—
4015	—	O H111	O H111	＞0.20～3.00	≤150	45	20	—	—	—
		H12	H12	＞0.20～0.50	120～175	90	4	—	—	—
				＞0.50～3.00			4	—	—	—
		H14	H14	＞0.20～0.50	150～200	120	2	—	—	—
				＞0.50～3.00			3	—	—	—
		H16	H16	＞0.20～0.50	170～220	150	1	—	—	—
				＞0.50～3.00			2	—	—	—
		H18	H18	＞0.20～3.00	200～250	180	1	—	—	—

表 1（续）

牌号	包铝分类	供应状态	试样状态	厚度/mm	室温拉伸试验结果 抗拉强度 R_m/MPa	规定非比例延伸强度 $R_{p0.2}$/MPa	断后伸长率[a]/% $A_{50\ mm}$	A	弯曲半径[b] 90°	180°
					不小于					
5A02	—	O	O	>0.50～1.00	165～225	—	17	—	—	—
				>1.00～10.00			19	—	—	—
		H14 H24 H34	H14 H24 H34	>0.50～1.00	235	—	4	—	—	—
				>1.00～4.50			6	—	—	—
		H18	H18	>0.50～1.00	265	—	3	—	—	—
				>1.00～4.50			4	—	—	—
		H112	H112	>4.50～12.50	175	—	7	—	—	—
				>12.50～25.00	175		—	7	—	—
				>25.00～80.00	155		—	6	—	—
		F	—	>4.50～150.00	—			—	—	—
5A03	—	O	O	>0.50～4.50	195	100	16	—	—	—
		H14 H24 H34	H14 H24 H34	>0.50～4.50	225	195	8	—	—	—
		H112	H112	>4.50～10.00	185	80	16	—	—	—
				>10.00～12.50	175	70	13	—	—	—
				>12.50～25.00	175	70	—	13	—	—
				>25.00～50.00	165	60	—	12	—	—
		F	—	>4.50～150.00	—			—	—	—
5A05	—	O	O	0.50～4.50	275	145	16	—	—	—
		H112	H112	>4.50～10.00	275	125	16	—	—	—
				>10.00～12.50	265	115	14	—	—	—
				>12.50～25.00	265	115	—	14	—	—
				>25.00～50.00	255	105	—	13	—	—
		F	—	>4.50～150.00	—			—	—	—
3105	—	O H111	O H111	>0.20～0.50	100～155	40	14	—	—	0*t*
				>0.50～1.50			15	—	—	0*t*
				>1.50～3.00			17	—	—	0.5*t*

表 1（续）

牌号	包铝分类	供应状态	试样状态	厚度/mm	室温拉伸试验结果				弯曲半径[b]	
					抗拉强度 R_m/MPa	规定非比例延伸强度 $R_{p0.2}$/MPa	断后伸长率[a]/%			
							$A_{50\ mm}$	A	90°	180°
					不小于					
3105	—	H12	H12	>0.20～0.50	130～180	105	3	—	—	1.5*t*
				>0.50～1.50			4	—	—	1.5*t*
				>1.50～3.00			4	—	—	1.5*t*
		H22	H22	>0.20～0.50	130～180	105	6	—	—	—
				>0.50～1.50			6	—	—	—
				>1.50～3.00			7	—	—	—
		H14	H14	>0.20～0.50	150～200	130	2	—	—	2.5*t*
				>0.50～1.50			2	—	—	2.5*t*
				>1.50～3.00			2	—	—	2.5*t*
		H24	H24	>0.20～0.50	150～200	120	4	—	—	2.5*t*
				>0.50～1.50			4	—	—	2.5*t*
				>1.50～3.00			5	—	—	2.5*t*
		H16	H16	>0.20～0.50	175～225	160	1	—	—	—
				>0.50～1.50			2	—	—	—
				>1.50～3.00			2	—	—	—
		H26	H26	>0.20～0.50	175～225	150	3	—	—	—
				>0.50～1.50			3	—	—	—
				>1.50～3.00			3	—	—	—
		H18	H18	>0.20～3.00	195	180	1	—	—	—
		H28	H28	>0.20～1.50	195	170	2	—	—	—
		H19	H19	>0.20～1.50	215	190	1	—	—	—
		F	—	>2.50～80.00	—				—	—
4006	—	O	O	>0.20～0.50	95～130	40	17	—	—	0*t*
				>0.50～1.50			19	—	—	0*t*
				>1.50～3.00			22	—	—	0*t*
				>3.00～6.00			25	—	—	1.0*t*
		H12	H12	>0.20～0.50	120～160	90	4	—	—	1.5*t*
				>0.50～1.50			4	—	—	1.5*t*
				>1.50～3.00			5	—	—	1.5*t*

表 1（续）

牌号	包铝分类	供应状态	试样状态	厚度/mm	室温拉伸试验结果 抗拉强度 R_m/MPa	 规定非比例延伸强度 $R_{p0.2}$/MPa	 断后伸长率[a]/% $A_{50\ mm}$	 A	弯曲半径[b] 90°	 180°
					不小于					
4006	—	H14	H14	>0.20～0.50	140～180	120	3	—	—	2.0t
				>0.50～1.50			3	—	—	2.0t
				>1.50～3.00			3	—	—	2.0t
		F	—	2.50～6.00	—	—	—	—	—	—
4007	—	O H111	O H111	>0.20～0.50	110～150	45	15	—	—	—
				>0.50～1.50			16	—	—	—
				>1.50～3.00			19	—	—	—
				>3.00～6.00			21	—	—	—
				>6.00～12.50			25	—	—	—
5A06	工艺包铝或不包铝	O	O	0.50～4.50	315	155	16	—	—	—
		H112	H112	>4.50～10.00	315	155	16	—	—	—
				>10.00～12.50	305	145	12	—	—	—
				>12.50～25.00	305	145	—	12	—	—
				>25.00～50.00	295	135	—	6	—	—
		F	—	>4.50～150.00	—				—	—
5005 5005A	—	O H111	O H111	>0.20～0.50	100～145	35	15	—	0t	0t
				>0.50～1.50			19	—	0t	0t
				>1.50～3.00			20	—	0t	0.5t
				>3.00～6.00			22	—	1.0t	1.0t
				>6.00～12.50			24	—	1.5t	—
				>12.50～50.00			—	20	—	—
		H12	H12	>0.20～0.50	125～165	95	2	—	0t	1.0t
				>0.50～1.50			2	—	0.5t	1.0t
				>1.50～3.00			4	—	1.0t	1.5t
				>3.00～6.00			5	—	1.0t	—
		H22 H32	H22 H32	>0.20～0.50	125～165	80	4	—	0t	1.0t
				>0.50～1.50			5	—	0.5t	1.0t
				>1.50～3.00			6	—	1.0t	1.5t
				>3.00～6.00			8	—	1.0t	—

表 1（续）

牌号	包铝分类	供应状态	试样状态	厚度/mm	室温拉伸试验结果：抗拉强度 R_m/MPa	室温拉伸试验结果：规定非比例延伸强度 $R_{p0.2}$/MPa	室温拉伸试验结果：断后伸长率[a]/%：$A_{50\ mm}$	室温拉伸试验结果：断后伸长率[a]/%：A	弯曲半径[b]：90°	弯曲半径[b]：180°
					不小于					
5005 5005A	—	H14	H14	>0.20～0.50	145～185	120	2	—	0.5t	2.0t
				>0.50～1.50			2	—	1.0t	2.0t
				>1.50～3.00			3	—	1.0t	2.5t
				>3.00～6.00			4	—	2.0t	—
		H24 H34	H24 H34	>0.20～0.50	145～185	110	3	—	0.5t	1.5t
				>0.50～1.50			4	—	1.0t	1.5t
				>1.50～3.00			5	—	1.0t	2.0t
				>3.00～6.00			6	—	2.0t	—
		H16	H16	>0.20～0.50	165～205	145	1	—	1.0t	—
				>0.50～1.50			2	—	1.5t	—
				>1.50～3.00			3	—	2.0t	—
				>3.00～4.00			3	—	2.5t	—
		H26 H36	H26 H36	>0.20～0.50	165～205	135	2	—	1.0t	—
				>0.50～1.50			3	—	1.5t	—
				>1.50～3.00			4	—	2.0t	—
				>3.00～4.00			4	—	2.5t	—
		H18	H18	>0.20～0.50	185	165	1	—	1.5t	—
				>0.50～1.50			2	—	2.5t	—
				>1.50～3.00			2	—	3.0t	—
		H28 H38	H28 H38	>0.20～0.50	185	160	1	—	1.5t	—
				>0.50～1.50			2	—	2.5t	—
				>1.50～3.00			3	—	3.0t	—
		H19	H19	>0.20～0.50	205	185	1	—	—	—
				>0.50～1.50			2	—	—	—
				>1.50～3.00			2	—	—	—
		H112	H112	>6.00～12.50	115	—	8	—	—	—
				>12.50～40.00	105		—	10	—	—
				>40.00～80.00	100		—	16	—	—
		F	—	>2.5～150.00	—				—	—

表 1（续）

牌号	包铝分类	供应状态	试样状态	厚度/mm	室温拉伸试验结果				弯曲半径[b]	
					抗拉强度 R_m/MPa	规定非比例延伸强度 $R_{p0.2}$/MPa	断后伸长率[a]/%			
							$A_{50\ mm}$	A	90°	180°
					不小于					
5040	—	H24 H34	H24 H34	0.80～1.80	220～260	170	6	—	—	—
		H26 H36	H26 H36	1.00～2.00	240～280	205	5	—	—	—
5049	—	O H111	O H111	>0.20～0.50	190～240	80	12	—	0t	0.5t
				>0.50～1.50			14	—	0.5t	0.5t
				>1.50～3.00			16	—	1.0t	1.0t
				>3.00～6.00			18	—	1.0t	1.0t
				>6.00～12.50			18	—	2.0t	—
				>12.50～100.00			—	17	—	—
		H12	H12	>0.20～0.50	220～270	170	4	—	—	—
				>0.50～1.50			5	—	—	—
				>1.50～3.00			6	—	—	—
				>3.00～6.00			7	—	—	—
		H22 H32	H22 H32	>0.20～0.50	220～270	130	7	—	0.5t	1.5t
				>0.50～1.50			8	—	1.0t	1.5t
				>1.50～3.00			10	—	1.5t	2.0t
				>3.00～6.00			11	—	1.5t	—
		H14	H14	>0.20～0.50	240～280	190	3	—	—	—
				>0.50～1.50			3	—	—	—
				>1.50～3.00			4	—	—	—
				>3.00～6.00			4	—	—	—
		H24 H34	H24 H34	>0.20～0.50	240～280	160	6	—	1.0t	2.5t
				>0.50～1.50			6	—	1.5t	2.5t
				>1.50～3.00			7	—	2.0t	2.5t
				>3.00～6.00			8	—	2.5t	—
		H16	H16	>0.20～0.50	265～305	220	2	—	—	—
				>0.50～1.50			3	—	—	—
				>1.50～3.00			3	—	—	—
				>3.00～6.00			3	—	—	—

表 1（续）

牌号	包铝分类	供应状态	试样状态	厚度/mm	室温拉伸试验结果				弯曲半径[b]	
					抗拉强度 R_m/MPa	规定非比例延伸强度 $R_{p0.2}$/MPa	断后伸长率[a]/%			
							$A_{50\ mm}$	A	90°	180°
					不小于					
5049	—	H26 H36	H26 H36	>0.20～0.50	265～305	190	4	—	1.5*t*	—
				>0.50～1.50			4	—	2.0*t*	—
				>1.50～3.00			5	—	3.0*t*	—
				>3.00～6.00			6	—	3.5*t*	—
		H18	H18	>0.20～0.50	290	250	1	—	—	—
				>0.50～1.50			2	—	—	—
				>1.50～3.00			2	—	—	—
		H28 H38	H28 H38	>0.20～0.50	290	230	3	—	—	—
				>0.50～1.50			3	—	—	—
				>1.50～3.00			4	—	—	—
		H112	H112	6.00～12.50	210	100	12	—	—	—
				>12.50～25.00	200	90	—	10	—	—
				>25.00～40.00	190	80	—	12	—	—
				>40.00～80.00	190	80	—	14	—	—
5449	—	O H111	O H111	>0.50～1.50	190～240	80	14	—	—	—
				>1.50～3.00			16	—	—	—
		H22	H22	>0.50～1.50	220～270	130	8	—	—	—
				>1.50～3.00			10	—	—	—
		H24	H24	>0.50～1.50	240～280	160	6	—	—	—
				>1.50～3.00			7	—	—	—
		H26	H26	>0.50～1.50	265～305	190	4	—	—	—
				>1.50～3.00			5	—	—	—
		H28	H28	>0.50～1.50	290	230	3	—	—	—
				>1.50～3.00			4	—	—	—
5050	—	O H111	O H111	>0.20～0.50	130～170	45	16	—	0*t*	0*t*
				>0.50～1.50			17	—	0*t*	0*t*
				>1.50～3.00			19	—	0*t*	0.5*t*
				>3.00～6.00			21	—	1.0*t*	—
				>6.00～12.50			20	—	2.0*t*	—
				>12.50～50.00			—	20	—	—

表 1（续）

牌号	包铝分类	供应状态	试样状态	厚度/mm	室温拉伸试验结果 抗拉强度 R_m/MPa	规定非比例延伸强度 $R_{p0.2}$/MPa	断后伸长率[a]/% $A_{50\ mm}$	A	弯曲半径[b] 90°	180°
					不小于					
5050	—	H12	H12	>0.20～0.50	155～195	130	2	—	0*t*	—
				>0.50～1.50			2	—	0.5*t*	—
				>1.50～3.00			4	—	1.0*t*	—
		H22 H32	H22 H32	>0.20～0.50	155～195	110	4	—	0*t*	1.0*t*
				>0.50～1.50			5	—	0.5*t*	1.0*t*
				>1.50～3.00			7	—	1.0*t*	1.5*t*
				>3.00～6.00			10	—	1.5*t*	—
		H14	H14	>0.20～0.50	175～215	150	2	—	0.5*t*	—
				>0.50～1.50			2	—	1.0*t*	—
				>1.50～3.00			3	—	1.5*t*	—
				>3.00～6.00			4	—	2.0*t*	—
		H24 H34	H24 H34	>0.20～0.50	175～215	135	3	—	0.5*t*	1.5*t*
				>0.50～1.50			4	—	1.0*t*	1.5*t*
				>1.50～3.00			5	—	1.5*t*	2.0*t*
				>3.00～6.00			8	—	2.0*t*	—
		H16	H16	>0.20～0.50	195～235	170	1	—	1.0*t*	—
				>0.50～1.50			2	—	1.5*t*	—
				>1.50～3.00			2	—	2.5*t*	—
				>3.00～4.00			3	—	3.0*t*	—
		H26 H36	H26 H36	>0.20～0.50	195～235	160	2	—	1.0*t*	—
				>0.50～1.50			3	—	1.5*t*	—
				>1.50～3.00			4	—	2.5*t*	—
				>3.00～4.00			6	—	3.0*t*	—
		H18	H18	>0.20～0.50	220	190	1	—	1.5*t*	—
				>0.50～1.50			2	—	2.5*t*	—
				>1.50～3.00			2	—	—	—
		H28 H38	H28 H38	>0.20～0.50	220	180	1	—	1.5*t*	—
				>0.50～1.50			2	—	2.5*t*	—
				>1.50～3.00			3	—	—	—

表 1（续）

牌号	包铝分类	供应状态	试样状态	厚度/mm	室温拉伸试验结果				弯曲半径[b]	
					抗拉强度 R_m/MPa	规定非比例延伸强度 $R_{p0.2}$/MPa	断后伸长率[a]/%			
							$A_{50\ mm}$	A	90°	180°
					不小于					
5050	—	H112	H112	6.00～12.50	140	55	12	—	—	—
				>12.50～40.00			—	10	—	—
				>40.00～80.00			—	10	—	—
		F	—	2.50～80.00	—			—	—	—
5251	—	O H111	O H111	>0.20～0.50	160～200	60	13	—	0*t*	0*t*
				>0.50～1.50			14	—	0*t*	0*t*
				>1.50～3.00			16	—	0.5*t*	0.5*t*
				>3.00～6.00			18	—	1.0*t*	—
				>6.00～12.50			18	—	2.0*t*	—
				>12.50～50.00			—	18	—	—
		H12	H12	>0.20～0.50	190～230	150	3	—	0*t*	2.0*t*
				>0.50～1.50			4	—	1.0*t*	2.0*t*
				>1.50～3.00			5	—	1.0*t*	2.0*t*
				>3.00～6.00			8	—	1.5*t*	—
		H22 H32	H22 H32	>0.20～0.50	190～230	120	4	—	0*t*	1.5*t*
				>0.50～1.50			6	—	1.0*t*	1.5*t*
				>1.50～3.00			8	—	1.0*t*	1.5*t*
				>3.00～6.00			10	—	1.5*t*	—
		H14	H14	>0.20～0.50	210～250	170	2	—	0.5*t*	2.5*t*
				>0.50～1.50			2	—	1.5*t*	2.5*t*
				>1.50～3.00			3	—	1.5*t*	2.5*t*
				>3.00～6.00			4	—	2.5*t*	—
		H24 H34	H24 H34	>0.20～0.50	210～250	140	3	—	0.5*t*	2.0*t*
				>0.50～1.50			5	—	1.5*t*	2.0*t*
				>1.50～3.00			6	—	1.5*t*	2.0*t*
				>3.00～6.00			8	—	2.5*t*	—
		H16	H16	>0.20～0.50	230～270	200	1	—	1.0*t*	3.5*t*
				>0.50～1.50			2	—	1.5*t*	3.5*t*
				>1.50～3.00			3	—	2.0*t*	3.5*t*
				>3.00～4.00			3	—	3.0*t*	

表 1（续）

牌号	包铝分类	供应状态	试样状态	厚度/mm	室温拉伸试验结果				弯曲半径[b]	
					抗拉强度 R_m/MPa	规定非比例延伸强度 $R_{p0.2}$/MPa	断后伸长率[a]/%			
							$A_{50\ mm}$	A	90°	180°
					不小于					
5251	—	H26 H36	H26 H36	>0.20～0.50	230～270	170	3	—	1.0t	3.0t
				>0.50～1.50			4	—	1.5t	3.0t
				>1.50～3.00			5	—	2.0t	3.0t
				>3.00～4.00			7	—	3.0t	—
		H18	H18	>0.20～0.50	255	230	1	—	—	—
				>0.50～1.50			2	—	—	—
				>1.50～3.00			2	—	—	—
		H28 H38	H28 H38	>0.20～0.50	255	200	2	—	—	—
				>0.50～1.50			3	—	—	—
				>1.50～3.00			3	—	—	—
		F	—	2.50～80.00	—				—	—
5052	—	O H111	O H111	>0.20～0.50	170～215	65	12	—	0t	0t
				>0.50～1.50			14	—	0t	0t
				>1.50～3.00			16	—	0.5t	0.5t
				>3.00～6.00			18	—	1.0t	—
				>6.00～12.50	165～215		19	—	2.0t	—
				>12.50～80.00			—	18	—	—
		H12	H12	>0.20～0.50	210～260	160	4	—	—	—
				>0.50～1.50			5	—	—	—
				>1.50～3.00			6	—	—	—
				>3.00～6.00			8	—	—	—
		H22 H32	H22 H32	>0.20～0.50	210～260	130	5	—	0.5t	1.5t
				>0.50～1.50			6	—	1.0t	1.5t
				>1.50～3.00			7	—	1.5t	1.5t
				>3.00～6.00			10	—	1.5t	—
		H14	H14	>0.20～0.50	230～280	180	3	—	—	—
				>0.50～1.50			3	—	—	—
				>1.50～3.00			4	—	—	—
				>3.00～6.00			4	—	—	—

表 1（续）

牌号	包铝分类	供应状态	试样状态	厚度/mm	室温拉伸试验结果				弯曲半径[b]	
					抗拉强度 R_m/MPa	规定非比例延伸强度 $R_{p0.2}$/MPa	断后伸长率[a]/%		90°	180°
							$A_{50\ mm}$	A		
					不小于					
5052	—	H24 H34	H24 H34	>0.20～0.50	230～280	150	4	—	0.5*t*	2.0*t*
				>0.50～1.50			5	—	1.5*t*	2.0*t*
				>1.50～3.00			6	—	2.0*t*	2.0*t*
				>3.00～6.00			7	—	2.5*t*	—
		H16	H16	>0.20～0.50	250～300	210	2	—	—	—
				>0.50～1.50			3	—	—	—
				>1.50～3.00			3	—	—	—
				>3.00～6.00			3	—	—	—
		H26 H36	H26 H36	>0.20～0.50	250～300	180	3	—	1.5*t*	—
				>0.50～1.50			4	—	2.0*t*	—
				>1.50～3.00			5	—	3.0*t*	—
				>3.00～6.00			6	—	3.5*t*	—
		H18	H18	>0.20～0.50	270	240	1	—	—	—
				>0.50～1.50			2	—	—	—
				>1.50～3.00			2	—	—	—
		H28 H38	H28 H38	>0.20～0.50	270	210	3	—	—	—
				>0.50～1.50			3	—	—	—
				>1.50～3.00			4	—	—	—
		H112	H112	>6.00～12.50	190	80	7	—	—	—
				>12.50～40.00	170	70	—	10	—	—
				>40.00～80.00	170	70	—	14	—	—
		F	—	>2.50～150.00	—				—	—
5154A	—	O H111	O H111	>0.20～0.50	215～275	85	12	—	0.5*t*	0.5*t*
				>0.50～1.50			13	—	0.5*t*	0.5*t*
				>1.50～3.00			15	—	1.0*t*	1.0*t*
				>3.00～6.00			17	—	1.5*t*	—
				>6.00～12.50			18	—	2.5*t*	—
				>12.50～50.00			—	16	—	—

表 1（续）

牌号	包铝分类	供应状态	试样状态	厚度/mm	室温拉伸试验结果				弯曲半径[b]	
					抗拉强度 R_m/MPa	规定非比例延伸强度 $R_{p0.2}$/MPa	断后伸长率[a]/%			
							$A_{50\,mm}$	A	90°	180°
					不小于					
5154A	—	H12	H12	>0.20～0.50	250～305	190	3	—	—	—
				>0.50～1.50			4	—	—	—
				>1.50～3.00			5	—	—	—
				>3.00～6.00			6	—	—	—
		H22 H32	H22 H32	>0.20～0.50	250～305	180	5	—	0.5t	1.5t
				>0.50～1.50			6	—	1.0t	1.5t
				>1.50～3.00			7	—	2.0t	2.0t
				>3.00～6.00			8	—	2.5t	—
		H14	H14	>0.20～0.50	270～325	220	2	—	—	—
				>0.50～1.50			3	—	—	—
				>1.50～3.00			3	—	—	—
				>3.00～6.00			4	—	—	—
		H24 H34	H24 H34	>0.20～0.50	270～325	200	4	—	1.0t	2.5t
				>0.50～1.50			5	—	2.0t	2.5t
				>1.50～3.00			6	—	2.5t	3.0t
				>3.00～6.00			7	—	3.0t	—
		H26 H36	H26 H36	>0.20～0.50	290～345	230	3	—	—	—
				>0.50～1.50			3	—	—	—
				>1.50～3.00			4	—	—	—
				>3.00～6.00			5	—	—	—
		H18	H18	>0.20～0.50	310	270	1	—	—	—
				>0.50～1.50			1	—	—	—
				>1.50～3.00			1	—	—	—
		H28 H38	H28 H38	>0.20～0.50	310	250	3	—	—	—
				>0.50～1.50			3	—	—	—
				>1.50～3.00			3	—	—	—
		H19	H19	>0.20～0.50	330	285	1	—	—	—
				>0.50～1.50			1	—	—	—
		H112	H112	6.00～12.50	220	125	8	—	—	—
				>12.50～40.00	215	90	—	9	—	—

表 1（续）

牌号	包铝分类	供应状态	试样状态	厚度/mm	室温拉伸试验结果				弯曲半径[b]	
					抗拉强度 R_m/MPa	规定非比例延伸强度 $R_{p0.2}$/MPa	断后伸长率[a]/%			
							$A_{50\ mm}$	A	90°	180°
					不小于					
5154A	—	H112	H112	>40.00～80.00	215	90	—	13	—	—
		F	—	2.50～80.00	—				—	—
5454	—	O H111	O H111	>0.20～0.50	215～275	85	12	—	0.5t	0.5t
				>0.50～1.50			13	—	0.5t	0.5t
				>1.50～3.00			15	—	1.0t	1.0t
				>3.00～6.00			17	—	1.5t	—
				>6.00～12.50			18	—	2.5t	—
				>12.50～80.00			—	16	—	—
		H12	H12	>0.20～0.50	250～305	190	3	—	—	—
				>0.50～1.50			4	—	—	—
				>1.50～3.00			5	—	—	—
				>3.00～6.00			6	—	—	—
		H22 H32	H22 H32	>0.20～0.50	250～305	180	5	—	0.5t	1.5t
				>0.50～1.50			6	—	1.0t	1.5t
				>1.50～3.00			7	—	2.0t	2.0t
				>3.00～6.00			8	—	2.5t	—
		H14	H14	>0.20～0.50	270～325	220	2	—	—	—
				>0.50～1.50			3	—	—	—
				>1.50～3.00			3	—	—	—
				>3.00～6.00			4	—	—	—
		H24 H34	H24 H34	>0.20～0.50	270～325	200	4	—	1.0t	2.5t
				>0.50～1.50			5	—	2.0t	2.5t
				>1.50～3.00			6	—	2.5t	3.0t
				>3.00～6.00			7	—	3.0t	—
		H26 H36	H26 H36	>0.20～1.50	290～345	230	3	—	—	—
				>1.50～3.00			4	—	—	—
				>3.00～6.00			5	—	—	—
		H28 H38	H28 H38	>0.20～3.00	310	250	3	—	—	—

表 1（续）

牌号	包铝分类	供应状态	试样状态	厚度/mm	室温拉伸试验结果				弯曲半径[b]	
					抗拉强度 R_m/MPa	规定非比例延伸强度 $R_{p0.2}$/MPa	断后伸长率[a]/%			
							$A_{50\ mm}$	A	90°	180°
					不小于					
5454	—	H112	H112	6.00~12.50	220	125	8	—	—	—
				>12.50~40.00	215	90	—	9	—	—
				>40.00~120.00			—	13	—	—
		F	—	>4.50~150.00	—				—	—
5754	—	O H111	O H111	>0.20~0.50	190~240	80	12	—	0t	0.5t
				>0.50~1.50			14	—	0.5t	0.5t
				>1.50~3.00			16	—	1.0t	1.0t
				>3.00~6.00			18	—	1.0t	1.0t
				>6.00~12.50			18	—	2.0t	—
				>12.50~100.00			—	17	—	—
		H12	H12	>0.20~0.50	220~270	170	4	—	—	—
				>0.50~1.50			5	—	—	—
				>1.50~3.00			6	—	—	—
				>3.00~6.00			7	—	—	—
		H22 H32	H22 H32	>0.20~0.50	220~270	130	7	—	0.5t	1.5t
				>0.50~1.50			8	—	1.0t	1.5t
				>1.50~3.00			10	—	1.5t	2.0t
				>3.00~6.00			11	—	1.5t	—
		H14	H14	>0.20~0.50	240~280	190	3	—	—	—
				>0.50~1.50			3	—	—	—
				>1.50~3.00			4	—	—	—
				>3.00~6.00			4	—	—	—
		H24 H34	H24 H34	>0.20~0.50	240~280	160	6	—	1.0t	2.5t
				>0.50~1.50			6	—	1.5t	2.5t
				>1.50~3.00			7	—	2.0t	2.5t
				>3.00~6.00			8	—	2.5t	—
		H16	H16	>0.20~0.50	265~305	220	2	—	—	—
				>0.50~1.50			3	—	—	—
				>1.50~3.00			3	—	—	—
				>3.00~6.00			3	—	—	—

表 1（续）

牌号	包铝分类	供应状态	试样状态	厚度/mm	室温拉伸试验结果				弯曲半径[b]	
					抗拉强度 R_m/MPa	规定非比例延伸强度 $R_{p0.2}$/MPa	断后伸长率[a]/%			
							$A_{50\ mm}$	A	90°	180°
					不小于					
5754	—	H26 H36	H26 H36	>0.20～0.50	265～305	190	4	—	1.5t	—
				>0.50～1.50			4	—	2.0t	—
				>1.50～3.00			5	—	3.0t	—
				>3.00～6.00			6	—	3.5t	—
		H18	H18	>0.20～0.50	290	250	1	—	—	—
				>0.50～1.50			2	—	—	—
				>1.50～3.00			2	—	—	—
		H28 H38	H28 H38	>0.20～0.50	290	230	3	—	—	—
				>0.50～1.50			3	—	—	—
				>1.50～3.00			4	—	—	—
		H112	H112	6.00～12.50	190	100	12	—	—	—
				>12.50～25.00		90	—	10	—	—
				>25.00～40.00		80	—	12	—	—
				>40.00～80.00			—	14	—	—
		F	—	>4.50～150.00	—				—	—
5082	—	H18 H38	H18 H38	>0.20～0.50	335	—	1	—	—	—
		H19 H39	H19 H39	>0.20～0.50	355	—	1	—	—	—
		F	—	>4.50～150.00	—				—	—
5182	—	O H111	O H111	>0.2～0.50	255～315	110	11	—	—	1.0t
				>0.50～1.50			12	—	—	1.0t
				>1.50～3.00			13	—	—	1.0t
		H19	H19	>0.20～1.50	380	320	1	—	—	—
5083	—	O H111	O H111	>0.20～0.50	275～350	125	11	—	0.5t	1.0t
				>0.50～1.50			12	—	1.0t	1.0t
				>1.50～3.00			13	—	1.0t	1.5t
				>3.00～6.30			15	—	1.5t	—

表 1（续）

牌号	包铝分类	供应状态	试样状态	厚度/mm	室温拉伸试验结果 抗拉强度 R_m/MPa	规定非比例延伸强度 $R_{p0.2}$/MPa	断后伸长率[a]/% $A_{50\ mm}$	A	弯曲半径[b] 90°	180°
					不小于					
5083	—	O H111	O H111	>6.30～12.50	270～345	115	16	—	2.5t	—
				>12.50～50.00			—	15	—	—
				>50.00～80.00			—	14	—	—
				>80.00～120.00	260	110		12		
				>120.00～200.00	255	105		12		
		H12	H12	>0.20～0.50	315～375	250	3	—	—	—
				>0.50～1.50			4	—	—	—
				>1.50～3.00			5	—	—	—
				>3.00～6.00			6	—	—	—
		H22 H32	H22 H32	>0.20～0.50	305～380	215	5	—	0.5t	2.0t
				>0.50～1.50			6	—	1.5t	2.0t
				>1.50～3.00			7	—	2.0t	3.0t
				>3.00～6.00			8	—	2.5t	—
		H14	H14	>0.20～0.50	340～400	280	2	—	—	—
				>0.50～1.50			3	—	—	—
				>1.50～3.00			3	—	—	—
				>3.00～6.00			3	—	—	—
		H24 H34	H24 H34	>0.20～0.50	340～400	250	4	—	1.0t	—
				>0.50～1.50			5	—	2.0t	—
				>1.50～3.00			6	—	2.5t	—
				>3.00～6.00			7	—	3.5t	—
		H16	H16	>0.20～0.50	360～420	300	1	—	—	—
				>0.50～1.50			2	—	—	—
				>1.50～3.00			2	—	—	—
				>3.00～4.00			2	—	—	—
		H26 H36	H26 H36	>0.20～0.50	360～420	280	2	—	—	—
				>0.50～1.50			3	—	—	—
				>1.50～3.00			3	—	—	—
				>3.00～4.00			3	—	—	—

表 1（续）

牌号	包铝分类	供应状态	试样状态	厚度/mm	室温拉伸试验结果 抗拉强度 R_m/MPa	室温拉伸试验结果 规定非比例延伸强度 $R_{p0.2}$/MPa	室温拉伸试验结果 断后伸长率[a]/% $A_{50\ mm}$	室温拉伸试验结果 断后伸长率[a]/% A	弯曲半径[b] 90°	弯曲半径[b] 180°
					不小于					
5083	—	H116 H321	H116 H321	1.50～3.00	305	215	8	—	2.0t	—
				＞3.00～6.00			10	—	2.5t	—
				＞6.00～12.50			12	—	4.0t	—
				＞12.50～40.00			—	10	—	—
				＞40.00～80.00	285	200	—	10	—	—
		H112	H112	＞6.00～12.50	275	125	12	—	—	—
				＞12.50～40.00	275	125	—	10	—	—
				＞40.00～80.00	270	115	—	10	—	—
				＞40.00～120.00	260	110	—	10	—	—
		F	—	＞4.50～150.00	—				—	—
5383	—	O H111	O H111	＞0.20～0.50	290～360	145	11	—	0.5t	1.0t
				＞0.50～1.50			12	—	1.0t	1.0t
				＞1.50～3.00			13	—	1.0t	1.5t
				＞3.00～6.00			15	—	1.5t	—
				＞6.00～12.50			16	—	2.5t	—
				＞12.50～50.00			—	15	—	—
				＞50.00～80.00	285～355	135	—	14	—	—
				＞80.00～120.00	275	130	—	12	—	—
				＞120.00～150.00	270	125	—	12	—	—
		H22 H32	H22 H32	＞0.20～0.50	305～380	220	5	—	0.5t	2.0t
				＞0.50～1.50			6	—	1.5t	2.0t
				＞1.50～3.00			7	—	2.0t	3.0t
				＞3.00～6.00			8	—	2.5t	—
		H24 H34	H24 H34	＞0.20～0.50	340～400	270	4	—	1.0t	—
				＞0.50～1.50			5	—	2.0t	—
				＞1.50～3.00			6	—	2.5t	—
				＞3.00～6.00			7	—	3.5t	—

表 1（续）

牌号	包铝分类	供应状态	试样状态	厚度/mm	室温拉伸试验结果				弯曲半径[b]	
					抗拉强度 R_m/MPa	规定非比例延伸强度 $R_{p0.2}$/MPa	断后伸长率[a]/%			
							$A_{50\ mm}$	A	90°	180°
					不小于					
5383	—	H116 H321	H116 H321	1.50～3.00	305	220	8	—	2.0t	3.0t
				＞3.00～6.00			10	—	2.5t	—
				＞6.00～12.50			12	—	4.0t	—
				＞12.50～40.00			—	10	—	—
				＞40.00～80.00	285	205	—	10	—	—
		H112	H112	6.00～12.50	290	145	12	—	—	—
				＞12.50～40.00			—	10	—	—
				＞40.00～80.00	285	135	—	10	—	—
5086	—	O H111	O H111	＞0.20～0.50	240～310	100	11	—	0.5t	1.0t
				＞0.50～1.50			12	—	1.0t	1.0t
				＞1.50～3.00			13	—	1.0t	1.0t
				＞3.00～6.00			15	—	1.5t	1.5t
				＞6.00～12.50			17	—	2.5t	—
				＞12.50～150.00			—	16	—	—
		H12	H12	＞0.20～0.50	275～335	200	3	—	—	—
				＞0.50～1.50			4	—	—	—
				＞1.50～3.00			5	—	—	—
				＞3.00～6.00			6	—	—	—
		H22 H32	H22 H32	＞0.20～0.50	275～335	185	5	—	0.5t	2.0t
				＞0.50～1.50			6	—	1.5t	2.0t
				＞1.50～3.00			7	—	2.0t	2.0t
				＞3.00～6.00			8	—	2.5t	—
		H14	H14	＞0.20～0.50	300～360	240	2	—	—	—
				＞0.50～1.50			3	—	—	—
				＞1.50～3.00			3	—	—	—
				＞3.00～6.00			3	—	—	—
		H24 H34	H24 H34	＞0.20～0.50	300～360	220	4	—	1.0t	2.5t
				＞0.50～1.50			5	—	2.0t	2.5t
				＞1.50～3.00			6	—	2.5t	2.5t
				＞3.00～6.00			7	—	3.5t	—

表 1（续）

牌号	包铝分类	供应状态	试样状态	厚度/mm	室温拉伸试验结果 抗拉强度 R_m/MPa	规定非比例延伸强度 $R_{p0.2}$/MPa	断后伸长率[a]/% $A_{50 mm}$	A	弯曲半径[b] 90°	180°
					不小于					
5086	—	H16	H16	>0.20～0.50	325～385	270	1	—	—	—
				>0.50～1.50			2	—	—	—
				>1.50～3.00			2	—	—	—
				>3.00～4.00			2	—	—	—
		H26 H36	H26 H36	>0.20～0.50	325～385	250	2	—	—	—
				>0.50～1.50			3	—	—	—
				>1.50～3.00			3	—	—	—
				>3.00～4.00			3	—	—	—
		H18	H18	>0.20～0.50	345	290	1	—	—	—
				>0.50～1.50			1	—	—	—
				>1.50～3.00			1	—	—	—
		H116 H321	H116 H321	1.50～3.00	275	195	8	—	2.0t	2.0t
				>3.00～6.00			9	—	2.5t	—
				>6.00～12.50			10	—	3.5t	—
				>12.50～50.00			—	9	—	—
		H112	H112	>6.00～12.50	250	105	8	—	—	—
				>12.50～40.00	240	105	—	9	—	—
				>40.00～80.00	240	100	—	12	—	—
		F	—	>4.50～150.00	—	—	—	—	—	—
6A02	—	O	O	>0.50～4.50	≤145	—	21	—	—	—
				>4.50～10.00			16	—	—	—
			T62[e]	>0.50～4.50	295	—	11	—	—	—
				>4.50～10.00			8	—	—	—
		T4	T4	>0.50～0.80	195	—	19	—	—	—
				>0.80～2.90			21	—	—	—
				>2.90～4.50			19	—	—	—
				>4.50～10.00	175		17	—	—	—
		T6	T6	>0.50～4.50	295	—	11	—	—	—
				>4.50～10.00			8	—	—	—

表 1（续）

牌号	包铝分类	供应状态	试样状态	厚度/mm	室温拉伸试验结果 抗拉强度 R_m/MPa	规定非比例延伸强度 $R_{p0.2}$/MPa	断后伸长率[a]/% $A_{50\ mm}$	A	弯曲半径[b] 90°	180°
					不小于					
6A02	—	T1	T62[f]	>4.50～12.50	295	—	8	—	—	—
				>12.50～25.00			—	7	—	—
				>25.00～40.00	285		—	6	—	—
				>40.00～80.00	275		—	6	—	—
			T42[f]	>4.50～12.50	175	—	17	—	—	—
				>12.50～25.00			—	14	—	—
				>25.00～40.00	165		—	12	—	—
				>40.00～80.00			—	10	—	—
		F	—	>4.50～150.00	—	—	—	—	—	—
6061	—	O	O	0.40～1.50	≤150	≤85	14	—	0.5t	1.0t
				>1.50～3.00			16	—	1.0t	1.0t
				>3.00～6.00			19	—	1.0t	—
				>6.00～12.50			16	—	2.0t	—
				>12.50～25.00			—	16	—	—
		T4	T4	0.40～1.50	205	110	12	—	1.0t	1.5t
				>1.50～3.00			14	—	1.5t	2.0t
				>3.00～6.00			16	—	3.0t	—
				>6.00～12.50			18	—	4.0t	—
				>12.50～40.00			—	15	—	—
				>40.00～80.00			—	14	—	—
		T6	T6	0.40～1.50	290	240	6	—	2.5t	—
				>1.50～3.00			7	—	3.5t	—
				>3.00～6.00			10	—	4.0t	—
				>6.00～12.50			9	—	5.0t	—
				>12.50～40.00			—	8	—	—
				>40.00～80.00			—	6	—	—
				>80.00～100.00			—	5	—	—
		F	—	>2.50～150.00	—				—	—
6016	—	T4	T4	0.40～3.00	170～250	80～140	24	—	0.5t	0.5t
		T6	T6	0.40～3.00	260～300	180～260	10	—	—	—

表 1（续）

牌号	包铝分类	供应状态	试样状态	厚度/mm	室温拉伸试验结果				弯曲半径[b]	
					抗拉强度 R_m/MPa	规定非比例延伸强度 $R_{p0.2}$/MPa	断后伸长率[a]/%			
							$A_{50\ mm}$	A	90°	180°
					不小于					
6063	—	O	O	0.50～5.00	≤130	—	20	—	—	—
				＞5.00～12.50			15	—	—	—
				＞12.50～20.00			—	15	—	—
			T62[e]	0.50～5.00	230	180	—	8	—	—
				＞5.00～12.50	220	170	—	6	—	—
				＞12.50～20.00	220	170	6	—	—	—
		T4	T4	0.50～5.00	150	—	10	—	—	—
				5.00～10.00	130		10	—	—	—
		T6	T6	0.50～5.00	240	190	8	—	—	—
				＞5.00～10.00	230	180	8	—	—	—
6082	—	O	O	0.40～1.50	≤150	≤85	14	—	0.5t	1.0t
				＞1.50～3.00			16	—	1.0t	1.0t
				＞3.00～6.00			18	—	1.5t	—
				＞6.00～12.50			17	—	2.5t	—
				＞12.50～25.00	≤155	—	—	16	—	—
		T4	T4	0.40～1.50	205	110	12	—	1.5t	3.0t
				＞1.50～3.00			14	—	2.0t	3.0t
				＞3.00～6.00			15	—	3.0t	—
				＞6.00～12.50			14	—	4.0t	—
				＞12.50～40.00			—	13	—	—
				＞40.00～80.00			—	12	—	—
		T6	T6	0.40～1.50	310	260	6	—	2.5t	—
				＞1.50～3.00			7	—	3.5t	—
				＞3.00～6.00			10	—	4.5t	—
				＞6.00～12.50	300	255	9	—	6.0t	—
		F	—	＞4.50～150.00	—				—	—

表 1（续）

牌号	包铝分类	供应状态	试样状态	厚度/mm	室温拉伸试验结果				弯曲半径[b]	
					抗拉强度 R_m/MPa	规定非比例延伸强度 $R_{p0.2}$/MPa	断后伸长率[a]/%			
							$A_{50\ mm}$	A	90°	180°
					不小于					
包铝7A04 包铝7A09 7A04 7A09	正常包铝或工艺包铝	O	O	0.50～10.00	≤245	—	11	—	—	—
		O	T62[e]	0.50～2.90	470	390	7	—	—	—
				>2.90～10.00	490	410		—	—	—
		T6	T6	0.50～2.90	480	400		—	—	—
				>2.90～10.00	490	410		—	—	—
		T1	T62	>4.50～10.00	490	410		—	—	—
				>10.00～12.50	490	410	4	—	—	—
				>12.50～25.00				—	—	—
				>25.50～40.00			3	—	—	—
		F	—	>4.50～150.00	—				—	—
7020	—	O	O	0.40～1.50	≤220	≤140	12	—	2.0t	—
				>1.50～3.00			13	—	2.5t	—
				>3.00～6.00			15	—	3.5t	—
				>6.00～12.50			12	—	5.0t	—
		T4[g]	T4[g]	0.40～1.50	320	210	11	—	—	—
				>1.50～3.00			12	—	—	—
				>3.00～6.00			13	—	—	—
				>6.00～12.50			14	—	—	—
		T6	T6	0.40～1.50	350	280	7	—	3.5t	—
				>1.50～3.00			8	—	4.0t	—
				>3.00～6.00			10	—	5.5t	—
				>6.00～12.50			10	—	8.0t	—
				>12.50～40.00			—	9	—	—
				>40.00～100.00	340	270	—	8	—	—
				>100.00～150.00	330	260	—	7	—	—
				>150.00～175.00			—	6	—	—
				>175.00～200.00			—	5	—	—
7021	—	T6	T6	1.50～3.00	400	350	7	—	—	—
				>3.00～6.00			6	—	—	—

表 1（续）

牌号	包铝分类	供应状态	试样状态	厚度/mm	室温拉伸试验结果				弯曲半径[b]	
					抗拉强度 R_m/MPa	规定非比例延伸强度 $R_{p0.2}$/MPa	断后伸长率[a]/%			
							$A_{50\ mm}$	A	90°	180°
					不小于					
7022	—	T6	T6	3.00～12.50	450	370	8	—	—	—
				>12.50～25.00			—	8	—	—
				>25.00～50.00			—	7	—	—
				>50.00～100.00	430	350	—	5	—	—
				>100.00～200.00	410	330	—	3	—	—
7075	工艺包铝或不包铝	O	O	0.40～0.80	≤275	≤145	10	—	0.5t	1.0t
				>0.80～1.50				—	1.0t	2.0t
				>1.50～3.00				—	1.0t	3.0t
				>3.00～6.00				—	2.5t	—
				>6.00～12.50				—	4.0t	—
				>12.50～75.00		—	—	9	—	—
			T62[e]	0.40～0.80	525	460	6	—	—	—
				>0.80～1.50	540	460	6	—	—	—
				>1.50～3.00	540	470	7	—	—	—
				>3.00～6.00	545	475	8	—	—	—
				>6.00～12.50	540	460	8	—	—	—
				>12.50～25.00	540	470	—	6	—	—
				>25.00～50.00	530	460	—	5	—	—
				>50.00～60.00	525	440	—	4[a]	—	—
				>60.00～75.00	495	420	—	4	—	—
		T6	T6	0.40～0.80	525	460	6	—	4.5t	—
				>0.80～1.50	540	460	6	—	5.5t	—
				>1.50～3.00	540	470	7	—	6.5t	—
				>3.00～6.00	545	475	8	—	8.0t	—
				>6.00～12.50	540	460	8	—	12.0t	—
				>12.50～25.00	540	470	—	6	—	—
				>25.00～50.00	530	460	—	5	—	—
				>50.00～60.00	525	440	—	4	—	—

表 1（续）

牌号	包铝分类	供应状态	试样状态	厚度/mm	室温拉伸试验结果				弯曲半径[b]	
					抗拉强度 R_m/MPa	规定非比例延伸强度 $R_{p0.2}$/MPa	断后伸长率[a]/%			
							$A_{50\ mm}$	A	90°	180°
					不小于					
7075	工艺包铝或不包铝	T76	T76	>1.50～3.00	500	425	7	—	—	—
				>3.00～6.00	500	425	8	—	—	—
				>6.00～12.50	490	415	7	—	—	—
		T73	T73	>1.50～3.00	460	385	7	—	—	—
				>3.00～6.00	460	385	8	—	—	—
				>6.00～12.50	475	390	7	—	—	—
				>12.50～25.00	475	390	—	6	—	—
				>25.00～50.00	475	390	—	5	—	—
				>50.00～60.00	455	360	—	5	—	—
				>60.00～80.00	440	340	—	5	—	—
				>80.00～100.00	430	340	—	5	—	—
		F	—	>6.00～50.00	—				—	—
包铝 7075	正常包铝	O	O	>0.39～1.60	≤275	≤145	10	—	—	—
				>1.60～4.00				—	—	—
				>4.00～12.50				—	—	—
				>12.50～50.00		—	—	9	—	—
			T62[e]	>0.39～1.00	505	435	7	—	—	—
				>1.00～1.60	515	445	8	—	—	—
				>1.60～3.20	515	445	8	—	—	—
				>3.20～4.00	515	445	8	—	—	—
				>4.00～6.30	525	455	8	—	—	—
				>6.30～12.50	525	455	9	—	—	—
				>12.50～25.00	540	470	—	6	—	—
				>25.00～50.00	530	460	—	5	—	—
				>50.00～60.00	525	440	—	4	—	—
		T6	T6	>0.39～1.00	505	435	7	—	—	—
				>1.00～1.60	515	445	8	—	—	—
				>1.60～3.20	515	445	8	—	—	—
				>3.20～4.00	515	445	8	—	—	—
				>4.00～6.30	525	455	8	—	—	—

表 1（续）

牌号	包铝分类	供应状态	试样状态	厚度/mm		室温拉伸试验结果				弯曲半径[b]	
						抗拉强度 R_m/MPa	规定非比例延伸强度 $R_{p0.2}$/MPa	断后伸长率[a]/%			
								$A_{50\ mm}$	A	90°	180°
						不小于					
包铝7075	正常包铝	T76	T76	>3.10～4.00		470	390	8	—	—	—
				>4.00～6.30		485	405	8	—	—	—
		F	—	>6.00～100.00		—				—	—
包铝7475	正常包铝	O	O	1.00～1.60		≤250	≤140	10	—	—	2.0t
				>1.60～3.20		≤260	≤140	10	—	—	3.0t
				>3.20～4.80		≤260	≤140	10	—	—	4.0t
				>4.80～6.50		≤270	≤145	10	—	—	4.0t
		T761[h]	T761[h]	1.00～1.60		455	379	9	—	—	6.0t
				>1.60～2.30		469	393	9	—	—	7.0t
				>2.30～3.20		469	393	9	—	—	8.0t
				>3.20～4.80		469	393	9	—	—	9.0t
				>4.80～6.50		483	414	9	—	—	9.0t
7475	工艺包铝或不包铝	T6	T6	>0.35～6.00		515	440	9	—	—	—
		T76 T761[h]	T76 T761[h]	1.00～1.60	纵向	490	420	9	—	—	6.0t
					横向	490	415	9			
				>1.60～2.30	纵向	490	420	9	—	—	7.0t
					横向	490	415	9			
				>2.30～3.20	纵向	490	420	9	—	—	8.0t
					横向	490	415	9			
				>3.20～4.80	纵向	490	420	9	—	—	9.0t
					横向	490	415	9			
				>4.80～6.50	纵向	490	420	9	—	—	9.0t
					横向	490	415	9			
8A06	—	O	O	>0.20～0.30		≤110	—	16	—	—	—
				>0.30～0.50				21	—	—	—
				>0.50～0.80				26	—	—	—
				>0.80～10.00				30	—	—	—

表 1（续）

牌号	包铝分类	供应状态	试样状态	厚度/mm	室温拉伸试验结果				弯曲半径[b]	
					抗拉强度 R_m/MPa	规定非比例延伸强度 $R_{p0.2}$/MPa	断后伸长率[a]/%			
							$A_{50\ mm}$	A	90°	180°
					不小于					
8A06	—	H14 H24	H14 H24	>0.20～0.30	100	—	1	—	—	—
				>0.30～0.50			3	—	—	—
				>0.50～0.80			4	—	—	—
				>0.80～1.00			5	—	—	—
				>1.00～4.50			6	—	—	—
		H18	H18	>0.20～0.30	135	—	1	—	—	—
				>0.30～0.80			2	—	—	—
				>0.80～4.50			3	—	—	—
		H112	H112	>4.50～10.00	70	—	19	—	—	—
				>10.00～12.50	80		19	—	—	—
				>12.50～25.00	80		—	19	—	—
				>25.00～80.00	65		—	16	—	—
		F	—	>2.50～150	—				—	—
8011	—	H14	H14	>0.20～0.50	125～165	—	2	—	—	—
		H24	H24	>0.20～0.50	125～165	—	3	—	—	—
		H16	H16	>0.20～0.50	130～185	—	1	—	—	—
		H26	H26	>0.20～0.50	130～185	—	2	—	—	—
		H18	H18	0.20～0.50	165	—	1	—	—	—
8011A	—	O H111	O H111	>0.20～0.50	85～130	30	19	—	—	—
				>0.50～1.50			21	—	—	—
				>1.50～3.00			24	—	—	—
				>3.00～6.00			25	—	—	—
				>6.00～12.50			30	—	—	—
		H22	H22	>0.20～0.50	105～145	90	4	—	—	—
				>0.50～1.50			5	—	—	—
				>1.50～3.00			6	—	—	—
		H14	H14	>0.20～0.50	120～170	110	1	—	—	—
				>0.50～1.50	125～165		3	—	—	—
				>1.50～3.00			3	—	—	—
				>3.00～6.00			4	—	—	—

表 1（续）

牌号	包铝分类	供应状态	试样状态	厚度/mm	室温拉伸试验结果				弯曲半径[b]	
					抗拉强度 R_m/MPa	规定非比例延伸强度 $R_{p0.2}$/MPa	断后伸长率[a]/%			
							$A_{50\ mm}$	A	90°	180°
					不小于					
8011A	—	H24	H24	>0.20～0.50	125～165	100	3	—	—	—
				>0.50～1.50			4	—	—	—
				>1.50～3.00			5	—	—	—
				>3.00～6.00			6	—	—	—
		H16	H16	>0.20～0.50	140～190	130	1	—	—	—
				>0.50～1.50	145～185		2	—	—	—
				>1.50～4.00			3	—	—	—
		H26	H26	>0.20～0.50	145～185	120	2	—	—	—
				>0.50～1.50			3	—	—	—
				>1.50～4.00			4	—	—	—
		H18	H18	>0.20～0.50	160	145	1	—	—	—
				>0.50～1.50	165		2	—	—	—
				>1.50～3.00			2	—	—	—
8079	—	H14	H14	>0.20～0.50	125～175	—	2	—	—	—

[a] 当 $A_{50\ mm}$ 和 A 两栏均有数值时，$A_{50\ mm}$ 适用于厚度不大于 12.5 mm 的板材，A 适用于厚度大于 12.5 mm 的板材。

[b] 弯曲半径中的 t 表示板材的厚度，对表中既有 90°弯曲也有 180°弯曲的产品，当需方未指定采用 90°弯曲或 180°弯曲时，弯曲半径由供方任选一种。

[c] 对于 2A11、2A12、2017 合金的 O 状态板材，需要 T42 状态的性能值时，应在订货单（或合同）中注明，未注明时，不检测该性能。

[d] 厚度为>12.5 mm～25.00 mm 的 2014、2024、2219 合金 O 状态的板材，其拉伸试样由芯材机加工得到，不得有包铝层。

[e] 对于 6A02、6063、7A04、7A09 和 7075 合金的 O 状态板材，需要 T62 状态的性能值时，应在订货单（或合同）中注明，未注明时，不检测该性能。

[f] 对于 6A02 合金 T1 状态的板材，当需方未注明需要 T62 或 T42 状态的性能时，由供方任选一种。

[g] 应尽量避免订购 7020 合金 T4 状态的产品。T4 状态产品的性能是在室温下自然时效 3 个月后才能达到规定的稳定的力学性能，将淬火后的试样在 60 ℃～65 ℃的条件下持续 60 h 后也可以得到近似的自然时效性能值。

[h] T761 状态专用于 7475 合金薄板和带材，与 T76 状态的定义相同，是在固溶热处理后进行人工过时效以获得良好的抗剥落腐蚀性能的状态。

ICS 77.150.10
H 61

中华人民共和国国家标准

GB/T 3880.3—2012
代替 GB/T 3880.3—2006

一般工业用铝及铝合金板、带材 第3部分:尺寸偏差

Wrought aluminium and aluminium alloy plates, sheets and strips for general engineering—Part 3: Tolerances on forms and dimensions

2012-12-31 发布　　2013-10-01 实施

中华人民共和国国家质量监督检验检疫总局
中国国家标准化管理委员会　发布

前　言

GB/T 3880《一般工业用铝及铝合金板、带材》分为三个部分：

——第1部分：一般要求；

——第2部分：力学性能；

——第3部分：尺寸偏差。

本部分为GB/T 3880的第3部分。

本部分按照GB/T 1.1—2009给出的规则起草。

本部分代替GB/T 3880.3—2006《一般工业用铝及铝合金板、带材　第3部分：尺寸偏差》。

本部分与GB/T 3880.3—2006相比，主要技术变化如下：

——最大厚度由原来的150.00 mm扩大至250.00 mm；

——最大宽度由原来的2 500.0 mm扩大至3 500.0 mm；

——将冷轧板、带材的最大厚度修改为6.00 mm。

——修改了部分高精级的厚度偏差、宽度偏差、长度偏差、侧边弯曲度、对角线偏差要求。

本部分使用重新起草法参考EN 485.3—2003《铝及铝合金薄板、带材和厚板　第3部分：热轧产品的尺寸和形位偏差》、EN 485.4—1994《铝及铝合金薄板、带材和厚板　第4部分：冷轧产品的尺寸和形位偏差》编制，与EN 485.3—2003、EN 485.4—1994的一致性程度为非等效。

本部分由全国有色金属标准化技术委员会(SAC/TC 243)归口。

本部分起草单位：西南铝业(集团)有限责任公司、中国有色金属工业标准计量质量研究所、中铝瑞闽铝板带有限公司、东北轻合金有限责任公司、厦门厦顺铝箔有限公司、中铝西北铝加工分公司、镇江鼎胜铝业股份有限公司、福建省南铝板带加工有限公司。

本部分主要起草人：尹晓辉、张钰、葛立新、陈昌云、李瑞山、杨吉、唐登毅、邱龙涛、韩冰、张丽华、黄嵘、万宝伟、吴维泽、司开田、徐涛、师雪飞。

本部分所代替标准的历次版本发布情况为：

——GB/T 3008.3—2006；

——GB/T 3194—1982、GB/T 3194—1998。

一般工业用铝及铝合金板、带材 第3部分：尺寸偏差

1 范围

GB/T 3880 的本部分规定了一般工业用铝及铝合金板、带材的尺寸偏差。

本部分适用于一般工业用铝及铝合金轧制板材、带材。

2 分类及分级

2.1 铝或铝合金类别

铝及铝合金分为A、B两类，如表1所示。

表1 合金分类

牌号系列	铝或铝合金类别	
	A	B
1×××	所有	—
2×××	—	所有
3×××	Mn的最大含量不大于1.8%，Mg的最大含量不大于1.8%，Mn的最大含量与Mg的最大含量之和不大于2.3%。如：3003、3103、3005、3105、3102、3A21	A类外的其他合金，如：3004、3104
4×××	Si的最大含量不大于2%。如：4006、4007	A类外的其他合金，如：4015
5×××	Mg的最大含量不大于1.8%，Mn的最大含量不大于1.8%，Mg的最大含量与Mn的最大含量之和不大于2.3%。如：5005、5005A、5050	A类外的其他合金。如：5A02、5A03、5A05、5A06、5040、5049、5449、5251、5052、5154A、5454、5754、5082、5182、5083、5383、5086
6×××	—	所有
7×××	—	所有
8×××	不可热处理强化的合金。如：8A06、8011、8011A、8079	可热处理强化的合金

2.2 尺寸偏差等级

板、带材的尺寸偏差等级如表2所示。

表2 尺寸偏差等级

尺寸项目	尺寸偏差等级	
	板材	带材
厚度	冷轧板材：高精级、普通级 热轧板材：不分级	冷轧带材：高精级、普通级 热轧带材：不分级

表 2（续）

尺寸项目	尺寸偏差等级	
	板材	带材
宽度	冷轧板材:高精级、普通级 热轧板材:不分级	冷轧带材:高精级、普通级 热轧带材:不分级
长度	冷轧板材:高精级、普通级 热轧板材:不分级	—
不平度	高精级、普通级	—
侧边弯曲度	冷轧板材:高精级、普通级 热轧板材:高精级、普通级	冷轧带材:高精级、普通级 热轧带材:不分级
对角线	高精级、普通级	—

3 要求

3.1 厚度偏差

3.1.1 冷轧板、带材的厚度偏差普通级应符合表 3 的规定，高精级应符合表 4 的规定。需要高精级时应供需双方协商并在订货单(或合同)中注明，未注明时按普通级。

表 3 冷轧板、带材的厚度偏差——普通级

单位为毫米

厚度	下列宽度上的厚度允许偏差[a]										
	≤1 000.0		>1 000.0～1 250.0		>1 250.0～1 600.0		>1 600.0～2 000.0		>2 000.0～2 500.0	>2 500.0～3 000.0	>3 000.0～3 500.0
	A 类	B 类	A 类	B 类	A 类	B 类	A 类	B 类	所有	所有	所有
>0.20～0.40	±0.03	±0.05	±0.05	±0.06	±0.06	±0.06	—	—	—	—	—
>0.40～0.50	±0.05	±0.05	±0.06	±0.08	±0.07	±0.08	±0.08	±0.09	±0.12	—	—
>0.50～0.60	±0.05	±0.05	±0.07	±0.08	±0.07	±0.08	±0.08	±0.09	±0.12	—	—
>0.60～0.80	±0.05	±0.06	±0.07	±0.08	±0.07	±0.08	±0.09	±0.10	±0.13	—	—
>0.80～1.00	±0.07	±0.08	±0.08	±0.09	±0.08	±0.09	±0.10	±0.11	±0.15	—	—
>1.00～1.20	±0.07	±0.08	±0.09	±0.10	±0.09	±0.10	±0.11	±0.12	±0.15	—	—
>1.20～1.50	±0.09	±0.10	±0.12	±0.13	±0.12	±0.13	±0.13	±0.14	±0.15	—	—
>1.50～1.80	±0.09	±0.10	±0.12	±0.13	±0.12	±0.13	±0.14	±0.15	±0.15	—	—
>1.80～2.00	±0.09	±0.10	±0.12	±0.13	±0.12	±0.13	±0.14	±0.15	±0.15	—	—
>2.00～2.50	±0.12	±0.13	±0.14	±0.15	±0.14	±0.15	±0.15	±0.16	±0.16	—	—
>2.50～3.00	±0.13	±0.15	±0.16	±0.17	±0.16	±0.17	±0.17	±0.18	±0.18	—	—
>3.00～3.50	±0.14	±0.15	±0.17	±0.18	±0.17	±0.18	±0.22	±0.23	±0.19	—	—

表 3（续）

单位为毫米

厚度	下列宽度上的厚度允许偏差[a]										
	≤1 000.0		>1 000.0～1 250.0		>1 250.0～1 600.0		>1 600.0～2 000.0		>2 000.0～2 500.0	>2 500.0～3 000.0	>3 000.0～3 500.0
	A类	B类	A类	B类	A类	B类	A类	B类	所有	所有	所有
>3.50～4.00	±0.15		±0.18		±0.18		±0.23		±0.24	±0.51	±0.57
>4.00～5.00	±0.23		±0.24		±0.24		±0.26		±0.28	±0.54	±0.63
>5.00～6.00	±0.25		±0.26		±0.26		±0.26		±0.28	±0.60	±0.69

[a] 厚度大于或等于 4.00 mm、平均镁含量大于 3%的高镁合金板、带材，其厚度偏差为公称厚度的±5%，当该值小于表中对应数值时，以表中规定为准。

表 4　冷轧板、带材厚度偏差——高精级

单位为毫米

厚度	下列宽度上的厚度允许偏差										
	≤1 000.0		>1 000.0～1 250.0		>1 250.0～1 600.0		>1 600.0～2 000.0		>2 000.0～2 500.0	>2 500.0～3 000.0	>3 000.0～3 500.0
	A类	B类	A类	B类	A类	B类	A类	B类	所有	所有	所有
>0.20～0.40	±0.02	±0.03	±0.04	±0.05	±0.05	±0.06	—	—	—	—	—
>0.40～0.50	±0.03	±0.03	±0.04	±0.05	±0.05	±0.06	±0.06	±0.07	±0.10	—	—
>0.50～0.60	±0.03	±0.04	±0.05	±0.06	±0.06	±0.07	±0.07	±0.08	±0.11	—	—
>0.60～0.80	±0.03	±0.04	±0.06	±0.07	±0.07	±0.08	±0.08	±0.09	±0.12	—	—
>0.80～1.00	±0.04	±0.05	±0.06	±0.08	±0.08	±0.09	±0.09	±0.10	±0.13	—	—
>1.00～1.20	±0.04	±0.05	±0.07	±0.09	±0.09	±0.10	±0.10	±0.12	±0.14	—	—
>1.20～1.50	±0.05	±0.07	±0.09	±0.11	±0.10	±0.12	±0.11	±0.14	±0.16	—	—
>1.50～1.80	±0.06	±0.08	±0.10	±0.12	±0.11	±0.13	±0.12	±0.15	±0.17	—	—
>1.80～2.00	±0.06	±0.09	±0.11	±0.13	±0.12	±0.14	±0.14	±0.15	±0.19	—	—
>2.00～2.50	±0.07	±0.10	±0.12	±0.14	±0.13	±0.15	±0.15	±0.16	±0.20	—	—
>2.50～3.00	±0.08	±0.11	±0.13	±0.15	±0.15	±0.17	±0.17	±0.18	±0.23	—	—
>3.00～3.50	±0.10	±0.12	±0.15	±0.17	±0.17	±0.19	±0.18	±0.20	±0.24	—	—
>3.50～4.00	±0.15		±0.18		±0.18		±0.23		±0.24	±0.34	±0.38
>4.00～5.00	±0.18		±0.22		±0.24		±0.25		±0.28	±0.36	±0.42
>5.00～6.00	±0.20		±0.24		±0.25		±0.26		±0.28	±0.40	±0.46

3.1.2　热轧板、带材的厚度偏差应符合表 5 规定。

表 5 热轧板、带材的厚度偏差

单位为毫米

厚度	下列宽度上的厚度允许偏差				
	≤1 250.0	>1 250.0~1 600.0	>1 600.0~2 000.0	>2 000.0~2 500.0	>2 500.0~3 500.0
2.50~4.00	±0.28	±0.28	±0.32	±0.35	±0.40
>4.00~5.00	±0.30	±0.30	±0.35	±0.40	±0.45
>5.00~6.00	±0.32	±0.32	±0.40	±0.45	±0.50
>6.00~8.00	±0.35	±0.40	±0.40	±0.50	±0.55
>8.00~10.00	±0.45	±0.50	±0.50	±0.55	±0.60
>10.00~15.00	±0.50	±0.60	±0.65	±0.65	±0.80
>15.00~20.00	±0.60	±0.70	±0.75	±0.80	±0.90
>20.00~30.00	±0.65	±0.75	±0.85	±0.90	±1.00
>30.00~40.00	±0.75	±0.85	±1.00	±1.10	±1.20
>40.00~50.00	±0.90	±1.00	±1.10	±1.20	±1.50
>50.00~60.00	±1.10	±1.20	±1.40	±1.50	±1.70
>60.00~80.00	±1.40	±1.50	±1.70	±1.90	±2.00
>80.00~100.00	±1.70	±1.80	±1.90	±2.10	±2.20
>100.00~150.00	±2.10	±2.20	±2.50	±2.60	—
>150.00~220.00	±2.50	±2.60	±2.90	±3.00	—
>220.00~250.00	±2.80	±2.90	±3.20	±3.30	—

3.2 宽度偏差

3.2.1 板材的宽度偏差

3.2.1.1 冷轧板材的宽度偏差

冷轧板材的宽度偏差应符合表 6 的规定。需要高精级时，应供需双方协商并在订货单(或合同)中注明，未注明时按普通级。当需方要求正、负对称偏差时，应在订货单(或合同)中注明，其允许偏差值为表 6 中数值的一半。

表 6 冷轧板材的宽度偏差

单位为毫米

级别	厚度	下列宽度上的宽度允许偏差				
		≤500.0	>500.0~1 250.0	>1 250.0~2 000.0	>2 000.0~3 000.0	>3 000.0~3 500.0
普通级	>0.20~3.00	$^{+2.0}_{0}$	$^{+5.0}_{0}$	$^{+6.0}_{0}$	$^{+8.0}_{0}$	—
	>3.00~6.00	$^{+4.0}_{0}$	$^{+6.0}_{0}$	$^{+8.0}_{0}$	$^{+12.0}_{0}$	—

表 6（续）

单位为毫米

级别	厚度	下列宽度上的宽度允许偏差				
		≤500.0	>500.0~ 1 250.0	>1 250.0~ 2 000.0	>2 000.0~ 3 000.0	>3 000.0~ 3 500.0
高精级	>0.20~3.00	+1.5 0	+3.0 0	+4.0 0	+5.0 0	—
	>3.00~6.00	+3.0 0	+4.0 0	+5.0 0	+8.0 0	+8.0 0

3.2.1.2　热轧板材的宽度偏差

切边供应的热轧板材，其板材的宽度偏差应符合表 7 的规定。不切边供应的热轧板材，其板材的宽度允许偏差为+150 mm，或由供需双方协商确定，并在订货单（或合同）中注明。需方有特殊要求时，应供需双方商定，并在订货单（或合同）中注明（需方要求的正、负偏差绝对值之和宜与表 7 一致）。

表 7　切边热轧板材的宽度偏差

单位为毫米

厚度	下列宽度上的宽度允许偏差			
	≤1 000.0	>1 000.0~2 000.0	>2 000.0~3 000.0	>3 000.0~3 500.0
≤6.00	+5.0 0	+7.0 0	+8.0 0	+10.0 0
>6.00~12.00	+6.0 0	+7.0 0	+8.0 0	+10.0 0
>12.00~50.00	+6.0 0	+8.0 0	+9.0 0	+10.0 0
>50.00~200.00	+8.0 0	+8.0 0	+9.0 0	+10.0 0
>200.00~250.00	+11.0 0	+11.0 0	+12.0 0	+12.0 0

3.2.2　带材的宽度偏差

3.2.2.1　冷轧带材的宽度偏差

冷轧带材的宽度偏差应符合表 8 的规定。需要高精级时，应供需双方协商并在订货单（或合同）中注明，未注明时按普通级。需方有特殊要求时，应供需双方商定，并在订货单（或合同）中注明（需方要求的正、负偏差绝对值之和宜与表 7 一致）。

表 8　冷轧带材的宽度偏差

单位为毫米

级别	厚度	下列宽度上的宽度允许偏差					
		≤100.0	>100.0~ 300.0	>300.0~ 500.0	>500.0~ 1 250.0	>1 250.0~ 1 650.0	>1 650.0~ 3 500.0
普通级	>0.20~0.60	+0.5 0	+0.6 0	+1.0 0	+3.0 0	+4.0 0	+5.0 0
	>0.60~1.00	+0.5 0	+0.8 0	+1.5 0	+3.0 0	+4.0 0	+5.0 0
	>1.00~2.00	+0.6 0	+1.0 0	+2.0 0	+3.0 0	+4.0 0	+5.0 0

表 8（续） 单位为毫米

级别	厚度	下列宽度上的宽度允许偏差					
		≤100.0	>100.0～300.0	>300.0～500.0	>500.0～1 250.0	>1 250.0～1 650.0	>1 650.0～3 500.0
普通级	>2.00～3.00	$^{+2.0}_{0}$	$^{+2.0}_{0}$	$^{+3.0}_{0}$	$^{+4.0}_{0}$	$^{+5.0}_{0}$	$^{+6.0}_{0}$
	>3.00～6.00	—	$^{+3.0}_{0}$	$^{+4.0}_{0}$	$^{+5.0}_{0}$	$^{+5.0}_{0}$	$^{+8.0}_{0}$
高精级	>0.20～0.60	$^{+0.3}_{0}$	$^{+0.4}_{0}$	$^{+0.6}_{0}$	$^{+1.5}_{0}$	$^{+2.5}_{0}$	$^{+3}_{0}$
	>0.60～1.00	$^{+0.3}_{0}$	$^{+0.5}_{0}$	$^{+1}_{0}$	$^{+1.5}_{0}$	$^{+2.5}_{0}$	$^{+3}_{0}$
	>1.00～2.00	$^{+0.4}_{0}$	$^{+0.7}_{0}$	$^{+1.2}_{0}$	$^{+2}_{0}$	$^{+2.5}_{0}$	$^{+3}_{0}$
	>2.00～3.00	$^{+1}_{0}$	$^{+1}_{0}$	$^{+1.5}_{0}$	$^{+2}_{0}$	$^{+2.5}_{0}$	$^{+4}_{0}$
	>3.00～6.00	—	$^{+1.5}_{0}$	$^{+2}_{0}$	$^{+3}_{0}$	$^{+3}_{0}$	$^{+5}_{0}$

3.2.2.2 热轧带材的宽度偏差

热轧带材的宽度偏差应符合表 9 的规定。

表 9 热轧带材的宽度偏差 单位为毫米

厚度	下列宽度上的宽度允许偏差	
	<500.0	500.0～3 500.0
2.50～15.00	不要求或供需双方协商确定	$^{+8}_{0}$
>15.00	不要求或供需双方协商确定	

3.3 长度偏差

3.3.1 冷轧板材的长度偏差

冷轧板材的长度偏差应符合表 10 的规定。需要高精级时，应供需双方协商并在订货单（或合同）中注明，未注明时按普通级。需方有特殊要求时，应供需双方商定，并在订货单（或合同）中注明（需方要求的正、负偏差绝对值之和宜与表 7 一致）。

表 10 冷轧板材的长度偏差 单位为毫米

级别	厚度	下列长度上的长度允许偏差				
		≤1 000	>1 000～2 000	>2 000～3 000	>3 000～5 000	>5 000
普通级	>0.20～6.00	$^{+8}_{0}$	$^{+10}_{0}$	$^{+12}_{0}$	$^{+14}_{0}$	$^{+16}_{0}$
高精级	>0.20～3.00	$^{+3}_{0}$	$^{+4}_{0}$	$^{+6}_{0}$	$^{+8}_{0}$	+0.2%×公称长度
	>3.00～6.00	$^{+4}_{0}$	$^{+6}_{0}$	$^{+8}_{0}$	$^{+10}_{0}$	

3.3.2 热轧板材的长度偏差

热轧板材的长度偏差应符合表11的规定。需方有特殊要求时，应供需双方商定，并在订货单(或合同)中注明(需方要求的正、负偏差绝对值之和宜与表7一致)。

表11 热轧板材的长度偏差

单位为毫米

厚度	下列长度上的长度允许偏差[a]									
	≤1 000		>1 000~2 000		>2 000~3 000		>3 000~3 500		>3 500~6 000	
	剪切	锯切	剪切	锯切	剪切	锯切	剪切	锯切	剪切	锯切
≤6.00	$^{+10}_{0}$	$^{+5}_{0}$	$^{+12}_{0}$	$^{+7}_{0}$	$^{+14}_{0}$	$^{+8}_{0}$	$^{+16}_{0}$	$^{+10}_{0}$	$^{+18}_{0}$	$^{+10}_{0}$
>6.00~12.00	$^{+30}_{0}$	$^{+6}_{0}$	$^{+30}_{0}$	$^{+7}_{0}$	$^{+30}_{0}$	$^{+8}_{0}$	$^{+40}_{0}$	$^{+10}_{0}$	$^{+40}_{0}$	$^{+10}_{0}$
>12.00~50.00	$^{+40}_{0}$	$^{+6}_{0}$	$^{+40}_{0}$	$^{+8}_{0}$	$^{+40}_{0}$	$^{+9}_{0}$	$^{+50}_{0}$	$^{+10}_{0}$	$^{+50}_{0}$	$^{+10}_{0}$
>50.00~200.00	—	$^{+8}_{0}$	—	$^{+8}_{0}$	—	$^{+9}_{0}$	—	$^{+10}_{0}$	—	$^{+10}_{0}$
>200.00~250.00	—	$^{+11}_{0}$	—	$^{+11}_{0}$	—	$^{+12}_{0}$	—	$^{+12}_{0}$	—	$^{+12}_{0}$

[a] 长度大于6 000 mm的板材，其长度偏差为+0.2%×公称长度。

3.4 不平度

3.4.1 除O、F状态外，其他状态板材的不平度普通级应符合表12的规定，高精级应符合表13的规定。需要高精级时，应供需双方协商并在订货单(或合同)中注明，未注明时按普通级。

3.4.2 对带材、O或F状态的板材，以及厚度超出表12或表13规定的板材有不平度要求时，可供需双方商定并在订货单(或合同)中注明。

表12 板材的不平度——普通级

项目	厚度/mm	纵向不平度 d/L	横向不平度 d/W	局部不平度 d/R	纵向或横向上的最大不平度或端头部位的翘曲高度[a]	
					A类合金	B类合金
冷轧板材	>0.20~0.50	不要求或供需双方协商确定				
	>0.50~3.00	≤0.8%	≤1.0%	≤0.8%	≤20 mm	≤35 mm
	>3.00~6.00	≤0.6%	≤0.8%	≤0.5%		
热轧板材	>2.50~3.00	≤0.8%	≤1.0%	≤0.8%	≤25 mm	≤40 mm
	>3.00~6.00	≤0.6%	≤0.8%	≤0.5%		
	>6.00~50.00	≤0.5%	≤0.8%	≤0.5%		
	>50.00~250.00	≤0.4%	≤0.5%	不要求或供需双方协商确定		

注：L为板材长度，W为板材宽度，R为任意不小于300 mm的弦长，d为波高。

[a] 端头部位是指沿板材长度方向上，两端300 mm长度范围内所包含的端部整个板面。若板材为正方形，端头部位为靠边缘四周300 mm所包含的正方形圈的板面。

表 13　板材的不平度——高精级

项目	厚度/mm	纵向不平度 d/L	横向不平度 d/W	局部不平度 d/R	纵向或横向上的最大不平度或端头部位翘曲高度[a]	
					A 类合金	B 类合金
冷轧板材	>0.20～0.50	不要求或供需双方协商确定				
	>0.50～3.00	≤0.4%	≤0.5%	≤0.5%	≤18 mm	≤25 mm
	>3.00～6.00	≤0.3%	≤0.4%	≤0.35%		
热轧板材	>2.50～3.00	≤0.4%	≤0.5%	≤0.5%	≤18 mm	≤30 mm
	>3.00～6.00	≤0.3%	≤0.4%	≤0.35%		
	>6.00～50.00	≤0.2%	≤0.4%	≤0.3%		
	>50.00～250.00	≤0.2%	≤0.2%	不要求或供需双方协商确定		

注：L 为板材长度，W 为板材宽度，R 为任意不小于 300 mm 的弦长，d 为波高。

[a] 端头部位是指沿板材长度方向上，两端 300 mm 长度范围内所包含的端部整个板面。若板材为正方形，端头部位为靠边缘四周 300 mm 所包含的正方形圈的板面。

3.5　侧边弯曲度

3.5.1　热轧板材

普通级不要求侧边弯曲度，高精级应符合表 14 的规定。需要高精级时，应供需双方协商并在订货单(或合同)中注明，未注明时按普通级。

3.5.2　冷轧板材

普通级不要求侧边弯曲度，高精级应符合表 15 的规定。需要高精级时，应供需双方协商并在订货单(或合同)中注明，未注明时按普通级。

3.5.3　热轧带材

不要求侧边弯曲度。

3.5.4　冷轧带材

普通级不要求侧边弯曲度，高精级应符合表 16 的规定。需要高精级时，应供需双方协商并在订货单(或合同)中注明，未注明时按普通级。

表 14　热轧板材的侧边弯曲度——高精级

单位为毫米

宽度	下列长度上的侧边弯曲度允许偏差			
	≤2 000	>2 000～3 000	>3 500～5 000	>5 000～10 000
≤1 250.0	≤4.00	≤7.00	≤10.00	不大于公称长度的 0.2%
>1 250.0～1 500.0	≤3.00	≤6.00	≤8.00	
>1 500.0～2 000.0	≤3.00	≤6.00	≤7.00	
>2 000.0～3 500.0	—	≤5.00	≤6.00	

表 15 冷轧板材的侧边弯曲度——高精级

单位为毫米

宽度	下列长度上的侧边弯曲度允许偏差				
	≤1 000	>1 000～2 000	>2 000～3 500	>3 500～5 000	>5 000～10 000
100.0[a]～300.0	≤2.00	≤4.00	≤8.00	—	—
>300.0～600.0	≤1.50	≤3.00	≤5.00	—	—
>600.0～1 000.0	≤1.00	≤2.00	≤4.00	≤5.00	不大于公称长度的 0.1%
>1 000.0～2 000.0	—	≤2.00	≤4.00	≤5.00	
>2 000.0～3 500.0	—	—	≤4.00	≤5.00	

[a] 宽度小于 100.0 mm 的板材，其侧边弯曲度由供需双方协商确定。

表 16 冷轧带材的侧边弯曲度——高精级

单位为毫米

宽度[a]	带材的侧边弯曲度
25.0～100.0	≤8
>100.0～300.0	≤6
>300.0～600.0	≤5
>600.0～1 000.0	≤4
>1 000.0～2 000.0	≤3
>2 000.0～3 500.0	≤3

[a] 宽度小于 25.0 mm 的带材，其侧边弯曲度由供需双方协商确定。

3.6 板材的对角线偏差

3.6.1 热轧板材

普通级不要求对角线偏差，高精级应符合表 17 的规定。需要高精级时，应供需双方协商并在订货单(或合同)中注明，未注明时按普通级。

3.6.2 冷轧板材

普通级不要求对角线偏差，高精级应符合表 18 的规定，需要高精级时，应供需双方协商并在订货单(或合同)中注明，未注明时按普通级。

表 17 热轧板材的对角线偏差——高精级

单位为毫米

长度	下列宽度上的对角线允许偏差			
	≤1 000	>1 000～1 500	>1 500～2 000	>2 000～3 500
≤2 000	≤6	≤7	≤8	[a]
>2 000～3 000	≤7	≤7	≤9	≤10
>3 000～3 500	≤7	≤8	≤10	≤10
>3 500～5 000	≤8	≤10	≤10	≤12
>5 000	≤12	≤12	≤15	≤15

[a] 其对角线允许偏差由供需双方商定，并在订货单(或合同)中注明。

表 18 冷轧板材的对角线偏差——高精级

单位为毫米

厚度	长度	下列宽度上的对角线允许偏差			
		≤1 000	>1 000～1 500	>1 500～2 000	>2 000～3 500
≤6.00	≤1 000	≤4	[a]	[a]	[a]
	>1 000～2 000	≤4	≤5	≤6	[a]
	>2 000～3 000	≤5	≤5	≤7	≤8
	>3 000～5 000	≤6	≤8	≤8	≤10
	>5 000～15 000	≤10	≤10	≤12	≤12

[a] 其对角线允许偏差由供需双方商定，并在订货单（或合同）中注明。

4 尺寸偏差检测方法

4.1 尺寸修约

尺寸测量值不允许修约。

4.2 厚度

板、带材厚度应在距侧边不小于 10 mm，且距端头部位不小于 115 mm 处，用精度为 0.01 mm 的千分尺或相同精度的测量工具进行测量。

4.3 宽度和长度

板、带材的宽度和长度采用相应精度的工具测量。

4.4 不平度

4.4.1 板材不平度

4.4.1.1 将板材自由置于平台上，待其平衡稳定时，测量板面与平台间的间隙值（即波高），随后测量对应波距、波数。当一张板片同时存在几个波浪时，应测量其中最大的一个。边缘波浪可用塞尺进行测量。

4.4.1.2 板材的不平度，可分为纵向不平度（如图 1 所示的 d/L）、横向不平度（如图 2 所示的 d/W）和局部不平度（如图 3 所示的 d/R）。

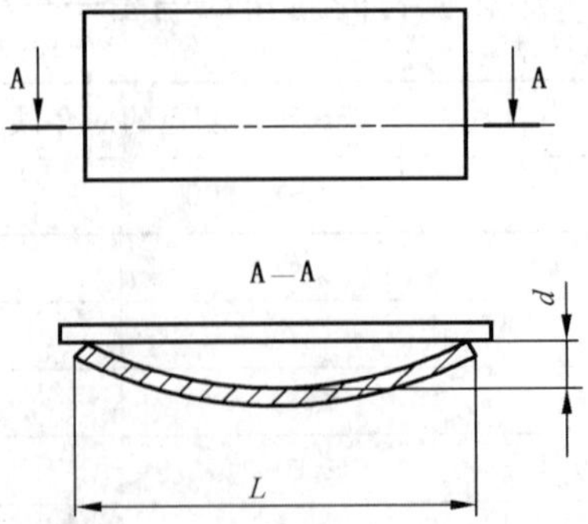

图 1

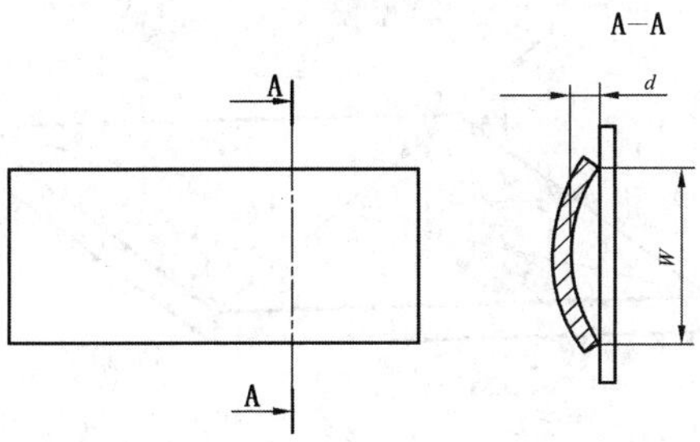

图 2

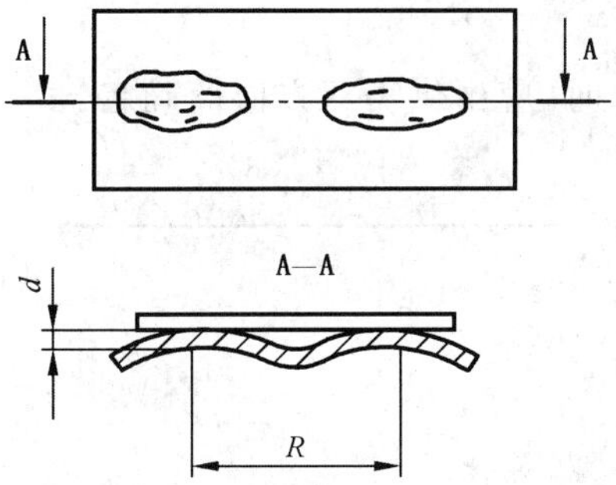

图 3

4.4.2 带材不平度

从带材上剪下1个波距以上，且长度为1 000 mm～1 800 mm的一段试样，将试样自由放在平台上，按照测量板材不平度的方法进行测量。

4.5 侧边弯曲度

在板材侧边头、尾两端点，或在带材侧边任意相距2 000 mm(或规定长度)的两点间拉一直线，再用直尺(或三角尺)测量板或带侧边到直线之间的最大垂直距离 d，如图4所示。

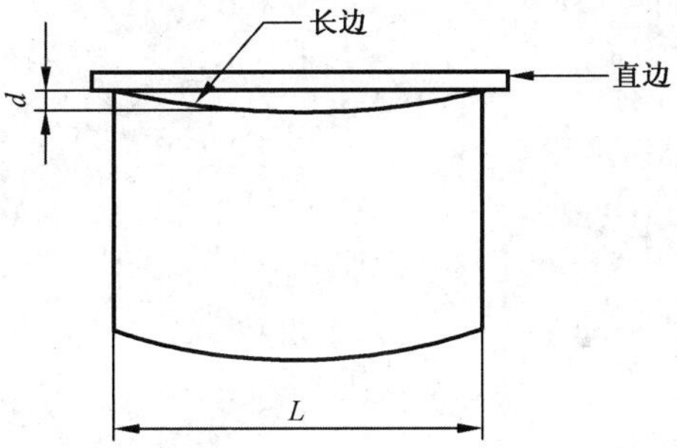

图 4

4.6 对角线

板材的对角线允许偏差，是指用精度为1 mm的钢卷尺测量板材的两条对角线 AA 与 BB 的长度之差，如图5所示。

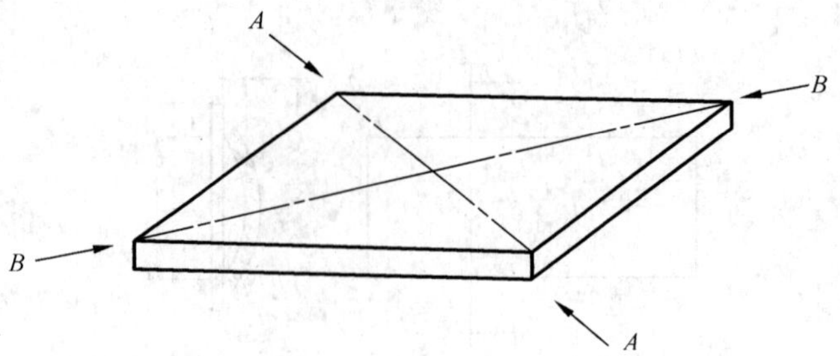

图5

5 其他

对板、带材尺寸偏差有其他要求时,应由供需双方协商确定。

ICS 25.140.20
K 64

中华人民共和国国家标准

GB 3883.2—2012/IEC 60745-2-2:2008
代替 GB 3883.2—2005

手持式电动工具的安全 第2部分:螺丝刀和冲击扳手的专用要求

Safety of hand-held motor-operated electric tools—Part 2:Particular requirements for screwdrivers and impact wrenches

(IEC 60745-2-2:2008 Ed 2.1,Hand-held motor-operated electric tools—Safety—Part 2-2:Particular requirements for screwdrivers and impact wrenches,IDT)

2012-11-05 发布 2013-05-01 实施

中华人民共和国国家质量监督检验检疫总局
中国国家标准化管理委员会 发布

前　　言

本部分的全部技术内容为强制性。

GB 3883《手持式电动工具的安全》是关于手持式电动工具的安全标准，由第1部分通用要求和第2部分专用要求组成。GB 3883《手持式电动工具的安全》的组成如下：

——GB 3883.1《手持式电动工具的安全　第一部分：通用要求》

——GB 3883.2《手持式电动工具的安全　第2部分：螺丝刀和冲击扳手的专用要求》

——GB 3883.3《手持式电动工具的安全　第二部分：砂轮机、抛光机和盘式砂光机的专用要求》

——GB 3883.4《手持式电动工具的安全　第2部分：非盘式砂光机和抛光机的专用要求》

——GB 3883.5《手持式电动工具的安全　第二部分：圆锯的专用要求》

——GB 3883.6《手持式电动工具的安全　第2部分：电钻和冲击电钻的专用要求》

——GB 3883.7《手持式电动工具的安全　第2部分：锤类工具的专用要求》

——GB 3883.8《手持式电动工具的安全　第2部分：电剪刀和电冲剪的专用要求》

——GB 3883.9《手持式电动工具的安全　第2部分：攻丝机的专用要求》

——GB 3883.10《手持式电动工具的安全　第二部分：电刨的专用要求》

——GB 3883.11《手持式电动工具的安全　第2部分：往复锯(曲线锯、刀锯)的专用要求》

——GB 3883.12《手持式电动工具的安全　第2部分：混凝土振动器的专用要求》

——GB 3883.13《手持式电动工具的安全　第二部分：不易燃液体电喷枪的专用要求》

——GB 3883.14《手持式电动工具的安全　第二部分：链锯的专用要求》

——GB 3883.15《手持式电动工具的安全　第二部分：修枝剪的专用要求》

——GB 3883.16《手持式电动工具的安全　第二部分：钉钉机的专用要求》

——GB 3883.17《手持式电动工具的安全　第二部分：木铣和修边机的专用要求》

——GB 3883.18《手持式电动工具的安全　第二部分：石材切割机的专用要求》

——GB 3883.19《手持式电动工具的安全　第2部分：管道疏通机的专用要求》

——GB 3883.20《手持式电动工具的安全　第2部分：捆扎机的专用要求》

——GB 3883.21《手持式电动工具的安全　第2部分：带锯的专用要求》

——GB 3883.22《手持式电动工具的安全　第二部分：开槽机的专用要求》

本部分为GB 3883的第2部分：螺丝刀和冲击扳手的专用要求。

本部分按照GB/T 1.1—2009给出的规则起草。

本部分代替GB 3883.2—2005《手持式电动工具的安全　第二部分：螺丝刀和冲击扳手的专用要求》，与GB 3883.2—2005比较，主要变化如下：

——在“标志和说明书”中，增加关于安全警告的内容(见8.12.1.1)；

——在“机械强度”中，增加“对冲击扳手不适用”(见20.5)；

——在“结构”中，增加“对冲击扳手不适用”(见21.32)；

——在“组件”中，改换23.3；

——修改了附录K、附录L；

——对范围、3.102、8.1、12.4、17.2、24.4进行编辑性修改。

本部分使用翻译法等同采用IEC 60745-2-2:2008(2.1版)《手持式电动工具的安全　第2-2部分：螺丝刀和冲击扳手的专用要求》，与等同采用IEC 60745-1:2006(4.0版)《手持式电动工具的安全　第一部分：通用要求》制定的GB 3883.1—2008《手持式电动工具的安全　第一部分：通用要求》一起使用。

本部分中写明“适用”的，表示GB 3883.1—2008中的相应条文适用；本部分中写明“改换”的，则应以本部分中的条文为准；本部分写明“修改”的，表示GB 3883.1—2008相应条文中的相关内容应以本部分修改后的内容为准，而该条文中其他内容仍适用；本部分写明“增加”的，表示除了符合GB 3883.1—2008的相应条文外，还应符合本部分中所增加的条文。

本部分由中国电器工业协会提出。

本部分由全国电动工具标准化技术委员会(SAC/TC 68)归口。

本部分起草单位：上海电动工具研究所。

本部分主要起草人：顾菁、李邦协、李宏照、刘江。

本部分的历次版本发布情况为：

——GB 3883.2—1985、GB 3883.2—1991、GB 3883.2—2005。

手持式电动工具的安全
第2部分：螺丝刀和冲击扳手的专用要求

1 范围

除下述条文外，GB 3883.1—2008 的这一章适用。

增加：

本部分适用于螺丝刀和冲击扳手。

2 规范性引用文件

GB 3883.1—2008 的这一章适用。

3 术语和定义

除下述条文外，GB 3883.1—2008 的这一章适用。

增加的定义：

3.101

螺丝刀 screwdriver

用于拧紧和松开螺钉、螺母等类似零件，并且不装冲击机构的工具。它可装有一个设定深度的或设定扭矩的或断开旋转的装置。

3.102

冲击扳手 impact wrench

用于拧紧和松开螺丝、螺母等类似零件，并且装有旋转冲击机构的工具。某些冲击扳手装有一个设定深度的或设定扭矩的或断开旋转的装置。

4 一般要求

GB 3883.1—2008 的这一章适用。

5 试验一般要求

GB 3883.1—2008 的这一章适用。

6 空章

7 分类

GB 3883.1—2008 的这一章适用。

8 标志和说明书

除下述条文外，GB 3883.1—2008 的这一章适用。

8.1 增加：

在第 4 个破折号后增加：

——原产地；

8.12.1.1 增加：

在紧固件可能触及暗线或其自身软线之处进行操作时，要通过绝缘握持面来握持工具。紧固件碰到带电导线会使工具外露的金属零件带电从而使操作者受到电击。

9 防止触及带电零件的保护

GB 3883.1—2008 的这一章适用。

10 起动

GB 3883.1—2008 的这一章适用。

11 输入功率和电流

GB 3883.1—2008 的这一章适用。

12 发热

除下述条文外，GB 3883.1—2008 的这一章适用。

12.4 改换为：

工具断续运行 30 个周期或直到热稳定，取首先达到者。每个周期由 30 s 连续运行期和 90 s 断电停歇期组成。在运行期间，通过调节测功机给工具加载，使其达到额定输入功率或额定电流。温升在运行期结束时测量。应制造商选择，工具也可连续运行直到热稳定状态。

试验时，冲击机构可以不冲击，以防止损坏测功机。

13 泄漏电流

GB 3883.1—2008 的这一章适用。

14 防潮性

GB 3883.1—2008 的这一章适用。

15 电气强度

GB 3883.1—2008 的这一章适用。

16 变压器及其相关电路的过载保护

GB 3883.1—2008 的这一章适用。

17 耐久性

除下述条文外，GB 3883.1—2008 的这一章适用。

17.2 改换为：

对于螺丝刀，GB 3883.1—2008 的这一条适用。

对于冲击扳手，GB 3883.1—2008 的试验改换为：

工具以 1.1 倍额定电压断续运行 12 h，然后以 0.9 倍额定电压断续运行 12 h。

可用不装在工具内的开关来接通和断开工具。

每个运行周期包括一个 100 s“空载接通”期和一个 20 s“断电停歇”期，“断电停歇”期包含在规定的运行时间内。

试验期间，在每个电压下，以三种不同方位放置工具，每个位置工具的运行时间约 4 h。

然后，工具以 1.1 倍额定电压断续运行 12 h，再以 0.9 倍额定电压断续运行 12 h。

每个运行周期由 1 s 的工具“冲击”期和 9 s 的工具“断电停歇”期组成。“断电停歇”期包括在规定运行时间内。

试验期间，允许更换电刷，并且像在正常使用中那样对工具加润滑油和润滑脂。

如果试验期间冲击机构出现机械故障但没有导致易触及零件带电，则允许更换一个新的冲击机构。

如工具任何部分温升超过 12.1 试验中所确定的温升，可采取强迫冷却或使之停歇，但该停歇时间不包括在规定的运行时间内。

试验期间，过载保护装置不应动作。

18 不正常操作

GB 3883.1—2008 的这一章适用。

19 机械危险

GB 3883.1—2008 的这一章适用。

20 机械强度

除下述条文外，GB 3883.1—2008 的这一章适用。

20.5 该条对冲击扳手不适用。

21 结构

除下述条文外，GB 3883.1—2008 的这一章适用。

21.32 该条对冲击扳手不适用。

22 内部布线

GB 3883.1—2008 的这一章适用。

23 组件

除下述条文外,GB 3883.1—2008 的这一章适用。

23.3 改换为:

除非工具装有在“接通”位置不能锁定的瞬动开关,过载保护装置应是非自复位型的。

通过观察来检验。

24 电源联接和外接软线

除下述条文外,GB 3883.1—2008 的这一章适用。

24.4 第一段和第二段改换为:

对于冲击扳手,可以使用的最轻型电缆为:

——重型氯丁橡胶或其他同等性能的护层电缆(GB/T 5013.4 的 60245 IEC 66 YCW)。

25 外接导线的接线端子

GB 3883.1—2008 的这一章适用。

26 接地装置

GB 3883.1—2008 的这一章适用。

27 螺钉与联接件

GB 3883.1—2008 的这一章适用。

28 爬电距离、电气间隙和绝缘穿通距离

GB 3883.1—2008 的这一章适用。

29 耐热性、阻燃性和耐电痕化

GB 3883.1—2008 的这一章适用。

30 防锈

GB 3883.1—2008 的这一章适用。

31 辐射、毒性和类似危险

GB 3883.1—2008 的这一章适用。

附　　录

除下述内容外，GB 3883.1—2008 的附录适用。

附　录　K
（规范性附录）
电池式工具和电池盒

K.1　增加：

除非本附录另有规定，专用要求的所有章适用。

K.8.12.1.1　改换为：

在紧固件可能触及暗线进行操作时，要通过绝缘握持面来握持工具。紧固件碰到带电导线会使工具外露的金属零件带电从而使操作者受到电击。

K.12.4　改换为：

本部分的该条不适用。

K.17.2　改换为：

本部分的该条不适用。

K.24.4　改换为：

本部分的该条不适用。

附　录　L
（规范性附录）
提供电源联接或非隔离源的电池式工具和电池盒

L.1　增加：

除非本附录另有规定，专用要求的所有章适用。

参 考 文 献

GB 3883.1—2008 的参考文献适用。

ICS 25.140.20
K 64

中华人民共和国国家标准

GB 3883.4—2012/IEC 60745-2-4:2008
代替 GB 3883.4—2005

手持式电动工具的安全 第2部分:非盘式砂光机和抛光机的专用要求

Safety of hand-held motor-operated electric tools—Part 2:Particular requirements for sanders and polishers other than disk type

(IEC 60745-2-4:2008 Ed 2.1,Hand-held motor-operated electric tools—Safety—Part 2-4:Particular requirements for sanders and polishers other than disk type,IDT)

2012-11-05 发布　　2013-05-01 实施

中华人民共和国国家质量监督检验检疫总局
中国国家标准化管理委员会　发布

前　言

本部分的全部技术内容为强制性。

GB 3883《手持式电动工具的安全》是关于手持式电动工具的安全标准，由第 1 部分通用要求和第 2 部分专用要求组成。GB 3883《手持式电动工具的安全》的组成如下：

——GB 3883.1《手持式电动工具的安全　第一部分：通用要求》

——GB 3883.2《手持式电动工具的安全　第 2 部分：螺丝刀和冲击扳手的专用要求》

——GB 3883.3《手持式电动工具的安全　第二部分：砂轮机、抛光机和盘式砂光机的专用要求》

——GB 3883.4《手持式电动工具的安全　第 2 部分：非盘式砂光机和抛光机的专用要求》

——GB 3883.5《手持式电动工具的安全　第二部分：圆锯的专用要求》

——GB 3883.6《手持式电动工具的安全　第 2 部分：电钻和冲击电钻的专用要求》

——GB 3883.7《手持式电动工具的安全　第 2 部分：锤类工具的专用要求》

——GB 3883.8《手持式电动工具的安全　第 2 部分：电剪刀和电冲剪的专用要求》

——GB 3883.9《手持式电动工具的安全　第 2 部分：攻丝机的专用要求》

——GB 3883.10《手持式电动工具的安全　第二部分：电刨的专用要求》

——GB 3883.11《手持式电动工具的安全　第 2 部分：往复锯(曲线锯、刀锯)的专用要求》

——GB 3883.12《手持式电动工具的安全　第 2 部分：混凝土振动器的专用要求》

——GB 3883.13《手持式电动工具的安全　第二部分：不易燃液体电喷枪的专用要求》

——GB 3883.14《手持式电动工具的安全　第二部分：链锯的专用要求》

——GB 3883.15《手持式电动工具的安全　第二部分：修枝剪的专用要求》

——GB 3883.16《手持式电动工具的安全　第二部分：钉钉机的专用要求》

——GB 3883.17《手持式电动工具的安全　第二部分：木铣和修边机的专用要求》

——GB 3883.18《手持式电动工具的安全　第二部分：石材切割机的专用要求》

——GB 3883.19《手持式电动工具的安全　第 2 部分：管道疏通机的专用要求》

——GB 3883.20《手持式电动工具的安全　第 2 部分：捆扎机的专用要求》

——GB 3883.21《手持式电动工具的安全　第 2 部分：带锯的专用要求》

——GB 3883.22《手持式电动工具的安全　第二部分：开槽机的专用要求》

本部分为 GB 3883 的第 2 部分：非盘式砂光机和抛光机的专用要求。

本部分按照 GB/T 1.1—2009 给出的规则起草。

本部分代替 GB 3883.4—2005《手持式电动工具的安全　第二部分：非盘式砂光机和抛光机的专用要求》，与 GB 3883.4—2005 比较，主要变化如下：

——在"标志和说明书"中，增加关于安全警告的内容(见 8.12.1.1)；

——在"机械强度"中，改换 20.5 第一段；

——在"结构"中，改换 21.32 第一段；

——修改了附录 K、附录 L；

——对范围、8.1、17.2 进行编辑性修改。

本部分使用翻译法等同采用 IEC 60745-2-4:2008(2.1 版)《手持式电动工具的安全　第 2-4 部分：非盘式砂光机和抛光机的专用要求》，与等同采用 IEC 60745-1:2006(4.0 版)《手持式电动工具的安全　第一部分：通用要求》制定的 GB 3883.1—2008《手持式电动工具的安全　第一部分：通用要求》一起使用。

本部分中写明“适用”的，表示 GB 3883.1—2008 中的相应条文适用；本部分中写明“改换”的，则应以本部分中的条文为准；本部分写明“修改”的，表示 GB 3883.1—2008 相应条文中的相关内容应以本部分修改后的内容为准，而该条文中其他内容仍适用；本部分写明“增加”的，表示除了符合 GB 3883.1—2008 的相应条文外，还应符合本部分中所增加的条文。

本部分由中国电器工业协会提出。

本部分由全国电动工具标准化技术委员会(SAC/TC 68)归口。

本部分起草单位：上海电动工具研究所。

本部分主要起草人：顾菁、李宏照、尹海霞、刘江。

本部分的历次版本发布情况为：

——GB 3883.4—1985、GB 3883.4—1991、GB 3883.4—2005。

手持式电动工具的安全 第2部分:非盘式砂光机和抛光机的专用要求

1 范围

除下述条文外,GB 3883.1—2008 的这一章适用。

增加:

本部分适用于除 GB 3883.3 范围涉及的各种盘式工具以外的砂光机和抛光机。

本部分涉及的工具包括但不限于带式砂光机、往复式砂光机或抛光机、轨迹式砂光机或抛光机、无规则轨迹式砂光机或抛光机。

2 规范性引用文件

GB 3883.1—2008 的这一章适用。

3 术语和定义

除下述条文外,GB 3883.1—2008 的这一章适用。

增加的定义:

3.101

砂光机 sander

采用磨料去除表面材料的工具。

3.102

抛光机 polisher

装有盘或衬垫用于抛光的工具。

3.103

带式砂光机 belt sander

装有环形砂磨带的砂光机。

3.104

轨迹式砂光机或抛光机(摆动式砂光机或抛光机) orbital sander or polisher (oscillating sander or polisher)

装有底板,能平行于作业面作轨迹摆动的砂光机或抛光机。

3.105

无规则轨迹式砂光机或抛光机 random orbit sander or polisher

装有以驱动轴为偏心配置的底盘,并能够绕其轴线、平行于作业面进行自由回转的砂光机或抛光机。

3.106

往复式砂光机或抛光机 reciprocating sander or polisher

装有底板,能平行于作业面作往复运动的砂光机或抛光机。

4 一般要求

GB 3883.1—2008 的这一章适用。

5 试验一般要求

GB 3883.1—2008 的这一章适用。

6 空章

7 分类

GB 3883.1—2008 的这一章适用。

8 标志和说明书

除下述条文外,GB 3883.1—2008 的这一章适用。

8.1 增加:

在第 4 个破折号后增加:

——原产地;

对带式砂光机,砂带的旋转方向应用凸起或凹陷的箭头,或者以其他清晰而耐久的方法标记在工具上。

8.12.1.1 增加:

要通过绝缘握持面来握持工具,因砂带可能会触及自身软线。磨削到带电导线会使工具外露的金属零件带电从而使操作者受到电击。

注:上述安全警告仅适用于带式砂光机,对其他砂光机可以忽略。

9 防止触及带电零件的保护

GB 3883.1—2008 的这一章适用。

10 起动

GB 3883.1—2008 的这一章适用。

11 输入功率和电流

GB 3883.1—2008 的这一章适用。

12 发热

GB 3883.1—2008 的这一章适用。

13 泄漏电流

GB 3883.1—2008 的这一章适用。

14 防潮性

GB 3883.1—2008 的这一章适用。

15 电气强度

GB 3883.1—2008 的这一章适用。

16 变压器及其相关电路的过载保护

GB 3883.1—2008 的这一章适用。

17 耐久性

除下述条文外，GB 3883.1—2008 的这一章适用。

17.2 改换为：

除对带式砂光机外，第 5 段改换为：

轨迹式砂光机和抛光机、无规则轨迹式砂光机和抛光机以及往复式砂光机和抛光机，底板装上合适的抛光帽或反装上砂纸，以砂光机或抛光机自重压在钢板上运行。应按要求更换砂纸以避免底板与钢板直接接触。这些工具应以垂直位置(底板为水平)进行试验。

可用不装在工具内的开关来接通和断开工具。

18 不正常操作

GB 3883.1—2008 的这一章适用。

19 机械危险

GB 3883.1—2008 的这一章适用。

20 机械强度

除下述条文外，GB 3883.1—2008 的这一章适用。

20.5 第一段改换为：

带式砂光机易于磨削到自身软线，因此，按 8.12.2b)说明书规定的手柄和握持面应具有足够的机械强度，以提供握持区域和输出轴之间的绝缘。

21 结构

除下述条文外，GB 3883.1—2008 的这一章适用。

21.32 第一段改换为：

带式砂光机易于磨削到自身软线，因此，按 8.12.2b)说明书规定的手柄和握持面应是由绝缘材料构成；否则，如是金属的，应用绝缘材料充分地覆盖，或者其易触及零件应用绝缘隔层与因输出轴而带电的易触及金属零件隔开。这些绝缘隔层不认为是基本绝缘、附加绝缘或加强绝缘。

22 内部布线

GB 3883.1—2008 的这一章适用。

23 组件

GB 3883.1—2008 的这一章适用。

24 电源联接和外接软线

GB 3883.1—2008 的这一章适用。

25 外接导线的接线端子

GB 3883.1—2008 的这一章适用。

26 接地装置

GB 3883.1—2008 的这一章适用。

27 螺钉与联接件

GB 3883.1—2008 的这一章适用。

28 爬电距离、电气间隙和绝缘穿通距离

GB 3883.1—2008 的这一章适用。

29 耐热性、阻燃性和耐电痕化

GB 3883.1—2008 的这一章适用。

30 防锈

GB 3883.1—2008 的这一章适用。

31 辐射、毒性和类似危险

GB 3883.1—2008 的这一章适用。

附　　录

除下述内容外，GB 3883.1—2008 的附录适用。

附　录　K
（规范性附录）
电池式工具和电池盒

K.1　增加：

除非本附录另有规定，专用要求的所有章适用。

K.8.12.1.1　改换为：

专用要求的该条不适用。

K.17.2　改换为：

专用要求的该条不适用。

K.20.5　改换为：

专用要求的该条不适用。

K.21.32　改换为：

专用要求的该条不适用。

附　录　L
（规范性附录）
提供电源联接或非隔离源的电池式工具和电池盒

L.1　增加：

除非本附录另有规定，专用要求的所有章适用。

参 考 文 献

除下述内容外，GB 3883.1—2008 的参考文献适用。

增加：

GB 3883.3—2007 手持式电动工具的安全 第二部分：砂轮机、抛光机和盘式砂光机的专用要求。

ICS 25.140.20
K 64

中华人民共和国国家标准

GB 3883.6—2012/IEC 60745-2-1:2008
代替 GB 3883.6—2007

手持式电动工具的安全 第2部分:电钻和冲击电钻的专用要求

**Safety of hand-held motor-operated electric tools—
Part 2:Particular requirements for drills and impact drills**

(IEC 60745-2-1:2008 Ed 2.1,Hand-held motor-operated electric tools—Safety—Part 2-1:Particular requirements for drills and impact drills,IDT)

2012-11-05 发布　　2013-05-01 实施

中华人民共和国国家质量监督检验检疫总局
中国国家标准化管理委员会　发布

前　言

本部分的全部技术内容为强制性。

GB 3883《手持式电动工具的安全》是关于手持式电动工具的安全标准，由第 1 部分通用要求和第 2 部分专用要求组成。GB 3883《手持式电动工具的安全》的组成如下：

——GB 3883.1《手持式电动工具的安全　第一部分：通用要求》

——GB 3883.2《手持式电动工具的安全　第 2 部分：螺丝刀和冲击扳手的专用要求》

——GB 3883.3《手持式电动工具的安全　第二部分：砂轮机、抛光机和盘式砂光机的专用要求》

——GB 3883.4《手持式电动工具的安全　第 2 部分：非盘式砂光机和抛光机的专用要求》

——GB 3883.5《手持式电动工具的安全　第二部分：圆锯的专用要求》

——GB 3883.6《手持式电动工具的安全　第 2 部分：电钻和冲击电钻的专用要求》

——GB 3883.7《手持式电动工具的安全　第 2 部分：锤类工具的专用要求》

——GB 3883.8《手持式电动工具的安全　第 2 部分：电剪刀和电冲剪的专用要求》

——GB 3883.9《手持式电动工具的安全　第 2 部分：攻丝机的专用要求》

——GB 3883.10《手持式电动工具的安全　第二部分：电刨的专用要求》

——GB 3883.11《手持式电动工具的安全　第 2 部分：往复锯（曲线锯、刀锯）的专用要求》

——GB 3883.12《手持式电动工具的安全　第 2 部分：混凝土振动器的专用要求》

——GB 3883.13《手持式电动工具的安全　第二部分：不易燃液体电喷枪的专用要求》

——GB 3883.14《手持式电动工具的安全　第二部分：链锯的专用要求》

——GB 3883.15《手持式电动工具的安全　第二部分：修枝剪的专用要求》

——GB 3883.16《手持式电动工具的安全　第二部分：钉钉机的专用要求》

——GB 3883.17《手持式电动工具的安全　第二部分：木铣和修边机的专用要求》

——GB 3883.18《手持式电动工具的安全　第二部分：石材切割机的专用要求》

——GB 3883.19《手持式电动工具的安全　第 2 部分：管道疏通机的专用要求》

——GB 3883.20《手持式电动工具的安全　第 2 部分：捆扎机的专用要求》

——GB 3883.21《手持式电动工具的安全　第 2 部分：带锯的专用要求》

——GB 3883.22《手持式电动工具的安全　第二部分：开槽机的专用要求》

本部分为 GB 3883 的第 2 部分：电钻和冲击电钻的专用要求。

本部分按照 GB/T 1.1—2009 给出的规则起草。

本部分代替 GB 3883.6—2007《手持式电动工具的安全　第二部分：电钻和冲击电钻的专用要求》，与 GB 3883.6—2007 比较，主要变化如下：

——在“标志和说明书”中，增加关于安全警告的内容（见 8.12.1.1）；

——在“组件”中，改换 23.3；

——修改了附录 K、附录 L；

——对 3.102、8.1、12.3、17.2、19.1、19.101、21.18、图 101 进行编辑性修改。

本部分使用翻译法等同采用 IEC 60745-2-1:2008（2.1 版）《手持式电动工具的安全　第 2-1 部分：电钻和冲击电钻的专用要求》，与等同采用 IEC 60745-1:2006（4.0 版）《手持式电动工具的安全　第一部分：通用要求》制定的 GB 3883.1—2008《手持式电动工具的安全　第一部分：通用要求》一起使用。

本部分中写明“适用”的，表示 GB 3883.1—2008 中的相应条文适用；本部分中写明“改换”的，则应以本部分中的条文为准；本部分写明“修改”的，表示 GB 3883.1—2008 相应条文中的相关内容应以本部分修改后的内容为准，而该条文中其他内容仍适用；本部分写明“增加”的，表示除了符合GB 3883.1—2008的相应条文外，还应符合本部分中所增加的条文。

本部分由中国电器工业协会提出。

本部分由全国电动工具标准化技术委员会(SAC/TC 68)归口。

本部分起草单位：上海电动工具研究所。

本部分主要起草人：潘顺芳、李邦协、李宏照、刘江。

本部分所代替标准的历次版本发布情况为：

——GB 3883.6—1985、GB 3883.6—1991、GB 3883.6—2007。

手持式电动工具的安全 第2部分:电钻和冲击电钻的专用要求

1 范围

除下述条文外,GB 3883.1—2008 的这一章适用。
增加:
本部分适用于电钻和冲击电钻。

2 规范性引用文件

GB 3883.1—2008 的这一章适用。

3 术语和定义

除下述条文外,GB 3883.1—2008 的这一章适用。
增加的定义:

3.101
电钻 drill
一种专门设计用于在诸如金属、塑料、木材等各种材料上钻孔的工具。

3.102
冲击电钻 impact drill
一种专门设计用于在混凝土、砖石及类似材料上钻孔的工具。它的外形结构与电钻相似,但有一个内置的冲击机构,以便使旋转输出主轴产生轴向冲击运动。
它可以有一个使冲击机构不动作的装置,以便作为电钻使用。

4 一般要求

GB 3883.1—2008 的这一章适用。

5 试验一般要求

除下述条文外,GB 3883.1—2008 的这一章适用。

5.5 增加:
对于既有用以设定不同转速范围的机械装置,又有用以在给定范围内调节转速的电子装置的电钻,将机械装置调节到可能的最低转速范围,并将电子装置调节到给定转速范围的最高值。

6 空章

7 分类

GB 3883.1—2008 的这一章适用。

8 标志和说明书

除下述条文外,GB 3883.1—2008 的这一章适用。

8.1 增加:

在第 4 个破折号后增加:

——原产地;

电钻和冲击电钻应标有以下内容:

——额定空载转速,min^{-1}或 r/min;

——最大夹持能力,单位为毫米(mm)。

8.12.1.1 增加:

安全警句:

——使用冲击电钻时要戴好耳罩。暴露在噪声中会引起听力损伤。

注:上述警句仅适用于冲击电钻,对电钻可以忽略。

——使用随工具提供的辅助手柄。操作失手会引起人身伤害。

——当在钻削附件可能触及暗线或其自身软线之处进行操作时,要通过绝缘握持面来握持工具。钻削附件碰到带电导线会使工具外露的金属零件带电从而使操作者受到电击。

9 防止触及带电零件的保护

GB 3883.1—2008 的这一章适用。

10 起动

GB 3883.1—2008 的这一章适用。

11 输入功率和电流

GB 3883.1—2008 的这一章适用。

12 发热

除下述条文外,GB 3883.1—2008 的这一章适用。

12.2 增加:

电钻在冲击机构(如有)脱开情况下连续运行,此时施加在主轴上的扭矩为达到额定输入功率或额定电流时所需转矩的 80%。

12.3 增加:

规定的外壳温升限值不适用于冲击机构的外壳。

13 泄漏电流

GB 3883.1—2008 的这一章适用。

14 防潮性

GB 3883.1—2008 的这一章适用。

15 电气强度

GB 3883.1—2008 的这一章适用。

16 变压器及其相关电路的过载保护

GB 3883.1—2008 的这一章适用。

17 耐久性

除下述条文外，GB 3883.1—2008 的这一章适用。

17.2 对冲击电钻改换为：

冲击电钻空载运行，如果冲击机构可以合上和脱开，则将冲击机构脱开，在 1.1 倍的额定电压运行 12 h，然后在 0.9 倍的额定电压运行 12 h。此时转速调节到最高速度范围的最高值。

每个运行周期包括 100 s“接通期”和 20 s“断电停歇期”，断电停歇期包含在规定运行时间内。

试验期间，在每个电压下，以三种不同方位放置工具，每个位置工具的运行时间约 4 h。

试验期间，允许更换电刷以及按正常使用加油和油脂润滑。

可用不装在工具内的开关接通和断开工具。

冲击电钻垂直安装在图 101 所示的试验装置上，在额定电压或额定电压范围的平均值下做 4 个 6 h 的期间运行，2 个期间运行之间至少有 30 min 的停歇期；如果冲击机构可以合上和脱开，则将冲击机构合上。

这些试验期间，冲击电钻断续运行，每个周期包括 30 s 运行期和 90 s 断电停歇期。

试验期间，通过一弹性元件对冲击电钻施加一刚好保证冲击机构稳定运行的轴向力。

如果试验期间冲击机构出现机械故障，但没有导致易触及零件带电，则可以更换一个新的冲击机构。

试验期间，过载保护装置不应动作。

注 1：监控外部温度将有助于避免出现机械故障。

注 2：作位置变化以防止在任何特殊部位有不正常的碳粉积聚。例如水平、垂直朝上和垂直朝下三个位置。

18 不正常操作

GB 3883.1—2008 的这一章适用。

19 机械危险

除下述条文外，GB 3883.1—2008 的这一章适用。

19.1 增加：

钻夹头钥匙应设计成当放开该钥匙时，它易于脱离原来位置。本要求不排除用夹持装置，将不在使用的钥匙固定在适当位置上，但不允许使用固定在软电缆或软线上的金属夹子。

通过观察和手试来检验。

将钥匙插入钻夹头内，不拧紧，将工具翻转使钥匙朝下，钥匙应落下。

19.101 静态堵转力矩作用在手上的力不应过大。

通过以下试验来检验。

冷态下，在锁定的工具输出轴上测量静态堵转力矩或脱扣力矩（M_R）。

将工具通以额定电压，机械齿轮变速档调至最低速，电子调速器调节到最高速度值，工具开关放置在完全“接通”位置。所测力矩的平均值应不大于图 102 与图 103 所示的相应最大值。

20 机械强度

GB 3883.1—2008 的这一章适用。

21 结构

除下述条文外，GB 3883.1—2008 的这一章适用。

21.18 增加：

如开关有接通锁定装置，该锁定装置应被放置在握持面之外，或设计成不会被操作者左手或右手操作时意外锁定。该握持面是当食指放置在工具开关操动件上时，手与工具之间的接触面。

通过观察或以下试验来检验。

对握持面内具有接通锁定装置的开关，当将直边试具以任何方向来回划过该锁定装置时，该装置不应被直边试具操动。直边试具可以是跨接在锁定装置面和锁定装置周围表面的有足够长度的试具。

22 内部布线

GB 3883.1—2008 的这一章适用。

23 组件

除下述条文外，GB 3883.1—2008 的这一章适用。

23.3 改换为：

除非工具装有在“接通”位置不能锁定的瞬动开关，过载保护装置应是非自动复位型的。

通过观察来检验。

24 电源联接和外接软线

GB 3883.1—2008 的这一章适用。

25 外接导线的接线端子

GB 3883.1—2008 的这一章适用。

26 接地装置

GB 3883.1—2008 的这一章适用。

27 螺钉与联接件

GB 3883.1—2008 的这一章适用。

28 爬电距离、电气间隙和绝缘穿通距离

GB 3883.1—2008 的这一章适用。

29 耐热性、阻燃性和耐电痕化

GB 3883.1—2008 的这一章适用。

30 防锈

GB 3883.1—2008 的这一章适用。

31 辐射、毒性和类似危险

GB 3883.1—2008 的这一章适用。

单位为毫米

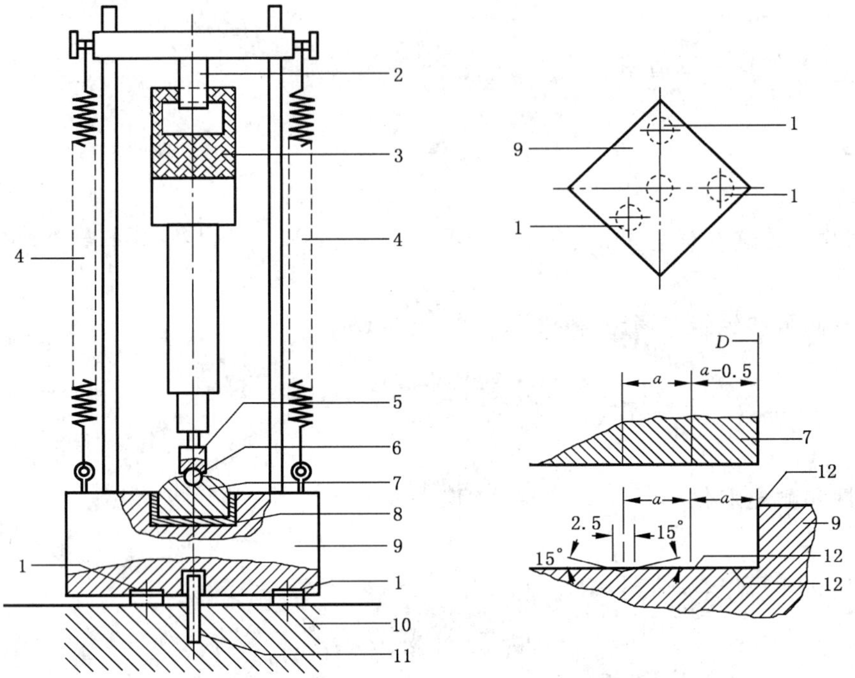

说明：

1 ——合成橡胶盘或具有类似特性的材料，肖氏硬度 70～80，厚 10 mm，直径 75 mm；

2 ——装工具手柄用的、有聚酰胺衬里的轭；

3 ——试样；

4 ——给试样加力的机械和气垫弹簧；

5 ——冲击头；

6 ——直径为 38 mm 的淬火钢球；

7 ——质量为 M_2、直径为 D 的淬火钢垫板，其底面开有槽，如图所示；

8 ——合成橡胶盘，肖氏硬度 70～80，厚(6～7)mm，与凹穴紧配；

9 ——质量为 M_1 的钢底座，其上面有一个比钢垫板直径大 1 mm 的圆形凹穴，穴底开有槽，如图所示；

10——设置在夯实的地基上的混凝土基础；

11——防止任何水平位移的钢柱；

12——磨光的表面和边缘。

注：当提交工具时，如有必要，申请者可提供适当的冲击头和连柄，其总质量小于表 101 规定值以保证锤击机构稳定运行。

表 101

工具额定输入功率 W	D 钢垫板直径 mm	a 凹槽中心的间距 mm	M_1 钢底座质量 kg	M_2 钢垫板质量 kg	M_3 冲击头和连柄总质量 kg
≤700	100	6.5	90	1.0	0.7
>700 和≤1 200	140	5.75	180	2.25	1.4
>1 200 和≤1 800	180	5.0	270	3.8	2.3
>1 800 和≤2 500	220	4.5	360	6.0	3.4

图 101 试验装置

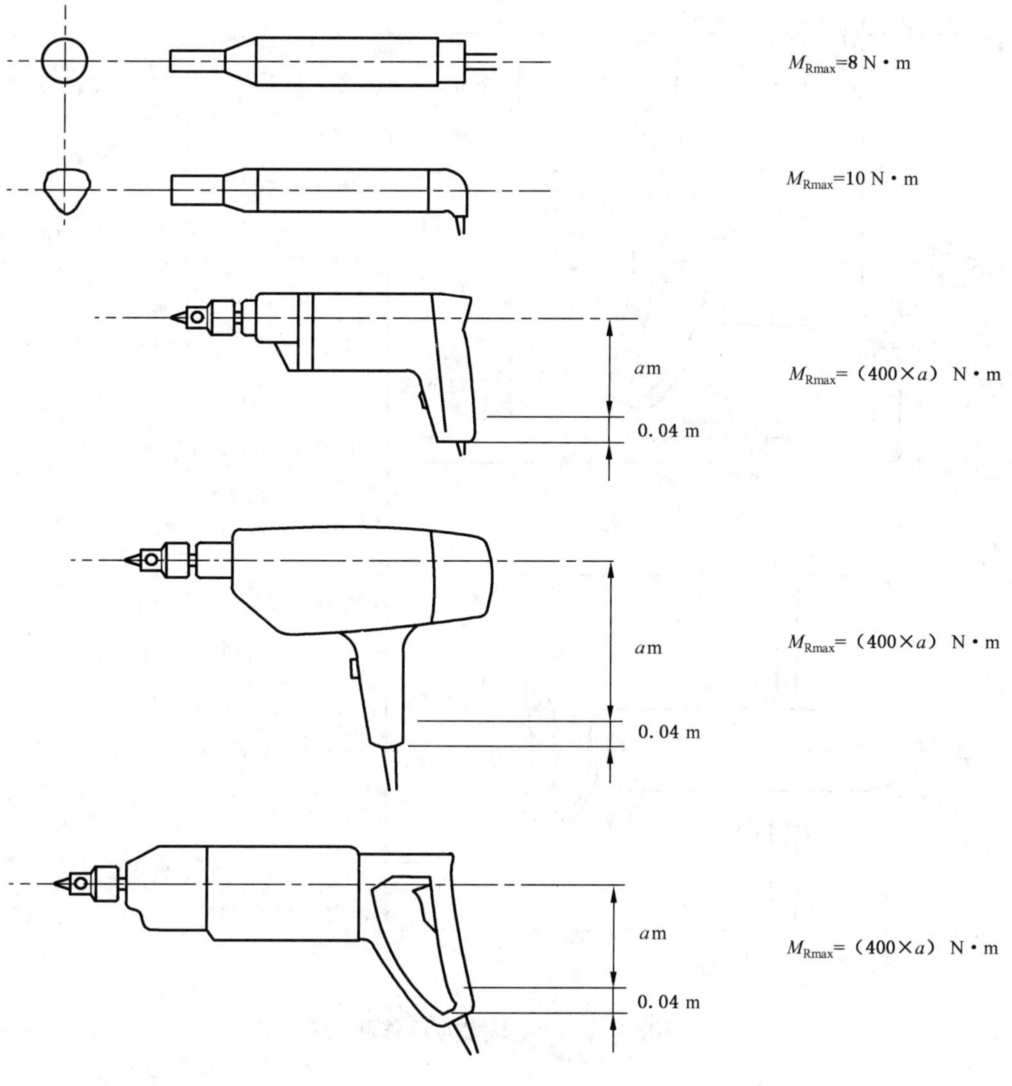

图 102　单手柄支撑的反作用扭矩

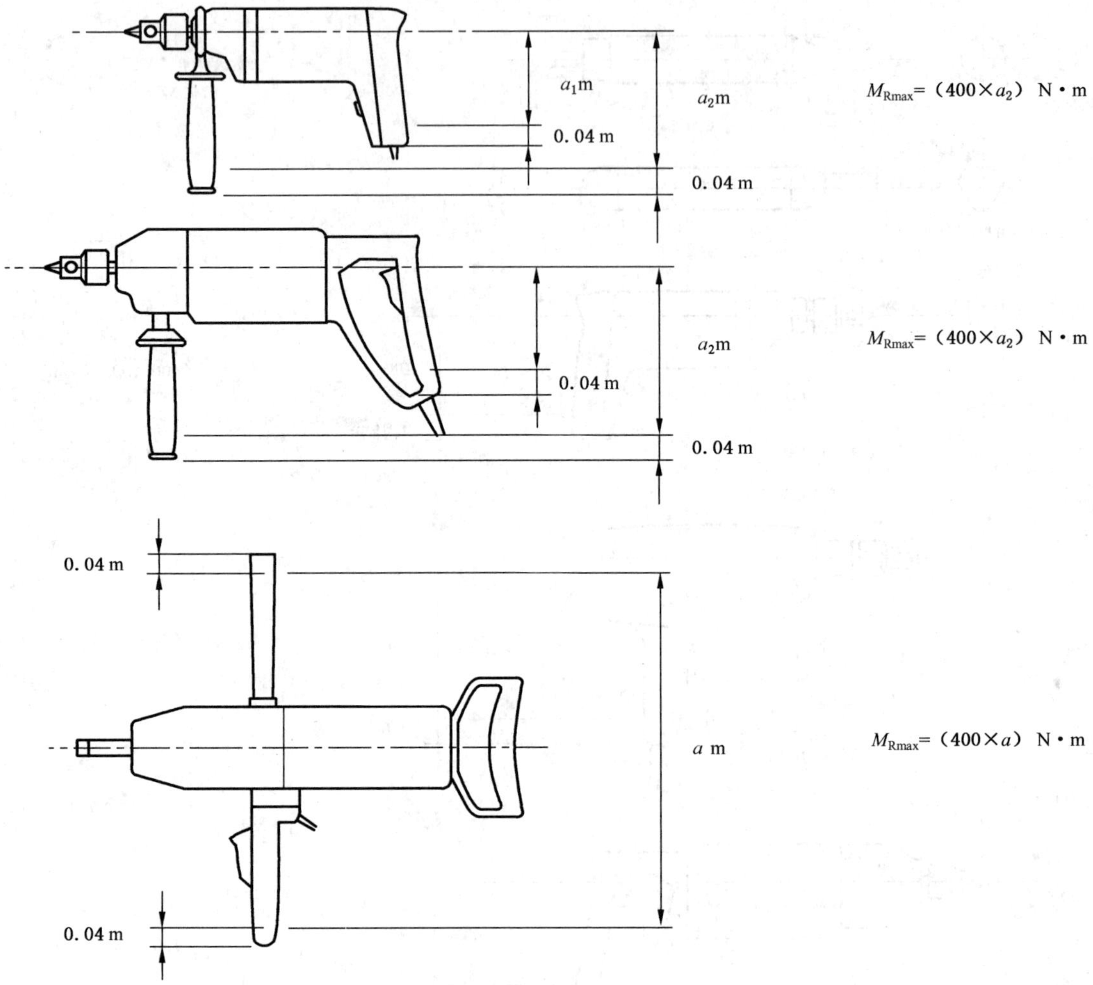

图 103 双手柄支撑的反作用扭矩

附　录

除下述内容外，GB 3883.1—2008 的附录适用。

附　录　K
（规范性附录）
电池式工具和电池盒

K.1　增加：

除非本附录另有规定，专用要求的所有章适用。

K.8.12.1.1　第三个破折号改换为：

——**在钻削附件可能触及暗线进行操作时，要通过绝缘握持面来握持工具**。钻削附件碰到带电导线会使工具外露金属零件带电从而使操作者受到电击。

K.12.3　改换为：

本部分的该条不适用。

K.17.2　改换为：

本部分的该条不适用。

附　录　L
（规范性附录）
提供电源联接或非隔离源的电池式工具和电池盒

L.1　增加：

除非本附录另有规定，专用要求的所有章适用。

参 考 文 献

GB 3883.1—2008 的参考文献适用。

ICS 25.140.20
K 64

中华人民共和国国家标准

GB 3883.7—2012/IEC 60745-2-6:2008
代替 GB 3883.7—2005

手持式电动工具的安全 第2部分:锤类工具的专用要求

Safety of hand-held motor-operated electric tools—Part 2:Particular requirements for hammers

(IEC 60745-2-6:2008 Ed 2.2,Hand-held motor-operated electric tools—Safety—Part 2-6:Particular requirements for hammers,IDT)

2012-11-05 发布　　2013-05-01 实施

中华人民共和国国家质量监督检验检疫总局
中国国家标准化管理委员会　发布

前　言

本部分的全部技术内容为强制性。

GB 3883《手持式电动工具的安全》是关于手持式电动工具的安全标准，由第1部分通用要求和第2部分专用要求组成。GB 3883《手持式电动工具的安全》的组成如下：

——GB 3883.1《手持式电动工具的安全　第一部分：通用要求》

——GB 3883.2《手持式电动工具的安全　第2部分：螺丝刀和冲击扳手的专用要求》

——GB 3883.3《手持式电动工具的安全　第二部分：砂轮机、抛光机和盘式砂光机的专用要求》

——GB 3883.4《手持式电动工具的安全　第2部分：非盘式砂光机和抛光机的专用要求》

——GB 3883.5《手持式电动工具的安全　第二部分：圆锯的专用要求》

——GB 3883.6《手持式电动工具的安全　第2部分：电钻和冲击电钻的专用要求》

——GB 3883.7《手持式电动工具的安全　第2部分：锤类工具的专用要求》

——GB 3883.8《手持式电动工具的安全　第2部分：电剪刀和电冲剪的专用要求》

——GB 3883.9《手持式电动工具的安全　第2部分：攻丝机的专用要求》

——GB 3883.10《手持式电动工具的安全　第二部分：电刨的专用要求》

——GB 3883.11《手持式电动工具的安全　第2部分：往复锯(曲线锯、刀锯)的专用要求》

——GB 3883.12《手持式电动工具的安全　第2部分：混凝土振动器的专用要求》

——GB 3883.13《手持式电动工具的安全　第二部分：不易燃液体电喷枪的专用要求》

——GB 3883.14《手持式电动工具的安全　第二部分：链锯的专用要求》

——GB 3883.15《手持式电动工具的安全　第二部分：修枝剪的专用要求》

——GB 3883.16《手持式电动工具的安全　第二部分：钉钉机的专用要求》

——GB 3883.17《手持式电动工具的安全　第二部分：木铣和修边机的专用要求》

——GB 3883.18《手持式电动工具的安全　第二部分：石材切割机的专用要求》

——GB 3883.19《手持式电动工具的安全　第2部分：管道疏通机的专用要求》

——GB 3883.20《手持式电动工具的安全　第2部分：捆扎机的专用要求》

——GB 3883.21《手持式电动工具的安全　第2部分：带锯的专用要求》

——GB 3883.22《手持式电动工具的安全　第二部分：开槽机的专用要求》

本部分为GB 3883的第2部分：锤类工具的专用要求。

本部分按照GB/T 1.1—2009给出的规则起草。

本部分代替GB 3883.7—2005《手持式电动工具的安全　第二部分：锤类工具的专用要求》，与GB 3883.7—2005比较，主要变化如下：

——在“标志和说明书”中，增加关于安全警告的内容(见8.12.1.1)；

——在“机械强度”中，改换20.3，20.5；

——修改了附录K、附录L；

——对范围、3.101、3.102、3.103、8.1、12.4、17.2、19.101、19.102、21.18、24.4、图103进行编辑性修改。

本部分使用翻译法等同采用IEC 60745-2-6:2008(2.2版)《手持式电动工具的安全　第2-6部分：锤类工具的专用要求》，与等同采用IEC 60745-1:2006(4.0版)《手持式电动工具的安全　第一部分：通用要求》制定的GB 3883.1—2008《手持式电动工具的安全　第一部分：通用要求》一起使用。

本部分中写明“适用”的，表示GB 3883.1—2008中的相应条文适用；本部分中写明“改换”的，则应以本部分中的条文为准;本部分写明“修改”的,表示 GB 3883.1—2008 相应条文中的相关内容应以本部分修改后的内容为准,而该条文中其他内容仍适用;本部分写明“增加”的,表示除了符合GB 3883.1—2008的相应条文外,还应符合本部分中所增加的条文。

本部分由中国电器工业协会提出。

本部分由全国电动工具标准化技术委员会(SAC/TC 68)归口。

本部分起草单位:上海电动工具研究所。

本部分主要起草人:潘顺芳、李邦协、李宏照、刘江。

本部分的历次版本发布情况为:

——GB 3883.7—1985、GB 3883.7—1991、GB 3883.7—2005。

手持式电动工具的安全
第2部分:锤类工具的专用要求

1 范围

除下述条文外,GB 3883.1—2008 的这一章适用。

增加:

本部分适用于锤类工具。

本部分内所涉及的工具包括但不限于电镐、电锤、锤钻。

2 规范性引用文件

GB 3883.1—2008 的这一章适用。

3 术语和定义

除下述条文外,GB 3883.1—2008 的这一章适用。

增加的定义:

3.101

电镐 percussion hammer

内装有不受操作者影响的锤击机构的锤类工具。

3.102

电锤 rotary hammer

内装有不受操作者影响的锤击机构,同时具有旋转功能的锤类工具。

3.103

锤钻 rotary hammer with "drill only mode"

当锤击机构脱开时,仅能进行旋转作业的电锤。

4 一般要求

GB 3883.1—2008 的这一章适用。

5 试验一般要求

GB 3883.1—2008 的这一章适用。

6 空章

7 分类

GB 3883.1—2008 的这一章适用。

8 标志和说明书

除下述条文外,GB 3883.1—2008 的这一章适用。

8.1 增加:

在第 4 个破折号后增加:

—— 原产地;

8.12.1.1 增加:

锤类工具的安全警告:

——**戴好耳罩**。暴露在噪声中会引起听力损伤。

——**使用随工具提供的辅助手柄**。操作失手会引起人身伤害。

——**在切削附件可能触及暗线或其自身软线之处进行操作时,要通过绝缘握持面来握持工具**。切削附件碰到带电导线会使工具外露的金属零件带电从而使操作者受到电击。

9 防止触及带电零件的保护

GB 3883.1—2008 的这一章适用。

10 起动

GB 3883.1—2008 的这一章适用。

11 输入功率和电流

GB 3883.1—2008 的这一章适用。

12 发热

除下述条文外,GB 3883.1—2008 的这一章适用。

12.4 改换为:

工具断续运行 30 个周期或直至达到热稳定,取首先达到者。每个周期由 30 s 连续运行期和 90 s 断电停歇期组成。运行期间通过测功机调节工具负载使其达到额定输入功率或额定电流,此时,锤击机构脱开或拆除,温升在"接通"期结束时进行测量。应制造商选择,工具也可连续运行达到热稳定状态。规定的外壳温升限值不适用于锤击机构的外壳。

13 泄漏电流

GB 3883.1—2008 的这一章适用。

14 防潮性

GB 3883.1—2008 的这一章适用。

15 电气强度

GB 3883.1—2008 的这一章适用。

16 变压器及其相关电路的过载保护

GB 3883.1—2008 的这一章适用。

17 耐久性

除下述条文外，GB 3883.1—2008 的这一章适用。

17.2 改换为：

锤钻脱开锤击机构在 1.1 倍额定电压下空载运行 12 h，然后在 0.9 倍额定电压下空载运行 12 h。

每个运行周期包括一个 100 s“接通”期和一个 20 s“断电停歇”期，断电停歇期包含在规定的运行时间内。

试验期间，在每个电压下，以三种不同方位放置工具，每个位置工具的运行时间约 4 h。

注：改变位置，以防碳粉在任何特定部位的不正常积聚。三个位置的示例为水平，垂直向上，垂直向下。

锤类工具被铅垂地装在图 103 所示试验装置上，且以额定电压或额定电压范围平均值，每次运行四个 6 h 运行期，各运行期之间的间隔至少为 30 min。

在这些试验中，工具作断续运行，每个运行周期由 30 s 运行期和 90 s 断电停歇期组成。

试验时，通过一弹性体对锤类工具施加一保证锤击机构稳定运行的轴向力。

如果工具的任何部分温升超过 12.1 的试验期间确定的温升，可采用强迫冷却或使其停歇。该停歇时间不包括在规定的运行时间中。

这些试验期间，过载保护装置不应动作。

可用不装在工具内的开关来接通和断开工具。

试验期间，允许更换电刷，并且像在正常使用中那样对工具加润滑油和润滑脂。

如果试验期间锤击机构出现机械故障，但没有导致易触及零件带电，则允许更换一个新的锤击机构。

18 不正常操作

GB 3883.1—2008 的这一章适用。

19 机械危险

除下述条文外，GB 3883.1—2008 的这一章适用。

增加：

19.101 钻夹头钥匙应设计成当放开该钥匙时，它易于脱离原来位置。

本要求不排除用夹持装置，将不在使用的钥匙固定在适当位置上，但不允许使用固定在软电缆或软线上的金属夹子。

通过观察和手试来检验。

将钥匙插入钻夹头上，不拧紧，将工具翻转使钥匙朝下，钥匙应落下。

19.102 静态堵转力矩作用在手上的力不应过大。

通过以下试验检验。

冷态下，在锁定的工具输出轴上测量静态堵转力矩或脱扣力矩(M_R)。

将工具通以额定电压，机械齿轮变速档调至最低速，电子调速器调节到最高速度值，工具开关放置在完全“接通”位置。所测力矩的平均值应不大于图 101 和图 102 所示的相应最大计算值(M_{Rmax})。

20 机械强度

除下述条文外，GB 3883.1—2008 的这一章适用。

20.3 改换为：

小于或等于 10 kg 的锤类工具应能承受三次从 1 m 高跌落到混凝土表面的冲击。对这三次跌落，试样应以三个最不利位置试验，且工具的最低点应位于混凝土表面上方 1 m 处。试验时不安装可分离的附件。

超过 10 kg 的锤类工具要经受住三次跌倒到混凝土表面的撞击。此时锤类工具装上制造商推荐的最长附件，但如果推荐的附件长于 1 m，则装上 1 m 长的附件。工具放置成垂直位置，附件尖端停放在混凝土表面，随后工具以三个不同方向跌倒到混凝土表面上。

20.5 改换为：

锤类工具被认为是一种易于钻削到暗线或自身软线的工具，因此，如同说明书规定的，手柄和握持面应具有足够的机械强度，以在握持区和输出轴之间提供绝缘。

通过下述试验来检验：

一个单独试样，根据制造商的判断，在每个手柄和推荐的握持面处经受一次撞击。

对于 10 kg 及以下的锤类工具，通过从 1 m 高跌落到混凝土表面来进行撞击试验。

对于 10 kg 以上的锤类工具，通过工具跌倒混凝土表面来进行撞击试验。锤类工具装上制造商推荐的最长附件做跌倒试验，但如果推荐的附件长于 1 m，则装上 1 m 长的附件。

撞击后紧接着经受第 15 章电气强度试验，在握持面上包裹的金属箔和工具输出轴之间施加 1 250 V交流电压。

21 结构

除下述条文外，GB 3883.1—2008 的这一章适用。

21.18 增加：

电镐和以锤击模式运行的电锤可以具有将开关锁定在“接通”位置的锁定机构的开关。对于这些工具，开关应能在不松开对工具的握持就可用一个单一动作自动解除锁定。

通过观察和手试来检验。

对于锤钻，如开关有接通锁定装置，该锁定装置应被放置在握持面之外，或设计成不会被操作者左手或右手操作时意外锁定。该握持面是当食指放置在工具开关操动件上时，手与工具之间的接触面。

通过观察或以下试验来检验。

对握持面内具有接通锁定装置的开关，当将直边试具以任何方向来回划过该锁定装置时，该装置不应被直边试具操动。直边试具可以是跨接在锁定装置面和锁定装置周围表面的有足够长度的试具。

22 内部布线

GB 3883.1—2008 的这一章适用。

23 组件

GB 3883.1—2008 的这一章适用。

24 电源联接和外接软线

除下述条文外,GB 3883.1—2008 的这一章适用。

24.4 改换为:

替代第一段,以下条文适用:

可使用的最轻型电缆为:

——重型氯丁橡胶或其他同等性能的护层电缆(GB/T 5013.4 的 60245 IEC 66 YCW)。

25 外接导线的接线端子

GB 3883.1—2008 的这一章适用。

26 接地装置

GB 3883.1—2008 的这一章适用。

27 螺钉与联接件

GB 3883.1—2008 的这一章适用。

28 爬电距离、电气间隙和绝缘穿通距离

GB 3883.1—2008 的这一章适用。

29 耐热性、阻燃性和耐电痕化

GB 3883.1—2008 的这一章适用。

30 防锈

GB 3883.1—2008 的这一章适用。

31 辐射、毒性和类似危险

GB 3883.1—2008 的这一章适用。

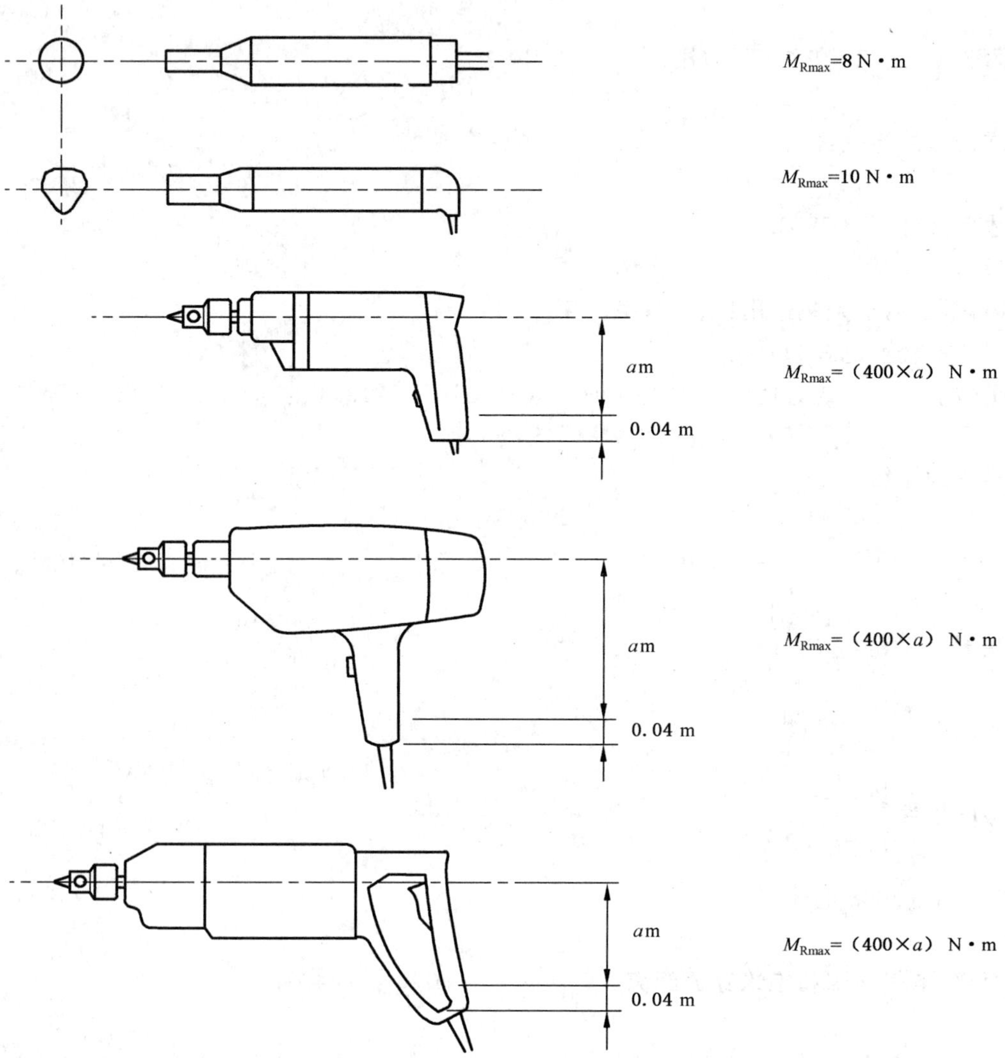
M_{Rmax}=8 N·m
M_{Rmax}=10 N·m
am
0.04 m
M_{Rmax}=(400×a) N·m
am
0.04 m
M_{Rmax}=(400×a) N·m
am
0.04 m
M_{Rmax}=(400×a) N·m

图 101 单手柄支撑

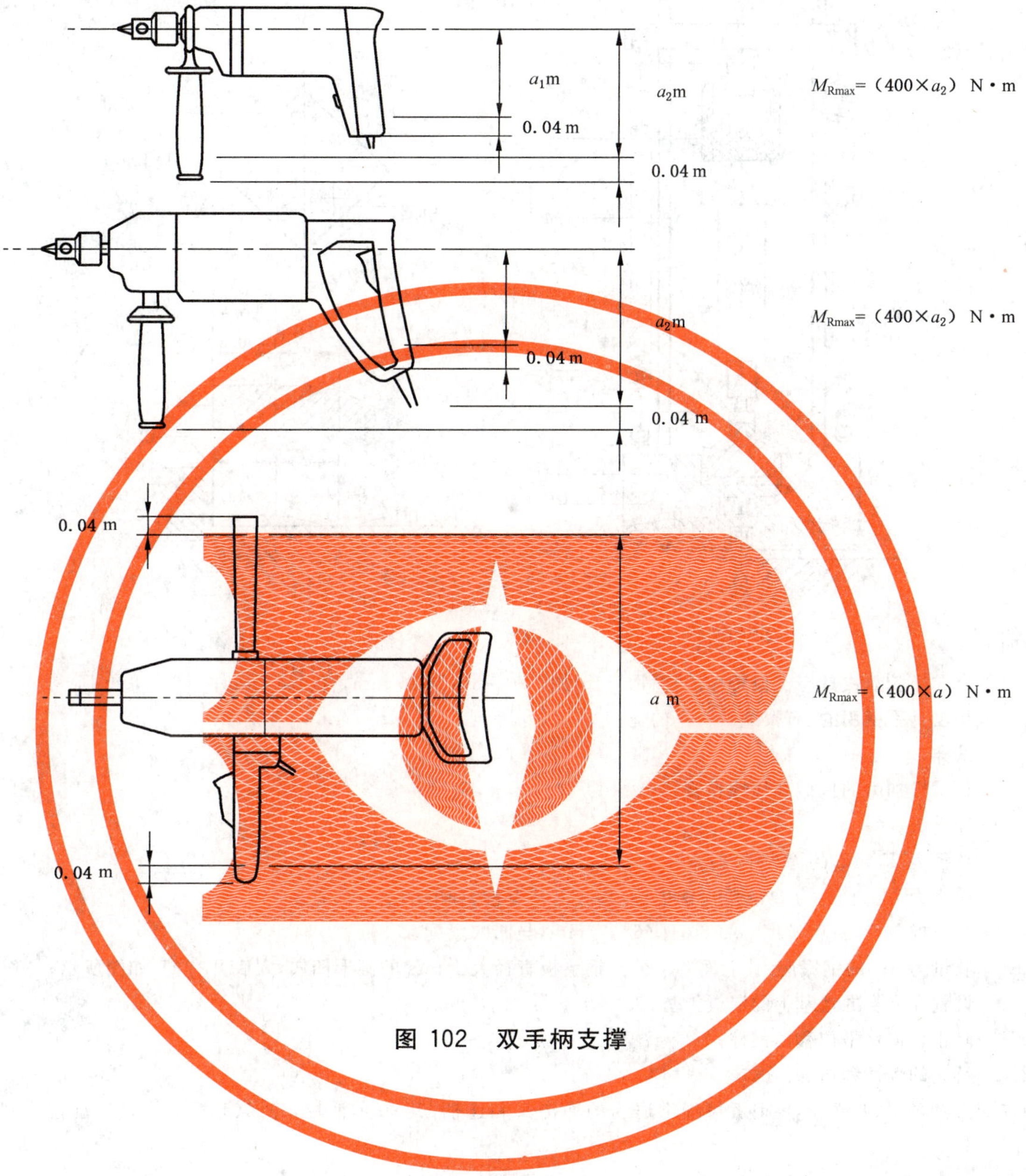

a_1m
a_2m
0.04 m
0.04 m
M_{Rmax}=（400×a_2） N·m
a_2m
0.04 m
0.04 m
M_{Rmax}=（400×a_2） N·m
0.04 m
a m
M_{Rmax}=（400×a） N·m
0.04 m

图 102 双手柄支撑

单位为毫米

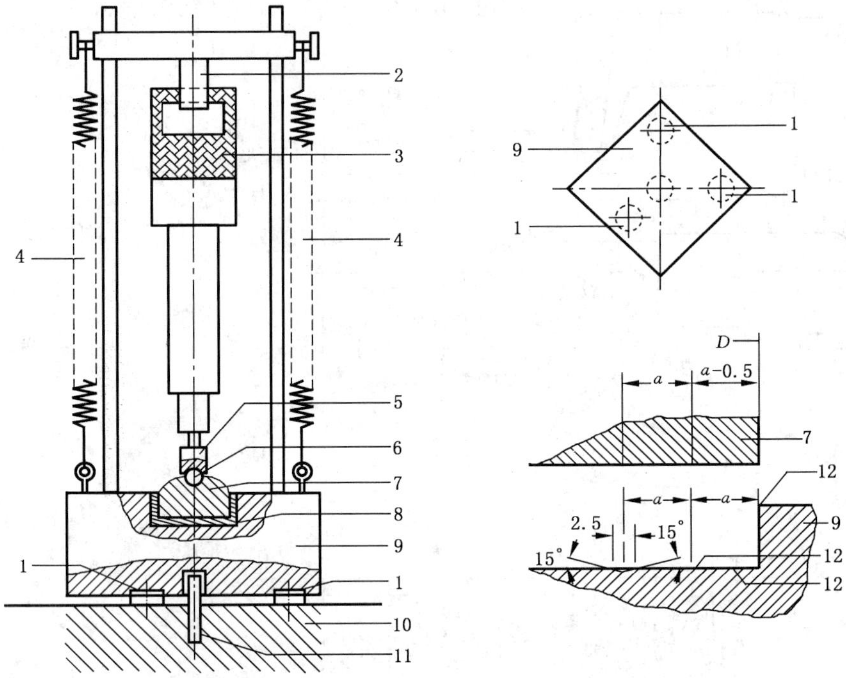

说明：

1 ——合成橡胶盘或具有类似特性的材料，肖氏硬度 70～80，厚 10 mm，直径 75 mm；

2 ——装工具手柄用的、有聚酰胺衬里的轭；

3 ——试样；

4 ——给试样加力的机械和气垫弹簧；

5 ——冲击头；

6 ——直径为 38 mm 的淬火钢球；

7 ——质量为 M_2、直径为 D 的淬火钢垫板，其底面开有槽，如图所示；

8 ——合成橡胶盘，肖氏硬度 70～80，厚(6～7)mm，与凹穴紧配；

9 ——质量为 M_1 的钢底座，其上面有一个比钢垫板直径大 1 mm 的圆形凹穴，穴底开有槽，如图所示；

10——设置在夯实的地基上的混凝土基础；

11——防止任何水平位移的钢柱；

12——磨光的表面和边缘。

当提交工具时，如有必要，申请者可提供适当的冲击头和连柄，其总质量小于表 101 规定值以保证锤击机构稳定运行。

表 101

工具额定输入功率 W	D 钢垫板直径 mm	a 凹槽中心的间距 mm	M_1 钢底座质量 kg	M_2 钢垫板质量 kg	M_3 冲击头和连柄总质量 kg
≤700	100	6.5	90	1.0	0.7
>700 和≤1 200	140	5.75	180	2.25	1.4
>1 200 和≤1 800	180	5.0	270	3.8	2.3
>1 800 和≤2 500	220	4.5	360	6.0	3.4

图 103 锤类工具试验装置

附 录

除下述内容外，GB 3883.1—2008 的附录适用。

附 录 K
（规范性附录）
电池式工具和电池盒

K.1 增加：

除非本附录另有规定，专用要求的所有章适用。

K.8.12.1.1 改换为：

——戴好耳罩。暴露在噪声中会引起听力损伤。

——使用随工具提供的辅助手柄。操作失手会引起人身伤害。

——在切削附件可能触及暗线进行操作时，要通过绝缘握持面来握持工具。切削附件碰到带电导线会使工具外露金属零件带电从而使操作者受到电击。

K.12.4 专用要求的该条不适用。

K.17.2 专用要求的该条不适用。

K.24.4 专用要求的该条不适用。

附 录 L
（规范性附录）
提供电源联接或非隔离源的电池式工具和电池盒

L.1 增加：

除非本附录另有规定，专用要求的所有章适用。

参 考 文 献

GB 3883.1—2008 的参考文献适用。

ICS 25.140.20
K 64

中华人民共和国国家标准

GB 3883.8—2012/IEC 60745-2-8:2008
代替 GB 3883.8—2005

手持式电动工具的安全 第2部分:电剪刀和电冲剪的专用要求

Safety of hand-held motor-operated electric tools—
Part 2:Particular requirements for sheet metal shears and nibblers

(IEC 60745-2-8:2008 Ed 2.1,Hand-held motor-operated electric tools—Safety—Part 2-8:Particular requirements for shears and nibblers,IDT)

2012-11-05 发布　　　　2013-05-01 实施

中华人民共和国国家质量监督检验检疫总局
中国国家标准化管理委员会 发布

前　　言

本部分的全部技术内容为强制性。

GB 3883《手持式电动工具的安全》是关于手持式电动工具的安全标准，由第1部分通用要求和第2部分专用要求组成。GB 3883《手持式电动工具的安全》的组成如下：

——GB 3883.1《手持式电动工具的安全　第一部分：通用要求》

——GB 3883.2《手持式电动工具的安全　第2部分：螺丝刀和冲击扳手的专用要求》

——GB 3883.3《手持式电动工具的安全　第二部分：砂轮机、抛光机和盘式砂光机的专用要求》

——GB 3883.4《手持式电动工具的安全　第2部分：非盘式砂光机和抛光机的专用要求》

——GB 3883.5《手持式电动工具的安全　第二部分：圆锯的专用要求》

——GB 3883.6《手持式电动工具的安全　第2部分：电钻和冲击电钻的专用要求》

——GB 3883.7《手持式电动工具的安全　第2部分：锤类工具的专用要求》

——GB 3883.8《手持式电动工具的安全　第2部分：电剪刀和电冲剪的专用要求》

——GB 3883.9《手持式电动工具的安全　第2部分：攻丝机的专用要求》

——GB 3883.10《手持式电动工具的安全　第二部分：电刨的专用要求》

——GB 3883.11《手持式电动工具的安全　第2部分：往复锯(曲线锯、刀锯)的专用要求》

——GB 3883.12《手持式电动工具的安全　第2部分：混凝土振动器的专用要求》

——GB 3883.13《手持式电动工具的安全　第二部分：不易燃液体电喷枪的专用要求》

——GB 3883.14《手持式电动工具的安全　第二部分：链锯的专用要求》

——GB 3883.15《手持式电动工具的安全　第二部分：修枝剪的专用要求》

——GB 3883.16《手持式电动工具的安全　第二部分：钉钉机的专用要求》

——GB 3883.17《手持式电动工具的安全　第二部分：木铣和修边机的专用要求》

——GB 3883.18《手持式电动工具的安全　第二部分：石材切割机的专用要求》

——GB 3883.19《手持式电动工具的安全　第2部分：管道疏通机的专用要求》

——GB 3883.20《手持式电动工具的安全　第2部分：捆扎机的专用要求》

——GB 3883.21《手持式电动工具的安全　第2部分：带锯的专用要求》

——GB 3883.22《手持式电动工具的安全　第二部分：开槽机的专用要求》

本部分为GB 3883的第2部分：电剪刀和电冲剪的专用要求。

本部分按照GB/T 1.1—2009给出的规则起草。

本部分代替GB 3883.8—2005《手持式电动工具的安全　第二部分：电剪刀和电冲剪的专用要求》，与GB 3883.8—2005比较，主要变化如下：

——在“机械强度”中，20.5不适用；

——在“结构”中，21.32不适用；

——修改了附录K、附录L；

——对3.101、3.102、8.1、24.4进行编辑性修改。

本部分使用翻译法等同采用IEC 60745-2-8:2008(2.1版)《手持式电动工具的安全　第2-8部分：电剪刀和电冲剪的专用要求》，与等同采用IEC 60745-1:2006(4.0版)《手持式电动工具的安全　第一部分：通用要求》制定的GB 3883.1—2008《手持式电动工具的安全　第一部分：通用要求》一起使用。

本部分中写明“适用”的，表示GB 3883.1—2008中的相应条文适用；本部分中写明“改换”的，则应以本部分中的条文为准；本部分写明“修改”的，表示GB 3883.1—2008相应条文中的相关内容应以本部分修改后的内容为准，而该条文中其他内容仍适用；本部分写明“增加”的，表示除了符合 GB 3883.1—2008 的相应条文外，还应符合本部分中所增加的条文。

本部分由中国电器工业协会提出。

本部分由全国电动工具标准化技术委员会(SAC/TC 68)归口。

本部分起草单位：上海电动工具研究所。

本部分主要起草人：顾菁、李宏照、刘江、金铁。

本部分的历次版本发布情况为：

——GB 3883.8—1985、GB 3883.8—1991、GB 3883.8—2005。

手持式电动工具的安全
第2部分:电剪刀和电冲剪的专用要求

1 范围

除下述条文外,GB 3883.1—2008 的这一章适用。

增加:

本部分适用于电剪刀和电冲剪。

2 规范性引用文件

GB 3883.1—2008 的这一章适用。

3 术语和定义

除下述条文外,GB 3883.1—2008 的这一章适用。

增加的定义:

3.101

电剪刀 shear

用于剪切金属片、金属板及金属瓦楞条的工具。

3.102

电冲剪 nibbler

用于冲切金属片、金属板及金属瓦楞条的工具。

4 一般要求

GB 3883.1—2008 的这一章适用。

5 试验一般要求

GB 3883.1—2008 的这一章适用。

6 空章

7 分类

GB 3883.1—2008 的这一章适用。

8 标志和说明书

除下述条文外,GB 3883.1—2008 的这一章适用。

8.1 增加：

在第4个破折号后增加：

——原产地；

另外，工具应标有以下内容：

——所能剪切的最大金属板厚度，单位为毫米(mm)。

除非工具上另有规定，最大剪切厚度的标志应对应于抗拉强度为390 N/mm^2 的钢板。

9 防止触及带电零件的保护

GB 3883.1—2008的这一章适用。

10 起动

GB 3883.1—2008的这一章适用。

11 输入功率和电流

GB 3883.1—2008的这一章适用。

12 发热

除下述条文外，GB 3883.1—2008的这一章适用。

12.4 改换为：

工具在额定输入功率或额定电流下运行30 min，在30 min结束时测量温升。

13 泄漏电流

GB 3883.1—2008的这一章适用。

14 防潮性

GB 3883.1—2008的这一章适用。

15 电气强度

GB 3883.1—2008的这一章适用。

16 变压器及其相关电路的过载保护

GB 3883.1—2008的这一章适用。

17 耐久性

GB 3883.1—2008的这一章适用。

18 不正常操作

GB 3883.1—2008 的这一章适用。

19 机械危险

GB 3883.1—2008 的这一章适用。

20 机械强度

除下述条文外,GB 3883.1—2008 的这一章适用。

20.5 该条不适用。

21 结构

除下述条文外,GB 3883.1—2008 的这一章适用。

21.32 该条对冲击扳手不适用。

22 内部布线

GB 3883.1—2008 的这一章适用。

23 组件

GB 3883.1—2008 的这一章适用。

24 电源联接和外接软线

除下述条文外,GB 3883.1—2008 的这一章适用。

24.4 第一段改换为:

可采用的最轻型电缆为:

——重型氯丁橡胶的护层电缆(GB/T 5013.4 的 60245 IEC 66 YCW)。

25 外接导线的接线端子

GB 3883.1—2008 的这一章适用。

26 接地装置

GB 3883.1—2008 的这一章适用。

27 螺钉与联接件

GB 3883.1—2008 的这一章适用。

28 爬电距离、电气间隙和绝缘穿通距离

GB 3883.1—2008 的这一章适用。

29 耐热性、阻燃性和耐电痕化

GB 3883.1—2008 的这一章适用。

30 防锈

GB 3883.1—2008 的这一章适用。

31 辐射、毒性和类似危险

GB 3883.1—2008 的这一章适用。

附　录

除下述内容外，GB 3883.1—2008 的附录适用。

附　录　K
（规范性附录）
电池式工具和电池盒

K.1　增加：

除非本附录另有规定，专用要求的所有章适用。

K.12.4　改换为：

本部分的该条不适用。

K.24.4　改换为：

本部分的该条不适用。

附　录　L
（规范性附录）
提供电源联接或非隔离源的电池式工具和电池盒

L.1　增加：

除非本附录另有规定，专用要求的所有章适用。

参 考 文 献

GB 3883.1—2008 的参考文献适用。

ICS 25.140.20
K 64

中华人民共和国国家标准

GB 3883.9—2012/IEC 60745-2-9:2008
代替 GB 3883.9—2005

手持式电动工具的安全
第2部分:攻丝机的专用要求

Safety of hand-held motor-operated electric tools—
Part 2:Particular requirements for tappers

(IEC 60745-2-9:2008 Ed 2.1,Hand-held motor-operated electric tools—Safety—Part 2-9:Particular requirements for tappers,IDT)

2012-11-05 发布　　　　2013-05-01 实施

中华人民共和国国家质量监督检验检疫总局
中国国家标准化管理委员会　发布

前　言

本部分的全部技术内容为强制性。

GB 3883《手持式电动工具的安全》是关于手持式电动工具的安全标准，由第1部分通用要求和第2部分专用要求组成。GB 3883《手持式电动工具的安全》的组成如下：

——GB 3883.1《手持式电动工具的安全　第一部分：通用要求》

——GB 3883.2《手持式电动工具的安全　第2部分：螺丝刀和冲击扳手的专用要求》

——GB 3883.3《手持式电动工具的安全　第二部分：砂轮机、抛光机和盘式砂光机的专用要求》

——GB 3883.4《手持式电动工具的安全　第2部分：非盘式砂光机和抛光机的专用要求》

——GB 3883.5《手持式电动工具的安全　第二部分：圆锯的专用要求》

——GB 3883.6《手持式电动工具的安全　第2部分：电钻和冲击电钻的专用要求》

——GB 3883.7《手持式电动工具的安全　第2部分：锤类工具的专用要求》

——GB 3883.8《手持式电动工具的安全　第2部分：电剪刀和电冲剪的专用要求》

——GB 3883.9《手持式电动工具的安全　第2部分：攻丝机的专用要求》

——GB 3883.10《手持式电动工具的安全　第二部分：电刨的专用要求》

——GB 3883.11《手持式电动工具的安全　第2部分：往复锯(曲线锯、刀锯)的专用要求》

——GB 3883.12《手持式电动工具的安全　第2部分：混凝土振动器的专用要求》

——GB 3883.13《手持式电动工具的安全　第二部分：不易燃液体电喷枪的专用要求》

——GB 3883.14《手持式电动工具的安全　第二部分：链锯的专用要求》

——GB 3883.15《手持式电动工具的安全　第二部分：修枝剪的专用要求》

——GB 3883.16《手持式电动工具的安全　第二部分：钉钉机的专用要求》

——GB 3883.17《手持式电动工具的安全　第二部分：木铣和修边机的专用要求》

——GB 3883.18《手持式电动工具的安全　第二部分：石材切割机的专用要求》

——GB 3883.19《手持式电动工具的安全　第2部分：管道疏通机的专用要求》

——GB 3883.20《手持式电动工具的安全　第2部分：捆扎机的专用要求》

——GB 3883.21《手持式电动工具的安全　第2部分：带锯的专用要求》

——GB 3883.22《手持式电动工具的安全　第二部分：开槽机的专用要求》

本部分为GB 3883的第2部分：攻丝机的专用要求。

本部分按照GB/T 1.1—2009给出的规则起草。

本部分代替GB 3883.9—2005《手持式电动工具的安全　第二部分：攻丝机的专用要求》，与GB 3883.9—2005比较，主要变化如下：

——在“机械强度”中，20.5不适用；

——在“结构”中，增21.32不适用；

——修改了附录K、附录L；

——对8.1、12.4进行编辑性修改。

本部分使用翻译法等同采用IEC 60745-2-9:2008(2.1版)《手持式电动工具的安全　第2-9部分：攻丝机的专用要求》，与等同采用IEC 60745-1:2006(4.0版)《手持式电动工具的安全　第一部分：通用要求》制定的GB 3883.1—2008《手持式电动工具的安全　第一部分：通用要求》一起使用。

本部分中写明“适用”的，表示GB 3883.1—2008中的相应条文适用；本部分中写明“改换”的，则应以本部分中的条文为准；本部分写明“修改”的，表示GB 3883.1—2008相应条文中的相关内容应以本部分修改后的内容为准，而该条文中其他内容仍适用；本部分写明“增加”的，表示除了符合 GB 3883.1—2008 的相应条文外，还应符合本部分中所增加的条文。

本部分由中国电器工业协会提出。

本部分由全国电动工具标准化技术委员会(SAC/TC 68)归口。

本部分起草单位：上海电动工具研究所。

本部分主要起草人：陈建秋、李宏照、刘江、吴文俊。

本部分的历次版本发布情况为：

——GB 3883.9—1985、GB 3883.9—1991、GB 3883.9—2005。

手持式电动工具的安全
第2部分:攻丝机的专用要求

1 范围

除下述条文外,GB 3883.1—2008 的这一章适用。

增加:

本部分适用于攻丝机。

2 规范性引用文件

GB 3883.1—2008 的这一章适用。

3 术语和定义

除下述条文外,GB 3883.1—2008 的这一章适用。

增加的定义:

3.101

攻丝机 tapper

用于切制内螺纹的工具。

4 一般要求

GB 3883.1—2008 的这一章适用。

5 试验一般要求

GB 3883.1—2008 的这一章适用。

6 空章

7 分类

GB 3883.1—2008 的这一章适用。

8 标志和说明书

除下述条文外,GB 3883.1—2008 的这一章适用。

8.1 增加:

在第 4 个破折号后增加：

——原产地；

另外，工具应标有如下内容：

——能切制的最大螺纹直径，单位为毫米(mm)。

除非工具上另有规定，该直径应指在具有抗拉强度为 390 N/mm^2、厚度为螺纹直径 2 倍的钢板上切制出 ISO 公制螺纹的直径。

9 防止触及带电零件的保护

GB 3883.1—2008 的这一章适用。

10 起动

GB 3883.1—2008 的这一章适用。

11 输入功率和电流

GB 3883.1—2008 的这一章适用。

12 发热

除下述条文外，GB 3883.1—2008 的这一章适用。

12.4 改换为：

工具断续运行 30 个周期或直到热稳定，取首先达到者。每个周期由 30 s 连续运行期和 90 s 断电停歇期组成。运行期间通过测功机调节工具负载使其达到额定输入功率或额定电流，温升在“接通”期结束时进行测量。应制造商的选择，工具可以连续运行直到热稳定状态。

13 泄漏电流

GB 3883.1—2008 的这一章适用。

14 防潮性

GB 3883.1—2008 的这一章适用。

15 电气强度

GB 3883.1—2008 的这一章适用。

16 变压器及其相关电路的过载保护

GB 3883.1—2008 的这一章适用。

17 耐久性

GB 3883.1—2008 的这一章适用。

18 不正常操作

GB 3883.1—2008 的这一章适用。

19 机械危险

GB 3883.1—2008 的这一章适用。

20 机械强度

除下述条文外,GB 3883.1—2008 的这一章适用。

20.5 该条不适用。

21 结构

除下述条文外,GB 3883.1—2008 的这一章适用。

21.32 该条不适用。

22 内部布线

GB 3883.1—2008 的这一章适用。

23 组件

GB 3883.1—2008 的这一章适用。

24 电源联接和外接软线

GB 3883.1—2008 的这一章适用。

25 外接导线的接线端子

GB 3883.1—2008 的这一章适用。

26 接地装置

GB 3883.1—2008 的这一章适用。

27 螺钉与联接件

GB 3883.1—2008 的这一章适用。

28 爬电距离、电气间隙和绝缘穿通距离

GB 3883.1—2008 的这一章适用。

29 耐热性、阻燃性和耐电痕化

GB 3883.1—2008 的这一章适用。

30 防锈

GB 3883.1—2008 的这一章适用。

31 辐射、毒性和类似危险

GB 3883.1—2008 的这一章适用。

附　录

除下述内容外，GB 3883.1—2008 的附录适用。

附　录　K
（规范性附录）
电池式工具和电池盒

K.1　增加：

除非本附录另有规定，专用要求的所有章适用。

K.12.4　改换为：

本部分的该条不适用。

附　录　L
（规范性附录）
提供电源联接或非隔离源的电池式工具和电池盒

L.1　增加：

除非本附录另有规定，专用要求的所有章适用。

参考文献

GB 3883.1—2008 的参考文献适用。

ICS 25.140.20
K 64

中华人民共和国国家标准

GB 3883.11—2012/IEC 60745-2-11:2008
代替 GB 3883.11—2005

手持式电动工具的安全 第2部分:往复锯(曲线锯、刀锯)的专用要求

Safety of hand-held motor-operated electric tools—Part 2:Particular requirements for reciprocating saws (jig and sabre saws)

(IEC 60745-2-11:2008 Ed 2.1,Hand-held motor-operated electric tools—Safety—Part 2-11:Particular requirements for reciprocating saws(jig and sabre saws),IDT)

2012-11-05 发布　　　　2013-05-01 实施

中华人民共和国国家质量监督检验检疫总局
中国国家标准化管理委员会　发布

前　言

本部分的全部技术内容为强制性。

GB 3883《手持式电动工具的安全》是关于手持式电动工具的安全标准，由第1部分通用要求和第2部分专用要求组成。GB 3883《手持式电动工具的安全》的组成如下：

——GB 3883.1《手持式电动工具的安全　第一部分：通用要求》

——GB 3883.2《手持式电动工具的安全　第2部分：螺丝刀和冲击扳手的专用要求》

——GB 3883.3《手持式电动工具的安全　第二部分：砂轮机、抛光机和盘式砂光机的专用要求》

——GB 3883.4《手持式电动工具的安全　第2部分：非盘式砂光机和抛光机的专用要求》

——GB 3883.5《手持式电动工具的安全　第二部分：圆锯的专用要求》

——GB 3883.6《手持式电动工具的安全　第2部分：电钻和冲击电钻的专用要求》

——GB 3883.7《手持式电动工具的安全　第2部分：锤类工具的专用要求》

——GB 3883.8《手持式电动工具的安全　第2部分：电剪刀和电冲剪的专用要求》

——GB 3883.9《手持式电动工具的安全　第2部分：攻丝机的专用要求》

——GB 3883.10《手持式电动工具的安全　第二部分：电刨的专用要求》

——GB 3883.11《手持式电动工具的安全　第2部分：往复锯(曲线锯、刀锯)的专用要求》

——GB 3883.12《手持式电动工具的安全　第2部分：混凝土振动器的专用要求》

——GB 3883.13《手持式电动工具的安全　第二部分：不易燃液体电喷枪的专用要求》

——GB 3883.14《手持式电动工具的安全　第二部分：链锯的专用要求》

——GB 3883.15《手持式电动工具的安全　第二部分：修枝剪的专用要求》

——GB 3883.16《手持式电动工具的安全　第二部分：钉钉机的专用要求》

——GB 3883.17《手持式电动工具的安全　第二部分：木铣和修边机的专用要求》

——GB 3883.18《手持式电动工具的安全　第二部分：石材切割机的专用要求》

——GB 3883.19《手持式电动工具的安全　第2部分：管道疏通机的专用要求》

——GB 3883.20《手持式电动工具的安全　第2部分：捆扎机的专用要求》

——GB 3883.21《手持式电动工具的安全　第2部分：带锯的专用要求》

——GB 3883.22《手持式电动工具的安全　第二部分：开槽机的专用要求》

本部分为GB 3883的第2部分：往复锯(曲线锯、刀锯)的专用要求。

本部分按照GB/T 1.1—2009给出的规则起草。

本部分代替GB 3883.11—2005《手持式电动工具的安全　第二部分：往复锯(曲线锯、刀锯)的专用要求》，与GB 3883.11—2005比较，主要变化如下：

——在"标志和说明书"中，增加关于安全警告的内容(见8.12.1.1)；

——在"耐久性"中，增加"可用不装在工具内的开关接通和断开工具。"的要求(见17.2)；

——增加了曲线锯的典型设计、刀锯的典型设计(见图102、图103)；

——修改了附录K、附录L；

——对范围、3.102、3.103、8.1、19.1进行编辑性修改。

本部分使用翻译法等同采用IEC 60745-2-11:2008(2.1版)《手持式电动工具的安全　第2-11部分：往复锯(曲线锯、刀锯)的专用要求》，与等同采用IEC 60745-1:2006(4.0版)《手持式电动工具的安全　第一部分：通用要求》制定的GB 3883.1—2008《手持式电动工具的安全　第一部分：通用要求》一起使用。

本部分中写明“适用”的，表示 GB 3883.1—2008 中的相应条文适用；本部分中写明“改换”的，则应以本部分中的条文为准；本部分写明“修改”的，表示 GB 3883.1—2008 相应条文中的相关内容应以本部分修改后的内容为准，而该条文中其他内容仍适用；本部分写明“增加”的，表示除了符合 GB 3883.1—2008 的相应条文外，还应符合本部分中所增加的条文。

本部分由中国电器工业协会提出。

本部分由全国电动工具标准化技术委员会(SAC/TC 68)归口。

本部分起草单位：上海电动工具研究所。

本部分主要起草人：潘顺芳、李邦协、李宏照、刘江。

本部分的历次版本发布情况为：

——GB 3883.11—1985、GB 3883.11—1991、GB 3883.11—2005。

手持式电动工具的安全 第2部分:往复锯(曲线锯、刀锯)的专用要求

1 范围

除下述条文外,GB 3883.1—2008 的这一章适用。

增加:

本部分适用于往复锯,例如曲线锯和刀锯。

2 规范性引用文件

GB 3883.1—2008 的这一章适用。

3 术语和定义

除下述条文外,GB 3883.1—2008 的这一章适用。

增加的定义:

3.101

往复锯 reciprocating saw

以一个或多个锯片作往复运动或来回摆动来锯割各种材料的工具。

3.102

曲线锯 jig saw

配有底板的往复锯,底板倾斜角度允许调整。

注:曲线锯的典型设计见图 102。

3.103

刀锯 sabre saw

配有导向板的往复锯,导向板允许倾斜移动。

注:刀锯的典型设计见图 103。

4 一般要求

GB 3883.1—2008 的这一章适用。

5 试验一般要求

GB 3883.1—2008 的这一章适用。

6 空章

7 分类

GB 3883.1—2008 的这一章适用。

8 标志和说明书

除下述条文外，GB 3883.1—2008 的这一章适用。

8.1 增加：

在第 4 个破折号后增加：

——原产地；

8.12.1.1 增加：

在切削附件可能触及暗线或其自身软线之处进行操作时，要通过绝缘握持面来握持工具。切削附件碰到带电导线会使工具外露的金属零件带电从而使操作者受到电击。

9 防止触及带电零件的保护

GB 3883.1—2008 的这一章适用。

10 起动

GB 3883.1—2008 的这一章适用。

11 输入功率和电流

GB 3883.1—2008 的这一章适用。

12 发热

GB 3883.1—2008 的这一章适用。

13 泄漏电流

GB 3883.1—2008 的这一章适用。

14 防潮性

GB 3883.1—2008 的这一章适用。

15 电气强度

GB 3883.1—2008 的这一章适用。

16 变压器及其相关电路的过载保护

GB 3883.1—2008 的这一章适用。

17 耐久性

除下述条文外,GB 3883.1—2008 的这一章适用。

17.2 增加:

可用不装在工具内的开关接通和断开工具。

18 不正常操作

GB 3883.1—2008 的这一章适用。

19 机械危险

除下述条文外,GB 3883.1—2008 的这一章适用。

19.1 增加:

a) 对于曲线锯:

底板上方需装有防护器件,以防止意外接触到底板上方的锯齿边缘。

通过观察和以下试验来检验。

将曲线锯置于 90°的锯割位置,图 101a)所示的试验探针放置在底板上方,如图 101b)及图 101c)所示。试验探针的轴线应垂直于锯片的锯齿边缘,试验探针应放置得被锯片中心平面平分。当探针朝锯片方向移动时应不可能触及锯齿边缘。

b) 对于其他类型的往复锯:

如果往复锯设计成在其锯片附近和后方具有握持区域时,应提供隔离物以防止意外触及锯片。从握持面量起,隔离物的最小高度应为 6 mm,并被设置在握持区域与锯片之间。如果工具装有辅助前手柄,则不需要隔离物。

通过观察和测量来检验。

20 机械强度

GB 3883.1—2008 的这一章适用。

21 结构

GB 3883.1—2008 的这一章适用。

22 内部布线

GB 3883.1—2008 的这一章适用。

23 组件

GB 3883.1—2008 的这一章适用。

24 电源联接和外接软线

GB 3883.1—2008 的这一章适用。

25 外接导线的接线端子

GB 3883.1—2008 的这一章适用。

26 接地装置

GB 3883.1—2008 的这一章适用。

27 螺钉与联接件

GB 3883.1—2008 的这一章适用。

28 爬电距离、电气间隙和绝缘穿通距离

GB 3883.1—2008 的这一章适用。

29 耐热性、阻燃性和耐电痕化

GB 3883.1—2008 的这一章适用。

30 防锈

GB 3883.1—2008 的这一章适用。

31 辐射、毒性和类似危险

GB 3883.1—2008 的这一章适用。

单位为毫米

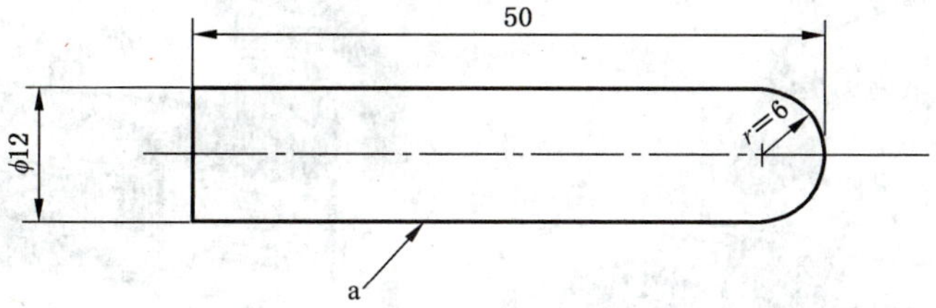

a） 试验探针尺寸

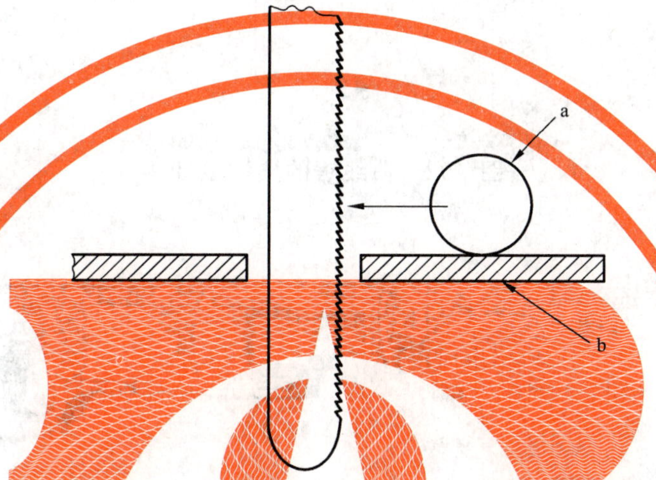

注：简化起见，防止试验探针触及锯片的曲线锯的上部结构被省略了。

b） 表明试验探针位置和运动方向的侧视图

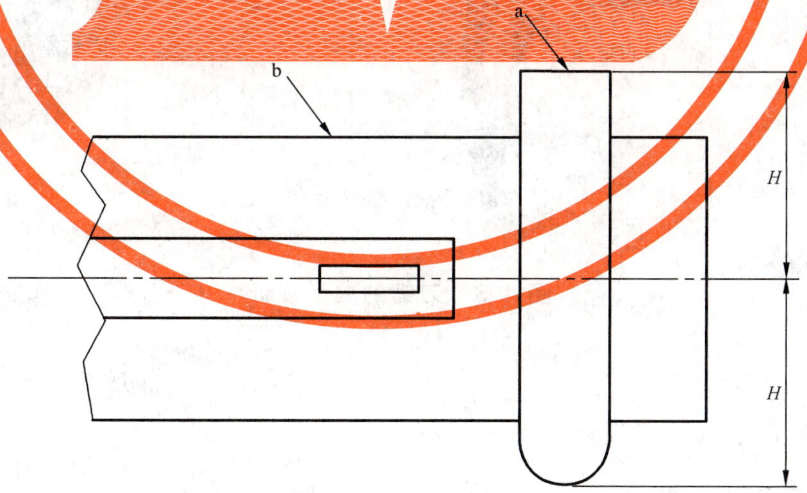

注：为简化起见，曲线锯的上部结构被省略了。

c） 表明试验探针位置的底板俯视图

说明：

a——试验探针；

b——底板。

图 101 试验探针

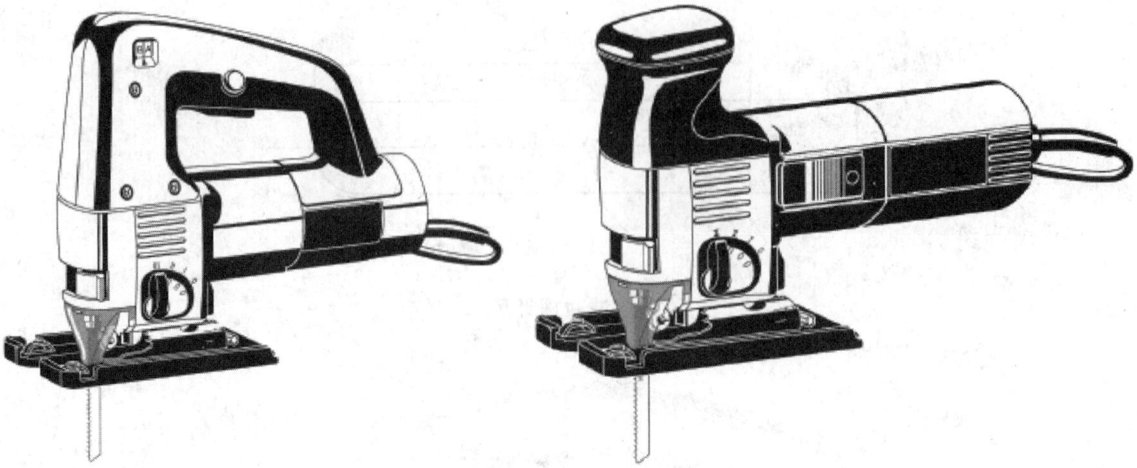

图 102 曲线锯的典型设计

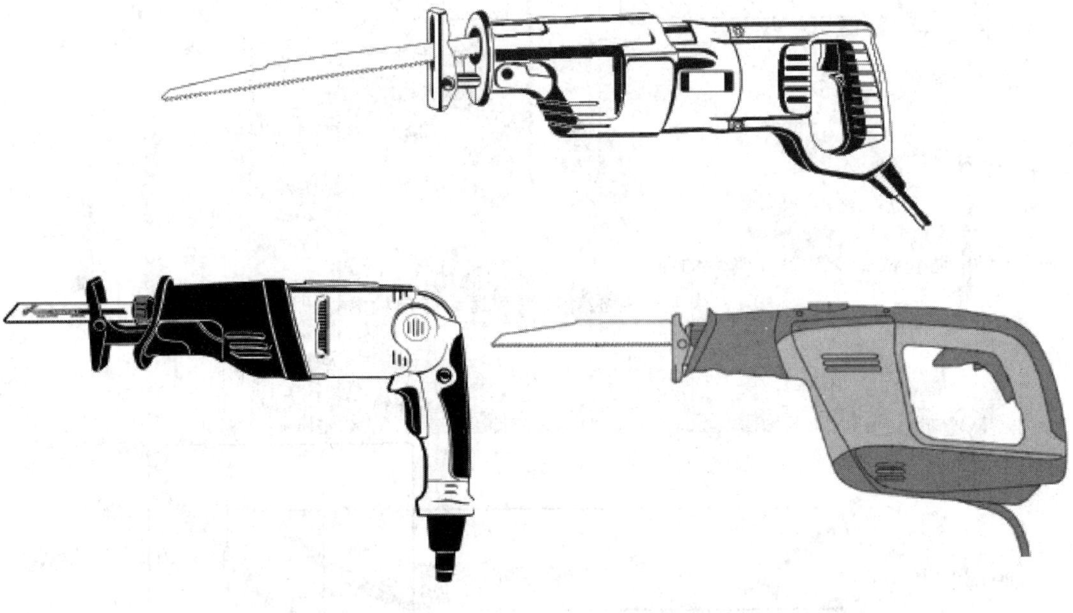

图 103 刀锯的典型设计

附　录

除下述内容外，GB 3883.1—2008 的附录适用。

附　录　K
（规范性附录）
电池式工具和电池盒

K.1　增加：

除非本附录另有规定，专用要求的所有章适用。

K.8.12.1.1　改换为：

在切削附件可能触及暗线进行操作时，要通过绝缘握持面来握持工具。切削附件碰到带电导线会使工具外露的金属零件带电从而使操作者受到电击。

附　录　L
（规范性附录）
提供电源联接或非隔离源的电池式工具和电池盒

L.1　增加：

除非本附录另有规定，专用要求的所有章适用。

参 考 文 献

GB 3883.1—2008 的参考文献适用。

ICS 25.140.20
K 64

中华人民共和国国家标准

GB 3883.12—2012/IEC 60745-2-12:2008
代替 GB 3883.12—2007

手持式电动工具的安全 第2部分:混凝土振动器的专用要求

Safety of hand-held motor-operated electric tools—
Part 2:Particular requirements for concrete vibrators

(IEC 60745-2-12:2008 Ed 2.1,Hand-held motor-operated electric tools—Safety—Part 2-12:Particular requirements for concrete vibrators,IDT)

2012-11-05 发布　　2013-05-01 实施

中华人民共和国国家质量监督检验检疫总局
中国国家标准化管理委员会　发布

前　言

本部分的全部技术内容为强制性。

GB 3883《手持式电动工具的安全》是关于手持式电动工具的安全标准，由第1部分通用要求和第2部分专用要求组成。GB 3883《手持式电动工具的安全》的组成如下：

——GB 3883.1《手持式电动工具的安全　第一部分：通用要求》

——GB 3883.2《手持式电动工具的安全　第2部分：螺丝刀和冲击扳手的专用要求》

——GB 3883.3《手持式电动工具的安全　第二部分：砂轮机、抛光机和盘式砂光机的专用要求》

——GB 3883.4《手持式电动工具的安全　第2部分：非盘式砂光机和抛光机的专用要求》

——GB 3883.5《手持式电动工具的安全　第二部分：圆锯的专用要求》

——GB 3883.6《手持式电动工具的安全　第2部分：电钻和冲击电钻的专用要求》

——GB 3883.7《手持式电动工具的安全　第2部分：锤类工具的专用要求》

——GB 3883.8《手持式电动工具的安全　第2部分：电剪刀和电冲剪的专用要求》

——GB 3883.9《手持式电动工具的安全　第2部分：攻丝机的专用要求》

——GB 3883.10《手持式电动工具的安全　第二部分：电刨的专用要求》

——GB 3883.11《手持式电动工具的安全　第2部分：往复锯（曲线锯、刀锯）的专用要求》

——GB 3883.12《手持式电动工具的安全　第2部分：混凝土振动器的专用要求》

——GB 3883.13《手持式电动工具的安全　第二部分：不易燃液体电喷枪的专用要求》

——GB 3883.14《手持式电动工具的安全　第二部分：链锯的专用要求》

——GB 3883.15《手持式电动工具的安全　第二部分：修枝剪的专用要求》

——GB 3883.16《手持式电动工具的安全　第二部分：钉钉机的专用要求》

——GB 3883.17《手持式电动工具的安全　第二部分：木铣和修边机的专用要求》

——GB 3883.18《手持式电动工具的安全　第二部分：石材切割机的专用要求》

——GB 3883.19《手持式电动工具的安全　第2部分：管道疏通机的专用要求》

——GB 3883.20《手持式电动工具的安全　第2部分：捆扎机的专用要求》

——GB 3883.21《手持式电动工具的安全　第2部分：带锯的专用要求》

——GB 3883.22《手持式电动工具的安全　第二部分：开槽机的专用要求》

本部分为GB 3883的第2部分：混凝土振动器的专用要求。

本部分按照GB/T 1.1—2009给出的规则起草。

本部分代替GB 3883.12—2007《手持式电动工具的安全　第二部分：混凝土振动器的专用要求》，与GB 3883.12—2007比较，主要变化如下：

——在“术语和定义”中，修改了3.101混凝土振动器的定义（见3.101）；

——在“防潮性”中，改换了14.1；

——在“机械强度”中，20.5不适用；

——在“结构”中，21.32不适用；

——在“电源联接和外接软线”中，修改了“与内有电源开关的零件相接的电缆长度”的规定（见24.101）；

——增加了混凝土振动器的典型设计（图101、图102）；

——修改了附录K、附录L；

——对3.2.9、8.1、17.2、18.101、20.101、24.4、24.12进行编辑性修改。

本部分使用翻译法等同采用 IEC 60745-2-12:2008(2.1 版)《手持式电动工具的安全　第 2-12 部分:混凝土振动器的专用要求》,与等同采用 IEC 60745-1:2006(4.0 版)《手持式电动工具的安全　第一部分:通用要求》制定的 GB 3883.1—2008《手持式电动工具的安全　第一部分:通用要求》一起使用。

本部分中写明"适用"的,表示 GB 3883.1—2008 中的相应条文适用;本部分中写明"改换"的,则应以本部分中的条文为准;本部分写明"修改"的,表示 GB 3883.1—2008 相应条文中的相关内容应以本部分修改后的内容为准,而该条文中其他内容仍适用;本部分写明"增加"的,表示除了符合 GB 3883.1—2008 的相应条文外,还应符合本部分中所增加的条文。

本部分由中国电器工业协会提出。

本部分由全国电动工具标准化技术委员会(SAC/TC 68)归口。

本部分起草单位:上海电动工具研究所。

本部分主要起草人:潘顺芳、李邦协、陈建秋、刘江。

本部分的历次版本发布情况为:

——GB 3883.12—1985、GB 3883.12—1991、GB 3883.12—2007。

手持式电动工具的安全
第2部分:混凝土振动器的专用要求

1 范围

除下述条文外,GB 3883.1—2008 的这一章适用。

增加:

本部分适用于混凝土振动器。

2 规范性引用文件

GB 3883.1—2008 的这一章适用。

3 术语和定义

除下述条文外,GB 3883.1—2008 的这一章适用。

3.2.9 改换为:

正常负载 normal load

工具按正常使用方式装着长管和振动棒连续运行时达到的负载。运行时振动棒浸入一个盛有一定量水的容器中,水量至少为振动棒体积的50倍。

容器的直径约为容器中水面高度的50%。

容器的高度为试验时不致使水溅出的高度。

增加:

3.101

混凝土振动器 concrete vibrator

用于将混凝土捣实的工具。混凝土振动器的激振部件(振动棒)作低幅振动,并插入在需捣实的混凝土混合物中工作。混凝土振动器可以设计成下列中的一种:

a) 电动机和振动机构均设置在振动棒内,通过一根内置联接电缆的长管将装有电源开关的部分,或电源转换器以及开关手柄的组装件与振动棒连接。长管可以被用作手柄(见图101);

b) 仅振动机构设在振动棒内,通过一根内置软轴的长管将由电动机、手柄和电源开关组成的分离式便携单元与振动棒连接(见图102)。

4 一般要求

GB 3883.1—2008 的这一章适用。

5 试验一般要求

GB 3883.1—2008 的这一章适用。

6 空章

7 分类

GB 3883.1—2008 的这一章适用。

8 标志和说明书

除下述条文外，GB 3883.1—2008 的这一章适用。

8.1 增加：

在第 4 个破折号后增加：

——原产地；

9 防止触及带电零件的保护

GB 3883.1—2008 的这一章适用。

10 起动

除下述条文外，GB 3883.1—2008 的这一章适用。

10.1 增加：

试验是在 10 ℃±1 ℃的环境温度中进行，此前振动器在此温度下至少保持 2 h。

11 输入功率和电流

GB 3883.1—2008 的这一章适用。

12 发热

除下述条文外，GB 3883.1—2008 的这一章适用。

12.4 改换为：

振动器的温升在规定的正常负载条件下运行 30 min 后进行测量。

13 泄漏电流

GB 3883.1—2008 的这一章适用。

14 防潮性

除下述条文外，GB 3883.1—2008 的这一章适用。

14.1 第一段改换为：

对 3.101 中定义的 a)设计，所有零件的外壳和电缆进线口应是 IPX7。

进行本条相关试验时,含有开关或电源转换器以及开关手柄组装件应置于正常使用位置,长管(如有),应正确地接上。

对 3.101 中定义的 b)设计,电动机单元应是 IPX4。

进行本条相关试验时,电动机单元被放置在正常使用中可能出现的最不利位置。

隔离变压器或电动机-发电机组应是 IPX4。

15 电气强度

GB 3883.1—2008 的这一章适用。

16 变压器及其相关电路的过载保护

GB 3883.1—2008 的这一章适用。

17 耐久性

除下述条文外,GB 3883.1—2008 的这一章适用。

17.2 改换为:

工具在正常负载的规定条件下,以 1.1 倍额定电压和 0.9 倍的额定电压各运行两个 12 h,每两个 12 h 运行期之间的停歇时间至少为 2 h。

可用不是装在工具上的开关接通和断开工具。

试验期间,允许更换电刷,并按正常使用方式对工具加注润滑油脂。

如果工具任一部分的温升超过 12.1 试验时测得的温升,可采取强迫冷却或使其停歇,停歇时间不包括在规定运行期内。

在这些试验期间,过载保护器应不动作。

18 不正常操作

除下述条文外,GB 3883.1—2008 的这一章适用。

18.12 该条不适用。

增加:

18.101 按正常使用安装振动器,要将长管和振动棒在空气中保持成垂直位置,以额定电压或额定电压范围上限的电压,从室温开始起动。

运行期为:

——2 min,对装有电源开关的混凝土振动器,该电源开关能在释放开关操动件后马上自动关断电动机;

——15 min,对其他那些包括有将电源开关锁定在"接通"位置装置的混凝土振动器。

当保护装置(如有)动作,则认为试验终止。

混凝土振动器已经冷却至接近室温后,振动器应能经受 15.2 规定的电气强度试验。但对振动棒中装有电动机的振动器,对非Ⅲ类工具,在基本绝缘上施加的试验电压降为 1 000 V。

19 机械危险

GB 3883.1—2008 的这一章适用。

20 机械强度

除下述条文外，GB 3883.1—2008 的这一章适用。

20.3 增加：

只对在正常使用中用手握持或操作的、装有电动机或电源开关的部件才进行该试验。

20.5 该条不适用。

增加：

20.101 长管与装有电源开关的部件之间机械联接，长管与振动棒之间的机械联接应可靠。

混凝土振动器按正常使用时装配，通过在振动棒与装有电源开关的部件之间施加 1 min 的拉力来检验是否符合要求，拉力值（以 N 为单位）等于振动棒质量（以 kg 为单位）数值的 200 倍，但不超过 1 200 N。

试验期间，电气联接件不应受到机械应力；试验后，固定在装有开关零件处的长管，以及固定在振动棒处的长管应均无明显的位移。

然后，振动器应经受 15.2 规定的电气强度试验。

对电动机装置在振动棒内的混凝土振动器，对非Ⅲ类工具，施加在基本绝缘上的试验电压降为 1 000 V。

21 结构

除下述条文外，GB 3883.1—2008 的这一章适用。

21.16 增加：

正常使用中插入待振混凝土混合物中或用手握持或操作的部件内的、向电动机和其他部件供电的回路，应满足带水源工具的要求。

如不用隔离变压器，也可使用具有与用隔离变压器隔离电源有同等隔离程度的电动机-发电机组。

隔离变压器或电动机-发电机组的额定输出电压不超过：

——120 V，频率不超过 60 Hz；

——250 V，频率超过 60 Hz。

通过观察来检验。

21.32 该条不适用。

22 内部布线

GB 3883.1—2008 的这一章适用。

23 组件

GB 3883.1—2008 的这一章适用。

24 电源联接和外接软线

除下述条文外，GB 3883.1—2008 的这一章适用。

24.4 第一段改换为：

电源线应采用不低于重型氯丁橡胶的护层电缆(GB/T 5013.4 的 60245 IEC 66 YCW)。

增加：

24.101 与内有电源开关的零件相接的电缆长度为：

——对 3.101 定义中 a)设计，至少为 5 m；

——对 3.101 定义中 b)设计，不超过 0.5 m 或至少 5 m。

通过测量插头到内装有电源开关的零件的进线口之间的电缆长度(含电缆护套)来检验。

24.12 增加：

本条文不适用于振动机构设在振动棒内，正常使用时手持部位不含电动机、电源开关和电缆的混凝土振动器(背负使用的除外)。

25 外接导线的接线端子

GB 3883.1—2008 的这一章适用。

26 接地装置

GB 3883.1—2008 的这一章适用。

27 螺钉与联接件

GB 3883.1—2008 的这一章适用。

28 爬电距离、电气间隙和绝缘穿通距离

GB 3883.1—2008 的这一章适用。

29 耐热性、阻燃性和耐电痕化

GB 3883.1—2008 的这一章适用。

30 防锈

GB 3883.1—2008 的这一章适用。

31 辐射、毒性和类似危险

GB 3883.1—2008 的这一章适用。

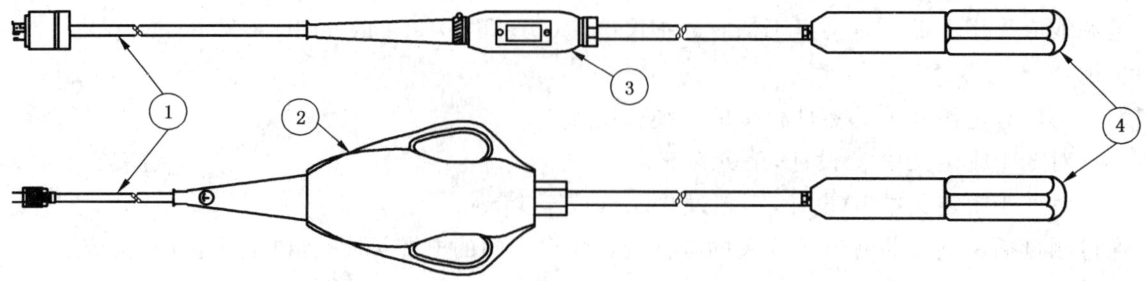

说明：

1——电缆；

2——电源换向器和带手柄的开关；

3——含有电源开关的部分；

4——带电动机的振动棒。

图 101　混凝土振动器的典型 a)型设计

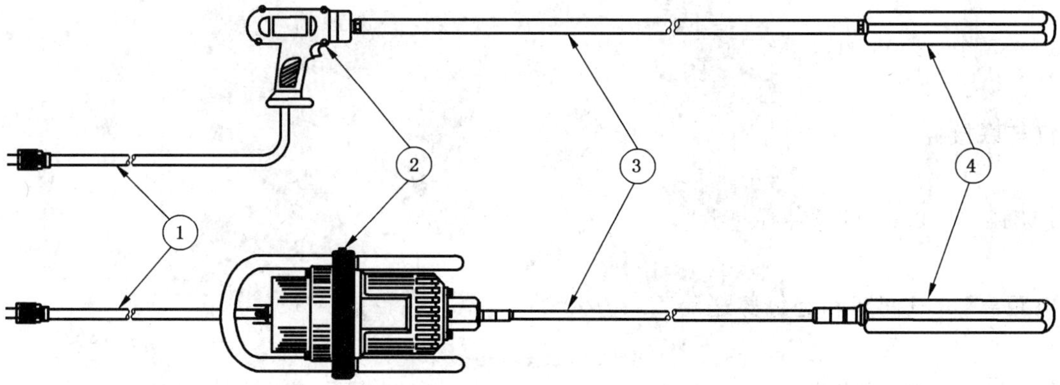

说明：

1——电缆；

2——带开关的电动机；

3——软轴；

4——振动棒。

图 102　混凝土振动器的典型 b)型设计

附　录

除下述内容外,GB 3883.1—2008 的附录适用。

附　录　K
(规范性附录)
电池式工具和电池盒

K.1　增加:

除非本附录另有规定,专用要求的所有章适用。

K.10.1　专用要求的该条不适用。

K.12.4　专用要求的该条不适用。

K.14.1　专用要求的该条不适用。

K.17.2　专用要求的该条不适用。

K.18.101　专用要求的该条不适用。

K.20.3　专用要求的该条不适用。

K.20.101　专用要求的该条不适用。

K.21.16　专用要求的该条不适用。

K.24.4　专用要求的该条不适用。

K.24.101　专用要求的该条不适用。

附　录　L
(规范性附录)
提供电源联接或非隔离源的电池式工具和电池盒

L.1　增加:

除非本附录另有规定,专用要求的所有章适用。

参 考 文 献

GB 3883.1—2008 的参考文献适用。

ICS 25.140.20
K 64

中华人民共和国国家标准

GB 3883.19—2012/IEC 60745-2-21:2008
代替 GB 3883.19—2005

手持式电动工具的安全
第2部分:管道疏通机的专用要求

Safety of hand-held motor-operated electric tools—
Part 2:Particular requirements for drain cleaners

(IEC 60745-2-21:2008 Ed 1.1,Hand-held motor-operated electric tools—Safety—Part 2-21:Particular requirements for drain cleaners,IDT)

2012-11-05 发布　　2013-05-01 实施

中华人民共和国国家质量监督检验检疫总局
中国国家标准化管理委员会　发布

前　言

本部分的全部技术内容为强制性。

GB 3883《手持式电动工具的安全》是关于手持式电动工具的安全标准，由第1部分通用要求和第2部分专用要求组成。GB 3883《手持式电动工具的安全》的组成如下：

——GB 3883.1《手持式电动工具的安全　第一部分：通用要求》
——GB 3883.2《手持式电动工具的安全　第2部分：螺丝刀和冲击扳手的专用要求》
——GB 3883.3《手持式电动工具的安全　第二部分：砂轮机、抛光机和盘式砂光机的专用要求》
——GB 3883.4《手持式电动工具的安全　第2部分：非盘式砂光机和抛光机的专用要求》
——GB 3883.5《手持式电动工具的安全　第二部分：圆锯的专用要求》
——GB 3883.6《手持式电动工具的安全　第2部分：电钻和冲击电钻的专用要求》
——GB 3883.7《手持式电动工具的安全　第2部分：锤类工具的专用要求》
——GB 3883.8《手持式电动工具的安全　第2部分：电剪刀和电冲剪的专用要求》
——GB 3883.9《手持式电动工具的安全　第2部分：攻丝机的专用要求》
——GB 3883.10《手持式电动工具的安全　第二部分：电刨的专用要求》
——GB 3883.11《手持式电动工具的安全　第2部分：往复锯(曲线锯、刀锯)的专用要求》
——GB 3883.12《手持式电动工具的安全　第2部分：混凝土振动器的专用要求》
——GB 3883.13《手持式电动工具的安全　第二部分：不易燃液体电喷枪的专用要求》
——GB 3883.14《手持式电动工具的安全　第二部分：链锯的专用要求》
——GB 3883.15《手持式电动工具的安全　第二部分：修枝剪的专用要求》
——GB 3883.16《手持式电动工具的安全　第二部分：钉钉机的专用要求》
——GB 3883.17《手持式电动工具的安全　第二部分：木铣和修边机的专用要求》
——GB 3883.18《手持式电动工具的安全　第二部分：石材切割机的专用要求》
——GB 3883.19《手持式电动工具的安全　第2部分：管道疏通机的专用要求》
——GB 3883.20《手持式电动工具的安全　第2部分：捆扎机的专用要求》
——GB 3883.21《手持式电动工具的安全　第2部分：带锯的专用要求》
——GB 3883.22《手持式电动工具的安全　第二部分：开槽机的专用要求》

本部分为GB 3883的第2部分：管道疏通机的专用要求。

本部分按照GB/T 1.1—2009给出的规则起草。

本部分代替GB 3883.19—2005《手持式电动工具的安全　第二部分：管道疏通机的专用要求》，与GB 3883.19—2005比较，主要变化如下：

——在"耐久性"中，增加了"可用不是装在工具上的开关接通和断开工具。"的要求(见17.2)；
——在"机械危险"中，增加了设计上的要求(见19.4)；
——在"机械强度"中，20.5不适用；
——在"结构"中，21.32不适用；
——修改了附录K、附录L；
——对3.101、8.1进行编辑性修改。

本部分使用翻译法等同采用IEC 60745-2-21:2008(1.1版)《手持式电动工具的安全　第2-21部分：管道疏通机的专用要求》，与等同采用IEC 60745-1:2006(4.0版)《手持式电动工具的安全　第一部分：通用要求》制定的GB 3883.1—2008《手持式电动工具的安全　第一部分：通用要求》一起使用。

本部分中写明“适用”的，表示GB 3883.1—2008中的相应条文适用；本部分中写明“改换”的，则应以本部分中的条文为准；本部分写明“修改”的，表示GB 3883.1—2008相应条文中的相关内容应以本部分修改后的内容为准，而该条文中其他内容仍适用；本部分写明“增加”的，表示除了符合GB 3883.1—2008的相应条文外，还应符合本部分中所增加的条文。

本部分由中国电器工业协会提出。

本部分由全国电动工具标准化技术委员会(SAC/TC 68)归口。

本部分起草单位：上海电动工具研究所。

本部分主要起草人：陈建秋、李宏照、沈惠娟、刘江。

手持式电动工具的安全
第2部分：管道疏通机的专用要求

1 范围

除下述条文外，GB 3883.1—2008 的这一章适用。

增加：

本部分适用于管道疏通机。

2 规范性引用文件

GB 3883.1—2008 的这一章适用。

3 术语和定义

除下述条文外，GB 3883.1—2008 的这一章适用。

增加的定义：

3.101

管道疏通机 drain cleaner

用于清除管道阻塞物的工具。

4 一般要求

GB 3883.1—2008 的这一章适用。

5 试验一般要求

GB 3883.1—2008 的这一章适用。

6 空章

7 分类

GB 3883.1—2008 的这一章适用。

8 标志和说明书

除下述条文外，GB 3883.1—2008 的这一章适用。

8.1 增加：

在第4个破折号后增加：

——原产地；

9 防止触及带电零件的保护

除下述条文外，GB 3883.1—2008 的这一章适用。

9.101 增加：

不认为管道疏通机的电缆是握持面。

10 起动

GB 3883.1—2008 的这一章适用。

11 输入功率和电流

GB 3883.1—2008 的这一章适用。

12 发热

GB 3883.1—2008 的这一章适用。

13 泄漏电流

GB 3883.1—2008 的这一章适用。

14 防潮性

GB 3883.1—2008 的这一章适用。

15 电气强度

GB 3883.1—2008 的这一章适用。

16 变压器及其相关电路的过载保护

GB 3883.1—2008 的这一章适用。

17 耐久性

除下述条文外，GB 3883.1—2008 的这一章适用。

17.2 增加：

可用不是装在工具上的开关接通和断开工具。

18 不正常操作

GB 3883.1—2008 的这一章适用。

19 机械危险

除下述条文外,GB 3883.1—2008 的这一章适用。

19.4 增加:

管道疏通机应设计成在正常使用时能用两手握持。

20 机械强度

除下述条文外,GB 3883.1—2008 的这一章适用。

20.5 该条不适用。

21 结构

除下述条文外,GB 3883.1—2008 的这一章适用。

21.32 该条不适用。

22 内部布线

GB 3883.1—2008 的这一章适用。

23 组件

GB 3883.1—2008 的这一章适用。

24 电源联接和外接软线

GB 3883.1—2008 的这一章适用。

25 外接导线的接线端子

GB 3883.1—2008 的这一章适用。

26 接地装置

GB 3883.1—2008 的这一章适用。

27 螺钉与联接件

GB 3883.1—2008 的这一章适用。

28 爬电距离、电气间隙和绝缘穿通距离

GB 3883.1—2008 的这一章适用。

29 耐热性、阻燃性和耐电痕化

GB 3883.1—2008 的这一章适用。

30 防锈

GB 3883.1—2008 的这一章适用。

31 辐射、毒性和类似危险

GB 3883.1—2008 的这一章适用。

附　　录

除下述内容外，GB 3883.1—2008 的附录适用。

附　录　K
（规范性附录）
电池式工具和电池盒

K.1　增加：

除非本附录另有规定，专用要求的所有章适用。

附　录　L
（规范性附录）
提供电源联接或非隔离源的电池式工具和电池盒

L.1　增加：

除非本附录另有规定，专用要求的所有章适用。

参考文献

GB 3883.1—2008 的参考文献适用。

ICS 25.140.20
K 64

中华人民共和国国家标准

GB 3883.20—2012/IEC 60745-2-18:2008
代替 GB 3883.20—2007

手持式电动工具的安全 第2部分:捆扎机的专用要求

Safety of hand-held motor-operated electric tools—
Part 2:Particular requirements for strapping tools

(IEC 60745-2-18:2008 Ed 1.1,Hand-held motor-operated electric tools—Safety—Part 2-18:Particular requirements for strapping tools,IDT)

2012-11-05 发布　　2013-05-01 实施

中华人民共和国国家质量监督检验检疫总局
中国国家标准化管理委员会　发布

前　言

本部分的全部技术内容为强制性。

GB 3883《手持式电动工具的安全》是关于手持式电动工具的安全标准，由第 1 部分通用要求和第 2 部分专用要求组成。GB 3883《手持式电动工具的安全》的组成如下：

——GB 3883.1《手持式电动工具的安全　第一部分：通用要求》

——GB 3883.2《手持式电动工具的安全　第 2 部分：螺丝刀和冲击扳手的专用要求》

——GB 3883.3《手持式电动工具的安全　第二部分：砂轮机、抛光机和盘式砂光机的专用要求》

——GB 3883.4《手持式电动工具的安全　第 2 部分：非盘式砂光机和抛光机的专用要求》

——GB 3883.5《手持式电动工具的安全　第二部分：圆锯的专用要求》

——GB 3883.6《手持式电动工具的安全　第 2 部分：电钻和冲击电钻的专用要求》

——GB 3883.7《手持式电动工具的安全　第 2 部分：锤类工具的专用要求》

——GB 3883.8《手持式电动工具的安全　第 2 部分：电剪刀和电冲剪的专用要求》

——GB 3883.9《手持式电动工具的安全　第 2 部分：攻丝机的专用要求》

——GB 3883.10《手持式电动工具的安全　第二部分：电刨的专用要求》

——GB 3883.11《手持式电动工具的安全　第 2 部分：往复锯(曲线锯、刀锯)的专用要求》

——GB 3883.12《手持式电动工具的安全　第 2 部分：混凝土振动器的专用要求》

——GB 3883.13《手持式电动工具的安全　第二部分：不易燃液体电喷枪的专用要求》

——GB 3883.14《手持式电动工具的安全　第二部分：链锯的专用要求》

——GB 3883.15《手持式电动工具的安全　第二部分：修枝剪的专用要求》

——GB 3883.16《手持式电动工具的安全　第二部分：钉钉机的专用要求》

——GB 3883.17《手持式电动工具的安全　第二部分：木铣和修边机的专用要求》

——GB 3883.18《手持式电动工具的安全　第二部分：石材切割机的专用要求》

——GB 3883.19《手持式电动工具的安全　第 2 部分：管道疏通机的专用要求》

——GB 3883.20《手持式电动工具的安全　第 2 部分：捆扎机的专用要求》

——GB 3883.21《手持式电动工具的安全　第 2 部分：带锯的专用要求》

——GB 3883.22《手持式电动工具的安全　第二部分：开槽机的专用要求》

本部分为 GB 3883 的第 2 部分：捆扎机的专用要求。

本部分按照 GB/T 1.1—2009 给出的规则起草。

本部分代替 GB 3883.20—2007《手持式电动工具的安全　第二部分：捆扎机的专用要求》，与 GB 3883.20—2007 比较，主要技术变化如下：

——在“耐久性”中，增加“可用不是装在工具上的开关接通和断开工具。”的要求(见 17.2)；

——在“机械强度”中，20.5 不适用；

——在“结构”中，21.32 不适用；

——修改了附录 K、附录 L；

——对 8.1、12.2、12.4 进行编辑性修改。

本部分使用翻译法等同采用 IEC 60745-2-18:2008(1.1 版)《手持式电动工具的安全　第 2-18 部分：捆扎机的专用要求》，与等同采用 IEC 60745-1:2006(4.0 版)《手持式电动工具的安全　第一部分：通用要求》制定的 GB 3883.1—2008《手持式电动工具的安全　第一部分：通用要求》一起使用。

本部分中写明“适用”的，表示 GB 3883.1—2008 中的相应条文适用；本部分中写明“改换”的，则应以本部分中的条文为准;本部分写明“修改”的,表示 GB 3883.1—2008 相应条文中的相关内容应以本部分修改后的内容为准,而该条文中其他内容仍适用;本部分写明“增加”的,表示除了符合 GB 3883.1—2008 的相应条文外,还应符合本部分中所增加的条文。

本部分由中国电器工业协会提出。

本部分由全国电动工具标准化技术委员会(SAC/TC 68)归口。

本部分起草单位:上海电动工具研究所。

本部分主要起草人:陈建秋、沈惠娟、刘江、吴文俊。

手持式电动工具的安全
第2部分:捆扎机的专用要求

1 范围

除下述条文外,GB 3883.1—2008的这一章适用。
增加:
本部分适用于捆扎机。

2 规范性引用文件

GB 3883.1—2008的这一章适用。

3 术语和定义

除下述条文外,GB 3883.1—2008的这一章适用。
增加的定义:

3.101
捆扎机 strapping tool
用于钳夹住箱子捆扎带的工具。

4 一般要求

GB 3883.1—2008的这一章适用。

5 试验一般要求

GB 3883.1—2008的这一章适用。

6 空章

7 分类

GB 3883.1—2008的这一章适用。

8 标志和说明书

除下述条文外,GB 3883.1—2008的这一章适用。

8.1 增加:
在第4个破折号后增加:

——原产地；

9 防止触及带电零件的保护

GB 3883.1—2008 的这一章适用。

10 起动

GB 3883.1—2008 的这一章适用。

11 输入功率和电流

GB 3883.1—2008 的这一章适用。

12 发热

除以下条文外，GB 3883.1—2008 的这一章适用。

12.2 改换为：

工具运行 30 个工作周期，每个工作周期包括在 2 min 内在一个试验包裹上钳夹住捆扎带 4 次的运行期，然后工具断电 1 min。试验包裹是一个 1 m^3 正方体的木箱，内有支架以防压扁。

12.4 改换为：

温升在 12.2 所述的第 30 个工作周期的接通期结束时测量，或应制造商选择，工具也可连续运行直至达到热稳定状态后测量。

13 泄漏电流

GB 3883.1—2008 的这一章适用。

14 防潮性

GB 3883.1—2008 的这一章适用。

15 电气强度

GB 3883.1—2008 的这一章适用。

16 变压器及其相关电路的过载保护

GB 3883.1—2008 的这一章适用。

17 耐久性

除下述条文外，GB 3883.1—2008 的这一章适用。

17.2 增加：

可用不是装在工具上的开关接通和断开工具。

18 不正常操作

GB 3883.1—2008 的这一章适用。

19 机械危险

GB 3883.1—2008 的这一章适用。

20 机械强度

除下述条文外，GB 3883.1—2008 的这一章适用。

20.5 该条不适用。

21 结构

除下述条文外，GB 3883.1—2008 的这一章适用。

21.32 该条不适用。

22 内部布线

GB 3883.1—2008 的这一章适用。

23 组件

GB 3883.1—2008 的这一章适用。

24 电源联接和外接软线

GB 3883.1—2008 的这一章适用。

25 外接导线的接线端子

GB 3883.1—2008 的这一章适用。

26 接地装置

GB 3883.1—2008 的这一章适用。

27 螺钉与联接件

GB 3883.1—2008 的这一章适用。

28 爬电距离、电气间隙和绝缘穿通距离

GB 3883.1—2008 的这一章适用。

29 耐热性、阻燃性和耐电痕化

GB 3883.1—2008 的这一章适用。

30 防锈

GB 3883.1—2008 的这一章适用。

31 辐射、毒性和类似危险

GB 3883.1—2008 的这一章适用。

附　录

除下述内容外,GB 3883.1—2008 的附录适用。

附　录　K
（规范性附录）
电池式工具和电池盒

K.1　增加:

除非本附录另有规定,专用要求的所有章适用。

K.12.2　改换为:

本部分的该条不适用。

K.12.4　改换为:

本部分的该条不适用。

附　录　L
（规范性附录）
提供电源联接或非隔离源的电池式工具和电池盒

L.1　增加:

除非本附录另有规定,专用要求的所有章适用。

参 考 文 献

GB 3883.1—2008 的参考文献适用。

ICS 25.140.20
K 64

中华人民共和国国家标准

GB 3883.21—2012/IEC 60745-2-20:2008
代替 GB 3883.21—2007

手持式电动工具的安全 第 2 部分:带锯的专用要求

Safety of hand-held motor-operated electric tools—Part 2:Particular requirements for band saws

(IEC 60745-2-20:2008 Ed 1.1,Hand-held motor-operated electric tools—Safety—Part 2-20:Particular requirements for band saws,IDT)

2012-11-05 发布　　2013-05-01 实施

中华人民共和国国家质量监督检验检疫总局
中国国家标准化管理委员会　发布

前　言

本部分的全部技术内容为强制性。

GB 3883《手持式电动工具的安全》是关于手持式电动工具的安全标准，由第1部分通用要求和第2部分专用要求组成。GB 3883《手持式电动工具的安全》的组成如下：

——GB 3883.1《手持式电动工具的安全　第一部分：通用要求》

——GB 3883.2《手持式电动工具的安全　第2部分：螺丝刀和冲击扳手的专用要求》

——GB 3883.3《手持式电动工具的安全　第二部分：砂轮机、抛光机和盘式砂光机的专用要求》

——GB 3883.4《手持式电动工具的安全　第2部分：非盘式砂光机和抛光机的专用要求》

——GB 3883.5《手持式电动工具的安全　第二部分：圆锯的专用要求》

——GB 3883.6《手持式电动工具的安全　第2部分：电钻和冲击电钻的专用要求》

——GB 3883.7《手持式电动工具的安全　第2部分：锤类工具的专用要求》

——GB 3883.8《手持式电动工具的安全　第2部分：电剪刀和电冲剪的专用要求》

——GB 3883.9《手持式电动工具的安全　第2部分：攻丝机的专用要求》

——GB 3883.10《手持式电动工具的安全　第二部分：电刨的专用要求》

——GB 3883.11《手持式电动工具的安全　第2部分：往复锯(曲线锯、刀锯)的专用要求》

——GB 3883.12《手持式电动工具的安全　第2部分：混凝土振动器的专用要求》

——GB 3883.13《手持式电动工具的安全　第二部分：不易燃液体电喷枪的专用要求》

——GB 3883.14《手持式电动工具的安全　第二部分：链锯的专用要求》

——GB 3883.15《手持式电动工具的安全　第二部分：修枝剪的专用要求》

——GB 3883.16《手持式电动工具的安全　第二部分：钉钉机的专用要求》

——GB 3883.17《手持式电动工具的安全　第二部分：木铣和修边机的专用要求》

——GB 3883.18《手持式电动工具的安全　第二部分：石材切割机的专用要求》

——GB 3883.19《手持式电动工具的安全　第2部分：管道疏通机的专用要求》

——GB 3883.20《手持式电动工具的安全　第2部分：捆扎机的专用要求》

——GB 3883.21《手持式电动工具的安全　第2部分：带锯的专用要求》

——GB 3883.22《手持式电动工具的安全　第二部分：开槽机的专用要求》

本部分为GB 3883的第2部分：带锯的专用要求。

本部分按照GB/T 1.1—2009给出的规则起草。

本部分代替GB 3883.21—2007《手持式电动工具的安全　第二部分：带锯的专用要求》，与GB 3883.21—2007比较，主要变化如下：

——在“标志和说明书”中，增加关于安全警告的内容(见8.12.1.1)；

——删除了原8.1.101；

——在“耐久性”中，增加“可用不是装在工具上的开关接通和断开工具。”的要求(见17.2)；

——修改了附录K、附录L；

——对3.101、8.1、21.18.1(原21.18)进行编辑性修改。

本部分使用翻译法等同采用IEC 60745-2-20:2008(1.1版)《手持式电动工具的安全　第2-20部分：带锯的专用要求》，与等同采用IEC 60745-1:2006(4.0版)《手持式电动工具的安全　第一部分：通用要求》制定的GB 3883.1—2008《手持式电动工具的安全　第一部分：通用要求》一起使用。

本部分中写明“适用”的，表示GB 3883.1—2008中的相应条文适用；本部分中写明“改换”的，则应以本部分中的条文为准;本部分写明“修改”的,表示 GB 3883.1—2008 相应条文中的相关内容应以本部分修改后的内容为准,而该条文中其他内容仍适用;本部分写明“增加”的,表示除了符合 GB 3883.1—2008 的相应条文外,还应符合本部分中所增加的条文。

本部分由中国电器工业协会提出。

本部分由全国电动工具标准化技术委员会(SAC/TC 68)归口。

本部分起草单位:上海电动工具研究所。

本部分主要起草人:潘顺芳、李邦协、尹海霞、刘江。

手持式电动工具的安全
第2部分:带锯的专用要求

1 范围

除下述条文外,GB 3883.1—2008 的这一章适用。
增加:
本部分适用于带锯。

2 规范性引用文件

GB 3883.1—2008 的这一章适用。

3 术语和定义

除下述条文外,GB 3883.1—2008 的这一章适用。
增加的定义:

3.101
带锯 band saws
装有环状锯条的工具。

4 一般要求

GB 3883.1—2008 的这一章适用。

5 试验一般要求

GB 3883.1—2008 的这一章适用。

6 空章

7 分类

GB 3883.1—2008 的这一章适用。

8 标志和说明书

除下述条文外,GB 3883.1—2008 的这一章适用。

8.1 增加:
在第 4 个破折号后增加:

——原产地；

8.12.1.1 增加：

在切削附件可能触及暗线或其自身软线之处进行操作时，要通过绝缘握持面来握持工具。切削附件碰到带电导线会使工具外露的金属零件带电从而使操作者受到电击。

9 防止触及带电零件的保护

GB 3883.1—2008 的这一章适用。

10 起动

GB 3883.1—2008 的这一章适用。

11 输入功率和电流

GB 3883.1—2008 的这一章适用。

12 发热

GB 3883.1—2008 的这一章适用。

13 泄漏电流

GB 3883.1—2008 的这一章适用。

14 防潮性

GB 3883.1—2008 的这一章适用。

15 电气强度

GB 3883.1—2008 的这一章适用。

16 变压器及其相关电路的过载保护

GB 3883.1—2008 的这一章适用。

17 耐久性

除下述条文外，GB 3883.1—2008 的这一章适用。

17.2 增加：

可用不是装在工具上的开关接通和断开工具。

18 不正常操作

GB 3883.1—2008 的这一章适用。

19 机械危险

GB 3883.1—2008 的这一章适用。

20 机械强度

GB 3883.1—2008 的这一章适用。

21 结构

除下述条文外，GB 3883.1—2008 的这一章适用。

21.18.1 增加：

对锯条空载线速度大于 125 m/min 的工具，不应装有能将开关锁定在“接通”位置的装置。

22 内部布线

GB 3883.1—2008 的这一章适用。

23 组件

GB 3883.1—2008 的这一章适用。

24 电源联接和外接软线

GB 3883.1—2008 的这一章适用。

25 外接导线的接线端子

GB 3883.1—2008 的这一章适用。

26 接地装置

GB 3883.1—2008 的这一章适用。

27 螺钉与联接件

GB 3883.1—2008 的这一章适用。

28 爬电距离、电气间隙和绝缘穿通距离

GB 3883.1—2008 的这一章适用。

29 耐热性、阻燃性和耐电痕化

GB 3883.1—2008 的这一章适用。

30 防锈

GB 3883.1—2008 的这一章适用。

31 辐射、毒性和类似危险

GB 3883.1—2008 的这一章适用。

附　录

除下述内容外，GB 3883.1—2008 的附录适用。

附　录　K
（规范性附录）
电池式工具和电池盒

K.1　增加：

除非本附录另有规定，专用要求的所有章适用。

K.8.12.1.1　改换为：

在切削附件可能触及暗线进行操作时，要通过绝缘握持面来握持工具。 切削附件碰到带电导线会使工具外露的金属零件带电从而使操作者受到电击。

附　录　L
（规范性附录）
提供电源联接或非隔离源的电池式工具和电池盒

L.1　增加：

除非本附录另有规定，专用要求的所有章适用。

参 考 文 献

GB 3883.1—2008 的参考文献适用。

ICS 77.120.60
H 13

中华人民共和国国家标准

GB/T 3884.1—2012
代替 GB/T 3884.1—2000

铜精矿化学分析方法 第1部分:铜量的测定 碘量法

Methods for chemical analysis of copper concentrates—Part 1:Determination of copper content—Iodine titration method

2012-12-31 发布　　2013-10-01 实施

中华人民共和国国家质量监督检验检疫总局
中国国家标准化管理委员会　发布

前　言

本标准是按照 GB/T 1.1—2009 给出的规则起草的。

GB/T 3884《铜精矿化学分析方法》分为 14 个部分：

——第 1 部分：铜量的测定　碘量法；

——第 2 部分：金和银量的测定　火焰原子吸收光谱法和火试金法；

——第 3 部分：硫量的测定　重量法和燃烧-滴定法；

——第 4 部分：氧化镁量的测定　火焰原子吸收光谱法；

——第 5 部分：氟量的测定　离子选择电极法；

——第 6 部分：铅、锌、镉和镍量的测定　火焰原子吸收光谱法；

——第 7 部分：铅量的测定　Na_2EDTA 滴定法；

——第 8 部分：锌量的测定　Na_2EDTA 滴定法；

——第 9 部分：砷和铋量的测定　氢化物发生-原子荧光光谱法、溴酸钾滴定法和二乙基二硫代氨基甲酸银分光光度法；

——第 10 部分：锑量的测定　氢化物发生-原子荧光光谱法；

——第 11 部分：汞量的测定　冷原子吸收光谱法；

——第 12 部分：氟和氯量的测定　离子色谱法；

——第 13 部分：铜量测定　电解法；

——第 14 部分：金和银量测定　火试金重量法和原子吸收光谱法。

本部分为第 1 部分。

本部分方法 1 为仲裁方法。

本部分代替 GB/T 3884.1—2000《铜精矿化学分析方法　铜量的测定》，与 GB/T 3884.1—2000 相比，主要发生了如下变动：

——对文本格式进行了修改。

——硫代硫酸钠标准滴定溶液的标定改为纯铜标定。

——方法 2 增加了含钙、镁、铬高的样品处理方法。

——补充了精密度和试验报告条款。

本标准由全国有色金属标准化技术委员会(SAC/TC 243)归口。

本标准负责起草单位：大冶有色金属集团控股有限公司。

本部分起草单位：大冶有色金属集团控股有限公司。

本部分参加起草单位：北京矿冶研究总院、江西铜业股份有限公司、铜陵有色金属集团控股有限公司、中条山有色金属集团有限公司、昆明冶金研究院、云南铜业股份有限公司、湖南水口山有色金属集团有限公司、阳谷祥光铜业有限公司。

本部分方法 1 主要起草人：王旭、肖泽红、汤淑芳、李敏、李华昌、王永彬、荣莎莎、苏志霞 、陈慧汶、叶欣、李鸿英、刘维理、李蓉、李瑞玲、郑文英、曾光明、曾贞明、张永中、沈丽。

本部分方法 2 主要起草人：袁功启、肖泽红、施小英、汤淑芳、王静、于力、荣莎莎、苏志霞、陈慧汶、叶欣、廉惠萍、刘维理、李蓉、李瑞玲、郑文英、曾光明、曾贞明、张永中、沈丽。

本部分所代替标准的历次版本发布情况为：

—GB/T 3884.1—1983、GB/T 3884.1—2000。

铜精矿化学分析方法
第1部分:铜量的测定
碘量法

1 范围

GB/T 3884 的本部分规定了铜精矿中铜含量测定的方法:长碘量法(方法1)和短碘量法(方法2),以下简称方法1和方法2。

本部分适用于铜精矿中铜含量的测定。测定范围:13.00%~50.00%。

2 方法提要

2.1 方法1

试料经盐酸、硝酸和硫酸分解,在稀硫酸溶液中加入硫代硫酸钠溶液使铜离子以硫化铜状态从溶液中分离。沉淀用混合酸溶解,调节溶液的pH值为3.0~4.0,用氟化氢铵掩蔽铁,加入碘化钾与二价铜作用,析出的碘以淀粉为指示剂,用硫代硫酸钠标准滴定溶液滴定。分离铜后的滤液采用原子吸收光谱法测定铜量。

2.2 方法2

试料经盐酸、硝酸分解后,用乙酸铵溶液调节溶液的pH值为3.0~4.0,用氟化氢铵掩蔽铁,加入碘化钾与二价铜作用,析出的碘以淀粉为指示剂,用硫代硫酸钠标准滴定溶液滴定。

3 试剂

除非另有说明,在分析中仅使用确认为分析纯的试剂和蒸馏水或去离子水或相当纯度的水。

3.1 纯铜($w_{Cu}\geqslant 99.999\%$):将纯铜放入微沸的乙酸(3.14)中,微沸1 min,取出后用水和无水乙醇(3.4)分别冲洗二次以上,在100 ℃烘箱中烘4 min,冷却,置于磨口瓶中备用。

3.2 碘化钾。

3.3 氟化氢铵。

3.4 无水乙醇。

3.5 三氯甲烷。

3.6 溴。

3.7 盐酸(ρ1.19 g/mL)。

3.8 硝酸(ρ1.42 g/mL)。

3.9 硝酸(1+1)。

3.10 硫酸(ρ1.84 g/mL)。

3.11 硫酸(1+1)。

3.12 高氯酸(ρ1.67 g/mL)。

3.13 冰乙酸(ρ1.05 g/mL)。

3.14 乙酸(1+3)。

3.15 硝硫混酸:将700 mL硝酸(3.8)和300 mL硫酸(3.10)混合。

3.16 混合酸:将1 500 mL硝酸(3.8)与500 mL高氯酸(3.12)混合后,再加入300 mL硫酸(3.10),充分混匀。

3.17 氨水(ρ0.90 g/mL)。

3.18 碘溶液(0.04 mol/L)。

3.19 碳酸钠溶液(4 g/L)。

3.20 三氯化铁溶液(100 g/L)。

3.21 硫代硫酸钠溶液(200 g/L)。

3.22 氟化氢铵饱和溶液(贮存于聚乙烯瓶中)。

3.23 乙酸铵溶液(300 g/L):称取90 g乙酸铵,置于400 mL烧杯中,加入150 mL水和100 mL冰乙酸(3.13),溶解后,用水稀释至300 mL,混匀,此溶液pH值为5。

3.24 硫氰酸钾溶液(100 g/L):称取10 g硫氰酸钾于400 mL烧杯中,加入100 mL水溶解后,加入2 g碘化钾(3.2)溶解后,加入2 mL淀粉溶液(3.28),滴加碘溶液(3.18)至恰好呈蓝色,再用硫代硫酸钠标准滴定溶液(3.25)滴定至蓝色刚好消失。

3.25 硫代硫酸钠标准滴定溶液[$c(Na_2S_2O_3 \cdot 5H_2O \approx 0.04\ mol/L$]。

3.25.1 制备:称取100 g硫代硫酸钠($Na_2S_2O_3 \cdot 5H_2O$)置于1 000 mL烧杯中,加入500 mL碳酸钠溶液(3.19)中,移入10 L棕色试剂瓶中。用煮沸并冷却的蒸馏水稀释至约10 L,加入1 mL三氯甲烷(3.5),静置两周,使用时过滤,补加1 mL三氯甲烷(3.5),混匀,静置2 h。

3.25.2 标定:称取0.080 g(精确至0.000 01 g)处理过的纯铜(3.1)三份,分别置于500 mL三角烧杯中,加入10 mL硝酸(3.9),盖上表皿,于电热板低温处加热至完全溶解,取下,用水洗表皿及杯壁,加入5 mL硫酸(3.11),继续加热蒸至尽干,取下稍冷,用40 mL水吹洗杯壁,加热煮沸,使盐类完全溶解,取下冷至室温,加入1 mL冰乙酸(3.13),加入3 mL氟化氢铵饱和溶液(3.22),摇匀。加入2 g~3 g碘化钾(3.2),摇动溶解,立即用硫代硫酸钠标准滴定溶液(3.25)滴定至浅黄色,加入2 mL淀粉溶液(3.28),继续滴定至浅蓝色,加入5 mL硫氰酸钾溶液(3.24),激烈摇振至蓝色加深,再滴定至蓝色刚好消失为终点。随同标定做空白试验。

按式(1)计算硫代硫酸钠标准滴定溶液的实际浓度:

$$c = \frac{m \times 1\,000}{(V_1 - V_0) \cdot M} \qquad \cdots\cdots (1)$$

式中:

c ——硫代硫酸钠标准滴定溶液的实际浓度,单位为摩尔每升(mol/L);

V_1——标定时,滴定铜溶液所消耗的硫代硫酸钠标准滴定溶液的体积,单位为毫升(mL);

V_0——标定时,滴定铜空白溶液所消耗的硫代硫酸钠标准滴定溶液的体积,单位为毫升(mL);

M——铜的摩尔质量,单位为克每摩尔(g/mol),[$M(Cu)=63.546$];

m——纯铜的质量,单位为克(g)。

平行标定三份,其极差值不大于5×10^{-5} mol/L时,取其平均值,否则重新标定。

注:硫代硫酸钠标准滴定溶液每隔一周必须重新标定一次。

3.26 铜标准贮存溶液:称取1.000 0 g纯铜(3.1),置于500 mL三角烧杯中,缓慢加入40 mL硝酸(3.9),盖上表皿,置于电热板低温处,加热使其完全溶解,取下,用水洗涤表皿及杯壁,冷至室温。将溶液移入500 mL容量瓶中,用水洗涤烧杯,洗液并入容量瓶中,用水稀释至刻度,混匀。此溶液1 mL含2.0 mg铜。

3.27 铜标准溶液:移取50.00 mL铜标准贮存溶液(3.26)于1 000 mL容量瓶中,加入10 mL硝酸(3.9),用水稀释至刻度,混匀。此溶液1 mL含0.1 mg铜。

3.28　淀粉溶液(5 g/L)。

4　仪器

原子吸收光谱仪,附有铜空心阴极灯。

在仪器最佳工作条件下,凡能达到下列指标者均可使用。

——特征浓度:在与测量试液基本相一致的溶液中,铜的特征浓度不大于 0.023 μg/mL。

——精密度:最高浓度的标准溶液测量 10 次吸光度,其标准偏差应不超过平均吸光度的 1.0%;用最低浓度的标准溶液(不是"零"标准溶液)测量 10 次吸光度,其标准偏差应不超过最高浓度标准溶液的平均吸光度的 0.5%。

——工作曲线线性:将工作曲线按浓度分成五段,最高段的吸光度差值与最低段的吸光度差值之比应不小于 0.8。

5　试样

5.1　样品粒度应不大于 100 μm。

5.2　样品应在 100 ℃～105 ℃烘 1 h 后置于干燥器中,冷至室温。

6　分析步骤

6.1　试料

按表 1 称取试样,精确至 0.000 1 g。

表 1　试料质量

铜的质量分数/%	试料质量/g
13.00～25.00	0.40
>25.00～50.00	0.20

6.2　测定次数

独立地进行二次测定,取其平均值。

6.3　空白试验

随同试料做空白试验。

6.4　测定

6.4.1　方法 1

6.4.1.1　试料的处理

将试料(6.1)置于 500 mL 三角烧杯中,用少量水润湿,加入 10 mL 盐酸(3.7),置于电热板上低温加热 3 min～5 min,取下稍冷。加入 15 mL 硝硫混酸(3.15)和 0.5 mL～1 mL 溴(3.6),盖上表皿,摇匀,低温加热,待试料完全分解后,继续加热蒸干,冷却。

6.4.1.2 铜的分离

用 90 mL 水吹洗表皿及杯壁，加入 10 mL 硫酸(3.11)置于电热板上煮沸，在搅拌下，慢慢加入 25 mL 硫代硫酸钠溶液(3.21)，煮沸 5 min，保温微沸至沉淀物凝聚，趁热过滤，并用热水洗涤沉淀物三次以上，洗液与分离硫化铜滤液合并后用于原子吸收光谱测定铜量。

6.4.1.3 铜沉淀物的分解

将沉淀物和滤纸返回原三角烧杯中，加入 20 mL 混合酸(3.16)。加热分解沉淀和滤纸(若仍有碳、硫未被分解，可再适当加入混合酸，再加热至完全分解)。并冒烟至近干，冷却。

6.4.1.4 滴定

用 30 mL 水吹洗表皿及杯壁，盖上表皿，置于电热板上煮沸使可溶性盐类溶解，取下冷至室温。滴加氨水(3.17)至沉淀物生成，然后滴加乙酸(3.14)至沉淀物消失，再过量 4 mL，加入 3 mL 氟化氢铵饱和溶液(3.22)，摇匀。加入 2 g～3 g 碘化钾(3.2)，摇动溶解，立即用硫代硫酸钠标准滴定溶液(3.25)滴定至浅黄色，加入 2 mL 淀粉溶液(3.28)，继续滴定至浅蓝色，加入 5 mL 硫氰酸钾溶液(3.24)，激烈摇振至蓝色加深。再滴定至蓝色刚好消失为终点。

6.4.1.5 滤液中铜量的测定

将分离铜后的滤液蒸至近干，取下冷却，加入 100 mL 水于电热板上煮沸，溶解可溶性盐类，取下冷却，移入 200 mL 容量瓶中，用水稀释至刻度，混匀，静置 2 h。

使用空气-乙炔火焰，于原子吸收光谱仪波长 324.7 nm 处，与测定系列标准溶液同时以水调零，测量溶液的吸光度，减去试料的空白溶液的吸光度，从工作曲线上查出相应的铜的质量浓度(ρ)。

6.4.1.6 工作曲线的绘制

6.4.1.6.1 移取 0 mL、1.00 mL、2.00 mL、3.00 mL、4.00 mL、5.00 mL 的铜标准溶液(3.27)分别置于一组 200 mL 容量瓶中，加入 1.0 mL 硫酸(3.10)，用水稀释至刻度，混匀。

6.4.1.6.2 使用空气-乙炔火焰，于原子吸收光谱仪波长 324.7 nm 处，以水调零，测量溶液的吸光度，减去“零”浓度溶液的吸光度，以铜的浓度为横坐标，吸光度为纵坐标，绘制工作曲线。

6.4.2 方法 2

6.4.2.1 试料的处理

将试料(6.1)置于 500 mL 三角烧杯中，用少量水润湿，加入 10 mL 盐酸(3.7)，置于电热板上低温加热 3 min～5 min，取下稍冷，加入 5 mL 硝酸(3.8)和 0.5 mL～1 mL 溴(3.6)，盖上表皿，混匀，低温加热，待试料完全分解后，取下稍冷，用少量水洗涤表皿，继续加热蒸至近干，冷却。

注 1：若试料中硅含量较高时，需加入 0.5 g 氟化氢铵(3.3)。

注 2：若试料中碳含量较高时，需加入 2 mL 硫酸(3.10)和 2 mL～5 mL 高氯酸(3.12)，加热溶解至无黑色残渣，并蒸干。

注 3：若试料中含硅、碳较高时，加入 0.5 g 氟化氢铵(3.3)和 5 mL～10 mL 高氯酸(3.12)。

注 4：若试料中铬含量高时，加入高氯酸冒烟，溶液出现砖红色时，加入盐酸或固体氯化钠，重复 2 次，蒸至近干，加入 5 mL 盐酸(3.7)，加热溶解。

注 5：若试料中钙镁含量高时，用方法 1 测定铜。

6.4.2.2 滴定

用 30 mL 水吹洗表皿及杯壁，盖上表皿，置于电热板上煮沸，使可溶性盐类完全溶解，取下冷至室温。滴加乙酸铵溶液(3.23)至红色不再加深并过量3 mL～5 mL,然后滴加氟化氢铵饱和溶液(3.22)至红色消失并过量1 mL,混匀。加入2 g～3 g碘化钾(3.2),摇动溶解,立即用硫代硫酸钠标准滴定溶液(3.25)滴定至浅黄色,加入2 mL淀粉溶液(3.28),继续滴定至浅蓝色,加入5 mL硫氰酸钾溶液(3.24),激烈摇振至蓝色加深。再滴定至蓝色刚好消失为终点。

注1:若铁含量极少时,需补加1mL三氯化铁溶液(3.20)。

注2:如铅、铋含量较高时,需提前加入2 mL淀粉溶液(3.28)。

7 分析结果的计算

7.1 方法1

铜的含量以质量分数 w_{Cu} 计,数值以%表示,按式(2)计算:

$$w_{Cu}=\frac{c(V_3-V_2)\cdot M}{m_0\times 1\,000}\times 100+\frac{\rho\times 200\times 10^{-6}}{m_0}\times 100 \quad\cdots\cdots(2)$$

7.2 方法2

铜的含量以质量分数 w_{Cu} 计,数值以%表示,按式(3)计算:

$$w_{Cu}=\frac{c(V_3-V_2)\cdot M}{m_0\times 1\,000}\times 1\,00 \quad\cdots\cdots(3)$$

上两式中:

c ——硫代硫酸钠标准滴定溶液的实际浓度,单位为摩尔每升(mol/L);

ρ ——从工作曲线上查出相应的滤液中铜的质量浓度,单位为微克每毫升(μg/mL);

V_3——测定时,滴定试料溶液所消耗硫代硫酸钠标准滴定溶液的体积,单位为毫升(mL);

V_2——测定时,滴定空白试验溶液所消耗硫代硫酸钠标准滴定溶液的体积,单位为毫升(mL);

M——铜的摩尔质量,单位为克每摩尔(g/mol),[M(Cu)=63.546];

m_0——试料的质量,单位为克(g)。

计算结果表示至小数点后二位。

8 精密度

8.1 重复性

在重复性条件下获得的两次独立测试结果的测定值,在以下给出的平均值范围内,这两个测试结果的绝对差值不超过重复性限(r),超过重复性限(r)的情况不超过5%,重复性限(r)按以下表2、3数据采用线性内插法或外延法求得:

表2 重复性限(方法1)

w_{Cu}/%	12.24	21.74	30.65	39.97	49.79
r/%	0.12	0.14	0.17	0.19	0.23

表3 重复性限(方法2)

w_{Cu}/%	12.29	21.75	30.65	39.98	49.79
r/%	0.12	0.15	0.18	0.21	0.24

8.2 再现性

在再现性条件下获得的两次独立测试结果的测定值，在以下给出的平均值范围内，这两个测试结果的绝对差值不大于再现性限(R)，超过再现性限(R)的情况不超过5%，再现性限(R)按表4、表5数据采用线性内插法或外延法求得：

表4 再现性限(方法1)

w_{Cu}/%	12.24	21.74	30.65	39.97	49.79
R/%	0.20	0.23	0.26	0.29	0.32

表5 再现性限(方法2)

w_{Cu}/%	12.29	21.75	30.65	39.98	49.79
R/%	0.23	0.25	0.27	0.30	0.32

9 试验报告

本章规定试验报告所包括的内容。至少应给出以下几个方面的内容：

——试样；

——使用的标准，GB/T 3884.1—2012；

——使用的方法；

——分析结果及其表示；

——与基本分析步骤的差异；

——测定中观察到的异常现象；

——试验日期。

ICS 77.120.60
H 13

中华人民共和国国家标准

GB/T 3884.2—2012
代替 GB/T 3884.2—2000

铜精矿化学分析方法 第 2 部分:金和银量的测定 火焰原子吸收光谱法和火试金法

Methods for chemical analysis of copper concentrates—Part 2:Determination of gold and silver contents—Flame atomic absorption spectrmetric method and fire assay method

2012-12-31 发布　　2013-10-01 实施

中华人民共和国国家质量监督检验检疫总局
中国国家标准化管理委员会　发布

前　言

GB/T 3884《铜精矿化学分析方法》分为14个部分：

——第1部分：铜量的测定　碘量法；

——第2部分：金和银量的测定　火焰原子吸收光谱法和火试金法；

——第3部分：硫量的测定　重量法和燃烧-滴定法；

——第4部分：氧化镁量的测定　火焰原子吸收光谱法；

——第5部分：氟量的测定　离子选择电极法；

——第6部分：铅、锌、镉和镍量的测定　火焰原子吸收光谱法；

——第7部分：铅量的测定　Na_2EDTA滴定法；

——第8部分：锌量的测定　Na_2EDTA滴定法；

——第9部分：砷和铋量的测定　氢化物发生-原子荧光光谱法、溴酸钾滴定法和二乙基二硫代氨基甲酸银分光光度法；

——第10部分：锑量的测定　氢化物发生-原子荧光光谱法；

——第11部分：汞量的测定　冷原子吸收光谱法；

——第12部分：氟和氯量的测定　离子色谱法；

——第13部分：铜量测定　电解法；

——第14部分：金和银量测定　火试金重量法和原子吸收光谱法。

本部分为第2部分。

本部分按照GB/T 1.1—2009给出的规则起草。

本部分代替GB/T 3884.2—2000《铜精矿化学分析方法　金和银量的测定》，与GB/T 3884.2—2000相比，主要发生了如下变动：

——对文本格式进行了修改；

——补充了精密度和试验报告条款。

本部分由全国有色金属标准化技术委员会(SAC/TC 243)归口。

本部分负责起草单位：大冶有色金属集团控股有限公司。

本部分起草单位：大冶有色金属集团控股有限公司。

本部分参加起草单位：北京矿冶研究总院、铜陵有色金属集团控股有限公司、江西铜业股份有限公司、中条山有色金属集团有限公司、云南铜业股份有限公司、株洲冶炼集团股份有限公司、紫金矿业集团股份有限公司、中冶葫芦岛有色金属集团有限公司、湖南水口山有色金属集团有限公司、阳谷祥光铜业有限公司、湖南有色金属研究院。

本部分方法1主要起草人：袁功启、肖泽红、李晓瑜、冯媛、王皓莹、周晓凯、王俊义、陈尧、马丽君、张雨、穆秀美、郑文英、张艳云、彭剑、张宏宪、池凤华、曹艳、罗永锋、张永中、李兵。

本部分方法2主要起草人：王永彬、袁功启、丰从新、黄上元、熊梅瑜、袁玉霞、柳成华、李琴美、王达通、常冀湘、张忠祥、韩云山、张明、陈立卿、刘志强、马宁、王悦、曾光明、周宏鼎、张巧燕。

本部分所代替标准的历次版本发布情况为：

——GB/T 3884.2—1983、GB/T 3884.14—1986、GB/T 3884.15—1986、GB/T 3884.2—2000。

铜精矿化学分析方法
第2部分:金和银量的测定
火焰原子吸收光谱法和火试金法

1 范围

本方法规定了铜精矿中金和银含量的测定方法。

本方法适用于铜精矿中金和银含量的测定。方法1测定范围:银:10.0 g/t～300.0 g/t;方法2测定范围:金:0.50 g/t～40.00 g/t;银:50.0 g/t～2 500.0 g/t。

2 方法1 火焰原子吸收光谱法

2.1 方法提要

试料经硝酸、高氯酸溶解,在稀盐酸介质中,用原子吸收光谱仪于波长328.1 nm处,以空气-乙炔火焰测量银的吸光度,扣除背景吸收,按标准曲线计算银量。

2.2 试剂

除非另有说明,在分析中仅使用确认为分析纯的试剂和蒸馏水或去离子水或相当纯度的水。

2.2.1 氟化氢铵。

2.2.2 盐酸(ρ=1.19 g/mL)。

2.2.3 盐酸(1+9)。

2.2.4 硝酸(ρ=1.42 g/mL)。

2.2.5 硝酸(1+1)。

2.2.6 高氯酸(ρ=1.67 g/mL)。

2.2.7 银标准贮存溶液:称取0.100 0 g纯银($w_{Ag}\geqslant$99.99%)于200 mL烧杯中,加20 mL硝酸(2.2.5),加热至完全溶解,冷却至室温,移入200 mL棕色容量瓶中,用无氯离子交换水稀至刻度,混匀。此溶液1 mL含500 μg银。

2.2.8 银标准溶液:移取10.00 mL银标准贮存溶液(2.2.7)于100 mL容量瓶中,用盐酸(1+9)稀释至刻度,混匀。此溶液1 mL含20 μg银。

2.3 仪器

原子吸收光谱仪,附银空心阴极灯。

在仪器最佳工作条件下,凡能达到下列指标者均可使用。

——特征浓度:在与测量试料溶液的基体相一致的溶液中,银的特征浓度应不大于0.018 μg/mL。

——精密度:用最高浓度标准溶液测量10次吸光度,其标准偏差应不超过平均吸光度的1.0%,用最低浓度的标准溶度(不是"零"标准溶度)测量10次吸光度,其标准偏差应不超过最高浓度标准溶液平均吸光度的0.5%。

——工作曲线线性:将工作曲线按浓度等分成五段,最高段的吸光度差值与最低段吸光度差值之比不小于0.85。

2.4 试样

2.4.1 样品粒度应不大于 100 μm。
2.4.2 样品应在 100 ℃～105 ℃烘干 1 h 后置于干燥器中冷至室温。

2.5 分析步骤

2.5.1 试料

按表 1 称取试样，精确至 0.000 1 g。

表 1 试料质量及定容体积

银的质量分数/(g/t)	试料质量/g	测定体积/mL	加盐酸(3.2)/mL
10.0～40.0	0.50	25	2.5
>40.0～100.0	0.50	50	5.0
>100.0～300.0	0.30	100	10.0

2.5.2 测定次数

独立地进行 2 次试验，取其平均值。

2.5.3 空白试验

随同试料做空白试验。

2.5.4 测定

2.5.4.1 将试料(2.5.1)置于 250 mL 烧杯中，加入少量水润湿，加入 15 mL 硝酸(2.2.4)，盖上表皿，加热溶解并不时摇动，溶至小体积，加 5 mL 高氯酸(2.2.6)继续加热至冒烟时，移低温处继续溶解直至杯底无黑渣，取下稍冷，加入 5 mL 盐酸(2.2.2)，继续加热至高氯酸冒白烟，蒸至湿盐状，取下冷却。

注：含硅高时加入少量氟化氢铵。

2.5.4.2 按表 1 加入盐酸(2.2.2)，用水吹洗表皿和杯壁，加热使盐类溶解，取下冷却至室温。

将溶液移入容量瓶中，用水稀至刻度，混匀，静置(或干过滤)。

2.5.4.3 使用空气-乙炔火焰，于原子吸收收光谱仪波长 328.1 nm 处，以随同试料的空白试验溶液调零，测量试液的吸光度，扣除背景吸收，自工作曲线上查出相应的银浓度。

2.5.5 工作曲线的绘制

2.5.5.1 移取 0 mL、1.00 mL、2.00 mL、3.00 mL、4.00 mL、5.00 mL 银标准溶液(2.2.8)，分别置于一组 100 mL 容量瓶中，加入 10.0 mL 盐酸(2.2.2)，用水稀释至刻度，混匀。

2.5.5.2 在与测量试料溶液相同的条件下，以“零”浓度溶液调零，于波长 328.1 nm 处，测量银标准溶液的吸光度，以银浓度为横坐标，相应的吸光度为纵坐标绘制工作曲线。

2.6 分析结果的计算

银的含量以质量分数 w_{Ag} 计，数值以 g/t 表示，按式(1)计算：

$$w_{Ag}=\frac{\rho \cdot V_1}{m_0} \quad \cdots\cdots\cdots\cdots(1)$$

式中：

ρ ——自工作曲线上查得银的质量浓度，单位为微克每毫升（μg/mL）；

V_1——试料溶液的体积，单位为毫升（mL）；

m_0——试料的质量，单位为克（g）。

计算结果表示至小数点后一位。

2.7 精密度

2.7.1 重复性

在重复性条件下获得的两次独立测试结果的测定值，在以下给出的平均值范围内，这两个测试结果的绝对差值不超过重复性限（r），超过重复性限（r）的情况不超过5%，重复性限（r）按表2数据采用线性内插法或外延法求得。

表2 重复性限

w_{Ag}/(g/t)	14.7	69.5	110.8	190.6	313.8
r/(g/t)	2.9	4.9	7.6	9.3	15.4

2.7.2 再现性

在再现性条件下获得的两次独立测试结果的测定值，在以下给出的平均值范围内，这两个测试结果的绝对差值不大于再现性限（R），超过再现性限（R）的情况不超过5%，再现性限（R）按表3数据采用线性内插法或外延法求得。

表3 再现性限

w_{Ag}/(g/t)	14.7	69.5	110.8	190.6	313.8
R/(g/t)	5.0	8.4	13.0	15.9	26.2

2.8 试验报告

试验报告至少应给出以下几个方面的内容：

——试样；

——使用的标准，GB/T 3884.2—2012；

——使用的方法；

——分析结果及其表示；

——与基本分析步骤的差异；

——测定中观察到的异常现象；

——试验日期。

3 方法2 火试金法测定

3.1 方法提要

试料经配料，高温熔融，融态的金属铅捕集试料中的贵金属形成铅扣，试料中的其他物质与熔剂生成易熔性熔渣。将铅扣灰吹，得金银合粒，清除合粒表面粘附杂质，经硝酸分金，用滴定法测定银量，重量法测定金量。

3.2 试剂

除非另有说明，在分析中仅使用确认为分析纯的试剂和蒸馏水或去离子水或相当纯度的水。

3.2.1 碳酸钠：工业纯，粉状。

3.2.2 氧化铅：工业纯，粉状（含金<0.01 g/t，含银<0.5 g/t）。

3.2.3 二氧化硅：工业纯，粉状。

3.2.4 硼砂：粉状。

3.2.5 淀粉：粉状。

3.2.6 硝酸钾，粉状。

3.2.7 氯化钠：工业纯，粉状。

3.2.8 纯银：99.99%。

3.2.9 铅箔：厚度 0.1 mm～0.15 mm，质量 3 g～5 g，方形，含金小于 0.1 g/t。

3.2.10 硝酸（ρ=1.42 g/mL），优级纯。

3.2.11 硝酸（1+7），不含氯根。

3.2.12 硝酸（1+1），不含氯根。

3.2.13 硫酸铁铵指示剂：取一份硫酸铁铵饱和溶液，加三份硝酸（1+3），混匀。

3.2.14 硫氰酸钾标准滴定溶液

3.2.14.1 配制：称取 0.5 g 硫氰酸钾，置于 100 mL 烧杯中，加水溶解，移入 1 000 mL，容量瓶中，稀释至刻度，混匀。静置一周后过滤，备用。

3.2.14.2 标定：称取三份 10.00 mg～15.00 mg 纯银（3.2.8）分别置于 50 mL 瓷坩埚（3.3.9）中，加入 10 mL～15 mL 硝酸（3.2.12），微热溶解并蒸至约 1 mL～2 mL，加入少量水和 0.5 mL 硫酸铁铵指示剂（3.2.13），以硫氰酸钾标准滴定溶液（3.2.14）滴定至浅红色即为终点。

按式（2）计算硫氰酸钾标准滴定溶液的实际浓度。

$$c=\frac{m_1}{M\cdot V_2} \qquad \cdots\cdots(2)$$

式中：

c ——硫氰酸钾标准滴定溶液的实际浓度，单位为摩尔每升（mol/L）；

m_1——称取银的质量，单位为毫克（mg）；

V_2——滴定银所消耗硫氰酸钾标准滴定溶液的体积，单位为毫升（mL）；

M——银的摩尔质量，单位为克每摩尔（g/mol），[M(Ag)=107.868]。

三份标定结果的极差值不大于 4×10^{-5} mol/L 时，取三份标定结果的平均值，否则重新标定。

3.3 仪器和设备

3.3.1 天平。

3.3.1.1 托盘天平：感量 1 g。

3.3.1.2 分析天平：感量 0.001 g。

3.3.1.3 微量天平：感量 0.01 mg。

3.3.1.4 超微量天平：感量 0.001 mg。

3.3.2 试金电炉：最高加热温度不低于 1 200 ℃。

3.3.3 粘土坩埚：材质为耐火粘土，容积约为 300 mL。

3.3.4 电热鼓风烘箱。

3.3.5 灰皿机。

3.3.6　试样粉碎机。

3.3.7　灰皿：顶部内径 35 mm，底部外径 40 mm，高 30 mm，深约 17 mm。

制法：1 份重量的骨灰与 3 份重量的水泥(425 号)混匀。加入适量水搅匀，在灰皿机上压制成型，阴干三个月后备用。

3.3.8　瓷坩埚(低型)：容积为 30 mL。

3.3.9　瓷坩埚：容积为 50 mL。

3.3.10　铸铁模。

3.3.11　止血钳。

3.4　试样

3.4.1　样品粒度应不大于 100 μm。

3.4.2　样品应在 100 ℃～105 ℃烘干 1 h 后置于干燥器中，冷至室温。

3.5　分析步骤

3.5.1　试料

根据试料中铜、金、银和硫的含量情况，每份称取 15 g～25 g 试样，精确至 0.001 g。

3.5.2　测定次数

独立地进行(至少)二次测定，取其平均值。

3.5.3　空白试验

3.5.3.1　随同试样做空白试验(平行测定三份，取其平均值)。

3.5.3.2　试验方法

称取 25 g 碳酸钠(3.2.1)，200 g 氧化铅(3.2.2)，15 g 二氧化硅(3.2.3)，7 g 硼砂(3.2.4)，4 g 淀粉(3.2.5)，覆盖约 10 mm 厚氯化钠(3.2.7)，以下按 3.5.4.2～3.5.4.4 进行。

3.5.4　测定

3.5.4.1　配料

根据试料的化学组成及试料量，按下列原则于坩埚中进行配料并搅匀，覆盖约 10 mm 厚氯化钠。

碳酸钠：试料量的 1.5 倍。

氧化铅：30 倍于铜量或 25 倍于硫量加上铅扣量(若含铁、砷、锑、铋、镍等高时，适当增加其用量)。

二氧化硅：加入量按等于 0.5 硅酸度的渣型计算所需量。

硝酸钾、淀粉：根据试料中硫及碳的含量，适当加入。

3.5.4.2　熔融

将配好料的粘土坩埚(3.3.3)置于 900 ℃的试金电炉(3.3.2)中，升温 30 min 到 1 100 ℃，保温 15 min出炉，将熔融物倒入已预热过的铸铁模(3.3.10)中，保留坩埚以备再熔融处理。冷却后，铅扣与熔渣分离，保留熔渣，以备再处理。将铅扣锤成立方体。适宜的铅扣应为表面光亮，重 30 g～45 g，否则应重新调整配料，熔融。把熔渣去掉覆盖剂后收回原坩埚中。

3.5.4.3　灰吹

将铅扣放入已在 900 ℃ 试金电炉(3.3.2)内预热 30 min 的灰皿(3.3.7)中，关闭炉门

1 min～2 min，待铅液表面黑色膜脱去后，稍开炉门使炉温尽快降至 840 ℃进行灰吹，当合粒出现闪光后，灰吹结束。将灰皿移至炉门口，稍冷后放入灰皿盘中，保留灰皿残渣以备处理。

3.5.4.4 分金

用止血钳(3.3.11)取出金银合粒，刷去粘附的杂质，锤成薄片，置于 30 mL 瓷坩埚(3.3.8)中，加入 10 mL 热硝酸(3.2.11)，在低温电热板上，保持近沸，蒸发至约 2 mL，取下稍冷，再加入 10 mL 热硝酸(3.2.12)，蒸至约 2 mL，取下冷却。用热水洗涤坩埚壁，用倾泻法将溶液移入 50 mL 瓷坩埚(3.3.9)中，用热水洗涤坩埚壁二次。冷却后加入约 0.5 mL 硫酸铁铵指示剂(3.2.13)，用硫氰酸钾标准滴定溶液(3.2.14)滴定至浅红色即为终点，将盛有金粒的瓷坩埚置于高温电炉上灼烧 5 min，取下冷却后称量。

注：当合粒中银和金的比例小于3∶1时，应向合粒中补加纯银，方法为：称取 3 倍于合粒量银，用铅箔将合粒和纯银包裹。以下按 3.5.4.3～3.5.4.4 进行。

3.5.4.5 补正(残渣再处理)

将坩埚中存放的溶渣和灰皿放入样品粉碎机(3.3.6)粉碎后加入 50 g 碳酸钠(3.2.1)、15 g 二氧化硅(3.2.3)、20 g 硼砂(3.2.4)、4 g 淀粉(3.2.5)，搅匀，覆盖 10 mm 厚氯化钠(3.2.7)，以下按3.5.4.2～3.5.4.4 进行。

3.6 分析结果的表述

金、银的含量以质量分数 w_{Au}、w_{Ag} 计，数值以 g/t 表示，按式(3)、式(4)分别计算：

$$w_{Au}=\frac{m_2+m_3-m_4}{m_0}\times 10^3 \quad\cdots\cdots(3)$$

$$w_{Ag}=\frac{c(V_3+V_4-V_5)\cdot M}{m_0\times 1\ 000}\times 10^6 \quad\cdots\cdots(4)$$

式中：

m_2——第一次试金金银合粒分金后获得金的质量，单位为毫克(mg)；

m_3——残渣再处理回收金的质量，单位为毫克(mg)；

m_4——第一次试金空白中金的质量，单位为毫克(mg)；

c ——硫氰酸钾标准滴定溶液的实际浓度，单位为摩尔每升(mol/L)；

V_3——滴定第一次试金合粒中银消耗硫氰酸钾标准滴定溶液的体积，单位为毫升(mL)；

V_4——滴定残渣再处理合粒中银消耗硫氰酸钾标准滴定溶液的体积，单位为毫升(mL)；

V_5——滴定试金空白合粒的银消耗硫氰酸钾标准滴定溶液的体积，单位为毫升(mL)；

M ——银的摩尔质量，单位为克每摩尔(g/mol)，[$M(Ag)=107.868$]；

m_0——试料的质量，单位为克(g)。

计算结果金表示至小数点后二位；银表示至小数点后一位。

3.7 精密度

3.7.1 重复性

在重复性条件下获得的两次独立测试结果的测定值，在以下给出的平均值范围内，这两个测试结果的绝对差值不超过重复性限(r)，超过重复性限(r)的情况不超过 5%，重复性限(r)按表 4 数据采用线性内插法或外延法求得。

表 4　重复性限

w_{Ag}/(g/t)	54.2	150.1	261.5	547.2	1 093.6	1 515.4	2 084.6	2 626.9
r/(g/t)	8.0	10.5	18.0	30.0	45.0	50.0	60.0	65.0
w_{Au}/(g/t)	0.39	3.45	6.70	14.55	25.40	32.98	41.79	
r/(g/t)	0.15	0.60	1.00	1.50	2.00	2.50	3.00	

3.7.2　再现性

在再现性条件下获得的两次独立测试结果的测定值，在以下给出的平均值范围内，这两个测试结果的绝对差值不大于再现性限(R)，超过再现性限(R)的情况不超过5%，再现性限(R)按表5数据采用线性内插法或外延法求得。

表 5　再现性限

w_{Ag}/(g/t)	54.2	150.1	261.5	547.2	1 093.6	1 515.4	2 084.6	2 626.9
R/(g/t)	10.0	15.0	25.0	45.0	60.0	70.0	80.0	90.0
w_{Au}/(g/t)	0.39	3.45	6.70	14.55	25.40	32.98	41.79	
R/(g/t)	0.20	0.75	1.35	1.90	2.60	3.20	4.00	

3.8　试验报告

试验报告至少应给出以下几个方面的内容：

——试样；

——使用的标准，GB/T 3884.2—2012；

——使用的方法；

——分析结果及其表示；

——与基本分析步骤的差异；

——测定中观察到的异常现象；

——试验日期。

ICS 77.120.60
H 13

中华人民共和国国家标准

GB/T 3884.3—2012
代替 GB/T 3884.3—2000

铜精矿化学分析方法 第3部分:硫量的测定 重量法和燃烧-滴定法

Methods for chemical analysis of copper concentrates—Part 3:Determination of sulfur content—Gravimetric method and Combustion-titration method

2012-12-31 发布　　2013-10-01 实施

中华人民共和国国家质量监督检验检疫总局
中国国家标准化管理委员会　发布

前　言

GB/T 3884《铜精矿化学分析方法》分为14个部分：

——第1部分：铜量的测定　碘量法；

——第2部分：金和银量的测定　火焰原子吸收光谱法和火试金法；

——第3部分：硫量的测定　重量法和燃烧-滴定法；

——第4部分：氧化镁量的测定　火焰原子吸收光谱法；

——第5部分：氟量的测定　离子选择电极法；

——第6部分：铅、锌、镉和镍量的测定　火焰原子吸收光谱法；

——第7部分：铅量的测定　Na_2EDTA 滴定法；

——第8部分：锌量的测定　Na_2EDTA 滴定法；

——第9部分：砷和铋量的测定 氢化物发生-原子荧光光谱法、溴酸钾滴定法和二乙基二硫代氨基甲酸银分光光度法；

——第10部分：锑量的测定　氢化物发生-原子荧光光谱法；

——第11部分：汞量的测定　冷原子吸收光谱法；

——第12部分：氟和氯量的测定　离子色谱法；

——第13部分：铜量测定　电解法；

——第14部分：金和银量测定　火试金重量法和原子吸收光谱法。

本部分为第3部分。

本部分是按照GB/T 1.1—2009给出的规则起草的。

本部分代替GB/T 3884.3—2000《铜精矿化学分析方法　硫量的测定》，与GB/T 3884.3—2000相比，主要发生了如下变动：

——对文本格式进行了修改；

——补充了精密度和试验报告条款；

——方法1的测定范围由“1.00%～45.00%”调整为“1.00%～42.00%”；

——方法2的测定范围由“10.00%～45.00%”调整为“10.00%～42.00%”。

本部分方法1为仲裁方法。

本部分由全国有色金属标准化技术委员会(SAC/TC 243)归口。

本部分负责起草单位：大冶有色金属集团控股有限公司。

本部分起草单位：江西铜业股份有限公司。

本部分参加起草单位：铜陵有色金属集团控股有限公司、中条山有色金属集团有限公司、阳谷祥光铜业有限公司、中华人民共和国辽宁出入境检验检疫局、中冶葫芦岛有色金属集团有限公司、大冶有色金属集团控股有限公司。

本部分方法一主要起草人：黄春燕、王景、王芙蓉、陈元玲、段春兰、李晓瑜、魏文、冯媛、王晋平、李琴美、张彩枝、张永中、沈丽、李岩、董秀文。

本部分方法二主要起草人：黄春燕、胡续一、张千强、荣莎莎、黄惠珠、刘艳、吴慧、王晋平、张万兴、武红、郭红、张永中、刘君侠、李兴凤、李遵义。

本部分所代替标准的历次版本发布情况为：

——GB/T 3884.3—1983、GB/T 3884.3—2000。

铜精矿化学分析方法
第3部分:硫量的测定
重量法和燃烧-滴定法

1 范围

本方法规定了铜精矿中硫含量的测定方法。

本方法适用于铜精矿中硫含量的测定。方法1测定范围:1.00%～42.00%;方法2测定范围:10.00%～42.00%。

2 方法1 重量法

2.1 方法提要

试料在750 ℃经碳酸钠、氧化锌半熔后,用水溶解可溶物,并用氯化钡沉淀溶液中的硫酸根。沉淀经过滤,灼烧后称重,按硫酸钡的质量计算试料的硫含量。

在被测试料中,小于5 mg的氟不干扰测定。

2.2 试剂

除非另有说明,在分析中仅使用确认为分析纯的试剂和蒸馏水或去离子水或相当纯度的水。

2.2.1 烧结剂:将一份无水碳酸钠与一份氧化锌混合、研细、混匀。

2.2.2 盐酸(ρ1.19 g/mL)。

2.2.3 硝酸(ρ1.42 g/mL)。

2.2.4 氯化钡溶液(100 g/L),过滤后使用。

2.2.5 硝酸银溶液(10 g/L):每100 mL溶液中加入3～4滴硝酸(2.2.3)。

2.2.6 甲基橙指示剂(1 g/L)。

2.3 试样

2.3.1 样品粒度应不大于100 μm。

2.3.2 样品应在100 ℃～105 ℃烘1 h,置于干燥器中,冷却至室温。

2.4 分析步骤

2.4.1 试料

按表1称取试样,精确至0.000 1 g。

表 1 试料量

硫的质量分数/%	试料量/g
1.00～5.00	1.00
>5.00～10.00	0.50
>10.00～42.00	0.20

独立地进行二次测定，取其平均值。

2.4.2 空白试验

随同试料做空白试验。

2.4.3 测定

2.4.3.1 在 30 mL 瓷坩埚中铺 2 g 烧结剂(2.2.1)，再将半张滤纸折成漏斗状置于坩埚中，加入 4 g～6 g 烧结剂(2.2.1)，加入试料(2.4.1)，搅拌均匀，上面再覆盖一层 1 g～2 g 烧结剂(2.2.1)。

2.4.3.2 将坩埚置于电炉上，低温除去水分，取下。

2.4.3.3 将坩埚置于高温炉内，于 750 ℃±10 ℃半熔 1.5 h，取出冷却。

2.4.3.4 将坩埚中半熔物移入盛有 100 mL 水的 400 mL 烧杯中，以热水洗净坩埚，并稀释至 150 mL 煮沸数分钟，以倾泻法用双层中速定量滤纸过滤于 500 mL 烧杯中，以热水洗沉淀 8～10 次。

2.4.3.5 向滤液中加入 1～2 滴甲基橙指示剂(2.2.6)，用盐酸(2.2.2)中和至溶液变红，再过量 2 mL。

2.4.3.6 将滤液用水稀释至体积为 300 mL，煮沸，在不断搅拌下缓慢加入 20 mL 氯化钡溶液(2.2.4)，煮沸，于低温处静置 3 h。

2.4.3.7 用慢速定量滤纸过滤，用热水洗沉淀至无氯离子[用硝酸银溶液(2.2.5)检验]。

2.4.3.8 将沉淀连同滤纸放入 30 mL 瓷坩埚中，置于低温电炉上，烘干灰化，于 780 ℃±10 ℃高温炉中灼烧 0.5 h，取出瓷坩埚置于干燥器中，冷至室温后称量，并重复灼烧至恒量。

2.5 分析结果的计算

硫的含量以质量分数 w_S，数值以%表示，按式(1)计算：

$$w_S = \frac{(m_1 - m_2 - m_3) \times 0.137\ 4}{m_0 \times 1\ 000} \times 100 \quad \cdots\cdots(1)$$

式中：

m_1 ——沉淀和瓷坩埚的质量，单位为克(g)；

m_2 ——瓷坩埚的质量，单位为克(g)；

m_3 ——空白的质量，单位为克(g)；

m_0 ——试料的质量，单位为克(g)；

0.137 4——硫酸钡换算为硫的换算因数。

计算结果表示至小数点后二位。

2.6 精密度

2.6.1 重复性

在重复性条件下获得的两次独立测试结果的测定值，在以下给出的平均值范围内，这两个测试结果的绝对差值不超过重复性限(r),超过重复性限(r)的情况不超过5%,重复性限(r)按以下表2数据采用线性内插法或外延法求得:

表2　重复性限

w_S/%	1.86	6.46	14.27	23.15	31.93	42.10
r/%	0.10	0.14	0.23	0.35	0.39	0.49

2.6.2　再现性

在再现性条件下获得的两次独立测试结果的测定值,在以下给出的平均值范围内,这两个测试结果的绝对差值不大于再现性限(R),超过再现性限(R)的情况不超过5%,再现性限(R)按表3数据采用线性内插法或外延法求得:

表3　再现性限

w_S/%	1.86	6.46	14.27	23.15	31.93	42.10
R/%	0.14	0.16	0.29	0.40	0.49	0.58

2.7　试验报告

本章规定试验报告所包括的内容。至少应给出以下几个方面的内容:

——试样;

——使用的标准,GB/T 3884.3—2012;

——使用的方法;

——分析结果及其表示;

——与基本分析步骤的差异;

——测定中观察到的异常现象;

——试验日期。

3　方法2　燃烧-滴定法

3.1　方法提要

试料在1 250 ℃~1 300 ℃空气流中燃烧,使硫转化成二氧化硫,用过氧化氢吸收并氧化成硫酸,以甲基红-次甲基蓝溶液为混合指示剂,用氢氧化钠标准滴定溶液滴定至溶液由紫红色转变为亮绿色即为终点。

3.2　试剂

除非另有说明,在分析中仅使用确认为分析纯的试剂和蒸馏水或去离子水或相当纯度的水。

3.2.1　铜丝:纯度99.95%以上,直径0.25 mm~0.50 mm。

3.2.2　氢氧化钠。

3.2.3 无水氯化钙。

3.2.4 无水乙醇。

3.2.5 过氧化氢吸收液：取 50 mL 过氧化氢(30%)，用水稀释至 1 L。加入 6 mL 甲基红-次甲基蓝混合指示剂(3.2.8)，混匀。

3.2.6 氢氧化钠标准滴定溶液[c(NaOH≈0.10 mol/L]

3.2.6.1 配制：将氢氧化钠配制成饱和溶液，并在塑料瓶内放置至溶液澄清。吸取 50 mL 上清液，用不含二氧化碳的水稀释至 10 L，混匀。

3.2.6.2 标定：称取三份 0.80 g(精确至 0.000 1 g)预先在 100 ℃～105 ℃烘干 2 h 的邻苯二甲酸氢钾(基准试剂)，置于 300 mL 锥形瓶中，加 60 mL 不含二氧化碳的热水溶解，加入 2 滴酚酞乙醇溶液(3.2.7)，用氢氧化钠标准滴定溶液(3.2.6)滴定至微红色即为终点。

随同标定做空白试验。

按式(2)计算氢氧化钠标准滴定溶液的实际浓度：

$$c=\frac{m_1\times 1\ 000}{(V_1-V_0)\cdot M} \qquad \cdots\cdots(2)$$

式中：

c ——氢氧化钠标准滴定溶液的实际浓度，单位为摩尔每升(mol/L)；

m_1 ——邻苯二甲酸氢钾的质量，单位为克(g)；

V_1 ——滴定邻苯二甲酸氢钾溶液所消耗氢氧化钠标准滴定溶液的体积，单位为毫升(mL)；

V_0 ——滴定空白试验溶液所消耗氢氧化钠标准滴定溶液的体积，单位为毫升(mL)；

M ——邻苯二甲酸氢钾的摩尔质量，单位为克每摩尔(g/mol)，[$M(KHC_8H_4O_4)=204.2$]。

平行标定三份，其极差值不大于 4×10^{-4} mol/L，取其平均值，否则重新标定。

3.2.7 酚酞乙醇溶液(10 g/L)。

3.2.8 甲基红-次甲基蓝混合指示剂：称取 0.12 g 甲基红和 0.10 g 次甲基蓝(两者均需研细)溶于 100 mL 无水乙醇(3.2.4)中。

3.3 仪器和设备

3.3.1 高温管式电炉：最高温度 1 350 ℃；常用温度 1 300 ℃。

3.3.2 可控硅温度自动控制器(0 ℃～1 600 ℃)。

3.3.3 旋片式真空泵(30 L/min)。

3.3.4 转子流量计(0 L/min～2 L/min)。

3.3.5 锥形燃烧管：内径 ϕ21mm，外径 ϕ25 mm，总长 600 mm。

3.3.6 燃烧瓷舟：长 88 mm；使用前应在 1 000 ℃预先灼烧 1 h。

3.3.7 硫的测定装置如图 1 所示。

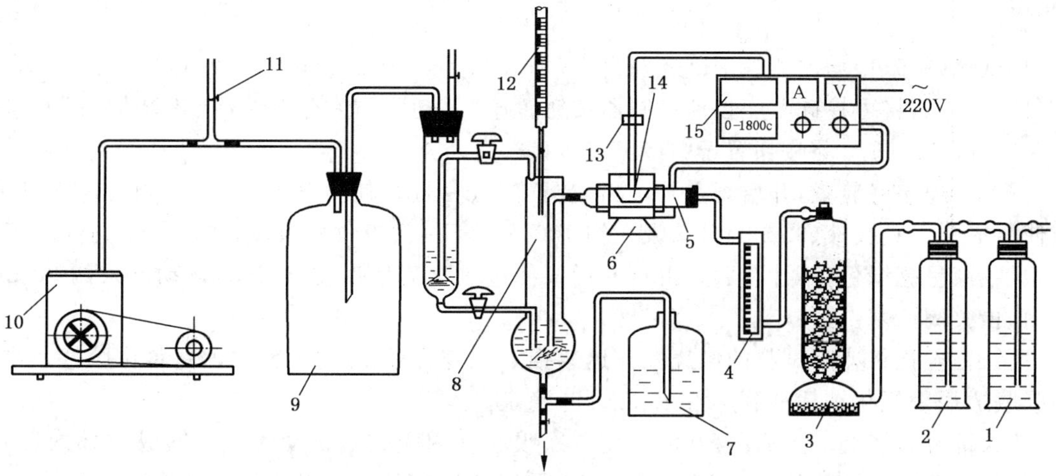

说明：
1——碱液洗气瓶；
2——酸液洗气瓶；
3——干燥塔；
4——转子流量计(0～2 L/min)；
5——磁管(内径 21 mm,外径 25 mm,总长 600 mm)；
6——管形燃烧炉(最高温度 1 350 ℃,常用温度 1 300 ℃)可控硅温度自动控制器(0～1 600 ℃)；
7——吸收液；
8——硫吸收杯；
9——缓冲瓶；
10——真空泵(30 L/min)；
11——气体控制阀；
12——滴定管；
13——铂铑热电偶；
14——瓷舟(长 88 mm,使用前应在 1 000 ℃预先烧 1 h)；
15——可控硅温度自动控制器。

图 1　燃烧-滴定法定硫装置示意图

3.4　试样

3.4.1　样品粒度应不大于 100 μm。
3.4.2　样品应在 100 ℃～105 ℃烘 1 h 后置于干燥器中,冷却至室温。

3.5　分析步骤

3.5.1　试料

按表 4 称取试样,精确至 0.000 1 g。

表 4　试料质量

硫的质量分数/%	试料质量/g
10.00～35.00	0.20
＞35.00～42.00	0.10

3.5.2 测定

3.5.2.1 将试料(3.5.1)均匀地置于燃烧瓷舟中，加入 0.1 g～0.2 g 铜丝(3.2.1)，放入干燥器中。

3.5.2.2 接通电源，将可控硅温度自动控制器按钮置于“手动”位置，分 2～3 次逐渐加大电压，使炉温升至 1 250 ℃～1 300 ℃。将按钮置于“自动”位置。

3.5.2.3 按图 1 连接好装置，开启真空泵，检查装置的气密性。使空气流量为 0.8 L/min～1 L/min，调节气流使过氧化氢吸收液(3.2.5)自动吸入约 100 mL 于一次吸收杯内，滴加氢氧化钠标准滴定溶液(3.2.6)至吸收液呈亮绿色，不计读数。再打开活塞使过氧化氢吸收液(3.2.5)自动流入约 20 mL 于二次吸收杯内，再关闭活塞。

3.5.2.4 用镍铬丝钩将盛有试料的燃烧瓷舟迅速推入燃烧管温度最高处，立即塞紧橡胶塞。进行燃烧吸收。边吸收边用氢氧化钠标准滴定溶液(3.2.6)滴定。

3.5.2.5 待大部分硫燃烧滴定后，打开活塞使二次吸收杯内吸收液自动流入一次吸收杯内，用氢氧化钠标准滴定溶液(3.2.6)滴定至吸收液呈亮绿色，再打开活塞使过氧化氢吸收液(3.2.5)自动流入约 20m L 于二次吸收杯内，再关闭活塞，进行燃烧吸收。

3.5.2.6 重复 3.5.2.5 操作，直至过氧化氢吸收液(3.2.5)亮绿色不再变紫红为止。记下消耗氢氧化钠标准滴定溶液(3.2.6)的体积。

注：不论使用新旧燃烧管，在开始测定前，均应在 1 250 ℃～1 300 ℃充分燃烧，并预烧 1～2 个试验样品后，方可进行正式试料的测定。

3.6 分析结果的计算

硫的含量以质量分数 w_S 计，数值以%表示，按式(3)计算：

$$w_S = \frac{c \cdot V_2 \times M}{m_0 \times 1\,000} \times 100 \qquad \cdots\cdots(3)$$

式中：

c ——氢氧化钠标准滴定溶液的实际浓度，单位为摩尔每升(mol/L)；

V_2 ——测定时，消耗氢氧化钠标准滴定溶液的体积，单位为毫升(mL)；

M ——硫的 1/2 摩尔质量，单位为克每摩尔(g/moL)，[M(1/2S)=16.03]；

m_0 ——试料的质量，单位为克(g)。

计算结果表示至小数点后二位。

3.7 精密度

3.7.1 重复性

在重复性条件下获得的两次独立测试结果的测定值，在以下给出的平均值范围内，这两个测试结果的绝对差值不超过重复性限(r)，超过重复性限(r)的情况不超过 5%，重复性限(r)按以下表 5 数据采用线性内插法或外延法求得：

表 5 重复性限

w_S/%	10.00	14.18	22.96	31.72	41.80
r/%	0.20	0.25	0.32	0.39	0.50

3.7.2 再现性

在再现性条件下获得的两次独立测试结果的测定值，在以下给出的平均值范围内，这两个测试结果的绝对差值不大于再现性限(R),超过再现性限(R)的情况不超过5%,再现性限(R)按表6数据采用线性内插法或外延法求得:

表6 再现性限

w_S/%	10.00	14.18	22.96	31.72	41.80
R/%	0.25	0.30	0.39	0.46	0.56

3.8 试验报告

本章规定试验报告所包括的内容。至少应给出以下几个方面的内容:

——试样;

——使用的标准,GB/T 3884.3—2012;

——使用的方法;

——分析结果及其表示;

——与基本分析步骤的差异;

——测定中观察到的异常现象;

——试验日期。

ICS 77.120.60
H 13

中华人民共和国国家标准

GB/T 3884.4—2012
代替 GB/T 3884.4—2000

铜精矿化学分析方法 第4部分:氧化镁量的测定 火焰原子吸收光谱法

**Methods for chemical analysis of copper concentrates—
Part 4:Determination of magnesium oxide content—
Flame atomic absorption spectrophotometry method**

2012-12-31 发布　　2013-10-01 实施

中华人民共和国国家质量监督检验检疫总局
中国国家标准化管理委员会　发布

前　言

本部分是按照 GB/T 1.1—2009 给出的规则起草的。

GB/T 3884《铜精矿化学分析方法》分为 14 个部分：

——第 1 部分：铜量的测定　碘量法；

——第 2 部分：金和银量的测定　火焰原子吸收光谱法和火试金法；

——第 3 部分：硫量的测定　重量法和燃烧-滴定法；

——第 4 部分：氧化镁量的测定　火焰原子吸收光谱法；

——第 5 部分：氟量的测定　离子选择电极法；

——第 6 部分：铅、锌、镉和镍量的测定　火焰原子吸收光谱法；

——第 7 部分：铅量的测定　Na_2EDTA 滴定法；

——第 8 部分：锌量的测定　Na_2EDTA 滴定法；

——第 9 部分：砷和铋量的测定　氢化物发生-原子荧光光谱法、溴酸钾滴定法和二乙基二硫代氨基甲酸银分光光度法；

——第 10 部分：锑量的测定　氢化物发生-原子荧光光谱法；

——第 11 部分：汞量的测定　冷原子吸收光谱法；

——第 12 部分：氟和氯量的测定　离子色谱法；

——第 13 部分：铜量测定　电解法；

——第 14 部分：金和银量测定　火试金重量法和原子吸收光谱法。

本部分为第 4 部分。

本部分代替 GB/T 3884.4—2000《铜精矿化学分析方法　氧化镁量的测定》，与 GB/T 3884.4—2000相比，主要发生了如下变动：

——对文本格式进行了修改；

——补充了精密度和试验报告条款。

本部分由全国有色金属标准化技术委员会(SAC/TC 243)归口。

本部分负责起草单位：大冶有色金属集团控股有限公司。

本部分起草单位：大冶有色金属集团控股有限公司。

本部分参加起草单位：北京矿冶研究总院、中条山有色金属集团有限公司、昆明冶金研究院、阳谷祥光铜业有限公司、中冶葫芦岛有色金属集团有限公司。

本部分主要起草人：丰从新、李晓瑜、魏文、姜求韬 、马丽君、令狐俊梅、王永彬、李必雄、赵德平、李蓉、张永中、彭国春、贡海燕、奚红杰。

本部分所代替标准的历次版本发布情况为：

——GB/T 3884.5—1983、GB/T 3884.4—2000。

铜精矿化学分析方法
第4部分：氧化镁量的测定
火焰原子吸收光谱法

1 范围

GB/T 3884 的本部分规定了铜精矿中氧化镁含量的测定方法。

本部分适用于铜精矿中氧化镁含量的测定。测定范围：0.50%～6.00%。

2 方法提要

试料用盐酸、硝酸、氢氟酸、高氯酸溶解，在稀盐酸介质中，加入一定量的氯化锶抑制干扰元素，使用空气-乙炔火焰，于原子吸收光谱仪波长 285.2 nm 处，测量氧化镁的吸光度。

3 试剂

除非另有说明，在分析中仅使用确认为分析纯的试剂和蒸馏水或去离子水或相当纯度的水。

3.1 盐酸（ρ=1.19 g/mL）。

3.2 盐酸（1+1）。

3.3 硝酸（ρ=1.42 g/mL）。

3.4 氢氟酸（ρ=1.13 g/mL）。

3.5 高氯酸（ρ=1.67 g/mL）。

3.6 氧化镁标准溶液：将氧化镁（$w_{MgO}\geqslant 99.99\%$）预先在 600 ℃灼烧 1 h，置于干燥器中冷至室温。称取 0.500 0 g 氧化镁于 250 mL 烧杯中，加入少量水润湿，加 2 mL 盐酸（3.2）溶解完全后，移入 500 mL 容量瓶中，用水稀释至刻度，混匀。此溶液 1 mL 含 1 mg 氧化镁。

3.7 锶溶液：称取 30.43 g 氯化锶（$SrCl_2 \cdot 6H_2O$）于 250 mL 烧杯中，加 30 mL 水，25 mL 盐酸（3.2）溶解，移入 500 mL 容量瓶中，用水稀释至刻度，混匀。此溶液 1 mL 含 20 mg 锶。

3.8 乙二胺四乙酸二钠（Na_2EDTA）溶液[$c(Na_2EDTA)$=0.10 mol/L]：称取 18.62 g 乙二胺四乙酸二钠（$C_{10}H_{14}N_2O_8Na_2 \cdot 2H_2O$），置于 250 mL 烧杯中，加入热水溶解后，移入 500 mL 容量瓶中，用水稀释至刻度，混匀。

4 仪器

原子吸收光谱仪，附镁空心阴极灯。

在仪器最佳工作条件下，凡能达到下列指标者均可使用：

——特征浓度：在与测量溶液基体相一致的溶液中（燃烧器转角 90°），氧化镁的特征浓度应不大于 0.411 μg/mL。

——精密度：用最高浓度的标准溶液测量 10 次吸光度，其标准偏差应不超过平均吸光度的 1.0%；用最低浓度的标准溶液（不是“零”标准溶液）测量 10 次吸光度，其标准偏差应不超过最高标准溶液平均吸光度的0.5%。

——工作曲线线性:将工作曲线按浓度等分成五段,最高段的吸光度差值与最低段的吸光度差值之比应不小于0.9。

5 试样

5.1 样品粒度应不大于100 μm。

5.2 样品应在100 ℃~105 ℃烘箱中烘1 h,并置于干燥器中冷却至室温备用。

6 分析步骤

6.1 试料

称取0.20 g试样,精确至0.000 1 g。

6.2 测定次数

独立地进行二次测定,取其平均值。

6.3 空白试验

随同试料做空白试验。

6.4 测定

6.4.1 将试料(6.1)置于150 mL聚四氟乙烯烧杯中,加入少量水润湿,加入10 mL盐酸(3.1),置于电热板上加热5 min,加入10 mL硝酸(3.3),加热5 min,加入5 mL~10 mL氢氟酸(3.4),加热蒸至体积约10 mL,加入5 mL~10 mL高氯酸(3.5),继续加热溶解,蒸至高氯酸冒白烟(如含碳高,补加5 mL高氯酸),蒸至近干,取下冷却。

6.4.2 加入6 mL盐酸(3.2),5 mL水,加热使盐类完全溶解,取下冷却至室温。

6.4.3 将溶液移入100 mL容量瓶中,用水稀释至刻度,混匀。

6.4.4 按表1分取试液并补加盐酸(3.2)于100 mL容量瓶中,加入1 mL乙二胺四乙酸二钠溶液(3.8)、5 mL锶溶液(3.7),用水稀释至刻度,混匀。

表1 试液分取量

氧化镁的质量分数/%	分取试液的体积/mL	盐酸(3.2)补加量/mL
0.50~2.00	50.00	3.0
>2.00~3.00	20.00	4.8
>3.00	10.00	5.4

6.4.5 使用空气-乙炔火焰,于原子吸收光谱仪波长285.2 nm处,燃烧器转角90°,与系列标准溶液同时,以水调零,测量溶液吸光度,减去随同试料的空白溶液吸光度,从工作曲线上查出相应的氧化镁浓度。

6.5 工作曲线的绘制

6.5.1 移取0 mL、0.50 mL、1.00 mL、1.50 mL、2.00 mL、2.50 mL氧化镁标准溶液(3.6)分别置于一

组 100 mL 容量瓶中，加入约 20 mL 水，6 mL 盐酸(3.2)，1 mL Na_2EDTA 溶液(3.8)，5 mL 锶溶液(3.7)，用水稀释至刻度，混匀。

6.5.2 使用空气-乙炔火焰，于原子吸收光谱仪波长 285.2 nm 处，燃烧器转角 90°，以水调零，测量溶液的吸光度，减去"零"浓度溶液的吸光度，以氧化镁浓度为横坐标，吸光度为纵坐标绘制工作曲线。

7 分析结果的计算

氧化镁的含量以质量分数 w_{MgO} 计，数值以%表示，按式(1)计算：

$$w_{MgO}=\frac{\rho \cdot V_0 \cdot V_2 \times 10^{-6}}{m_0 \cdot V_1} \times 100 \qquad (1)$$

式中：

ρ ——自工作曲线上查得的试料溶液的氧化镁浓度，单位为微克每毫升(μg/mL)；

V_0——试液总体积，单位为毫升(mL)；

V_1——分取试液的体积，单位为毫升(mL)；

V_2——分取试液稀释后的体积，单位为毫升(mL)；

m_0——试料的质量，单位为克(g)。

计算结果表示至小数点后二位。

8 精密度

8.1 重复性

在重复性条件下获得的两次独立测试结果的测定值，在以下给出的平均值范围内，这两个测试结果的绝对差值不超过重复性限(r)，超过重复性限(r)的情况不超过 5%，重复性限(r)按以下表 2 数据采用线性内插法或外延法求得：

表 2 重复性限

w_{MgO}/%	0.65	1.40	3.31	4.51	6.36
r/%	0.07	0.10	0.19	0.21	0.25

8.2 再现性

在再现性条件下获得的两次独立测试结果的测定值，在以下给出的平均值范围内，这两个测试结果的绝对差值不大于再现性限(R)，超过再现性限(R)的情况不超过 5%，再现性限(R)按表 3 数据采用线性内插法或外延法求得：

表 3 再现性限

w_{MgO}/%	0.65	1.40	3.31	4.51	6.36
R/%	0.11	0.17	0.23	0.26	0.31

9 试验报告

本章规定试验报告所包括的内容。至少应给出以下几个方面的内容：

——试样；
——使用的标准，GB/T 3884.4—2012；
——分析结果及其表示；
——与基本分析步骤的差异；
——测定中观察到的异常现象；
——试验日期。

ICS 77.120.60
H 13

中华人民共和国国家标准

GB/T 3884.5—2012
代替 GB/T 3884.5—2000

铜精矿化学分析方法 第5部分：氟量的测定 离子选择电极法

Methods for chemical analysis of copper concentrates—
Part 5: Determination of fluoride content—
Ion selective electrode method

2012-12-31 发布　　2013-10-01 实施

中华人民共和国国家质量监督检验检疫总局
中国国家标准化管理委员会　发布

前　言

本部分按照 GB/T 1.1—2009 给出的规则起草。

GB/T 3884《铜精矿化学分析方法》分为 14 个部分：

——第 1 部分：铜量的测定　碘量法；

——第 2 部分：金和银量的测定　火焰原子吸收光谱法和火试金法；

——第 3 部分：硫量的测定　重量法和燃烧-滴定法；

——第 4 部分：氧化镁量的测定　火焰原子吸收光谱法；

——第 5 部分：氟量的测定　离子选择电极法；

——第 6 部分：铅、锌、镉和镍量的测定　火焰原子吸收光谱法；

——第 7 部分：铅量的测定　Na_2EDTA 滴定法；

——第 8 部分：锌量的测定　Na_2EDTA 滴定法；

——第 9 部分：砷和铋量的测定　氢化物发生-原子荧光光谱法、溴酸钾滴定法和二乙基二硫代氨基甲酸银分光光度法；

——第 10 部分：锑量的测定　氢化物发生-原子荧光光谱法；

——第 11 部分：汞量的测定　冷原子吸收光谱法；

——第 12 部分：氟和氯量的测定　离子色谱法；

——第 13 部分：铜量测定　电解法；

——第 14 部分：金和银量测定　火试金重量法和原子吸收光谱法。

本部分为第 5 部分。

本部分代替 GB/T 3884.5—2000《铜精矿化学分析方法　氟量的测定》，与 GB/T 3884.5—2000《铜精矿化学分析方法　氟量的测定》相比，主要发生了如下变动：

——对文本格式进行了修改；

——补充了精密度和试验报告条款。

本部分由全国有色金属标准化技术委员会(SAC/TC 243)归口。

本部分负责起草单位：大冶有色金属集团控股有限公司。

本部分起草单位：江西铜业股份有限公司。

本部分参加起草单位：中条山有色金属集团有限公司、北京矿冶研究总院、阳谷祥光铜业有限公司、大冶有色金属集团控股有限公司。

本部分主要起草人：许俐玲、邱继英、罗智、李文卿、史延霞、张光华、李晓瑜、魏文、胡军凯、李静、姜求韬、韩晓、张永中、张晓天。

本部分所代替标准的历次版本发布情况为：

——GB/T 3884.6—1983、GB/T 3884.5—2000。

铜精矿化学分析方法
第5部分:氟量的测定
离子选择电极法

1 范围

GB/T 3884的本部分规定了铜精矿中氟含量的测定方法。

本部分适用于铜精矿中氟含量的测定方法,测定范围:0.010%~0.50%。

2 方法提要

试料以氢氧化钠熔融,用水浸出熔融物后过滤,使氟与铁、铜、铅等分离,然后在pH 6.5~7.0的柠檬酸钠-三乙醇胺介质中,以饱和甘汞电极为参比电极,氟离子选择电极为指示电极,用电极电位仪测定氟。

测定溶液中,不大于10 mg的三氧化二铝不干扰测定。

3 试剂

除非另有说明,在分析中仅使用确认为分析纯的试剂和蒸馏水或去离子水或相当纯度的水。

3.1 氢氧化钠,优级纯。

3.2 氟化钠,优级纯。

3.3 盐酸(ρ=1.19 g/mL)

3.4 硝酸(1+4)。

3.5 氢氧化钠溶液(0.05 mol/L)。

3.6 柠檬酸钠($Na_3C_6H_5O_7 \cdot 2H_2O$)溶液(294 g/L)。

3.7 三乙醇胺[$N(CH_2CH_2OH)_3$]溶液:100 mL三乙醇胺加64 mL盐酸(3.3)调至pH 6.5~7.0,用水稀释至500 mL,混匀。

3.8 氟标准贮存溶液:称取2.211 0 g在120 ℃干燥2 h的氟化钠(3.2),以水溶解,移入500 mL容量瓶中,用水稀释至刻度,混匀,移入干燥的塑料瓶中贮存。此溶液1 mL含2 mg氟。

3.9 氟标准溶液:移取25.00 mL氟标准贮存溶液(3.8)于500 mL容量瓶中,用水稀释至刻度,混匀,移入干燥的塑料瓶中。此溶液1 mL含100 μg氟。

3.10 氟标准溶液:移取50.00 mL氟标准溶液(3.9)于500 mL容量瓶中,用水稀释至刻度,混匀,立即转入干燥的塑料瓶中。此溶液1 mL含10 μg氟。

3.11 苯酚红溶液(2 g/L):称取0.1 g苯酚红,加入6 mL氢氧化钠溶液(3.5),用水稀释至50 mL,混匀。

4 仪器

4.1 氟离子选择电极:要求氟含量在10^{-1} mol/L~10^{-6} mol/L浓度内,电极电位与浓度的负对数呈良好的线性关系。电极在使用前应在 10^{-3} mol/L 的氟化钠溶液中浸泡 1 h,使之活化,然后以水洗至洗涤液含氟不大于 10^{-6} mol/L 后方能测定。

4.2 饱和甘汞电极。

4.3 电位测定仪:精度 0.1 mV。

4.4 电磁搅拌器。

5 试样

5.1 样品粒度应不大于 100 μm。

5.2 样品应在 100 ℃～105 ℃烘箱中烘 1 h,置于干燥器中,冷却至室温。

6 分析步骤

6.1 试料

按表 1 称取试样,精确至 0.000 1 g。

表 1 试料量

氟的质量分数/%	试料量/g
0.010～0.050	1.00
>0.050～0.10	0.50
>0.10～0.25	0.40
>0.25～0.50	0.35

独立地进行二次测定,取其平均值。

6.2 空白试验

在不含试料的 30 mL 镍坩埚中按 6.3.1～6.3.3 操作,此溶液供 6.4 用。

6.3 测定

6.3.1 将试料(6.1)置于 30 mL 镍坩埚中,加入 6 g 氢氧化钠(3.1),在电炉上加热溶化脱水,混匀。置于已升至 600 ℃的高温炉中熔融 10 min,取出,将熔融物均匀摇动于坩埚内壁上,稍冷。

6.3.2 将坩埚与熔融物置于预先盛有 50 mL 热水的 250 mL 烧杯中,盖上表面皿,加热浸取熔融物,用水洗净表面皿、坩埚及玻璃棒。

6.3.3 将溶液用水稀释至 80 mL 左右,加热煮沸 1 min,冷却后将溶液连同沉淀一起移入 100 mL 容量瓶中,用水稀释至刻度,摇匀,干过滤。

6.3.4 移取 5.00 mL 或 10.00 mL 滤液,置于 50 mL 容量瓶中,加入 15 mL 柠檬酸钠溶液(3.6),1 滴苯酚红指示剂(3.11),用硝酸(3.4)调至溶液刚变黄色。

6.3.5 加入 5 mL 三乙醇胺溶液(3.7),用水稀释至刻度,混匀。

6.3.6 将溶液全部倒入干燥的 100 mL 烧杯中,放进搅拌棒,插入氟离子选择电极和饱和甘汞电极,在电磁搅动情况下,于电位测量仪上测量平衡电位值。

注 1:平衡电位系指搅拌状态下,电极电位的变化不大于 0.2 mV/min。

注 2:称样量和试液分取量可作适当调整,使其测得的电位值在(6.4)工作曲线内。

6.4 工作曲线的绘制:移取 0.50 mL、1.00 mL、2.00 mL、5.00 mL、10.00 mL 氟标准溶液(3.10),分别置于一组 50 mL 容量瓶中,加入 10 mL 空白溶液(6.2),加入 15 mL 柠檬酸钠溶液(3.6),1 滴苯酚红

指示剂(3.11),用硝酸(3.4)调至溶液刚变黄色。加入 5 mL 三乙醇胺溶液(3.7),用水稀释至刻度,混匀。将溶液全部倒入干燥的 100 mL 烧杯中,放进搅拌棒,插入氟离子选择电极和饱和甘汞电极,在电磁搅动情况下,于电位测量仪上测量平衡电位值,按氟离子浓度由低到高的次序与试料同时进行测定。在半对数坐标纸上以氟离子的质量浓度值为横坐标,电位值为纵坐标绘制工作曲线。

7 分析结果的计算

氟的含量以质量分数 w_F 计,数值以%表示,按式(1)计算:

$$w_F = \frac{\rho \cdot V_0 \cdot V_2 \times 10^{-6}}{m_0 \cdot V_1} \times 100\% \qquad \cdots\cdots(1)$$

式中:

ρ ——自工作曲线上查得氟的质量浓度,单位为微克每毫升(μg/ mL);

V_0——试液总体积,单位为毫升(mL);

V_1——分取试液的体积,单位为毫升(mL);

V_2——测定试液的体积,单位为毫升(mL);

m_0——试料的质量,单位为克(g)。

计算结果保留至小数点后二位。若氟含量小于 0.10%时,保留至小数点后三位。

8 精密度

8.1 重复性

在重复性条件下获得的两次独立测试结果的测定值,在以下给出的平均值范围内,这两个测试结果的绝对差值不超过重复性限(r),超过重复性限(r)的情况不超过 5%,重复性限(r)按表 2 数据采用线性内插法或外延法求得:

表 2 重复性限

w_F/%	0.020	0.049	0.12	0.19	0.51
r/%	0.006	0.011	0.02	0.03	0.04

8.2 再现性

在再现性条件下获得的两次独立测试结果的测定值,在以下给出的平均值范围内,这两个测试结果的绝对差值不超过再现性限(R),超过再现性(R)的情况不超过 5%,再现性(R)按表 3 数据采用线性内插法或外延法求得:

表 3 再现性限

w_F/%	0.020	0.049	0.12	0.19	0.51
R/%	0.008	0.015	0.02	0.03	0.05

9 试验报告

本章规定试验报告所包括的内容。至少应给出以下几个方面的内容:

——试样；
——使用的标准，GB/T 3884.5—2012；
——分析结果及其表示；
——与基本分析步骤的差异；
——测定中观察到的异常现象；
——试验日期。

ICS 77.120.60
H 13

中华人民共和国国家标准

GB/T 3884.6—2012
代替 GB/T 3884.6—2000

铜精矿化学分析方法 第6部分：铅、锌、镉和镍量的测定 火焰原子吸收光谱法

Methods for chemical analysis of copper concentrates—
Part 6: Determination of lead, zinc, cadmium and nickel content—
Flame atomic absorption spectrometry method

2012-12-31 发布　　2013-10-01 实施

中华人民共和国国家质量监督检验检疫总局
中国国家标准化管理委员会　发布

前　言

本标准按照 GB/T 1.1—2009 给出的规则起草。

GB/T 3884《铜精矿化学分析方法》分为 14 个部分：

——第 1 部分：铜量的测定　碘量法；

——第 2 部分：金和银量的测定　火焰原子吸收光谱法和火试金法；

——第 3 部分：硫量的测定　重量法和燃烧-滴定法；

——第 4 部分：氧化镁量的测定　火焰原子吸收光谱法；

——第 5 部分：氟量的测定　离子选择电极法；

——第 6 部分：铅、锌、镉和镍量的测定　火焰原子吸收光谱法；

——第 7 部分：铅量的测定　Na_2EDTA 滴定法；

——第 8 部分：锌量的测定　Na_2EDTA 滴定法 ；

——第 9 部分：砷和铋量的测定　氢化物发生-原子荧光光谱法、溴酸钾滴定法和二乙基二硫代氨基甲酸银分光光度法；

——第 10 部分：锑量的测定　氢化物发生-原子荧光光谱法；

——第 11 部分：汞量的测定　冷原子吸收光谱法；

——第 12 部分：氟和氯量的测定　离子色谱法；

——第 13 部分：铜量测定　电解法；

——第 14 部分：金和银量测定　火试金重量法和原子吸收光谱法。

本部分为第 6 部分。

本部分代替 GB/T 3884.6—2000《铜精矿化学分析方法　铅、锌、镉和镍量的测定》，与 GB/T 3884.6—2000 相比，主要发生了如下变动：

——对文本格式进行了修改；

——补充了精密度和试验报告条款。

本标准由全国有色金属标准化技术委员会(SAC/TC 243)归口。

本标准负责起草单位：大冶有色金属集团控股有限公司。

本部分起草单位：铜陵有色金属集团控股有限公司。

本部分参加起草单位：湖南有色金属研究院、北京矿冶研究总院、株洲冶炼集团股份有限公司、中条山有色金属集团有限公司、英德佳纳金属科技有限公司、江西铜业股份有限公司、阳谷祥光铜业有限公司、云南铜业股份有限公司。

本部分主要起草人：李琴美、邵从和、陈小燕、李亚楠、杨利德、刘春峰、王振、吴迟春、黄春燕、宁宇梅、张永中、陈渝滨、庞文林、徐苗、汤淑芳、骆月英、杨柏华、雷素涵、彭国春、郑文英。

本部分所代替标准的历次版本发布情况为：

——GB/T 3884.6—2000、GB/T 3884.12—1983、GB/T 3884.11—1983、GB/T 3884.7—1983。

铜精矿化学分析方法
第6部分:铅、锌、镉和镍量的测定
火焰原子吸收光谱法

1 范围

GB/T 3884 的本部分规定了铜精矿中铅、锌、镉和镍含量的测定方法。

本部分适用于铜精矿中铅、锌、镉和镍含量的测定。测定范围见表1。

表1 测定范围

元素	Pb	Zn	Cd	Ni
测定范围/%	0.10~5.00	0.10~1.00	0.010~0.50	0.010~1.00

2 方法提要

试料用盐酸分解,在稀硝酸介质中,以空气-乙炔火焰,于原子吸收光谱仪按表2所列波长处,测量各元素的吸光度,扣除背景吸收,按标准曲线法计算各元素的含量。

表2 测定波长

元素	Pb	Zn	Cd	Ni
波长/nm	283.3	213.9	228.8	232.0

3 试剂

除非另有说明,在分析中仅使用确认为分析纯的试剂和蒸馏水或去离子水或相当纯度的水。

3.1 溴。

3.2 盐酸(ρ1.19 g/mL)。

3.3 高氯酸(ρ1.67 g/mL)。

3.4 硝酸(ρ1.42 g/mL)。

3.5 硝酸(1+1)。

3.6 铅标准贮存溶液:称取1.000 0 g纯铅($w_{Pb}\geqslant$99.99%)于200 mL烧杯中,加入10 mL硝酸(3.5),盖上表面皿,置于电热板上低温加热至完全溶解,煮沸驱除氮氧化物,冷至室温。移入500 mL容量瓶中,加入20 mL硝酸(3.5),以水稀释至刻度,混匀。此溶液1 mL含2 mg铅。

3.7 锌标准贮存溶液:称取0.500 0 g纯锌($w_{Zn}\geqslant$99.99%)于200 mL烧杯中,加入10 mL硝酸(3.5),盖上表面皿,置于电热板上低温加热至完全溶解,煮沸驱除氮氧化物,冷至室温。移入1 000 mL容量瓶中,加入20 mL硝酸(3.5),以水稀释至刻度,混匀。此溶液1 mL含0.5 mg锌。

3.8 镉标准贮存溶液:称取0.500 0 g金属镉($w_{Cd}\geqslant$99.99%)于200 mL烧杯中,加入10 mL硝酸

(3.5),盖上表面皿,置于电热板上低温加热至完全溶解,煮沸驱除氮氧化物,冷至室温。移入1 000 mL容量瓶中,加入20 mL硝酸(3.5),以水稀释至刻度,混匀。此溶液1 mL含0.5 mg镉。

3.9 镍标准贮存溶液:称取0.500 0 g纯镍(w_{Ni}≥99.99%)于200 mL烧杯中,加入10 mL硝酸(3.5),盖上表面皿,置于电热板上低温加热至完全溶解,煮沸驱除氮氧化物,冷至室温。移入1 000 mL容量瓶中,加入20 mL硝酸(3.5),以水稀释至刻度,混匀。此溶液1 mL含0.5 mg镍。

3.10 铅、锌、镉和镍混合标准溶液:分别移取50.00 mL铅标准贮存溶液(3.6)、10.00 mL锌和镉标准贮存溶液(3.7和3.8)及25.00 mL镍标准贮存溶液(3.9)于同一500 mL容量瓶中,加入10 mL硝酸(3.5),用水稀释至刻度,混匀。此溶液1 mL分别含200 μg铅、10 μg锌、10 μg镉和25 μg镍。

4 仪器

原子吸收光谱仪,备有铅、锌、镉和镍空心阴极灯,仪器应带扣除背景装置。

在仪器最佳工作条件下,凡达到下列指标者均可使用:

——特征浓度:在与测量试液的基体相一致的溶液中,铅、锌、镉和镍的特征浓度应分别不大于0.048 μg/mL,0.002 7 μg/mL ,0.003 8 μg/mL和0.015 μg/mL;

——精密度:用最高浓度的标准溶液测量10次吸光度,其标准偏差应不超过平均吸光度的1.0 %;用最低浓度的标准溶液(不是"零" 浓度标准溶液)测量10次吸光度,其标准偏差应不超过最高浓度标准溶液平均吸光度的0.5%;

——工作曲线线性:将工作曲线按浓度等分成五段,最高段的吸光度差值与最低段的吸光度差值之比应不小于0.85。

5 试样

5.1 样品粒度应不大于100 μm。

5.2 样品应在100 ℃～105 ℃烘干1 h,置于干燥器中,冷却至室温。

6 分析步骤

6.1 试料

称取0.20 g试样,精确至0.000 1 g。

6.2 测定次数

独立地进行二次测定,取其平均值。

6.3 空白试验

随同试料做空白试验。

6.4 试料处理

6.4.1 将试料(6.1)置于250 mL烧杯中,用少量水润湿,加入10 mL盐酸(3.2),盖上表面皿,置于电热板上低温加热3 min～5 min,取下稍冷。加入10 mL硝酸(3.4),置于电热板上加热使试料完全分解,继续加热蒸至近干,取下稍冷。

注1:加入10 mL硝酸(3.4)后,如析出单体硫,加入0.5 mL溴(3.1)。

注2:如试料含炭量较高,在加入10 mL硝酸(3.4)后,加入2 mL～3 mL高氯酸(3.3)。

6.4.2 加入 5 mL 硝酸(3.5),加热至微沸,用少量水吹洗表面皿及杯壁,冷却至室温。将试液移入 100 mL 容量瓶中,用水稀释至刻度,混匀,静置或干过滤。

6.4.3 按表 3 分取试液于 100 mL 容量瓶中,并补加硝酸(3.5)。

表 3 试液分取量

元素的质量分数/%	试液分取量/mL	硝酸(3.5)补加量/mL
Pb≤0.50% Cd≤0.020% Ni≤0.10%	—	—
Cd>0.020~0.10	50.00	5.0
Pb>0.50~2.00 Zn>0.10~0.15 Cd>0.10~0.15 Ni>0.10~0.50	25.00	7.5
Pb>2.00~5.00 Zn>0.15~0.50 Cd>0.15~0.50 Ni>0.50~1.00	10.00	9.0
Zn>0.50~1.00	5.00	9.5

6.5 测定

在原子吸收光谱仪上,按表 2 所列波长处,使用空气-乙炔火焰,以水调零,分别测量铅、锌、镉和镍试液及随同试料空白的吸光度。从工作曲线上查得相应的被测元素浓度。

6.6 工作曲线的绘制

6.6.1 移取 0 mL、2.00 mL、4.00 mL、6.00 mL、8.00 mL、10.00 mL 铅、锌、镉和镍混合标准溶液(3.10),分别置于一组 100 mL 容量瓶中,加入 10 mL 硝酸(3.5),用水稀释至刻度,混匀。

6.6.2 在与试料溶液测定相同的条件下,测量标准溶液的吸光度。以减去“零”浓度溶液的吸光度为纵坐标,以被测元素的质量浓度为横坐标,分别绘制铅、锌、镉和镍的工作曲线。

7 分析结果的计算

被测元素的含量以质量分数 w_x,数值以%表示,按式(1)计算:

$$w_x = \frac{(\rho - \rho_0) \cdot V_0 \cdot V_2 \times 10^{-6}}{m_0 \cdot V_1} \times 100 \qquad \cdots\cdots(1)$$

式中:

ρ ——自工作曲线上查得的被测元素的质量浓度,单位为微克每毫升(μg /mL);

ρ_0 ——自工作曲线上查得的被测元素的空白试液的质量浓度,单位为微克每毫升(μg /mL);

V_0——试液的总体积,单位为毫升(mL);

V_1——分取试液的体积,单位为毫升(mL);

V_2——试液分取后的稀释体积，单位为毫升(mL)；

m_0——试料的质量，单位为克(g)。

计算结果表示至小数点后二位，若被测元素的含量小于0.10%时，表示至小数点后三位。

8 精密度

8.1 重复性

在重复性条件下获得两次独立测试结果的测定值，在以下给出的平均值范围内，这两个测试结果的绝对差值不大于重复性限(r)，超过重复性限(r)的情况不超过5%，重复性限(r)按表4数据采用线性内插法或外延法求得。

表4 重复性限

w_{Pb}/%	0.13	0.56	1.52	2.80	4.89
r/%	0.02	0.04	0.10	0.15	0.25
w_{Zn}/%	0.12	0.29	0.56	0.81	1.04
r/%	0.01	0.03	0.05	0.07	0.08
w_{Cd}/%	0.011	0.072	0.18	0.35	0.51
r/%	0.002	0.007	0.01	0.02	0.03
w_{Ni}/%	0.013	0.075	0.23	0.56	1.11
r/%	0.002	0.006	0.02	0.04	0.08

8.2 再现性

在再现性条件下获得两次独立测试结果的测定值，在以下给出的平均值范围内，这两个测试结果的绝对差值不大于再现性限(R)，超过再现性(R)的情况不超过5%，再现性限(R)按表5数据采用线性内插法或外延法求得。

表5 再现性限

w_{Pb}/%	0.13	0.56	1.52	2.80	4.89
R/%	0.03	0.05	0.12	0.20	0.30
w_{Zn}/%	0.12	0.29	0.56	0.81	1.04
R/%	0.02	0.04	0.06	0.08	0.10
w_{Cd}/%	0.011	0.072	0.18	0.35	0.51
R/%	0.003	0.009	0.02	0.03	0.04
w_{Ni}/%	0.013	0.075	0.23	0.56	1.11
R/%	0.003	0.008	0.04	0.06	0.10

9 试验报告

本章规定试验报告所包括的内容。至少应给出以下几个方面的内容：

——试样；

——使用的标准，GB/T 3884.6—2012；

——分析结果及其表示；

——与基本分析步骤的差异；

——测定中观察的异常现象；

——实验日期。

ICS 77.120.60
H 13

中华人民共和国国家标准

GB/T 3884.7—2012
代替 GB/T 3884.7—2000

铜精矿化学分析方法 第7部分:铅量的测定 Na_2EDTA 滴定法

Methods for chemical analysis of copper concentrates—Part 7: Determination of lead content—Na_2EDTA titration method

2012-12-31 发布

2013-10-01 实施

中华人民共和国国家质量监督检验检疫总局
中国国家标准化管理委员会 发布

前　言

GB/T 3884《铜精矿化学分析方法》分为14个部分：

——第1部分：铜量的测定　碘量法；

——第2部分：金和银量的测定　火焰原子吸收光谱法和火试金法；

——第3部分：硫量的测定　重量法和燃烧-滴定法；

——第4部分：氧化镁量的测定　火焰原子吸收光谱法；

——第5部分：氟量的测定　离子选择电极法；

——第6部分：铅、锌、镉和镍量的测定　火焰原子吸收光谱法；

——第7部分：铅量的测定　Na_2EDTA滴定法；

——第8部分：锌量的测定　Na_2EDTA滴定法；

——第9部分：砷和铋量的测定　氢化物发生-原子荧光光谱法、溴酸钾滴定法和二乙基二硫代氨基甲酸银分光光度法；

——第10部分：锑量的测定　氢化物发生-原子荧光光谱法；

——第11部分：汞量的测定　冷原子吸收光谱法；

——第12部分：氟和氯量的测定　离子色谱法；

——第13部分：铜量测定　电解法；

——第14部分：金和银量测定　火试金重量法和原子吸收光谱法。

本部分为第7部分。

本部分是按照GB/T 1.1—2009给出的规则起草的。

本部分代替GB/T 3884.7—2000《铜精矿化学分析方法　铅量的测定》，与GB/T 3884.7—2000相比，主要发生了如下变动：

——对文本格式进行了修改；

——补充了精密度和试验报告条款。

本部分由全国有色金属标准化技术委员会(SAC/TC 243)归口。

本部分负责起草单位：大冶有色金属集团控股有限公司。

本部分起草单位：铜陵有色金属集团控股有限公司。

本部分参加起草单位：中条山有色金属集团有限公司、北京矿冶研究总院、江西铜业股份有限公司、阳谷祥光铜业有限公司、昆明冶金研究院、湖南郴州市金贵银业股份有限公司、紫金矿业集团股份有限公司、云南铜业股份有限公司、湖南水口山有色金属集团有限公司。

本部分主要起草人：邵从和、李琴美、陈小燕、程浩宇、周小凯、张光华、刘春峰、汤淑芳、郭惠、张永中、赵德平、廖小辉、刘春华、曾光明、沈广鑫、刘君侠、龚昌合、范丽汇、段群英、黄菊梅。

本部分所代替标准的历次版本发布情况为：

——GB/T 3884.8—1983、GB/T 3884.7—2000。

铜精矿化学分析方法
第7部分:铅量的测定
Na_2EDTA 滴定法

1 范围

GB/T 3884 的本部分规定了铜精矿中铅含量的测定方法。

本部分适用于铜精矿中铅含量的测定。测定范围:Pb>5.00%~13.00%。

2 方法提要

试料用硝酸、硫酸溶解,铅以硫酸铅沉淀与其他干扰元素分离,沉淀溶解于乙酸-乙酸钠缓冲溶液中,以二甲酚橙为指示剂,用 Na_2EDTA 标准滴定溶液滴定,测得铅量。

3 试剂

除非另有说明,在分析中仅使用确认为分析纯的试剂和蒸馏水或去离子水或相当纯度的水。

3.1 抗坏血酸。

3.2 无水乙醇。

3.3 盐酸(ρ=1.19 g/mL)。

3.4 盐酸(1+1)。

3.5 高氯酸(ρ=1.67 g/mL)。

3.6 氢氟酸(ρ=1.15 g/mL)。

3.7 硝酸(ρ=1.42 g/mL)。

3.8 硝酸(1+1)。

3.9 硝酸(1+4)。

3.10 硫酸(ρ=1.84 g/mL)。

3.11 硫酸(1+24)。

3.12 硫酸(1+49)。

3.13 硝硫混酸:在搅拌及冷却下,将 150 mL 硫酸(3.10)缓慢加入到 350 mL 硝酸(3.7)中,冷却后备用。

3.14 氨水(ρ=0.90 g/mL)。

3.15 氨水(1+1)。

3.16 乙酸-乙酸钠缓冲溶液(pH 5.5):将 150 g 无水乙酸钠溶于水中,加入 15 mL 冰乙酸,用水稀释至 1 000 mL,混匀。

3.17 硫氰酸钾溶液(50 g/L)。

3.18 铅标准溶液:称取 1.000 0 g 纯铅(w_{Pb}≥99.99%)于 250 mL 烧杯中,加入 20 mL 硝酸(3.9),盖上表皿,置于电热板上,低温加热溶解至完全,煮沸驱除氮氧化物,取下,冷至室温。移入 500 mL 容量瓶中,加入 10 mL 硝酸(3.8),以水稀释至刻度,混匀。此溶液 1 mL 含 2 mg 铅。

3.19 乙二胺四乙酸二钠(Na_2EDTA)标准滴定溶液[$c(Na_2EDTA)$≈0.01 mol/L]。

3.19.1 配制:称取 3.7 g 乙二胺四乙酸二钠($Na_2EDTA \cdot 2H_2O$)于 500 mL 烧杯中,加入 50 mL 热水溶解,冷却,移入 1 000 mL 容量瓶中,用水稀释至刻度,混匀。

3.19.2 标定：移取三份 25.00 mL 铅标准溶液(3.18)，分别置于 300 mL 烧杯中，加入 50 mL 水和2 滴二甲酚橙指示剂(3.20)，用氨水(3.15)中和至微红色，加入 30 mL 乙酸-乙酸钠缓冲溶液(3.16)，用 Na_2EDTA 标准滴定溶液(3.19)滴定至溶液由桔红色转变为亮黄色，即为终点。

按式 (1)计算 Na_2EDTA 标准滴定溶液的实际浓度：

$$c=\frac{\rho_0 \cdot V_1}{M \cdot V_2} \qquad \cdots\cdots(1)$$

式中：

c ——Na_2EDTA 标准滴定溶液的实际浓度，单位为摩尔每升(mol/L)；

ρ_0 ——铅标准溶液的质量浓度，单位为毫克每毫升(mg/mL)；

V_1 ——移取铅标准溶液的体积，单位为毫升(mL)；

V_2 ——滴定铅标准溶液所消耗 Na_2EDTA 标准滴定溶液的体积，单位为毫升(mL)；

M ——铅的摩尔质量，单位为克每摩尔(g/mol)[$M(Pb)=207.2$]。

取三次标定结果的平均值。三次标定结果的极差值应不大于 4×10^{-5} mol/L。否则，重新标定。

3.20 二甲酚橙指示剂(5 g/L)。

4 试样

4.1 试样粒度应不大于 100 μm。

4.2 试样应在 100 ℃～105 ℃烘干 1 h 后，置于干燥器中冷却至室温。

5 分析步骤

5.1 试料

称取 0.2 g～0.5 g 试样，精确至 0.000 1 g 。

5.2 测定次数

独立地进行两次测定，取其平均值。

5.3 空白试验

随同试料做空白试验。

5.4 测定

5.4.1 将试料(5.1)置于 300 mL 烧杯中，用少量水润湿，加入 10 mL 盐酸(3.3)，盖上表皿，置于电热板上低温加热 3 min～5 min，取下稍冷。加入 10 mL 硝硫混酸(3.13)，加热蒸至近干，取下稍冷。

注：如果试料含炭量较高，可加入 2 mL～3 mL 高氯酸(3.5)，继续蒸至近干。

5.4.2 沿杯壁加入 50 mL 硫酸(3.11)，煮沸 3 min～5 min，使可溶性盐类溶解，冷却，加入 10 mL 无水乙醇(3.2)，静置 1 h。

5.4.3 用慢速定量滤纸过滤，用硫酸(3.12)洗涤沉淀数次，直至用硫氰酸钾溶液(3.17)检查滤液无红色出现为止，最后用水洗涤沉淀 1～2 次。

5.4.4 用温水将沉淀转入原烧杯中，加入 30 mL 乙酸-乙酸钠缓冲溶液(3.16)，盖上表皿低温煮沸，待硫酸铅完全溶解后，将滤纸浸入溶液中，继续煮沸 3 min～5 min，冷却。

5.4.5 用水稀释至 100 mL 左右，加入 0.1 g 抗坏血酸(3.1)和 2 滴二甲酚橙指示剂(3.20)，用 Na_2EDTA 标准滴定溶液(3.19)滴定至溶液由桔红色转变为亮黄色即为终点。

6 分析结果的计算

铅的含量以质量分数 w_{Pb} 计，数值以%表示，按式(2)计算：

$$w_{Pb}=\frac{c \cdot (V_3-V_0) \cdot M}{m_0 \times 1\,000} \times 100 \qquad \cdots\cdots (2)$$

式中：

c ——Na_2EDTA 标准滴定溶液的实际浓度，单位为摩尔每升(mol/L)；

V_3—— 测定时，滴定试液所消耗 Na_2EDTA 标准滴定溶液的体积，单位为毫升(mL)；

V_0—— 测定时，滴定空白试液所消耗 Na_2EDTA 标准滴定溶液的体积，单位为毫升(mL)；

m_0—— 试料的质量，单位为克(g)；

M—— 铅的摩尔质量，单位为克每摩尔(g/mol)[M(Pb)＝207.2]。

计算结果表示至小数点后二位。

7 精密度

7.1 重复性

在重复性条件下获得的两次独立测试结果的测定值，在以下给出的平均值范围内，这两个测试结果的绝对差值不大于重复性限(r)，超过重复性限(r)的情况不超过5%，重复性限(r)按表1数据采用线性内插法求得。

表 1 重复性限

w_{Pb}/%	4.98	6.17	9.92	11.21	13.08
r/%	0.14	0.15	0.18	0.19	0.20

7.2 再现性

在再现性条件下获得两次独立测试结果的测定值，在以下给出的平均值范围内，这两个测试结果的绝对差值不大于重复性限(R)，超过再现性(R)的情况不超过5%，重复性限(R)按表2数据采用线性内插法求得。

表 2 再现性限

w_{Pb}/%	4.98	6.17	9.92	11.21	13.08
R/%	0.18	0.19	0.21	0.23	0.25

8 试验报告

试验报告至少应给出以下几个方面的内容：

—— 试样；

——使用的标准，GB/T 3884.7—2012；

——分析结果及其表示；

——与基本分析步骤的差异；

——测定中观察的异常现象；

——试验日期。

ICS 77.120.60
H 13

中华人民共和国国家标准

GB/T 3884.8—2012
代替 GB/T 3884.8—2000

铜精矿化学分析方法 第8部分:锌量的测定 Na_2EDTA 滴定法

Methods for chemical analysis of copper concentrates—Part 8: Determination of zinc content—Na_2EDTA titration method

2012-12-31 发布 2013-10-01 实施

中华人民共和国国家质量监督检验检疫总局
中国国家标准化管理委员会 发布

前　言

GB/T 3884《铜精矿化学分析方法》分为14部分：

——第1部分：铜量的测定　碘量法；
——第2部分：金和银量的测定　火焰原子吸收光谱法和火试金法；
——第3部分：硫量的测定　重量法和燃烧-滴定法；
——第4部分：氧化镁量的测定　火焰原子吸收光谱法；
——第5部分：氟量的测定　离子选择电极法；
——第6部分：铅、锌、镉和镍量的测定　火焰原子吸收光谱法；
——第7部分：铅量的测定　Na_2EDTA滴定法；
——第8部分：锌量的测定　Na_2EDTA滴定法；
——第9部分：砷和铋量的测定　氢化物发生-原子荧光光谱法、溴酸钾滴定法和二乙基二硫代氨基甲酸银分光光度法；
——第10部分：锑量的测定　氢化物发生-原子荧光光谱法；
——第11部分：汞量的测定　冷原子吸收光谱法；
——第12部分：氟和氯量的测定　离子色谱法；
——第13部分：铜量测定　电解法；
——第14部分：金和银量测定　火试金重量法和原子吸收光谱法。

本部分为第8部分。

本部分按照GB/T 1.1—2009给出的规则起草。

本部分代替GB/T 3884.8—2000《铜精矿化学分析方法　锌量的测定》，与GB/T 3884.8—2000相比，主要发生了如下变动：

——对文本格式进行了修改；
——补充了精密度和试验报告条款。

本部分由全国有色金属标准化技术委员会(SAC/TC 243)归口。

本部分负责起草单位：大冶有色金属集团控股有限公司。

本部分起草单位：铜陵有色金属集团控股有限公司。

本部分参加起草单位：大冶有色金属集团控股有限公司、中条山有色金属集团有限公司、云南铜业股份有限公司、阳谷祥光铜业有限公司、昆明冶金研究院。

本部分主要起草人：陈小燕、李琴美、邵从和、程浩宇、王俊义、曾静、常翼湘、吴志清、张永中、刘英波、李玉琴、钱玲、沈丽、李瑾、赵晓佩。

本部分所代替标准的历次版本发布情况为：

——GB/T 3884.13—1983、GB/T 3884.8—2000。

铜精矿化学分析方法
第8部分:锌量的测定
Na_2EDTA滴定法

1 范围

GB/T 3884的本部分规定了铜精矿中锌含量的测定方法。

本部分适用于铜精矿中锌含量的测定。测定范围:>1.00%~13.00%。

2 方法提要

试料用酸分解,在有氧化剂存在下的氨性缓冲溶液中分离铁、锰等干扰元素,加隐蔽剂消除铜、铝等的干扰。于pH 5.0~6.0,以二甲酚橙为指示剂,用Na_2EDTA标准滴定溶液滴定,测得结果为锌、镉合量,扣除镉量即为锌量。

3 试剂

除非另有说明,在分析中仅使用确认为分析纯的试剂和蒸馏水或去离子水或相当纯度的水。

3.1 氯化铵。

3.2 氟化钾。

3.3 抗坏血酸。

3.4 盐酸(ρ=1.19 g/mL)。

3.5 盐酸(1+1)。

3.6 硫酸(ρ=1.84 g/mL)。

3.7 硫酸(1+1)。

3.8 硝酸(ρ=1.42 g/mL)。

3.9 高氯酸(ρ=1.67 g/mL)。

3.10 硝硫混酸:在搅拌及冷却下,将150 mL硫酸(3.6)缓慢加入到350 mL硝酸(3.8)中,冷却后备用。

3.11 氨水(ρ=0.90 g/mL)。

3.12 氨水(1+1)。

3.13 氨水(1+19)。

3.14 过硫酸铵溶液(100 g/L)。现用现配。

3.15 硫脲饱和溶液。

3.16 乙酸-乙酸钠缓冲溶液(pH 5.5):将150 g无水乙酸钠溶于水中,加入50 mL冰乙酸,用水稀释至1 000 mL,混匀。

3.17 洗涤液:将5 g氯化铵(3.1)溶于200 mL氨水(3.13)中。

3.18 锌标准溶液:称取1.000 0 g纯锌(w_{Zn}≥99.99%),置于300 mL烧杯中,加入30 mL盐酸(3.5),置于电热板上微热溶解,冷却,移入1 000 mL容量瓶中,用水稀释至刻度,混匀。此溶液1 mL含

1 mg 锌。

3.19 乙二胺四乙酸二钠(Na_2EDTA)标准滴定溶液[$c(Na_2EDTA)\approx 0.01$ mol/L]。

3.19.1 配制：称取 3.7 g 乙二胺四乙酸二钠($Na_2EDTA \cdot 2H_2O$)于 500 mL 烧杯中，加入 50 mL 热水溶解，冷却，移入 1 000 mL 容量瓶中，用水稀释至刻度，混匀。

3.19.2 标定：移取三份 25.00 mL 锌标准溶液(3.18)，分别置于 300 mL 烧杯中，用水稀释至 50 mL，加入 2～3 滴二甲酚橙指示剂(3.20)，用氨水(3.12)中和至微红色，加入 20 mL 乙酸-乙酸钠缓冲溶液(3.16)，用 Na_2EDTA 标准滴定溶液(3.19)滴定至溶液由微红色转变为亮黄色，即为终点。

按式(1)计算 Na_2EDTA 标准滴定溶液的实际浓度：

$$c=\frac{\rho_0 \cdot V_1}{M \cdot V_2} \qquad \cdots\cdots(1)$$

式中：

c ——Na_2EDTA 标准滴定溶液的实际浓度，单位为摩尔每升(mol/L)；

ρ_0 ——锌标准溶液的质量浓度，单位为毫克每毫升(mg/mL)；

V_1 ——移取锌标准溶液的体积，单位为毫升(mL)；

V_2 ——滴定锌标准溶液所消耗 Na_2EDTA 标准滴定溶液的体积，单位为毫升(mL)；

M ——锌的摩尔质量，单位为克每摩尔(g/mol)[$M(Zn)=65.39$]。

取三次标定结果的平均值。三次标定结果的极差值应不大于 3×10^{-5} mol/L。否则，重新标定。

3.20 二甲酚橙指示剂(5 g/L)。

4 试样

4.1 样品粒度应不大于 100 μm。

4.2 样品应在 100 ℃～105 ℃烘干 1 h 后，置于干燥器中冷却至室温。

5 分析步骤

5.1 试料

称取 0.25 g 试样，精确至 0.000 1 g。

5.2 测定次数

独立地进行二次测定，取其平均值。

5.3 空白试验

随同试料做空白试验。

5.4 测定

5.4.1 将试料(5.1)置于 300 mL 烧杯中，用少量水润湿，加入 10 mL 盐酸(3.4)，盖上表皿，置于电热板上低温加热 3 min～5 min，取下稍冷。加入 10 mL 硝硫混酸(3.10)，加热蒸至近干，取下稍冷。

注：如果试料含炭量较高，可在蒸至冒白烟时，取下稍冷，加入 2 mL～3 mL 高氯酸(3.9)，继续蒸至近干，取下稍冷。

5.4.2 加入 4～5 滴硫酸(3.6)和 50 mL 水，煮沸使可溶性盐类溶解，稍冷。加入 10 g 氯化铵(3.1)，用氨水(3.11)中和至氢氧化物沉淀出现，并过量 25 mL，加入 5 mL 过硫酸铵溶液(3.14)，用水稀释至约 100 mL，煮沸，破坏过剩的过硫酸铵。取下稍冷，移入 250 mL 容量瓶中，用热的洗涤液(3.17)洗涤烧杯

4～5 次，冷却后用水稀释至刻度，混匀。

5.4.3 用中速滤纸干过滤，分取 100 mL 滤液，加入 0.5 g 氟化钾(3.2)和 0.1 g 抗坏血酸(3.3)，搅拌使之完全溶解，滴加 3～4 滴二甲酚橙指示剂(3.20)，用硫酸(3.7)中和至溶液由微红色转变为黄色，再用氨水(3.12)中和至溶液恰由黄色变为红色。加入 10 mL 硫脲饱和溶液(3.15)和 20 mL 乙酸-乙酸钠缓冲溶液(3.16)，用 Na_2EDTA 标准滴定溶液(3.19)滴定至溶液由微红色转变为亮黄色即为终点。

6 分析结果的计算

锌的含量以质量分数 w_{Zn} 计，数值以%表示，按式(2)计算：

$$w_{Zn}=\frac{c\cdot V_4\cdot(V_3-V_0)\cdot M}{m_0\cdot V_5\times 1\,000}\times 100-w_{Cd}\times 0.581\,6 \quad\cdots\cdots(2)$$

式中：

c ——Na_2EDTA 标准滴定溶液的实际浓度，单位为摩尔每升(mol/L)；

V_3 ——滴定试液所消耗 Na_2EDTA 标准滴定溶液的体积，单位为毫升(mL)；

V_0 ——滴定空白试液所消耗 Na_2EDTA 标准滴定溶液的体积，单位为毫升(mL)；

V_4 ——试液的稀释体积，单位为毫升(mL)；

V_5 ——分取试液的体积，单位为毫升(mL)；

m_0 ——试料的质量，单位为克(g)；

M ——锌的摩尔质量，单位为克每摩尔(g/mol)[M(Zn)＝65.39]；

w_{Cd} ——由 GB/T 3884.6 测得的镉的质量分数；

0.581 6 ——镉量换算为锌量的系数。

计算结果表示至小数点后二位。

7 精密度

7.1 重复性

在重复性条件下获得两次独立测试结果的测定值，在以下给出的平均值范围内，这两个测试结果的绝对差值不大于重复性限(r)，超过重复性限(r)的情况不超过 5%，重复性限(r)按表 1 数据采用线性内插法或外延法求得。

表 1 重复性限

w_{Zn}/%	1.27	4.26	7.01	9.97	12.99
r / %	0.08	0.13	0.17	0.21	0.25

7.2 再现性

在再现性条件下获得两次独立测试结果的测定值，在以下给出的平均值范围内，这两个测试结果的绝对差值不大于重复性限(R)，超过再现性(R)的情况不超过 5%，重复性限(R)按表 2 数据采用线性内插法或外延法求得。

表 2 再现性限

w_{Zn}/%	1.27	4.26	7.01	9.97	12.99
R/ %	0.14	0.19	0.24	0.27	0.30

8 试验报告

试验报告至少应给出以下几个方面的内容：

——试样；

——使用的标准，GB/T 3884.8—2012；

——分析结果及其表示；

——与基本分析步骤的差异；

——测定中观察的异常现象；

——试验日期。

ICS 77.120.60
H 13

中华人民共和国国家标准

GB/T 3884.9—2012
代替 GB/T 3884.9—2000

铜精矿化学分析方法 第9部分：砷和铋量的测定 氢化物发生-原子荧光光谱法、溴酸钾滴定法和二乙基二硫代氨基甲酸银分光光度法

**Methods for chemical analysis of copper concentrates—
Part 9: Determination of arsenic and bismuth contents—
Hydride generation-atomic fluorescence spectrometry method
The potassium bromate titration method and The silver
diethyl dithiocarbamate photometric method**

2012-12-31 发布　　2013-10-01 实施

中华人民共和国国家质量监督检验检疫总局
中国国家标准化管理委员会　发布

前　言

GB/T 3884《铜精矿化学分析方法》分为14个部分：

——第1部分：铜量的测定　碘量法；

——第2部分：金和银量的测定　火焰原子吸收光谱法和火试金法；

——第3部分：硫量的测定　重量法和燃烧-滴定法；

——第4部分：氧化镁量的测定　火焰原子吸收光谱法；

——第5部分：氟量的测定　离子选择电极法；

——第6部分：铅、锌、镉和镍量的测定　火焰原子吸收光谱法；

——第7部分：铅量的测定　Na_2EDTA滴定法；

——第8部分：锌量的测定　Na_2EDTA滴定法；

——第9部分：砷和铋量的测定 氢化物发生-原子荧光光谱法、溴酸钾滴定法和二乙基二硫代氨基甲酸银分光光度法；

——第10部分：锑量的测定　氢化物发生-原子荧光光谱法；

——第11部分：汞量的测定　冷原子吸收光谱法；

——第12部分：氟和氯量的测定　离子色谱法；

——第13部分：铜量测定　电解法；

——第14部分：金和银量测定　火试金重量法和原子吸收光谱法。

本部分为第9部分。

本部分是按照GB/T 1.1—2009给出的规则起草的。

本部分代替GB/T 3884.9—2000《铜精矿化学分析方法　砷和铋量的测定》，与GB/T 3884.9—2000相比，主要发生了如下变动：

——对文本格式进行了修改；

——补充了精密度和试验报告条款；

——方法1铋的测定范围由“0.010%～0.50%”调整为“0.010%～0.70%”。

本部分中方法1为仲裁方法。

本部分由全国有色金属标准化技术委员会(SAC/TC 243)归口。

本部分负责起草单位：大冶有色金属集团控股有限公司。

本部分起草单位：大冶有色金属集团控股有限公司。

本部分参加起草单位：北京矿冶研究总院、中冶葫芦岛有色金属集团有限公司、江西铜业股份有限公司、中条山有色金属集团有限公司、云南铜业股份有限公司、白银有色集团股份有限公司。

本部分方法1主要起草人：胡军凯、李晓瑜、陈殿耿、张威、马丽 、张爽、李遵义、陈红、汪雪萍、陈渝滨、郑文英、于晓洪、张瑞。

本部分方法2主要起草人：李玉琴、潘晓玲、刘艳、陈殿耿、张威、马丽 、曹艳、赵红艳、常冀湘、郑文英、张家锐、陈化玲、吕彦玲。

本部分方法3主要起草人：李晓瑜、冯媛、李必雄、陈殿耿、张威、马丽、戴俊龙、钱玲、陈渝滨、郑文英。

本部分所代替标准的历次版本发布情况为：

——GB/T 3884.9—1983、GB/T 3884.10—1983、GB/T 3884.9—2000。

铜精矿化学分析方法 第9部分:砷和铋量的测定 氢化物发生-原子荧光光谱法、溴酸钾滴定法和二乙基二硫代氨基甲酸银分光光度法

1 范围

GB/T 3884 的本部分规定了铜精矿中砷和铋含量的测定方法。

本部分适用于铜精矿中砷和铋含量的测定。方法1测定范围为砷 0.010%~0.10%,铋 0.010%~0.70%;方法2测定范围为砷>0.10%~2.00%;方法3测定范围为砷 0.010%~0.10%。

2 方法1 氢化物发生-原子荧光光谱法

2.1 方法提要

试料经硝酸、硫酸溶解,在氨性溶液中,以铁作载体,将砷和铋与铜等杂质分离。用抗坏血酸进行预还原,以硫脲掩蔽残存的铜,在氢化物发生器中,砷和铋被硼氢化钾还原为氢化物,用氩气导入石英炉原子化器中,于原子荧光光谱仪上测量其荧光强度。

2.2 试剂

除非另有说明,在分析中仅使用确认为分析纯的试剂和蒸馏水或去离子水或相当纯度的水。

2.2.1 氯酸钾。

2.2.2 盐酸(ρ=1.19 g/mL),优级纯。

2.2.3 盐酸(1+24)。

2.2.4 硝酸(ρ=1.42 g/mL),优级纯。

2.2.5 硝酸(1+1)。

2.2.6 硝酸(1+24)。

2.2.7 硫酸(ρ=1.84 g/mL)。

2.2.8 硫酸(1+1)。

2.2.9 氨水(ρ=0.90 g/mL)。

2.2.10 氨水(2+98)。

2.2.11 氢氧化钠溶液(200 g/L)。

2.2.12 氢氧化钠溶液(2 g/L)。

2.2.13 硫酸铁铵溶液:称取 84.4 g 硫酸铁铵[$FeNH_4(SO_4)_2 \cdot 12H_2O$]溶于 500 mL 水中,加 20 mL 硫酸(2.2.8),用水稀释至 1 L,混匀,此溶液 1 mL 含 10 mg 铁。

2.2.14 硫脲-抗坏血酸混合溶液:分别称取 5 g 硫脲和抗坏血酸,用水溶解后,稀释至 100 mL,混匀。

2.2.15 硼氢化钾溶液(5 g/L~25 g/L):称取 5 g~25 g 硼氢化钾溶于 1 000 mL 氢氧化钠溶液(2.2.12)中,现配现用。

2.2.16 砷标准贮存溶液：称取0.132 0 g三氧化二砷(基准预先在100 ℃～105 ℃烘1 h，置于干燥器中冷却至室温)于100 mL烧杯中，加5 mL氢氧化钠溶液(2.2.11)，低温加热使其溶解，加50 mL水，2滴酚酞乙醇溶液(2.2.20)，用硫酸中和至红色刚消失，再过量2 mL，移入1 L容量瓶中，用水稀释至刻度，混匀，此溶液1 mL含100 μg砷。

2.2.17 砷标准溶液：移取20.00 mL砷标准贮存溶液(2.2.16)于500 mL容量瓶中，用水稀释至刻度，混匀，此溶液1 mL含4 μg砷。

2.2.18 铋标准贮存溶液：称取0.100 0 g铋(w_{Bi}≥99.99%)于250 mL烧杯中，加入50 mL硝酸(2.2.5)，盖上表皿，加热至完全溶解，微沸驱除氮的氧化物，冷却，用硝酸(2.2.6)移入1 L容量瓶中，并稀释至刻度，混匀，此溶液1 mL含1 00 μg铋。

2.2.19 铋标准溶液：移取20.00 mL铋标准贮存溶液(2.2.18)于500 mL容量瓶中，加入100 mL盐酸(2.2.2)，用水稀释至刻度，混匀，此溶液1 mL含4 μg铋。

2.2.20 酚酞乙醇溶液(1 g/L)。

2.3 仪器

原子荧光光谱仪：附屏蔽式石英炉原子化器，砷、铋特制空心阴极灯或高强度空心阴极灯。

氩气：用作屏蔽气、载气。

在仪器最佳工作条件下，凡能达到下列指标者均可使用：

检出限：不大于9×10^{-10} g/mL。

精密度：用0.1 μg/mL的砷、铋标准溶液测量荧光强度10次，其标准偏差不超过平均荧光强度的5.0%。

2.4 试样

2.4.1 样品粒度应不大于100 μm。

2.4.2 样品在100 ℃～105 ℃烘1 h后置于干燥器中冷至室温。

2.5 分析步骤

2.5.1 试料

称取0.20 g试样，精至0.000 1 g。

2.5.2 测定次数

独立地进行二次测定，取其平均值。

2.5.3 空白试验

随同试料做空白试验。

2.5.4 测定

2.5.4.1 将试料(2.5.1)置于300 mL烧杯中，用少许水润湿，加约0.1 g氯酸钾(2.2.1)与试料混匀，加10 mL硝酸(2.2.4)，盖上表皿，置于低温电热板上加热溶解，反复加少量氯酸钾(2.2.1)至无单体硫析出为止，继续溶至小体积，稍冷，加5 mL硫酸(2.2.8)，混匀。加热冒浓烟，取下冷却，用水吹洗表皿及杯壁至50 mL左右，加热煮沸。

2.5.4.2 加水至150 mL左右，加入10 mL硫酸铁铵溶液(2.2.13)，加热至近沸，取下，边搅拌边加入氨水(2.2.9)中和至生成的氢氧化铜溶解(溶液呈深蓝色)，再过量25 mL，加热煮沸，并保温1 h，用中速滤纸过滤，以热氨水(2.2.10)洗涤烧杯3次及沉淀4～5次，用30 mL盐酸(2.2.2)将沉淀移入原烧杯中，再用盐酸(2.2.3)洗涤滤纸至无三价铁的黄色。低温蒸发至70 mL左右，取下冷却，移入100 mL容量瓶中，以水稀释至刻度，混匀。

2.5.4.3 按表1分取上述溶液(2.5.4.2)于100 mL容量瓶中，加入60 mL水、10 mL盐酸(2.2.2)、10 mL硫脲-抗坏血酸混合溶液(2.2.14)，以水稀释至刻度。

表1 试液分取量

砷和铋的质量分数/%	分取体积/mL
0.010～0.10	10.00
>0.10～0.15	5.00
>0.15～0.70	2.00

2.5.4.4 移取2.00 mL试液(2.5.4.3)于氢化物发生器中，按仪器操作程序，分别测量砷和铋的荧光强度。减去随同试料的空白溶液的荧光强度，从工作曲线上查出相应的砷和铋浓度。

2.5.5 砷和铋工作曲线的绘制

2.5.5.1 工作曲线的绘制：移取0 mL、0.50 mL、1.00 mL、2.00 mL、4.00 mL、8.00 mL砷标准溶液(2.2.17)于一组100 mL容量瓶中，移取0 mL、0.50 mL、1.00 mL、3.00 mL、6.00 mL、8.00 mL铋标准溶液(2.2.19)于同一组容量瓶中，加入60 mL水、10 mL盐酸(2.2.2)、10 mL硫脲-抗坏血酸混合溶液(2.2.14)，以水稀释至刻度。

2.5.5.2 吸取此溶液2.00 mL于氢化物发生器中，按仪器操作程序测量其荧光强度，减去"零"标准溶液的荧光强度，以砷和铋浓度为横坐标，荧光强度为纵坐标绘制工作曲线。

2.6 分析结果的计算

砷或铋的含量以质量分数w_X计，数值以%表示，按式(1)计算：

$$w_X = \frac{\rho \cdot V_1 \cdot V_3 \times 10^{-6}}{m_0 \cdot V_2} \times 100 \quad \cdots\cdots (1)$$

式中：

ρ ——从工作曲线上查得的砷或铋的质量浓度，单位为微克每毫升(μg/ mL)；

V_1——试液总体积，单位为毫升(mL)；

V_2——分取试液体积，单位为毫升(mL)；

V_3——分取试液稀释后的体积，单位为毫升(mL)；

m_0——试料的质量，单位为克(g)。

计算结果表示至小数点后二位。若质量分数小于0.10%时，表示至小数点后三位。

2.7 精密度

2.7.1 重复性

在重复性条件下获得的两次独立测试结果的测定值，在以下给出的平均值范围内，这两个测试结果的绝对差值不超过重复性限(r)，超过重复性限(r)的情况不超过5%，重复性限(r)按以下表2数据采用线性内插法或外延法求得。

表 2 重复性限

$w_{As}/\%$	0.012	0.027	0.064	0.083	0.11
$r/\%$	0.002	0.003	0.005	0.008	0.01
$w_{Bi}/\%$	0.010	0.031	0.16	0.22	0.72
$r/\%$	0.002	0.003	0.01	0.02	0.03

2.7.2 再现性

在再现性条件下获得的两次独立测试结果的测定值，在以下给出的平均值范围内，这两个测试结果的绝对差值不大于再现性限(R)，超过再现性限(R)的情况不超过5%，再现性限(R)按表3数据采用线性内插法或外延法求得。

表 3 再现性限

$w_{As}/\%$	0.012	0.027	0.064	0.083	0.11
$R/\%$	0.003	0.004	0.007	0.011	0.02
$w_{Bi}/\%$	0.010	0.031	0.16	0.22	0.72
$R/\%$	0.003	0.004	0.01	0.02	0.04

2.8 试验报告

本章规定试验报告所包括的内容。至少应给出以下几个方面的内容：

——试样；

——使用的标准，GB/T 3884.9—2012；

——使用的方法；

——分析结果及其表示；

——与基本分析步骤的差异；

——测定中观察到的异常现象；

——试验日期。

3 方法2 溴酸钾滴定法

3.1 方法提要

试料硝酸、氯酸钾分解。在6 mol/L盐酸介质中，以溴化钾为催化剂，用硫酸联胺将五价砷还原为三价砷，用蒸馏法将三氯化砷与其他元素分离。三氯化砷用水吸收后，以甲基橙作指示剂，用溴酸钾标准滴定溶液滴定至红色消失为终点。

3.2 试剂

除非另有说明，在分析中仅使用确认为分析纯的试剂和蒸馏水或去离子水或相当纯度的水。

3.2.1 溴化钾。

3.2.2 硫酸联胺。

3.2.3 氯酸钾。

3.2.4 盐酸(ρ=1.19 g/mL)。

3.2.5 盐酸(1+1)。

3.2.6 硝酸(ρ=1.42 g/mL)。

3.2.7 硫酸(ρ=1.84 g/mL)。

3.2.8 硫酸(1+1)。

3.2.9 氢氧化钠溶液(200 g/L)。

3.2.10 砷标准溶液:称取 0.264 1 g 基准三氧化二砷(预先在 100 ℃～105 ℃烘 1 h,置于干燥器中冷至室温),置于 250 mL 烧杯中,加 10 mL 氢氧化钠溶液(3.2.9),低温加热至完全溶解,加 50 mL 水,2 滴酚酞乙醇溶液(3.2.12),用盐酸(3.2.5)中和至红色刚褪并过量 2 滴,移入 1 L 容量瓶中,用水稀释至刻度,混匀,1 mL 此溶液含 0.000 2 g 砷。

3.2.11 溴酸钾标准滴定溶液[$c(1/6KBrO_3)$=0.005 mol/L]

3.2.11.1 配制:称取 0.74 g 溴酸钾,3.7 g 溴化钾置于 250 mL 烧杯中,加入少量水,加热溶解,稍冷,移入试剂瓶中,用水稀释至 5 L,混匀。

3.2.11.2 标定:移取三份 20.00 mL 砷标准溶液(3.2.10),分别置于 250 mL 烧杯中,用水稀释至 100 mL,加入 15 mL 盐酸(3.2.4),加热至 40 ℃～60 ℃,加入 2 滴甲基橙指示剂(3.2.13),用溴酸钾标准滴定溶液滴定至溶液红色消失为终点。随同标定做空白试验。

按式(2)计算溴酸钾标准滴定溶液实际浓度:

$$c=\frac{\rho \cdot V_5 \times 1\ 000}{(V_4-V_0)\cdot M} \quad \cdots\cdots(2)$$

式中:

c ——溴酸钾标准滴定溶液的实际浓度,单位为摩尔每升(mol/L);

ρ ——砷标准溶液的质量浓度,单位为克每毫升(g/ mL);

V_4——标定时滴定砷标准溶液消耗溴酸钾标准滴定溶液的体积,单位为毫升(mL);

V_5——移取砷标准溶液的体积,单位为毫升(mL);

V_0——标定时滴定空白试液消耗溴酸钾标准滴定溶液的体积,单位为毫升(mL);

M ——1/2 砷的摩尔质量,单位为克每摩尔(g/mol)[$M(1/2As)$=37.46]。

平行标定三份,其极差值不大于 1×10^{-5} mol/L 时,取平均值。否则,重新标定。

3.2.12 酚酞乙醇溶液(1 g/L)。

3.2.13 甲基橙指示剂(1 g/L)。

3.3 装置

蒸馏装置如图 1 所示。

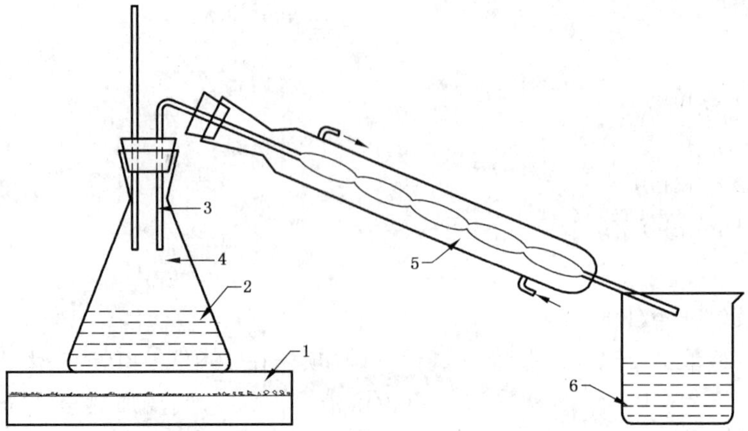

说明：

1——电炉(带调压器)；

2——蒸馏瓶(250 mL)；

3——水银温度计；

4——玻璃导管；

5——冷凝器(球形)；

6——吸收杯(250 mL)。

图 1　蒸馏装置示意图

3.4　试样

3.4.1　样品粒度应不大于 100 μm。

3.4.2　样品应在 100 ℃～105 ℃烘 1 h 后置于干燥器中冷至室温。

3.5　分析步骤

3.5.1　试料

按表 4 称取试样，精确至 0.000 1 g。

表 4　试料量

砷的质量分数/%	试料量/g
≤1.00	0.50
>1.00～2.00	0.20

3.5.2　测定次数

独立进行二次测定，取其平均值。

3.5.3　空白试验

随同试料做空白试验。

3.5.4　测定

3.5.4.1　将试料(3.5.1)置于 250 mL 烧杯中，加入 10 mL～15 mL 硝酸(3.2.6)，分次加入 0.3 g～

0.5 g 氯酸钾(3.2.3)，在电热板上加热至试料完全溶解，取下，稍冷，用水吹洗杯壁，加入 5 mL 硫酸(3.2.8)，加热至冒浓烟，取下，稍冷。

3.5.4.2　用少量水吹洗杯壁，加热至盐类溶解，移入预先盛有 0.3 g 溴化钾(3.2.1)，0.3 g 硫酸联胺(3.2.2)的 250 mL 锥形烧瓶中，并加入 40 mL 盐酸(3.2.4)，用水洗净烧杯，使锥形烧瓶中溶液的总体积为 80 mL。

3.5.4.3　按图 1 联接蒸馏装置，在 100 ℃～105 ℃加热蒸馏。馏出物用预先盛有 50 mL 水的 150 mL 烧杯吸收。待蒸馏至残留液的体积约为原体积的 1/3 时，取下锥形烧瓶，用水吹洗冷凝管内壁及管口，并将洗液并入吸收杯。

3.5.4.4　将吸收液加热至 40 ℃～60 ℃，加入 2 滴甲基橙指示剂(3.2.13)，用溴酸钾标准滴定溶液(3.2.11)滴定至红色刚好消失为终点。

3.6　分析结果的计算

砷的含量以质量分数 w_{As} 计，数值以％表示，按式(3)计算：

$$w_{As}=\frac{c(V_7-V_6)\cdot M}{m_0\times 1\ 000}\times 100 \qquad (3)$$

式中：

c ——溴酸钾标准滴定溶液的实际浓度，单位为摩尔每升(mol/L)；

V_7——滴定试料溶液时消耗溴酸钾标准滴定溶液的体积，单位为毫升(mL)；

V_6——滴定空白试液时消耗溴酸钾标准滴定溶液的体积，单位为毫升(mL)；

M——1/2 砷的摩尔质量，单位为克每摩尔(g/mol)[M(1/2As)＝37.46]；

m_0——试料的质量，单位为克(g)。

计算结果表示至小数点后二位。

3.7　精密度

3.7.1　重复性

在重复性条件下获得的两次独立测试结果的测定值，在以下给出的平均值范围内，这两个测试结果的绝对差值不超过重复性限(r)，超过重复性限(r)的情况不超过 5％，重复性限(r)按表 5 数据采用线性内插法或外延法求得。

表 5　重复性限

w_{As}/%	0.11	0.61	1.20	1.68	2.51
r/%	0.02	0.04	0.07	0.11	0.15

3.7.2　再现性

在再现性条件下获得的两次独立测试结果的测定值，在以下给出的平均值范围内，这两个测试结果的绝对差值不大于再现性限(R)，超过再现性限(R)的情况不超过 5％，再现性限(R)按表 6 数据采用线性内插法或外延法求得。

表 6　再现性限

w_{As}/%	0.11	0.61	1.20	1.68	2.51
R/%	0.03	0.05	0.09	0.13	0.17

3.8 试验报告

本章规定试验报告所包括的内容。至少应给出以下几个方面的内容：

——试样；

——使用的标准，GB/T 3884.9—2012；

——使用的方法；

——分析结果及其表示；

——与基本分析步骤的差异；

——测定中观察到的异常现象；

——试验日期。

4 方法3 二乙基二硫代氨基甲酸银分光光度法

4.1 方法提要

试料用硝酸、氯酸钾分解。于1.2 mol/L硫酸介质中砷被锌还原，生成的砷化氢气体，用铜试剂银盐三氯甲烷溶液吸收。砷化氢还原二乙基二硫代氨基甲酸银中的银，析出的银呈单质胶态并显红色，于分光光度计530 nm处测量吸光度，按标准曲线法计算砷量。

4.2 试剂

除非另有说明，在分析中仅使用确认为分析纯的试剂和蒸馏水或去离子水或相当纯度的水。

4.2.1 无砷锌粒。

4.2.2 氯酸钾。

4.2.3 盐酸(ρ=1.19 g/mL)。

4.2.4 盐酸(1+1)。

4.2.5 硝酸(ρ=1.42 g/mL)。

4.2.6 硫酸(ρ=1.84 g/mL)。

4.2.7 硫酸(1+1)。

4.2.8 氢氧化钠溶液(200 g/L)。

4.2.9 硫酸铁铵溶液(20 g/L)。

4.2.10 硫酸铜溶液(20 g/L)。

4.2.11 碘化钾溶液(300 g/L)。

4.2.12 三乙醇胺(4+96)。

4.2.13 氯化亚锡溶液(200 g/L)：称取20g氯化亚锡($SnCl_2 \cdot 2H_2O$)于250 mL烧杯中，加入30 mL盐酸(4.2.4)，加热溶解，冷却，用水稀释至100 mL。

4.2.14 酒石酸溶液(500 g/L)。

4.2.15 三氯甲烷。

4.2.16 乙酸铅脱脂棉：将脱脂棉浸入含有乙酸(0.5%)的乙酸铅(100 g/L)溶液中，浸透后取出，在空气中干燥后备用。

4.2.17 二乙基二硫代氨基甲酸银(以下简称铜试剂银盐)三氯甲烷溶液(5 g/L)：称取2.5 g铜试剂银盐于500 mL试剂瓶中，加入含500 mL三乙醇胺(4.2.12)的三氯甲烷溶液，振荡使其溶解。静置过夜。过滤，贮存于棕色试剂瓶中。使用期应不超过一周。

4.2.18 砷标准贮存溶液：称取0.132 0 g基准三氧化二砷(预先在100 ℃～105 ℃烘1 h，置于干燥器中冷至室温)于100 mL烧杯中，加5 mL氢氧化钠溶液(4.2.8)低温加热使其溶解，加50 mL水，2滴酚酞乙醇溶液(4.2.20),用硫酸(4.2.7)中和至红色刚消失后再过量 2 mL,移入 1 L 容量瓶中,用水稀释至刻度,混匀,此溶液 1 mL 含 100 μg 砷。

4.2.19 砷标准溶液:移取 20.00 mL 砷标准贮存溶液(4.2.18)于 500 mL 容量瓶中,用水稀释至刻度,混匀。此溶液 1 mL 含 4 μg 砷。

4.2.20 酚酞乙醇溶液(1 g/L)。

4.3 仪器

4.3.1 分光光度计。

4.3.2 砷化氢气体发生-吸收装置,如图 2 所示。

4.4 试样

4.4.1 样品粒度应不大于 100 μm。

4.4.2 样品应在 100 ℃～105 ℃烘 1 h 后置于干燥器中冷至室温。

4.5 分析步骤

4.5.1 试料

称取 0.20 g 试样,精确至 0.000 1 g。

4.5.2 测定次数

独立地进行二次测定,取其平均值。

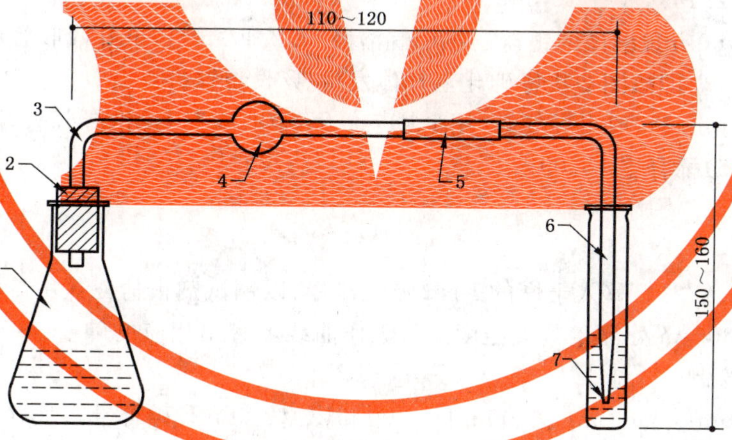

说明:

1——100 mL 锥形烧瓶;

2——橡胶塞;

3——导气管(内径 5 mm);

4——玻璃球管[球径 10 mm～12 mm,内盛乙酸铅脱脂棉(21.16)];

5——橡胶管;

6——吸收管(10 mL 具塞比色管);

7——导气管下口(内径 1 mm)。

图 2 砷化氢气体发生-吸收装置示意图

4.5.3 空白试验

随同试料做空白试验。

4.5.4 测定

4.5.4.1 试料的溶解

4.5.4.1.1 将试料(4.5.1)置于150 mL烧杯中，加入0.1 g氯酸钾(4.2.2)与试料混匀，加10 mL硝酸(4.2.5)，置于电热板上加热分解，反复加入少量氯酸钾(4.2.2)处理至无单体硫析出为止，继续蒸至近干，稍冷，沿杯壁加5 mL～8 mL硫酸(4.2.7)，蒸至刚冒浓烟，取下稍冷。

4.5.4.1.2 用水吹洗杯壁，加热煮沸使可溶性盐溶解，冷至室温，移入100 mL容量瓶中，用水稀释至刻度，混匀。

4.5.4.2 吸收

4.5.4.2.1 按表7分取试液(4.5.4.1.2)于100 mL锥形烧瓶中。

表7 试液分取量

砷的质量分数/%	试液分取量/mL
≤0.020	25.00
>0.020～0.070	20.00
>0.070～0.10	10.00

4.5.4.2.2 加入7 mL硫酸(4.2.7)，用水稀释至40 mL，加入5 mL碘化钾溶液(4.2.11)，2 mL氯化亚锡溶液(4.2.13)，每加一种试剂均需充分混匀。放置2 min～3 min至溶液黄色消失为止。再加5 mL酒石酸溶液(4.2.14)，放置10 min。

4.5.4.2.3 移取10.00 mL铜试剂银盐三氯甲烷溶液(4.2.17)于10 mL吸收管中，向锥形烧瓶中投入5 g无砷锌粒(4.2.1)，立即按图2接好砷化氢气体发生-吸收装置。

4.5.4.2.4 反应40 min后，取出导气管，用少量三氯甲烷(4.2.15)冲洗导气管，洗液合并于吸收管中，并用三氯甲烷(4.2.15)稀释至10.00 mL，混匀。

4.5.4.3 测量

将部分溶液(4.5.4.2.4)移入干燥的1 cm吸收皿中，以铜试剂银盐三氯甲烷溶液(4.2.17)为参比，于分光光度计波长530 nm处测量其吸光度。从工作曲线上查出相应的砷量。

4.5.5 工作曲线的绘制。

移取0 mL、2.00 mL、4.00 mL、6.00 mL、8.00 mL、10.00 mL砷标准溶液(4.2.19)，分别置于一组100 mL锥形烧瓶中，加入6 mL硫酸铁铵溶液(4.2.9)和6 mL硫酸铜溶液(4.2.10)，混匀。以下按4.5.4.2.2～4.5.4.3条进行。以砷量为横坐标，吸光度为纵坐标绘制工作曲线。

4.6 分析结果的计算

砷的含量以质量分数w_{As}计，数值以%表示，按式(4)计算：

$$w_{As}=\frac{(m_2-m_1)\cdot V_8\times 10^{-6}}{m_0\cdot V_9}\times 100 \qquad \cdots\cdots(4)$$

式中：

m_2——工作曲线上查得的试液砷量，单位为微克(μg)；

m_1——工作曲线上查得的试料空白溶液的砷量，单位为微克(μg)；

V_8——试液的总体积，单位为毫升(mL)；

V_9——分取试液的体积，单位为毫升(mL)；

m_0——试料的质量，单位为克(g)。

计算结果表示至小数点后三位。

4.7 精密度

4.7.1 重复性

在重复性条件下获得的两次独立测试结果的测定值，在以下给出的平均值范围内，这两个测试结果的绝对差值不超过重复性限(r)，超过重复性限(r)的情况不超过5%，重复性限(r)按表8数据采用线性内插法或外延法求得。

表8 重复性限

$w_{As}/\%$	0.012	0.027	0.064	0.084	0.11
$r/\%$	0.002	0.003	0.006	0.008	0.01

4.7.2 再现性

在再现性条件下获得的两次独立测试结果的测定值，在以下给出的平均值范围内，这两个测试结果的绝对差值不大于再现性限(R)，超过再现性限(R)的情况不超过5%，再现性限(R)按表9数据采用线性内插法或外延法求得。

表9 再现性限

$w_{As}/\%$	0.012	0.027	0.064	0.084	0.11
$R/\%$	0.003	0.004	0.008	0.013	0.02

4.8 试验报告

本章规定试验报告所包括的内容。至少应给出以下几个方面的内容：

——试样；

——使用的标准，GB/T 3884.9—2012；

——使用的方法；

——分析结果及其表示；

——与基本分析步骤的差异；

——测定中观察到的异常现象；

——试验日期。

ICS 77.120.60
H 13

中华人民共和国国家标准

GB/T 3884.10—2012
代替 GB/T 3884.10—2000

铜精矿化学分析方法 第10部分：锑量的测定 氢化物发生-原子荧光光谱法

**Methods for chemical analysis of copper concentrates—
Part 10: Determination of Antimony content—
Hydride generation atomic fluorescence spectrometry method**

2012-12-31 发布　　2013-10-01 实施

中华人民共和国国家质量监督检验检疫总局
中国国家标准化管理委员会　发布

前　　言

GB/T 3884《铜精矿化学分析方法》分为14个部分：

——第1部分：铜量的测定　碘量法；

——第2部分：金和银量的测定　火焰原子吸收光谱法和火试金法；

——第3部分：硫量的测定　重量法和燃烧-滴定法；

——第4部分：氧化镁量的测定　火焰原子吸收光谱法；

——第5部分：氟量的测定　离子选择电极法；

——第6部分：铅、锌、镉和镍量的测定　火焰原子吸收光谱法；

——第7部分：铅量的测定　Na_2EDTA滴定法；

——第8部分：锌量的测定　Na_2EDTA滴定法；

——第9部分：砷和铋量的测定　氢化物发生-原子荧光光谱法、溴酸钾滴定法和二乙基二硫代氨基甲酸银分光光度法；

——第10部分：锑量的测定　氢化物发生-原子荧光光谱法；

——第11部分：汞量的测定　冷原子吸收光谱法；

——第12部分：氟和氯量的测定　离子色谱法；

——第13部分：铜量测定　电解法；

——第14部分：金和银量测定　火试金重量法和原子吸收光谱法。

本部分为第10部分。

本部分按照GB/T 1.1—2009给出的规则起草。

本部分代替GB/T 3884.10—2000《铜精矿化学分析方法　锑量的测定》，与GB/T 3884.10—2000相比，主要发生了如下变动：

——对文本格式进行了修改；

——补充了精密度和试验报告条款；

——锑的测定范围由“0.01%～0.20%”调整为“0.01%～0.70%”。

本部分由全国有色金属标准化技术委员会(SAC/TC 243)归口。

本部分负责起草单位：大冶有色金属集团控股有限公司。

本部分起草单位：江西铜业股份有限公司。

本部分参加起草单位：云南铜业股份有限公司、北京矿冶研究总院、广州有色金属研究院、阳谷祥光铜业有限公司、紫金矿业集团股份有限公司。

本部分主要起草人：陈红、徐红想、汪廷龙、汪雪萍、杨红生、郑文英、陈渝滨、王皓莹、马丽、张永中、彭国春、胡素英、王津、刘天平。

本部分所代替标准的历次版本发布情况为：

——GB/T 3884.10—2000。

铜精矿化学分析方法 第10部分:锑量的测定 氢化物发生-原子荧光光谱法

1 范围

GB/T 3884的本部分规定了铜精矿中锑含量的测定方法。

本部分适用于铜精矿中锑含量的测定。测定范围为0.010%~0.60%。

2 方法提要

试料用硫酸和硫酸钾分解,利用试料中含有的铁和加入的一定量的镧,在氨性介质中,共沉淀锑与铜分离。沉淀以热盐酸溶解,分取部分溶液,加入抗坏血酸预还原,硫脲掩蔽铜。移取一定量待测液于氢化物发生器中,锑(Ⅲ)被硼氢化钾还原为氢化锑,用氩气导入石英炉原子化器中,以锑空心阴极灯作光源,于原子荧光光谱仪上测定其荧光强度。

3 试剂

除非另有说明,在分析中仅使用确认为分析纯的试剂和蒸馏水或去离子水或相当纯度的水。

3.1 硫酸钾。

3.2 酒石酸。

3.3 氢氧化钠。

3.4 硫酸(ρ=1.84 g/mL)。

3.5 硝酸(ρ=1.42 g/mL)。

3.6 硝酸(1+1)。

3.7 盐酸(ρ=1.19 g/mL)。

3.8 盐酸(1+9)。

3.9 氨水(ρ=0.90 g/mL)。

3.10 氨水(5+95)。

3.11 硫脲溶液(100 g/L)。

3.12 抗坏血酸溶液(100 g/L)。

3.13 氢氧化钾(2 g/L)。

3.14 硝酸镧溶液:称取11.73 g氧化镧(La_2O_3)于250 mL烧杯中,加入40 mL硝酸(3.6),低温溶解,加热除去氮的氧化物,冷却后,移入500 mL容量瓶中,以水稀释至刻度,混匀。此溶液1 mL含20 mg镧。

3.15 硝酸镧溶液:移取10 mL硝酸镧溶液(3.14)于200 mL容量瓶中,用水稀释至刻度,混匀。此溶液1 mL含1 mg镧。

3.16 硝酸铁溶液:称取73.40 g硝酸铁[$Fe(NO_3)_3 \cdot 9H_2O$]于250 mL烧杯中,加入10 mL硝酸(3.6),加适量水溶解,移入1 000 mL容量瓶中,以水稀释至刻度,混匀。此溶液1 mL含10 mg铁。

3.17 硼氢化钾溶液(10 g/L):称取 10 g 硼氢化钾溶于 1 000 mL 氢氧化钾(3.13)中,现配现用。

3.18 锑标准贮存溶液:称取 0.500 0 g 高纯锑粉,加入 25 mL 硝酸(3.5)、3 g 酒石酸(3.2),低温溶解,冷却后,移入 500 mL 容量瓶中,用水稀释至刻度,混匀。此溶液 1 mL 含 1 mg 锑。

3.19 锑标准溶液 A:移取 10.00 mL 锑标准贮存溶液(3.18)于 100 mL 容量瓶中,加入 10 mL 盐酸(3.7),用水稀释至刻度,混匀。此溶液 1 mL 含 0.1 mg 锑。

3.20 锑标准溶液 B:移取 10.00 mL 锑标准溶液 A(3.19)于 200 mL 容量瓶中,加入 10 mL 盐酸(3.7),用水稀释至刻度,混匀。此溶液 1 mL 含 5 μg 锑。

4 仪器

原子荧光光谱计:附屏蔽式石英炉原子化器,特制锑空心阴极灯或锑高强度空心阴极。

氩气:用作屏蔽气、载气。

在仪器最佳工作条件下,凡达到下列指标均可使用:

——检出限:不大于 2×10^{-9} g/mL。

——精密度:用 0.02 μg/mL 的锑标准溶液测量荧光强度 11 次,其相对标准偏差不超过 5.0%。

5 试样

5.1 样品粒度应不大于 100 μm。

5.2 样品应在 100 ℃～105 ℃烘 1 h,置于干燥器中,冷却至室温。

6 分析步骤

6.1 试料

称取 0.20 g 试样,精确至 0.000 1 g。

独立地进行二次测定,取其平均值。

6.2 空白试验

随同试料做空白试验。

6.3 测定

6.3.1 将试料(6.1)置于 400 mL 低型烧杯中,加入 2 g 硫酸钾(3.1),用水湿润,加入 10 mL 硫酸(3.4)[必要时滴加少许硝酸(3.5)],盖上表面皿,置于电炉上加热分解至冒三氧化硫白烟,加入小片滤纸(约 4 cm^2)在高温电炉上继续加热,至黑色完全褪尽为止,取下冷却,用水吹洗杯壁及表面皿,煮沸使盐类溶解,取下冷却。

6.3.2 加入 2.5 mL 硝酸镧溶液(3.15),试料空白另加 5 mL 硝酸铁溶液(3.16),以水稀释至 150 mL 左右,置于电热板上加热至近沸,取下,边搅拌边加氨水(3.9)至生成的氢氧化铜沉淀溶解(溶液呈蓝色),再过量 20 mL,缓慢加热至沸腾,移至低温处(约 60 ℃),保温 30 min。

6.3.3 用快速定量滤纸过滤,用热氨水(3.10)洗涤烧杯及沉淀 4～5 次,用热水洗涤烧杯及沉淀 3～4 次,弃去滤液。

6.3.4 将滤纸连同沉淀从漏斗上取下,展开于原烧杯内(搁在玻璃棒上),用少量水将沉淀冲入烧杯中,用盐酸(3.8)将滤纸洗至无黄色,加入 5 mL 盐酸(3.7),置于电炉上加热溶解盐类,取下冷却后用盐酸(3.8)转入 100 mL 容量瓶中,并稀释至刻度,混匀。

6.3.5 按表1分取试液于已加入30 mL水，5 mL盐酸(3.7)的50 mL容量瓶中，加入5 mL抗坏血酸溶液(3.12)，5 mL硫脲溶液(3.11)，用水稀释至刻度，混匀。

表1 试液分取体积

锑的质量分数/%	分取试液体积/mL
0.010～0.050	10.00
>0.050～0.10	5.00
>0.10～0.70	2.00

6.3.6 移取2 mL待测液(6.3.5)于氢化物发生器中，以恒定速率加入硼氢化钾溶液于原子荧光光谱仪上测定其荧光强度，减去随同试料的空白溶液的荧光强度，从工作曲线上查得相应的锑浓度。

6.4 工作曲线的绘制

分别移取0 mL，0.50 mL，1.00 mL，1.50 mL，2.00 mL，2.50 mL锑标准溶液(3.20)置于一组已加入30 mL水，5 mL盐酸(3.7)的50 mL容量瓶中，再依次加入0.25 mL硝酸铁溶液(3.16)，2.5 mL硝酸镧溶液(3.15)，5 mL抗坏血酸溶液(3.12)，5 mL硫脲溶液(3.11)后，用水稀释至刻度，混匀。在与测量试料相同的条件下，测量标准溶液系列的荧光强度减去"零"浓度标准溶液的荧光强度，以锑浓度为横坐标，荧光强度为纵坐标，绘制工作曲线。

7 分析结果的计算

锑的含量以质量分数 w_{sb} 计，数值以%表示，按式(1)计算：

$$w_{sb}=\frac{\rho \cdot V_0 \cdot V_2 \times 10^{-6}}{m_0 \cdot V_1}\times 100 \quad \cdots\cdots(1)$$

式中：

ρ ——自工作曲线上查得的锑的浓度，单位为微克每毫升(μg/mL)；

V_0——试液总体积，单位为毫升(mL)；

V_1——分取试液体积，单位为毫升(mL)；

V_2——分取试液稀释后的体积，单位为毫升(mL)；

m_0——试料的质量，单位为克(g)。

计算结果表示至小数点后二位。若锑含量小于0.10%时，表示至小数点后三位。

8 精密度

8.1 重复性

在重复性条件下获得的两次独立测试结果的测定值，在以下给出的平均值范围内，这两个测试结果的绝对差值不超过重复性限(r)，超过重复性限(r)的情况不超过5%，重复性限(r)按表2数据采用线性内插法或外延法求得。

表 2 重复性限

$w_{sb}/\%$	0.019	0.041	0.11	0.31	0.60
$r/\%$	0.003	0.005	0.01	0.03	0.04

8.2 再现性

在再现性条件下获得的两次独立测试结果的测定值，在以下给出的平均值范围内，这两个测试结果的绝对差值不超过再现性限(R)，超过再现性(R)的情况不超过 5%，再现性(R)按表 3 数据采用线性内插法或外延法求得。

表 3 再现性限

$w_{sb}/\%$	0.019	0.041	0.11	0.31	0.60
$R/\%$	0.004	0.007	0.02	0.04	0.06

9 试验报告

试验报告至少应给出以下几个方面的内容：

——试样；

——使用的标准，GB/T 3884.1—2012；

——分析结果及其表示；

——与基本分析步骤的差异；

——测定中观察到的异常现象；

——试验日期。

ICS 77.120.60
H 13

中华人民共和国国家标准

GB/T 3884.13—2012/ISO 10469:2006

铜精矿化学分析方法
第13部分:铜量测定
电解法

Methods for chemical analysis of copper concentrates—
Part 13: Determination of copper—Electrogravimetric method

(ISO 10469:2006, Copper sulfide concentrates—
Determination of copper—Electrogravimetric method, IDT)

2012-12-31 发布　　2013-10-01 实施

中华人民共和国国家质量监督检验检疫总局
中国国家标准化管理委员会　发布

前　言

GB/T 3884《铜精矿化学分析方法》分为14个部分：

——第1部分：铜量的测定　碘量法；

——第2部分：金和银量的测定　火焰原子吸收光谱法和火试金法；

——第3部分：硫量的测定　重量法和燃烧-滴定法；

——第4部分：氧化镁量的测定　火焰原子吸收光谱法；

——第5部分：氟量的测定　离子选择电极法；

——第6部分：铅、锌、镉和镍量的测定　火焰原子吸收光谱法；

——第7部分：铅量的测定　Na_2EDTA滴定法；

——第8部分：锌量的测定　Na_2EDTA滴定法；

——第9部分：砷和铋量的测定　氢化物发生-原子荧光光谱法、溴酸钾滴定法和二乙基二硫代氨基甲酸银分光光度法；

——第10部分：锑量的测定　氢化物发生-原子荧光光谱法；

——第11部分：汞量的测定　冷原子吸收光谱法；

——第12部分：氟和氯量的测定　离子色谱法；

——第13部分：铜量测定　电解法；

——第14部分：金和银量测定　火试金重量法和原子吸收光谱法。

本部分为GB/T 3884第13部分。

本部分按照GB/T 1.1—2009给出的规则起草。

本部分使用翻译法等同采用ISO 10469:2006《硫化铜精矿中铜量测定　电解法》。

本部分与ISO 10469:2006的主要差异如下：

——英文名称作了变动；

——用小数点“.”代替在国际标准中作为小数点的逗号“,”；

——用句号“。”代替在国际标准中作为句号的“.”；

——用“本部分”代替“本国际标准”；

——按中文习惯改动了标准名称；

——删除了国际标准中封面、目次、前言和引言。

本部分由全国有色金属标准化技术委员会(SAC/TC 243)归口。

本部分负责起草单位：大冶有色金属集团控股有限公司、中国有色金属工业标准计量质量研究所。

本部分参加起草单位：铜陵有色金属集团控股有限公司、中条山有色金属集团公司、云南铜业股份有限公司、江西铜业股份有限公司。

本部分主要起草人：胡军凯、赵军锋、李玉琴、肖泽红、王晋平、马丽君、李瑞玲、王芙蓉。

铜精矿化学分析方法
第13部分:铜量测定
电解法

1 范围

GB/T 3884的本部分规定了硫化铜精矿中铜量的测定方法——电解法。

本部分适用于硫化铜精矿中铜量的测定。测定范围为15.00%~50.00%。

2 规范性引用文件

下列文件对于本文件的应用是必不可少的。凡是注日期的引用文件,仅注日期的版本适用于本文件。凡是不注日期的引用文件,其最新版本(包括所有的修改单)适用于本文件。

GB/T 27674—2011 硫化铜、铅和锌精矿 试样中湿存水分的测定 重量法(ISO 9599:1991, IDT)

ISO 385 实验室玻璃器皿 滴定管(Laboratory glassware—Burettes)

ISO 648 实验室玻璃器皿 单刻度移液管(Laboratory glassware—One-mark pipettes)

ISO 1042 实验室玻璃器皿 单刻度容量瓶(Laboratory glassware—One-mark volumetric flasks)

ISO 4787 实验室玻璃器皿 容量器皿 使用和容量校正方法(Laboratory glassware—Volumetric glassware—Methods for use and testing of capacity)

3 方法提要

用硝酸和硫酸溶解试料,然后使铜与干扰元素分离。通过氯化银沉淀与银分离;加入氢溴酸与砷、锑、硒和锡形成挥发性的物质而分离;用硫代硫酸钠生成硫化铜与铁分离,或通过生成氢氧化铁沉淀分离铁、铋和碲。在硝酸、硫酸和少量氯离子存在时,铜电解析出,而此情况下钼不析出。电解残液、硫化铜沉淀的滤液和所有沉淀及残渣中微量的铜均用火焰原子吸收光谱法或用电感耦合等离子体原子发射光谱法测定。

当汞含量大于或等于0.005%时,需要测定电解铜中的汞含量进行校正,但操作步骤在本部分中没有规定。

4 试剂

分析过程中,所用试剂均为分析纯,所用的水为蒸馏水或相同纯度的水。

4.1 硝酸(ρ_{20}=1.42 g/mL)。

4.2 硝酸(1+1):边搅拌边缓慢加500 mL硝酸(4.1)至500 mL水中。

4.3 硫酸(ρ_{20}=1.84 g/mL)。

4.4 硫酸(1+1):边搅拌边缓慢加500 mL硫酸(4.3)至500 mL水中,冷却。

4.5 硫酸(1+4):边搅拌边缓慢加 200 mL 硫酸(4.3)至 800 mL 水中,冷却。

4.6 五水硫代硫酸钠溶液(450 g/L)。

4.7 硝硫混酸:缓慢加 250 mL 硫酸(4.3)至 250 mL 硝酸(4.1)中。

4.8 氯化钠溶液(10 g/L)。

4.9 氯化钠溶液(0.5 g/L)。

4.10 2-丙醇。

4.11 乙醇(≥95%)。

4.12 甲醇(≥95%)。

4.13 硫酸铁铵溶液(43 g/L):加 50 mL 硫酸(4.4)和 43 g 硫酸铁铵[$NH_4Fe(SO_4)_2 \cdot 12H_2O$]至 950 mL水中。

4.14 硝酸铁溶液(300 g/L):加 30 g 硝酸铁[$Fe(NO_3)_3 \cdot 9H_2O$]至 100 mL 水中。

4.15 氨水(ρ_{20}=0.91 g/mL)。

4.16 氨水(1+99)。

4.17 氢溴酸(ρ_{20}=1.50 g/mL)。

4.18 高氯酸(ρ_{20}=1.53 g/mL)。

4.19 氢氟酸(ρ_{20}=1.14 g/mL)。

4.20 纯铜(w_{Cu}≥99.999%)。

4.21 无水硫酸钠(Na_2SO_4)。

4.22 盐酸(ρ_{20}=1.16~1.18 g/mL)。

4.23 盐酸(1+1):边搅拌边缓慢加 500 mL 盐酸(4.22)至 500 mL 水中。

4.24 溴。

4.25 铜标准贮存溶液:

称取 0.100 0 g 纯铜(4.20)于 250 mL 烧杯中,加入 10 mL 硝酸(4.2),溶解并蒸发至近 5 mL,除去氮氧化物。移至 1 000 mL 容量瓶中,加水至近刻度,混匀,冷至室温,加水至刻度,再混匀。此溶液 1 mL含 0.1 mg 铜。

标准溶液配制要与分析测试具有同样的环境温度。

4.26 标准溶液

标准溶液配制要与分析测试具有同样的环境温度。

以下标准溶液用时现配。

4.26.1 标准溶液 A

移取 0 mL、10.00 mL、20.00 mL、30.00 mL 和 40.00 mL 铜标准溶液(4.25)至 5 个 500 mL 容量瓶中。在每个容量瓶中加入 40 mL 硫酸(4.4)和 13 g 无水硫酸钠(4.21)和 50 mL 硫酸铁铵溶液(4.13)(相当于 250 mg 铁),用水稀释,摇动至全部溶解。加水至近刻度,混匀,冷至室温,加水至刻度,再混匀。

以上 500 mL 溶液中分别含有 0 mg、1 mg、2 mg、3 mg、4 mg 铜。

如果试液中铁的含量小于 50 mg,应向每个容量瓶加入 10 mL 硫酸铁铵溶液(4.13)。

如果试液中铜的含量大于 4 mg,用铜为 0 mg/mL 的标准溶液稀释,直至试液含铜在 4 mg/500 mL 以下。

4.26.2 标准溶液 B

移取 0 mL、10.00 mL、20.00 mL、30.00 mL 和 40.00 mL 铜标准溶液(4.25)至 5 个 500 mL 容量瓶中。在每个容量瓶中加 30 mL 硫酸(4.4),10 mL 硝酸(4.2),15 mL 盐酸(4.23)和 25 mL 硫酸铁铵溶液(4.13)。加水至近刻度,混匀,冷至室温,加水至刻度,再混匀。

以上 500 mL 溶液中分别含有 0 mg、1 mg、2 mg、3 mg、4 mg 铜。

如果试液中铜的含量大于 4 mg,用铜为 0 mg/mL 的标准溶液稀释,直至试液含铜在 4 mg/500 mL 以下。

4.26.3 标准溶液 C

移取 0 mL、10.00 mL、20.00 mL、30.00 mL 和 40.00 mL 铜标准溶液(4.25)至 5 个 500 mL 容量瓶中。在每个容量瓶中加 20 mL 硫酸(4.4),10 mL 硝酸(4.2)和 50 mL 硫酸铁铵溶液(4.13)(相当于 250 mg 铁)。加水至近刻度,混匀,冷至室温,加水至刻度,再混匀。

以上 500 mL 溶液中分别含有 0 mg、1 mg、2 mg、3 mg、4 mg 铜。

如果试液中铁含量小于 50 mg[铁含量<2.5%],应向每个容量瓶中加入 10 mL 硫酸铁铵溶液(4.13)。

如果试液中铜的含量大于 4 mg,用铜为 0 mg/mL 的标准溶液稀释,直至试液中含铜在 4 mg/500 mL 以下。

5 设备和材料

5.1 常用的实验室设备,包括通风橱、电热板、烘箱、分析天平和控制溶液温度的恒温槽等。

5.2 常用实验室玻璃器皿。

5.3 A 级容量玻璃器皿,符合 ISO 385、ISO 648 和 ISO 1042 标准要求,按 ISO 4787 标准操作使用。

5.4 干燥器。

5.5 不同孔径的滤纸(慢速和中速)。

5.6 电解仪。

5.7 铂电极,网状电极作为阴极,螺旋电极作为阳极。

注:也可使用温克勒电极。

5.8 火焰原子吸收光谱仪(FAAS)

仪器条件:火焰:空气/乙炔;波长:铜 324.7 nm。

5.9 电感耦合等离子体原子发射光谱仪(ICP)。

5.10 铂皿。

5.11 聚四氟乙烯皿(PTFE)。

6 样品

6.1 试样

按 GB/T 27674—2011 要求制备试样。

注:如果用预干试料(见附录 A),则不需要制备试样。

6.2 试料

采用多点多次取样的方式从试样中分取试料,称取 2 g 左右有代表性试料(m),精确至 0.1 mg。同时,按 ISO 9599 称取试样测定吸湿水分。

也可以参照附录 A 规定的方法直接用试样制备预干试料。

7 分析步骤

7.1 测定次数

在重复性试验条件下,每个试样至少重复测定两次。

注：重复性条件是指用同样的方法，同样的试验材料，在同样试验室，由同一个人使用同样仪器在短时间内测得的独立结果。

7.2 空白试验

分析测试时平行进行空白试验，除不加试料外使用同样的试剂。空白试验的目的是检查试剂的质量，如果空白试验结果异常，检查所有试剂并查出原因。

7.3 试料的溶解

将试料置于 400 mL 或 500 mL 锥形烧杯中，加 10 mL 水湿润，加 20 mL 硝酸(4.2)，盖上表面皿，于 60 ℃～70 ℃加热 10 min。加入 40 mL 硫酸(4.4)，缓慢加热使试料分解完全后，用少量的水冲洗表面皿，继续加热至冒浓白烟，取下冷却。

如果残余物有黑色物质(碳)，缓慢加入少量的硝硫混酸(4.7)，直到残余物变为无色或淡蓝色。继续加热直至冒浓白烟。

如果析出的硫分解不完全，加入 5 mL 硝酸(4.1)和 1 mL 溴(4.24)，然后加热直至冒浓白烟。

7.4 砷、锑、锡、硒和银的分离

小心加入 5 mL 水和 10 mL 氢溴酸(4.17)，加热至冒浓白烟，取下冷却。加入 5 mL 硫酸(4.4)和 10 mL 氢溴酸(4.17)，加热至冒浓白烟，取下冷却。

警告：该步骤必须十分小心。

注：如果试样中砷、锑、锡和硒含量分别低于 0.01%，该步骤可以省略。

加 100 mL 水，温热溶解可溶性盐类。加约 1 mL 氯化钠溶液(4.8)，使银完全生成氯化银沉淀。

注：如果试样中银含量低于 0.01%，该步骤可以省略。

加热煮沸，取下冷却。用慢速滤纸(5.5)过滤，用冷水洗涤，收集滤液到 400 mL 或 500 mL 锥形烧杯中。保留滤纸和残余物用火焰原子吸收光谱法测定铜量(见 7.7.3)。

7.5 铜的分离

7.5.1 硫化物分离

用水稀释滤液至约 200 mL，加热至 70 ℃～90 ℃。边搅拌边缓慢加入 50 mL 硫代硫酸钠溶液(4.6)，使生成黄色和黄棕色乳状液，逐渐加热持续微沸腾至沉淀凝聚。

用中速滤纸(5.5)过滤。收集滤液于 500 mL 容量瓶中，立即用热水洗涤滤纸和沉淀。保留滤液，用火焰原子吸收光谱法测定铜(见 7.7.1)。

置滤纸和硫化铜沉淀于原烧杯中，盖上表面皿，加入 30 mL 硝酸(4.1)和 10 mL 硫酸(4.3)，加热使沉淀和滤纸溶解，继续加热直至冒浓白烟。

如果残余物出现黑色(碳)，缓慢加入少量硝硫混酸(4.7)，直至残余物变为无色或淡蓝色。

如有硫析出，继续强烈加热，使硫元素分解。沿杯壁加入 10 mL 硝酸(4.1)，从而除去残留的硫，加入 2 mL 硫酸(4.5)，加热直至冒浓白烟，然后冷却。

用水稀释至约 100 mL，加热溶解可溶性盐类，然后过滤到 400 mL 高形烧杯中，用水洗涤滤纸和烧杯。保留滤纸，用火焰原子吸收光谱法测定铜(见 7.7.3)。

注：如果试样中铋和碲含量低于 0.01%，下面步骤可以省略。

加 3 mL 硝酸铁(4.14)，边搅拌边加入氨水(4.15)直至氢氧化铜沉淀溶解，并过量 30 mL，使溶液呈碱性。加热至刚沸腾，用中速滤纸(5.5)过滤，用氨水(4.16)洗涤。将滤液置于 400 mL 高形烧杯中。

用水将沉淀冲洗至原烧杯中，用 15 mL 热硫酸(4.5)溶解粘在滤纸上的沉淀，用温水冲洗滤纸，滤液收集于原烧杯中。加入 10 mL 硫酸(4.4)，使沉淀溶解完全，微热，用水稀释至约 100 mL。边搅拌加入氨水(4.15)，直至氢氧化铁沉淀出现，并过量 30 mL，加热至刚沸腾，然后用原滤纸过滤，用热的氨水

(4.16)洗涤,收集滤液和洗液于上述400 mL高形烧杯中。

加入少量硫酸(4.4),保持溶液显微酸性。加热蒸发滤液至约250 mL。保留烧杯和沉淀,用火焰原子吸收光谱法测定铜(见7.7.2)。

加入20 mL硝酸(4.2)、10 mL氯化钠溶液(4.9),用水稀释至约300 mL。此溶液用于电解测铜(见7.6)。

7.5.2 氢氧化物分离

通过加水稀释或加热蒸发的方式使7.4保留的滤液体积为150 mL。

边搅拌边缓慢加入氨水(4.15),直至氢氧化铜沉淀溶解,并过量30 mL,加热至刚沸腾,用中速滤纸(5.5)过滤,用温热氨水(4.16)洗涤,收集滤液和洗液至600 mL烧杯中。

如果试料中含铁小于50 mg(Fe<2.5%),在氢氧化铁沉淀前,加10 mL硫酸铁铵溶液(4.13)(相当于约50 mg铁)。

用水将沉淀冲至原烧杯中,并用15 mL热硫酸(4.5)溶解粘附在滤纸上的沉淀。用热水冲洗滤纸,收集洗液于原烧杯中。再加10 mL硫酸(4.4)使沉淀溶解完全,微热,用水稀释至约100 mL。

边搅拌边加入氨水(4.15)直至氢氧化铁沉淀出现,再过量30 mL。加热至刚沸腾,再次用原滤纸过滤,热氨水(4.16)洗涤,收集滤液和洗液于上述600 mL烧杯中。保留沉淀和烧杯,用火焰原子吸收光谱法测定铜(见7.8)。加热蒸发滤液至约250 mL。

注:深蓝色铜氨络离子$[Cu(NH_3)_4]^{2+}$将消失。

加入20 mL硫酸(4.4)、20 mL硝酸(4.2)和10 mL氯化钠溶液(4.9)。此溶液用于电解测铜(见7.6)。

7.6 电解

电解前,必须用铜电解完成后,处理电极的方法来处理铂阴极(见下述),称重为m_1,精确至0.1 mg。

用铂电极(5.7)在不搅拌和不加热的情况下,进行铜电解,时间为一整夜。

注1:温克勒网作为阴极,螺旋线作为阳极,接触电解烧杯的底部,盖上表面皿(两个半表面皿)。电流约0.3 A~0.5 A(电流密度约5 mA/cm²~10 mA/cm²),电压2.5 V~4.0 V。

注2:不加入氨基磺酸(NH_2-SO_3H)。当使用大电流电解时,也不需要加热和搅拌。

继续电解直至电解液为无色时,提高电流强度近1 A继续电解1 h以上。电解完成后,冲洗表皿和杯壁。取下阴极,先用水冲洗,然后用2-丙醇(4.10)或乙醇(4.11)或甲醇(4.12)冲洗,再在约80 ℃烘箱干燥5 min~10 min。在干燥器(5.4)中冷却,称量阴极质量m_2,精确至0.1 mg。

保留电解液,用火焰原子吸收光谱法测定其残铜量(见7.7.2或7.8)。

电解铜表面应光亮。如果有黑色,重新称样重复进行测定。用冷硝酸(4.2)溶解后,当铂表面有黑色时,表明有少量硒和碲存在。

7.7 火焰原子吸收光谱法测定硫化物分离法中电解液、滤纸残渣和滤液及沉淀中铜量

7.7.1 火焰原子吸收光谱法测定硫化物沉淀后的滤液中铜量

置滤液(7.5.1保留液)于500 mL容量瓶中,加水稀释至近刻度,冷至室温,加水至刻度,混匀。

吸取试液和标准溶液A(4.26.1),用原子吸收光谱仪(5.8)于波长324.7 nm处,使用空气/乙炔火焰,测定吸光度。为准确测定,使用试液和两个相近的标准溶液(一个浓度低于试液,而另一个浓度高于试液)重复测试两次。计算试液中的铜量(m_3)。

注:可选择电感耦合等离子体原子发射光谱仪在波长324.7 nm处测定铜量。

用火焰原子吸收光谱法或电感耦合等离子体原子发射光谱法测定时,试液和标准溶液应具有同样

的温度和酸度。

7.7.2 在硫化物分离中氢氧化物沉淀的处理

用尽量少的水冲洗 7.5.1 中粘附有氢氧化物沉淀的滤纸，将沉淀洗入原烧杯中，用温热的盐酸(4.23)和水交替冲洗滤纸，收集冲洗滤纸的洗液于同一个烧杯中，加入 15 mL 盐酸(4.23)煮沸以溶解氢氧化物沉淀。然后冷却，把此溶液与 7.6 中保留的电解液合并在一个 500 mL 容量瓶中。保留滤纸。

7.7.3 火焰原子吸收光谱法测定硫化物分离法中电解液、滤纸残渣和沉淀中铜量

将 7.4、7.5.1 和 7.7.2 的滤纸移至原烧杯，加入 30 mL 硝酸(4.1)和 10 mL 硫酸(4.3)加热溶解滤纸。加入 5 mL 高氯酸(4.18)以氧化硫，加热直至冒浓白烟。如果残渣呈黑色(碳)，缓慢加入少量硝硫混酸(4.7)至溶液变为无色或浅蓝色，取下冷却。

用 20 mL 水稀释，将残余物移至铂皿(5.10)或聚四氟乙烯皿(5.11)中，加入 20 mL 氢氟酸(4.19)，再加热至冒白烟。

如果不使用高氯酸，把滤纸放入铂金坩埚中，在 800 ℃马弗炉内将滤纸灰化，冷却。然后加入 5 mL 硫酸(4.3)，10 mL 氢氟酸(4.19)，再加热至冒白烟。

用 20 mL 水溶解残余物，将该溶液也与 7.6 条保留的电解液合并至 500 mL 容量瓶中，加水稀释至近刻度，冷至室温。加水稀释至刻度，混匀。

吸取试液和标准溶液 B(4.26.2)，用原子吸收光谱仪(5.8)于波长 324.7 nm 处，使用空气/乙炔火焰，测定吸光度。为准确测定，使用试液和两个相近的标准溶液(一个浓度低于试液，而另一个浓度高于试液)重复测试两次。计算试液中的铜量(m_4)

注：可选择电感耦合等离子体原子发射光谱仪在波长 324.7 nm 处测定铜量。

火焰原子吸收光谱法或电感耦合等离子体原子发射光谱仪测定时，试液和标准溶液应具有同样的温度和酸度。

7.8 火焰原子吸收光谱法测定氢氧化物分离法中电解液、滤纸残渣和沉淀中铜量

用尽量少的水将 7.5.2 中氢氧化物沉淀洗至原烧杯中，用温热的盐酸(4.23)和水交替冲洗滤纸，收集洗涤下来的残留物置于同一个烧杯中。加入 15 mL 盐酸(4.23)煮沸以溶解氢氧化物沉淀。然后冷却，把此溶液与 7.6 中的电解液合并于一个 500 mL 的容量瓶中。保留该滤纸和原烧杯。

将两张滤纸(7.4 和上述)置于原烧杯中，加入 50 mL 硝酸(4.1)和 10 mL 硫酸(4.3)，加热溶解滤纸。加入 5 mL 高氯酸(4.18)氧化硫，加热直至冒浓白烟。如果残渣呈黑色(碳)，缓慢加入少量硝硫混酸(4.7)直至溶液变为无色或浅蓝色，取下冷却。

用 20 mL 水稀释，将残余物转入铂皿(5.10)或聚四氟乙烯皿(5.11)中，加入 20 mL 氢氟酸(4.19)，再加热至冒白烟。

如果不使用高氯酸，把滤纸放入铂金坩埚中，在 800 ℃马弗炉内将滤纸灰化，冷却。然后加 5 mL 硫酸(4.3)，10 mL 氢氟酸(4.19)，再加热至冒白烟。

用 5 mL 水溶解残余物，将该溶液也与 7.6 中保留的电解液一起合并于上述同一个 500 mL 容量瓶中，加水稀释至近刻度，冷至室温。加水稀释至刻度，混匀。

吸取试液和标准溶液 C(4.26.3)，用原子吸收光谱仪(5.8)于波长 324.7 nm 处，使用空气/乙炔火焰，测定吸光度。为准确测定，使用试液和两个相近的标准溶液(一个浓度低于试液，而另一个浓度高于试液)重复测试两次。计算试液中的铜量(m_4)。

注：可选择电感耦合等离子体原子发射光谱仪在波长 324.7 nm 处测定铜量。

火焰原子吸收光谱法或电感耦合等离子体原子发射光谱仪测定时，试液和标准溶液应具有同样的温度和酸度。

8 结果的表示

试料中铜质量分数 w_{Cu} 由式(1)求出,以质量百分数表示。

$$w_{Cu}=\frac{m_2-m_1+m_3+m_4-m_5}{m}\times 100\times\frac{100}{100-H} \quad \cdots\cdots(1)$$

式中:

m_1——电解前阴极质量,单位为克(g);

m_2——电解后阴极质量,单位为克(g);

m_3——硫化物沉淀后的滤液中铜质量(氢氧化物分离时,$m_3=0$),单位为克(g);

m_4——电解液、氢氧化物沉淀和残渣中铜质量,单位为克(g);

m_5——空白中铜的质量,单位为克(g);

m ——试料的质量,单位为克(g);

H ——试料的吸湿水分含量,以占试料量分数表示(在试料预干燥情况下,$H=0$)。

计算结果保留至两位小数。

9 精密度

9.1 精密度的表示

分析方法的精密度按式(2)~式(5)表示:

硫化物分离法

$$s_r=0.000\,7\,\overline{x}+0.037\,0 \quad \cdots\cdots(2)$$

$$s_L=0.004\,0\,\overline{x}-0.010\,5 \quad \cdots\cdots(3)$$

氢氧化物分离法

$$s_r=0.000\,2\,\overline{x}+0.043\,9 \quad \cdots\cdots(4)$$

$$s_L=0.000\,9\,\overline{x}+0.051\,4 \quad \cdots\cdots(5)$$

式中:

$\overline{x}$ ——试样中铜质量分数的平均值,以质量分数表示;

s_r ——铜质量分数的实验室内标准偏差,以质量分数表示;

s_L——铜质量分数的实验室间标准偏差,以质量分数表示;

注:附加信息见附录C。

9.2 获取最终结果的方法(见附录B)

按附录B流程图,从平行结果 x_1 和 x_2 中求出下列结果:

两组结果的平均值

$$\overline{X}=(x_1+x_2)/2 \quad \cdots\cdots(6)$$

室内标准偏差:硫化物分离法

$$s_r=0.000\,7\,\overline{x}+0.037\,0 \quad \cdots\cdots(7)$$

氢氧化物分离法

$$s_r=0.000\,2\,\overline{x}+0.043\,9 \quad \cdots\cdots(8)$$

重复性极限:

$$r=2.8s_r \qquad (9)$$

9.3 实验室间精密度

实验室间精密度是假定所有实验室采取同样步骤的前提下，用来确定两个或两个以上实验室报告结果的一致性。计算下列值：

最终结果的平均值

$$\mu_{1,2}=(\mu_1+\mu_2)/2 \qquad (10)$$

实验室间标准偏差 硫化物分离法

$$s_L=0.004\ 0\mu_{12}-0.010\ 5 \qquad (11)$$

氢氧化物分离法

$$s_L=0.000\ 9\mu_{12}+0.051\ 4 \qquad (12)$$

实验室内标准偏差 硫化物分离法

$$s_r=0.000\ 7\mu_{12}+0.037\ 0 \qquad (13)$$

氢氧化物分离法

$$s_r=0.000\ 2\mu_{12}+0.043\ 9 \qquad (14)$$

允许差

$$P=2.8\sqrt{S_L^2+(S_r^2/2)} \qquad (15)$$

范围

$$E=|\ \mu_1-\mu_2\ | \qquad (16)$$

式中：

μ_1——实验室 1 报告的铜质量分数最终结果，以质量百分数表示；

μ_2——实验室 2 报告的铜质量分数最终结果，以质量百分数表示。

如果 E 不大于 P，则最终结果一致、有效。

9.4 准确性检查

通常用标准样品(CRM)来校核分析方法的准确度。方法步骤与本标准的第 7 条相同，当精密度确认后，最终试验结果将与标准值 A_c 对比，有下列两种可能：

$$|\ \mu_c-A_c\ |\leqslant C \qquad (17)$$

此情况表示报告结果与标准值无显著性差异。

$$|\ \mu_c-A_c\ |>C \qquad (18)$$

此情况表示报告结果与标准值有显著性差异。

式中：

μ_c——标准样品中铜的测试结果，以质量百分数表示；

A_c——标准样品中铜的质量分数标准值，以质量百分数表示；

C——依据 9.4.1 规定的标准样品类型确定的铜质量分数的常数值，以质量百分数表示。

9.4.1 CRM 或 RM 标准样品

按 ISO 35:2006(指南)来制备和定值标准样品。

9.4.1.1 多个实验室定值标准样品

铜常数 C(见 9.4)从式(19)求出，以质量分数表示：

$$C=2\sqrt{s_L^2+s_r^2/n+S^2\{A_c\}} \qquad (19)$$

式中：

$S^2\{A_c\}$——定值方差；

n ——重复测定次数。

9.4.1.2 单个实验室定值标准样品

铜常数 C(见 9.4)从式(20)求出，以质量分数表示：

$$C = 2\sqrt{S_L^2 + (S_r^2/n)} \qquad \cdots\cdots (20)$$

尽量避免使用该种标准样品，除非 CRM 标准样品是一个无偏差定值。

10 试验报告

试验报告至少应给出以下几个方面的内容：

——试样；

——使用的标准，GB/T 3884.13—2012/ISO 10469:2006；

——使用的方法；

——分析结果及其表示；

——与基本分析步骤的差异；

——测定中观察到的异常现象；

——试验日期。

附 录 A
（规范性附录）
预干试料的制备和质量测定方法

A.1 范围

本附录规定了硫化铜精矿分析中预干试料的制备和质量测定方法。

本附录适用于吸湿水分范围为0.05%～2%的不易氧化的硫化铜精矿。

A.2 原理

试料在105 ℃±5 ℃的烘箱中干燥，然后称量和用于分析，这样就不需要校正吸湿水分。

A.3 试剂

A.3.1 干燥剂，如变色硅胶或无水高氯酸镁。

警告：处理废弃的高氯酸镁一定要小心，必须用流水冲入水槽中。

A.4 仪器

除普通实验室设备外，还包括：

A.4.1 分析天平，感量0.1 mg。

A.4.2 称量皿

由玻璃或硅或其他耐腐蚀金属制成，具有密封盖。盛有少量的试料（质量小于3 g）时，其质量总和也尽可能小（如小于20 g）。

A.4.3 烘箱，能保持温度105 ℃±5 ℃。

A.5 步骤

A.5.1 称量皿的准备

在105 ℃±5 ℃的烘箱（A.4.3）中干燥称量皿和密封盖（A.4.2）1 h。然后将称量皿和盖移至干燥器中，冷却至室温。

A.5.2 试料

称重干燥的称量皿和盖（A.5.1），立即加入适量的试样。这里并不需要确定试料和称量皿的准确总质量。

A.5.3 干试料质量的测定

将盛有试料的称量皿和密封盖移至烘箱（A.4.3）中，在105 ℃±5 ℃烘2 h。2 h后，从烘箱中取出称量皿并盖上密封盖，置于干燥器中冷至室温。取出称量皿和密封盖，轻轻开盖后，立即盖上，然后称重，精确至0.1 mg，质量为m_8。将试料置于合适的分析容器中，立即称重空的称量皿和密封盖，记录为m_9，精确至0.1 mg。

对于未知特性的硫化铜精矿，建议在105 ℃±5 ℃再次烘干2 h，称量称量皿、试料和密封盖，质量为m_8'，精确至0.1 mg。如果m_8-m_8'的差值不大于0.5 mg，则表示试料质量不变。否则干燥和称重再次重复进行。

A.6 干试料质量的计算

干试料质量m_{10}由下式求出，单位以g表示。

$$m_{10}=m_8-m_9 \qquad \text{(A.1)}$$

式中：

m_8——称量皿、试料和密封盖的总质量，单位为克(g)；

m_9——称量皿和密封盖的总质量，单位为克(g)。

干试料质量用来计算干试样中元素含量时，不需要进行吸湿水分修正。

附 录 B
（规范性附录）
验收试样分析值流程图

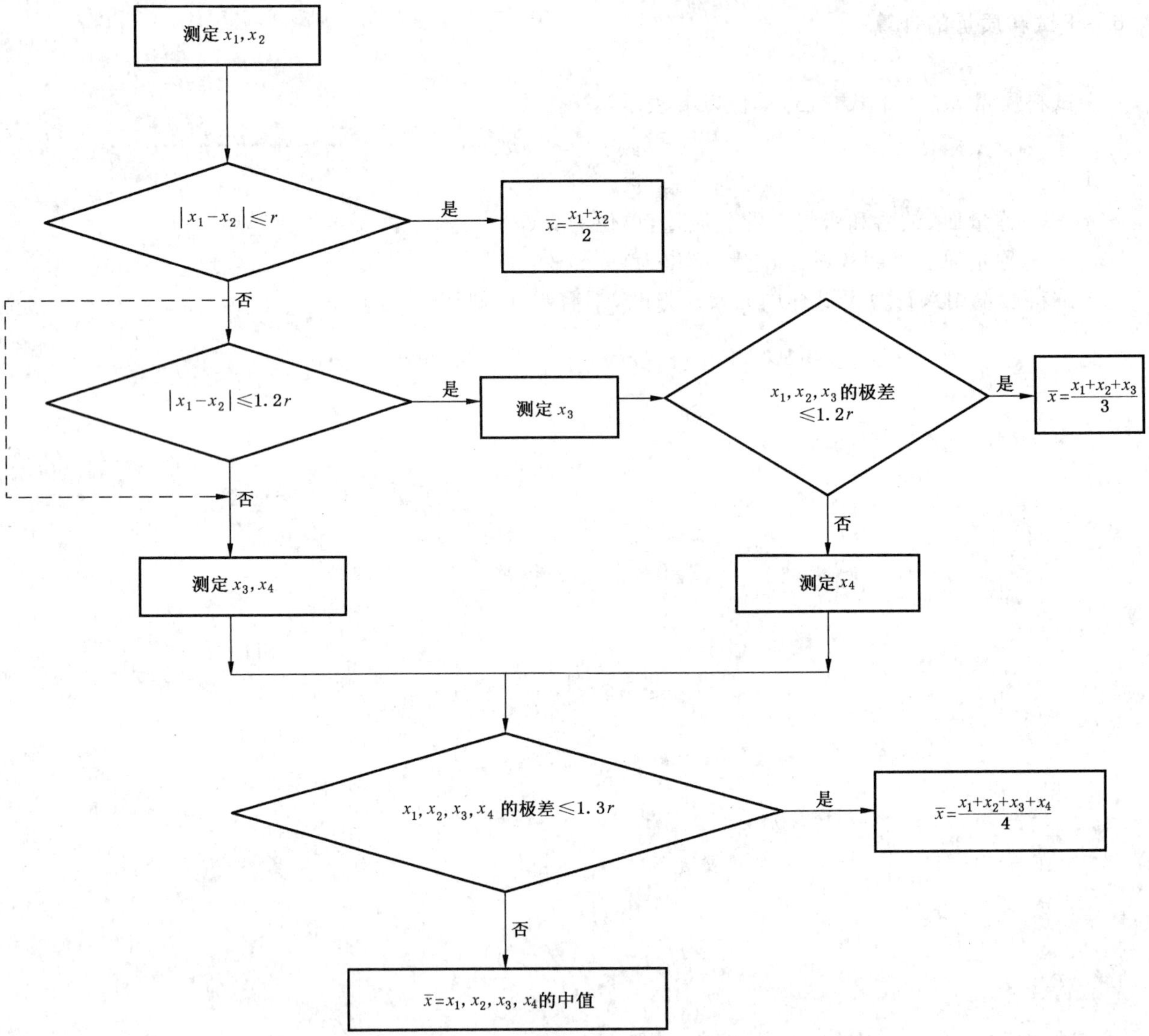

附　录　C
（资料性附录）
精密度方程的推导

C.1　前言

本部分有7个国家的20个试验室参与试验工作，有5种铜精矿样品用于铜含量测定，铜含量范围20%～54%。按ISO 5725-2:1994标准要求来设计试验方案测定重复性和实验室内、实验室间再现性。

C.2　试验方案的设计

设计试验方案必须最大限度获取信息。每个试验室每种精矿选择两个样品，而每个样品独立分析两次。

C.3　试验样

方案选择5种铜精矿，这些样品的化学成分见表C.1。

表C.1　铜精矿样品化学成分

元素	样品编号				
	85-6	85-7	85-8	87-12	87-18
Cu　质量分数/%	～20	～25	～35	～50	～30
Ag　g/t	1 250	35	170	100	～70
Au　g/t	1	1	1	<1	～25
Zn　（质量分数/%）	13	<1	1	0.1	<1
MgO　（质量分数/%）	～0.1	～5	0.1	<1	～0.5
Bi　（质量分数/%）	～0.01	<0.001	～0.005	<0.001	～0.005
Se　g/t	～50	～50	～50	～10	～150
Te　g/t	～10	<5	<5	～5	～5
SiO_2　（质量分数/%）	<1	17	6	15	～6
Fe　（质量分数/%）	23	2	22	1	～25
S　（质量分数/%）	33	9	34	15	～30
As　（质量分数/%）	0.1	0.1	0.2	0.1	～0.02
Sb　（质量分数/%）	1.1	0.01	0.1	<0.1	～0.03
Sn　（质量分数/%）	～0.05	～0.05	<0.01	<0.1	～0.01
Cd　（质量分数/%）	～0.03	～0.002	～0.002	<0.01	～0.001
Ni　（质量分数/%）	<0.01	～0.02	<0.01	<0.01	<0.01
CaO　（质量分数/%）	<1	～12	～0.1	1	～0.5
Al_2O_3　（质量分数/%）	<1	～6	～2	1	～2
Pb　（质量分数/%）	6	1	0.03	～5	～0.02
Mo　（质量分数/%）	—	0.2	～1	<0.01	～0.2

85-6：德国铜精矿；
85-7：波兰铜精矿；
85-8：墨西哥铜精矿；
87-12：玻利维亚铜精矿；
87-18：巴布亚新几内亚铜精矿。

C.4 统计计算

统计计算流程如图 C.1 所示。统计计算主要结果见表 C.2。图 C.2(硫化物分离法)和图 C.3(氢氧化物分离法)中是精密度计算值(s_r、s_L、r 和 p)与相应样品的平均值对应关系曲线。这些精密度回归方程与相应样品的平均值对应关系计算见表 C.2。

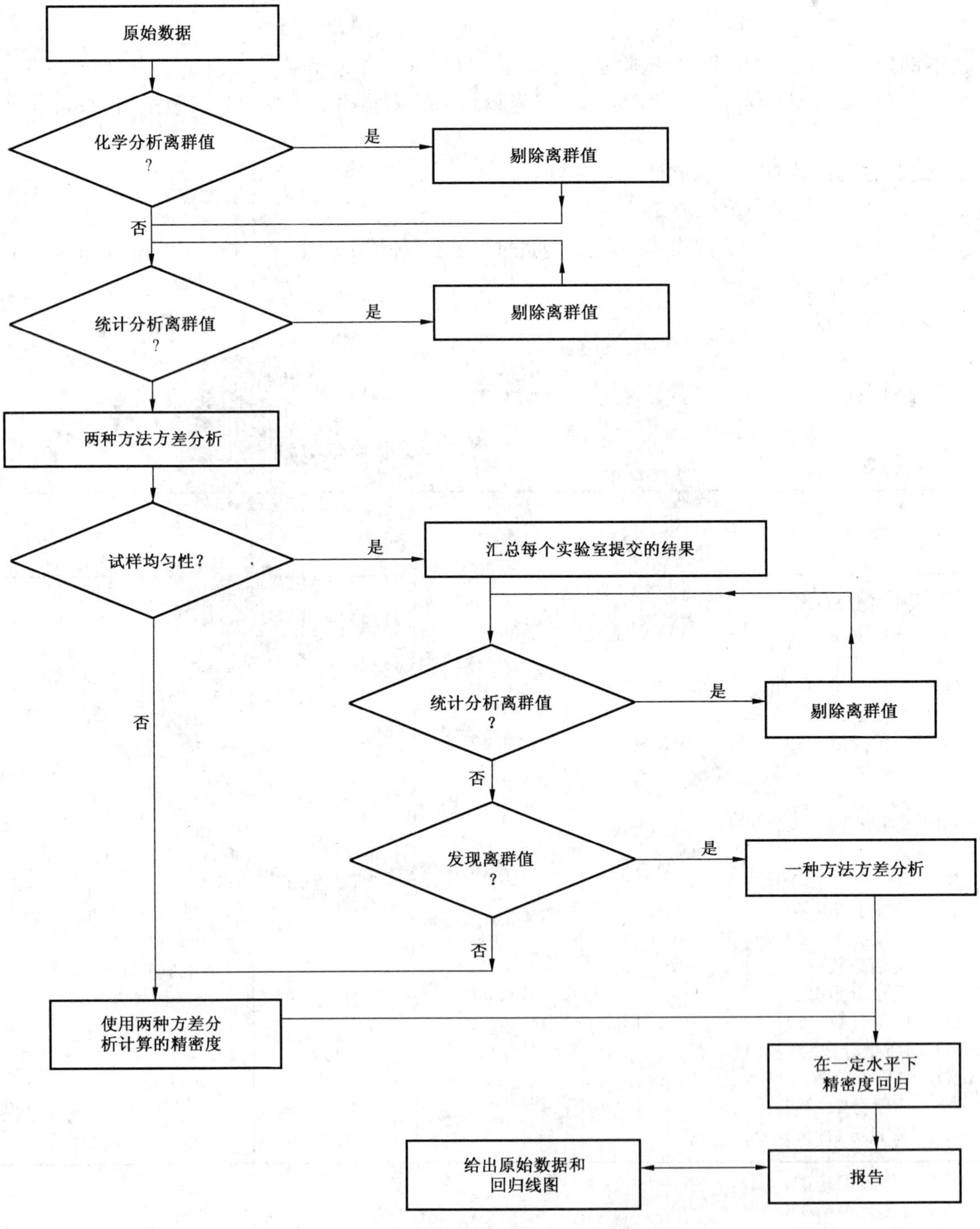

图 C.1 国际试验中分析数据统计计算流程图

表 C.2　所有样品铜精密度主要值

样品号	k_0	k	n_0	n	$\overline{x}$	r	p	s_r	s_L	s_L/s_r
硫化物分离法										
85-6	19	17	73	68	19.857	0.149	0.237	0.053	0.075	1.43
85-7	19	17	73	68	24.256	0.191	0.250	0.067	0.075	1.11
85-8	20	19	68	64	33.357	0.177	0.371	0.062	0.124	1.98
87-12	19	17	74	66	53.469	0.226	0.592	0.080	0.201	2.53
87-18	17	16	68	64	30.755	0.113	0.333	0.040	0.114	2.87
氢氧化物分离法										
85-6	17	16	68	64	19.888	0.091	0.188	0.032	0.062	1.95
85-7	17	16	68	64	24.326	0.222	0.280	0.078	0.082	1.04
85-8	18	13	72	52	33.444	0.107	0.130	0.038	0.037	0.99
87-12	17	16	68	64	53.497	0.164	0.312	0.058	0.103	1.77
87-18	16	16	64	64	30.793	0.142	0.337	0.050	0.114	2.27

回归方程：

硫化物分离法	相关系数	氢氧化物分离法	相关系数
$r=0.002\,0\,\overline{x}+0.104\,6$	0.620 0	$r=0.000\,6\,\overline{x}+0.124\,4$	0.158 7
$p=0.011\,0\,\overline{x}+0.001\,3$	0.995 8	$p=0.002\,4\,\overline{x}+0.172\,5$	0.351 4
$s_r=0.000\,7\,\overline{x}+0.037\,0$	0.619 9	$s_r=0.000\,2\,\overline{x}+0.043\,9$	0.158 5
$s_L=0.004\,0\,\overline{x}-0.010\,5$	0.991 5	$s_L=0.000\,9\,\overline{x}+0.051\,4$	0.366 9

k_0——参加实验室的总数；

k ——用于精密度计算参加实验室的数量；

n_0——分析结果的总数；

n ——用于精密度计算分析结果的数量；

$\overline{x}_1$——样品中铜质量分数的总平均值；以质量分数表示；

r ——实验室内铜质量分数的允许偏差，以质量分数表示；

p ——实验室间铜质量分数的允许偏差，以质量分数表示；

s_r ——实验室内铜质量分数的标准偏差，以质量分数表示；

s_L——实验室间铜质量分数的标准偏差，以质量分数表示；

$\overline{x}$ ——样品中铜质量分数的平均值。

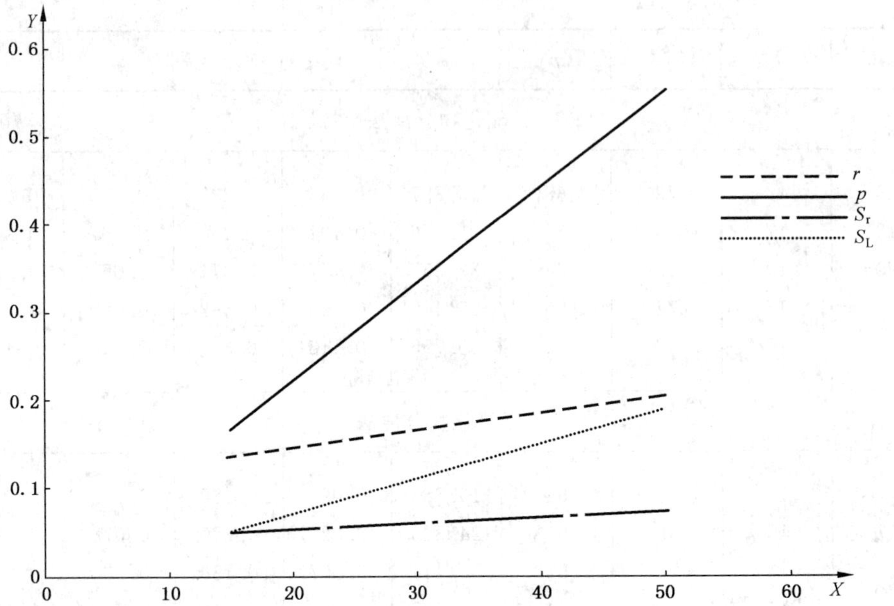

说明：

X——铜质量分数的平均值/%；

Y——精密度/%。

图 C.2 最小二乘法得出的铜精密度与铜质量分数的平均值对应关系(硫化物分离法)

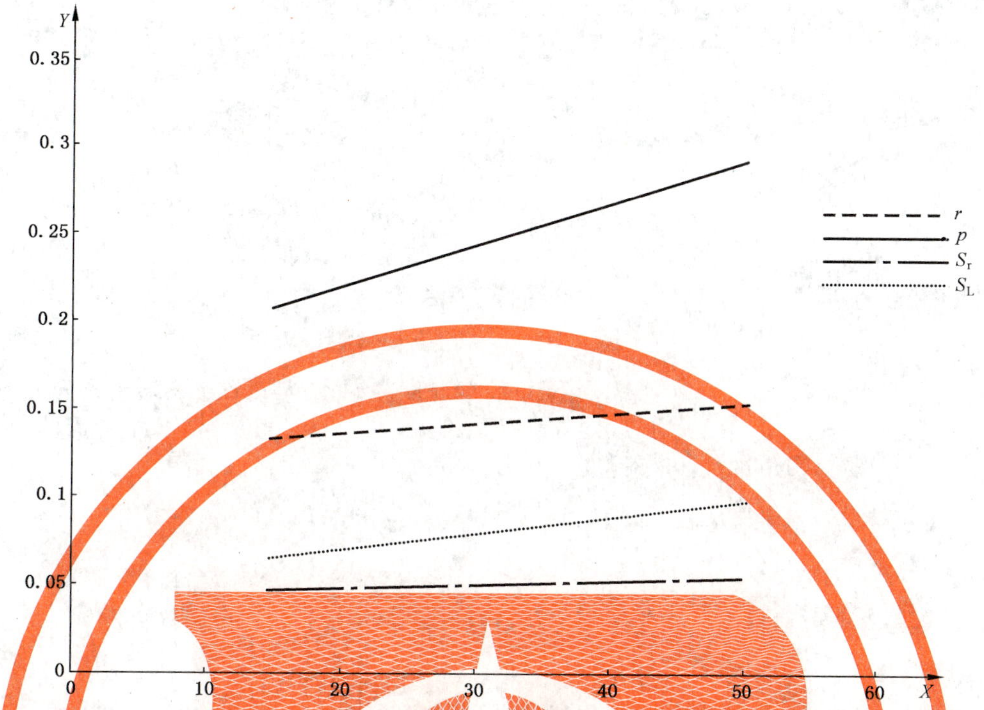

说明：

X——铜质量分数的平均值/%；

Y——精密度/%。

图 C.3 最小二乘法得出的铜精密度与铜质量分数的平均值对应关系(氢氧化物分离法)

ICS 77.120.60
H 13

中华人民共和国国家标准

GB/T 3884.14—2012/ISO 10378:2005

铜精矿化学分析方法 第14部分:金和银量测定 火试金重量法和原子吸收光谱法

Methods for chemical analysis of copper concentrates—
Part 14:Determinnation of gold and silver—
Fire assay gravimetric and flame atomic absorption spectrmetric method

(ISO 10378:2005,Copper sulfide concentrate—
Determinnation of gold and silver—
Fire assay gravimetric and flame atomic
absorption spectrmetric method,IDT)

2012-12-31 发布　　　　2013-10-01 实施

中华人民共和国国家质量监督检验检疫总局
中国国家标准化管理委员会　发布

前言

GB/T 3884《铜精矿化学分析方法》分为14个部分：

——第1部分：铜量的测定 碘量法；

——第2部分：金和银量的测定 火焰原子吸收光谱法和火试金法；

——第3部分：硫量的测定 重量法和燃烧-滴定法；

——第4部分：氧化镁量的测定 火焰原子吸收光谱法；

——第5部分：氟量的测定 离子选择电极法；

——第6部分：铅、锌、镉和镍量的测定 火焰原子吸收光谱法；

——第7部分：铅量的测定 Na_2EDTA滴定法；

——第8部分：锌量的测定 Na_2EDTA滴定法；

——第9部分：砷和铋量的测定 氢化物发生-原子荧光光谱法、溴酸钾滴定法和二乙基二硫代氨基甲酸银分光光度法；

——第10部分：锑量的测定 氢化物发生-原子荧光光谱法；

——第11部分：汞量的测定 冷原子吸收光谱法；

——第12部分：氟和氯量的测定 离子色谱法；

——第13部分：铜量测定 电解法；

——第14部分：金和银量测定 火试金重量法和原子吸收光谱法。

本部分为GB/T 3884的第14部分。

本部分按照GB/T 1.1—2009给出的规则起草。

本部分使用翻译法等同采用ISO 10378:2005《硫化铜精矿中金和银量测定 火试金和原子吸收光谱法》。

本部分与ISO 10378:2006的主要差异如下：

——英文名称作了变动；

——用小数点“.”代替在国际标准中作为小数点的逗号“,”；

——用句号“。”代替在国际标准中作为句号的“.”；

——用“本部分”代替“本国际标准”；

——按中文习惯改动了标准名称；

——删除了国际标准中封面、目次、前言和引言。

本部分由全国有色金属标准化技术委员会(SAC/TC 243)归口。

本部分负责起草单位：大冶有色金属集团控股有限公司、中国有色金属工业标准计量质量研究所。

本部分参加起草单位：湖南有色金属研究院。

本部分主要起草人：李玉琴、赵军锋、胡军凯、袁功启、王永彬、丰从新、李兵。

铜精矿化学分析方法
第14部分:金和银量测定
火试金重量法和原子吸收光谱法

1 范围

GB/T 3884 的本部分规定了硫化铜精矿中金、银含量的测定方法——火试金重量法和火焰原子吸收光谱法。

本部分适用于铜含量为15%～60%的硫化铜精矿中金量和银量的测定。测定范围为 Au 0.5 g/t～300.0 g/t,Ag 25 g/t～1 500 g/t。

2 规范性引用文件

下列文件对于本文件的应用是必不可少的。凡是注日期的引用文件,仅注日期的版本适用于本文件。凡是不注日期的引用文件,其最新版本(包括所有的修改单)适用于本文件。

GB/T 27674—2011 硫化铜、铅和锌精矿 试样中湿存水分的测定 重量法(ISO 9599:1991,IDT)

ISO 385.1:1984 实验室玻璃器皿 滴定管 第1部分:一般要求(Laboratory glassware—Burettes—Part 1:General requirements)

ISO 648:1977 实验室玻璃器皿 单刻度移液管(Laboratory glassware—One-mark pipettes)

ISO 1042:1998 实验室玻璃器皿 单刻度容量瓶(Laboratory glassware—One-mark volumetric flasks)

ISO 3696:1987 实验室分析用水 规范及检验方法(1987,Water for analytical laboratory use—Specification and test methods)

ISO 4787:1984 实验室玻璃器皿 容量器皿 使用和容量校正方法(Laboratory glassware—Volumetric glassware—Methods for use and testing of capacity)

3 方法提要

火试金重量法测定金和银按 3.1～3.5 进行。首先从其他伴生金属中分离贵金属,然后从富集到的贵金属合粒中分离金。

3.1 熔融

试料与氧化铅等配料混合,在还原条件下,于试金炉中熔融,铅捕集试料中的贵金属形成铅扣。

3.2 灰吹

灰吹是熔化并氧化使铅扣中的贱金属与贵金属分离,从而形成含有少量其他金属的金银合粒。

3.3 分金

以硝酸溶解金银合粒,从合粒中分离出金,称重。如果金粒质量小于 50 μg,则用混合酸(4.13)溶解金粒,用原子吸收光谱法(AAS)测定金量和分金后溶液中银量。

3.4 补正(再处理)

为最大限度回收金和银,将所有残渣再处理。第二次合粒用酸溶解,然后用AAS方法测定金和银。

3.5 空白的校正

试剂中金银空白通过熔融不含试料的试剂来校正。

4 试剂

分析过程中,所用试剂均为分析纯,所用的水为蒸馏水或相同纯度的水。

4.1 无水碳酸钠。

4.2 氧化铅(PbO),含金<0.01 g/t,含银<0.2 g/t。

4.3 二氧化硅,固体。

4.4 硝酸钾或硝酸钠

注:如果使用硝酸钠,与规定硝酸钾的质量按下式换算:

$$\text{质量}(KNO_3)\times\frac{85.0}{101.1}=\text{质量}(NaNO_3)$$

4.5 淀粉。

4.6 硼砂,硼砂玻璃粉末。

4.7 硝酸($\rho_{20}=1.42$ g/mL),$\rho_{Cl^-}<0.5$ μg/mL。

4.8 硝酸(1+1):边搅拌边缓慢加500 mL硝酸(4.7)至500 mL水中。

4.9 铅箔,含金<0.01 g/t,含银<0.2 g/t。

4.10 纯银($w_{Ag}\geqslant99.99\%$)。

4.11 盐酸($\rho_{20}=1.16\sim1.19$ g/mL)。

4.12 硫脲溶液(10 g/L):加1 g硫脲至100 mL水中。

4.13 混合酸:小心加入150 mL盐酸(4.11)至50 mL硝酸(4.7)中。用时现配。

4.14 标准溶液

标准溶液配制要与测试液在相同的温度条件。

4.14.1 银标准贮存溶液A

称取0.500 0 g纯银,精确到0.1 mg。置于100 mL烧杯中,加入20 mL硝酸(4.8),加热溶解,取下冷却。再加入20 mL硝酸(4.7)。移至1 000 mL容量瓶中,加水至近刻度,混匀,冷至室温,加水至刻度,再混匀。此溶液1 mL含500 μg银。

4.14.2 银标准溶液B

移取10.00 mL银标准贮存溶液A(4.14.1)至100 mL容量瓶中,加水至近刻度,混匀,冷至室温,加水至刻度,再混匀。此溶液1 mL含50 μg银。

用时现配。

4.14.3 金标准溶液

称取1.000 g纯金,精确到0.1 mg。置于200 mL烧杯中,加入25 mL混合酸(4.13),盖上表皿。温热溶解,取下冷却。移至1 000 mL容量瓶中,再加入75 mL盐酸(4.11),加水至近刻度,混匀,冷至室温,加水至刻度,再混匀。此溶液1 mL中含1 000 μg金。

4.14.4 金和银标准溶液

移取10.00 mL银标准贮存溶液A(4.14.1)至100 mL容量瓶中,加入40 mL盐酸(4.11),移取10.00 mL金标准溶液(4.14.3)至同一容量瓶中,加水至近刻度,混匀,冷至室温,加水至刻度,再混匀。此溶液1 mL含100 μg金和50 μg银。

4.15 工作标准溶液

标准溶液配制要与测试分析具有同样的环境温度。

4.15.1 金、银工作标准溶液

移取 0 mL、1.00 mL、2.00 mL、5.00 mL 和 10.00 mL 金和银标准溶液(4.14.4)于一组 100 mL 容量瓶中。向每个容量瓶中加入 40 mL 盐酸(4.11),加水至近刻度,混匀,冷至室温。加水至刻度,再混匀。

这些溶液中分别含有 0 μg/mL、1.00 μg/mL、2.00 μg/mL、5.00 μg/mL 和 10.00 μg/mL 金和 0 μg/mL、0.50 μg/mL、1.00 μg/mL、2.50 μg/mL 和 5.00 μg/mL 银。用时现配。

4.15.2 银工作标准溶液

移取 0 mL、1.00 mL、2.00 mL、4.00 mL、6.00 mL、8.00 mL 和 10.00 mL 银标准溶液 B(4.14.2)于一组 100 mL 容量瓶中,加入 10 mL 硝酸(4.7),加水近刻度,混匀冷至室温。加水至刻度,混匀。

这些溶液中分别含有 0 μg/mL、0.50 μg/mL、1.00 μg/mL、2.00 μg/mL、3.00 μg/mL、4.00 μg/mL 和 5.0 μg/mL 银。用时现配。

试剂中的金银空白通过熔融不含试料的试剂来校正。

5 仪器

5.1 试金炉,最高温度 1 200 ℃。

5.2 马弗炉,最高温度 1 100 ℃。具有温度显示器,自动控温,能自动控制空气流量更好。

5.3 坩埚,材质为耐火粘土,容积为 200 mL～600 mL。在 1 100 ℃时不熔化并不受样品和熔剂的腐蚀。坩埚尺寸大小要保证放置试料时不超过其深度的 3/4。

5.4 灰皿,由氧化镁或骨灰皿制成,灰皿底部呈凹面,通常能盛装 50 g 铅。

5.5 锥形铸模,由铸铁制成,具有足够容积,能盛装所有熔铅和熔渣。

5.6 分析天平,感量 1 mg。

5.7 微量分析天平,感量 1 μg 或更低。

5.8 一般实验室玻璃器皿,洗至无氯根。

5.9 容量玻璃器皿,符合 ISO 385.1、ISO 648 和 ISO 1042 中 A 级要求,按 ISO 4787 标准操作使用。

5.10 原子吸收光谱仪(AAS),带背景校正,附空心阴极灯。

5.11 电感耦合等离子体原子发射光谱仪(ICP)。

5.12 粉碎机。

5.13 电热板。

6 样品

6.1 试样

按 GB/T 27674—2011 要求制备试样。

如果用预干试料(见附录 A),则不需要制备试样。

6.2 试料

采用多点多次取样的方式从试样中称取试料,称取 10 g～20 g 有代表性试料,精确至 1 mg。同时,按 ISO 9599 测定吸湿水分。也可以选择附录 A 规定的方法直接从试验室样品中制备预干试料。

注 1:如果试样中砷质量分数大于 2%,将按附录 J 的方法除去。否则将影响灰吹过程。

注 2:如果试样中铜含量超过 30%,最好称取 10 g 或 15 g 样品(见 7.4 注)。

7 分析步骤

7.1 测定次数

在重复性试验条件下，每个试样至少重复测定两次。

注 1：重复性条件是指用同样的方法，同样的试验材料、在同样实验室，由同一个人使用同样仪器设备在短时间内测得的独立结果。

注 2：如果银金比例不超过 2.5∶1，按照 7.10 中步骤测定银，此步骤金银分开测定（见附录 D），四份测试样，两份用来测定金，两份用来测定银。

7.2 预熔融

按附录 B 进行预熔融，保证铅扣质量在 30 g～45 g。

7.3 空白试验

分析测试时按附录 C 平行进行试剂空白试验，加入与试料同量的试剂和足量的淀粉（4.5），不加试料和硝酸钾，以得到 30 g～45 g 铅扣。空白试验结果应是金不大于 5 μg，银不大于 100 μg。

7.4 配料

根据预熔情况（见附录 B）决定配料硝酸钾（4.4）和淀粉（4.5）的用量，其他熔剂配料见表 1。

充分混合试料与表 1 规定的熔剂，所有熔剂粒度应小于 0.5 mm。

表 1 配料中熔剂组分的质量

熔剂组分	质量/g
碳酸钠（4.1）	30
氧化铅（4.2）	210
二氧化硅（4.3）	25
硝酸钾（4.4）	—
淀粉（4.5）	—
试料	20
注：如果铜含量大于 30%时，氧化铅质量应是铜量的 30 倍，再加上 35 g 氧化铅。也可以选择只使用 10 g 或 15 g 试料，从而继续保持表 1 的助熔剂组分。如果试验中熔化有困难，建议表 1 中二氧化硅质量减至 19 g，而增加 6 g 硼砂。	

7.5 熔融

将坩埚置于约 900 ℃的试金炉（5.1）中，缓慢提高炉温至 1 000 ℃～1 050 ℃，保持温度稳定，熔融至少 10 min。

最佳的炉温设置取决于炉体结构和热电偶所放位置，如果坩埚底部有未熔试剂，炉温设置就应提高而且重新熔融。

为了使坩埚腐蚀降至最低限度和降低铅扣中杂质，总熔融时间不超过 40 min。然而，为了保证试料充分熔融，熔融时间也可以超过 40 min。

建议用坩埚盖或约 12 mm 厚的硼砂或食盐覆盖，防止飞溅或沸腾造成物料损失。如果用硼砂覆盖，熔剂中量就相应减少。如果熔渣中有粒状铅，建议增加硼砂量。

将熔融物倒入干燥的锥形铸模(5.5)中，防止铅或熔渣损失。保留坩埚以备再熔融处理。冷却熔体，从熔渣中分离出铅扣。锤铅扣以除去粘附的残渣粒子。保留熔渣以备再处理。称量铅扣，如果铅扣质量小于 30 g 或大于 45 g，则废弃铅扣和熔渣，重新调整氧化剂的量配料，重新试金(见附录 B)。

注 1：如果使用燃油炉或燃气炉，开炉前必须切断燃料。

注 2：铅扣低于 30 g，表明捕收效率低，而大于 45 g 则表明含有大量铜和其他金属。

7.6 灰吹

将灰皿(5.4)在马弗炉(5.2)中预热至 900 ℃，然后将铅扣(7.5)置于灰皿中，在马弗炉最低温度约 860 ℃下进行灰吹，马弗炉有恒定的空气流量。

依据熔炉条件和灰皿类型，例如骨灰皿灰吹温度通常在 820 ℃。

高温灰吹会引起银损失更大，低温灰吹会引起合金粒“冻结”，不能完全灰吹。灰吹过程中银的损失率取决于灰吹条件，其损失率的测定见附录 E。取出灰皿冷却，小心取出合粒，并刷去粘附的杂质。将合金粒轻轻地锤成薄片，置于 30 mL 瓷坩埚中。

注 1：如果只测定金，在铅只剩下直径约 10 mm(大约 80%铅吸收)后，炉温可以升至 900 ℃完成灰吹。

注 2：可以用试管代替瓷坩埚。

注 3：如果合粒中银金的比例大于 2.5：1，银可用重量法测定。重量法即为：在微量天平上称合粒，精确到 1 μg (m_0)，然后按 7.8 步骤进行分金，并且要测定分金液和洗液中的杂质(见附录 G)。

注 4：如果合粒太小，在熔融前加 1 mg 钯，在这种情况下，钯粒中金银按 7.9 步骤进行溶解及测定。

7.7 残余物再处理

用粉碎机(5.13)破碎灰皿和熔渣约 20 s，使物料粒度均在 150 μm 以下。

如果使用镁砂灰皿，建议灰皿与渣分别处理。

注 1：研磨时间长会引起物料结块和磨机发热。

注 2：研磨不同试样时，须用碎玻璃或石英砂清洗粉碎机。

充分混合磨碎的残余物与熔剂，熔剂的用量见表 2。

表 2 残余物再处理熔剂的用量

熔剂组分	质量/g	
	氧化镁灰皿	骨灰皿
碳酸钠(4.1)	50～60	40
氧化铅(4.2)	50～60	45
二氧化硅(4.3)	50～60	20
淀粉(4.5)	4	2～3
硼砂(4.6)	30～50	15

淀粉质量依据表 2，其加入量能使铅扣在 30 g～50 g 之间。混合灰皿和熔渣，按表 2 加入熔剂，其总质量可能超过火试金坩埚的容量。此情况下，允许均分熔渣分别在两个坩埚熔融。所获铅扣分别灰吹或一起熔化，一起灰吹。

将混合料置于原试金坩埚中。按 7.5 步骤进行熔融，弃去坩埚和渣。按 7.6 步骤进行灰吹，弃去灰皿。

7.8 合粒中金的测定

加入 10 mL 硝酸(4.8)至盛有合粒的瓷坩埚中,在电热板上低温加热 20 min 或直到反应停止。

当用热稀硝酸处理合粒时,如果合粒中银与金的比例超过 2.5∶1 时,银将要开始溶解。随着合粒中银含量增加,溶解速率还要加快。通过进一步稀释硝酸和缓慢加热来阻止合粒的剧烈反应,避免金的碎裂。如果银与金的比例小于 2.5∶1,则表示热稀硝酸分金失败。合粒将重新分金(见附录 D)。

在分金操作中,如果金粒有破碎的可能,建议用硫酸分金(见附录 F)。

用倾泻法小心将溶液倒入 200 mL 烧杯中,再加入 15 mL 热硝酸(4.8)至瓷坩埚中,继续低温加热至分金完全,约用 25 min。小心将溶液倒至上述 200 mL 烧杯中,以倾泻法用热水冲洗坩埚和金 4 次,每次 15 mL。收集所有冲洗溶液至同一 200 mL 烧杯中。保留溶液,按 7.10 规定测定银。在电热板上烤干瓷坩埚中的金。置坩埚于马弗炉(5.2)中使金退火至暗红色,约 5 min。冷却,称金,用 μg 表示,精确至 1 μg(m_1)。

如果金质量小于 50 μg,建议金的溶解和测定按 7.9 进行,也可选择重复熔融和灰吹,然后不用分金直接按 7.9 测定合粒中的金和银量,这两种方法在分金时,金易碎裂,特别是当银量大于 7 500 μg 时,不能使用。

保留合粒,溶解并测定其中的银。按 7.9 进行,也可通过合并几个试样得到的合粒来测定银量。

注 1:必须保证分金过程中不含氯离子,否则一些金将会溶解。

注 2:判断在分金后的冲洗溶液中是否存在金粒子,可以通过缓慢蒸发溶液至 2 mL~3 mL,然后按 7.9 规定来测定。

注 3:如果微量天平精度为 0.1 μg,重量法的范围可延伸至 5 μg,称金精确到 0.1 μg(m_1)。

注 4:分金过程中用硝酸可除去合粒中铂和钯,如果要测定合粒中的这些元素的含量,按一定比例在标准溶液中增加铂钯,按 7.9 规定进行测定,如果单个合粒含量很低,用 AAS 或 ICP 无法测定时,也可以通过合并几个同样试样的合粒进行测定。

7.9 二次合粒和空白中金、银及金粒中银的测定

首次和二次合粒应该合并处理,将合粒或金粒移至瓷坩埚中,加入 2 mL 硝酸(4.7),在电热板或 98 ℃的砂浴中温热,加入 6 mL 盐酸(4.11),继续加热溶解金。如果需要,还可以再加入 2 mL 硝酸(4.7)。将以上溶液或按附录 C 制备加热至近干。溶液不允许蒸干,否则金会固化。取下,冷却,加入 10 mL 盐酸(4.11),混匀或搅拌使盐类溶解。移入 50 mL 容量瓶中,加 10 mL 盐酸(4.11),加水至刻度,混匀。

根据银的质量分数(见附录 K),稀释银的浓度到标准曲线(4.15.1)范围内,保持盐酸(4.11)酸度为 40%。于原子吸收光谱仪测量试液和金、银标准溶液吸光度,测定条件见表 3,仪器需要优化消除干扰以便获得最大的灵敏度,使吸光度和浓度尽可能满足线性关系。

表 3 原子吸收光谱仪推荐条件

参数	金	银
火焰	空气-乙炔(氧化性火焰)	
波长	242.8 nm	328.1 nm
灯电流	4 mA	5 mA
背景校正	开	关
提升量	以获得最大吸光度为最佳	
积分时间	3 s	
积分次数	5	
5 μg/mL 标准溶液吸光度	0.17	0.55

测定试液和标准溶液三次，计算精确到三位有效数，吸光度的波动不能超过0.003。否则，重新测定。为了清洁喷雾系统，在两次测量之间建议吸入洗液。洗液配制：在400 mL的水中加入500 mL盐酸(4.11)和100 mL硝酸(4.7)。

根据标准溶液中金和银含量来绘制标准溶液吸光度与浓度工作曲线。然后根据工作曲线查出试液中相应的金和银的含量，以μg/mL表示。用式(1)计算：

$$m_a = \rho \times \mathrm{TDF} \qquad (1)$$

式中：

ρ ——金和银的质量浓度，单位为微克每毫升(μg/mL)；

TDF——总稀释倍数。

也可用ICP(5.11)测定金和银，在波长242.8 nm处测金，在波长328.1 nm处测定银。仪器需要优化消除干扰以便获得最大的灵敏度，使吸光度和浓度尽可能满足线性关系。为了提高精度，建议同时用内标校正，通常用钇作内标。

在AAS或ICP测定过程中，试液和标准溶液应具有同样的温度和酸度。

7.10 分金溶液中银量的测定

注1：本方法适用于银与金比率大于2.5∶1和按7.8步骤从金中分离的银。

注2：也可采用重量法测定银量，用本法时分金液和洗液中杂质的测定见附录G。

加热7.8保留的分金溶液和洗液，蒸发至约20 mL，冷却，加入2 mL硝酸(4.8)。移至100 mL容量瓶中，加水至刻度，混匀。如果溶液混浊，逐滴加入硫脲溶液(4.12)，摇动直至溶液清亮，并过量2 mL，稀释至刻度。

根据银的质量分数(见附录K)，稀释银的浓度到标准曲线范围内，保持硝酸(4.7)酸度为10%，于原子吸收光谱仪测量试液和银标准溶液(4.15.2)吸光度，测定条件见表3，仪器需要优化消除干扰以便获得最大的灵敏度，使吸光度和浓度尽可能满足线性关系。

测定试液和标准溶液三次，计算精确到三位有效数，吸光度的波动不能超过0.003。否则，重新测定。

以浓度为横坐标、吸光度为纵坐标绘制工作曲线。然后根据工作曲线查出试液中相应的银浓度，以μg/mL表示。用公式(1)计算m_a。

也可用ICP(5.11)在波长328.1 nm处测定银。仪器需要优化消除干扰以便获得最大的灵敏度，使吸光度和浓度尽可能满足线性关系。为了提高精度，建议同时用内标校正，通常用钇作内标。

在AAS或ICP测定过程中，试液和标准溶液应具有同样的温度和酸度。

8 结果的表示

8.1 金的质量分数

试料中金的质量分数(w_{Au})用式(2)求出，以g/t表示。

$$w_{Au} = \frac{m_1 + m_2 - (m_B + m_{BR}) - m_5 + m_W}{m} \times \frac{100}{100 - H} \qquad (2)$$

式中：

m_1 ——合粒中的金的质量(重量法或原子吸收光谱法测定)，单位为微克(μg)；

m_2 ——第二次合粒中回收的金的质量，单位为微克(μg)；

$m_B + m_{BR}$ ——空白试验和补正空白试验中金质量之和，单位为微克(μg)；

m_5 ——金粒中保留银的质量，单位为微克(μg)；

m_W ——分金液和洗液中金的质量，单位为微克(μg)；

m ——试料的质量，单位为克(g)；

H ——试料的吸湿水分,以占试料量的百分数表示(在试料预干燥情况下,$H=0$)。

8.2 银的质量分数

试料中银的质量分数(w_{Ag})以式(3)求出,以 g/t 表示。

$$w_{Ag}=\frac{m_3+m_4-(m_B+m_{BR})+m_5}{m}\times\frac{100}{100-H} \qquad \cdots\cdots(3)$$

式中:

m_3 ——分金液和洗液中银的质量,单位为微克(μg);

m_4 ——残余物中回收银的质量,单位为微克(μg);

m_B+m_{BR} ——空白试验和补正空白试验中银质量之和,单位为微克(μg);

m_5 ——金粒中保留的银的质量,单位为微克(μg);

m ——试料的质量,单位为克(g);

H ——试料的吸湿水分,以占试料量的百分数表示(在试料预干燥情况下,$H=0$)。

如果灰吹过程中银回收不完全,试料中银的含量需要校正(见附录 E)。

如果银的测定不是按照 7.10 的过程,而是由重量法计算,试料中银的质量分数(w_{Ag})由式(4)求出,以 g/t 表示:

$$w_{Ag}=\frac{m_0-m_1+m_4-(m_B+m_{BR})+m_5-m_{imp}}{m}\times\frac{100}{100-H} \qquad \cdots\cdots(4)$$

式中:

m_0 ——合粒的质量,单位为微克(μg);

m_1 ——合粒中金的质量(重量法或原子吸收光谱法测定),单位为微克(μg);

m_4 ——残余物中银的质量,单位为微克(μg);

m_B+m_{BR} ——空白试验和补正空白试验中银质量之和,单位为微克(μg);

m_5 ——金粒中银的质量,单位为微克(μg);

m_{imp} ——分金液和洗液中杂质的质量(见附录 G),单位为微克(μg);

m ——试料的质量,单位为克(g);

H ——试料的吸湿水分,以占试料量的百分数表示(在试料预干燥情况下,$H=0$)。

如果灰吹过程中银回收不完全,试料中银的含量需要校正(见附录 E)。

9 精密度

9.1 精密度的表示

分析方法的精密度以式(5)~式(8)表示:

金:

$$s_r=0.004\,4\bar{x}+0.242\,2 \qquad \cdots\cdots(5)$$

$$s_L=0.008\,4\bar{x}+0.265\,1 \qquad \cdots\cdots(6)$$

银:

$$s_r=0.007\,5\bar{x}+0.968\,8 \qquad \cdots\cdots(7)$$

$$s_L=0.010\,9\bar{x}+2.155\,8 \qquad \cdots\cdots(8)$$

式中:

$\bar{x}$ ——试样中金或银量平均值,单位为克每吨(g/t);

s_r ——金或银实验室内标准偏差,单位为克每吨(g/t);

s_L ——金或银实验室间标准偏差,单位为克每吨(g/t)。

注:附加信息见附录 L。

9.2 获取最终结果的方法(见附录 H)

按附录 H 流程图,从平行结果 x_1 和 x_2 中求出下列结果:

两组结果的平均值 $\bar{x}=(x_1+x_2)/2$ ……………… (9)

实验室内标准偏差

金的测定 $s_r=0.004\,4\bar{x}+0.242\,2$ ……………… (10)

银的测定 $s_r=0.007\,5\bar{x}+0.968\,8$ ……………… (11)

重复性限 $r=2.8s_r$ ……………… (12)

9.3 实验室间的精密度

实验室间精密度是假定所有实验室采取同样步骤的前提下,用来确定两个或两个以上实验室报告结果的一致性。按式(13)~式(19)计算:

最终结果的平均值 $\mu_{12}=(\mu_1+\mu_2)/2$ ……………… (13)

实验室间标准偏差

金的测定 $s_L=0.008\,4\mu_{12}+0.265\,1$ ……………… (14)

银的测定 $s_L=0.010\,9\mu_{12}+2.158\,8$ ……………… (15)

实验室内标准偏差

金的测定 $s_r=0.004\,4\mu_{12}+0.242\,2$ ……………… (16)

银的测定 $s_r=0.007\,5\mu_{12}+0.968\,8$ ……………… (17)

允许差 $P=2.8\sqrt{s_L^2+(s_r^2/2)}$ ……………… (18)

范围 $E=|\mu_1-\mu_2|$ ……………… (19)

式中:

μ_1——实验室 1 报告的金或银的最终结果,单位为克每吨(g/t);

μ_2——实验室 2 报告的金或银的最终结果,单位为克每吨(g/t)。

如果 $E\leqslant P$,则最终结果一致、有效。

9.4 准确性检查

9.4.1 通常用标准样品(CRM)来校核分析方法的准确度。方法步骤与第 7 章相同,当精密度确认后,最终试验结果将与标准值 A_c 对比,有下列两种可能:

$$|\mu_c-A_c|\leqslant C \qquad (20)$$

此情况表示报告结果与标准值无显著性差异。

$$|\mu_c-A_c|>C \qquad (21)$$

此情况表示报告结果与标准值有显著性差异。

式中:

μ_c——标准样品中金或银的测试结果,单位为克每吨(g/t);

A_c——标准样品金或银的含量标准值,单位为克每吨(g/t);

C——依据 9.4.2 规定的标准样品类型确定的金或银的质量分数常数值,单位为克每吨(g/t)。

9.4.2 CRM 或 RM 标准样品

按 ISO 35(指南)来制备和定值标准样品。

9.4.2.1 多个实验室定值标准样品

金或银常数 C(见 9.4.1)以式(22)求出,以 g/t 表示。

$$C=2\sqrt{s_L^2+(s_r^2/n)+s^2\{A_c\}} \qquad (22)$$

式中：

$s^2\{A_c\}$——定值方差；

n ——重复测定次数。

9.4.2.2 单个实验室定值标准样品

金或银常数 C(见 9.4.1)以式(23)求出，以 g/t 表示。

$$C = 2\sqrt{{s_L}^2 + {s_r}^2/n} \quad \cdots\cdots(23)$$

尽量避免使用该种标准样品，除非 CRM 标准样品是一个无偏差定值。

10 试验报告

试验报告至少应给出以下几个方面的内容：

——试样；

——使用的标准，GB/T 3884.14—2012/ISO 10378:2005；

——使用的方法；

——分析结果及其表示；

——与基本分析步骤的差异；

——测定中观察到的异常现象；

——试验日期。

附 录 A
（规范性附录）
预干试料的制备和质量测定方法

A.1 范围

本附录规定了硫化铜精矿分析中预干试料的制备和质量测定方法。

本附录适用于吸湿水分范围为0.05%～2%的不易氧化的硫化铜精矿。

A.2 原理

试料在105 ℃±5 ℃的烘箱中干燥，然后称量和用于分析，这样就不需要校正吸湿水分。

A.3 试剂

A.3.1 干燥剂，如变色硅胶或无水高氯酸镁。

警告：处理废弃的高氯酸镁一定要小心，必须用流水冲入水槽中。

A.4 仪器

除普通实验室设备外，还包括：

A.4.1 分析天平，感量0.1 mg。

A.4.2 称量皿

由玻璃或硅或其他耐腐蚀金属制成，具有密封盖。盛有少量的试料（质量小于3 g）时，其质量总和也尽可能小（如小于20 g）。

A.4.3 烘箱，能保持温度105 ℃±5 ℃。

A.5 步骤

A.5.1 称量皿的准备

在105 ℃±5 ℃的烘箱（A.4.3）中干燥称量皿和密封盖（A.4.2）1 h。然后将称量皿和盖移至干燥器中，冷却至室温。

A.5.2 试料

称重干燥的称量皿和盖（A.5.1），立即加入适量的试样。这里并不需要确定试料和称量皿的准确总质量。

A.5.3 干试料质量的测定

将盛有试料的称量皿和密封盖移至烘箱（A.4.3）中，在105 ℃±5 ℃烘2 h。2 h后，从烘箱中取出称量皿并盖上密封盖，置于干燥器中冷至室温。取出称量皿和密封盖，轻轻开盖后，立即关上，然后称重,精确至 0.1 mg,质量为 m_6。

将试料置于合适的分析容器中,立即称重空的称量皿和密封盖,记录为 m_7,精确至 0.1 mg。

对于未知特性的硫化铜精矿,建议在 105 ℃±5 ℃再次烘干 2 h,称量称量皿、试料和密封盖,质量为 m'_6,精确至 0.1 mg。如果 $m_6-m'_6$ 的差值不大于 0.5 mg,则表示试料质量不变。否则干燥和称重再次重复进行。

A.6 干试料质量的计算

干试料质量 m_8 由式(A.1)求出,单位以 g 表示。

$$m_8=m_6-m_7 \qquad \cdots\cdots(A.1)$$

式中:

m_6——称量皿、试料和密封盖的总质量,单位为克(g);

m_7——称量皿和密封盖的总质量,单位为克(g)。

干试料质量用来计算干试样中元素含量时,不需要进行吸湿水分修正。

附　录　B
（规范性附录）
预　熔　融

B.1　引言

依据试样的还原能力，决定配料中硝酸钠或硝酸钾等氧化剂的用量。进行预熔融是为了保证试验熔化完成后铅扣质量在 30 g～45 g 之间。

B.2　步骤

将试料与表 1 的熔剂组分混合，按 7.5 规定进行熔融，熔融后称重铅扣质量。如果铅扣小于 30 g 或大于 45 g，可以通过下列途径来调节熔融物氧化或还原性。

a）增加 1 g 硝酸钾可以减少 4 g 铅扣质量；

b）试料质量变化也可以影响铅扣大小，通常试样中 1 g 硫可以增加近 19 g 铅扣质量；

c）对焙烧样或其他不够 30 g 铅扣的样品，可以通过加入淀粉以增加配料中还原剂。淀粉要与配料中的其他组分充分混合（1 g 淀粉可以增加近 10 g～12 g 铅扣质量）。

附 录 C
（规范性附录）
空 白 测 定

C.1 引言

空白试验是测定分析试剂尤其氧化铅中金和银含量的方法。建议空白试验与分析测试平行进行。

C.2 步骤

将 3 g～4 g 淀粉与表 1 的熔剂充分混匀，其中硝酸钾（4.4）不加。

按 7.5～7.7 进行空白测定，合并空白合粒和第二次合粒，按 7.9 测定空白溶液中金和银的浓度。

附 录 D
（规范性附录）
加 银 分 金

D.1 引言

为了保证合粒分金完全，银与金的比例应超过2.5∶1。合粒中银、金比率如达不到要求，或者是当金含量超过30%时不易分离。如果用原子吸收或ICP测定银，银应该在分金前测定。所以金银必须分开测定。金应该按照此附录分金的步骤进行，银应该按照7.9中溶解方法测定。

如果用重量法测定银，应该在分金前对贵金属合粒称重。按照此附录进行分金，按照7.8中步骤分离，按照附录G冲洗金粒，在收集分离后的溶液中测定杂质含量。

注1：如果已知道银与金比率不到2.5∶1，则在初熔化前加入适量银以保证银、金比率4∶1。

注2：如果金的质量小于50 μg，合粒不需要分离就能溶解，金银含量按7.9步骤测定。此种情况下，不需要分金。

如果试料中银的质量小于7 500 μg，那么银应该按照7.9中方法测定，也不需要分离。因此20 g的试料对测银是过量的，因为银的含量超过325 g/t。

D.2 步骤

分金前称重合粒（m_0）。

加入足量银（4.10），以使银与金比例达到4∶1。

用0.5 g铅箔把贵金属粒和银包裹在一起，按7.6步骤灰吹获得富银合粒。取出合金粒，清除粘附杂质，轻轻压扁，按7.8步骤测定金含量。

附　录　E
（规范性附录）
在灰吹过程中银挥发损失的测定

E.1　引言

灰吹过程中银的损失取决于马弗炉的条件（详见7.6）。建议先测定灰吹过程中银的损失，再决定马弗炉的条件。

如果不知道总的回收率，需要校正试样中银的质量分数。

E.2　步骤

称取和试料中相同量的银（4.10），用40 g铅箔（4.9）包裹起来，按照7.6步骤进行灰吹得到银的合粒，按照7.7步骤处理灰皿，得到二次合粒，将合粒与二次合粒合并在瓷坩埚中。

加入10 mL硝酸（4.8）于瓷坩埚中，在电热板（5.13）中缓慢加热20 min，直到反应停止。

按照7.10步骤测定溶液中银的浓度。

E.3　灰吹过程中银损失的计算

灰吹过程中银损失（L_{Ag}）用百分数表示，按式（E.1）计算：

$$L_{Ag}=\frac{(m-m_1)}{m}\times 100 \qquad \cdots\cdots\text{(E.1)}$$

式中：

m_1——溶液中银的质量，单位为微克（μg）；

m——称取的银的质量，单位为微克（μg）。

E.4　试料中银含量的校正

如果灰吹过程中银没有获得足够的回收率，那么银的含量需用式（E.2）校正，试料中银的质量分数（w'_{Ag}）以g/t表示

$$w'_{Ag}=\frac{w_{Ag}}{100-L_{Ag}}\times 100 \qquad \cdots\cdots\text{(E.2)}$$

式中：

w_{Ag}——式（3）计算出来的银的质量分数，单位为克每吨（g/t）；

L_{Ag}——式（E.1）计算得到的银损失系数，以百分数表示。

附　录　F
（规范性附录）
硫酸分金

F.1　引言

在分离操作中，如果金粒有破碎的可能，建议用硫酸分金。

F.2　试剂

F.2.1　硫酸（$\rho_{20}=1.84$ g/mL），氯离子含量<0.5 μg/mL。
F.2.2　硫酸（1+5）：边搅拌边缓慢加 200 mL 硫酸（F.2.1）至 1 000 mL 水中。

F.3　仪器

分金烧瓶（60 mL）。

F.4　步骤

将 7.6 得到的合粒置于分金烧瓶中，加入 5 mL～20 mL 的硫酸（F.2.1）。缓慢加热 5 min～10 min 溶解银。

注 1：确保在分金过程中不引入氯离子，否则，部分金会溶解。

当用热硫酸处理合粒时，银开始溶解。如果合粒中银金比例超过 2.5∶1，合粒银的溶解速率会随银的含量增加而加快。采用进一步稀释硫酸和缓慢加热可以防止合粒的剧烈反应和金粒的破碎。如果合粒中银金比例小于 2.5∶1，热硫酸分金就会失败，合粒需要加银分金（详见附录 D）。

冷却后，用倾注法小心将溶液倒入 200 mL 烧杯中，防止损失。

用 10 mL～20 mL 的硫酸（F.2.2）洗涤分金烧瓶和金粒，再用 10 mL～20 mL 的热水洗涤，收集所有洗液于同一个 200 mL 烧杯中。

保留溶液，用步骤 7.10 测定银。

按 7.10 测定银时，其校准溶液和试液有同样的硫酸浓度。

注 2：如果在分金溶液和洗液中含有金颗粒，可以将溶液蒸至 2 mL～3 mL，再按 7.9 步骤测定金。

用水装满分金烧瓶，瓶口处盖上 30 mL 的瓷坩埚。将烧瓶倒置，使金沉入坩埚中。移走烧瓶，小心弃去坩埚中的水。

在电热板上加热瓷坩埚，将金粒烘干。

将坩埚置于马弗炉（5.2）退火 5 min，使金变至暗红色。

冷却称重，精确至 1 μg。以 μg 表示。

如果金质量小于 50 μg，建议按照步骤 7.9 将金溶解测定。

或选择重新熔融和灰吹，然后溶解合粒，不分金而按照 7.9 步骤直接测定金和银的含量。然而，此方法不适用于试料中银含量大于 7 500 μg 的情况。

如果天平的灵敏度可以达到 0.1 μg，那么重量法的应用范围可以扩至测定 5 μg 金量。此情况下，称重金粒，精确至 0.1 μg（m_1）。

集中保留同一样品的所有称重过的金粒来测定其中的银含量，按照7.9步骤溶解和测定银的浓度。

用硝酸分金时，铂和钯与金粒得到分离，如果需要测定其中铂钯的含量，可以按照7.9中的步骤增加标准溶液中相应的铂钯含量来测定。如果单个金粒中铂钯的含量不能达到AAS或者ICP的检出限，那么就需要将同一样品的大量金粒集中起来测定。

附 录 G
（规范性附录）
分金溶液和洗液中杂质的测定

G.1 引言

如果样品中银的含量较高，建议用重量法可以精确测定银。用此方法测定必需用本附录的方法测定分金溶液和洗液中杂质含量。

G.2 试剂

G.2.1 盐酸(1+1)：边搅拌边缓慢加500 mL的盐酸(4.11)至500 mL水中。

G.2.2 纯铋(w_{Bi}≥99.99%)。

G.2.3 纯铅(w_{Pb}≥99.99%)。

G.2.4 纯钯(w_{Pd}≥99.99%)。

G.2.5 纯铂(w_{Pt}≥99.99%)。

G.2.6 氧化镁(w_{MgO}≥99%)。

G.2.7 碳酸钙(w_{CaCO_3}≥99.99%)。

G.2.8 标准溶液

在测定时，标准溶液的配制应该与试液具有相同的环境温度。

G.2.8.1 铋标准贮存溶液A

称取0.500 0 g纯铋(G.2.2)到100 mL烧杯中，精确至0.1 mg。加入20 mL的硝酸(4.8)，加热溶解。冷却，移入1 000 mL容量瓶中，加水至近刻度，混匀，冷至室温；加水至刻度，再次混匀。此溶液1 mL含500 μg铋。

G.2.8.2 铋标准溶液B

移取10.00 mL铋标准贮存溶液A(G.2.8.1)至250 mL容量瓶中，加水至近刻度，混匀，冷至室温；加水至刻度，再次混匀。此溶液1 mL含20 μg铋。

G.2.8.3 铅标准贮存溶液A

称取0.500 0 g纯铅(G.2.3)到100 mL烧杯中，精确至0.1 mg。加入20 mL的硝酸(4.8)，加热溶解。冷却，移入1 000 mL容量瓶中，加水至近刻度，混匀，冷至室温；加水至刻度，再次混匀。此溶液1 mL含500 μg铅。

G.2.8.4 铅标准溶液B

移取10.00 mL铅标准贮存溶液A(G.2.8.3)至500 mL容量瓶中，加水至近刻度，混匀，冷至室温；加水至刻度，再次混匀。此溶液1 mL含10 μg铅。

G.2.8.5 钯标准贮存溶液A

称取0.100 0 g纯钯(G.2.4)到100 mL烧杯中，精确至0.1 mg。加入10 mL混合酸(4.13)，加热溶解。冷却，移入500 mL容量瓶中，加水至近刻度，混匀，冷至室温；加水至刻度，再次混匀。此溶液1 mL含200 μg钯。

G.2.8.6 钯标准溶液B

移取10.00 mL钯标准贮存溶液A(G.2.8.5)至200 mL容量瓶中，加水至近刻度，混匀，冷至室温；加水至刻度，再次混匀。此溶液1 mL含10 μg钯。

G.2.8.7　铂标准贮存溶液 A

称取 0.100 0 g 纯铂(G.2.5)到 100 mL 烧杯中,精确至 0.1 mg。加入 10 mL 的混合酸(4.13),加热溶解。冷却,移入 100 mL 容量瓶中,加水至近刻度,混匀,冷至室温;加水至刻度,再次混匀。此溶液 1 mL 含 1 000 μg 铂。

G.2.8.8　铂标准溶液 B

移取 10.00 mL 铂标准贮存溶液 A(G.2.8.7)至 200 mL 容量瓶中,加水至近刻度,混匀,冷至室温;加水至刻度,再次混匀。此溶液 1 mL 含 50 μg 铂。

G.2.8.9　镁标准贮存溶液 A

称取 0.829 g 氧化镁(G.2.6)到 100 mL 烧杯中,精确至 0.1 mg。加入 20 mL 的盐酸(G.2.1),加热溶解。冷却,移入 1 000 mL 容量瓶中,加水至近刻度,混匀,冷至室温;加水至刻度,再次混匀。此溶液 1 mL 含 500 μg 镁。

G.2.8.10　镁标准溶液 B

移取 10.00 mL 镁标准贮存溶液 A(G.2.8.9)至 1 000 mL 容量瓶中,加水至近刻度,混匀,冷至室温;加水至刻度,再次混匀。此溶液 1 mL 含 5 μg 镁。

G.2.8.11　钙标准贮存溶液 A

称取 1.249 0 g 碳酸钙(G.2.7)到 100 mL 烧杯中,精确至 0.1 mg。加入 20 mL 的盐酸(G.2,1),加热溶解。冷却,移 1 000 mL 容量瓶中,加水至近刻度,混匀,冷至室温;加水至刻度,再次混匀。此溶液 1 mL 含 500 μg 钙。

G.2.8.12　钙标准溶液 B

移取 10.00 mL 钙标准贮存溶液 A(G.2.8.11)至 250 mL 容量瓶中,加水至近刻度,混匀,冷至室温;加水至刻度,再次混匀。此溶液 1 mL 含 20 μg 钙。

G.2.9　铋、铅、钯、铂、镁、钙混合标准溶液

在测定时,标准溶液的配制应该与试液具有相同的环境温度。

移取 0 mL,1.00 mL,2.00 mL,3.00 mL 和 5.00 mL 的铋标准溶液(G.2.8.2),铅标铋标准溶液(G.2.8.4),钯标准溶液(G.2.8.6),铂标准溶液(G.2.8.8),镁标准溶液(G.2.8.10)和钙标准溶液(G.2.8.12)至一系列的 50 mL 单刻度容量瓶中。加 5 mL 的混合酸(4.13),加水至近刻度,混匀,冷至室温;加水至刻度,再次混匀。此系列标准含 Bi、Ca、Pb、Pd、Pt、Mg 的浓度如表 G.1。

表 G.1　标准系列的浓度

单位为微克每毫升

元素	标准号				
	1	2	3	4	5
Bi、Ca	0.0	0.40	0.80	1.20	2.00
Pb、Pd		0.20	0.40	0.60	1.00
Pt		1.00	2.00	3.00	5.00
Mg		0.10	0.20	0.30	0.50

G.3　步骤

将 7.8 中保留的分金溶液和洗液蒸发至干,加 5 mL 混合酸(4.13),加热溶解。冷却,移入 50 mL 容量瓶中,加水至近刻度,混匀,冷至室温;加水至刻度,再次混匀。

吸取试液和铋、铅、钯、铂、镁、钙混合标准溶液(G.2.9),用原子吸收光谱仪(5.10)测定。仪器条件

见表 G.2,仪器需要优化消除干扰以便获得最大的灵敏度,使吸光度和浓度尽可能满足线性关系。

表 G.2　原子吸收参数设定

参数	铋	铅	钯	铂	镁	钙
火焰	空气-乙炔(氧化焰)					N_2O/乙炔
波长	223.1 nm	283.3 nm	244.8 nm	265.9 nm	285.2 nm	422.7 nm
灯电流	10 mA	5 mA	5 mA	10 mA	4 mA	10 mA
背景校正	开	开	开	开	开	开
提升量	以获得最大吸光度为最佳					
积分时间	3 s					
积分次数	5					
1 μg/mL 标准溶液的吸光度	0.02	0.04	0.05	0.003	0.15 (0.1 μgMg/mL)	0.25

注 1:分金液和洗液中这些元素如含量很低可以忽略。

注 2:如果有氯化银沉淀,取上层清液测定。

建议用清洗溶液[500 mLHCl(4.11)+100 mL 硝酸(4.7)+400 mL 水]在测定样品间隙清洗雾化系统。

绘制吸光度与浓度的校准曲线图,测定试液中铋、铅、钯、铂、镁和钙的浓度(μg/mL)。按下式计算金属的量,以 μg 表示:

$$m_a = \rho \times 50$$

式中:

ρ——每种金属的质量浓度,单位为微克每毫升(μg/mL)。

将所有元素的测定值相加来计算分金溶液和洗液中总杂质的含量(m_{imp})。

也可以采用等离子体原子发射光谱仪(ICP)(5.11)在相应的波长下来测定铋、铅、钯、铂、镁和钙的浓度,其特征波长为铋 223.06 nm、铅 220.35 nm、钯 340.46 nm、铂 214.42 nm、镁 279.55 nm、钙 393.37 nm。仪器需要优化消除干扰以便获得最大的灵敏度,使吸光度和浓度尽可能满足线性关系。

在用 AAS 或者 ICP 测定时,标准溶液的配制应该与试样溶液具有相同的酸度和环境温度条件。

附 录 H
（规范性附录）
接受试样分析值流程图（见 9.2）

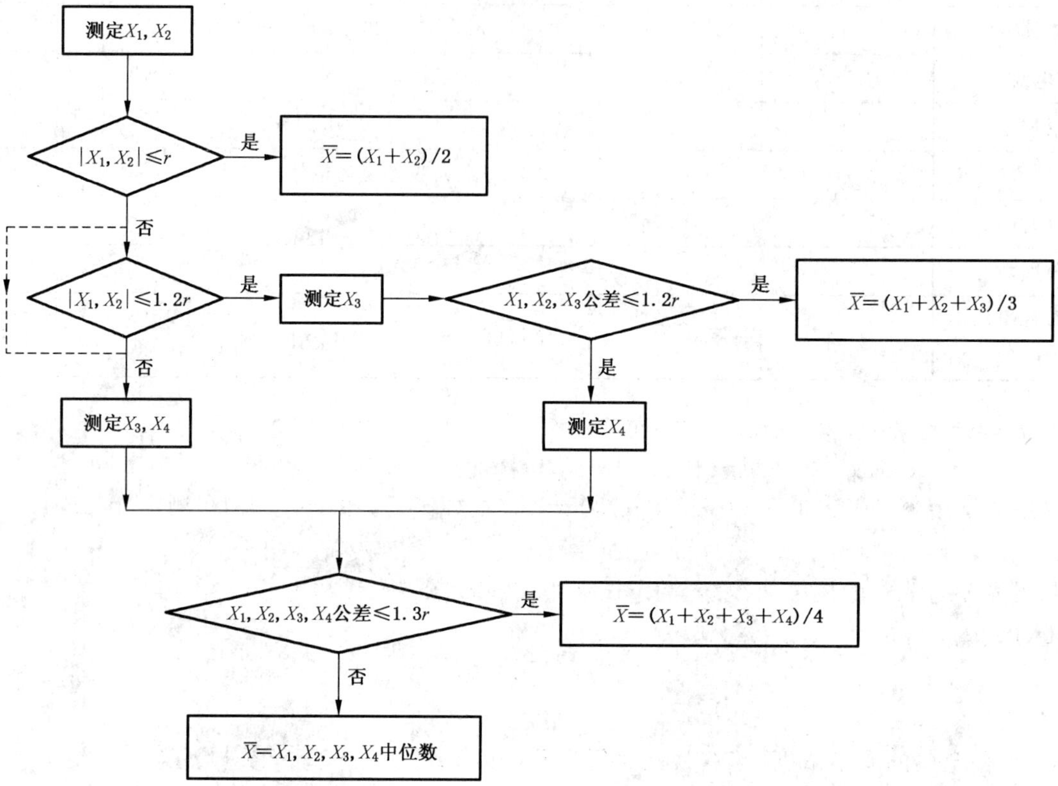

附 录 I
（资料性附录）
方法流程图

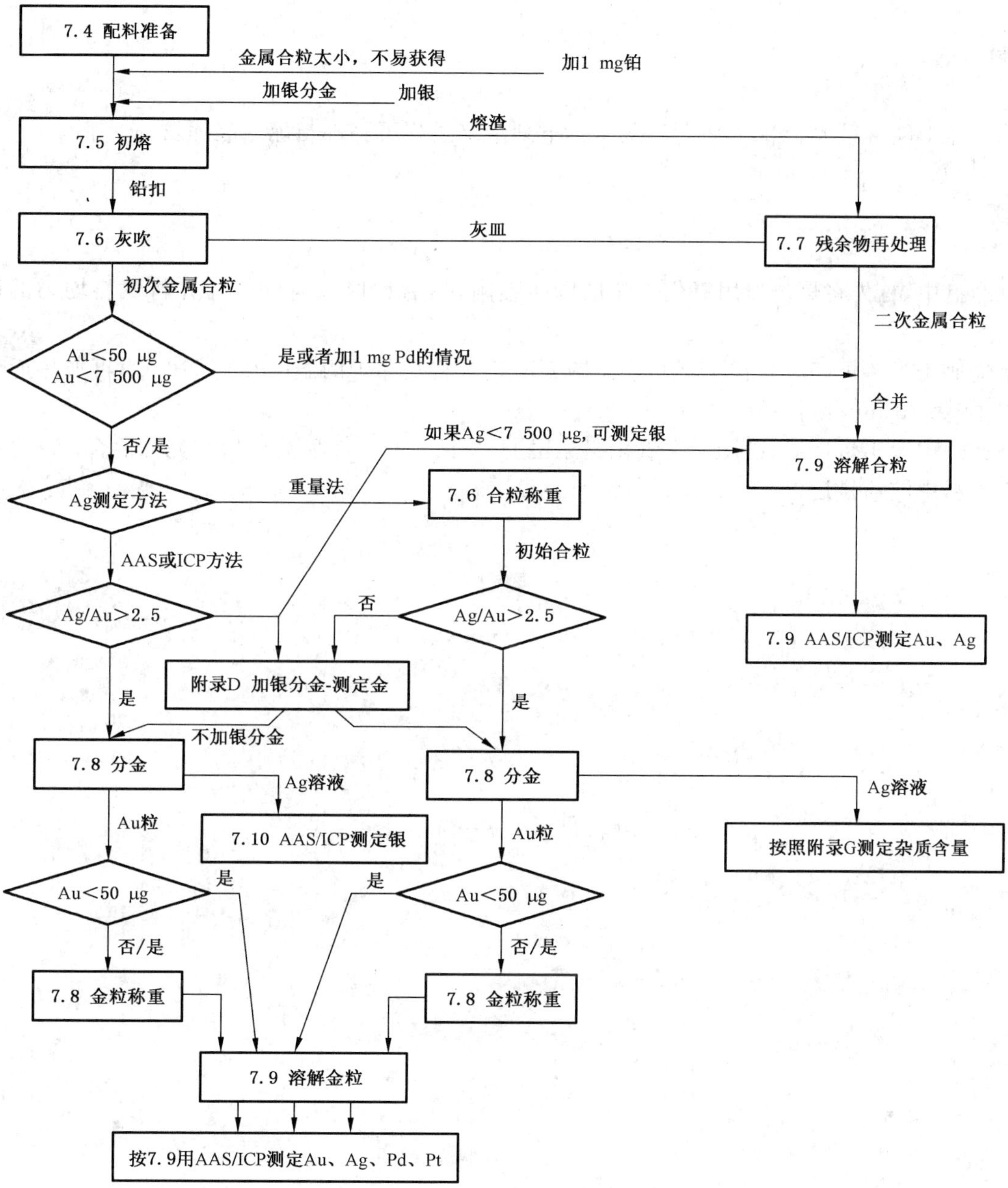

附 录 J
（资料性附录）
焙烧方法

J.1 引言

如果试样中砷含量大于2%，将影响灰吹。下列焙烧过程可将砷与硫一起挥发。

J.2 步骤

至烘烤盘中，首先将焙烧皿用氧化铅涂层以防粘附，然后称取试料(6.2)，并将试料均匀的铺在涂层上。

置焙烧皿于马弗炉(5.2)，在450 ℃下保持2 h，逐步将马弗炉的温度升至600 ℃，再加热近2 h，在焙烧过程中，每30 min搅拌一次试料。

从马弗炉中取出焙烧皿，冷却。在氧化铅涂层上，将试料与表1所列助熔剂充分混合。

确定配料中淀粉量后，按7.5步骤熔融。

附　录　K
（资料性附录）
测定分金溶液和残渣中测定银量的稀释指南

测试溶液中金和银见表 K.1 和表 K.2。

表 K.1　7.9 测试溶液中金和银

试料中金的质量 μg	试料中银的质量 μg	原体积 mL	分取的体积 mL	最后体积 mL	总稀释系数
<50	<250	50	50	50	50
—	250～500	50	20	50	125
—	500～1 200	50	10	50	250
—	1 200～2 400	50	10	100	500
—	2 400～4 800	50	10	200	1 000
—	4 800～7 500	50	10	500	2 500

表 K.2　7.10 测试溶液中的银

试料中银的质量 μg	原体积 mL	分取的体积 mL	最后体积 mL	总稀释系数
<500	100	100	100	100
500～1 000	100	20	50	250
1 000～2 000	100	20	100	500
2 000～4 000	100	10	100	1 000
4 000～8 000	100	10	200	2 000
8 000～20 000	100	10	500	5 000
20 000～40 000	100	10	1 000	10 000

注：试料中金和银的质量是根据试料的质量和金和银的含量计算得出。

附 录 L
（资料性附录）
精密度方程的推导

L.1 引言

本部分有5个国家的16个实验室参与试验工作，有5个铜精矿样品用于金或银含量测定，金含量范围0.3 g/t～200 g/t，银含量范围60 g/t～680 g/t。按ISO 5725-2:1994标准要求来设计试验方案测定重复性和室内、室间再现性。

L.2 试验方案的设计

设计试验方案必须最大限度获取信息。每个实验室选择两个样品，而每个样品独立分析两次。

L.3 试验样

方案选择5个铜精矿，这些样品的化学成分见表L.1。

L.4 统计计算

统计计算如图L.1所示。统计计算主要结果见表L.2和表L.3。精密度估算值（s_r、s_L、r和p）与相应样品的平均值对应关系曲线见图L.2中（金测定）和图L.3（银测定）。这些精密度回归方程与相应样品的平均值对应关系计算见表L.2和L.3。

表 L.1 铜精矿样品化学成分

元素		样品编号				
		2001-Cu-1	2001-Cu-2	2001-Cu-3	2001-Cu-4	2001-Cu-5
Cu	质量分数/%	33	24	37	26	37
Pb	质量分数/%	0.04	0.02	0.03	4	0.02
Zn	质量分数/%	0.2	0.06	0.1	4	0.08
Au	g/t	54	53	0.9	0.4	200
Ag	g/t	69	62	120	670	590
S	质量分数/%	27	27	27	32	21
As	质量分数/%	<0.02	0.04	0.08	<0.02	0.1
Sb	质量分数/%	<0.02	<0.02	<0.02	0.1	<0.02
Sn	质量分数/%	<0.02	<0.02	<0.02	<0.02	<0.02
Bi	质量分数/%	<0.02	<0.02	<0.02	<0.02	<0.02
Fe	质量分数/%	22	23	20	28	16
SiO_2	质量分数/%	10	16	9	2	11
Al_2O_3	质量分数/%	2	4	2	0.4	1
CaO	质量分数/%	0.6	1	0.7	0.09	9
MgO	质量分数/%	0.5	0.6	0.1	0.09	1
Cd	质量分数/%	<0.02	<0.02	<0.02	<0.02	<0.02
Ni	质量分数/%	<0.02	<0.02	<0.02	<0.02	<0.02
Co	质量分数/%	<0.02	<0.02	<0.02	0.02	0.02

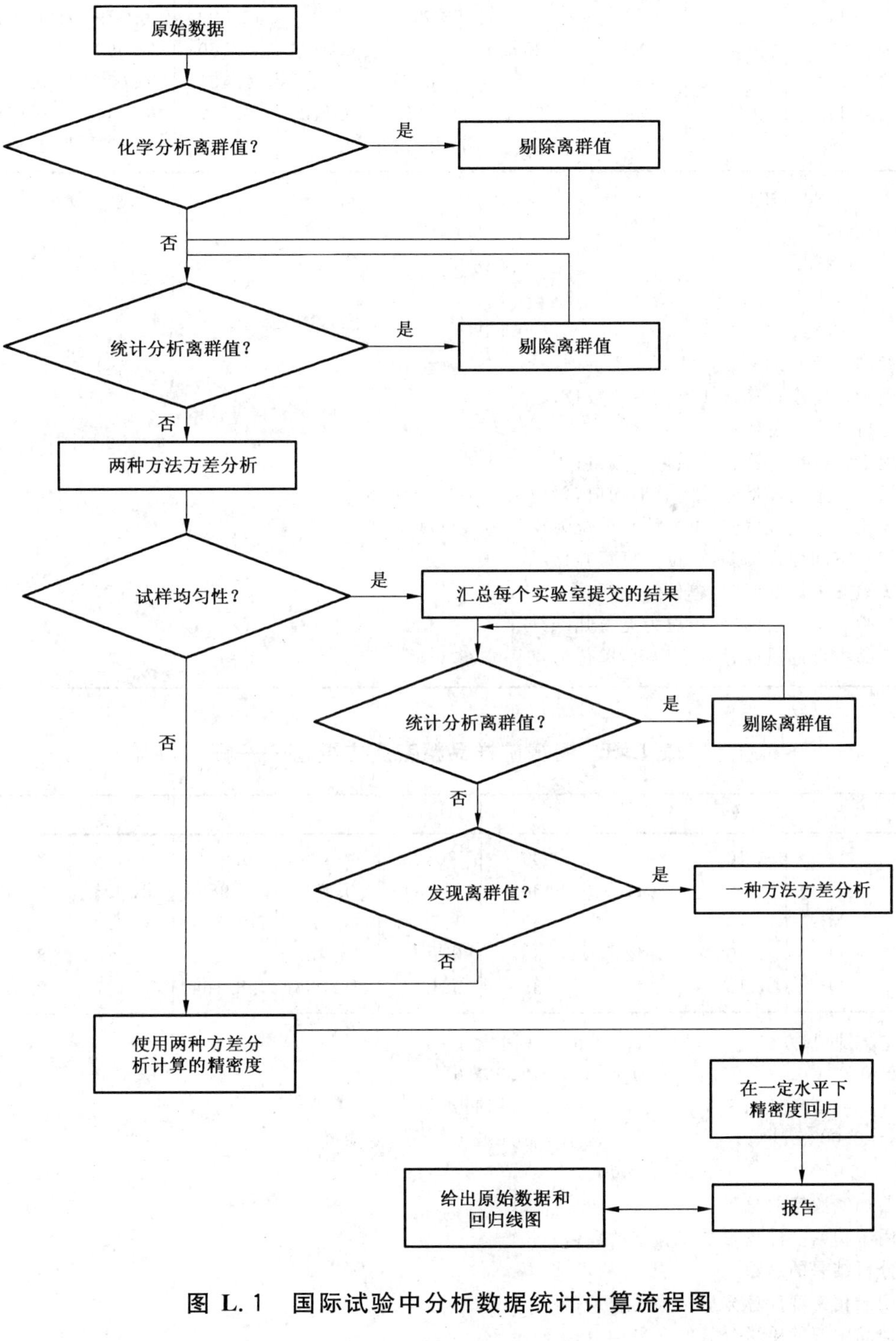

图 L.1　国际试验中分析数据统计计算流程图

表 L.2 铜精矿样品精密度主要值——金

样号	k_0	k	n_0	n	$\bar{x}$	r	p	s_r	s_L	s_L/s_r
2001-Cu-1	11	11	43	43	53.800	2.178	3.399	0.779	1.082	1.391
2001-Cu-2	11	8	32	35	53.618	1.932	2.580	0.690	0.782	1.133
2001-Cu-3	11	11	43	43	0.822	0.207	0.431	0.074	0.145	1.957
2001-Cu-4	11	10	39	39	0.298	0.116	0.237	0.041	0.079	1.916
2001-Cu-5	11	11	41	41	198.371	2.734	5.436	0.976	1.814	1.858

回归方程:	相关系数
$r=0.012\,3\bar{x}+0.678\,1$	0.833 1
$p=0.025\,0\bar{x}+0.879\,1$	0.936 5
$s_r=0.004\,4\bar{x}+0.242\,2$	0.833 1
$s_L=0.008\,4\bar{x}+0.265\,1$	0.949 4

k_0——参加实验室的总数;

k——用于精密度计算参加实验室的数量;

n_0——分析结果的总数;

n——用于精密度计算分析结果的数量;

$\bar{x}$——样品中金的质量分数的总平均值,单位为克每吨(g/t);

r——实验室内允许偏差(重复性),单位为克每吨(g/t);

p——实验室间允许偏差,单位为克每吨(g/t);

s_r——实验室内标准偏差,单位为克每吨(g/t);

s_L——实验室间标准偏差,单位为克每吨(g/t);

$\bar{x}$——样品中金的质量分数平均值,单位为克每吨(g/t)

表 L.3 铜精矿样品精密度主要值——银

样品	k_0	k	n_0	n	$\bar{x}$	r	p	s_r	s_L	s_L/s_r
2001-Cu-1	11	10	43	39	70.25	4.139	6.971	1.478	2.260	1.529
2001-Cu-2	11	9	43	36	64.34	3.059	6.985	1.093	2.372	2.171
2001-Cu-3	11	10	43	39	127.33	6.519	13.825	2.328	4.655	2.000
2001-Cu-4	11	10	42	38	681.97	16.759	27.249	5.986	8.763	1.464
2001-Cu-5	11	10	41	39	581.95	15.056	28.164	5.377	9.312	1.732

回归方程:	相关系数
$r=0.021\,0\bar{x}+2.712\,7$	0.992 6
$p=0.033\,8\bar{x}+6.323\,1$	0.971 5
$s_r=0.0075\bar{x}+0.968\,8$	0.992 6
$s_L=0.010\,9\bar{x}+2.155\,8$	0.964 2

k_0——参加实验室的总数;

k——用于精密度计算参加实验室的数量;

n_0——分析结果的总数;

n——用于精密度计算分析结果的数量;

$\bar{x}$——样品中银的质量分数的总平均值;

R——实验室内允许偏差(重复性),单位为克每吨(g/t);

p——实验室间允许偏差,单位为克每吨(g/t);

s_r——实验室内标准偏差,单位为克每吨(g/t);

s_L——实验室间标准偏差,单位为克每吨(g/t);

$\bar{x}$——样品中银的质量分数平均值,单位为克每吨(g/t)

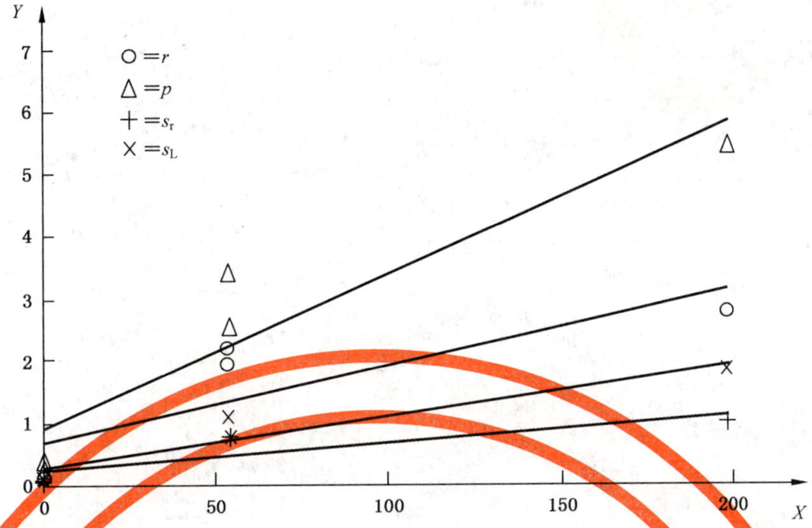

说明：

X ——金质量分数的平均值(g/t)；

Y ——精密度(g/t)。

图 L.2　最小二乘法得出的金精密度与金平均含量的对应关系

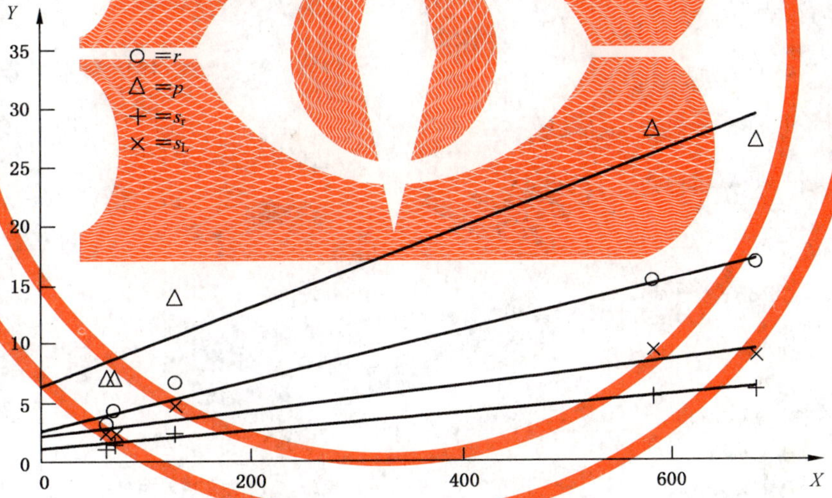

说明：

X ——银质量分数的平均值(g/t)；

Y ——精密度(g/t)。

图 L.3　最小二乘法得出的银精密度与银平均含量的对应关系